U0296370

普通高等学校环境科学与工程类专业系列教材

环 境 化 学

王晓蓉　顾雪元　等　编著

科学出版社

北　京

内 容 简 介

本书共 4 篇 16 章，包括水环境化学、大气环境化学、土壤环境化学及化学物质的生物效应和生态风险，较全面地介绍了环境化学的主要内容和最新研究进展，阐述了运用化学理论和方法研究污染物在环境中迁移、转化和归趋规律及对生态环境的影响。对新型有机污染物的环境行为、污染物形态的生物可利用性、有机物的定量构效关系、生物标志物和生物风险早期诊断，以及全球关心的温室效应、酸雨、臭氧层破坏、灰霾等环境问题，均在有关章节中进行详细介绍。为使化学与环境问题紧密结合，各章还穿插了"案例分析"，并配备一定数量的"思考与练习"。

本书可作为高等学校环境科学及相关专业的环境化学教学用书或参考书，也可供从事环境保护和环境科学研究工作的专业人员参考。

图书在版编目（CIP）数据

环境化学 / 王晓蓉等编著. —北京：科学出版社，2018.8

普通高等学校环境科学与工程类专业系列教材

ISBN 978-7-03-058318-5

Ⅰ.①环… Ⅱ.①王… Ⅲ.①环境化学–高等学校–教材 Ⅳ.①X13

中国版本图书馆 CIP 数据核字（2018）第 162852 号

责任编辑：赵晓霞 / 责任校对：何艳萍
责任印制：赵 博 / 封面设计：迷底书装

科学出版社 出版

北京东黄城根北街 16 号
邮政编码：100717
http://www.sciencep.com

北京凌奇印刷有限责任公司印刷
科学出版社发行　各地新华书店经销

*

2018 年 8 月第 一 版　开本：787×1092　1/16
2025 年 1 月第七次印刷　印张：27 1/2
字数：630 000

定价：79.00 元
（如有印装质量问题，我社负责调换）

"普通高等学校环境科学与工程类专业系列教材"
编写委员会

前　言

　　环境化学是随着因人类活动相继出现的环境问题而发展起来的新兴学科。环境化学是环境科学的核心组成部分，它以环境问题为研究对象，以解决环境问题为目标，是一门研究有害化学物质在环境介质中的存在、化学特性、行为和效应及其控制的学科。环境化学研究的是一个多组分、多介质的复杂体系，污染物在环境中分布广泛、含量很低且存在动态变化。为了弄清污染物对环境的危害程度，不仅要对污染物进行定量检测，还要阐明污染物在环境中迁移、转化和归趋的规律，以及可能产生的生态效应和风险，提出相应的防控措施，这就需要应用化学、生物学、生态学、地学、毒理学、医学和计算机科学等多学科的理论和方法开展研究，使得环境化学与其他学科相互交叉、相互渗透。

　　环境化学在对环境污染问题的认识、阐明和解决过程中发挥重要作用。随着社会经济的高速发展，有毒化学物质污染日趋严重，人类所处的自然环境遭到巨大破坏，严重威胁生态安全和人体健康，已成为影响人类生存与发展的全球重大环境问题之一。环境化学研究也随着环境问题的加剧在各个领域纵深发展，并在研究观念、检测对象、研究方法、研究介质等方面出现了新的趋势。这种转变进一步推动环境化学学科的快速发展，新的研究成果大量涌现。为了反映环境化学发展的新内容，我们在1993年编著出版的《环境化学》基础上组织编写本书，并在编写过程中尽力将最新研究进展和成果编写进去，且注重理论与实际应用相结合，以期适应环境化学学科发展的需要。

　　环境化学涉及众多领域，为了使读者对环境化学内容有较全面的了解，本书按环境化学研究范围及内容分为4篇。第1篇为水环境化学，共4章。重点介绍天然水的组成和性质，无机污染物在水环境中的溶解和沉淀作用、配合作用、氧化还原平衡、固-液界面的相互作用，以及有机污染物在水环境中的分配作用、挥发作用、水解作用、光解作用和生物降解作用等基本原理及其在水环境化学中的应用，对人们关注的有毒污染物特别是新型有机污染物的环境行为及水体富营养化问题均有详细论述。第2篇为大气环境化学，共4章。着重介绍天然大气和重要污染物、大气中的重要气相和液相反应、大气颗粒物的来源、化学组成和污染特征，对于温室效应、光化学烟雾、酸雨、臭氧洞及灰霾等全球关注的问题都在相应章节介绍。第3篇为土壤环境化学，共3章。侧重介绍土壤的组成和主要理化性质，氮、磷及重金属、有机污染物在土壤中的迁移转化及环境因素对迁移转化的影响，对于重金属在土壤-植物系统中的归趋及受污染土壤的修复方法等均有涉及。第4篇为化学物质的生物效应和生态风险，共4章。重点介绍污染物的存在形态和生物可利用性、化学物质的生物吸收和生物浓缩、微生物对环境中化学物质的作用以及污染物的环境生态风险，同时也涉及生物标志物、生态风险的早期诊断和有机物的定量构效关系方面的内容。全书以阐明基本原理为主，并注意反映当前国内外关注的环境热点问题、研究进展和研究成果，有明显的多学科交叉特色。为便于读者阅读和掌握，每章后设有"本章基本要求"，并配备一定数量的"思考与练习"，为加强理论与实践相结合，每章还穿插了"案例分析"。

　　本书由多年从事环境化学教学和相关科学研究的教师参与编写。其中王晓蓉教授编写第1~5章，赵瑜教授编写第6~9章，顾雪元教授编写第10~12章，罗军副教授、顾雪元教授和崔昕毅副教授编写第 13 章，尹颖副教授编写第 14～16 章，王遵尧教授编写 16.3 节。最后由王晓蓉教授和顾雪元教授负责统稿。

在本书编写过程中，得到南京大学环境学院领导的关心和支持，环境化学教研室的同事对本书的章节和内容安排等均提出了宝贵意见，陈东、曾小兰、童非和姜洋等研究生参与部分书稿的编写和图表的绘制，科学出版社的赵晓霞编辑对本书的出版给予热情指导和认真细致的编辑加工，在此一并表示衷心的感谢。

本书内容涉及领域广泛且是新兴学科，由于我们水平有限，在内容的选取和论点的陈述方面难免有疏漏和不妥之处，敬请读者批评指正。

王晓蓉

2017 年 12 月 2 日

目　　录

第1篇　水环境化学

第2篇　大气环境化学

第3篇　土壤环境化学

第4篇　化学物质的生物效应和生态风险

第1章 绪 论

1.1 环境化学的形成

在历史发展的进程中，人类为了自身的生存和发展不断地开发和利用自然资源，导致环境污染问题时有发生。20世纪30年代，一些国家只注重经济发展而缺乏环境保护的意识，使污染事件和危害人体健康的事件时有发生，最著名的是"世界八大公害"，其中马斯河谷烟雾事件、多诺拉烟雾事件、伦敦烟雾事件、洛杉矶光化学烟雾事件和四日哮喘事件这五个公害是排放大量污染气体和粉尘引起的，另外三个公害(水俣病事件、痛痛病事件和米糠油事件)是由于污染而最终引起食物中毒的事件。这些事件引起了世界的震惊，促使人们思考它们发生的根源及其所造成的危害，自觉或不自觉地开展一些研究，最初侧重于污染物检测手段、寻找污染控制途径等，这就为环境化学学科的诞生准备了条件。而且，当人类对自然资源不适当地开发和利用时，还将引起生态环境的破坏、水土流失、土壤退化、气候变化等，从而导致大量生物资源急剧减少，反过来又破坏了人类赖以生存的环境，也就是人们常说的"大自然的报复"。

20世纪70年代以来，发生的许多公害事件的严重程度已远远超过了八大公害事件。例如，1984年印度博帕尔市的一家农药厂约有45万t农药剧毒原料甲基异氰酸酯被泄漏到大气中，导致2500人即时中毒死亡，3天后死亡人数增至8000人，受伤人数达50万人，成为世界上最严重的中毒事件。1986年苏联切尔诺贝利核电站泄漏爆炸事件，使北欧、东欧等地区大气层中放射性尘埃增高达一周之久。这也是世界上第一次核电站污染环境的严重事故。同年，瑞士一家化工厂的仓库发生爆炸事件，大量有毒化合物随灭火剂一起流入莱茵河，致使一些城市中的河水、自来水和井水不得不禁止使用。

此外，人类合成化学品和使用的化学品种类与数量急剧增加也带来环境污染的问题。全世界化学品的产量已从20世纪50年代的700万t增加到2015年的4.85亿t，它们通过生产、储藏、运输、应用及最后处理进入环境。有人预言，化学污染如果不加以注意和控制，最终可能导致20%以上现有的动植物种类灭绝。

显然，环境污染问题促进了环境化学研究的发展。例如，通过煤烟型大气污染问题的研究发展了硫和气溶胶化学；通过光化学烟雾污染的研究发展了大气光化学；通过酸雨污染的研究发展了降水化学；这三个领域正是大气化学的三个主要研究方向。另外，当污染物进入水体后，又将怎样迁移、转化，也是研究的重点之一。

化学肥料和农药的施用以及工业和生产排出的废弃物进入土壤，造成农药、重金属和其他化学物质在土壤中的积累，并在作物中残留。20世纪60年代，美国生物学家雷切尔·卡森写了一本《寂静的春天》，预言大量施用农药将造成生态破坏，使鸟语花香的春天变得死气沉沉，在世界范围内引起极大反响，也迫使人类不得不研究采取保护环境的相应措施。因此，对化学物质在大气、水体、土壤等自然环境中引起的化学现象的研究发展极为迅速，一些原来不受重视的化学问题，从保护自然环境和人体健康的角度出发，成为重要的、亟待解决的问题。为了探讨这些问题，人们逐渐发展了新的研究方法和手段，提出了新的观点和理论，于是形成了一门新的分支学科——环境化学。

环境化学是随着人类社会相继出现的环境问题而发展起来的新兴学科，至今尚没有一个统一的定义。我国国家自然科学基金委员会化学科学部组织编写的《环境化学学科前沿与展望》一书中提出了一个较为普遍接受的定义：环境化学是一门研究有害化学物质在环境介质中的存在、化学特性、行为和效应及其控制的化学原理和方法的学科。

1.2 环境化学的特点

环境化学是环境科学的核心组成部分，也是环境科学与化学的综合和交叉，它起源于化学，但又不同于原来的化学学科，因为它是从环境的角度来考虑问题。一般情况下，环境中的化学污染物是指由人类活动产生，与天然环境化学组分共存和相互作用，有可能产生不良生态效应或健康效应的化学物质。它们在环境介质中也会有各种不同的形态变化，这就决定了环境化学研究的对象是多组分、多介质的复杂体系。同时，化学污染物在环境中的含量很低，一般只有 ppm 或 ppb 级水平，有的甚至低到 ppt 级或超痕量的飞克 (fg) 级水平[①]。它们分布广泛，迁移转化速度较快，且在不同时空条件下有明显的动态变化。为了获得化学污染物在环境中的含量、存在形态和污染程度，不仅要对污染物进行定量检测，还要对其毒性和影响作出鉴定，研究化学污染物在环境中的迁移、转化和归趋，特别是污染物在环境中的积累、相互作用和生物效应等问题，包括污染物存在形态的生物可利用性、化学污染物致畸、致突变、致癌作用机理，化学物质的结构与毒性之间的相关关系，污染物的生态效应和在食物链中传递对人体健康的危害等，需要应用化学、生物学、生态学、毒理学、医学和地学等许多学科的基础理论和方法来进行研究。这种多学科、多介质、多层次的研究不仅大大丰富了环境化学研究的内容，也为环境化学提供了许多新的生长点，推动了环境化学和这些学科的互相渗透及交叉。环境组学、环境纳米化学、环境计量学等一些新的交叉学科出现，也会进一步推动环境化学的发展。

1.3 环境化学的研究对象、任务和范围

环境化学是一门在化学科学的传统理论和方法论基础上发展起来的新兴学科，它以环境问题作为研究对象，以解决环境问题作为目标。为了保护人类的环境，环境化学必须回答下列问题：

(1) 在空气、水体、土壤和食品中，存在着哪些潜在有害物质？

(2) 这些物质来自哪里？

(3) 它们在环境介质中和不同界面之间是怎样迁移、转化的？最终的归趋是什么？

(4) 潜在有害物质对生态环境和人体健康的危险程度与暴露程度的依赖关系如何？

(5) 有何种方案能缓解或消除已有影响，以及防止产生危害的方法和途径是什么？

---

① $1ppm=10^{-6}$；$1ppb=10^{-9}$；$1ppt=10^{-12}$；$1fg=10^{-15}g$。

显然，这些问题的解决正是环境化学研究的主要任务。目前主要研究内容为：有害物质在环境介质中存在的浓度水平和形态；潜在有害物质的来源及其在不同环境介质之间迁移、转化的化学行为和归趋；有害物质对环境和生态系统及人体健康产生效应的机制和风险；有害物质已造成影响的缓解和消除，以及防止产生危害的方法和途径等。

环境化学随着环境问题的出现而产生，并在与其他学科的交叉融合中迅速发展，已在解决重大环境问题中发挥重要作用，逐渐形成了环境化学的分支学科。

(1)环境分析化学：应用现代分析化学的新原理、新方法、新技术测定和分析环境介质中有害物质的种类、价态、形态及含量。

(2)环境污染化学：应用化学的基本原理和方法研究有害物质在大气、水体、土壤等环境介质中的形成机制、迁移转化过程中的化学行为和生态效应，为环境污染控制与修复提供科学依据。

(3)污染控制化学：研究与污染控制和修复有关的化学机制及工艺技术中的化学问题，为开发经济、高效的污染控制及修复技术，发展清洁生产工艺提供理论依据。

(4)污染生态化学：在种群、个体、细胞和分子水平上研究有害物质与生物之间的相互作用过程，以及引起生态效应的化学原理、过程和机制。

(5)理论环境化学：应用物理化学、系统科学和数学的基本原理和方法及计算机仿真技术研究环境化学中的基本理论问题，主要包括环境系统热力学、动力学、有害物质结构-活性关系及环境化学行为与预测模型。

1.4 环境化学发展动向

环境问题逐渐成为全球关注的焦点，环境化学研究也随着环境问题的加剧在各个领域向纵深发展，出现了新的趋势。研究理念从被动研究环境出现的重大环境问题向主动预防环境污染、解决可能出现的环境问题转变；环境分析从监测元素总量向元素存在形态的生物可利用性及毒性相关性转变，从关注重金属、常见有机污染物向持久性有机污染物及新型有机污染物转变，从研究高浓度、单一污染的短期效应向低浓度、复合污染的长期效应转变；研究介质从单一介质、局部地区向多介质界面、区域及全球范围转变；研究方法从传统的调查向应用多学科新技术、新方法交叉研究转变。这些转变进一步推动环境化学学科的快速发展。面对极为复杂的环境问题，开展污染物多介质界面行为、区域环境过程与调控原理、纳米颗粒物的环境行为和生物效应、环境友好和功能材料在污染控制中的应用以及化学污染物暴露与食品安全等研究是未来环境化学研究的重要发展方向(中国科学院，2016)。

环境化学就是在认识和解决实际环境问题过程中形成的学科，在为环境保护决策提供科学依据方面将起着关键和核心作用。下面仅就国际发展动向及我国存在的一些问题作简要介绍。

1.4.1 环境分析化学

要深刻了解环境污染程度、追溯污染来源、认识污染进程，都需要有足够选择性、灵敏度高的环境监测测试方法，因此环境分析化学和环境监测新技术的研究无疑是保护环境、发展环境化学的一项基础性工作。

近年来，环境分析化学发展非常迅猛。据统计，每年发表相关环境分析类论文超过 1 万篇。进入 21 世纪以来，样品的采集和前处理技术，特别是以半透膜装置（semipermeable membrane devices，SPMDs）、固相微萃取（solid phase micro-extraction，SPME）为代表的被动采样技术，已用于采集空气和水介质中的环境污染物。薄膜梯度扩散（diffusion-gradient in thin-films，DGT）技术则主要用于金属离子、营养元素和类金属元素的被动采样。质谱与各种采样、分离技术的在线联用也成为测定复杂基体痕量污染物的研究热点，检测能力不断提高，污染物超痕量分析已达到飞克级水平。智能化计算机和高速电子器件与检测器的使用，使环境监测周期大大缩短。高效分离手段、各种化学和生物选择性传感器的使用，使得直接测定复杂基体中污染物含量成为可能。

样品采集和前处理是制约环境分析化学发展的主要因素之一。据统计，目前样品前处理时间占整个分析过程的 70%～80%，也是导致产生分析误差的主要原因。近年来，重点研究可供时空分辨、生物可利用性以及可提供污染物浓度的实时或接近实时信息的简单快速采样和检测一体化的样品采集技术，被动采样技术就是突出的代表。被动采样技术（passive sampling technique）可在不影响主体溶液情况下进行原位采样，在数天至几个月内得到污染物的时间权重平均浓度，具有无须动力、灵敏度高、成本较低、适合大规模采样等优点，较好地克服了主动采样难以反映不断变化的环境状况及生物效应等缺点。

前处理则是发展快速高效、安全可靠、微型化和环境友好的技术，其中各种无溶剂化萃取技术、仪器辅助型萃取技术和以纳米材料、分子印迹等为基础的萃取技术代表着前处理技术的发展前沿。例如，浊点萃取（cloud point extraction）是以表面活性剂的浊点现象为基础，利用表面活性剂的胶束水溶液在特定外界条件诱导下产生的相分离现象。再如，在含纳米材料的水样中加入高于临界胶束浓度的非离子表面活性剂 TritonX-114（TX-114），纳米材料表面将自组装 TX-114 形成胶束，从而使纳米材料富集在 TX-114 相中得到分离，这是一种环境友好的纳米材料高效分离和富集技术，可用于萃取半导体量子点（CdSe/ZnS/FEG）、金属氧化物纳米颗粒（Fe_3O_4/HA、TiO_2）、贵金属纳米颗粒（Ag、Au）及碳纳米材料（C_{60}、SWCNTs）等。应用该技术富集分离的纳米材料可很好地保持原有形貌和大小，为研究纳米材料在环境中的行为变化提供有效手段（Takagai and Hinze，2009；Liu et al，2009）。

加压流体萃取（pressurized liquid extraction，PLE）、微波辅助萃取（microwave-assisted extraction，MAE）、超临界流体萃取（supercritical fluid extraction，SFE）、亚临界水萃取（subcritical water extraction，SWE）等仪器辅助增加型萃取技术，对污泥、底泥、土壤和生物体等固体或半固体样品进行高效萃取，正迅速取代索氏提取、自动索氏提取等技术，已被许多官方机构作为标准方法使用。

随着经济高速发展，许多新型污染物如多溴联苯醚（polybrominated diphenyl ethers，PBDEs）、全氟化合物（perfluorinated compounds，PFCs）、药物和个人护理用品（pharmaceuticals and personal care products，PPCPs）、多氯萘（polychlorinated naphthalenes，PCNs）、短链氯化石蜡（short-chain chlorinated paraffins，SCCPs）及人工纳米材料等不断出现，它们在多种介质中的含量、环境行为和生态效应以及可能产生的生态风险都成为目前环境研究关注的热点，迫切需要发展测定新型污染物的高效、灵敏的仪器分析方法及快速简便的样品前处理技术。因此，应用高新技术(如激光、微波、分子束、核技术、纳米技术等)从根本上革新原来的分析方法、步骤和程序应是今后环境分析化学发展的主要方向。

1.4.2 水环境化学

1. 新型持久性有机污染物的环境行为和生态效应

PFCs、PBDEs、PPCPs 等作为一类新型的持久性有机污染物(POPs)在水环境中广泛存在，它们在水环境中的存在形态、环境行为及对人体健康可能带来的潜在危害尚不清楚，而且低浓度长期暴露会对生态环境产生多大危害尚不得而知，因此必须在今后的研究中给予高度关注。

PFCs 是一类生物积累强、对人体多脏器产生毒性的污染物，它在水中的溶解度大，可在水环境中长期存在，至今尚无适用于监测水环境 PFCs 污染简便易行的方法。因此，研究并建立环境中 PFCs 监测的标准定量方法已经成为当务之急，并在此基础上系统研究 PFCs 在水环境中的分布、存在形态、迁移转化规律及生态效应，研究它们的毒性效应和致毒机理，以及对生态环境和人体健康可能带来的潜在危害。

PBDEs 已被认为是一类在全球广泛存在的持久性有机污染物，目前研究主要集中在沉积物和大气方面，而在水体和土壤方面的研究非常有限。因此，今后应加强 PBDEs 及其代谢物在水体、土壤环境中的环境行为和生态效应方面的研究，特别是在电子工业发达和电子垃圾回收地区的污染现状，在生物和非生物介质中迁移转化和对生态环境、人体健康的潜在危害方面的研究；关注不同溴取代阻燃剂的长距离迁移能力、PBDEs 在水环境和生物体内的代谢转化途径及 PBDEs 母体和代谢转化产物(尤其是羟基化和甲基化产物)对低等水生生物的毒理效应及机制研究。

PPCPs 是国际上持久性有机污染物的另一个研究热点，深入开展抗生素在水环境中的迁移转化、环境暴露水平下典型抗生素水生态毒性与机制等方面的研究，建立生态风险评估和预测方法体系，为使用抗生素环境安全标准的修订和水环境标准制定提供科学依据。应特别重视长期滥用抗生素产生的抗生素抗性基因(antibiotic resistance genes，ARGs)对环境造成的潜在基因污染，这些基因污染物可以通过物种间遗传物质的交换无限制地传播，具有遗传性且很难控制和消除，一旦形成将对人类健康和生态系统安全造成长期不可逆的危害。世界卫生组织(WHO)将抗生素抗性基因列为 21 世纪威胁人类健康最重大的挑战。因此，迫切需要开展抗生素抗性基因在环境中的来源、传播和扩散机制，以及其可能对生态环境和人体健康长期的潜在危害方面的研究。同时还应对个人防护品如紫外线防护剂、香料、染发剂等合成化学品对生态环境和人体健康的潜在危害开展研究。

纳米材料的广泛应用可导致纳米颗粒通过不同途径进入环境，纳米材料的环境行为及对环境和人类健康的潜在危害受到人们的关注。定量描述纳米颗粒在环境中的行为是评价环境风险的基础，但其独特的理化性质使传统的预测评价方法不完全适用于纳米颗粒，因此对纳米颗粒环境行为的定量描述还需要开展大量的研究。纳米材料生物毒性效应虽然开展了不少研究，但在实验室模拟研究中，纳米颗粒物浓度远高于实际环境，且毒性实验中一些干扰因素没有很好地排除，纳米颗粒自身毒性仍有待验证，现有研究很难阐明纳米材料的生态毒性效应和评价其安全性。因此，开展纳米颗粒毒性效应的定量表征和安全性评价研究仍是今后关注的重点。

2. 水华暴发机制和主要衍生物的生态危害

氮、磷富集导致水体富营养化被认为是国际上最普遍的水环境问题。营养盐的富集导致生态系统发生变化，但许多过程和现象的机制仍不清楚，所以蓝藻水华暴发机制和水体营养盐的富集对水生态系统的影响仍然是未来一段时间的研究热点。水华暴发主要衍生物藻毒素危及水质、生态系统及人类健康，目前主要集中在水质和微囊藻毒素生物累积调查，以及饮用水和渔产品的健康风险研究，需加强微囊藻毒素对整个水生态系统的结构与功能的影响，以及在水生生态系统各营养级水平的积累和传递作用方面的研究。而且，需要开展微囊藻毒素低剂量长期暴露对水生生物的毒理学研究，特别是野外原位条件下蓝藻水华暴发对水生生物造成的生态毒理效应研究，在分子水平上揭示其微观致毒机理，阐明其对水生生态系统的影响，建立适合我国国情的水华成灾的生态安全阈值指标体系，为控制和消除水华暴发产生的危害提供依据。同时，应关注因灌溉含有微囊藻毒素的湖水进入土壤而对土壤生态系统可能带来的影响。

3. 水质基准

水质基准(water quality criteria)是制定水环境质量标准及评价、预测和防治水体污染的主要依据。美国和欧盟都较早地开展了水质基准的系统研究。美国的水质研究始于20世纪初，1974年正式公布了《水质基准》，已建立了较为完善的水质基准推导理论和方法学，2009年USEPA颁布的水质基准包括120项优先控制污染物和47项非优先控制污染物的淡水(海水)的急性和慢性，以及人体健康等6类基准值。加拿大(1987年)和澳大利亚(2004年)都分别制定了相关的《水质指南》，但目前乃有许多污染物没有相对应的水质基准。国际上目前主要采用评价因子法、物种敏感度分布曲线法、生态毒理模型法和毒性百分数排序法等推导水生生物基准，但是不同的推导方法得出的基准会有所不同(冯承莲等，2012)。

我国水质基准研究较晚，现行水质标准限值大多直接采用和借鉴国外水质标准或水质基准。近年来，已有许多课题组开展了环境基准的研究，指出环境暴露、效应识别和风险评估是基准研究的三个关键步骤，初步建立了具有我国区域特点的环境质量基准理论、技术和方法体系，初步提出了具有生态分区差异性的水生生物基准制定方法技术体系，对我国水环境基准研究的发展起到积极作用。今后基准研究应围绕污染物的生物可利用性、明确生物富集机理和毒性效应、构建毒性预测模型以及新型污染物水质基准理论方法学等方面开展研究。

1.4.3 大气污染化学

20世纪末，随着城市化和工业化进程的加速，机动车数量高速增长，导致空气中除了原有的高浓度SO_2和颗粒物外，NO_x和挥发性有机污染物(VOCs)的浓度也快速增加，在夏、秋两季的高温和强紫外线作用下形成光化学污染。许多城市地区煤烟型污染和光化学污染共存且相互耦合，使大气环境面临新的问题。

1. 大气化学过程与全球气候变化之间的关系

按现有CO_2等主要温室效应的气体浓度上升速率估算，今后半个世纪世界平均温度可能比现在升高 1.5～4.5℃, 届时将出现什么问题? 联合国环境规划署(UNEP)最新公报指出, 温室效应将使气候有较大变化。为了预防气候变化, 人们一直监测引起全球变暖的大气温室气体浓度、大气寿命及其时空变化规律, 同时注意到大气痕量物质如 O_3、炭黑等对区域气候也会产生明显影响。全球变暖导致大气气溶胶浓度的变化可能会影响 O_3 的光解速率, 从而降低对流层中 O_3 的浓度。从 1750 年到 1999 年, 除认识到卤代烃、CH_4、CO_2、N_2O、O_3 辐射胁迫可使地表升温外, 对于其他物种如炭黑、生物质燃烧、硫酸盐气溶胶等对全球气候变化的影响了解甚少。因此, 如何将大气环境化学的观测、模拟和气候模式相结合, 探明大气化学过程与全球气候变化关系尤为重要。

2. 大气复合污染

现有的卫星资料、地面观测结果及区域空气质量模型模拟等研究结果都表明, 在气象条件达到一定程度时, 我国城市群区域即出现 O_3 和灰霾区域性大气污染现象。此外, 随着氮氧化物排放量增长和大气氧化性增强, 我国长江以南地区的酸雨还有加重趋势。大气环境中污染物在生成、输送、转化过程中会发生复杂化学耦合, 产生大量二次污染物, 使大气呈复合型污染。针对这一问题, 唐孝炎课题组提出将大气污染作为一个复合整体来考虑的 "大气复合型污染的概念模型", 阐明大气污染物主要通过: ①气相反应, 使一次污染物向二次污染物转化; ②气态污染物向颗粒物转化; ③在颗粒物表面发生非均相反应等形成复合污染。大气氧化性是形成复合污染的关键。该模型显示, 大气中高浓度的一次性污染物可通过大气化学反应生成高浓度的二次污染物是我国许多城市和区域光化学烟雾及灰霾频繁出现的根本原因。为了有效地控制大气复合污染, 需要进一步对大气复合污染形成机制和环境效应开展深入研究。

3. 灰霾

近年来, 我国许多大城市和地区, 如京津冀地区、珠江三角洲、长江三角洲等, 灰霾天气频繁出现, 很难看到晴朗的蓝天, 这是由人类活动导致城市区域出现近地层大气的细颗粒气溶胶污染的现象。已有研究表明, 光化学污染引起大气污染物的源排放是我国高频率发生灰霾的内因, 气象条件则是外因。但对灰霾形成的大气化学过程研究不足, 对灰霾的判别和界定仍有争议。因此, 发展一种灰霾综合判别方法, 揭示从气态分子转化为簇的核化和生长过程并逐渐形成新粒子的大气气溶胶形成过程, 了解复合污染大气条件下灰霾形成机制、灰霾暴发前后气溶胶特征和灰霾气溶胶可能的来源, 发展实时现场观测技术, 使在线综合观测霾粒子的形成、分布特征、颗粒物的消光系数和散射系数等成为可能。不断发展实时现场观测技术, 开发出准确、轻便、易维护的各种微型化观测设备是今后一个很重要的研究方向。灰霾天气会导致人体呼吸道、心血管等疾病发生, 广州已发现灰霾天气增加与肺癌造成的死亡率之间的相关关系。因此, 明确灰霾天气诱发居民死亡率与 PM_{10}、$PM_{2.5}$、PM_1、黑碳粒子日均浓度的相关性, 揭示灰霾对人体健康的影响也将成为研究的重点。

1.4.4 土壤-有机污染物的界面反应及生物可利用性

有机污染物在土壤介质-土壤间隙水界面的吸附是控制其暴露、迁移、生物可利用性和反应活性的关键过程, 土壤有机质和矿物是土壤吸附有机污染物的主要活性部位。已有研究表明，土壤对非极性疏水性有机污染物的吸附能力与土壤有机质的含量呈正相关，其吸附机制主要受疏水性分配控制，而土壤对极性有机污染物的吸附较为复杂，极性有机污染物通过与土壤腐殖酸极性官能团之间的氢键作用、静电作用而被吸附，矿物对吸附的贡献就显得更为重要。目前，一些新型有机污染物如抗生素类药物和个人护理品等具有较强的极性，土壤对这一类污染物的吸附行为就很难用疏水性分配来描述，需要深入研究其吸附机制及影响吸附的因素。此外，黑碳是化石燃料和生物质等不完全燃烧生成的产物，在土壤和沉积物中普遍存在，它对有机污染物有很强的吸附能力，特别是有机污染物浓度较低时，其吸附能力远强于土壤有机质。黑碳的表面化学性质和孔隙结构对有机污染物的吸附有重要影响，相关的吸附机制研究受到关注。随着纳米材料的广泛应用，纳米材料已经参与到各种环境界面过程中，因此污染物与纳米颗粒物之间的相互作用、界面行为、环境归趋以及对生态环境和人体健康可能带来的影响也将备受关注。

土壤中污染物的生物可利用性决定其毒性。土壤中有机污染物的生物可利用性不仅取决于生物的特性、污染物对生物体作用位点，同时还受污染物与环境介质相互作用的物理化学过程影响。美国国家研究理事会提出"生物可利用过程"应包括结合态污染物的释放、结合态和自由溶解态污染物向生物膜的迁移、不同形态污染物跨越生物膜、生物体内污染物迁移到达靶位点等过程。溶解态有机质能促进污染物的生物可利用性。然而，由于土壤溶解态有机质性质及反应的复杂性，其影响生物可利用性机理还需要进一步研究。有机污染物在土壤的停留时间对污染物的迁移转化和生物可利用性有重要影响，老化效应是有机污染物在土壤或土壤组分微界面反应的结果，因此有必要深入研究污染物在土壤微界面的反应，从而更好地揭示老化效应的微观机制。一些先进的仪器，如同步辐射 X 射线谱仪、核磁共振波谱仪和原子力显微镜等，都能为揭示有机污染物在土壤或土壤组分微界面反应机制提供可能。同时，需要加强土壤中共存污染物对有机污染物生物可利用性的影响以及新型污染物生物可利用性研究。

为了保护土壤环境、防治土壤污染、保障农产品安全，开展土壤复合污染及调控原理、土壤环境多尺度效应及其转化的新方法和新技术、土壤关键带环境系统的界面过程耦合及动力学机制、污染物的生物可利用性及土壤环境质量基准/修复基准、土壤-植物-微生物体系的自然修复和强化修复等研究都将是未来土壤环境的研究热点和重点。

1.4.5　有害化学物质的生态风险和早期诊断

目前世界上已注册的化学品超过 800 万种，在全球流通的化学品有 6.5 万～8.5 万种。日益增长的化学品通过生产、运输、储存、使用、废弃等环节大量进入环境，一旦化学品的残留浓度超过一定的阈值，就会造成不可挽回的危害和灾难。如何识别环境中有害化学物质、预测和评价其生态和健康风险是亟待开展的重要课题。

1. 环境中复合污染物生态风险评价的方法学

迄今，人们只是对那些已经给环境质量和人体健康造成明显危害的少数品种，如 DDT、PCB、Hg、Cr(Ⅵ)、Cd 等，进行过较多研究，对大多数进入环境中化学品的环境化学行为及其潜在的危害了解甚少或一无所知，其对生态系统和人体健康潜在危害更未进行安全评价。国际上正综合考虑环境中的化学品从理化性质、降解和积累、生态毒理、毒性测定步骤系统等方面来确定实验方法和评价程序。这种将环境化学和环境毒理学结合起来进行生态毒理学的评价，对环境化学也是一种新的发展。

水环境中污染物都是以复合污染形式存在，复合污染的生态毒理效应特别是低剂量长期暴露的联合毒性效应一直是人们关注的热点，但至今在方法学上还没有明显的突破。2002年，*Science* 报道了一类广泛应用的除草剂(阿特拉津)在低于美国国家环境保护局饮用水标准的暴露剂量下，导致非洲爪蛙性别改变的实验证据。Hayes 等将 3000 只蝌蚪暴露于含有 10 种农药的农田中，每种农药的暴露剂量都不足以导致蝌蚪发育异常，然而野外现场实验证实，复合污染能显著导致蝌蚪发育异常(Renner，2003)。这一结果意味着必须重新审视现有化学品生态安全和毒性评价体系。原因是自然界没有任何一种生物是暴露于单一化学品中，而现有的生态风险评估方法一般都是以单一污染物为依据的评估方法，限制了研究结果的实际应用。因此，需加强在复合污染条件下生态风险评估方法的理论体系研究，并在研究方法上做出实质性的变革。

2. 污染物低剂量兴奋效应

许多化学物质和物理因子，在低浓度时能够对有机体的生长发育、体重、寿命、防御力以及损伤修复等方面产生刺激和促进作用，而高浓度下则产生抑制作用，称为兴奋效应(hormesis)。大量数据表明，这种兴奋效应被认为广泛存在于不同种属、不同结构的化学物质以及各个检测终点。人们在研究低剂量长期暴露时，经常观察到生物在低剂量污染物胁迫下出现兴奋效应，如何解释这些现象尚缺乏科学依据。Calabrese 和 Baldwin(2003)在 *Nature* 上撰文，指出传统的剂量-效应关系模型的建立是毒理学界在 19 世纪二三十年代犯的一个历史性错误，并提出了一个更具预测性的曲线性剂量-关系模型，认为化合物的剂量-效应关系既非阈值模型，也非线性模型，而是 U 形曲线。兴奋效应的定量分析标准大多是基于未见有害作用水平(NOAEL)以下的低剂量刺激效应相对于对照组的增加量。但是，NOAEL 法易受实验设计的影响。目前还缺乏足够的分子生物学证据来解释兴奋效应。如果在兴奋效应的分子生物学机制研究上有所突破，兴奋效应剂量-效应模型有可能应用于有毒化学品的生态风险评价。此外，复合污染条件下联合毒性的兴奋效应的研究应该是毒理学研究的一个重要方向。

3. 分子生物标志物在水环境生态安全早期诊断中的作用

水环境中有毒有害污染物往往是以低浓度、多种形态混合存在，依靠化学分析手段无法将所有的污染物一一检测，而且也不能对污染物的毒性效应做出准确、定量的评估。采用现代分子生物学方法与技术研究污染物及其代谢产物与细胞内大分子，包括蛋白质、核酸、酶的相互作用，揭示污染物剂量与生物体效应关系的生物标志物可简单地理解为生物体受到严重损害之前，在分子、细胞、个体或种群水平上因受环境污染物影响而产生异常变化的信号指标。生物标志物的检测可为生物体的后期损伤提供早期预警，因此在分子水平上开展污染环境的早期诊断和生态安全早期预警研究成为生态毒理学研究的热点之一。

在污染物胁迫下，无论生物体内抗氧化防御系统如何做出响应，污染物或其他氧化剂都会通过诱导活性氧的生成进而对生物体造成不同程度(个体、细胞、分子水平上)的氧化损伤。王晓蓉等(2013)通过系统地研究氯酚类、多环芳烃、溴代阻燃剂和微囊藻毒素等不同类型有机污染物胁迫下藻类、鱼类、沉水植物等受试生物体内活性氧的产生及其代谢过程，获得了污染物诱导生物体产生活性氧的直接证据，揭示了污染物胁迫下生物体活性氧产生与抗氧化防御系统和氧化损伤之间的耦合关系，污染物浓度与生成羟基自由基的信号强度存在剂量-效应关系。研究表明，污染物诱导生物体活性氧的累积导致氧化损伤是污染物致毒的重要机制，同时观察到，重金属在低于国家渔业水质标准的浓度下，热应激蛋白（HSP70）仍然有显著的诱导表达，说明水体中污染物在低于现行渔业水质标准的浓度下，长期暴露仍然会对鱼类产生一定的损伤。研究已优选出指示水体污染的早期预警分子生物标志物，提出运用多项敏感生理生化指标综合评价污染物对生物体的早期伤害的关键阈值，构建了应用多种分子生物标志物和成组毒性评价相结合的水环境生态安全诊断和早期预警新方法。为了解决污染物低浓度长期暴露生态风险难以定量评估，快速识别污染物对生物体早期伤害，应结合我国环境污染的实际特点，加强复合污染胁迫下生物的响应及生物标志物在野外真实环境的早期诊断和生态风险评价的应用研究。

随着污染物大量进入环境，对生态系统的影响日益加剧，化学污染物对河流、湖泊及近海生态系统的胁迫，已导致各种生态衰退，生物多样性丧失，生物群落或种群的消失。因此，不仅要在个体、细胞和分子水平上研究污染物的生态毒理效应及微观作用机制，更需要在生物种群、群落和生态系统上研究污染物的宏观生态效应和相关机制。此外，从区域和全球水平上认识污染物对生态系统的影响及其机理近年来也备受关注。

本章基本要求

了解环境化学在环境科学中的作用，环境化学的特点、研究内容及环境化学发展动向。

思考与练习

1. 谈谈你所了解的环境污染事件及其原因。
2. 什么是环境化学？它的特点、研究对象和范围是什么？
3. 请叙述环境化学的研究任务是什么。
4. 请结合国内外环境现状，叙述环境化学的发展动向。

第1篇

水环境化学

　　水是生命不可缺少的物质，没有水就没有生命。水也是世界上分布最广的资源之一，是工农业生产不可缺少的物质。但是，世界上可供人类利用的淡水资源仅占地球水资源的0.64%，水资源保护显得更加迫切。

　　为了防治水污染，人们从20世纪60年代以来开展了许多水资源保护和水污染研究工作，如汞污染引起的水俣病和镉污染引起的痛痛病等，取得许多研究成果。随着研究工作的深入，人们开始密切关注污染物在水/气、水/沉积物，水/水生生物等界面的传输过程和动态变化，并将水—气—沉积物—生物作为一个完整体系开展研究，水中重点污染物也从重金属及大量耗氧有机物转向持久性有机污染物，以及新型化合物的水环境化学行为和归趋研究，并关注水环境中污染物共存时的复合效应。此外，饮用水资源的保护及地下水污染问题也日益受到重视。

　　在本篇中，将侧重介绍天然水的组成和性质，无机污染物在水环境中的溶解和沉淀作用、配合作用、氧化还原平衡、固-液界面的相互作用，以及有机污染物在水环境中的分配作用、挥发作用、水解作用、光解作用和生物降解作用等基本化学原理及其在水环境化学中的应用，污染物在水环境中的环境行为和归趋模式的基本原理等。

第2章 天然水的组成和性质

2.1 水质概况

水是地球上分布最广的物质之一,地球表面有 70.0%为海洋所覆盖,整个地球上的水量约为 13.6 亿 km^3,主要来自海洋、降雨、地表水(湖泊、河流、水库等)、地下水及生物水等。自然界水资源分布情况见表 2-1。其中,海洋占地球总水量的 97.3%,淡水只占 2.7%,可供人类使用的淡水资源约为 850 万 km^3,仅占地球总水量的 0.64%。

表 2-1 地球水资源分布

水体	水量/km^3	总量/%
海洋	1 320 000 000	97.3
淡水湖	125 000	0.009
盐湖和内海	104 000	0.008
河流	1 250	0.000 1
土壤水	67 000	0.005
地下水	8 350 000	0.61
冰冠和冰川	29 200 000	2.14
大气水	13 000	0.001
合计	1 360 000 000	100

我国水资源比较丰富,约为 27 210 亿 m^3,居世界第六位。但由于人口众多,人均水量很少,仅占世界人均水量的 1/4,且水资源地区分布非常不均匀,占全国土地面积 63.7%的北方地区,其水资源仅占全国水资源的 20%,而仅占全国土地面积 36.3%的南方地区,水资源却占约 80%。随着工农业迅速发展,全国用水量日益增加,目前用水量约为 4776 亿 m^3/a,仅次于美国。但由于水资源受到工业废水及生活废水等的污染,水质日益恶化。据 2006 年中国环境状况公报,我国地表水总体水质属中度污染,其中 V 类和劣 V 类水质的断面比例分别为 32%和 28%,许多湖泊长期处于水体富营养状态,特别是太湖、巢湖、滇池等大型湖泊的污染问题已成为中国水污染治理的重点,地下水水质呈恶化趋势。但到 2016 年,我国地表水国控断面总体为轻度污染,Ⅳ～Ⅴ类和劣 V 类水质断面比例分别为 23.7%和 8.6%;劣 V 类的重要湖泊仅占 112 个重要湖泊(水库)的 8%;地下水质呈极差级的监测点占14.7%。总的来说,我国水质呈现好的趋势,表明我国水污染控制取得显著进步。我国水体频繁检测出持久性有机污染物(POPs)、内分泌干扰物(ECDs)、药物和个人护理品(PPCPs)

等污染物，它们将对饮用水的安全产生危害，从而严重威胁人体健康和生态安全，因此控制水体污染、保护水资源仍是刻不容缓的任务。

2.2　天然水的组成

地壳原生岩石经风化、迁移和沉积作用成为沉积岩，再经地壳变迁重新转入大陆构成岩石。水在该循环中起着关键作用，它可作为悬浮态和可溶态物质的输送者，作为物质化学转化中的反应物，使其本身成为天然水而具有各种组成。天然水一般含有可溶性物质和悬浮物质(包括悬浮物、黏土矿物及水生生物等)，且是可溶性物质成分十分复杂的溶液。

2.2.1　天然水中的主要离子组成

K^+、Na^+、Ca^{2+}、Mg^{2+}、HCO_3^-、NO_3^-、Cl^- 和 SO_4^{2-} 为天然水中常见的八大离子，占天然水中离子总量的 95%～99%。天然水中这些主要离子的分类常用来作为表征水体中的主要化学特征性指标，如表 2-2 所示。

表 2-2　天然水中的主要离子组成

硬度	酸	碱金属		阳离子
Ca^{2+}、Mg^{2+}	H^+	Na^+、K^+		
碱度		酸根		阴离子
HCO_3^-、CO_3^{2-}	OH^-	SO_4^{2-}、Cl^-、NO_3^-		

天然水中常见主要离子总量可以粗略地作为水的总含盐量(TDS)(mg/L)：

$$TDS = [Ca^{2+}] + [Mg^{2+}] + [Na^+] + [K^+] + [HCO_3^-] + [SO_4^{2-}] + [Cl^-] + [NO_3^-]$$

所有的水都是电中性，因此水中阳离子的总当量数等于阴离子的总当量数，各种离子若以 mmol/L 计算时，则应有

$$2[Ca^{2+}] + 2[Mg^{2+}] + [Na^+] + [K^+] = [HCO_3^-] + [Cl^-] + 2[SO_4^{2-}] + [NO_3^-]$$

根据这个原则进行计算，可用来核对水质分析结果的合理性。

不同环境水体中主要离子的组成存在差异，河水中离子的平均浓度远低于海水中的平均浓度，而且在河水中：$[HCO_3^-] > [Cl^-] > [SO_4^{2-}]$，$[Ca^{2+}] > [Na^+] > [Mg^{2+}]$，在海水中：$[Cl^-] > [SO_4^{2-}] > [HCO_3^-]$，$[Na^+] > [Mg^{2+}] > [Ca^{2+}]$。受局部地质条件影响，地下水离子浓度变化范围较大。

2.2.2　水中的金属离子

水溶液中金属离子的表示式常写成 M^{n+}，实际上是简单的水合金属阳离子 $M(H_2O)_x^{n+}$ 的简写。一个自由的金属离子如 Mg^{2+} 不可能在水中以分离的实体存在，它们的离子外层常有水分子围绕，形成所谓的水合离子。当中心金属的电负性较强时，甚至可以与水分子中的

氢原子发生竞争,替代原来水分子中氢原子的位置,从而发生水解反应(hydrolysis reaction)。例如,铁就可以通过水解反应以 Fe^{3+}、$Fe(OH)^{2+}$、$Fe(OH)_2^+$、$Fe_2(OH)_2^{4+}$ 等多种形态存在。这些形态在中性(pH=7)水体中的浓度可以通过平衡常数加以计算:

$$\frac{[Fe(OH)^{2+}][H^+]}{[Fe^{3+}]} = 8.9 \times 10^{-4} \tag{2.2.1}$$

$$\frac{[Fe(OH)_2^+][H^+]^2}{[Fe^{3+}]} = 4.9 \times 10^{-7} \tag{2.2.2}$$

$$\frac{[Fe_2(OH)_2^{4+}][H^+]^2}{[Fe^{3+}]^2} = 1.23 \times 10^{-3} \tag{2.2.3}$$

假如存在固体 $Fe(OH)_3(s)$,则式(2.2.4)和式(2.2.5)成立:

$$Fe(OH)_3(s) + 3H^+ \rightleftharpoons Fe^{3+} + 3H_2O \tag{2.2.4}$$

$$\frac{[Fe^{3+}]}{[H^+]^3} = 9.1 \times 10^3 \tag{2.2.5}$$

在 pH=7 时,$[Fe^{3+}] = 9.1 \times 10^3 \times (1.0 \times 10^{-7})^3 = 9.1 \times 10^{-18} mol/L$,将此数值代入方程式(2.2.1)～式(2.2.3)中,即可得出其他各形态的浓度为 $[Fe(OH)^{2+}] = 8.1 \times 10^{-14} mol/L$,$[Fe(OH)_2^+] = 4.5 \times 10^{-10} mol/L$ 及 $[Fe_2(OH)_2^{4+}] = 1.02 \times 10^{-23} mol/L$。虽然这种处理简单化了,但很明显,在近于中性的天然水溶液中,可溶性铁离子的浓度可以忽略不计。在地下水中,可溶性铁是以 $Fe(II)$ 存在,当它们暴露于大气中时,Fe^{2+} 缓慢氧化生成 Fe^{3+},就在溶液中产生了红棕色的沉淀。

2.2.3 溶解在水中的气体

溶解在水中的重要气体有 O_2、CO_2、CH_4、NH_3 等,它们对水中生物种类的生存会产生非常重要的影响。大气中的气体分子与同种气体在溶液中分子间的平衡为

$$X(g) \rightleftharpoons X(aq) \tag{2.2.6}$$

气体在水中的溶解度服从亨利定律,即一种气体在液体中的溶解度正比于液体所接触的该种气体的分压。因此,气体在水中的溶解度可用式(2.2.7)表示:

$$[X(aq)] = K_H \cdot p_i \tag{2.2.7}$$

式中:K_H 为气体 i 在一定温度下的亨利常数;p_i 为气体 i 的分压。表 2-3 给出一些气体在水中的 K_H 值。

表 2-3　一些气体在水中的亨利常数(25℃)

气体	K_H/[mol/(L·atm①)]	气体	K_H/[mol/(L·atm)]
O_2	1.28×10^{-3}	N_2	6.48×10^{-4}
O_3	9.28×10^{-3}	NO	2.0×10^{-3}
CO_2	3.38×10^{-2}	NO_2	9.87×10^{-3}
CH_4	1.34×10^{-3}	HNO_2	49
C_2H_4	4.9×10^{-3}	HNO_3	2.1×10^5
H_2	7.90×10^{-4}	NH_3	62
H_2O_2	7.1×10^4	SO_2	1.24

①非法定计量单位，1atm=1.013×10⁵Pa，下同。

在计算气体的溶解度时，需对水蒸气的分压加以校正(在温度较低时，这个数值很小)，表 2-4 给出水在不同温度下的分压。根据这些参数，就可按亨利定律算出气体在水中的溶解度。

表 2-4　水在不同温度下的分压

T/℃	p_{H_2O}/mmHg①	p_{H_2O}/atm
0	4.579	0.006 03
5	6.543	0.008 61
10	9.209	0.012 12
15	12.788	0.016 83
20	17.535	0.023 07
25	23.756	0.031 26
30	31.824	0.041 87
35	42.175	0.055 49
40	55.324	0.072 79
45	71.880	0.094 58
50	92.510	0.121 72
100	760.000	1.000 00

①非法定计量单位，1mmHg=133.322Pa，下同。

1. 氧在水中的溶解度

如果没有相当数量的溶解氧(dissolved oxygen，DO)，许多水生生物就无法在水中生存。例如，许多鱼类的死亡，不是由于污染物的直接毒性致死，而是由于水中有机物降解过程中消耗水中的氧而使生物缺氧致死。

氧在水中的溶解度与水的温度、氧在水中的分压及水中含盐量有关。氧在 1.0000atm、25℃饱和水中的溶解度可按式(2.2.8)和式(2.2.9)计算。从表 2-4 可查出 25℃时水蒸气的分压为 0.03126atm，干空气中氧为 20.95%，所以氧的分压为

$$p_{O_2}=(1.0000-0.03126)\times0.2095=0.2029\text{atm} \tag{2.2.8}$$

代入式(2.2.7)即可求出氧在水中的摩尔浓度为

$$[O_2(aq)] = K_H \cdot p_{O_2} = 1.28 \times 10^{-3} mol/(L \cdot atm) \times 0.2029atm = 2.6 \times 10^{-4} mol/L \tag{2.2.9}$$

氧的相对分子质量为 32，因此溶解度为 8.32mg/L。

气体的溶解度随温度升高而降低，这种影响可由克劳修斯-克拉佩龙(Clausius-Clapeyron)方程表示：

$$\lg \frac{c_2}{c_1} = \frac{\Delta H}{2.303\,R} \left(\frac{1}{T_1} - \frac{1}{T_2} \right) \tag{2.2.10}$$

式中：c_1 和 c_2 分别为热力学温度 T_1 和 T_2 时气体在水中的浓度；ΔH 为溶解热，J/mol；R 为摩尔气体常量，8.314J/(K·mol)。因此，若温度从 0℃ 上升到 35℃，氧在水中的溶解度将从 14.74mg/L 降低到 7.03mg/L。由此可见，与其他溶质相比，溶解氧的水平是不高的，一旦水中发生氧的消耗过程，则溶解氧的水平可以很快地降至零，此时则需对水进行复氧。

如果起始的生物有机质用 {CH₂O} 表示，则由于有机质降解消耗水中的氧可由式(2.2.11)表示：

$$\{CH_2O\} + O_2 \longrightarrow CO_2 + H_2O \tag{2.2.11}$$

可以算出在 25℃ 和 1.00atm 下，消耗 8.3mg/L O_2 所需的有机质的量为 7.8mg/L，即仅需 7～8mg 的有机物，就可以把 25℃ 下为空气所饱和的 1L 水中的氧气消耗殆尽。而且水中除了光合作用以外，没有化学反应可以提供氧，必须来自大气。

2. CO_2 的溶解度

假定空气与纯水在 25℃ 时平衡，水中[CO_2]的值可以很容易用亨利定律来计算。已知目前大气中 CO_2 含量为 0.038%(体积分数)，水在 25℃ 时蒸气分压为 0.03126atm，CO_2 的亨利常数为 $3.38 \times 10^{-2} mol/(L \cdot atm)$ (25℃)，则 CO_2 在水中的溶解度为

$$p_{CO_2} = (1.0000 - 0.03126)atm \times 3.8 \times 10^{-4} = 3.68 \times 10^{-4} atm \tag{2.2.12}$$

$$[CO_2(aq)] = 3.38 \times 10^{-2} mol/(L \cdot atm) \times 3.68 \times 10^{-4} atm = 1.24 \times 10^{-5} mol/L \tag{2.2.13}$$

CO_2 在水中离解部分可产生等浓度的 H^+ 和 HCO_3^-。H^+ 及 HCO_3^- 的浓度可从 CO_2 的酸离解常数 K_1 计算得出：

$$[H^+] = [HCO_3^-] \tag{2.2.14}$$

$$\frac{[H^+]^2}{[CO_2(aq)]} = K_1 = 4.45 \times 10^{-7} \tag{2.2.15}$$

$$[H^+] = (1.24 \times 10^{-5} \times 4.45 \times 10^{-7})^{1/2} = 2.35 \times 10^{-6} mol/L$$

$$pH = 5.63 \tag{2.2.16}$$

从空气溶解到 1L 纯水中的 CO_2 浓度为[$CO_2(aq)$]与[HCO_3^-]的总和，故总的溶解在 1L

纯水中 CO_2 的溶解度应为

$$[CO_2(aq)]+[HCO_3^-]=1.48\times10^{-5}mol/L = 0.65mg/L$$

2.2.4　水中的营养元素

水中的 N、P、C、O 和微量元素(如 Fe、Mn、Zn)是湖泊等水体中生物的必需元素。营养元素丰富的水体通过光合作用,产生大量的植物生命体和少量的动物生命体。因此,水体中 N、P 的含量和存在形态一定程度上控制着藻类生长。一般认为湖水中总氮(TN)达 0.5mg/L、总磷(TP)达 0.02mg/L 是富营养化发生的浓度。近年来的研究表明,湖泊水质恶化和富营养化的发展与湖体内积累营养物有着直接的关系。以太湖为例,近三十年来,营养元素特别是 TN、TP 的含量都有明显的增加,年入湖量 TN 在 40 000t 左右,TP 在 2000t 左右,非点源污染是太湖 TN、TP 外源输入的主要形式。Fe 是藻类在光合作用和固氮过程中必不可少的营养元素,当 Fe 浓度在 0.1~1.0mg/L 时,藻类群落从绿藻向蓝藻转化。

通常使用 N/P 值的大小来判断湖泊的富营养化状况。当 N/P 值大于 100 时,属贫营养湖泊状况;当 N/P 值小于 10 时,则认为属富营养状况;当 N/P 值超过 20 时,P 可考虑为藻类增长的限制因素。已有研究认为 N/P 值为 29 可视为蓝藻主导藻类群落的临界值,低于此值时蓝藻可迅速增长。随着研究工作的深入,人们还认识到,当湖水 N、P 对藻类生成已达到饱和情况下,C 也有可能成为限制性因子,此时水体增加 C 有利于水华藻类的生长。湖泊水体中 pH、DO 和 C 的平衡是维持湖泊生态系统良性循环的保障。湖水 pH 上升有利于水华藻类的生长,而藻类大量繁殖又进一步提高湖水的 pH,进而为水华藻类如微囊藻等的疯长提供了适宜的生长环境。水体 DO 下降有利于蓝藻的生长,而对其他藻类生长不利。水中营养物通常决定水的生产率,水生植物需要供给适量的 C(CO_2)、N(硝酸盐)、P(磷酸盐)及痕量元素(如 Fe),在许多情况下,P 是限制性的营养物。

2.2.5　水生生物

水体中存在着各种各样的生物体,一般可分为自养生物(autotrophic organisms)和异养生物(heterotrophic organisms)。自养生物利用太阳能或化学能量,把简单、无生命的无机物元素引入复杂的生命分子中即组成生命体。藻类是典型的自养水生生物,通常 CO_2、NO_3^- 和 PO_4^{3-} 多为自养生物的 C 源、N 源和 P 源。利用太阳能从无机矿物合成有机物的生物体称为生产者。异养生物利用自养生物产生的有机物作为能源来合成自身生命的原始物质。

水生生物强烈地受水体物理化学性质影响。温度、透光度及水体的搅动是影响水生生物的三种主要物理性质。很低的水温引起很慢的生物过程,相反,较高的水温对大多数水生物是毁灭性的,仅仅几摄氏度的温差能使生存的水生生物的种类发生很大的变化。

决定水体中生物的范围及种类的关键物质是氧，氧的缺乏可使许多水生生物死亡，氧的存在能够杀死许多厌氧细菌。在测定河流及湖泊的生物特征时，首先要测定水中溶解氧的浓度。

生物（或生化）需氧量（biochemical oxygen demand，BOD）是另一个重要的水质参数，它是指在一定体积的水中有机物降解所要耗用的氧的量。一个 BOD 高的水体不可能很快地补充氧气，显然对水生生物是不利的。CO_2 是由水中及沉积物中有机体的呼吸过程产生，也能从大气进入水体。藻类生命体的光合作用也需要 CO_2，由水中有机物降解产生高水平的 CO_2 可能引起过量藻类的生长以及水体的超生长率，因此有些情况下 CO_2 是一个限制因素。

2.3 天然水的性质

2.3.1 碳酸平衡

水体中存在着 CO_2、H_2CO_3、HCO_3^- 和 CO_3^{2-} 四种碳酸化合态，为方便计算，常把水中溶解的 CO_2 和 H_2CO_3 合并为 $H_2CO_3^*$，实际上 H_2CO_3 含量极低，主要是溶解性气体 CO_2。因此，水中 $H_2CO_3^*$-HCO_3^--CO_3^{2-} 体系可用下面的反应和平衡常数表示：

$$CO_2(g) + H_2O \rightleftharpoons H_2CO_3^* \qquad pK_H=1.46 \qquad (2.3.1)$$

$$H_2CO_3^* \rightleftharpoons HCO_3^- + H^+ \qquad pK_1=6.35 \qquad (2.3.2)$$

$$HCO_3^- \rightleftharpoons CO_3^{2-} + H^+ \qquad pK_2=10.33 \qquad (2.3.3)$$

已知 K_1 及 K_2 值，就可以绘制以 pH 为主要变量的 $H_2CO_3^*$-HCO_3^--CO_3^{2-} 体系的形态分布图（图 2-1）。用 α_0、α_1 和 α_2 分别代表上述三种化合态在总量中所占百分数，可给出表示式(2.3.4)~式(2.3.6)

$$\alpha_0 = \frac{[H_2CO_3^*]}{[H_2CO_3^*]+[HCO_3^-]+[CO_3^{2-}]} \qquad (2.3.4)$$

$$\alpha_1 = \frac{[HCO_3^-]}{[H_2CO_3^*]+[HCO_3^-]+[CO_3^{2-}]} \qquad (2.3.5)$$

$$\alpha_2 = \frac{[CO_3^{2-}]}{[H_2CO_3^*]+[HCO_3^-]+[CO_3^{2-}]} \qquad (2.3.6)$$

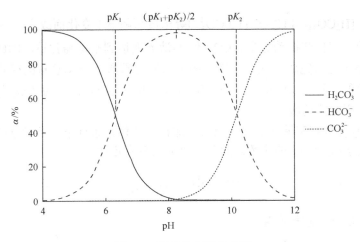

图 2-1 碳酸化合态分布图

若用 c_T 表示各种碳酸化合态的总量，即 $c_T=[H_2CO_3^*] + [HCO_3^-] + [CO_3^{2-}]$，则有$[H_2CO_3^*]=c_T\alpha_0$，$[HCO_3^-]=c_T\alpha_1$ 和$[CO_3^{2-}]=c_T\alpha_2$。若把 K_1、K_2 的表达式代入式（2.3.4）～式（2.3.6）中，就可得到作为酸离解常数和氢离子浓度的函数的形态分数：

$$\alpha_0 = \left(1 + \frac{K_1}{[H^+]} + \frac{K_1 K_2}{[H^+]^2}\right)^{-1} \tag{2.3.7}$$

$$\alpha_1 = \left(1 + \frac{[H^+]}{K_1} + \frac{K_2}{[H^+]}\right)^{-1} \tag{2.3.8}$$

$$\alpha_2 = \left(1 + \frac{[H^+]^2}{K_1 K_2} + \frac{[H^+]}{K_2}\right)^{-1} \tag{2.3.9}$$

根据式（2.3.7）～式（2.3.9），就可发现形态分布图的一些基本特征，即在 $pH=pK_1$，$pH = \frac{1}{2}$ (pK_1+pK_2) 及 $pH=pK_2$ 的点是一些交界点，这些点的意义在表 2-5 中给出。

表 2-5　$H_2CO_3^*$-HCO_3^--CO_3^{2-} 体系形态分布图中重要交界点

pH	$\alpha_{H_2CO_3^*}$	$\alpha_{HCO_3^-}$	$\alpha_{CO_3^{2-}}$
$\ll pK_1$	1.00	基本为 0	基本为 0
pK_1[①]	0.50	0.50	基本为 0
pK_2[②]	基本为 0	0.50	0.50
$(pK_1 + pK_2)/2$[③]	0.01	0.98	0.01
$\gg pK_2$	基本为 0	基本为 0	1.00

①是在 $\alpha_{H_2CO_3^*} = \alpha_{HCO_3^-}$ 时的 pH；②是在 $\alpha_{HCO_3^-} = \alpha_{CO_3^{2-}}$ 时的 pH；③是在 $\alpha_{HCO_3^-} \approx 1$ 时的 pH。

以上的讨论没有考虑溶解性 CO_2 与大气交换过程，因而属于封闭的水溶液体系的情况。

在封闭体系中，$[H_2CO_3^*]$、$[HCO_3^-]$和$[CO_3^{2-}]$等浓度可随 pH 变化而改变，但c_T始终保持不变。实际上，根据气体交换动力学，CO_2 在气-液界面达到平衡需数日。因此，若所考虑的溶液反应在数小时之内完成，就可应用封闭体系固定碳酸化合态总量的模式加以计算。反之，如果所研究的过程是长时期的，如一年期间的水质组成，则认为 CO_2 与水处于平衡状态，这样更接近于真实情况。

若考虑 CO_2 在气相和液相之间平衡时，即在开放体系条件下，各种碳酸盐化合态的平衡浓度可表示为 p_{CO_2} 和 pH 的函数。此时，可应用亨利定律：

$$[H_2CO_3^*] = K_H \cdot p_{CO_2} \tag{2.3.10}$$

溶液中，碳酸化合态相应为

$$c_T = \frac{[H_2CO_3^*]}{\alpha_0} = \frac{K_H}{\alpha_0} \cdot p_{CO_2}$$

$$[HCO_3^-] = \frac{\alpha_1}{\alpha_0} K_H \cdot p_{CO_2} = \frac{K_1 K_H}{[H^+]} \cdot p_{CO_2} \tag{2.3.11}$$

$$[CO_3^{2-}] = \frac{\alpha_2}{\alpha_0} K_H \cdot p_{CO_2} = \frac{K_1 K_2 K_H}{[H^+]^2} \cdot p_{CO_2} \tag{2.3.12}$$

由式 (2.3.10) ~ 式 (2.3.12) 可知，在 lg$c$-pH 图 (图 2-2) 中，$H_2CO_3^*$、HCO_3^- 和 CO_3^{2-} 三条直线的斜率分别为 0、+1 和+2。此时，c_T 为三者之和，它是以三条直线为渐近线的一条曲线。而图中的 P 点为开放体系下溶液的 pH，此时 pH$= -\lg[H^+] = -\lg[HCO_3^-] = 5.65$。

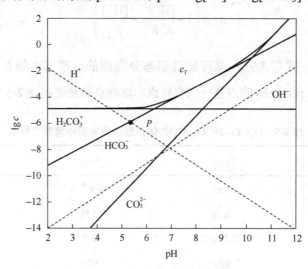

图 2-2 开放体系的碳酸平衡图

由图 2-2 可看出，c_T 随 pH 的改变而变化，当 pH$<$6 时，溶液中主要是 $H_2CO_3^*$ 组分；当 pH 为 6~10 时，溶液中主要是 HCO_3^- 组分；当 pH$>$10.3 时，溶液中则主要是 CO_3^{2-} 组分。

对于开放体系，$[HCO_3^-]$、$[CO_3^{2-}]$ 和 c_T 均随 pH 的改变而变化，但 $[H_2CO_3^*]$ 总保持与大气相平衡的固定数值。因此，在天然条件下开放体系是实际存在的，而封闭体系是计算短时间溶液组成的一种方法，即把其看作是开放体系趋向平衡过程中的一个微小阶段，在实用上认为是相对稳定而加以计算。

2.3.2　天然水的碱度和酸度

1. 天然水的碱度

碱度(alkalinity)是指水中能与强酸发生中和作用的全部物质，即能接受质子 H^+ 的物质总量。测定一已知体积水样总碱度，可用一个强酸标准溶液滴定，用甲基橙为指示剂，直到溶液由黄色变成橙红色(pH≈4.3)时停止滴定，此时所得的结果称为总碱度(Alk_{tot})，也称为甲基橙碱度。所加的 H^+ 即为式(2.3.13)～式(2.3.15)的化学计量关系所需要的量：

$$H^+ + OH^- \rightleftharpoons H_2O \tag{2.3.13}$$

$$H^+ + CO_3^{2-} \rightleftharpoons HCO_3^- \tag{2.3.14}$$

$$H^+ + HCO_3^- \rightleftharpoons H_2CO_3 \tag{2.3.15}$$

因此，对于不含其他酸、碱性盐类的碳酸盐水溶液体系，总碱度是加酸中和至将水中 HCO_3^- 和 CO_3^{2-} 全部转化为 CO_2 所需的强酸量。根据溶液质子平衡条件，可以得到碱度的表达式为

$$总碱度 = [HCO_3^-] + 2[CO_3^{2-}] + [OH^-] - [H^+] \tag{2.3.16}$$

如果滴定是以酚酞作为指示剂，溶液由较高 pH 降到 pH 8.3 时，表示 OH^- 被中和，CO_3^{2-} 全部转化为 HCO_3^-，碳酸盐只中和了一半，因此得到酚酞碱度(Alk_{ph})表达式为

$$酚酞碱度 = [CO_3^{2-}] + [OH^-] - [H_2CO_3^*] - [H^+] \tag{2.3.17}$$

而当 pH 达到 CO_3^{2-} 所需酸量时称为苛性碱度(Alk_{OH})。苛性碱度的表达式为

$$苛性碱度 = [OH^-] - [HCO_3^-] - 2[H_2CO_3^*] - [H^+] \tag{2.3.18}$$

组成水中碱度的物质可以归纳为：①强碱如 NaOH、$Ca(OH)_2$ 等，在溶液中全部电离生成 OH^-；②弱碱如 NH_3、$C_6H_5NH_2$ 等，在水中有一部分发生反应生成 OH^-；③强碱弱酸盐如各种碳酸盐、碳酸氢盐、硅酸盐、磷酸盐、硫化物和腐殖酸盐等，它们水解时生成 OH^- 或者直接接受 H^+。后两种物质在中和过程中不断产生 OH^-，直到全部中和完成。

2. 天然水的酸度

酸度(acidity)是指水中能与强碱发生中和作用的全部物质，即放出 H^+ 或经过水解能产生 H^+ 的物质的总量。以强碱滴定碳酸溶液测定酸度时，其反应过程与上述相反。以甲基橙

为指示剂滴定到 pH 为 4.3，以酚酞为指示剂滴定到 pH 为 8.3，分别得到无机酸度及游离 CO_2 酸度。总酸度应在 pH 为 10.8 处得到。但此时滴定曲线无明显突跃，难以选择适合的指示剂，故一般以游离 CO_2 作为酸度主要指标。同样可根据溶液质子平衡条件，得到酸度的表达式：

$$总酸度 = [H^+] + [HCO_3^-] + 2[H_2CO_3^*] - [OH^-] \tag{2.3.19}$$

$$CO_2酸度 = [H^+] + [H_2CO_3^*] - [CO_3^{2-}] - [OH^-] \tag{2.3.20}$$

$$无机酸度 = [H^+] - [HCO_3^-] - 2[CO_3^{2-}] - [OH^-] \tag{2.3.21}$$

组成水中酸度的物质也可归纳为：①强酸，如 HCl、H_2SO_4、HNO_3 等；②弱酸，如 CO_2 及 H_2CO_3、H_2S、蛋白质及各种有机酸类；③强酸弱碱盐，如 $FeCl_3$、$Al_2(SO_4)_3$ 等。

用强酸和强碱对水中碱度和酸度进行测定，其滴定曲线如图 2-3 所示。其中和反应实际上就是改变溶液的 pH，使碳酸平衡发生相应的移动。

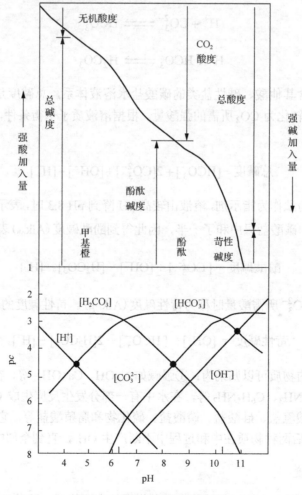

图 2-3　含碳酸水的滴定曲线

如果应用总碳酸量 c_T 和相应的分布系数 α 来表示，则有式(2.3.23)～式(2.3.27)：

$$总碱度 = c_T(\alpha_1+2\alpha_2) + K_w/[H^+]-[H^+] \tag{2.3.22}$$

$$酚酞碱度 = c_T(\alpha_2-\alpha_0) + K_w/[H^+]-[H^+] \tag{2.3.23}$$

$$苛性碱度 = -c_T(\alpha_1+2\alpha_0) + K_w/[H^+]-[H^+] \tag{2.3.24}$$

$$总酸度 = c_T(\alpha_1+2\alpha_0) + [H^+]-K_w/[H^+] \tag{2.3.25}$$

$$CO_2酸度 = c_T(\alpha_0-\alpha_2) + [H^+]-K_w/[H^+] \tag{2.3.26}$$

$$无机酸度 = -c_T(\alpha_1+2\alpha_2) + [H^+]-K_w/[H^+] \tag{2.3.27}$$

这样，只要已知水体的 pH、碱度及相应的平衡常数，就可算出 $H_2CO_3^*$、HCO_3^-、CO_3^{2-} 及 OH^- 在水中的浓度(假定其他各种形态对碱度的贡献可以忽略)。

这里需要特别注意的是，在封闭体系中加入强酸或强碱，碳酸化合态总量 c_T 不受影响，但酸度和碱度会相应改变；而加入 CO_2 时，总碱度值并不发生变化，但碳酸化合态总量 c_T 会增加，这时溶液 pH 和各碳酸化合态浓度会相应发生变化，但它们的代数综合值仍保持不变。因此碳酸化合态总量 c_T 和总碱度在一定条件下具有守恒特性。

案例 2.1

天然水中碱度和酸度应用实例

(1)已知某水体的 pH 为 7.00，碱度为 1.00×10^{-3} mol/L，计算上述各种形态物质的浓度。

解　当 pH=7.00 时，CO_3^{2-} 的浓度与 HCO_3^- 浓度相比可以忽略，此时碱度全部由 HCO_3^- 贡献。因此有

$$[HCO_3^-]=[Alk]=1.00\times10^{-3}mol/L$$

$$[OH^-]=1.00\times10^{-7}mol/L$$

根据酸的离解常数 K_1，可以计算出 $H_2CO_3^*$ 的浓度：

$$[H_2CO_3^*] = \frac{[H^+][HCO_3^-]}{K_1} = \frac{1.00\times10^{-7}\times1.00\times10^{-3}}{4.45\times10^{-7}} = 2.25\times10^{-4}(mol/L)$$

代入 K_2 的表达式计算 $[CO_3^{2-}]$：

$$[CO_3^{2-}] = \frac{K_2[HCO_3^-]}{[H^+]} = \frac{4.69\times10^{-11}\times1.00\times10^{-3}}{1.00\times10^{-7}} = 4.69\times10^{-7}(mol/L)$$

(2)若水体的 pH 为 10.0，碱度仍为 1.00×10^{-3} mol/L 时，上述各形态物质的浓度又是多少？

解　在这种情况下，由图 2-3 可知，对碱度的贡献是由 HCO_3^-、CO_3^{2-} 及 OH^- 共同提供，总碱度可表示为

$$[Alk_{tot}]=[HCO_3^-]+2[CO_3^{2-}]+[OH^-]$$

将[OH⁻]=1.00×10⁻⁴mol/L 代入 K_2 表示式,有

$$\frac{[CO_3^{2-}]}{[HCO_3^-]} = \frac{K_2}{[H^+]} = \frac{4.69\times10^{-11}}{1.00\times10^{-10}} = 0.469$$

算出[HCO_3^-]=4.64×10⁻⁴mol/L; [CO_3^{2-}]=2.18×10⁻⁴mol/L。

可以看出,对总碱度的贡献 HCO_3^- 为 4.64×10⁻⁴mol/L、CO_3^{2-} 为 2×2.18×10⁻⁴mol/L、OH⁻为 1.00×10⁻⁴mol/L,总碱度为三者之和,即 1.00×10⁻³mol/L。

3. 水的酸化和碱化问题

在环境水化学及水处理工艺过程中,常常会遇到向含碳酸体系加入酸或碱来调整原有的 pH 的问题,如水的酸化和碱化问题。

若天然水的 pH 为 7.0,碱度为 1.4mmol/L,需加多少酸才能把水体的 pH 降低到 6.0 呢?

首先把总碱度表达式重新改写为

$$c_T = \frac{1}{\alpha_1 + 2\alpha_2}([Alk]+[H^+]-[OH^-]) \tag{2.3.28}$$

令

$$\alpha = \frac{1}{\alpha_1 + 2\alpha_2}$$

碳酸体系的形态分数 α 可在表 2-6 中查到。如果总碱度相对[H⁺]、[OH⁻]值均较大,在 pH 为 5~9,[Alk]≥10⁻³mol/L 或 pH 为 6~8,[Alk]≥10⁻⁴mol/L 时,可把[H⁺]、[OH⁻]项省略,得到简化式:

$$c_T = \alpha[Alk] \tag{2.3.29}$$

因而上述问题可以用计算式及形态分数表(表 2-6)得以解决。

在 pH=7.0 时,查表 2-6 可知 $\alpha_1=0.816$,$\alpha_2=3.83\times10^{-4}$,可得 $\alpha=1.22$,则 $c_T=\alpha[Alk]=1.22\times1.4=1.71$mmol/L。若加强酸将水的 pH 降低到 6.0,其 c_T 值并不变化,此时查表可知 $\alpha=3.25$,可得

$$[Alk] = c_T/\alpha = 1.71/3.25 = 0.526\text{mmol/L}$$

碱度降低值就是应加入酸量 $\Delta A = 1.4-0.526 = 0.874$mmol/L。碱化时的计算与此类似。

表 2-6 碳酸体系形态分数(25℃)

pH	α_0	α_1	α_2	α
4.5	0.9861	0.01388	2.053×10⁻⁸	72.062
4.6	0.9862	0.01741	3.250×10⁻⁸	57.447
4.7	0.9782	0.02182	5.128×10⁻⁸	45.837
4.8	0.9727	0.02731	8.082×10⁻⁸	36.615
4.9	0.9659	0.03414	1.272×10⁻⁷	29.290
5.0	0.9574	0.04260	1.998×10⁻⁷	23.472

pH	α_0	α_1	α_2	α
5.1	0.9469	0.05305	3.132×10^{-7}	18.850
5.2	0.9341	0.06588	4.897×10^{-7}	15.179
5.3	0.9185	0.08155	7.631×10^{-7}	12.262
5.4	0.8995	0.1005	1.184×10^{-6}	9.946
5.5	0.8766	0.1234	1.830×10^{-6}	8.106
5.6	0.8495	0.1505	2.810×10^{-6}	6.644
5.7	0.8176	0.1824	4.286×10^{-6}	5.484
5.8	0.7808	0.2192	6.487×10^{-6}	4.561
5.9	0.7388	0.2612	9.729×10^{-6}	3.823
6.0	0.6920	0.3080	1.444×10^{-5}	3.247
6.1	0.6409	0.3591	2.120×10^{-5}	2.785
6.2	0.5864	0.4136	3.074×10^{-5}	2.418
6.3	0.5297	0.4703	4.401×10^{-5}	2.126
6.4	0.4722	0.5278	6.218×10^{-5}	1.894
6.5	0.4154	0.5845	8.669×10^{-5}	1.710
6.6	0.3608	0.6391	1.193×10^{-4}	1.564
6.7	0.3095	0.6903	1.623×10^{-4}	1.448
6.8	0.2626	0.7372	2.182×10^{-4}	1.356
6.9	0.2205	0.7793	2.903×10^{-4}	1.282
7.0	0.1834	0.8162	3.828×10^{-4}	1.224
7.1	0.1514	0.8481	5.008×10^{-4}	1.178
7.2	0.1241	0.8752	6.506×10^{-4}	1.141
7.3	0.1011	0.8980	8.403×10^{-4}	1.111
7.4	0.08203	0.9169	1.080×10^{-3}	1.088
7.5	0.06626	0.9324	1.383×10^{-3}	1.069
7.6	0.05334	0.9449	1.764×10^{-3}	1.054
7.7	0.04282	0.9549	2.245×10^{-3}	1.042
7.8	0.03429	0.9629	2.849×10^{-3}	1.032
7.9	0.02741	0.9690	3.610×10^{-3}	1.024
8.0	0.02188	0.9736	4.566×10^{-3}	1.018
8.1	0.01744	0.9768	5.767×10^{-3}	1.012
8.2	0.01388	0.9788	7.276×10^{-3}	1.007
8.3	0.01104	0.9798	9.169×10^{-3}	1.002
8.4	0.8764×10^{-2}	0.9797	1.154×10^{-2}	0.9972
8.5	0.6954×10^{-2}	0.9785	1.451×10^{-2}	0.9925
8.6	0.5511×10^{-2}	0.9763	1.823×10^{-2}	0.9874
8.7	0.4361×10^{-2}	0.9727	2.287×10^{-2}	0.9818
8.8	0.3447×10^{-2}	0.9679	2.864×10^{-2}	0.9754
8.9	0.2720×10^{-2}	0.9615	3.582×10^{-2}	0.9680
9.0	0.2142×10^{-2}	0.9532	4.470×10^{-2}	0.9592
9.1	0.1683×10^{-2}	0.9427	5.566×10^{-2}	0.9488

pH	α_0	α_1	α_2	α
9.2	0.1318×10^{-2}	0.9295	6.910×10^{-2}	0.9365
9.3	0.1029×10^{-2}	0.9135	8.548×10^{-2}	0.9221
9.4	0.7997×10^{-3}	0.8939	0.1053	0.9054
9.5	0.6185×10^{-3}	0.8703	0.1291	0.8862
9.6	0.4754×10^{-3}	0.8423	0.1573	0.8645
9.7	0.3629×10^{-3}	0.8094	0.1903	0.8404
9.8	0.2748×10^{-3}	0.7714	0.2283	0.8143
9.9	0.2061×10^{-3}	0.7284	0.2714	0.7867
10.0	0.1530×10^{-3}	0.6806	0.3192	0.7581
10.1	0.1122×10^{-3}	0.6286	0.3712	0.7293
10.2	0.8133×10^{-4}	0.5735	0.4263	0.7011
10.3	0.5818×10^{-4}	0.5166	0.4834	0.6742
10.4	0.4107×10^{-4}	0.4591	0.5400	0.6490
10.5	0.2861×10^{-4}	0.4027	0.5973	0.6261
10.6	0.1969×10^{-4}	0.3488	0.6512	0.6056
10.7	0.1338×10^{-4}	0.2985	0.7015	0.5877
10.8	0.8996×10^{-5}	0.2526	0.7474	0.5723
10.9	0.5986×10^{-5}	0.2116	0.7884	0.5592
11.0	0.3949×10^{-5}	0.1757	0.8242	0.5482

2.3.3 天然水体的缓冲能力

  天然水体的 pH 一般为 6~9,而且对于某一水体,其 pH 几乎保持不变,表明天然水体具有一定的缓冲能力,是一个缓冲体系。一般认为,水中含有的各种碳酸化合物控制水的 pH 并具有缓冲作用,但最近研究表明,水体和周围环境之间有多种物理、化学和生物化学过程,它们对水体的 pH 也有着重要作用。但是,碳酸化合物仍是水体缓冲作用的重要因素,常根据它们的存在情况来估算水体的缓冲能力。

  对于碳酸水体系,在 pH<8.3 时,可以只考虑一级碳酸平衡,故其 pH 可由式(2.3.30)确定

$$pH = pK_1 - \lg\frac{[H_2CO_3^*]}{[HCO_3^-]} \tag{2.3.30}$$

如果向水体投入 ΔB 的碱性废水时,水中则有 ΔB 的 $H_2CO_3^*$ 转化为 HCO_3^-,水体 pH 升高为 pH′,则有

$$pH' = pK_1 - \lg\frac{[H_2CO_3^*] - \Delta B}{[HCO_3^-] + \Delta B} \tag{2.3.31}$$

水体中 pH 变化为 ΔpH=pH′−pH,即得

$$\Delta pH = -\lg \frac{[H_2CO_3^*] - \Delta B}{[HCO_3^-] + \Delta B} + \lg \frac{[H_2CO_3^*]}{[HCO_3^-]} \tag{2.3.32}$$

若把[HCO_3^-]作为水的碱度，[$H_2CO_3^*$]作为水的游离碳酸[CO_2]，就可推出

$$\Delta B = \frac{[Alk][10^{\Delta pH} - 1]}{1 + K_1 \times 10^{pH + \Delta pH}} \tag{2.3.33}$$

ΔpH 即为相应改变的 pH。在投入酸量 ΔA 时，只要把 ΔpH 作为负值，$\Delta A = -\Delta B$，也可以进行类似计算。

2.3.4　天然水的硬度

天然水中所含 Ca^{2+}、Mg^{2+} 总量称为水的硬度。水中的总硬度包括碳酸盐硬度(通过加热能以碳酸盐形式沉淀下来的 Ca^{2+}、Mg^{2+}，又称暂时硬度)和非碳酸盐硬度(加热后不能沉淀下来的那部分 Ca^{2+}、Mg^{2+}，又称永久硬度)。由于 Ca^{2+}、Mg^{2+} 易生成难溶盐，若水中 Ca^{2+}、Mg^{2+} 含量过高，即硬度大，将会给工业用水和人们日常生活带来危害和不便，也会给水生生物带来危害。因此，硬度也用作衡量水质的一项标准。例如，雨水属于软水；地面水的硬度一般不太高；地下水的硬度往往较高。

常用"度"作为水的硬度单位，即 1L 水中含有的 CaO 或 $CaCO_3$ 含量。不同国家对硬度表示方法略有区别。

德国度：1L 水中含有相当于 10mg 的 CaO(等于 0.178mmol/L)；

中国(美国度)：1L 水中含有相当于 1mg 的 $CaCO_3$(等于 0.01mmol/L)；

法国度(°fH)：1L 水中含有相当于 10mg 的 $CaCO_3$(等于 0.1mmol/L)；

英国度(°eH)：1L 水中含有相当于 14.28mg 的 $CaCO_3$(等于 1/7mmol/L)。

根据水的硬度可将天然水分为特软水、软水、中等水、硬水、特硬水五级，我国规定饮用水硬度的标准不能超过 450mg/L。

本章基本要求

本章介绍了天然水的组成和性质。要求了解天然水化学组分的来源及天然水的基本性质；掌握封闭和开放体系碳酸平衡的原理及各碳酸化合态浓度的计算方法；了解碱度、酸度、水体缓冲能力及天然水的分类法；并且利用所学原理计算水体中金属形态浓度，气体在水中溶解度和水体中酸度、碱度及估算水体的缓冲能力等。

思考与练习

1. 请叙述天然水体中溶质的来源。

2. 请推导出封闭和开放体系碳酸平衡中[$H_2CO_3^*$]、[HCO_3^-]和[CO_3^{2-}]的表达式，并讨论这两个体系之间的区别。

3. 什么是天然水的酸度和碱度？它们主要由哪些物质组成？

4. 请导出总酸度、CO_2 酸度、无机酸度、总碱度、酚酞碱度和苛性碱度的表达式，以总碳酸量 c_T 和分布系数 α 为变化函数。

5. 具有 2.00×10^{-3} mol/L 碱度的水，pH 为 7.00，请计算其 $[H_2CO_3^*]$、$[HCO_3^-]$、$[CO_3^{2-}]$ 和 $[OH^-]$。

6. 在 pH 为 6.5、碱度为 1.6mmol/L 的水体中，若加入碳酸钠使其碱化，则需加多少 (mmol/L) 碳酸钠才能使水体 pH 上升至 8.0？若用 NaOH 强碱进行碱化，又需加多少？

7. 向某一含碳酸的水体加入碳酸氢盐，则总酸度、总碱度、无机酸度、酚酞碱度和 CO_2 酸度是增加、减少还是不变？

8. 若有水 A，pH 为 7.5，其碱度为 6.38mmol/L，水 B 的 pH 为 9.0，碱度为 0.80mmol/L，若以等体积混合，混合后的 pH 是多少？

9. 氧在水中溶解度 0℃时为 14.74mg/L，在 35℃时为 7.03mg/L，在 45℃时其溶解度是多少？

10. 溶解 1.00×10^{-4} mol/L 的 $Fe(NO_3)_3$ 于 1L 具有防止发生固体 $Fe(OH)_3$ 沉淀作用所需最小 $[H^+]$ 的水中，假设溶液中仅形成 $Fe(OH)^{2+}$ 和 $Fe(OH)_2^+$ 而没有形成 $Fe_2(OH)_2^{4+}$，请计算平衡时该溶液中 $[Fe^{3+}]$、$[Fe(OH)^{2+}]$、$[Fe(OH)_2^+]$、$[H^+]$ 和 pH 各是多少。

已知：$Fe^{3+} + H_2O \Longrightarrow Fe(OH)^{2+} + H^+$ $K_1 = 8.9 \times 10^{-4}$

$Fe^{3+} + 2H_2O \Longrightarrow Fe(OH)_2^+ + 2H^+$ $K_2 = 4.9 \times 10^{-4}$

第 3 章　水环境中无机污染物迁移转化的基本原理

3.1　水环境中的溶解和沉淀作用

溶解和沉淀是天然水和水处理过程中极为重要的现象。确定天然水的化学组成时，各种矿物质的溶解是一个重要因素。然而，溶解反应通常是一种多相化学反应，在固液平衡体系中，一般采用溶度积(solubility product constant)K_{sp}来表征溶解度。溶解是沉淀的逆过程，其溶解速率与固体物质的性质、接触界面、溶剂性质和温度等条件有关。溶解速率一般是由溶质离开固体的扩散速率所控制。在溶解和沉淀现象的研究中，平衡关系和反应速率都很重要。已知平衡关系就可预测溶解或沉淀作用的方向，并可以计算平衡时溶解或沉淀的量。但是，经常发现用平衡计算所得结果与实际观测值相差甚远，造成这种差别的原因很多，主要是自然环境中非均相沉淀溶解过程影响因素较为复杂所致。

3.1.1　天然水中各类固体的溶解度

1. 氧化物和氢氧化物

大部分情况下，金属氢氧化物沉淀为"无定形沉淀"或具有无序晶格的细小晶体，拥有很高的"活性"，这类沉淀在漫长的地质年代里，由于逐渐"老化"转化为稳定的"非活性"物质。氧化物可看成是氢氧化物脱水而成。由于这类化合物与 pH 有直接关系，实际涉及的水解和羟基配合物的平衡过程往往复杂多变，这里用强电解质的最简单关系式表述：

$$Me(OH)_n(s) \rightleftharpoons Me^{n+} + nOH^- \tag{3.1.1}$$

根据溶度积有

$$K_{sp} = [Me^{n+}][OH^-]^n \tag{3.1.2}$$

可转换为

$$[Me^{n+}] = \frac{K_{sp}}{[OH^-]^n} = \frac{K_{sp}[H^+]^n}{K_w^n} \tag{3.1.3}$$

$$-\lg[Me^{n+}] = -\lg K_{sp} - n\lg[H^+] + n\lg K_w$$

$$pc = pK_{sp} + npH - npK_w \tag{3.1.4}$$

根据式(3.1.4)，可以给出溶液中金属离子饱和浓度对数值与 pH 的关系图(图 3-1)，直线斜率等于 n，即金属离子价。直线横轴截距是 $-\lg[\text{Me}^{n+}]=0$ 或 $[\text{Me}^{n+}]=1.0\text{mol/L}$ 时的 pH：

$$pH = 14 - \frac{1}{n}pK_{sp}$$

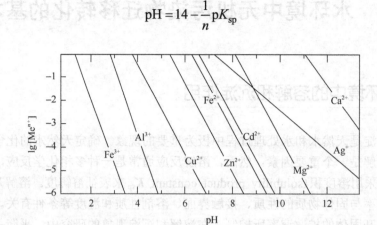

图 3-1　氢氧化物溶解度(Stumm and Morgan, 1996)

各种金属氢氧化物的溶度积数值列于表 3-1 中，根据其中部分数据绘出的对数浓度见图 3-1。图 3-1 中同价金属离子的各线均有相同的斜率，靠右边斜线代表的金属氢氧化物的溶解度大于靠左边的溶解度。根据此图大致可查出各种金属离子在不同 pH 溶液中所能存在的最大饱和浓度。

表 3-1　金属氢氧化物的溶度积

氢氧化物	K_{sp}	pK_{sp}	氢氧化物	K_{sp}	pK_{sp}
AgOH	1.6×10^{-8}	7.80	$Fe(OH)_3$	3.2×10^{-38}	37.50
$Ba(OH)_2$	5×10^{-3}	2.3	$Mg(OH)_2$	1.8×10^{-11}	10.74
$Ca(OH)_2$	5.5×10^{-6}	5.26	$Mn(OH)_2$	1.1×10^{-13}	12.96
$Al(OH)_3$	1.3×10^{-33}	32.9	$Hg(OH)_2$	4.8×10^{-26}	25.32
$Cd(OH)_2$	2.2×10^{-14}	13.66	$Ni(OH)_2$	2.0×10^{-15}	14.70
$Co(OH)_2$	1.6×10^{-15}	14.80	$Pb(OH)_2$	1.2×10^{-15}	14.93
$Cr(OH)_3$	6.3×10^{-31}	30.2	$Th(OH)_4$	4.0×10^{-45}	44.4
$Cu(OH)_2$	5.0×10^{-20}	19.30	$Ti(OH)_3$	1×10^{-40}	40
$Fe(OH)_2$	1.0×10^{-15}	15.0	$Zn(OH)_2$	7.1×10^{-18}	17.15

然而图 3-1 和式(3.1.3)所表征的关系，并不能充分反映出氧化物或氢氧化物的溶解度，因为图 3-1 未考虑金属离子在水中的配合作用，实际金属离子在水溶液中大多存在水解反应，即与羟基金属离子配合物 $[\text{Me(OH)}_n^{z-n}]$ 处于平衡。如果考虑到羟基配合作用的情况，可以把金属氧化物或氢氧化物的溶解度 $[\text{Me}]_T$ 表示为

$$[\text{Me}]_T = [\text{Me}^{z+}] + \sum_1^n [\text{Me(OH)}_n^{z-n}] \tag{3.1.5}$$

图 3-2 为考虑到固相还能与羟基金属离子配合物处于平衡时的 $Fe(OH)_2$ 的沉淀 $\lg c$-pH 图。

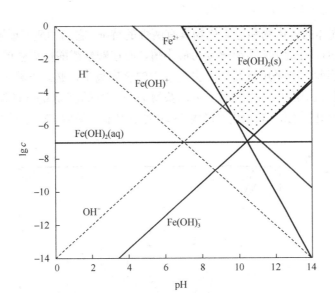

图 3-2　$Fe(OH)_2$ 的沉淀 lgc-pH 图

已知在 25℃时固相的溶解反应及水解反应如下：

$$Fe(OH)_2(s) + 2H^+ \rightleftharpoons Fe^{2+} + 2H_2O \qquad lgK_{sp} = 13.49 \qquad (3.1.6)$$

$$Fe^{2+} + H_2O \rightleftharpoons Fe(OH)^+ + H^+ \qquad lgK_1 = -9.40 \qquad (3.1.7)$$

$$Fe^{2+} + 2H_2O \rightleftharpoons Fe(OH)_2 + 2H^+ \qquad lgK_2 = -20.49 \qquad (3.1.8)$$

$$Fe^{2+} + 3H_2O \rightleftharpoons Fe(OH)_3^- + 3H^+ \qquad lgK_3 = -30.99 \qquad (3.1.9)$$

将式(3.1.6)～式(3.1.9)转变为反应式左侧含有沉淀物，右侧含溶解态，如式(3.1.10)～式(3.1.13)所示：

$$Fe(OH)_2(s) + 2H^+ \rightleftharpoons Fe^{2+} + 2H_2O \qquad lgK_{sp} = 13.49 \qquad (3.1.10)$$

$$Fe(OH)_2(s) + H^+ \rightleftharpoons Fe(OH)^+ + H_2O \qquad lgK_{s1} = 4.09 \qquad (3.1.11)$$

$$Fe(OH)_2(s) \rightleftharpoons Fe(OH)_2(aq) \qquad lgK_{s2} = -7.00 \qquad (3.1.12)$$

$$Fe(OH)_2(s) + H_2O \rightleftharpoons Fe(OH)_3^- + H^+ \qquad lgK_{s3} = -17.5 \qquad (3.1.13)$$

根据式(3.1.10)～式(3.1.13)，即可绘制出 Fe^{2+}、$Fe(OH)^+$、$Fe(OH)_2(aq)$ 和 $Fe(OH)_3^-$ 作为 pH 函数的特征曲线，斜率分别为 -2、-1、0 和 $+1$，其截距也可立即确定。例如，对于 $Fe(OH)^+$，当 $pH = -pK_{s1}$ 时，$lg[Fe(OH)^+] = 0$。把所有溶解性化合态综合起来，可以得到包围着阴影区域的线，即 $Fe(OH)_2(s)$ 沉淀区（图 3-2）。此外，$[Fe^{2+}]_T$ 在数值上可由式(3.1.14)得出

$$[Fe^{2+}]_T = [Fe^{2+}] + [Fe(OH)^+] + [Fe(OH)_2(aq)] + [Fe(OH)_3^-] \qquad (3.1.14)$$

图 3-2 说明固体的氧化物和氢氧化物具有两性的特征，它们和质子或羟基离子都发生反应，且存在一个 pH，在此 pH 下溶解度为最小值，而在碱性或酸性更强的 pH 区域内，溶解度都变得更大。因此，若采用沉淀法除去废水中的金属离子，必须严格控制其 pH。

同样的，根据 Fe(III) 的相关常数，可以获得 Fe(OH)$_3$ 的沉淀 lg$c$-pH 图，如图 3-3 所示，可以看出，与 Fe(II) 相比，Fe(III) 的溶解区域要小得多，说明 Fe(III) 比 Fe(II) 的迁移能力弱。

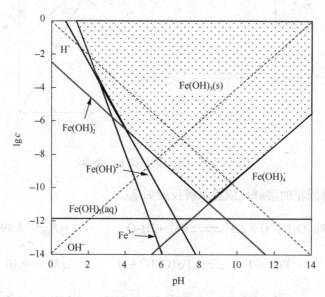

图 3-3　Fe(OH)$_3$ 的沉淀 lg$c$-pH 图

2. 硫化物

金属硫化物是比氢氧化物溶度积更小的一类难溶沉淀物。重金属硫化物在中性条件下是不溶的；在盐酸中 Fe、Mn 和 Cd 的硫化物是可溶的，而 Ni 和 Co 的硫化物是难溶的；Cu、Hg、Pb 的硫化物只有在硝酸中才能溶解。表 3-2 列出金属硫化物的溶度积。

表 3-2　金属硫化物的溶度积

分子式	K_{sp}	pK_{sp}	分子式	K_{sp}	pK_{sp}
Ag$_2$S	6.3×10^{-50}	49.20	HgS	4.0×10^{-53}	52.40
CdS	7.9×10^{-27}	26.10	MnS	2.5×10^{-13}	12.60
CoS	4.0×10^{-21}	20.40	NiS	3.2×10^{-19}	18.50
Cu$_2$S	2.5×10^{-48}	47.60	PbS	8×10^{-28}	27.90
CuS	6.3×10^{-36}	35.20	SnS	1×10^{-25}	25.00
FeS	3.3×10^{-18}	17.50	ZnS	1.6×10^{-24}	23.80
Hg$_2$S	1.0×10^{-45}	45.00	Al$_2$S$_3$	2×10^{-7}	6.70

由表 3-2 可看出，只要水环境中存在 S^{2-}，几乎所有重金属可从水体中除去。因此，当水中有硫化氢气体存在时，溶于水中气体呈二元酸状态，其分级电离则为

$$H_2S \rightleftharpoons H^+ + HS^- \qquad K_1 = 8.9\times10^{-8} \qquad (3.1.15)$$

$$HS^- \rightleftharpoons H^+ + S^{2-} \qquad K_2 = 1.3 \times 10^{-15} \tag{3.1.16}$$

式(3.1.15)与式(3.1.16)相加可得

$$H_2S \rightleftharpoons 2H^+ + S^{2-}$$

$$K_{1,2} = \frac{[H^+]^2[S^{2-}]}{[H_2S]} = K_1 \cdot K_2 = 1.16 \times 10^{-22} \tag{3.1.17}$$

在饱和水溶液中，H_2S 浓度总是保持在 0.1mol/L，因此可认为饱和溶液中 H_2S 分子浓度($[H_2S]$)也保持在 0.1mol/L，代入式(3.1.17)得

$$[H^+]^2[S^{2-}] = 1.16 \times 10^{-22} \times 0.1 = 1.16 \times 10^{-23} = K'_{sp} \tag{3.1.18}$$

因此，可把 1.16×10^{-23} 看成是一个溶度积(K'_{sp})，在任何 pH 的 H_2S 饱和溶液中必须保持的一个常数。由于 H_2S 在纯水溶液中的第二级电离甚微，故可根据第一级电离，近似认为 $[H^+]=[HS^-]$，代入式(3.1.15)和式(3.1.16)，可求得此溶液中$[S^{2-}]$为

$$[S^{2-}] = \frac{K'_{sp}}{[H^+]^2} = \frac{1.16 \times 10^{-23}}{8.9 \times 10^{-9}} = 1.3 \times 10^{-15} \text{mol/L}$$

在任一 pH 的水中，则有

$$[S^{2-}] = 1.16 \times 10^{-23}/[H^+]^2 \tag{3.1.19}$$

溶液中促成硫化物沉淀是 S^{2-}，若溶液中存在二价金属离子 Me^{2+}，则有

$$[Me^{2+}][S^{2-}] = K_{sp}$$

因此，在硫化氢和硫化物均达到饱和的溶液中，可算出溶液中金属离子的饱和浓度为

$$[Me^{2+}] = \frac{K_{sp}}{[S^{2-}]} = \frac{K_{sp}[H^+]^2}{K'_{sp}} = \frac{K_{sp}[H^+]^2}{0.1 K_1 \cdot K_2} \tag{3.1.20}$$

3. 碳酸盐

在 Me^{2+}-H_2O-CO_2 体系中，碳酸盐作为固相时需要比氧化物、氢氧化物更稳定，而且与氢氧化物不同，它并不是由 OH^- 直接参与沉淀反应，此外，CO_2 还存在气相分压。因此，讨论碳酸盐沉淀实际上是二元酸在三相中的平衡分布问题。在对待 Me^{2+}-CO_2-H_2O 体系的多相平衡时，主要区别两种情况：①对大气封闭的体系(只考虑固相和溶液相，把 $H_2CO_3^*$ 当作不挥发酸类处理)；②除固相和液相外还包括气相(含 CO_2)的体系。考虑到方解石在天然水体系中的重要性，下面将以 $CaCO_3$ 为例来作介绍。

1) 封闭体系

(1) $c_T =$ 常数时，$CaCO_3$ 的溶解度。

$$CaCO_3(s) \rightleftharpoons Ca^{2+} + CO_3^{2-}$$

$$K_{sp} = [Ca^{2+}][CO_3^{2-}] = 10^{-8.32}$$

$$[Ca^{2+}] = \frac{K_{sp}}{[CO_3^{2-}]} = \frac{K_{sp}}{c_T\alpha_2} \qquad (3.1.21)$$

由于 α_2 对任何 pH 都是已知的,根据方程式(3.1.21),可以得出随 c_T 和 pH 变化的 Ca^{2+} 的饱和平衡值。对于任何与 $MeCO_3(s)$ 平衡时的 $[Me^{2+}]$ 都可以写出类似方程式,并可给出 $\lg[Me^{2+}]$ 对 pH 的曲线图(图 3-4)。图 3-4 基本上是由溶度积方程式和碳酸平衡叠加而构成的,$[Ca^{2+}]$ 和 $[CO_3^{2-}]$ 的乘积必须是常数。因此,在 $pH>pK_2$ 时,溶液中主要为 CO_3^{2-},$\lg[CO_3^{2-}]$ 的斜率为零,$\lg[Ca^{2+}]$ 的斜率也为零,即

$$\lg[Ca^{2+}] = \lg K_{sp} - \lg c_T$$

当 $pK_1 < pH < pK_2$ 时,$\lg[CO_3^{2-}]$ 的斜率为+1,相应 $\lg[Ca^{2+}]$ 的斜率为−1,即

$$\lg[Ca^{2+}] = \lg \frac{K_{sp}}{c_T K_2} - pH$$

当 $pH < pK_1$ 时,$\lg[CO_3^{2-}]$ 的斜率为+2,为保持 $[Ca^{2+}]$ 与 $[CO_3^{2-}]$ 乘积的恒定,$\lg[Ca^{2+}]$ 必然斜率为−2,即

$$\lg[Ca^{2+}] = \lg \frac{K_{sp}}{c_T K_1 K_2} - 2pH$$

图 3-4 是 $c_T=3\times10^{-3}mol/L$ 时一些金属碳酸盐的溶解度以及它们对 pH 的依赖关系。

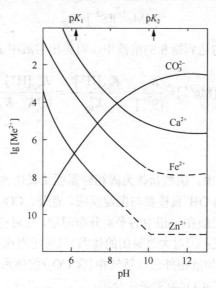

图 3-4 封闭体系中 $c_T=3\times10^{-3}mol/L$ 时 $MeCO_3(s)$ 的溶解度(Stumm and Morgan, 1996)

(2)$CaCO_3(s)$ 在纯水中的溶解。

溶液中的溶质为 Ca^{2+}、$H_2CO_3^*$、HCO_3^-、CO_3^{2-}、H^+ 和 OH^-,有六个未知数。所以在一定的压力和温度下,需要有相应方程限定溶液的组成。如果考虑所有溶解出来的 Ca^{2+} 在浓度

上等于溶解碳酸化合态的总和，就可得到方程式：

$$[Ca^{2+}]=c_T \tag{3.1.22}$$

此外，溶液必须满足电中性条件：

$$2[Ca^{2+}]+[H^+]=[HCO_3^-]+2[CO_3^{2-}]+[OH^-] \tag{3.1.23}$$

达到平衡时，可以用 $CaCO_3(s)$ 的溶度积来考虑：

$$[Ca^{2+}]=\frac{K_{sp}}{[CO_3^{2-}]}=\frac{K_{sp}}{c_T\alpha_2} \tag{3.1.24}$$

综合考虑式 (3.1.23) 和式 (3.1.24)，可得出式 (3.1.25)：

$$[Ca^{2+}]=\left(\frac{K_{sp}}{\alpha_2}\right)^{1/2} \tag{3.1.25}$$

$$-\lg[Ca^{2+}]=\frac{1}{2}pK_{sp}-\frac{1}{2}p\alpha_2 \tag{3.1.26}$$

对于其他金属碳酸盐则可写为

$$-\lg[Me^{2+}]=\frac{1}{2}pK_{sp}-\frac{1}{2}p\alpha_2 \tag{3.1.27}$$

把式 (3.1.24) 代入式 (3.1.23)，可得

$$\left(\frac{K_{sp}}{\alpha_2}\right)^{\frac{1}{2}}(2-\alpha_1-2\alpha_2)+[H^+]-\frac{K_w}{[H^+]}=0 \tag{3.1.28}$$

可用试算法求解。

　　同样可以用 pc-pH 图表示碳酸钙溶解度与 pH 的关系，应用在不同 pH 区域中存在以下条件便可绘制：

①当 pH > pK_2，则 $\alpha_2\approx1$。

$$\lg[Ca^{2+}]=\frac{1}{2}\lg K_{sp} \tag{3.1.29}$$

斜率为零。

②当 $pK_1 <$ pH $< pK_2$，$\alpha_2=K_2/[H^+]$。

$$\lg[Ca^{2+}]=\frac{1}{2}\lg K_{sp}-\frac{1}{2}\lg K_2-\frac{1}{2}pH \tag{3.1.30}$$

斜率为 $-\frac{1}{2}$。

③当 $pH < pK_1$，$\alpha_2 = K_2K_1/[H^+]^2$。

$$\lg[Ca^{2+}] = \frac{1}{2}\lg K_{sp} - \frac{1}{2}\lg K_1K_2 - pH \tag{3.1.31}$$

斜率为-1。

2) 开放体系

向纯水中加入 $CaCO_3(s)$，并且将此溶液暴露于含有 CO_2 的气相中，因大气中 CO_2 分压固定，溶液中的 CO_2 浓度也相应固定，根据前面的讨论：

$$c_T = \frac{[CO_2]}{\alpha_0} = \frac{1}{\alpha_0}K_H p_{CO_2}$$

$$[CO_3^{2-}] = \frac{K_H p_{CO_2}\alpha_2}{\alpha_0}$$

由于要与气相中 CO_2 处于平衡，此时$[Ca^{2+}]$就不再等于 c_T，但仍保持有同样的电中性条件：

$$2[Ca^{2+}] + [H^+] = c_T(\alpha_1 + 2\alpha_2) + [OH^-]$$

综合气液平衡式和固液平衡式，可以得到基本计算式：

$$[Ca^{2+}] = \frac{\alpha_0}{\alpha_2}\frac{K_{sp}}{K_H p_{CO_2}} \tag{3.1.32}$$

同样可将关系式(3.1.32)推广到其他金属碳酸盐，绘出 pc-pH 图，如图 3-5 所示。

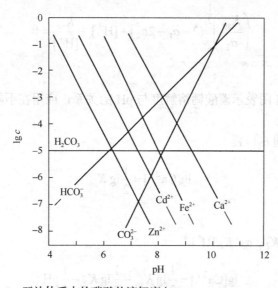

图 3-5　开放体系中的碳酸盐溶解度(Stumm and Morgan，1996)

3.1.2　水溶液的稳定性

1. 不同固相的稳定性

溶液中可能有几种固液平衡同时存在，按热力学观点，体系在一定条件下建立平衡状态时只能有一种固液平衡占主导地位，因此可在选定条件下，判断何种固体作为稳定相存在而占优势。下面以 $Fe(II)$ 为例，讨论在一定条件下，何种固体占优势。例如，在碳酸盐溶液中（$c_T=1×10^{-3}mol/L$），可能发生 $FeCO_3$ 及 $Fe(OH)_2$ 沉淀，可以根据以下一些平衡式绘出两种沉淀的溶解区域图。

首先根据式（3.1.10）～式（3.1.13）可以绘出 $Fe(OH)_2(s)$ 的溶解区域图，如图 3-6（a）所示。接着根据以下方程绘制 $FeCO_3(s)$ 的溶解区域：

① $FeCO_3(s) \rightleftharpoons Fe^{2+} + CO_3^{2-}$ 　　　　　　$lg\, K_{sp}=-10.7$

　　$FeCO_3(s) + H^+ \rightleftharpoons Fe^{2+} + HCO_3^-$ 　　$lg\, {}^*K_{sp}=-0.3$

$$p[Fe^{2+}]=0.3 + pH + lg[HCO_3^-] \tag{3.1.33}$$

② $FeCO_3(s) + OH^- \rightleftharpoons Fe(OH)^+ + CO_3^{2-}$ 　　　$lg\, K_{sp}=-5.6$

　　$FeCO_3(s) + H_2O \rightleftharpoons Fe(OH)^+ + H^+ + CO_3^{2-}$ 　$lg\, {}^*K_{sp}=-19.6$

$$p[FeOH^+]=19.6 - pH + lg[CO_3^{2-}] \tag{3.1.34}$$

③ $FeCO_3(s) + 3OH^- \rightleftharpoons Fe(OH)_3^- + CO_3^{2-}$ 　　　$lg\, K_{sp}=-1.3$

　　$FeCO_3(s) + 3H_2O \rightleftharpoons Fe(OH)_3^- + 3H^+ + CO_3^{2-}$ 　$lg\, {}^*K_{sp}=-43.3$

$$p[Fe(OH)_3^-]=43.3 - 3pH+lg[CO_3^{2-}] \tag{3.1.35}$$

根据式（3.1.33）～式（3.1.35）可以绘出 $FeCO_3(s)$ 的溶解区域，如图 3-6（b）所示。合并两个沉淀区后如图 3-6（c）、（d）所示。可以看出，当 pH<10.5 时，$FeCO_3$ 优先发生沉淀，控制着溶液中 $Fe(II)$ 的浓度；当 pH>10.5 以后，则转化为 $Fe(OH)_2$ 优先沉淀，控制着溶液中 $Fe(II)$ 的浓度；而当 pH=10.5 时，则两种沉淀可同时发生。

2. 含碳酸盐水的稳定性

含碳酸盐的水中，碳酸盐的溶解平衡是水环境化学常遇到的问题，在工业用水系统中，也经常需要知道所用的水是否会产生碳酸钙沉淀，即水的稳定性问题。通常，当溶液中 $CaCO_3(s)$ 处于未饱和状态时，称水具有侵蚀性；当 $CaCO_3(s)$ 处于过饱和状态时，称水具有沉积性；而当 $CaCO_3(s)$ 处于溶解平衡状态时，则称水具有稳定性。

如前所述，$CaCO_3(s)$ 溶解平衡是两个平衡的组合，即

$$HCO_3^- \rightleftharpoons H^+ + CO_3^{2-} \qquad K_2 = \frac{[H^+][CO_3^{2-}]}{[HCO_3^-]}$$

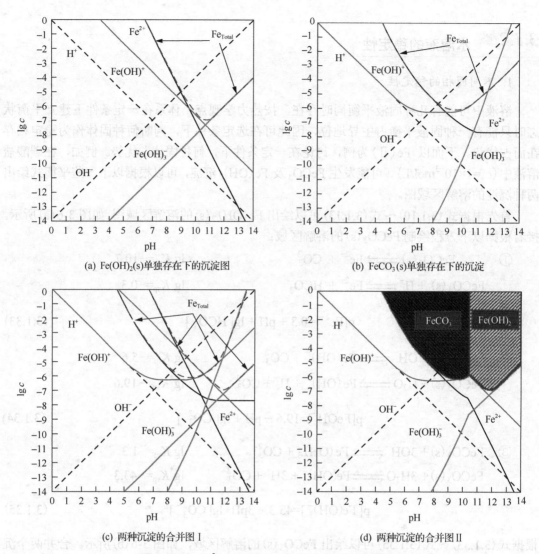

(a) Fe(OH)$_2$(s)单独存在下的沉淀图   (b) FeCO$_3$(s)单独存在下的沉淀

(c) 两种沉淀的合并图 I   (d) 两种沉淀的合并图 II

图 3-6 $c_T=10^{-3}$mol/L 时 FeCO$_3$ 和 Fe(OH)$_2$ 的溶解图

$$Ca^{2+}+CO_3^{2-} \Longrightarrow CaCO_3(s) \quad K_{sp}=[Ca^{2+}][CO_3^{2-}]$$

因此，[CO$_3^{2-}$]需要同时满足以上两个平衡，由此可得

$$\frac{K_{sp}}{[Ca^{2+}]} = \frac{K_2}{[H^+]}\left(\frac{[Alk]+[H^+]-K_w/[H^+]}{1+2K_2/[H^+]}\right) \tag{3.1.36}$$

当 pH<10 时，[H$^+$]和 $K_w/[H^+]$二者相差不大，且与碱度相比甚小，故略去，此时可把式 (3.1.36)简化为

$$[H^+]=\frac{K_2[Ca^{2+}]}{K_{sp}}\left(\frac{[Alk]}{1+2K_2/[H^+]}\right) \tag{3.1.37}$$

此时，[H$^+$]可作为 CaCO$_3$ 溶解平衡状态的标志，达到饱和平衡时的 pH 称为 pH$_s$。当水中碱

度和[Ca^{2+}]一定时，pH_s为一定值，即

$$pH_s = pK_2 - pK_{sp} - lg[Ca^{2+}] - lg[Alk] + lg(1 + 2K_2/[H^+]) \qquad (3.1.38)$$

当 pH<9 时，式(3.1.38)最后一项可略去，则得

$$pH_s = pK_2 - pK_{sp} - lg[Ca^{2+}] - lg[Alk] \qquad (3.1.39)$$

式(3.1.39)就是根据溶液[Ca^{2+}]和[Alk]平衡时求 pH_s 的基本计算式。

　　把水的实测 pH 与根据[Alk]和[Ca^{2+}]计算出的 pH_s 进行比较，二者的差值称为稳定性指数 S，即 $S = pH - pH_s$，根据 S 值的大小，就可以判断水的稳定性。

　　当 $S<0$ 时，表示溶液中游离碳酸实际含量大于计算所得到的平衡碳酸值，即溶液实测 $pH<pH_s$ 计算值，溶液中实有的[CO_3^{2-}]小于饱和平衡时应有的，表明此时溶液处于对 $CaCO_3$ 未饱和状态，如果这种水与固体 $CaCO_3$ 相遇，就会发生溶解作用，故把此时的水称为具有侵蚀性。

　　当 $S>0$ 时，表示溶液中游离碳酸实际含量小于计算所得到的平衡碳酸值，即溶液实测值 $pH>pH_s$ 计算值，溶液处于对 $CaCO_3$ 过饱和状态。在适宜条件下，此溶液将沉淀出固体的 $CaCO_3$，故把此时的水称为具有沉积性。

　　当 $S=0$ 时，表示溶液中各种化合态的实有浓度等于该溶液饱和平衡时应有的浓度，此时溶液恰处于 $CaCO_3$ 溶解饱和状态，不会出现 $CaCO_3$ 再溶解或沉淀的趋势，故把此时的水称为具有稳定性。一般认为 $S \leqslant \pm(0.25 \sim 0.3)$ 的水都是稳定的。

　　因此，当水具有侵蚀性或沉积性时，可以利用酸化或碱化调整 pH，使水达到 $CaCO_3$ 溶解平衡的稳定状态。

案例 3.1

水的碳酸盐稳定性

　　例如，某水样 pH=7.0，总碱度为 0.4mmol/L，[Ca^{2+}]=0.7mmol/L，通过计算可以确定是否需进行稳定性调整。

　　根据式(3.1.39)可以计算出 pH_s：

$$pH_s = 10.33 - (8.32) + 3.15 - (-3.40) = 8.56$$

$$S = pH - pH_s = 7.0 - 8.56 < 0$$

　　表明水具有侵蚀性，需要碱化加以调整，使其达到稳定状态。若采用加入 NaOH 方法碱化，可通过以下计算获得应加入的碱量。

　　首先求出体系 c_T，根据已有条件可得

$$c_T = \alpha[Alk] = 1.224 \times 0.4 \times 10^{-3} = 0.4896 \times 10^{-3} (mol/L)$$

然后求出调整后的碱度，根据式(3.3.15)，可求出调整平衡时的 α 值。由于

$$\alpha_2 = \frac{K_{sp}}{c_T[Ca^{2+}]} = \frac{4.8 \times 10^{-9}}{0.4896 \times 10^{-3} \times 7.0 \times 10^{-4}} = 1.40 \times 10^{-2}$$

查表 2-6 得

$$pH = 8.48, \quad \alpha = 0.9916$$

此时，溶液碱度 $= c_T/\alpha = 0.486 \times 10^{-3}/0.9916 = 0.490 \times 10^{-3} (\text{mol/L})$。故应加入的碱量为

$$(0.490 - 0.40) \times 10^{-3} = 0.09 \times 10^{-3} (\text{mol/L})$$

如果水中含盐量较大，由于离子氛效应的存在，电解质离子之间存在相互影响，因此电解质的表观浓度不能代表其有效浓度，需要引进一个经验校正系数——活度系数 (γ) 来表示实际溶液与理想溶液的偏差，即

$$a_i = \gamma_i c_i$$

式中：a 为离子活度，一般用 a 或 { } 表示；c 为离子表观浓度，一般用 c 或 [ ] 表示。大量研究表明，离子活度系数与离子强度 I 存在相关性，可用以下公式进行估算：

$$\lg \gamma = -\frac{1}{2} z^2 \frac{\sqrt{I}}{1 + \sqrt{I}} \qquad (\text{适用于 } I < 0.1\text{mol/L 条件下})$$

式中：z 为离子价态；溶液中离子强度 I 的计算公式为 $I = 0.5 \sum c_i z_i^2$，其中 c_i 的浓度单位为 mol/L。如 0.01mol/L $CaCl_2$ 溶液的 $I = 0.025$mol/L，则 Ca^{2+} 的活度系数 $\gamma = 0.534$，则 $\{Ca^{2+}\} = 5.3 \times 10^{-3}$mol/L。

因此，当要考虑离子强度的影响时，式中的浓度应用活度系数进行校正。

3.2 水环境中的配合作用

3.2.1 天然水体中的配合作用

人们在研究污染物在水体中的发生、迁移、反应、影响和归趋规律，以及如何控制污染和恢复水体的实践中，逐步认识到污染物特别是重金属大部分以配合物形态存在于水体，其迁移、转化及毒性等均与配合作用有密切关系。据估计，进入环境的配合物达 500 万～1000 万种之多。

天然水体中有许多阳离子和阴离子，其中某些阳离子是良好的配合物中心体，某些阴离子则可作为配位体，它们之间的配合作用和反应速率等概念与机制，可以应用配合物化学基本理论予以描述，如软硬酸碱理论、欧文-威廉斯顺序等。根据软硬酸碱 (HSAB) 理论，硬酸倾向于与硬碱结合，而软酸倾向于与软碱结合，中间酸 (碱) 则与软、硬酸 (碱) 都能结合，来估计金属和配位体形成离子或配合物的趋势及其稳定性的大致顺序。

天然水体中重要的无机配位体有 OH^-、Cl^-、CO_3^{2-}、HCO_3^-、F^-、S^{2-}，除 S^{2-} 外，均属于路易斯硬碱，它们易与硬酸进行配合。例如，OH^- 在水溶液中将优先与某些作为中心离子的硬酸结合 (如 Fe^{3+}、Mn^{3+} 等)，形成羟基配合离子或氢氧化物沉淀；而 S^{2-} 则更易与重金属如 Hg^{2+}、Ag^+ 等形成多硫配合离子或硫化物沉淀。按照这一规则，可以定性地判断某个金属离子在水体中的形态。

有机配位体情况比较复杂，天然水体中包括动植物组织的天然降解产物，如氨基酸、糖、腐殖酸，以及生活废水中的洗涤剂、清洁剂、NTA、EDTA、农药和大分子环状化合物。

腐殖酸是主要成分，在每升天然水体中有几至几十毫克，底泥中则有千分之几到百分之几。而这些有机物相当一部分具有配合能力。1971 年，Williams 将海洋有机物分为氨基酸、糖、脂肪酸、尿素、芳香烃、维生素和腐殖质七大类，它们大多含有未共用电子对的活性基团，是较典型的电子供给体，易与某些金属形成稳定的配合物。例如，在海水的还原条件下，铁与柠檬酸的配合物占总铁的 86.6%，镍与半胱氨酸的配合物占总镍的 99.9%。

3.2.2 羟基对重金属离子的配合作用

在水环境金属化学的研究中，人们特别重视羟基配合作用，这是由于大多数重金属离子均能水解，其水解过程实际上就是羟基配合过程，它是影响一些重金属难溶盐溶解度的主要因素，现以 Me^{2+} 为例。

$$Me^{2+} + OH^- \rightleftharpoons MeOH^+ \qquad K_1 = \frac{[MeOH^+]}{[Me^{2+}][OH^-]} \tag{3.2.1}$$

$$MeOH^+ + OH^- \rightleftharpoons Me(OH)_2^0 \qquad K_2 = \frac{[Me(OH)_2^0]}{[MeOH^+][OH^-]} \tag{3.2.2}$$

$$Me(OH)_2^0 + OH^- \rightleftharpoons Me(OH)_3^- \qquad K_3 = \frac{[Me(OH)_3^-]}{[Me(OH)_2^0][OH^-]} \tag{3.2.3}$$

$$Me(OH)_3^- + OH^- \rightleftharpoons Me(OH)_4^{2-} \qquad K_4 = \frac{[Me(OH)_4^{2-}]}{[Me(OH)_3^-][OH^-]} \tag{3.2.4}$$

这里 K_1、K_2、K_3 和 K_4 为羟基配合物的逐级生成常数。在实际计算中，常用累积生成常数 β_1、β_2、β_3、…表示，即

$$Me^{2+} + OH^- \rightleftharpoons Me(OH)^+ \qquad \beta_1 = K_1$$

$$Me^{2+} + 2OH^- \rightleftharpoons Me(OH)_2^0 \qquad \beta_2 = K_1 \cdot K_2$$

$$Me^{2+} + 3OH^- \rightleftharpoons Me(OH)_3^- \qquad \beta_3 = K_1 \cdot K_2 \cdot K_3$$

$$Me^{2+} + 4OH^- \rightleftharpoons Me(OH)_4^{2-} \qquad \beta_4 = K_1 \cdot K_2 \cdot K_3 \cdot K_4$$

以 β 代替 K，则计算各种羟基配合物占金属总量的百分数以 φ 表示，它与累积生成常数及 pH 有关，因为

$$[Me]_总 = [Me^{2+}] + [MeOH^+] + [Me(OH)_2^0] + [Me(OH)_3^-] + [Me(OH)_4^{2-}]$$

由以上可得

$$[Me]_总 = [Me^{2+}]\{1 + \beta_1[OH^-] + \beta_2[OH^-]^2 + \beta_3[OH^-]^3 + \beta_4[OH^-]^4\} = [Me^{2+}] \cdot a$$

设 $$a=\{1+\beta_1[\text{OH}^-]+\beta_2[\text{OH}^-]^2+\beta_3[\text{OH}^-]^3+\beta_4[\text{OH}^-]^4\}$$

则得

$$\varphi_0=\frac{[\text{Me}^{2+}]}{[\text{Me}]_{\text{总}}}=\frac{1}{a} \tag{3.2.5}$$

$$\varphi_1=\frac{[\text{Me(OH)}^+]}{[\text{Me}]_{\text{总}}}=\frac{\beta_1[\text{Me}^{2+}][\text{OH}^-]}{[\text{Me}^{2+}]\cdot a}=\varphi_0\beta_1[\text{OH}^-] \tag{3.2.6}$$

$$\varphi_2=\frac{[\text{Me(OH)}_2^0]}{[\text{Me}]_{\text{总}}}=\varphi_0\beta_2[\text{OH}^-]^2 \tag{3.2.7}$$

$$\varphi_n=\frac{[\text{Me(OH)}_n^{(n-2)-}]}{[\text{Me}]_{\text{总}}}=\varphi_0\beta_n[\text{OH}^-]^n \tag{3.2.8}$$

在一定温度下，β_1、β_2、$\cdots$、β_n 为定值，φ 仅是 pH 的函数。图 3-7 表示 Cd^{2+}-OH^- 配合离子在不同 pH 下的分布；图 3-8 表示 Zn^{2+}-OH^- 配合离子在不同 pH 下的分布。

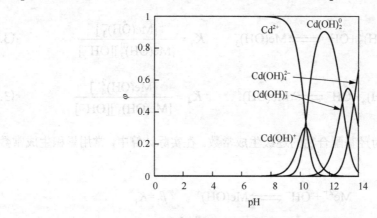

图 3-7　Cd^{2+}-OH^- 配合离子在不同 pH 下的分布

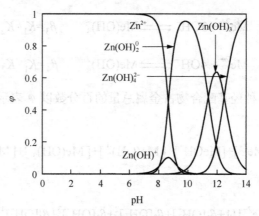

图 3-8　Zn^{2+}-OH^- 配合离子在不同 pH 下的分布

由图 3-7 和图 3-8 可看出以下两点。

(1) Cd^{2+}：pH<8 时，基本上以 Cd^{2+} 形态存在；pH=8 时开始形成 $Cd(OH)^+$；pH≈10 时，$Cd(OH)^+$ 达到峰值；pH=12 时，$Cd(OH)_2^0$ 达到峰值；pH=13 时，$Cd(OH)_3^-$ 达到峰值；当 pH>13.5 时，则 $Cd(OH)_4^{2-}$ 占优势。

(2) Zn^{2+}：pH<7 时，基本上以 Zn^{2+} 形态存在；pH=7 时有微量 $Zn(OH)^+$ 生成；pH=8～11 时，$Zn(OH)_2^0$ 占优势；pH>11 时可生成 $Zn(OH)_3^-$ 和 $Zn(OH)_4^{2-}$。

3.2.3　螯合剂 NTA 的配合作用

氮三乙酸[分子式为 $N(CH_2COOH)_3$，NTA]的三钠盐可作为洗涤剂组分代替磷酸盐，对金属离子有很高的配合能力。当污水处理不完善时，将导致大量的 NTA 组分排放至天然水中。在一定条件下 NTA 可长时间在环境中停留，因此它的潜在环境影响仍需继续关注。

1. NTA 对金属的配合作用

在探讨 NTA 对金属的配合作用时，首先必须了解 NTA 的结构，NTA 为氮三乙酸(H_3T)，在溶液中可以分三步失去 H^+ 而生成 T^{3-}，同时中间的 N 也可以获得一个质子而带正电。

H_3T 存在以下几个平衡：

$$H_3T + H^+ \rightleftharpoons H_4T^+ \qquad (3.2.9)$$

$$K_{a_0} = \frac{[H_4T^+]}{[H_3T][H^+]} = 10 \qquad pK_{a_0} = -1$$

$$H_3T \rightleftharpoons H^+ + H_2T^- \qquad (3.2.10)$$

$$K_{a_1} = \frac{[H^+][H_2T^-]}{[H_3T]} = 2.18 \times 10^{-2} \qquad pK_{a_1} = 1.66$$

$$H_2T^- \rightleftharpoons H^+ + HT^{2-} \qquad (3.2.11)$$

$$K_{a_2} = \frac{[H^+][HT^{2-}]}{[H_2T^-]} = 1.12 \times 10^{-3} \qquad pK_{a_2} = 2.95$$

$$HT^{2-} \rightleftharpoons H^+ + T^{3-} \qquad (3.2.12)$$

$$K_{a_3} = \frac{[H^+][T^{3-}]}{[HT^{2-}]} = 5.25 \times 10^{-11} \qquad pK_{a_3} = 10.28$$

从平衡表示式[式(3.2.9)~式(3.2.12)]中可以看出，未配合的 NTA 可以五种形态（H_4T^+、H_3T、H_2T^-、HT^{2-} 和 T^{3-}）中的任何一种存在于溶液中，这些形态的分数与 pH 有关。

以 T^{3-} 配位体存在的 NTA 分数可表示为

$$\alpha_{T^{3-}} = \frac{[T^{3-}]}{[H_4T^+]+[H_3T]+[H_2T^-]+[HT^{2-}]+[T^{3-}]} \tag{3.2.13}$$

根据上述平衡常数，可以把式(3.2.13)重排为

$$\alpha_{T^{3-}} = \frac{K_{a_1}K_{a_2}K_{a_3}}{K_{a_0}[H^+]^4+[H^+]^3+K_{a_1}[H^+]^2+K_{a_1}K_{a_2}[H^+]+K_{a_1}K_{a_2}K_{a_3}} \tag{3.2.14}$$

同样可导出其他形态的表达式，式(3.2.9)~式(3.2.14)可用来作五种可能的形态分数与 pH 的分布图（图 3-9）。有了上述基础，就可以讨论 NTA 对金属离子的配合作用。

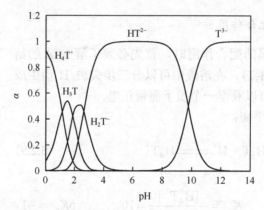

图 3-9　水中 NTA 形态分数 α_x 与 pH 的关系图

下面以 Pb^{2+} 为例，讨论 NTA 对 Pb^{2+} 的配合作用。假设含有未配合 NTA 为 1.00×10^{-2}mol/L 的溶液，在 pH=7.00 时，总 Pb(Ⅱ)的浓度为 1.00×10^{-5}mol/L。由图 3-9 可知，此时 NTA 基本以 HT^{2-} 形态存在，因此，配合反应为

$$HT^{2-} + Pb^{2+} \rightleftharpoons PbT^- + H^+ \tag{3.2.15}$$

式(3.2.15)是把式(3.2.16)和式(3.2.18)相加而得出的，把式(3.2.17)和式(3.2.19)相乘即为它的平衡常数。

$$HT^{2-} \rightleftharpoons H^+ + T^{3-} \tag{3.2.16}$$

$$K_{a_3} = \frac{[H^+][T^{3-}]}{[HT^{2-}]} = 5.25\times10^{-11} \tag{3.2.17}$$

$$Pb^{2+} + T^{3-} \rightleftharpoons PbT^- \tag{3.2.18}$$

$$K_f = \frac{[PbT^-]}{[Pb^{2+}][T^{3-}]} = 2.45 \times 10^{11} \tag{3.2.19}$$

$$HT^{2-} + Pb^{2+} \rightleftharpoons PbT^- + H^+ \tag{3.2.20}$$

$$K = \frac{[PbT^-][H^+]}{[HT^{2-}][Pb^{2+}]} = K_{a_3}K_f = 5.25 \times 10^{-11} \times 2.45 \times 10^{11} = 12.9 \tag{3.2.21}$$

首先，要确定 Pb 是以起始的 Pb^{2+} 还是以 PbT^- 形态存在，这两种形态的浓度比可从式(3.2.21)获得。已知 $[H^+] = 1.00 \times 10^{-7}$ mol/L，HT^{2-} 是过量存在的，其浓度是 1.00×10^{-2} mol/L，重新整理并代入式(3.2.21)得到

$$\frac{[Pb^{2+}]}{[PbT^-]} = \frac{[H^+]}{[HT^{2-}]K} = \frac{1.00 \times 10^{-7}}{1.00 \times 10^{-2} \times 12.9} = 7.75 \times 10^{-7} \tag{3.2.22}$$

此值表明几乎所有 Pb 是以 PbT^- 形态存在。因此，$[PbT^-]$ 基本上等于 Pb^{2+} 总浓度，即 1.00×10^{-5} mol/L，并且可从 K 的表达式解出 $[Pb^{2+}]$：

$$[Pb^{2+}] = \frac{[PbT^-][H^+]}{[HT^{2-}]K} = \frac{1.00 \times 10^{-5} \times 1.00 \times 10^{-7}}{1.00 \times 10^{-2} \times 12.9} = 7.75 \times 10^{-12} (mol/L) \tag{3.2.23}$$

可以看出在 pH=7.00 时，T^{3-} 仅仅是以很少量的 NTA 形态存在，但对 Pb 却仍然有很强的螯合能力。

对于 Pb-NTA 体系的完全严格的计算处理，必须包括 $Pb(OH)^+$、$Pb(OH)T^{2-}$ 和 PbHT 之类物质的生成。

2. NTA 与金属氢氧化物的作用

将螯合剂引入水体后，一个主要关心的问题是可能通过螯合剂的作用，使有毒重金属从沉积物上溶解。这样的问题，当然必须用实验来回答，但计算也可指出可能发生的效应。重金属溶解的程度与许多因素有关，包括金属螯合物的稳定度、螯合剂在水中的浓度、pH及不溶金属沉积物的性质。

案例 3.2

NTA 对固体 $Pb(OH)_2(s)$ 溶解性的影响

计算 pH=7.00 时，NTA 对固体 $Pb(OH)_2(s)$ 中 Pb 可能的溶解作用。

解　图 3-9 已表明在 pH=7.00 时，NTA 主要以 HT^{2-} 存在，因此溶解反应为

$$Pb(OH)_2(s) + HT^{2-} \rightleftharpoons PbT^- + OH^- + H_2O$$

这可由下面反应的加和而获得：

$$Pb(OH)_2(s) \rightleftharpoons Pb^{2+} + 2OH^- \qquad K_{sp} = [Pb^{2+}][OH^-]^2 = 1.61 \times 10^{-20}$$

$$HT^{2-} \rightleftharpoons H^+ + T^{3-} \qquad K_{a_s} = \frac{[H^+][T^{3-}]}{[HT^{2-}]} = 5.25 \times 10^{-11}$$

$$Pb^{2+} + T^{3-} \rightleftharpoons PbT^- \qquad K_f = \frac{[PbT^-]}{[Pb^{2+}][T^{3-}]} = 2.45 \times 10^{11}$$

$$H^+ + OH^- \rightleftharpoons H_2O \qquad \frac{1}{K_w} = \frac{1}{[H^+][OH^-]} = \frac{1}{1.00 \times 10^{-14}}$$

四个式子相加, 得

$$Pb(OH)_2(s) + HT^{2-} \rightleftharpoons PbT^- + OH^- + H_2O$$

$$K = \frac{[PbT^-][OH^-]}{[HT^{2-}]} = \frac{K_{sp}K_{a_s}K_f}{K_w} = 2.07 \times 10^{-5}$$

假定一个体系在 pH=7.00 时 NTA 与 Pb(OH)$_2$(s) 平衡, 则 NTA 可以是未配合的 HT^{2-}, 也可以是 Pb^{2+} 的配合物 PbT$^-$, 优势形态是由依据 K 的表达式计算出 [PbT$^-$]/[HT^{2-}] 的比值来决定。

$$\frac{[PbT^-]}{[HT^{2-}]} = \frac{K}{[OH^-]} = \frac{2.07 \times 10^{-5}}{1.00 \times 10^{-7}} = 207$$

由上式可看出, NTA 与 Pb(Ⅱ) 的螯合物对未螯合的 NTA 比值约为 200∶1, 表明溶液中大多数的 NTA 与 Pb 形成了螯合物。

3. NTA 与微溶盐的作用

在天然水中的碱度条件和 pe-pH 范围内, 微溶盐 PbCO$_3$(s) 是稳定的, 可用类似前面的例子, 假定 NTA 只是与 PbCO$_3$ 而不是与 Pb(OH)$_2$ 建立平衡。

案例3.3

NTA 对微溶盐 PbCO$_3$(s) 溶解性的影响

假定 NTA 的三钠盐是 25mg/L, 在 pH=7.00 时与 PbCO$_3$ 平衡, 计算 Pb^{2+} 是否与 NTA 显著螯合。

解 CO$_3^{2-}$ 与 H$^+$ 反应生成 HCO$_3^-$, 还可以依次与加入的 H$^+$ 反应生成 CO$_2$ 及 H$_2$O。在第 2 章中已述及对于 CO$_2$-HCO$_3^-$-CO$_3^{2-}$ 形态的酸碱平衡反应为

$$CO_2 + H_2O \rightleftharpoons H^+ + HCO_3^-$$

$$K'_{a_1} = \frac{[H^+][HCO_3^-]}{[CO_2][H_2O]} = 4.45 \times 10^{-7} \qquad pK'_{a_1} = 6.35$$

$$HCO_3^- \rightleftharpoons H^+ + CO_3^{2-}$$

$$K'_{a_2} = \frac{[H^+][CO_3^{2-}]}{[HCO_3^-]} = 4.69 \times 10^{-11} \qquad pK'_{a_2} = 10.33$$

碳酸盐形态的酸性离解常数以 K'_a 表示，以便把它们与 NTA 的酸性离解常数相区别，查看这些 pK'_a 的值或图 2-2，在 $pH \geqslant 7.00$ 的天然水中，碳酸盐主要以 HCO_3^- 形态存在，因此 NTA 与 $PbCO_3(s)$ 反应而释放出的 CO_3^{2-} 将以 HCO_3^- 形式进入溶液。$PbCO_3(s)$ 与 HT^{2-} 在 pH 为 $7 \sim 10$ 时的反应为

$$PbCO_3(s) + HT^{2-} \Longleftrightarrow PbT^- + HCO_3^-$$

这可由下面几个反应相加而获得

$$PbCO_3(s) \Longleftrightarrow Pb^{2+} + CO_3^{2-} \qquad K_{sp} = [Pb^{2+}][CO_3^{2-}] = 1.48 \times 10^{-13}$$

$$HT^{2-} \Longleftrightarrow H^+ + T^{3-} \qquad K_{a_s} = \frac{[H^+][T^{3-}]}{[HT^{2-}]} = 5.25 \times 10^{-11}$$

$$Pb^{2+} + T^{3-} \Longleftrightarrow PbT^- \qquad K_f = \frac{[PbT^-]}{[Pb^{2+}][T^{3-}]} = 2.45 \times 10^{11}$$

$$CO_3^{2-} + H^+ \Longleftrightarrow HCO_3^- \qquad \frac{1}{K'_{a_2}} = \frac{[HCO_3^-]}{[H^+][CO_3^{2-}]} = \frac{1}{4.69 \times 10^{-11}}$$

所以上述反应加和即为

$$PbCO_3(s) + HT^{2-} \Longleftrightarrow PbT^- + HCO_3^-$$

$$K = \frac{[PbT^-][HCO_3^-]}{[HT^{2-}]} = \frac{K_{sp} K_{a_s} K_f}{K'_{a_2}} = 4.06 \times 10^{-2}$$

从上式来表示的 K 值可以看出，$PbCO_3(s)$ 溶解为 PbT^- 的程度与 HCO_3^- 的浓度有关。天然水中 HCO_3^- 的浓度通常为 $1.00 \times 10^{-3} mol/L$，因此，可以计算出螯合剂在 PbT^- 与 HT^{2-} 间的分配：

$$\frac{[PbT^-]}{[HT^{2-}]} = \frac{K}{[HCO_3^-]} = \frac{4.06 \times 10^{-2}}{1.00 \times 10^{-3}} = 40.6$$

在上述指定条件下，与固体 $PbCO_3$ 平衡共存的 NTA 大部分为 Pb 的配合物。显然当 HCO_3^- 浓度较大时，NTA 对 Pb 的溶解能力下降；反之，HCO_3^- 浓度较低时，NTA 将更大地促进 Pb 的溶解。

4. Ca^{2+} 对 NTA 与微溶盐作用的影响

天然水中存在 Ca^{2+}，它能生成螯合物，因此它会与微溶盐中的金属(如 $PbCO_3$)争夺螯合剂。

案例 3.4

Ca^{2+} 对 NTA 与微溶盐 $PbCO_3(s)$ 作用的影响

计算 pH 为 7.00 含有 NTA 与 Ca 螯合的水，当 $[HCO_3^-] = 1.00 \times 10^{-3} mol/L$ 及 $[Ca^{2+}] = 1.00 \times 10^{-3} mol/L$ 与 $PbCO_3(s)$ 平衡时，NTA 在 Pb 及 Ca 两个配合物间的分配。

解 在 pH=7.00，Ca^{2+} 与 NTA 的反应为

$$Ca^{2+}+HT^{2-} \rightleftharpoons CaT^-+H^+$$

则平衡常数 K' 为

$$K'=\frac{[CaT^-][H^+]}{[Ca^{2+}][HT^{2-}]}=1.48\times10^8\times5.25\times10^{-11}=7.77\times10^{-3}$$

K' 为 Ca-NTA 配合物的生成常数 1.48×10^8 与 NTA 的 $K_{a_3}=5.25\times10^{11}$ 的乘积。NTA 与 Ca 形成配合物 CaT^- 的分数与 Ca^{2+} 的浓度及 pH 有关。天然水中 Ca^{2+} 的中等含量为 1.00×10^{-3}mol/L（pH 为 7.00 时），溶液中所存在的 CaT^- 与 HT^{2-} 比值可计算如下：

$$\frac{[CaT^-]}{[HT^{2-}]}=\frac{[Ca^{2+}]}{[H^+]}K'=\frac{1.00\times10^{-3}}{1.00\times10^{-7}}\times7.77\times10^{-3}=77.7$$

因此，大部分的 NTA 在与 40mg/L Ca^{2+} 平衡时是以 CaT^- 形态存在。

$PbCO_3$ 与 CaT^- 的反应为

$$PbCO_3(s)+CaT^-+H^+ \rightleftharpoons Ca^{2+}+HCO_3^-+PbT^- \qquad K''=\frac{[Ca^{2+}][HCO_3^-][PbT^-]}{[CaT^-][H^+]}$$

此反应可从以下两个反应相减而得

$$PbCO_3(s)+HT^{2-} \rightleftharpoons PbT^-+HCO_3^- \qquad K=4.06\times10^{-2}$$

$$Ca^{2+}+HT^{2-} \rightleftharpoons CaT^-+H^+ \qquad K'=7.77\times10^{-3}$$

$$PbCO_3(s)+CaT^-+H^+ \rightleftharpoons Ca^{2+}+HCO_3^-+PbT^- \qquad K''=\frac{K}{K'}=\frac{4.06\times10^{-2}}{7.77\times10^{-3}}=5.24$$

此时，即可从 K'' 值确定 NTA 在 PbT^- 及 CaT^- 之间的分配。例如，pH 为 7.00 含有 NTA 与 Ca 螯合的水，$[HCO_3^-]=1.00\times10^{-3}$mol/L 及 $[Ca^{2+}]=1.00\times10^{-3}$mol/L 与 $PbCO_3(s)$ 平衡时，NTA 在 Pb 及 Ca 两个配合物间的分配为

$$\frac{[PbT^-]}{[CaT^-]}=\frac{[H^+]K''}{[Ca^{2+}][HCO_3^-]}=\frac{1.00\times10^{-7}\times5.24}{1.00\times10^{-3}\times1.00\times10^{-3}}=0.524$$

可以看出，仅仅有约 30% 的 NTA 是以 PbT^- 螯合物存在。注意在相同条件下，如果没有 Ca^{2+} 存在，则 NTA 与 $PbCO_3(s)$ 平衡时几乎全部以 PbT^- 存在。因此，作为螯合铅存在的 NTA 分数正比于 $PbCO_3(s)$ 的溶解程度，Ca^{2+} 浓度不同，将影响 NTA 对 $PbCO_3$ 中 Pb 的溶解程度。

　　显然上面的计算均没有以实验作为基础，而是理论推算，但已清楚地看到计算天然水体中形态浓度的复杂性。人们不可能对 NTA 能从沉淀物溶解多少质量的金属这样的问题作简单的回答，如 pH、HCO_3^- 浓度、Ca^{2+} 浓度及沉积物的性质等因素都需加以考虑。在这样的计算中，存在的问题至少是缺乏对平衡常数在指定条件下的校正，而且没有考虑动力学因素，这是计算的局限性，但它仍是能作为一种指导，并成为研究问题和解决问题的基础。

3.2.4　腐殖质的配合作用

　　天然水中对水质影响最大的有机物是腐殖质，它是生物体物质在土壤、水和沉积物中转化而成的有机高分子物质，相对分子质量为 300～30000。一般根据其在碱和酸溶液中的溶解度把其划分为三类：①腐殖酸（humic acid）——可溶于稀碱液但不溶于酸的部分，相对分子质量由数千到数万；②富里酸（fulvic acid）——可溶于酸又可溶于碱的部分，相对分子质量由数百到数千；③腐黑物（humin）——不能被酸和碱提取的部分。

　　在腐殖酸和腐黑物中，C 含量 50%～60%、O 含量 30%～35%、H 含量 4%～6%、N 含量 2%～4%；而富里酸中 N 含量较少，为 1%～3%，C 和 O 含量相对较多，均为 44%～50%，不同地区和不同来源的腐殖质其相对分子质量组成和元素组成都有区别。

　　腐殖质在结构上的显著特点是除含有大量苯环外，还含有大量羧基、醇基和酚基。富里酸单位质量含有的含氧官能团数量较多，因而亲水性也较强。这些官能团在水中可以离解并产生化学作用，因此腐殖质具有高分子电解质的特征，表现为酸性。

　　腐殖质可以用一些简单化合物模型来模拟，如：

水杨酸　　　　丙二酸　　　　邻苯二甲酸　　　　邻苯二酚

　　腐殖质与金属离子生成配合物是它们最重要的环境性质之一，金属离子能在羧基及羟基间螯合成键：

或者在两个羧基间螯合：

或者与一个羧基形成配合物：

许多研究表明：重金属在天然水体中主要以腐殖质的配合物形式存在。Matson 等指出 Cd、Pb 和 Cu 在美洲的大湖（Great Lake）水中不存在游离离子，而是以腐殖酸配合物形式存在。Mantoura 等认为，90%以上的 Hg 和大部分的 Cu 与腐殖酸形成配合物，而其他金属只有小于 11%的与腐殖酸配合。

重金属与水体中腐殖酸所形成配合物的稳定性，因水体腐殖酸来源和组分不同而有差别。Hg 和 Cu 有较强的配合能力，这点对考虑重金属的水体污染具有很重要的意义。特别是 Hg，许多阳离子如 Li^+、Na^+、Co^{2+}、Mn^{2+}、Ba^{2+}、Zn^{2+}、Mg^{2+}、La^{3+}、Fe^{3+}、Al^{3+}、Ce^{3+}、Th^{4+}，都不能置换 Hg。

腐殖酸与金属配合作用对重金属在环境中的迁移转化有重要影响，特别表现在颗粒物吸附和难溶化合物溶解度方面。腐殖酸本身的吸附能力很强，这种吸附能力甚至不受其他配合作用的影响。国外有人研究发现，腐殖质的存在，大大地减少了镉、铜和镍在水合氧化铁上的吸附，这是由于形成的溶解的铜-腐殖质配合物的竞争限制了铜的吸附，腐殖酸也可以很容易吸附在天然颗粒物上，于是改变了颗粒物的表面性质。我国彭安等研究了天津蓟运河中腐殖酸对汞的迁移转化的影响，结果表明腐殖酸对底泥中汞有显著的溶出影响，并对河水中溶解态汞的吸附和沉淀有抑制作用。以上研究均表明配合作用可抑制金属以碳酸盐、硫化物、氢氧化物形式的沉淀产生。

腐殖酸对水体中重金属的配合作用还将影响重金属对水生生物的毒性。近几年来已有报道，腐殖酸可减弱汞对浮游植物的抑制作用，同样减轻了对浮游动物的毒性，但不同生物富集汞的效应不同，如腐殖酸增加了汞在鲤鱼和鲫鱼体内的富集，而降低了汞在软体动物棱螺体内的富集。在我国克山病和大骨节病流行病区，饮用水中腐殖酸含量高于非病区，将饮用水经活性炭处理后，发病率有所缓和，可能是腐殖酸干扰和破坏人体对无机物（如 Cu、Mg、SO_4^{2-}、SeO_3^{2-}、Mo 和 V）的吸附平衡所致。

此外，从 1970 年以来，由于发现供应水中存在三卤甲烷，人们对腐殖质给予特别的关注。一般认为，在用氯化作用消毒原始饮用水过程中，腐殖质的存在可以形成可疑的致癌物质——三卤甲烷（THMS）。因此，在早期氯化作用中，用尽可能除去腐殖质的方法来减少 THMS 生成。

现在人们开始注意腐殖酸与阴离子的作用，它可以和水体中 NO_3^-、SO_4^{2-}、PO_4^{3-} 和 NTA 等反应，增加了水体各种阳离子、阴离子反应的复杂性。另外，腐殖酸对有机污染物的作用，如对其活性、行为和残留速度等影响已展开研究。它能键合水体中的有机物如 PCB、DDT 和 PAN，从而影响它们的迁移和分布；环境中的芳香胺能与腐殖酸共价键合；而另一类有机污染物如邻苯二甲酸二烷基酯与腐殖酸可形成水溶性配合物。

3.2.5 有机配位体对重金属迁移的影响

水溶液中共存的金属离子和有机配位体常生成金属配合物，这种配合物能够改变金属离子的特征，从而对重金属的迁移产生影响。

1. 影响颗粒物（悬浮物或沉积物）对重金属的吸附

天然有机配体，如腐殖质，可以显著影响环境中金属的形态和迁移能力，能发生多种反应（图 3-10）。这些反应包括与能透过 0.45μm 滤膜的溶解性有机质（dissolved organic carbon，DOC)配位，与悬浮颗粒上包裹的有机碳反应，以及沉积物中的有机质反应。由于腐殖质具有较强的配位能力，因此，水体中 DOC 的增加有助于金属从沉积物中溶解释放，增加其迁移能力及相关环境风险。

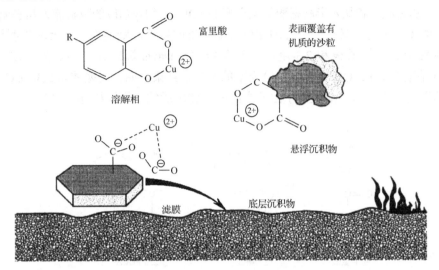

图 3-10　水体中金属离子与沉积物、悬浮及溶解态有机质的配位作用(Sparks，2003)

有机配体存在时，可以显著影响金属在无机矿物表面的吸附。根据 Vuceta 解释，加入配位体可能以下列方式影响吸附：①由于和金属离子生成配合物，或与表面争夺可给吸附位，使吸附受到抑制；②如果配位体能形成弱配合物，并且对固体表面亲和力很小，则不会引起吸附量的明显变化；③如果配位体能生成强配合物，并同时对固体表面具有实际的亲和力，则可能会增大吸附量。

决定配位体对金属吸附量影响的是配位体本身的吸附行为。首先，配位体是否是可吸附的，如果配位体本身不可吸附，或者金属配合物是非吸附的，则由于配位体与表面争夺金属离子，而使金属吸附受到抑制。例如，Vuceta 研究了柠檬酸和 EDTA 对 Pb(Ⅱ)和 Cu(Ⅱ) 在 α-石英上吸附的影响(图 3-11)，结果表明配位体的存在降低了 α-石英对 Cu(Ⅱ)、Pb(Ⅱ) 的吸附能力。

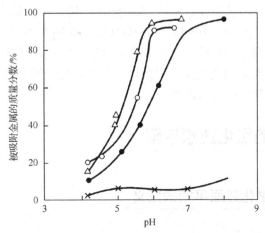

图 3-11　柠檬酸对 Cu(Ⅱ)和 Pb(Ⅱ)在二氧化硅/水界面上吸附的影响

△：Cu(Ⅱ)；○：Pb(Ⅱ)；×：Cu(Ⅱ)+5×10⁻⁶ mol/L柠檬酸；●：Pb(Ⅱ)+5×10⁻⁶ mol/L柠檬酸

如果配位体浓度低，配位体和金属结合能力弱或配位体本身不能吸附，那么配位体的加入几乎不会对金属的吸附行为产生影响。Ducorsma 发现，只有异己氨酸的浓度大约是典型的天然水浓度的 10^4 倍时，才能看到对 Co(II)和 Zn(II)吸附的显著变化。Vuceta 等发现，异己氨酸存在下的蒙脱土和加入半胱氨酸的无定形 $Fe(OH)_3$ 对 Hg(II)的吸附能力几乎无影响。

若配位体被吸附，又有一个强的配位官能团指向溶液，则痕量金属吸附量明显提高，如硫代硫酸根、谷氨酸根和 2,3-吡嗪二羧酸根等。Davis 等研究了谷氨酸、皮考啉酸和 2,3-PDCA 存在时，$Fe(OH)_3$ 对 Cu(II)吸附的影响，结果表明，谷氨酸和 2,3-PDCA 增加了 Cu(II)的吸附，而皮考啉酸阻碍了溶液中因配合作用所致的铜迁移(图 3-12)。

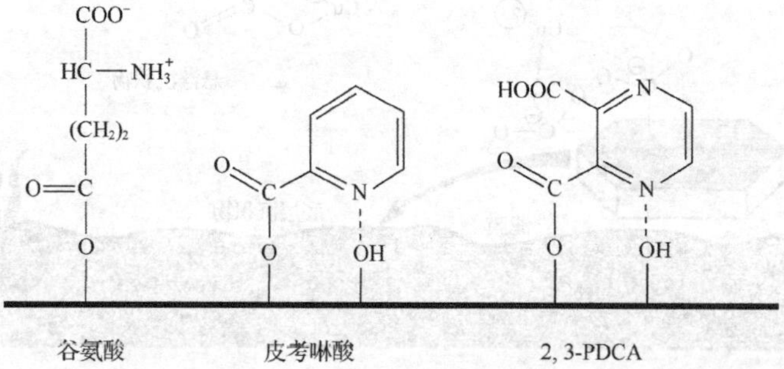

图 3-12　吸附谷氨酸、皮考啉酸和 2,3-PDCA 离子形成的表面配合物

由图 3-12 可看出，皮考啉酸的表面配位可能涉及羧基和含氮杂原子的电子给予体，因此配位基是无效的，吸附的皮考啉酸离子不能像配位基一样对金属发生作用，而谷氨酸和 2,3-PDCA 可作为表面配位剂在表面与 Cu(II)形成 Cu(II)-谷氨酸和 Cu(II)-2,3-PDCA 配合物。由此可见，配位体和金属配合物的吸附对氧化物表面吸着痕量金属起重要作用。吸附的配位体功能团可能是表面上的"新吸附点"，因此存在于溶液中的配位体就改变了界面处的化学微观环境。

2. 影响重金属化合物的溶解度

重金属和羟基的配合作用提高了重金属氢氧化物的溶解度。例如，氢氧化锌(汞)按溶度积计算，水中 Zn^{2+} 应为 0.861mg/L，而 Hg^{2+} 应为 0.039mg/L，由于水解配合生成 $Zn(OH)_2^0$ 和 $Hg(OH)_2^0$ 配合物，水中溶解态锌总量达 160mg/L，溶解态汞总量达 107mg/L。同样，Cl^- 可提高氢氧化物的溶解度，$[Cl^-]$ 为 1mol/L 时，$Hg(OH)_2$ 和 HgS 的溶解度分别提高了 10^5 倍和 3.6×10^7 倍。以上现象解释了在实际水体中为什么沉积物中重金属可再次释放至水体。此外，废水中配体的存在也引起人们的关注，因为这些配体可使管道和含重金属沉积物中的重金属重新溶解，降低去除金属污染的效率。

3.3　天然水中的氧化还原平衡

3.3.1　天然水中氧化还原平衡的意义

氧化还原平衡对天然水及污水的环境化学均具有重要意义。水体中氧化还原类型、速率和平衡，在很大程度上决定了水中重要溶质的性质。例如，一个厌氧型湖泊，其湖下层的元素都将以还原态形态存在，碳还原成-4 价形成 CH_4、氮形成 NH_4^+、硫形成 H_2S、铁形成可溶性 $Fe(II)$。而表层水由于可以为大气中的氧饱和，成为相对氧化性介质，当达到热力学平衡时，上述元素则以氧化态存在，碳成为 CO_2、氮成为 NO_3^-、铁成为 $Fe(OH)_3$ 沉淀、硫成为 SO_4^{2-}。显然这种变化对水生生物和水质影响很大。

关于天然水及污水中的氧化还原反应，需要特别强调以下两点：第一，许多重要的氧化还原反应为微生物催化反应，细菌是一类催化剂，能使 O_2 与有机物质反应、Fe^{3+} 还原成 Fe^{2+} 以及 NH_4^+ 氧化为硝酸盐。第二，水环境中的氧化还原反应与酸碱反应类似。例如，在酸碱反应中，氢离子活度是用来表示水体酸性或碱性的程度。同样，电子活度用来表示水体电子活度高低的。例如，污水处理中厌氧消化池的水，电子活度高，可认为是还原性的；电子活度低的水，如高度氯化的水，则认为是氧化性的。实际上，自由电子在水溶液中并不存在，但是电子活度的概念与氢离子活度的概念一样，对水化学家是很有用的。

在本节介绍的体系，都假定它们达到热力学平衡。实际上这种状态在天然水或污水体系中几乎不可能达到，这是因为许多氧化还原反应是缓慢的，很少达到平衡状态，即使达到，往往也是在局部区域内。所以，实际体系是几种不同的氧化还原反应的混合行为，但这种平衡体系的设想，对于用一般方法去认识天然水体和污水中发生化学变化趋向会有很大帮助，通过平衡计算，可提供体系必然发展趋向的边界条件。

3.3.2 电子活度和氧化还原电位

1. 电子活度的概念

酸碱反应和氧化还原反应之间存在概念上的相似性，酸和碱是用质子给予体和质子接受体来解释，故 pH 的定义为

$$pH = -\lg a_{H^+} \tag{3.3.1}$$

式中：a_{H^+} 为氢离子在水溶液中的活度，它衡量溶液接受或迁移质子的相对趋势。与此相似，还原剂和氧化剂可以定义为电子给予体和电子接受体，故 pe 的定义为

$$pe = -\lg a_e \tag{3.3.2}$$

式中：a_e 为水溶液中电子的活度。由于 a_{H^+} 可以在几个数量级范围内变化，所以 pH 可以很方便地用 a_{H^+} 来表示。同样，一个稳定的水系统的电子活度可以在二十几个数量级范围内变化，所以也可以很方便地用 pe 来表示 a_e。

pe 严格的热力学定义是由 Stumm 和 Morgan 提出的，基于下列反应：

$$2H^+(aq) + 2e^- \rightleftharpoons H_2(g) \tag{3.3.3}$$

当反应式 (3.3.3) 的全部组分都以 1 个单位活度存在时，该反应的吉布斯自由能变化 ΔG 可定义为零。水中氧化还原反应的 ΔG 也是在溶液中全部离子的生成自由能的基础上定义的。

根据在离子的强度为零的介质中，$[H^+]=1.0\times10^{-7}$ mol/L、$a_{H^+}=1.0\times10^{-7}$ mol/L、pH=7.0，但是，电子活度必须根据式 (3.3.3) 定义。当 $H^+(aq)$ 在 1 单位活度与 1atm H_2 平衡（同样活度

为 1mol/L)的介质中,电子活度才为 1.00mol/L 及 pe=0.0。如果电子活度增加 10 倍[同 H^+(aq)活度为 0.100mol/L 与活度为 1.00mol/L H_2 平衡时的情况],那么电子活度将为 10mol/L,并且 pe=-1.0。

因此,pe 是平衡状态下(假想)的电子活度,它衡量溶液接受或迁移电子的相对趋势,在还原性很强的溶液中,其趋势是给出电子。从 pe 概念可知,pe 越小,电子浓度越高,体系提供电子的倾向就越强;反之,pe 越大,电子浓度越低,体系接受电子的倾向就越强。

2. 氧化还原电位 E 和 pe 的关系

若有一个氧化还原半反应:

$$Ox + ne^- \rightleftharpoons Red \qquad (3.3.4)$$

根据 Nernst 方程式,则半反应式(3.3.4)可写成

$$E = E^\ominus - \frac{2.303RT}{nF}\lg\frac{[Red]}{[Ox]}$$

式中:E 为氧化还原电极电位,V;$E^\ominus$ 为该反应平衡时的标准电极电位,V。当反应平衡时:

$$E^\ominus = \frac{2.303RT}{nF}\lg K$$

$$\lg K = \frac{nFE^\ominus}{2.303RT} = \frac{nE^\ominus}{0.0591} \qquad (25℃)$$

从理论上考虑也可将式(3.3.4)的平衡常数 K 表示为

$$K = \frac{[Red]}{[Ox][e]^n}$$

$$[e] = \left(\frac{1}{K} \cdot \frac{[Red]}{[Ox]}\right)^{\frac{1}{n}}$$

根据 pe 的定义,则上式可改写为

$$pe = -\lg[e] = \frac{1}{n}\left(\lg K - \lg\frac{[Red]}{[Ox]}\right) = \frac{EF}{2.303RT} = \frac{E}{0.0591} \qquad (25℃) \qquad (3.3.5)$$

式中:pe 为无因次指标,它是衡量溶液中可供给电子的水平,注意 pe 不等于-$\lg E$。同样,

$$pe^\ominus = \frac{E^\ominus F}{2.303RT} = \frac{E^\ominus}{0.0591} \qquad (25℃) \qquad (3.3.6)$$

因此,根据 Nernst 方程,pe 的一般表示形式为

$$pe = pe^\ominus - \frac{1}{n}\lg\frac{[生成物]}{[反应物]} \qquad (3.3.7)$$

3. 相对反应趋势及氧化还原平衡

整个反应的相对反应趋势可从半反应看出，一些典型的还原半反应的标准电极电位及 $pe^\ominus$ 的值为

$$Hg^{2+} + 2e^- \rightleftharpoons Hg \qquad E^\ominus=+0.789V \qquad pe^\ominus=13.35 \tag{3.3.8}$$

$$Cu^{2+} + 2e^- \rightleftharpoons Cu \qquad E^\ominus=+0.337V \qquad pe^\ominus=5.71 \tag{3.3.9}$$

$$2H^+ + 2e^- \rightleftharpoons H_2 \qquad E^\ominus=0.00V \qquad pe^\ominus=0.00 \tag{3.3.10}$$

$$Pb^{2+} + 2e^- \rightleftharpoons Pb \qquad E^\ominus=-0.126V \qquad pe^\ominus=-2.13 \tag{3.3.11}$$

标准电极电位或 $pe^\ominus$ 的正值越大，则发生还原反应的倾向越大。因此，如果将一块铅皮投入 Cu^{2+} 溶液中，则铅上将附上一层金属铜：

$$Cu^{2+} + Pb \longrightarrow Cu + Pb^{2+} \tag{3.3.12}$$

这个反应的发生是因为 Cu^{2+} 获得电子的能力较 Pb 保留电子的能力强。与此相似，在强酸性溶液中，金属 Cu 不会置换出 H_2，因为 H^+ 吸引电子的能力比 Cu^{2+} 小；相反 Pb 就可以在酸性溶液中置换出 H_2。

如果一个半反应写成氧化式，则所测量的标准电极电位 $E^\ominus$ 的符号要相反。因此，式 (3.3.9) 的正确改写式为

$$Cu \rightleftharpoons Cu^{2+} + 2e^- \qquad E^\ominus=-0.337V \tag{3.3.13}$$

当然，如果反应写成氧化式，$pe^\ominus$ 的符号也要改变为

$$Cu \rightleftharpoons Cu^{2+} + 2e^- \qquad pe^\ominus=-5.71 \tag{3.3.14}$$

无论如何写反应或给出 $E^\ominus$ 的符号，根据氢电极，铜的电位在静电学上都是正极。

半反应可以组合成全反应，如由金属 Pb 还原 Cu^{2+} 的整个反应式，可从方程式 (3.3.9) Cu 的半反应减去方程式 (3.3.11) Pb 的半反应获得

$$Cu^{2+}+2e^- \rightleftharpoons Cu \qquad E^\ominus=+0.337V \qquad pe^\ominus=5.71$$

$$-)\quad Pb^{2+}+2e^- \rightleftharpoons Pb \qquad E^\ominus=-0.126V \qquad pe^\ominus=-2.13$$

$$\overline{\qquad\qquad\qquad\qquad\qquad\qquad\qquad\qquad\qquad\qquad}$$

$$Cu^{2+}+Pb \rightleftharpoons Cu+Pb^{2+} \qquad E^\ominus=+0.463V \qquad pe^\ominus=7.84 \tag{3.3.15}$$

$E^\ominus$ 和 $pe^\ominus$ 为正值，说明整个反应如式 (3.3.15) 所示是向右进行的。因此，如果一个含有 Cu^{2+} 的污水溶液是一个相对无害的污染物，进入管道与铅接触，有毒的铅就会进入溶液中。

如果 Pb^{2+} 及 Cu^{2+} 的活度不等于 1mol/L 怎么办？这也可用 Nernst 方程来计算。参考铜电

极对铅电极的反应式(3.3.15)的 E 值，浓度对 E 值的影响可从 Nernst 方程给出：

$$E = 0.463 + \frac{0.0591}{2} \lg \frac{[Cu^{2+}]}{[Pb^{2+}]} \tag{3.3.16}$$

根据式(3.3.6)给出 pe 值：

$$pe = 7.84 - \frac{1}{2} \lg \frac{[Pb^{2+}]}{[Cu^{2+}]} \tag{3.3.17}$$

式中：7.84 为整个反应的 $pe^{\ominus}$ 值。

如果铜电极和铅电极之间用金属丝相连，电子就可在两极间通过，反应式(3.3.15)将发生，直至[Pb^{2+}]很高，[Cu^{2+}]很低，反应停止。此时体系处于平衡状态，电子不再通过，$E=0$。根据方程给出该反应的平衡常数为

$$K = \frac{[Pb^{2+}]}{[Cu^{2+}]}$$

由于平衡时 $E=0$，平衡常数 K 就可从 Nernst 方程获得

$$E = E^{\ominus} - \frac{0.0591}{2} \lg \frac{[Pb^{2+}]}{[Cu^{2+}]}$$

$$0.00 = 0.463 - \frac{0.0591}{2} \lg K \tag{3.3.18}$$

根据 pe 及 $pe^{\ominus}$，即可获得两个相对应的方程式：

$$pe = pe^{\ominus} - \frac{1}{2} \lg \frac{[Pb^{2+}]}{[Cu^{2+}]}$$

$$0.00 = 7.84 - \frac{1}{2} \lg K \tag{3.3.19}$$

不论从式(3.3.18)还是从式(3.3.19)，得到的 K 值均为 15.7。对于包含有 n 个电子的氧化还原反应，其平衡常数可由式(3.3.20)给出：

$$\lg K = \frac{nFE^{\ominus}}{2.303RT} = \frac{nE^{\ominus}}{0.0591} \quad (25℃) \tag{3.3.20}$$

式中：$E^{\ominus}$ 为整个反应的 $E^{\ominus}$ 值。这样平衡常数就由式(3.3.21)给出：

$$\lg K = n(pe^{\ominus}) \tag{3.3.21}$$

4. E 和 pe 与自由能的关系

在预测或解释水体行为时，如能预测从体系化学反应中可能获得的能量大小，显然是

很有意义的。对于氧化还原反应来说，可根据吉布斯自由能变化 ΔG 去预测反应趋势，而 ΔG 又可根据 E 或 pe 获得。例如，对于一个包括 n 个电子的氧化还原反应，吉布斯自由能变化可从以下两个方程中任一个给出：

$$\Delta G = -nFE$$

$$\Delta G = -2.303nRT(\text{pe})$$

若将 $F=96500\text{J}/(\text{V}\cdot\text{mol})$ 代入，便可获得以 J/mol 为单位的 ΔG。当所有反应组分处于标准状态下(纯液体、纯固体、溶质的活度为 1.00mol/L)，式(3.3.22)和式(3.3.23)适用：

$$\Delta G^{\ominus} = -nFE^{\ominus} \tag{3.3.22}$$

$$\Delta G^{\ominus} = -2.303nRT(\text{pe}^{\ominus}) \tag{3.3.23}$$

例如，$Fe(OH)_3$ 和 Fe^{3+} 处于平衡状态时的氧化还原反应是

$$Fe(OH)_3(s) + 3H^+ + e^- \Longrightarrow Fe^{2+} + 3H_2O$$

假定还原反应 $\Delta G^{\ominus} = -91.4\text{kJ/mol}$，根据式(3.3.23)，可算出 25℃时 $\text{pe}^{\ominus}$：

$$\text{pe}^{\ominus} = \frac{91.4}{2.303 \times 0.008134 \times 298} = 16.0$$

因而可以算出

$$\text{pe} = 16.0 - \lg \frac{[Fe^{2+}]}{[H^+]^3}$$

3.3.3　天然水体的 pe-pH 图

在氧化还原体系中，往往有 H^+ 或 OH^- 参与转移，因此，pe 除了与氧化态和还原态浓度有关外，还受到体系 pH 的影响，这种关系可以用 pe-pH 图来表示。该图显示了水体中各形态的稳定范围及边界线，由于水质中可能存在的物质状态繁多，于是会使该图变得非常复杂。例如，某一金属，可以有不同的金属氧化态、羟基配合物以及不同形式的固体金属氧化物或氢氧化物存在于用 pe-pH 图所描述的不同区域内。大部分水体中含有碳酸盐并含有许多硫酸盐及硫化物，因此可以有各种金属的碳酸盐、硫酸盐及硫化物在不同区域中占主要地位。为了阐明 pe-pH 图的基本原理，本书只讨论一种简化了的 pe-pH 图。

1. 水的氧化还原限度

在绘制 pe-pH 图时，必须考虑几个边界情况。首先是水的氧化还原反应限定图中的区域边界。选作水的氧化限度的边界条件是 1.00atm 的氧分压，水的还原限度的边界条件是 1.00atm 的氢分压，这些边界条件可获得把水的稳定边界与 pH 联系起来的方程。

水的氧化限度：

$$\frac{1}{4}O_2(g) + H^+ + e^- \rightleftharpoons \frac{1}{2}H_2O \qquad pe^\ominus = +20.75$$

$$pe = pe^\ominus + \lg\left(p_{O_2}^{1/4} \cdot [H^+]\right) \tag{3.3.24}$$

$$pe = 20.75 - pH$$

水的还原限度：

$$H^+ + e^- \rightleftharpoons \frac{1}{2}H_2(g) \qquad pe^\ominus = 0.00$$

$$pe = pe^\ominus - \lg\left(p_{H_2}^{1/2}/[H^+]\right) \tag{3.3.25}$$

$$pe = -pH$$

表明水的氧化限度以上的区域为 O_2 稳定区，还原限度以下的区域为 H_2 稳定区，在这两个限度之间的 H_2O 是稳定的，也是水质各化合态分布的区域。

2. pe-pH 图

下面以 Fe 为例，讨论如何绘制 pe-pH 图。

假定溶液中溶解态铁的最大浓度为 1×10^{-5} mol/L，可以考虑存在式(3.3.26)~式(3.3.28)：

$$Fe^{3+} + e^- \rightleftharpoons Fe^{2+} \qquad pe^\ominus = +13.2 \tag{3.3.26}$$

$$Fe(OH)_2(s) + 2H^+ \rightleftharpoons Fe^{2+} + 2H_2O \qquad K_{sp} = \frac{[Fe^{2+}]}{[H^+]^2} = 8.0 \times 10^{12} \tag{3.3.27}$$

$$Fe(OH)_3(s) + 3H^+ \rightleftharpoons Fe^{3+} + 2H_2O \qquad K'_{sp} = \frac{[Fe^{3+}]}{[H^+]^3} = 9.1 \times 10^3 \tag{3.3.28}$$

常数 K_{sp} 及 K'_{sp} 可从 $Fe(OH)_2$ 及 $Fe(OH)_3$ 的溶度积导出，根据$[H^+]$表示成容易计算的表示式。这里没有考虑像 $Fe(OH)^{2+}$、$Fe(OH)_2^+$ 及 $FeCO_3$ 等形态的生成。

根据上述的讨论，Fe 的 pe-pH 图必须落在水的氧化还原限度内。下面根据有关的平衡方程，把 pe-pH 的边界方程逐一推导。

1)Fe^{3+}和 Fe^{2+} 的边界

考虑平衡方程式(3.3.26)可得这两种形态的边界方程式为

$$pe = 13.2 + \lg\frac{[Fe^{3+}]}{[Fe^{2+}]} \tag{3.3.29}$$

边界条件为$[Fe^{3+}]=[Fe^{2+}]$，则 pe=13.2，因此可画出一条垂直于纵轴且平行于横轴(pH)的直线，表明与 pH 无关。当 pe>13.2 时，$[Fe^{3+}]>[Fe^{2+}]$；当 pe<13.2 时，则$[Fe^{3+}]<[Fe^{2+}]$。

2) Fe^{2+} 和 $Fe(OH)_2(s)$ 的边界

根据平衡方程式(3.3.27)及边界条件 $[Fe^{2+}]=1.00\times10^{-5}\ mol/L$，则可获得边界方程式为

$$[H^+]=\left(\frac{[Fe^{2+}]}{K_{sp}}\right)^{\frac{1}{2}}=\left(\frac{1.00\times10^{-5}}{8.0\times10^{12}}\right)^{\frac{1}{2}}$$

$$pH=8.95$$

故可画出一条平行于纵轴(pe)的直线，表明与 pe 无关。当 pH>8.95 时，有 $Fe(OH)_2(s)$ 沉淀产生。

3) Fe^{2+} 和 $Fe(OH)_3(s)$ 的边界

在 Fe^{2+} 和 $Fe(OH)_3(s)$ 平衡的 pe-pH 范围内占主要形态的是可溶性 Fe^{2+}。这两种形态的边界与 pe 及 pH 有关。把式(3.3.28)代入式(3.3.29)中可得

$$pe=13.2+lg\frac{K'_{sp}[H^+]^3}{[Fe^{2+}]}$$

边界条件为 $[Fe^{2+}]=1.00\times10^{-5}\ mol/L$，得

$$pe=22.2-3pH$$

作图可得一条斜线，斜线上方为 $Fe(OH)_3(s)$ 稳定区，斜线下方为 Fe^{2+} 的稳定区。

4) Fe^{3+} 和 $Fe(OH)_3(s)$ 的边界

根据平衡方程式(3.3.28)，边界条件为 $[Fe^{3+}]=1.00\times10^{-5}\ mol/L$，可得

$$[H^+]^3=\frac{[Fe^{3+}]}{K'_{sp}}=\frac{1.00\times10^{-5}}{9\times10^3}$$

$$pH=2.99$$

这是一条垂直于横轴且平行于纵轴(pe)的直线，表明与 pe 无关。当 pH>2.99 时，$Fe(OH)_3(s)$ 将陆续析出。

5) $Fe(OH)_2(s)$ 和 $Fe(OH)_3(s)$ 的边界

固相 $Fe(OH)_2$ 和 $Fe(OH)_3$ 之间的边界与 pe 及 pH 有关，但与假定的可溶性 Fe 的数值无关。将式(3.3.27)和式(3.3.28)代入式(3.3.29)中得

$$pe=13.2+lg\frac{K'_{sp}[H^+]^3}{K_{sp}[H^+]^2}$$

$$pe=4.3-pH$$

得到的边界是一条斜线，在斜线的上方为 $Fe(OH)_3(s)$ 的稳定区，下方为 $Fe(OH)_2(s)$ 的稳定区。

至此，已导出制作 Fe 在水中的 pe-pH 图所必需的全部边界方程，水中铁体系的 pe-pH 图如图 3-13 所示。由图 3-13 可看出，当这个体系在一个相当高的 H^+ 活度及高的电子活度

时(酸性还原介质)，Fe^{2+}是主要形态(在大多数天然水体系中，由于 FeS 或 $FeCO_3$ 的沉淀作用，Fe^{2+} 的可溶性范围是很窄的)，在这种条件下一些地下水中含有相当水平的 Fe^{2+}；在很高的 H^+ 活度及低的电子活度时(酸性氧化介质)，Fe^{3+} 是主要的；在低酸度的氧化介质中，$Fe(OH)_3(s)$ 是主要的存在形态；在低的 H^+ 活度及高的电子活度时(碱性还原介质)，固体的 $Fe(OH)_2$ 是稳定的。

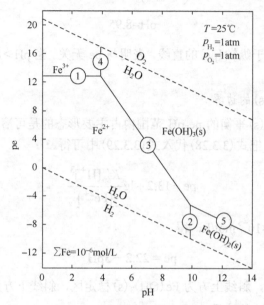

图 3-13 水中铁的简化 pe-pH 图

3. 天然水的 pe

天然水中含有许多无机及有机氧化剂和还原剂。水中主要的氧化剂有溶解氧、Fe(Ⅲ)、Mn(Ⅳ)和 S(Ⅳ)，反应后自身依次转变为 H_2O、Fe(Ⅱ)、Mn(Ⅱ)和 S(−Ⅱ)。水中主要还原剂有种类繁多的有机化合物、Fe(Ⅱ)、Mn(Ⅱ)和 S(−Ⅱ)，在还原物质的过程中，有机物自身的氧化产物是非常复杂的。

由于天然水是一个复杂的氧化还原混合体系，其 pe 应是介于其中各个单体系的电位之间，而且接近于含量较高的单体系的电位。若某个单体系的含量比其他体系高得多，则此时该单体系电位几乎等于混合复杂体系的 pe，称为决定电位。在一般天然水环境中，溶解氧是决定电位物质，而在有机物累积的厌氧环境中，有机物是决定电位物质，介于二者之间的，则其决定电位为溶解氧体系和有机物体系的结合。从这个概念出发，可以计算天然水中的 pe。

若水中 $p_{O_2}=0.21atm$，将 $[H^+]=1.0×10^{-7}mol/L$ 代入式 (3.3.24)，则

$$pe = 20.75 + \lg\left(p_{O_2}^{1/4} × [H^+]\right) = 20.75 + \lg\left(0.21^{1/4} × 1.0×10^{-7}\right) = 13.58 \qquad (3.3.30)$$

说明这是一种好氧的水，这种水存在夺取电子的倾向。

若是有机物丰富的厌氧水，其 pe 是什么样的值呢？例如，一个由微生物作用产生 CH_4 及 CO_2 的厌氧水，假定 $p_{CO_2}=p_{CH_4}$ 和 pH=7.00，相关的半反应为

$$\frac{1}{8}CO_2 + H^+ + e^- \rightleftharpoons \frac{1}{8}CH_4 + \frac{1}{8}H_2O \qquad pe^\ominus = 2.87$$

$$pe = pe^\ominus + \lg \frac{p_{CO_2}^{1/8}[H^+]}{p_{CH_4}^{1/8}} = 2.87 + \lg[H^+] = -4.13 \qquad (3.3.31)$$

这个数值并没有超过水在 pH=7.00 时的还原极限−7.00，说明这是还原环境，有提供电子的倾向。

若把 pe=−4.13 再代入式(3.3.24)中，O_2 在这种水中的压力为

$$-4.13 = 20.75 + \lg(p_{O_2}^{1/4} \times 1.00 \times 10^{-7})$$

$$p_{O_2} = 3.0 \times 10^{-72} \text{atm} \qquad (3.3.32)$$

上述结果表明氧的分压很低，显然要满足氧的这一条件是不可能的。也可证明，当水中有高水平的 CO_2 和 CH_4 时，在任何接近于平衡的条件，氧的分压很低。

从上面计算可以看到，天然水的 pe 随水中溶解氧的减少而降低，因而表层水呈氧化性环境，深层水及底泥呈还原性环境，同时天然水的 pe 随其 pH 减少而增大。

经过调查，各类天然水 pe 及 pH 情况如图 3-14 所示。此图反映了不同水质区域的氧化还原特性，氧化性最强的是上方同大气接触的富氧区，该区域代表大多数河流、湖泊和海洋水的表层情况；还原性最强的是下方富含有机物的缺氧区，该区域代表富含有机物的水体底泥和湖泊、海洋底层水情况。在这两个区域之间的是基本上不含氧、有机物比较丰富的区域，如沼泽水等。

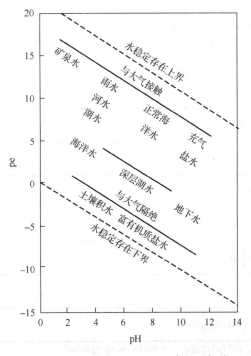

图 3-14　不同天然水在 pe-pH 图中的近似位置

3.3.4 天然水中污染物的氧化还原转化

1. 重金属元素的氧化还原转化

重金属元素在高的 pe 水中，将从低价态氧化成高价态或较高价态；而在低的 pe 水中将被还原成低价态或与其中硫化氢反应形成难溶硫化物，如硫化铅等，表 3-3 列出天然水中重要氧化还原反应的 $pe^{\ominus}$。

表 3-3　天然水中重要氧化还原反应的 $pe^{\ominus}$（Manahan，2010）

反应	$pe^{\ominus}(\lg K)$	$pe^{\ominus}(w)$ [1]
(1) $\frac{1}{4}O_2(g) + H^+(w) + e^- \rightleftharpoons \frac{1}{2}H_2O$	+20.75	+13.75
(2) $\frac{1}{5}NO_3^- + \frac{6}{5}H^+(w) + e^- \rightleftharpoons \frac{1}{10}N_2(g) + \frac{3}{5}H_2O$	+21.05	+12.65
(3) $\frac{1}{2}MnO_2(s) + \frac{1}{2}HCO_3^-(10^{-3}) + \frac{3}{2}H^+(w) + e^- \rightleftharpoons \frac{1}{2}MnCO_3(s) + H_2O$	—	+8.5 [2]
(4) $\frac{1}{2}NO_3^- + H^+(w) + e^- \rightleftharpoons \frac{1}{2}NO_2^- + \frac{1}{2}H_2O$	+14.5	+7.15
(5) $\frac{1}{8}NO_3^- + \frac{5}{4}H^+(w) + e^- \rightleftharpoons \frac{1}{8}NH_4^+ + \frac{3}{8}H_2O$	+14.9	+6.15
(6) $\frac{1}{6}NO_2^- + \frac{4}{3}H^+(w) + e^- \rightleftharpoons \frac{1}{6}NH_4^+ + \frac{1}{3}H_2O$	+15.14	+5.82
(7) $\frac{1}{2}CH_3OH + H^+(w) + e^- \rightleftharpoons \frac{1}{2}CH_4(g) + \frac{1}{2}H_2O$	+9.88	+2.88
(8) $\frac{1}{4}CH_2O + H^+(w) + e^- \rightleftharpoons \frac{1}{4}CH_4(g) + \frac{1}{4}H_2O$	+6.94	−0.06
(9) $FeOOH(s) + HCO_3^-(10^{-3}) + 2H^+(w) + e^- \rightleftharpoons FeCO_3(s) + 2H_2O$	—	1.67 [2]
(10) $\frac{1}{2}CH_2O + H^+(w) + e^- \rightleftharpoons \frac{1}{2}CH_3OH$	+3.99	−3.01
(11) $\frac{1}{6}SO_4^{2-} + \frac{4}{3}H^+(w) + e^- \rightleftharpoons \frac{1}{6}S(s) + \frac{2}{3}H_2O$	+6.03	−3.30
(12) $\frac{1}{8}SO_4^{2-} + \frac{5}{4}H^+(w) + e^- \rightleftharpoons \frac{1}{8}H_2S(g) + \frac{1}{2}H_2O$	+5.75	−3.50
(13) $\frac{1}{8}SO_4^{2-} + \frac{9}{8}H^+ + e^- \rightleftharpoons \frac{1}{8}HS^- + \frac{1}{2}H_2O$	+4.13	−3.75
(14) $\frac{1}{2}S(s) + H^+(w) + e^- \rightleftharpoons \frac{1}{2}H_2S(g)$	+2.89	−4.11
(15) $\frac{1}{8}CO_2(g) + H^+ + e^- \rightleftharpoons \frac{1}{8}CH_4(g) + \frac{1}{4}H_2O$	+2.87	−4.13
(16) $\frac{1}{6}N_2(g) + \frac{4}{3}H^+(w) + e^- \rightleftharpoons \frac{1}{3}NH_4^+$	+4.68	−4.68
(17) $H^+(w) + e^- \rightleftharpoons \frac{1}{2}H_2(g)$	0.00	−7.00
(18) $\frac{1}{4}CO_2(g) + H^+(w) + e^- \rightleftharpoons \frac{1}{4}CH_2O + \frac{1}{4}H_2O$	−1.20	−8.20

[1] w 指 a_{H^+} =1.00×10^{-7}mol/L，$pe^{\ominus}$(w) 指在 a_{H^+} =1.00×10^{-7}mol/L 时的 $pe^{\ominus}$。

[2] 数据相当于 $a_{HCO_3^-}$ =1.00×10^{-3}mol/L 而不是 1，因此不是正确的 $pe^{\ominus}$(w)，但与 $pe^{\ominus}$(w) 相比，更接近于典型的水体状况。

现以 Fe^{3+}-Fe^{2+}-H_2O 体系为例，讨论不同 pe 时，对金属形态浓度的影响。

设总溶解铁的浓度为 1.0×10^{-3} mol/L：

$$Fe^{3+} + e^- \rightleftharpoons Fe^{2+} \qquad pe^{\ominus} = 13.05$$

则
$$pe = 13.05 + \frac{1}{n} lg \frac{[Fe^{3+}]}{[Fe^{2+}]} \tag{3.3.33}$$

当 $pe \ll pe^{\ominus}$ 时，则 $[Fe^{3+}] \ll [Fe^{2+}]$，有

$$[Fe^{2+}] = 1.0 \times 10^{-3} mol/L$$

所以
$$lg[Fe^{2+}] = -3.0 \tag{3.3.34}$$

$$lg[Fe^{3+}] = pe - 16.05 \tag{3.3.35}$$

当 $pe \gg pe^{\ominus}$ 时，则 $[Fe^{3+}] \gg [Fe^{2+}]$，有

$$[Fe^{3+}] = 1.0 \times 10^{-3} mol/L$$

所以
$$lg[Fe^{3+}] = -3.0 \tag{3.3.36}$$

$$lg[Fe^{2+}] = 10.05 - pe \tag{3.3.37}$$

由式 (3.3.34) ~ 式 (3.3.37) 作图，即得图 3-15。由图中可看出，当 pe < 12 时，$[Fe^{2+}]$ 占优势；当 pe > 14 时，$[Fe^{3+}]$ 占优势。

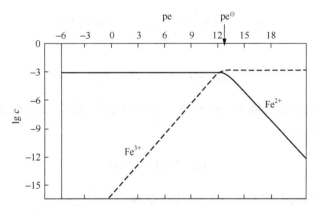

图 3-15　Fe^{3+}、Fe^{2+}氧化还原平衡的 $lg c$-pe 图 (Stumm and Morgan，1996)

2. 无机氮化物的氧化还原转化

水中氮主要以 NH_4^+ 或 NO_3^- 存在，在某些条件下，也可以有中间氧化态 NO_2^-。如同许多水中的氧化还原反应那样，氮体系的转化反应是微生物的催化作用形成的。下面讨论中性天然水的 pe 变化对无机氮形态浓度的影响。

假设总氮浓度为 $1.00 \times 10^{-4} mol/L$，水体 pH=7.00。

(1)在较低的 pe 时(pe<5)，NH_4^+ 是主要形态。在这个 pe 范围内，NH_4^+ 的浓度对数则可表示为

$$\lg[NH_4^+] = -4.00 \tag{3.3.38}$$

$\lg[NO_2^-]$-pe 的关系可以根据含有 NO_2^- 及 NH_4^+ 的半反应求得

$$\frac{1}{6}NO_2^- + \frac{4}{3}H^+ + e^- \Longleftrightarrow \frac{1}{6}NH_4^+ + \frac{1}{3}H_2O \qquad pe^\ominus = 15.14$$

在 pH=7.00 时的 Nernst 方程式为

$$pe = 5.82 + \lg\frac{[NO_2^-]^{1/6}}{[NH_4^+]^{1/6}} \tag{3.3.39}$$

将 $[NH_4^+] = 1.00 \times 10^{-4} mol/L$ 代入式(3.3.39)，就得到 $\lg[NO_2^-]$ 与 pe 的相关方程式，在这个 pH 范围，溶液中 NH_4^+ 为主要氮形态：

$$\lg[NO_2^-] = -38.92 + 6pe \tag{3.3.40}$$

在 NH_4^+ 是主要形态且浓度为 $1.00 \times 10^{-4} mol/L$ 时，$\lg[NO_3^-]$-pe 的关系为

$$\frac{1}{8}NO_3^- + \frac{5}{4}H^+ + e^- \Longleftrightarrow \frac{1}{8}NH_4^+ + \frac{3}{8}H_2O \qquad pe^\ominus = 14.90 \tag{3.3.41}$$

$$pe = 6.15 + \lg\frac{[NO_3^-]^{1/8}}{[NH_4^+]^{1/8}} \qquad (pH=7.00) \tag{3.3.42}$$

$$\lg[NO_3^-] = -53.20 + 8pe \tag{3.3.43}$$

(2)在一个狭窄的 pe 范围内，pe≈6.5，NO_2^- 是主要形态。在这个 pe 范围内，NO_2^- 的浓度对数根据方程给出：

$$\lg[NO_2^-] = -4.00 \tag{3.3.44}$$

将 $[NO_2^-] = 1.00 \times 10^{-4} mol/L$ 代入式(3.3.39)中，得到

$$pe = 5.82 + \lg\frac{(1.00 \times 10^{-4})^{1/6}}{[NH_4^+]^{1/6}} \tag{3.3.45}$$

$$\lg[NH_4^+] = 30.92 - 6pe \tag{3.3.46}$$

在 NH_4^+ 占优势的范围内，$\lg[NO_3^-]$ 的方程式为

$$\frac{1}{2}NO_3^- + H^+ + e^- \rightleftharpoons \frac{1}{2}NO_2^- + \frac{1}{2}H_2O \qquad pe^\ominus = 14.15 \tag{3.3.47}$$

$$pe = 7.15 + \lg\frac{[NO_3^-]^{1/2}}{[NO_2^-]^{1/2}} \qquad (pH = 7.00) \tag{3.3.48}$$

$$\lg[NO_3^-] = -18.30 + 2pe \qquad ([NO_2^-] = 1.00 \times 10^{-4}\,mol/L) \tag{3.3.49}$$

（3）当 pe＞7 时，溶液中氮的形态主要为 NO_3^-，此时：

$$\lg[NO_3^-] = -4.00 \tag{3.3.50}$$

$\lg[NO_2^-]$ 的值也可以在 pe＞7 时获得，将 $[NO_3^-] = 1.00 \times 10^{-4}\,mol/L$ 代入式（3.3.48）：

$$pe = 7.15 + \lg\frac{(1.00 \times 10^{-4})^{1/2}}{[NO_2^-]^{1/2}} \tag{3.3.51}$$

$$\lg[NO_2^-] = 10.30 - 2pe \tag{3.3.52}$$

与此类似，代入式（3.3.42）给出在 NO_3^- 占统治区的 $\lg[NH_4^+]$ 的方程式：

$$pe = 6.15 + \lg\frac{(1.00 \times 10^{-4})^{1/8}}{[NH_4^+]^{1/8}} \tag{3.3.53}$$

$$\lg[NH_4^+] = 45.20 - 8pe \tag{3.3.54}$$

至此，绘制水中氮系统的对数浓度图所需要的全部方程式已导出。综合来看，在低的 pe 范围，NH_4^+ 是主要的氮形态；在中间 pe 范围，NO_2^- 是主要形态；在高 pe 范围，NO_3^- 是主要形态。对数浓度图如图 3-16 所示。

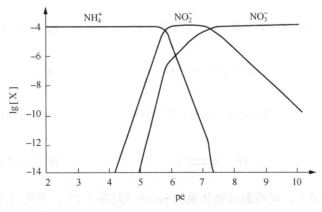

图 3-16　水中 NH_4^+-NO_2^--NO_3^- 体系的 lg$c$-pe 图

pH＝7.00，TN 浓度为 $1.00 \times 10^{-4}\,mol/L$；X 为 NH_4^+-NO_2^--NO_3^-

从图 3-16 可以看出，NO_2^- 仅在很窄的范围内稳定。在 pH=7.00 的平衡体系中，NO_2^- 仅在 pe=6~7 有明显的含量出现，在 NO_2^- 稳定的范围内相应的溶解氧分压可以进行计算，只需将 pe=6.5 代入式(3.3.24)得

$$6.50 = 20.75 + \lg(p_{O_2}^{1/4} \times 10^{-7})$$

$$p_{O_2} = 1.0 \times 10^{-29} \text{atm}$$

因此，水中 NO_2^- 的产生，厌氧条件是必不可少的。当 NO_2^- 在土壤中发现时，这种土壤通常是渍涝的。正如图 3-16 所表明的 NO_2^- 稳定度只在一很窄的范围那样，水样中很少发现含有大量的 NO_2^-。

3. 无机硫的氧化还原转化

硫是地球上含量较丰富的元素，大多存在于岩石矿层中，水体中溶解态硫主要以 SO_4^{2-} 和少量 H_2S 存在。生物体中硫是蛋白质的基本元素之一，硫主要以 R—SH 基团存在。实际环境中，如果有生物参与作用下，可以使硫从+6 价的 SO_4^{2-} 转化为−2 价的 R—SH，得到 8 个电子，不过目前对于中间过程的作用机理尚未完全阐明。在 SO_4^{2-}-S(s)-H_2S(aq) 体系中，可以根据以下几个平衡式，绘制 pe-pH 图，研究硫体系在不同区域中硫存在的主要形态。

已知该体系有以下 8 个平衡式：

$$SO_4^{2-} + 8H^+ + 6e^- \rightleftharpoons S(s) + 4H_2O \qquad \lg K = 36.2$$

$$SO_4^{2-} + 10H^+ + 8e^- \rightleftharpoons H_2S(aq) + 4H_2O \qquad \lg K = 41.0$$

$$S(s) + 2H^+ + 2e^- \rightleftharpoons H_2S(aq) \qquad \lg K = 4.8$$

$$HSO_4^- + 7H^+ + 6e^- \rightleftharpoons S(s) + 4H_2O \qquad \lg K = 34.2$$

$$SO_4^{2-} + 9H^+ + 8e^- \rightleftharpoons HS^- + 4H_2O \qquad \lg K = 34.0$$

$$HSO_4^- \rightleftharpoons SO_4^{2-} + H^+ \qquad \lg K = -2.0$$

$$H_2S(aq) \rightleftharpoons H^+ + HS^- \qquad \lg K = -7.0$$

$$HS^- \rightleftharpoons H^+ + S^{2-} \qquad \lg K = -13.9$$

根据这些平衡关系，可绘制出该体系的 pe-pH 图(图 3-17)，其边界方程概括如下：

$$① \quad pe = 6.03 + \frac{1}{6}\lg[SO_4^{2-}] - \frac{8}{6}pH \qquad (3.3.55)$$

②　$pe = 5.13 + \dfrac{1}{8}\lg\dfrac{[SO_4^{2-}]}{[H_2S]} - \dfrac{10}{8}pH$ $\qquad\qquad$ (3.3.56)

③　$pe = 2.4 - pH - \dfrac{1}{2}\lg[H_2S]$ $\qquad\qquad$ (3.3.57)

④　$pe = 5.7 + \dfrac{1}{6}\lg[HSO_4^-] - \dfrac{7}{6}pH$ $\qquad\qquad$ (3.3.58)

⑤　$pe = 4.25 + \dfrac{1}{8}\lg\dfrac{[SO_4^{2-}]}{[HS^-]} - \dfrac{9}{8}pH$ $\qquad\qquad$ (3.3.59)

⑥　$\lg\dfrac{[SO_4^{2-}]}{[HSO_4^-]} - pH = -2.0$ $\qquad\qquad$ (3.3.60)

⑦　$\lg\dfrac{[HS^-]}{[H_2S]} - pH = -7.0$ $\qquad\qquad$ (3.3.61)

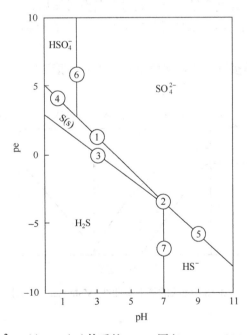

图 3-17　SO_4^{2-}-S(s)-H_2S(aq)体系的 pe-pH 图(Stumm and Morgan, 1996)

4. 无机砷的氧化还原转化

在天然水中，砷可能存在的形态是 H_3AsO_3、$H_2AsO_3^-$、H_3AsO_4、$H_2AsO_4^-$、$HAsO_4^{2-}$，最主要的是以 $H_2AsO_4^-$ 和 $HAsO_4^{2-}$ 五价形态存在。在 pH<4 的酸性水中，则可能存在 H_3AsO_4 甚至 AsO^+；而在 pH>12.5 的碱性水中，还可能存在 AsO_4^{3-}，甚至 $HAsO_3^{2-}$ 及 AsO_3^{3-} 的形态。显然只有局部严重污染时，才可能出现后面两种情况。

3.3.5 水中有机物的氧化

水中有机物可以通过微生物的作用，而逐步降解转化为无机物。在有机物进入水体后，微生物利用水中的溶解氧对有机物进行有氧降解，其反应式可表示为

$$\{CH_2O\} + O_2 \xrightarrow{\text{微生物}} CO_2 + H_2O$$

如果进入水体的有机物不多，没有超过水体中氧的补充，溶解氧始终保持在一定的水平上，表明水体有自净能力。经过一段时间有机物分解后，水体可恢复至原有状态。如果进入水体的有机物很多，来不及补充溶解氧，水体中溶解氧将迅速下降，甚至导致缺氧或无氧，有机物将变成缺氧分解。对于前者，有氧分解产物为 H_2O、CO_2、NO_3^-、SO_4^{2-} 等，不会造成水质恶化；而对于后者，缺氧分解产物为 NH_3、H_2S、CH_4 等，将会使水质进一步恶化。

一般向天然水体中加入有机物后，将引起水体溶解氧发生变化，可得到氧下垂曲线（图 3-18），把河流分成相应的几个区段。

清洁区：表明未被污染，氧及时得到补充。

分解区：细菌对排入的有机物进行分解，消耗溶解氧，而通过大气补充的氧不能弥补消耗的氧，因此水体中溶解氧含量下降，此时细菌数量增加。

腐败区：溶解氧消耗殆尽，水体进行缺氧分解，当有机物被分解完后，腐败区结束，溶解氧含量恢复上升。

恢复区：有机物降解接近完成，溶解氧含量上升并接近饱和。

清洁区：水体环境改善，又恢复至原始状态。

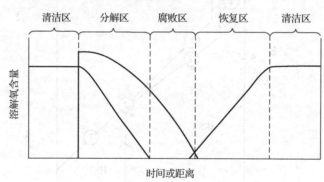

图 3-18 河流的氧下垂曲线（Manahan，2010）

3.4 水环境中固-液界面的相互作用

3.4.1 天然水体中的胶体物质

在天然水体中，由于水中悬浮胶体的比表面积很大，能够强烈地吸附各种分子和离子，对微量污染物在水体中的浓度、形态分布、迁移和转化过程具有重要的影响。此外，胶体

微粒作为微量污染物的载体，它们的絮凝、沉降、扩散、迁移等过程也决定着污染物的去向和归宿。

天然水体中的胶体物质包含各类矿物微粒的悬浊液和溶胶，铝、铁、锰和硅的水合氧化物等无机高分子，也包含腐殖质、蛋白质等有机高分子，此外，还有油滴、气泡构成的乳浊液和泡沫，表面活性剂等半胶体及藻类、细菌、病毒等生物胶体。下面分别叙述天然水体中的一些主要胶体物质的形态特征。

1. 矿物微粒和黏土矿物

天然水体中常见的矿物微粒属于石英、长石、云母及黏土矿物等硅酸盐矿物。石英 (SiO_2)、长石 ($KAlSi_3O_8$) 等原生矿物不易碎裂，颗粒较粗，缺乏黏结性。云母、蒙脱石、高岭石等黏土矿物则是层状结构，易碎裂，颗粒较细，具有黏结性，可以生成稳定的聚集体。

天然水体中具有显著胶体化学特性的微粒主要是由黏土矿物组成。黏土矿物是由其他矿物经化学风化作用而生成，主要为铝或镁的硅酸盐，它具有晶体层状结构，种类很多，可以按照其结构特征和成分加以分类。

2. 金属水合氧化物

铝、铁、锰、硅等金属的水合氧化物在天然水体中以无机高分子及溶胶等形态存在，在水环境中发挥重要的胶体化学作用。

铝在岩石和土壤中是丰量元素，但在天然水体中浓度较低，一般不超过 0.1mg/L。铝在水中主要以 Al^{3+}、$Al(OH)^{2+}$、$Al_2(OH)_2^{4+}$、$Al(OH)_2^+$、$Al(OH)_3$ 和 $Al(OH)_4^-$ 等形态存在，并随 pH 的变化而改变各形态浓度的比例。实际上，在一定条件下会发生聚合反应，生成多核配合物或无机高分子，最终生成 $[Al(OH)_3]_\infty$ 的无定形沉淀物，其结构基本组成中除 OH^- 外，还有 H_2O 分子，可以呈六个八面体环状结构而伸展开，其过程是由线形到面形再到体形。

铁也是广泛分布的丰量元素，它的水解反应和形态与铝有类似的情况。在不同 pH 下，$Fe(III)$ 的存在形态有 Fe^{3+}、$Fe(OH)^{2+}$、$Fe(OH)_2^+$、$Fe_2(OH)_2^{4+}$ 和 $Fe(OH)_3$ 等，固体沉淀物可转化为 $FeOOH$ 的不同晶形物。同样，它也可以聚合成为无机高分子和溶胶。

锰与铁类似，虽然丰度不如铁，但溶解度比铁高，因而其水合氧化物也是常见的。

硅酸的单体 H_4SiO_4，若写成 $Si(OH)_4$，则类似于多价金属，是一种弱酸，过量的硅酸会生成聚合物，并可生成胶体甚至沉淀物。硅酸的聚合也相当于缩聚反应：

$$2Si(OH)_4 = H_6Si_2O_7 + H_2O$$

所生成的硅酸聚合物，也可认为是无机高分子，一般分子式为 $Si_nO_{2n-m}(OH)_{2m}$。

所有的金属水合氧化物能结合水中微量物质，同时其本身又趋向于结合在矿物微粒和有机物的界面上。

3. 腐殖质

天然腐殖质是一种带负电的高分子弱电解质，其形态构型与官能团的离解程度有关。在 pH 较高的碱性溶液中或离子强度低的条件下，羟基和羧基大多离解，使高分子呈现的负电荷相互排斥，构型伸展，亲水性强，因而趋于溶解。在 pH 降低而呈酸性溶液中，或有较高浓度的金属阳离子时，各官能团难于离解而电荷减少，高分子趋于卷缩成团，亲水性弱，因而趋于沉淀或凝聚，富里酸因相对分子质量低受构型影响小故仍溶解，腐殖酸则变为不溶的胶体沉淀物。

4. 水体悬浮沉积物

天然水体中各种环境胶体物质往往并非单独存在，而是相互作用结合成为某种聚集体，即成为水中悬浮沉积物。它们可以沉降进入底部，也可重新再悬浮进入水体中。

悬浮沉积物的结构组成并不固定，随着水质和水体组成物质及水动力条件而变化，一般来说，悬浮沉积物是以矿物微粒特别是黏土矿物为核心骨架，有机物和金属水合氧化物结合在矿物微粒表面上，并且成为各微粒间的黏附架桥物质，把若干微粒组合成絮状聚集体，聚集体在水体中的悬浮颗粒粒度一般在数十微米以下，经絮凝成为较粗颗粒就沉积到水体底部。悬浮沉积物对微量污染物有强烈的吸附作用，是环境胶体水化学的主要研究对象。

5. 其他

此外，水体中胶体物质还包括黑碳，湖泊中的藻类，各种微生物如细菌、病毒等，废水排出的表面活性剂、油滴等，以及近年来出现的纳米材料，如纳米金属氧化物、碳纳米管、石墨烯等其他物质。不同胶体物质由于其表面性质和结构差异很大，其环境行为也各不相同。

3.4.2 胶体颗粒的性质

1. 胶体的表面电荷

水环境中各类胶体物质大多带有电荷，其荷电状况随水的组成及 pH 而变化，在中性 pH 附近，大部分胶粒带有负电荷。胶体粒子主要可通过以下三条途径获得电荷。

1）表面酸碱化学反应

这是氢氧化物及氧化物的典型行为，通常与 pH 有关。在酸性较强的介质中反应为

$$M(OH)_n(s) + H^+ \longrightarrow M(OH)_{n-1}(H_2O)^+(s)$$

反应可在胶体氢氧化物表面的活性位上发生，使粒子带有净的正电荷。在碱性较强的介质中，可失去 H^+ 而成为一个带负电荷粒子：

$$M(OH)_n(s) \longrightarrow MO(OH)_{n-1}^-(s) + H^+$$

在某些中等 pH 时，所产生的氢氧化物胶粒的净电荷为零，有利于聚沉：

$$M(OH)_{n-1}(H_2O)^+ 的数量 = MO(OH)_{n-1}^- 的数量$$

在该 pH 发生的情况称为等电点或零电荷点（point of zero charge，PZC）。不同金属氧化物有不同 pH_{PZC} 数值，在环境胶体水化学中，pH_{PZC} 是一种很重要的特征值。

大多数氧化物及氢氧化物显示出这样的两性行为，在低 pH 时为正，高 pH 时为负。微生物细胞像胶体粒子那样，带有随 pH 变化而变化的电荷，这种电荷是从细胞表面的羧基和氨基的质子化或去质子化而获得。

$$^+H_3N(\text{正电性细胞})COOH \xleftarrow{\text{获得}H^+} {}^+H_3N(\text{中性细胞})COO^- \xrightarrow{\text{失去}H^+} H_2N(\text{负电性细胞})COO^-$$
$$\text{低 pH} \qquad\qquad\qquad \text{中等 pH} \qquad\qquad\qquad \text{高 pH}$$

2) 离子吸附

离子与胶体表面的吸附点位可通过静电引力、共价键、范德华力、氢键等作用力进行吸附，当离子与胶体表面形成共价键时，可能会改变胶体的表面电荷，从而影响胶体的行为。

3) 离子置换

在一些黏土矿物中，SiO_2 是基本化学单元，用 Al(III) 取代晶格中的一些 Si(IV)，生成一个带净负电荷的位置。反应为

$$[SiO_2]+Al(III) \longrightarrow [AlO_2^-]+Si(IV)$$

同样，用二价金属如 Mg(II) 置换黏土晶格中的 Al(III)，也能产生一个净负电荷。因此，黏土矿物结构上带有永久性负电荷，这部分电荷不受溶液 pH 的影响，胶体所带电荷的数量与发生的离子置换的数量有关。

2. 水中胶体的种类

水中的胶体按亲水性可以分为亲水性胶体、憎水性胶体和缔合胶体。

亲水性胶体(hydrophilic colloid)包括生物大分子，如蛋白质、合成聚合物。其中合成聚合物与水分子有强烈的相互作用，一旦加入水中即形成胶体。相比于疏水性胶体，悬浮的亲水性胶体受加入盐量的影响较小。

疏水性胶体(hydrophobic colloid)与水分子的相互作用程度小，但由于带有正或负电荷而在水中稳定存在。胶体的带电表面及其液相中的反号离子组成了所谓的双电层，使胶体颗粒之间相互排斥从而稳定存在。疏水性胶体常由于加入盐类而发生聚沉。常见的疏水性胶体包括黏土颗粒、石油类液滴。

缔合胶体(association colloid)是由特定结构分子组成的胶束。如图 3-19 中表面活性剂

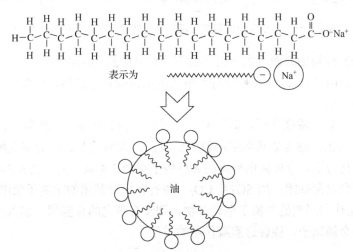

图 3-19　硬脂酸钠的结构及其亲疏水性

硬脂酸钠,它的结构中含有亲水的羧基端和疏水的碳链端,因此此类化合物在水中可以形成胶束,亲水的一端朝外,而疏水端朝内。胶束的形成有助于疏水性有机物的溶解。一般当水中加入一定量的表面活性剂后,胶束即可形成,通常在 1mmol/L 左右,这一浓度称为胶束临界浓度(critical micelle concentration)。

3. 胶体粒子的凝聚

水环境中胶体悬浮体粒子的凝聚或沉淀过程是很重要的。在饮用水和污水处理中常采用絮凝过程去除水中的颗粒物,而在自然环境中,底部沉积物的形成也涉及胶体粒子的聚沉过程。

胶粒凝聚的过程很复杂,一般可以分为胶体的聚沉(coagulation)和絮凝(flocculation)。聚沉机理为降低胶粒的静电排斥,即由于胶粒双电层间(吸附离子层和反号离子层)静电排斥的障碍,要实现聚沉,就必须把静电排斥减弱,以便相同物质胶粒能够聚沉。

例如,Fe 使胶体 SiO_2 聚沉是化学相互作用的一个典型例子。在胶体 SiO_2 粒子上的电荷与 pH 有关,在 pH≈2 时为 PZC,pH<pH_{PZC} 时,过量的 H^+ 使粒子表面形成净的正电荷,在 pH>pH_{PZC} 时,过量的 OH^- 使粒子表面产生净的负电荷。

利用粒子的光散射测定 Fe(III)加入 SiO_2 后的聚沉作用表明,在 pH≈5 时,SiO_2 表面有负电荷,Fe(III)的主要形态为 $Fe(OH)^{2+}$、$Fe(OH)_2^+$ 及多聚配合物 $Fe_x(OH)_y(H_2O)_s^{3x-y}$。在 $lg[Fe^{3+}]=-5.26$ 时,突然发生聚沉;而在 $lg[Fe^{3+}]=-4.48$ 时,胶体悬浮体又重新建立。可用图 3-20 所示过程解释这些结果。

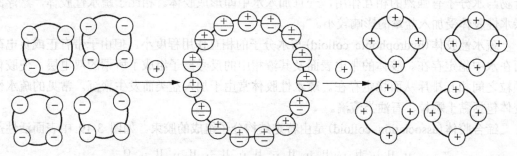

图 3-20　负电荷胶体粒子与正离子反应而聚沉,随后又重新建立正电荷的胶体粒子(Manahan,2010)

开始时,SiO_2 胶粒的表面负电荷由于吸着带正电荷的 Fe(III)而被中和,发生聚沉,但当加入更多的 Fe(III)后,Fe(III)被吸着而形成正电荷胶体悬浮体,使胶体粒子以带正电荷的形式重新稳定下来。

絮凝的机理主要为桥联作用,即依赖于桥联化合物的存在,在胶粒间形成以化合物连接的链,使胶粒聚集,称为絮状网络的较大块胶团。天然的及合成的聚电解质是含有电离官能团的高分子化合物,合成聚电解质的典型例子在表 3-4 显示出。从表 3-4 可看出,阴离子聚电解质含有负电荷基团,如 SO_3^- 及 CO_2^-。带有正电荷基团的阳离子聚电解质通常是 H^+ 结合到 N 上。用作絮凝剂的非离子型聚合物,则没有带电的官能团。加入少量可与聚电解质官能团成键的金属离子,能促进絮凝作用的发生。

表 3-4　用作絮凝剂的一些合成聚电解质和中性聚合物

阴离子聚电解质		阳离子聚电解质		非离子聚合物	
聚苯乙烯磺酸盐	聚丙烯酸	聚乙烯吡啶	聚乙烯亚胺	聚乙烯醇	聚丙烯酰胺

此外，微生物细胞的絮凝及沉降在水环境中是一个很重要的过程，也是生物污水处理系统中的基本功能。在生物污水处理过程中，如活性污泥过程，微生物利用水中含碳的溶质产生生物量。生物污水处理的主要目标是去除含碳物，部分碳可以以 CO_2 形式从水中放出，CO_2 气体是由细菌产生能量的代谢过程产生，而相当部分的碳是以细菌细胞聚沉的"细菌絮凝体"而除去。因此，这种絮凝体的形成在生物污水处理中是一个重要现象，已证明加入聚合电解质使细菌聚集成聚合物质，可以导致细菌絮凝。

3.4.3　颗粒物在水环境中的吸附过程

1. 固体表面的吸附作用

固体与水接触的许多特性和影响通常与固体表面对溶质的吸附作用有关。很细部分的固体表面倾向于有过剩的表面能，这是表面原子、离子和分子中化学力的不平衡所致，表面积减少，表面能级可能降低，通常这种减少是由颗粒物的聚沉或由于溶质形态的吸附作用而完成。

环境中胶体的吸附作用大体可分为表面吸附、离子交换吸附和专属吸附等。首先，根据胶体具有巨大的比表面和表面能，即胶体表面积越大，所产生的表面吸附能也越大，胶体的吸附作用也就越强，从而提出固-液界面存在表面吸附作用，它属于一种物理吸附。其次，由于环境中大部分胶体带负电荷，可以容易地吸附各种阳离子，在吸附过程中，胶体每吸附一部分阳离子，同时放出等量的其他阳离子，因此把这种吸附称为离子交换吸附，它属于物理化学吸附。这种吸附是一种可逆反应，而且迅速地达到可逆平衡，所进行的离子交换作用是以计量关系进行并遵守质量作用定律，不受温度影响，在酸碱条件下均可进行，其交换吸附能力与溶质的性质、浓度及吸附剂性质等有关。对于具有可变电荷表面的胶体，当体系 pH 高时，也带负电荷并能进行交换吸附。专属吸附是指吸附过程中形成了较强的化学键，此外憎水键和范德华力或氢键也可起作用。专属吸附作用不但可使表面电荷改变符号，它在中性表面甚至在与吸附离子带相同电荷符号的表面均能进行吸附作用。在水环境中，配位离子、有机离子、有机高分子和无机高分子的专属吸附作用特别强烈。表 3-5 列出水合氧化物对金属离子的专属吸附机理与非专属吸附的区别。有关吸附作用更详细的解释可参阅第 10.4 节。

表 3-5　水合氧化物对金属离子的专属吸附与非专属吸附的区别(陈静生，1987)

项目	非专属吸附	专属吸附
发生吸附的表面净电荷的符号	−	+，0，−
金属离子所起的作用	反离子	配位离子
吸附时所发生的反应	阳离子交换	配位体交换
发生吸附时要求体系的 pH	>零电位点	>或≤零电位点
吸附发生的位置	扩散层	内层
对表面电荷的影响	无	负电荷减少，正电荷增加

2. 吸附等温线和等温式

吸附是指溶液中的溶质在界面层浓度升高的现象。水体中颗粒物对溶质的吸附是一个动态平衡过程，在固定的温度条件下，当吸附达到平衡时，颗粒物表面上的吸附量 S 与溶液中溶质平衡浓度 c 之间的关系，可用吸附等温线来表达。水体中常见的吸附等温线有三类，即 Henry 型、Freundlich 型、Langmuir 型，简称为 H 型、F 型、L 型，如图 3-21 所示。

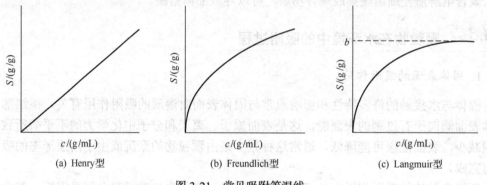

(a) Henry型　　　　　(b) Freundlich型　　　　　(c) Langmuir型

图 3-21　常见吸附等温线

H 型为直线形，其等温式为

$$S = kc \qquad (k\ 为分配系数) \tag{3.4.1}$$

F 型等温式为

$$S = kc^{\frac{1}{n}} \tag{3.4.2}$$

若对式 (3.4.2) 两侧取对数，则有

$$\lg S = \lg k + \frac{1}{n}\lg c \tag{3.4.3}$$

即在 $\lg S$-$\lg c$ 坐标为一条直线，$\lg k$ 为其截距，$\dfrac{1}{n}$ 为斜率，F 型的等温线并未出现饱和吸附量。H 型可以看作是当 $n=1$ 时的 F 型特殊形式。

L 型等温式为

$$S = \frac{bc}{A + c} \tag{3.4.4}$$

在 $\dfrac{1}{S} - \dfrac{1}{c}$ 坐标上有一条直线，等温式 (3.4.4) 转换为

$$\frac{1}{S} = \frac{1}{b} + \frac{A}{b}\frac{1}{c} \tag{3.4.5}$$

L 型等温线在浓度升高后趋向于饱和吸附量 b，常数 A 实际相当于吸附量达到 $b/2$ 时的溶液平衡浓度。

这些等温线一定程度上反映了吸附剂与吸附物的特性，但在大多情况下是与实验所用浓度区段有关。浓度甚低时，可能在初始区段中呈现 H 型，在浓度更高时，曲线表现可能是 F 型，但统一起来仍属于 L 型的不同区段。

3.4.4　沉积物——探索天然水体重金属污染的工具

环境科学家十分重视对水体沉积物中重金属含量的研究，这主要是由于通过各种途径进入水体的重金属绝大部分迅速地转移至沉积物或悬浮物中。悬浮物在随水迁移过程中可逐渐变为沉积物，沉积物也可被扬起变成悬浮物。由于沉积物或悬浮物中重金属含量远比水中可溶性金属含量高几个数量级，并且底部沉积物中的重金属也可再释放至水体产生二次污染，因此在研究以重金属为主要污染的水体中，通常把沉积物视为探索环境重金属污染的工具。

1. 沉积物的来源

沉积物是由黏土、粉砂、砂、有机物或各种矿物质组成，组成范围变化较大，可以是纯矿物组成，也可以是有机物为主。沉积物通过许多物理、化学及生物的过程而沉积在水体底部区域。例如，沉积物可以通过水土流失或河岸 (湖、海岸) 的冲蚀和坍塌携带进入水体。

2. 沉积物中金属结合类型

根据 Goldberg 的分类，固体物质中天然的金属富集有以下五个来源：①成岩作用。河流源头的风化产物或来自河床的岩石碎屑。尽管这些物质的停留时间很长，但发生的变化很小。②水生作用。由于水体物理变化而形成颗粒物质、沉淀产物、被吸附的物质。③生物作用。生物残体、有机降解产物以及无机硅质和钙质层。④大气作用。大气散落富集金属的大气沉降物。⑤宇宙来源。星际颗粒物质的散落。

尽管水体中金属来源不同，有天然的也有人类活动造成的，但金属结合的类型仍有共同特征。Gibbs 根据对亚马孙河和育空河颗粒物质的研究提出了重金属在水体中固体物质上的四种结合类型：吸附；水合铁、锰氧化物共沉淀；被有机分子配合；结合在矿物晶格中。

综上所述，水体固体物质中的金属，除一部分来源于岩石及矿石碎屑外，相当一部分是在水体中由溶解态金属通过金属吸附、沉淀、共沉淀以及生物作用转变而来的。这些是目前所流行的对水环境颗粒物金属形态划分的主要依据。

3. 沉积物是人类活动及自然变迁的反映

由于沉积物(尤其是湖泊和海洋沉积物)沉积作用非常缓慢,年平均沉积速率仅数毫米。因此,现代很多学者利用 Pb-210 等方法研究沉积物的沉积速率和沉积年代,使其可以再现近一百多年来环境的变迁。

Pb-210 来源于 U-238 放射性衰变系(图 3-22),其半衰期为 22.3 年。当 U-238 衰变系中 Ra-226 衰变为 Rn-222 气体时,就从土壤和岩石逸入大气圈中,经过一系列短寿命子体衰变生成 Pb-210,由于降雨和干沉降物的携带,大气中 Pb-210 很快以稳定速度输送到地球表面,并且黏附在细颗粒物上,降落在原始土壤、沼泽或迁移沉积到沉积物。湖泊或海洋沉积物中颗粒物携带 Pb-210 降落到水中,很快地迁移至沉积物中,这部分称为无载体 Pb-210。此外,沉积物原有的 Ra-226 直接产生的 Pb-210 称为载体 Pb-210。因此,在测量柱沉积物样品 Pb-210 时,实际上是无载体 Pb-210 和载体 Pb-210 的总和。

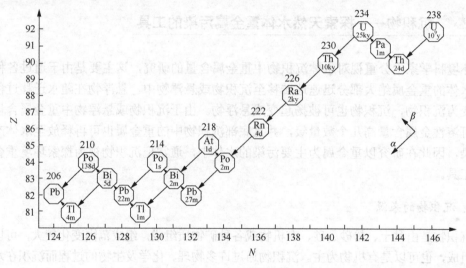

图 3-22　U-238 衰变系

利用 Pb-210 计算沉积速率和沉积年代时,假定沉积物的形成是一个连续过程,沉积物和 Pb-210 的沉积速率在长期内是恒定的,当测量表层 Pb-210 放射性强度时,22.3 年前的沉积物仅是表层沉积物 Pb-210 放射性强度的一半,所以测量不同深度柱沉积物的放射性强度,就可计算出沉积物的沉积速率和沉积年代,并可利用沉积速率的变化来判断历史上发生过的重大变迁。

4. 沉积物中重金属的释放

重金属从悬浮物或沉积物中重新释放,不仅对于水生生态系统,而且对于饮用水的供给都是很危险的。重金属的释放主要是由于水体的以下四个过程引起。

(1)盐浓度升高。碱金属和碱土金属阳离子可将被吸附在固体颗粒上的重金属离子置换出来。

(2)氧化还原条件的变化。在湖泊、河口及近岸沉积物中一般有较多的耗氧物质,使一定深度以下沉积物中的氧化还原电位急剧降低,铁、锰氧化物可部分或全部溶解,被其吸附或与之共沉淀的重金属离子同时释放出来。

（3）pH 降低，导致碳酸盐和氢氧化物的溶解，H^+的竞争作用增加了重金属离子的解吸量。

（4）天然或合成的配合剂使用量增加，能和重金属形成可溶性配合物，有时这种配合物稳定度较大，以溶解态形态存在，使重金属从固体颗粒上解吸下来。

除了这四个过程外，还有一些生物化学迁移过程也能引起重金属的重新释放，从而引起重金属从沉积物迁移到动植物体内——可能沿着食物链进一步富集，或者直接进入水中，或者通过动植物残体的分解产物进入水中。

本章基本要求

本章介绍了水环境中的溶解和沉淀作用、配合作用、氧化还原平衡和固-液界面的相互作用。要求了解电子活度的概念及 pe、平衡常数和自由能之间的关系，天然水体存在哪些胶体物质及胶体物质的性质；掌握天然水中各类化合物溶解度的计算及作图、天然水中各类污染物的 pe 和 E_h 的计算及 pe-pH 或 pe-pc 图的制作；同时应用所学原理判断水的稳定性；掌握羟基和有机配体等对金属的配合作用及相应浓度的计算；了解腐殖质的分类及其在环境中的作用，以及有机配体对重金属迁移的影响；掌握颗粒物在水环境中的吸附作用和吸附机理；了解沉积物来源及其与金属结合的类型，同时要求了解利用 Pb-210 法研究沉积物受人类活动影响的方法原理。

思考与练习

1. 请叙述溶解和沉淀作用在水环境中的意义。

2. 含镉废水通入 H_2S 达到饱和并调整 pH 为 8.0，请算出水中剩余 Cd^{2+} 浓度。（已知 CdS 的溶度积为 7.9×10^{-27}；H_2S 在饱和时浓度为 0.1mol/L，$\beta_2 = 1.16 \times 10^{-22}$）

3. 若向纯水中加入 $CaCO_3(s)$ 并将此体系暴露于含有 CO_2 的大气中（开放体系），在 25℃、pH 为 8.0 时达到饱和平衡所应含有的 Ca^{2+} 浓度是多少？（已知 $\alpha_0 = 0.02188$，$\alpha_2 = 4.566 \times 10^{-3}$，$p_{CO_2} = 10^{-3.5} atm$）

4. 已知 Fe^{3+} 与水反应生成的主要配合物及平衡常数如下：

$$Fe^{3+} + H_2O \rightleftharpoons Fe(OH)^{2+} + H^+ \qquad \lg K_1 = -2.16$$

$$Fe^{3+} + 2H_2O \rightleftharpoons Fe(OH)_2^+ + 2H^+ \qquad \lg K_2 = -6.74$$

$$Fe(OH)_3(s) \rightleftharpoons Fe^{3+} + 3OH^- \qquad \lg K_{s0} = -38$$

$$Fe^{3+} + 4H_2O \rightleftharpoons Fe(OH)_4^- + 4H^+ \qquad \lg K_4 = -23$$

$$2Fe^{3+} + 2H_2O \rightleftharpoons Fe_2(OH)_2^{4+} + 2H^+ \qquad \lg K_5 = -2.91$$

请用 pc-pH 图表示 $Fe(OH)_3(s)$ 在纯水中的溶解度与 pH 的关系。

5. 什么是水的侵蚀性、沉积性和稳定性？如何判别水的稳定性？

6. 已知某水系水样分析结果如下：

离子	K^+	Na^+	Ca^{2+}	Mg^{2+}	HCO_3^-	SO_4^{2-}	Cl^-	CO_3^{2-}
含量/(mg/L)	1.34	28.5	40.5	14.0	178	6.91	12.5	0

若测得水样的 pH 为 8.3，该水系水的稳定性属哪一类(需考虑溶液离子强度的影响)？

7. 当 HT^{2-} 在 pH=7.00 和 $[HCO_3^-]=1.25\times10^{-3}$ mol/L 的介质中与固体 $PbCO_3(s)$ 平衡，作为 HT^{2-} 形态占 NTA 的分数是多少？

8. $Cu(OH)_2$ 的溶度积为 3.0×10^{-20}，请指出在含有 200mg/L EDTA 的二钠盐及 pH=11 的介质中，Cu 的可溶性。

9. 含有 1.00×10^{-6} mol/L Na_2HT(NTA 的二钠盐)仅作为不纯的水与固体 $CaCO_3(s)$ 平衡，在总压为 1.00atm 下，干空气含有 0.0314% CO_2，平衡时溶液中 $[HT^{2-}]$ 是多少？

10. 已知 $Hg^{2+}+2H_2O \rightleftharpoons 2H^++Hg(OH)_2^0$, $\lg K=-6.3$ 溶液中存在 H^+、OH^-、Hg^{2+}、$Hg(OH)_2^0$ 和 ClO_4^- 等形态，且忽略 $Hg(OH)^+$ 和离子强度效应，求 1.0×10^{-5} mol/L 的 $Hg(ClO_4)_2$ 溶液在 25℃时的 pH。

11. 一个含有 NTA 三盐的水体，在 pH 为 8.5 时 NTA 与 $Pb(OH)_2(s)$ 平衡，水体中 $[PbT^-]$ 与 $[HT^{2-}]$ 的比值是多少？若 pH 降至 7.0 时，NTA 螯合分数将发生怎样的变化？

12. 请叙述腐殖质的分类及其在环境中的作用。

13. 请举例说明有机配体对重金属迁移的影响。

14. 什么是电子活度 pe？它与 pH 的区别是什么？

15. 从湖水中取出深层水，其 pH=7.0，含溶解氧浓度为 0.32mg/L，请计算 pe 和 E_h。

16. 有一个垂直湖水，pe 随湖的深度增加会有什么变化？

17. 若图 3-13 中 $[Fe^{2+}]=1.00\times10^{-5}$ mol/L，请计算在 Fe^{2+}、$Fe(OH)_2$ 和 $Fe(OH)_3$ 三者的平衡点处 $[Fe^{3+}]$、pe 和 pH 各是多少？

18. 请叙述天然水体中存在哪些胶体物质。

19. 胶体粒子可通过哪些途径获得电荷？

20. 什么是零电荷点(ZPC)？为什么加入少量可与聚电解质官能团成键的金属离子，能促进絮凝作用发生？

21. 在一个天然水体中，若以下两个反应成立：

$$\frac{1}{2}SO_4^{2-}+5H^++4e^- \rightleftharpoons \frac{1}{2}H_2S(g)+2H_2O \qquad \lg K=-14$$

$$\frac{1}{4}CH_2O+\frac{1}{4}H_2O \rightleftharpoons \frac{1}{4}CO_2(g)+H^+(w)+e^- \qquad \lg K=8.2$$

有机物被 SO_4^{2-} 氧化，在热力学上能进行吗？

22. 在厌氧消化池中与 pH=7.0 的水接触的气体含 65% 的 CH_4 和 35% 的 CO_2，请计算 pe 和 E_h。

23. 什么是表面吸附作用、离子交换吸附作用和专属吸附作用？并说明水合氧化物对金属离子的专属吸附和非专属吸附的区别。

24. 在一个 pH 为 10.0 的 SO_4^{2-}-HS^- 体系中(25℃)，其反应为

$$SO_4^{2-}+9H^++8e^- \rightleftharpoons HS^-+4H_2O(l)$$

已知其标准自由能 $G_f^\ominus$：SO_4^{2-} 为 742.0kJ/mol，HS^- 为 12.6kJ/mol，$H_2O(l)$ 为 237.2kJ/mol，水溶液中质子和电子的 $G_f^\ominus$ 为零。

(1)请给出该体系的 $pe^\ominus$。

(2)如果体系化合物的总浓度为 1.0×10^{-4} mol/L，那么请给出下图中①、②、③和④的 $\lg c$-pe 关系式。

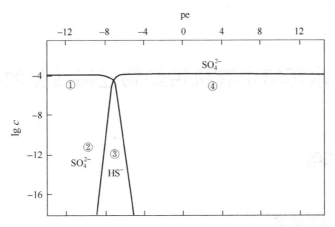

25. 已知氯水溶液组分有 $Cl_2(aq)$、Cl^-、OCl^- 和 HOCl，其有关氧化还原反应如下：

$$HOCl + H^+ + e^- \rightleftharpoons \frac{1}{2}Cl_2(aq) + H_2O \qquad \lg K_1 = 26.9$$

$$\frac{1}{2}Cl_2(aq) + e^- \rightleftharpoons Cl^- \qquad \lg K_2 = 23.6$$

$$HOCl \rightleftharpoons H^+ + OCl^- \qquad \lg K_3 = -7.3$$

氯体系的 pe-pH 图如下，请给出图中①、②、③、④和⑤五种平衡的 pe-pH 关系式。

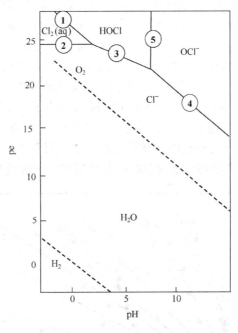

26. 用 Langmuir 方程描述悬浮物对溶质的吸附作用，假设溶液平衡浓度为 3.00×10^{-3}mol/L，溶液中每克悬浮物固体吸附溶质为 0.50×10^{-3}mol/L，当平衡浓度降至 1.00×10^{-3}mol/L 时，每克吸附剂吸附溶质为 0.25×10^{-3}mol/L，以 mol/g 为单位时，每克吸附剂可以吸附溶质的限量是多少？

27. 请说明沉积物中重金属的来源及结合类型。

28. 为什么说沉积物是人类活动及自然变迁的反映？

29. 请介绍哪些因素影响沉积物中重金属的释放。

第4章 水环境中有机污染物迁移转化的基本原理

4.1 分配作用

4.1.1 线性分配理论

近几十年来，国际上众多学者对有机物的吸附分配理论开展了广泛研究。Lambert 等 (1965)从美国各地收集了 25 种不同类型的土壤样品，测量 2 种农药(有机磷与氨基甲酸酯) 在土壤与水间的分配，结果表明当土壤有机质含量为 0.5%~40%时，其分配系数与有机质 含量成正比。Karickhoff 等(1979)研究了 10 种芳烃与氯烃在池塘和河流沉积物上的吸着，结果表明当各种沉积物的颗粒物大小一致时，其分配系数与沉积物中有机碳含量呈正相关。这些结果均表明，颗粒物从水中吸着憎水有机物的量与颗粒物中有机质含量密切相关。 Chiou(1981)进一步指出，当有机物在水中含量增高接近其溶解度时，憎水有机物在土壤上 的吸附等温线仍为直线(图 4-1)。这说明这些非离子性有机化合物在土壤-水平衡的热函变化 在所研究的浓度范围内是常数，而且发现土壤-水分配系数与水中这些溶质的溶解度成反比，且土壤中的无机物对于憎水有机物表现出相当的惰性。但同样的有机物在活性炭上表现出 具有高度非线性特征的吸附机制(图 4-2)。从温度关系来看，有机物在土壤上吸着时热焓变 化不大，而在活性炭上热焓变化很大。由此 Chiou 等提出了在土壤(沉积物)-水体系中，土 壤(沉积物)对非离子性有机物的吸着主要是溶质的分配过程(溶解)这一分配理论(partition theory)。即非离子性有机物可通过溶解作用分配到土壤(沉积物)有机质中，并经过一定时 间达到分配平衡，此时有机物在土壤(沉积物)有机质和水中含量的比值称为分配系数(K_p)。

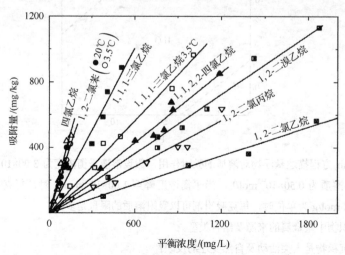

图 4-1 一些非离子性有机物的吸附等温线(土壤-水体系)(Chiou et al，1979)

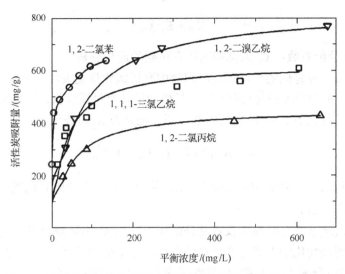

图 4-2 活性炭对一些非离子性有机物的吸附等温线(Chiou，1981)

实际上，有机物在土壤(沉积物)中的吸着存在以下两种主要机理。

(1) 分配作用，即在水溶液中，土壤(沉积物)有机质(包括水生生物脂肪及植物有机质等)对有机物的溶解作用，而且在溶质的整个溶解范围内，吸附速率很快，吸附等温线都是线性的，吸附是完全可逆，与表面吸附位无关，只与有机物的溶解度相关，因而放出的吸附热小。

(2) 吸附作用，即在非极性有机溶剂中，土壤矿物质对有机物的表面吸附作用或干土壤矿物质对有机物的表面吸附作用，前者主要靠范德华力，后者则是各种化学键力如氢键、离子偶极配键、配位键及 π 键作用的结果。其吸附等温线是非线性的，并存在着竞争吸附，同时在吸附过程中往往要放出大量热来补偿反应中熵的损失。

4.1.2 标化分配系数

有机物在沉积物(或土壤)与水之间的分配，可用分配系数(K_p)表示：

$$K_p = c_a / c_w \tag{4.1.1}$$

式中：c_a、c_w 分别为有机物在沉积物中和水中的平衡浓度。

为了引入悬浮颗粒物的浓度，有机物在水与颗粒物之间平衡时总浓度可表示为

$$c_T = c_a \cdot c_p + c_w \tag{4.1.2}$$

式中：c_T 为单位溶液体积内有机物的总浓度，μg/L；c_a 为有机物在颗粒物上的平衡浓度，μg/kg；c_p 为单位溶液体积内颗粒物的悬浮浓度，kg/L；c_w 为有机物在水中的平衡浓度，μg/L。此时水中有机物的浓度(c_w)可以表示为

$$c_w = c_T/(K_p c_p + 1) \tag{4.1.3}$$

为了在类型各异、组分复杂的沉积物或土壤之间找到表征吸着的常数，引入以有机碳为基础表示的分配系数，即标化分配系数(K_{oc})：

$$K_{oc} = K_p/X_{oc} \tag{4.1.4}$$

式中：K_{oc} 为标化分配系数；X_{oc} 为沉积物中有机碳的质量分数。

这样，对于每一种有机物可得到与沉积物中有机碳含量无关的一个 K_{oc}。因此，某一有机物，不论遇到何种类型沉积物(或土壤)，只要知道其有机质含量，便可求得相应的 K_p 值，若进一步考虑颗粒物大小对 K_p 产生的影响，则分配系数 K_p 可表示为

$$K_p = K_{oc}[0.2(1-f)\,X_{oc}^s + f\,X_{oc}^f\,] \tag{4.1.5}$$

式中：f 为细颗粒的质量分数($d<50$pm)；X_{oc}^s 为粗沉积物组分的有机碳含量；X_{oc}^f 为细沉积物组分的有机碳含量。

由于颗粒物对疏水性有机物的吸着是分配作用，当 K_p 不易测得或测量值不可靠需加以验证时，可以利用药物化学中测定的疏水性有机物在辛醇-水体系的分配系数 K_{ow} 的数据。Karickhoff 等(1979)研究揭示了 K_{oc} 与辛醇-水分配系数的相关关系：

$$K_{oc} = 0.63\,K_{ow} \tag{4.1.6}$$

式中：K_{ow} 为辛醇-水分配系数，即化学物质在辛醇中的浓度与在水中浓度的比值。

此外，Karickhoff 等(1979)和 Chiou 等(1979)早期的工作曾广泛地研究化学物质包括脂肪烃、芳烃、芳香酸、有机氯和有机磷农药、多氯联苯等在内的 K_{ow} 和水中溶解度之间的关系，如图 4-3 所示，可适用于大约 8 个数量级的溶解度和 6 个数量级的辛醇-水分配系数。辛醇-水体系分配系数 K_{ow} 和溶解度的关系可表示为

$$\lg K_{ow} = 5.00 - 0.670\lg\left(\frac{S_w}{M}\times10^3\right) \tag{4.1.7}$$

式中：S_w 为水中的溶解度，mg/L；M 为有机物的相对分子质量。

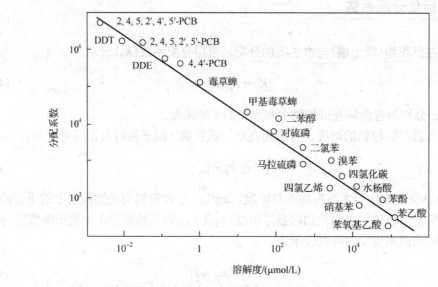

图 4-3　有机物在水中的溶解度及其分配系数的关系(Chiou，1981)

案例 4.1

有机污染物在水和悬浮颗粒间的分配系数

某有机物相对分子质量为 192，溶解在含有悬浮物的水体中。若悬浮物中 85% 为细颗粒，有机碳含量为 5%，其余粗颗粒有机碳含量为 1%，已知该有机物在水中溶解度为 0.05mg/L，此时，该有机污染物在水和悬浮颗粒物之间的分配系数 K_p 是多少？

通过式(4.1.5)～式(4.1.7)计算可得

$$\lg K_{ow} = 5.00 - 0.670\lg\frac{0.05\times10^3}{192} = 5.391$$

则

$$K_{ow} = 2.46\times10^5$$

$$K_{oc} = 0.63\times2.46\times10^5 = 1.55\times10^5$$

$$K_p = 1.55\times10^5 \times [0.2\times(1-0.85)\times0.01 + 0.85\times0.05] = 6.63\times10^3$$

按照经典的分配理论，有机物在土壤(沉积物)的有机相中的吸附-脱附过程是线性和完全可逆的。然而，后来的一系列研究发现，颗粒物对疏水性有机物的吸附等温线普遍呈非线性，同时也有不少研究报道了化学品在土壤或沉积物介质中存在不可逆吸附现象。即使完全除去矿物组分也不影响其吸附等温线的非线性和不可逆吸附-脱附作用，因此不能用传统的线性分配吸附机理来解释。Xing 和 Pignatello(1997)提出了天然有机质(SOM)的双模理论，认为天然有机质是一种橡胶质和玻璃质的混合体，橡胶质态起溶解位点的作用，类似于传统的分配模型，玻璃质态具有溶解位点和孔隙填充位点的作用。根据双模理论，在 SOM 上的总吸附 S 应为整个溶解领域吸附 $S(D)$ 和孔隙填充吸附 $S(H)$ 之和[见式(4.1.8)]，即整个吸附等温方程可用线性和 Langmuir 吸附等温型两项来描述，前者代表可逆吸附，后者代表不可逆吸附。

$$S = S(D) + S(H) = K_p c + \sum_{i=1}^{n}\left(\frac{S_i b_i c}{1 + b_i c}\right) \tag{4.1.8}$$

式中：$S(D)$ 为线性项；$S(H)$ 为非线性项，用 Langmuir 模型表示多位点之和；c 为有机物在水溶液中的浓度；b_i 和 S_i 分别为每个位点的亲和力和容量常数。

根据有机物在天然有机质上的吸附特征，美国国家环境保护局(USEPA)基于线性平衡分配模型制定的沉积物准则(SQCs)会过高估计脱附和其相关的水环境风险。从 Chen 等 (2000)关于氯代苯化合物在天然沉积物中的不可逆吸附行为对沉积物质量准则影响研究可看出(图 4-4)，用不可逆模型预测的沉积物质量准则比用线性平衡分配模型预测应控制的污染物中的固相浓度可放宽很多。

4.1.3 生物浓缩因子

有机毒物在生物群-水之间的分配称为生物浓缩或生物积累，这是归趋研究的重要方面。生物浓缩因子定义为有机物在生物体某一器官内的浓度与水中该有机物浓度之比，用符号

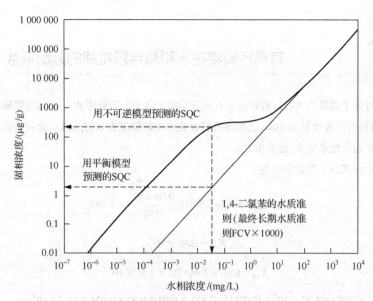

图 4-4　不可逆吸附等温线模型对 SQC 的影响(Chen et al，2000)

BCF 或 K_B 表示。生物浓缩因子表面看来是一种分配机理，然而生物浓缩有机物的过程是复杂的，在测量的技术上也由于化合物的浓度因其他过程如水解、微生物降解、挥发等随时间发生显著变化，这些因素将影响有机物与生物相互之间的平衡。有机物向生物体内部缓慢扩散及体内代谢有机物都可以延缓平衡的到达。然而在某些控制条件下所得平衡时的数据也是很有用的资料，可以看出不同有机物向各种生物体内浓缩的相对趋势。

具有低溶解度的稳定化合物，如 PCBs，往往需要几周才能在生物体内达到最高浓度，达到平衡所需时间与生物体的大小有关。例如，摄取狄氏剂达到最高 BCF 所需的时间对藻类为 1d，对水蚤(Daphnia)为 3d。

除了平衡法以外，也可采用动力学的方法来测量 BCF，这样可以节省实验的时间，对于大的生物体可能更合适。Neely 等测量了生物摄取有机毒物速率常数 K_1 与生物释放有机物的速率常数 K_2，此 K_1 与 K_2 之比即为 BCF，发现了一些稳定的化合物在虹鳟肌肉中累积的 lgBCF 与 lgK_{ow} 有关，回归方程为

$$lgBCF = 0.542lgK_{ow} + 0.124 \tag{4.1.9}$$

式(4.1.9)中 $R=0.948$，$n=8$。

另有作者 Könemann 等进行了类似的实验，得到

$$lgBCF = 0.980lgK_{ow} - 0.063 \tag{4.1.10}$$

式(4.1.10)中 $R=0.991$，$n=5$。

Chiou 指出，如果根据生物内脂含量加以标化，两个方程的差别就会显著改善。

如同 K_{oc} 的相关性一样，lgBCF 与溶解度相关，上述作者得到的相关方程对虹鳟为

$$lgBCF = -0.802lgS_w - 0.497 \tag{4.1.11}$$

式(4.1.11)中 $R=0.977$，$n=7$。

以上所述都是对于较高等的生物而言。而占水体生物量大部分的微生物，Baughman 等

有较详细的评述。如同较高等的生物一样，微生物的 K_B 获得了与 K_{ow} 相关的方程：

$$\lg K_B = 0.907 \lg K_{ow} - 0.361 \tag{4.1.12}$$

式 (4.1.12) 中 $R = 0.954$，$n = 14$。

4.2　挥发作用

挥发过程是有机物从水相转入气相，在研究有机毒物的环境归趋时，挥发作用是一个重要的过程。即使有机物的挥发性较小，挥发作用也不能忽视，这是由于有机物归趋是多种过程的综合贡献。挥发速率依赖于有机毒物的性质和水体的特征。对于有机毒物的挥发速率的预测方法，可以根据式 (4.2.1) 得到

$$\frac{\partial c}{\partial t} = \frac{-K_v}{Z}\left(c - \frac{p}{K_H}\right) = -K_v'\left(c - \frac{p}{K_H}\right) \tag{4.2.1}$$

式中：c 为溶解相中有机毒物的浓度；K_v 为挥发速率常数；K_v' 为单位时间混合水体的挥发速率常数；Z 为水体的混合深度；p 为所研究的水体上方，有机毒物在大气中的分压；K_H 为亨利常数。

在许多情况下，有机物的大气分压是零，所以式 (4.2.1) 可简化为

$$\frac{\partial c}{\partial t} = -K_v' c \tag{4.2.2}$$

根据总污染物浓度 c_T 计算时，则式 (4.2.2) 可改写为

$$\frac{\partial c_T}{\partial t} = -K_{vm} c_T \tag{4.2.3}$$

$$K_{vm} = \frac{K_v a_w}{Z}$$

式中：a_w 为有机毒物可溶解相分数。

为了预测无论是低或高的挥发作用的有机物的挥发速率，首先讨论亨利定律是必要的。

4.2.1　亨利定律

亨利定律表示当一个化学物质在气、液相达到平衡时，溶解于液相的浓度与气相中该化学物质浓度 (或分压) 成正比，其一般表示式为

$$p = K_H c_w \tag{4.2.4}$$

式中：p 为污染物在水面大气中的平衡分压，atm；c_w 为污染物在水中的平衡浓度，mol/m³；K_H 为亨利常数，atm·m³/mol。较广泛使用确定亨利常数的方法是

$$K'_H = \frac{c_a}{c_w} \tag{4.2.5}$$

式中：K'_H 为无量纲形式的亨利常数；c_a 和 c_w 分别为有机物在气相和液相中的摩尔浓度，mol/m^3。根据式(4.2.4)和式(4.2.5)可得关系式(4.2.6)：

$$K'_H = \frac{K_H}{RT} = \frac{K_H}{8.2 \times 10^{-5} T} = 41.6 K_H \quad (20℃) \tag{4.2.6}$$

式中：T 为水的热力学温度，K；R 为摩尔气体常量。

对于微溶化合物(摩尔分数≤0.02)，亨利常数也可估算，此时公式为

$$K_H (atm \cdot m^3 / mol) = \frac{p_s \cdot M_w}{760 \cdot S_w} \tag{4.2.7}$$

式中：p_s 为纯化合物的饱和蒸气压，mmHg；M_w 为化合物的相对分子质量；S_w 为化合物在水中的溶解度，mg/L。如转换为无量纲形式，此时的亨利常数则为

$$K'_H = \frac{16.04 p_s \cdot M_w}{S_w T} \tag{4.2.8}$$

例如，二氯乙烷的饱和蒸气压为180mmHg，20℃时在水中的溶解度为5500mg/L，根据式(4.2.7)和式(4.2.8)，可分别计算出亨利常数 K_H 和 K'_H：

$$K_H = \frac{180 \times 99}{760 \times 5500} = 4.26 \times 10^{-3} (atm \cdot m^3 / mol)$$

$$K'_H = \frac{16.04 \times 180 \times 99}{5500 \times 293} = 0.18$$

注意，亨利定律(摩尔分数≤0.02)所适用的相应浓度范围是34 000～227 000mg/L，相应化合物的相对分子质量为30～200。

在使用亨利定律时需要注意：①只有溶质在气相中和液相中的分子状态相同时，亨利定律才能适用；②若溶质分子在溶液中发生离解、缔合等，则液相中的形态应是指与气相中分子状态相同的那一部分的含量；③在总压力不大时，若多种气体同时溶于同一液体中，亨利定律可分别适用于其中的任一种气体；④一般来说，溶液越稀，亨利定律越准确，在 $c_a \rightarrow 0$ 时，溶质能严格服从该定律，而溶液中溶质浓度很高时，则服从拉乌尔定律。

4.2.2 挥发作用的双膜理论

双膜理论是基于化学物质从水中挥发时必须克服来自近水表层和空气层的阻力而提出的。当一个化学物质从水中挥发时，可把这个过程设想为质量迁移，存在几个明显的步骤，图4-5显示了某化学物质从水中挥发时的质量迁移过程示意图。

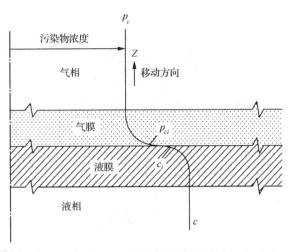

图 4-5　双膜理论示意图

在大量水体中，化学物质的浓度是 c，当化学物质向上移动通过一个薄的"液膜"时，由于扩散限制迁移速率，产生一个浓度梯度，溶解的化学物质挥发然后通过一个薄的"气膜"，同样迁移也受到限制，这是因为之前富集着大量蒸气。

在气膜和液膜之间的界面上，用 c_i 表示液相浓度，p_{ci} 则表示气相分压，达到平衡时遵循亨利定律，即

$$p_{ci}=K_H c_i \tag{4.2.9}$$

若在界面上不存在净积累，则一个相的质量通量必然等于另一相的质量通量。因此，化学物质在 Z 方向的通量 F_Z 可表示为

$$F_Z = -\frac{K_{gi}}{RT}(p_c - p_{ci}) = K_{1i}(c - c_i) \tag{4.2.10}$$

式中：K_{gi} 为在气相通过气膜的传质系数；K_{1i} 为在液相通过液膜的传质系数；$(c-c_i)$ 为从液相挥发时存在的浓度梯度；(p_c-p_{ci}) 为在气相一侧存在的浓度梯度。

根据式(4.2.10)可得

$$c_i = \frac{K_{1i}c + \dfrac{K_{gi}p_c}{RT}}{K_{1i} + \dfrac{K_{gi}K_H}{RT}} \tag{4.2.11}$$

若以液相为主时，气相浓度为零，将 c_i 代入式(4.2.10)，则

$$F_Z = K_{1i}(c - c_i) = \left[\frac{K_{1i}K_{gi}K_H}{RT} \middle/ \left(K_{1i} + \frac{K_{gi}K_H}{RT} \right) \right] \cdot c$$

$$K_{vi} = \frac{K_{1i}K_{gi}K_H}{RT} \middle/ \left(K_{1i} + \frac{K_{gi}K_H}{RT} \right) \tag{4.2.12}$$

并可改写为

$$\frac{1}{K_{vi}} = \frac{1}{K_{1i}} + \frac{RT}{K_{gi}K_H} \qquad (4.2.13)$$

由于所分析的污染物是在水相，因而方程式(4.2.13)可写为

$$\frac{1}{K_v} = \frac{1}{K_1} + \frac{RT}{K_gK_H} \qquad (4.2.14a)$$

或

$$\frac{1}{K_v} = \frac{1}{K_1} + \frac{1}{K_H'K_g} \qquad (4.2.14b)$$

由此可看出，挥发速率常数 K_v 依赖于 K_1、K_H' 和 K_g。这里有两种依赖于亨利常数的情况：

$$K_v = \begin{cases} K_1 & \text{当}K_H'\text{大时，受液膜控制，属易挥发物质} \\ K_H'K_g & \text{当}K_H'\text{小时，受气膜控制，属难挥发物质} \end{cases}$$

当 $K_v > 1.0 \times 10^{-3} \text{atm} \cdot \text{m}^3/\text{mol}$ 时，挥发作用主要受液膜控制，$K_v = K_1$；当 $K_v < 1.0 \times 10^{-5} \text{atm} \cdot \text{m}^3/\text{mol}$，挥发作用主要受气膜控制，$K_v = K_H'K_g$；当 K_v 介于两者之间时，则式(4.2.14b)中这两项都是重要的。表 4-1 列出了地表水中污染物挥发速率的典型值。

表 4-1 地表水中污染物挥发速率的典型值

$K_H/(\text{atm} \cdot \text{m}^3/\text{mol})$	H	$K_v/(\text{cm/h})$[①]	K_v/d^{-1}[②]	
10^0	41.6	20	4.8	
10^{-1}	4.2	20	4.8	液膜控制
10^{-2}	4.2×10^{-1}	19.7	4.7	
10^{-3}	4.2×10^{-2}	17.3	4.2	
10^{-4}	4.2×10^{-3}	1.7	1.8	
10^{-5}	4.2×10^{-4}	1.2	0.3	
10^{-6}	4.2×10^{-5}	0.1	0.02	
10^{-7}	4.2×10^{-6}	0.01	0.02	气膜控制

① $K_g=3000\text{cm/h}$，$K_1=20\text{cm/h}$；② 水深 1m。

挥发作用的半衰期是指污染物浓度减少至一半时所需要的时间，通常用式(4.2.15)计算：

$$t_{1/2} = \frac{0.693Z}{K_v} \qquad (4.2.15)$$

当体系中有悬浮物存在时，则式(4.2.15)可改写为

$$t_{1/2} = \frac{0.693Z}{K_v}(1 + K_p[p]) \qquad (4.2.16)$$

式中：K_p 为分配系数；$[p]$ 为悬浮物的浓度；Z 为水体的混合深度。

由于吸着至沉积物的有毒物质对挥发作用没有直接可利用性，因此挥发的总通量减少甚微。

4.3 水解作用

水解过程是指有机毒物与水的反应，它是影响有机污染物在环境中归趋的重要判据之一。在反应中，是—X 基团与—OH 基团交换的过程：

$$RX + H_2O \Longrightarrow ROH + HX$$

有机毒物的 —R 基团与水分子的 —OH 基团结合，同时 —X 基团离开有机毒物与水分子的 H 结合。在环境条件下，可能发生水解的官能团类有烷基卤、酰胺、胺、氨基甲酸酯、羧酸酯、环氧化物、腈、膦酸酯、磷酸酯、磺酸酯、硫酸酯等。

有机毒物作为反应物通过水解作用一般会生成低毒产物，但并不总是生成低毒产物。例如，2,4-D 酯类水解产物的毒性更大。

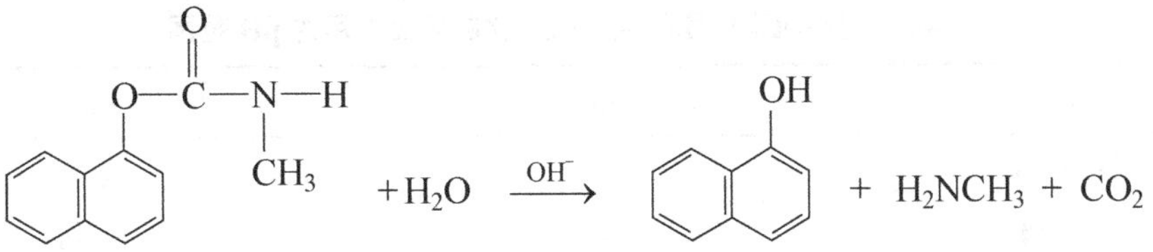

水解产物可能比原来的化合物更易或更难挥发，与 pH 有关的离子化水解产物的挥发性可能是零，而且除少数外，水解产物比原来的化合物更易被生物降解。

实验表明，水解速率与 pH 有关。Mabey 等把水解反应归纳为由酸性或碱性催化的过程和中性的过程，因而水解速率可表示为

$$R_H = K_h[c] = (K_A[H^+] + K_N + K_B[OH^-])[c] \tag{4.3.1}$$

式中：K_A、K_B 和 K_N 分别为酸性催化、碱性催化和中性过程的二级反应水解速率常数；K_h 为在某一 pH 时准一级反应水解速率常数，K_h 又可写成

$$K_h = K_A[H^+] + K_N + \frac{K_B K_w}{[H^+]} \tag{4.3.2}$$

式中：K_w 为水的离子积常数；K_A、K_B 和 K_N 可从实验求得。改变 pH 可得到一系列 K_h，由 $\lg K_h$-pH 作图，如图 4-6，可得三个交点相对应于三个 pH 依次为 I_{AN}、I_{AB} 和 I_{NB}，由此三值和式(4.3.3)～式(4.3.5)可计算出 K_A、K_B 和 K_N。

$$I_{AN} = -\lg(K_N/K_A) \tag{4.3.3}$$

$$I_{NB} = -\lg(K_B K_w/K_N) \tag{4.3.4}$$

$$I_{AB} = -[\lg(K_B K_w/K_A)]/2 \tag{4.3.5}$$

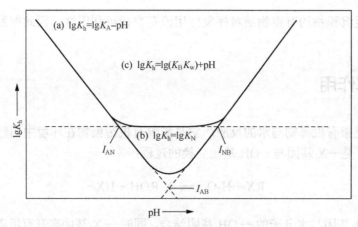

图 4-6   水解速率常数与 pH 的关系

如果某个有机污染物在 lgK_h-pH 图中的交点落在水环境 pH=5～8,这时预测水解反应速率,必须考虑酸性催化/碱性催化作用的影响。表 4-2 中列出了对有机官能团的酸、碱催化起重要作用的 pH 范围。

表 4-2   对有机官能团的酸、碱催化起重要作用的 pH 范围

种类	酸催化	碱催化
有机卤化物	无	>11
环氧化物	<3.8[①]	>10
脂肪酸酯	<1.2～3.1	>5.2～7.1[②]
芳香酸酯	<3.9～5.2[①]	>3.9～5.0[②]
酰胺	<4.9～7[①]	>4.9～7[②]
氨基甲酸酯	<2	>6.2～9[②]
磷酸酯	<2.8～3.6	>2.5～3.6

① 水环境 pH 范围为 5<pH<8,酸催化是主要的;② 水环境 pH 范围为 5<pH<8,碱催化是主要的。

目前,只发现酸、碱催化的水解过程。有人发现某些金属离子能起催化作用,似乎仍然是金属离子水解而改变了溶液的 pH 所致。另外,在环境条件下离子强度和温度影响不是很大。

最后,还需指出两点值得注意的地方:①这里所讨论的计算方法是指浓度很低($<10^{-6}$mol/L),而且溶解于水的那部分有机物,在大多数情况下,悬浮的或油溶的有机物水解的速率比溶解的要慢得多。②实验室测出的水解速率常数将其引入野外实际环境进行计算预测时,许多研究表明没有引起很大的偏差,只要水环境的 pH 和温度与实验室测得的一致可以直接引用。如果野外测出的半衰期比实验室测得的相差 5 倍以上,而且检验了两者的 pH 和温度是一致的,那么可以断定在实际水环境中,其他的过程如生物降解、光解或向颗粒物上迁移等改变了化合物的实际半衰期。

pH 对有机生物团酸、碱催化作用的影响

已知水溶液中某有机污染物 A 在 pH 为 5.0 和 8.5 时(22.5℃)的(假)一级反应速率常数 K_h 分别为 $4.4×10^{-5}s^{-1}$ 和 $5.1×10^{-4}s^{-1}$，若在考察的 pH 范围内酸催化反应不重要，在什么样的 pH 条件下，两种反应同样重要？

解　在考察 pH 的范围内酸催化反应不重要，则总的水解反应可简写为 $K_h=K_N+K_B[OH^-]$，当 pH 为 4.0 和 5.0 时 K_h 值非常接近，表明 pH 为 5.0 时碱性催化反应可以忽略，则 $K_N=K_h=4.4×10^{-5}s^{-1}$，将 K_N 值重新代入 $K_h=K_N+K_B[OH^-]$ 式中，$K_B=(K_{h(pH8.5)}-K_N)/[OH^-]$，由于 $[OH^-]=K_w/[H^+]$，当 pH=8.5 时，$K_B=4.7×10^{-4}/10^{-5.58}≈180[L/(mol·s)]$。

因此，当中性和碱性催化反应同样重要时的 pH 对应的 I_{NB} 为

$$I_{NB}=lg[K_N/(K_B·K_w)]=lg[4.4×10^{-5}/(180×10^{-14.08})]=7.5$$

表明只有当 pH=7.5 时，两种反应同样重要。

4.4　光解作用

阳光供给水环境大量能量，吸收光的物质将它的辐射能转换为热能，而且吸收紫外和可见光谱一定能量的分子，能够得到有效能量进行化学反应。植物通过光化学反应从 CO_2 合成糖，另外通过光吸收作用导致分子的分解，即光解作用，它强烈地影响水环境中某些污染物的归趋。

光解作用是一个真正的污染物分解过程，因为它不可逆地改变了反应分子。一个有毒化合物的光化学分解的产物可能还是有毒的。例如，辐照 DDT 反应产生的 DDE，它在环境中滞留时间比 DDT 还长。因此，在讨论污染物通过光解作用不可逆分解时，污染物的分解并不意味着环境的去毒作用。

一个污染物的光解速率依赖于多种化学和环境因素。光的吸收性质、化合物的反应、天然水的光迁移特征及阳光辐射强度均是影响环境光解作用的重要因素。地球上所记录到的太阳辐射的最短波长约为 286nm，作为环境过程，只关心有机物吸收大于 286nm 波长的光后所产生的光解过程。一般可把光解过程分为三类：第一类称为直接光解，这是化合物本身直接吸收了太阳能而进行的分解反应；第二类称为敏化光解，这是水体中存在天然物质(如腐殖质或微生物等)被阳光激发，然后天然物质又将其激发态的能量转移给化合物而导致的分解反应；第三类是氧化反应，这是天然物质被辐照而产生了自由基或纯态氧(又称单重态氧)中间体，这些中间体又与化合物作用而生成转化的产物。第二类可以称是间接光解过程，第三类不把它看作光解而看作氧化过程。下面就光解过程分别进行介绍。

4.4.1　直接光解

根据 Grothus-Draper 定律，只有吸收辐射(以光子的形式)的那些分子才会进行光化学转化。这意味着光化学反应的先决条件应该是污染物的吸收光谱要与太阳发射光谱在水环境

中可以利用的部分相适当。为了了解水体中污染物对光子的平均吸收率，首先必须研究水环境中光的吸收作用。

1. 水环境中光的吸收作用

光以具有能量的光子与物质作用，物质分子能够吸收作为光子的光，如果光子的相应能量变化允许分子间隔能量级之间的迁移，则光的吸收是可能的。因此，光子被吸收的可能性强烈地随着光的波长而变化。一般，在紫外-可见光范围的波长的辐射作用，可以提供有效的能量给最初的光化学反应。下面首先讨论外来光强如何到达水体表面的。

1) 太阳光的辐射

水环境中污染物的光吸收作用仅仅来自太阳辐射可利用的能量，太阳发射几乎恒定强度的辐射和光谱分布，但是在地球表面上的气体和颗粒物通过散射和吸收作用，改变来自太阳的辐射作用。太阳光与大气相互作用改变了太阳辐射作用的谱线分布(图4-7)。

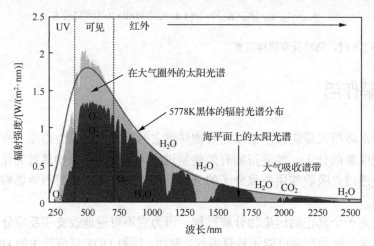

图 4-7　太阳能的光谱分布

由图4-7可看出，太阳辐射与地球大气中的组分有关。太阳辐射到水体表面的光强随波长而变化，其中近紫外部分由于大气臭氧层(臭氧层也随季节变化，秋季少，春季多)吸收大部分紫外光，因而在近紫外(290～320nm)处光强变化很大，而这部分紫外光往往使许多有机物发生光解作用。其次，可见光部分由于 O_3 和 O_2 的吸收，光强有所下降，而红外光谱部分的吸收主要是由于大气中的 O_2、H_2O 和 CO_2。

此外，光强随太阳射角高度的降低而降低，因此光强随日中到日落，夏季到冬季，低纬度到高纬度而降低。由于太阳光通过大气时，有一部分被散射，因此从地面接收的光线除一部分是直接光 I_d 外，还有一部分是从天空来的散射光 I_s，在近紫外区，散射光能占到50%以上。

2) 水体中光的衰减作用

当阳光射到水体表面，一部分以入射角 z 相等的角度反射回大气，从而减少光在水体中的可利用性，在大多数情况下，这部分光的比例小于10%；另一部分光穿射进入水体，经折射而改变方向(图4-8)，被水体吸收或为颗粒物、可溶性物质和水本身散射。

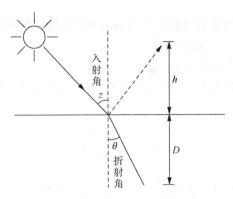

图 4-8　太阳光束从大气进入水体的途径

光程 L 是光在水体内所走的距离，直射光程 L_d 等于 $D \cdot \sec\theta$，D 为水体深度，θ 为折射角。入射角 z（又称天顶角）与 θ 的关系为

$$n = \sin z / \sin \theta$$

式中：n 为折射率，对于大气与水，$n=1.34$。

天顶角增加，折射角也增加。来自近于水平（如 $z>85°$）的光束将会强烈弯曲。天空散射光程 $L_s = 2Dn\left(n - \sqrt{n^2-1}\right)$，令 $n=1.34$，计算出 $L_s = 1.20D$，考虑到反射的影响，$L_s = 1.19D$。以上讨论的是外来光强的情况，下面讨论水体对光的吸收作用。

3) 水体对光的吸收率

任何一个天然水体，都不是纯水，含有各种无机物质和有机物质，特别是淡水变化更大，但是对每一个具体水体其吸收率是基本不变的。

在一个充分混合的水体中，根据朗伯定律，单位时间吸收光的量为

$$I_\lambda = I_{0\lambda}\left(1 - 10^{-\alpha_\lambda L}\right) \tag{4.4.1}$$

式中：I_λ 和 $I_{0\lambda}$ 分别为波长为 λ 的出射和入射光强；α_λ 为吸收系数。

单位体积光的平均吸收率 $I_{a\lambda}$，当水下深度为 D 时为

$$I_{a\lambda} = \frac{I_{d\lambda}(1 - 10^{-\alpha_\lambda L_d}) + I_{s\lambda}(1 - 10^{-\alpha_\lambda L_s})}{D} \tag{4.4.2}$$

式中：$I_{d\lambda}$ 为波长为 λ 的直射光强，$I_{d\lambda} = D \cdot \sec\theta$；$I_{s\lambda}$ 为波长为 λ 的散射光强，$I_{s\lambda} = 2D \cdot n \cdot [n-(n^2-1)^{1/2}]$。

当水体加入污染物后，吸收系数由 α_λ 变为 $(\alpha_\lambda + E_\lambda c)$，其中 E_λ 为污染物的摩尔消光系数，c 为污染物的浓度。光被污染物吸收的部分为 $E_\lambda c/(\alpha_\lambda + E_\lambda c)$。由于污染物在水中的浓度很低，$E_\lambda c \ll \alpha_\lambda$，所以 $\alpha_\lambda + E_\lambda c \approx \alpha_\lambda$。因此，光被污染物吸收的平均比率 $I'_{a\lambda}$ 为

$$I'_{a\lambda} = I_{a\lambda} \cdot \frac{E_\lambda c}{j \cdot \alpha_\lambda} \tag{4.4.3}$$

或

$$I'_{a\lambda} = K_{a\lambda} c \tag{4.4.4}$$

式中：$K_{a\lambda} = I_{a\lambda}E_\lambda / j \cdot \alpha_\lambda$；$j$ 为光强单位转化为与 c 单位相适应的常量。例如，c 以 mol/L 和光强以光子/(cm^2·s) 表示时，$j = 6.02 \times 10^{20}$。

在下面两种情况下，方程式 $K_{a\lambda} = I_{a\lambda}E_\lambda / j \cdot \alpha_\lambda$ 可以简化。

（1）如果 $\alpha_\lambda L_d$ 和 $\alpha_\lambda L_s$ 都大于 2，即几乎所有负担光解的阳光都被体系吸收，$K_{a\lambda}$ 表示式变为

$$K_{a\lambda} = \frac{W_\lambda E_\lambda}{j \cdot D \cdot \alpha_\lambda} \tag{4.4.5}$$

式中：$W_\lambda = I_{d\lambda} + I_{s\lambda}$。此式适用于水体深度 D 大于透光层的情况，平均光解速率反比于水体深度 D。

（2）如果 $\alpha_\lambda L_d$ 和 $\alpha_\lambda L_s$ 小于 0.02，那么 $K_{a\lambda}$ 变得与 α_λ 无关，表示式应变为

$$K_{a\lambda} = \frac{2.303 E_\lambda (I_d L_d + I_s L_s)}{j \cdot D} \tag{4.4.6}$$

式（4.4.6）甚至适用于 $E_\lambda c > \alpha_\lambda$ 的情况，只要 $(\alpha_\lambda + E_\lambda c) < 0.02$，即适合只有 5% 的光被吸收的体系。

2. 光量子产率

虽然所有光化学反应最初吸收光子，但不是每一个被吸收的光子均诱发产生一个化学反应，除此之外，被激发的分子可能包括磷光、荧光的再辐射，光子能量内转换为热能以及其他分子的激发作用等过程，如图 4-9 所示。

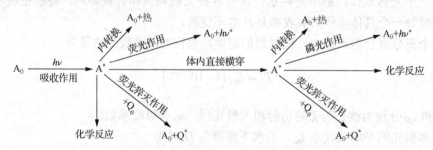

图 4-9　激发分子的光化学途径示意图

A_0 为基态时的反应分子；A^* 为激发态时的反应分子；Q_0 为基态时的猝灭分子；Q^* 为激发态时的猝灭分子

从图 4-9 可看出，激发态分子并不都是可诱发产生化学反应。因此，一个分子被活化是由体系吸收光量子或光子进行的。光解速率只正比于单位时间所吸收的光子数，而不是正比于吸收的总能量。分子被活化后，它可能进行光化学反应，也可能通过光辐射的形式进行"去活化"再回到基态。进行光化学反应的光子占吸收总光子数之比，称为光量子产率（Φ）。

$$\Phi = \frac{\text{生成或破坏的给定物种的物质的量}}{\text{体系吸收光子的物质的量}}$$

在液相中，光化学反应的量子产率显示出简化它们使用的两种性质：①光量子产率小于或等于 1；②光量子产率与所吸收光子的波长无关。所以对于直接光解 Φ_d，则为

$$\Phi_d = \frac{-\mathrm{d}c}{\mathrm{d}t} / I_{ad} \tag{4.4.7}$$

式中：c 为化合物浓度；I_{ad} 为化合物吸收光的速率。

对于一个化合物，Φ_d 是恒定的；对于许多化合物，在太阳光波长范围内，Φ 值基本上不随 λ 而改变，因此不将光量子产率写作 Φ_λ，而是用 Φ 表示。

通过上述讨论可以知道，光解速率 R_p 除了考虑光被污染物吸收的平均速率 $I'_{a\lambda} = K_{a\lambda}c$ 外，还应把 Φ 和不同波长均考虑进去，因此光解速率可写为

$$R_p = \sum K_{a\lambda} \cdot \Phi \cdot c \tag{4.4.8}$$

若 $K_a = \sum K_{a\lambda}$，$K_p = K_a \Phi$，则

$$R_p = K_p c$$

式中：K_p 为光降解速率常数。

环境条件影响光量子产率。分子氧在一些光化学反应中的作用像是猝灭剂，减少光量子产率，而在另外一些情况下，它没有影响或者甚至可能参与反应。因此，在任何情况下，进行光解速率常数和光量子产率测量时均需说明水体中氧的浓度。

悬浮沉积物也影响光解速率，不仅可以增加光的衰减作用，而且改变吸附在它们上面的化合物的活性。化学吸附作用也影响光解速率，一种有机酸或碱的不同形式可能有不同的光量子产率，以及出现化合物光解速率随 pH 变化等。

应用污染物光化学反应半衰期这个概念，有助于确定测量光解速率的简便方法，这个概念从光反应的量子产率得到，与水体的光学性质无关。半衰期可表示为

$$t_{1/2} = \frac{0.693}{K_d \Phi_d} = \frac{0.693j}{2.303\Phi \sum_\lambda E_\lambda Z_\lambda} \tag{4.4.9}$$

式中：Z_λ 为中心波长为 λ 的波长区间内水体受太阳辐照的辐照度；E_λ 为 λ 波长下的平均消光系数。

当污染物对光的吸收较水对光的吸收大得多的条件下，即 $\sum_\lambda E_\lambda c \geqslant \sum_\lambda a_\lambda$ 时，如果所有的入射光被吸收，那么光解反应在动力学上是零级反应，同时，半衰期变成反与污染物的起始浓度(c)和水体深度(D)有关。即

$$t_{1/2} = \frac{j \cdot D \cdot c}{2\Phi \sum_\lambda W_\lambda} \tag{4.4.10}$$

4.4.2　敏化光解（间接光解）

光也可以用其他方法使水中的污染物降解而不是直接降解。如果它直接吸收辐射能量，那么一个光吸收分子可能转移它的过剩能量到一个接受体分子，导致接受体反应，这种反应就是敏化光解。在光敏反应中，污染物并不直接吸收光。例如，2,5-二甲基呋喃在蒸馏水中将其暴露于阳光中没有反应，但是在含有天然腐殖质的水中降解很快，这是腐殖质可以

强烈地吸收波长小于 500nm 的光所导致的敏化光解。激发的三重态腐殖质($^3HA^*$)可通过 $^3HA^*$ 直接将能量转移给污染物分子，污染物分子中的 H 原子转移到 $^3HA^*$ 上形成自由基和 O_2 猝灭 $^3HA^*$ 生成与污染物反应的 $^1O_2$ 等三种主要机制使污染物发生敏化光解。

敏化光解反应的光量子产率 Φ_s 的定义是类似于直接光解的光量子产率：

$$\Phi_s = \frac{-dc}{dt} \bigg/ I_{as} \tag{4.4.11}$$

式中：c 为污染物的浓度；I_{as} 为敏化分子吸收光的速率。

然而，对于敏化光降解的光量子产率不是常数，它与污染物的浓度有关，即

$$\Phi_s = Q_s \cdot c \tag{4.4.12}$$

式中：Q_s 为一个常数。

这可能是由于敏化分子贡献它的能量至一个污染分子时，与污染物分子的浓度成正比。

除了天然水体中溶解性有机质是光敏剂外，NO_3^-、NO_2^- 和各种形态的铁也可能是水体中重要的光敏剂。研究发现，当 NO_3^-、NO_2^- 存在时，联苯在光作用下发生羟基化作用，生成苯酚。

20 世纪 70 年代，Frank 等首次提出半导体材料可用于催化光解水中污染物，Mathews (1986) 用 TiO_2/UV 催化法对水中有机污染物苯、苯酚、一氯苯、硝基苯、苯胺、邻苯二酚、苯甲酸、间苯二酚、对苯二酚、1,2-二氯苯、2-氯苯酚、4-氯苯酚、2,4-二氯苯酚、2,4,6-三氯苯酚、2-萘酚、氯仿、三氯乙烯、乙烯基二胺、二氯乙烷等进行研究，发现它们最终产物都是 CO_2，反应速率相差不大，表明大多数有机物能被 TiO_2 催化而彻底光解。

4.4.3 氧化反应

有机毒物在水环境中所常遇见的氧化剂有单重态氧($^1O_2$)、烷基过氧自由基($RO_2·$)、烷氧自由基($RO·$)或羟基自由基($OH·$)。这些自由基虽然是光化学的产物，但它们是与基态的有机物起作用的，所以把它们放在光化学反应以外，单独作为氧化反应这一类。

文献中报道了一些含氧自由基 $RO_2·$ 和 $^1O_2$ 对有机物的氧化。Mill 等认为被太阳光照射的天然水体的表层水中含 $RO_2·$ 约为 $1×10^{-9}$mol/L。与 $RO_2·$ 的反应有以下四类。

$$RO_2· + CH_4 \longrightarrow RO_2H + H_3C·$$

$$RO_2· + C_2H_4 \longrightarrow RO_2CH_2CH_2·$$

$$RO_2· + ArOH \longrightarrow RO_2H + ArO·$$

$$RO_2· + ArNH_2 \longrightarrow RO_2H + ArNH·$$

这些反应中后两个在水环境中作用很快（$t_{1/2}$ 小于几天），其余两个则很慢，对于多数化合物是不重要的。

Zepp 和 Cline（1977）表明，太阳光照射的天然水中 $^1O_2$ 的浓度约为 1×10^{-12} mol/L。与 $^1O_2$ 作用最重要的化合物是那些含有双键的部分。

在 Mill 的综述中列出了一些 $^1O_2$ 和 $RO_2 \cdot$ 的速率常数。有机物被氧化而消失的速率 R_{OX} 为

$$R_{OX} = K_{RO_2 \cdot}[RO_2 \cdot]c + K_{^1O_2}[^1O_2]c + K_{OX}[OX]c \tag{4.4.13}$$

式中：K_{OX} 及 [OX] 分别为其他没有确定的速率常数和氧化剂浓度。

4.5　生物降解作用

水环境中化合物的生物降解依赖于微生物代谢作用。当微生物代谢时，一些有机污染物作为食物源提供能量和提供细胞生长所需的碳；另一种情况，微生物转化污染物时，不能从反应中产生能量，因此存在着生长代谢（growth metabolism）和共代谢（co-metabolism）两种代谢模式。这两种代谢的特征和降解速率极不相同，下面分别进行讨论。

4.5.1　生长代谢

许多有毒物质可以像天然有机物那样作为细菌的生长基质。只需用这些物质作为细菌培养的唯一碳源即可鉴定。这些生长基质的代谢转化一般导致相当完全的降解或矿化作用，因而是解毒生长基质。去毒效应和相当快地生长基质代谢意味着与那些不能用这种方法降解的化合物相比，对环境威胁更小。

一个化合物在使用之前，必须使微生物群落适应这种化学物质，在野外和室内实验表明，一般需要 2~50d 的滞后期，一旦微生物群体适应了它，生长基质的降解是相当快的，此时感兴趣的是了解生物降解速率。使用化合物作为生长基质，由于基质和生长浓度均随时间而变化，因而动力学表达式相当复杂，Monod 方程是用来描述化合物作为唯一碳源时，化合物的降解速率：

$$-\frac{dc}{dt} = \frac{1}{Y} \cdot \frac{dB}{dt} = \frac{\mu_{max}}{Y} \cdot \frac{B \cdot c}{K_s + c} \tag{4.5.1}$$

式中：c 为污染物浓度；B 为细菌浓度；Y 为每单位碳消耗所产生的生物量；μ_{max} 为最大比生长速率；K_s 为半饱和常数，即在最大比生长速率 μ_{max} 一半时的基质浓度。

Monod 方程在实验室中已成功地应用于唯一碳源的基质转化速率，且不论细菌菌株是一种还是天然的混合的种群均适用。Paris 等用不同来源的菌株，以马拉硫磷作为唯一碳源进行生物降解，如图 4-10 所示。分析菌株生长的情况和马拉硫磷的转化速率，可以得到 Monod 方程中的各个参数：$\mu_{max} = 0.37 h^{-1}$，$K_s = 2.17 \mu mol/L$（0.716mg/L），$Y = 4.1 \times 10^{10}$ cell/μmol（1.2×10^{11} cell/mg）。

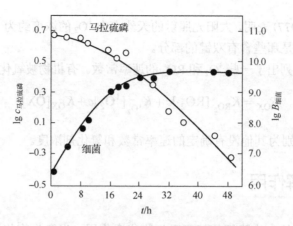

图 4-10   细菌生长与马拉硫磷浓度的关系

Monod 方程是非线性的，但是在 c 很低时，此时 $K_s \gg c$，则式(4.5.1)可简化为

$$-\frac{dc}{dt} = K_{b_2} \cdot B \cdot c \qquad (4.5.2)$$

式中：K_{b_2} 为二级生物降解速率常数。

$$K_{b_2} = \frac{\mu_{max}}{Y \cdot K_s}$$

Paris 等在实验室内用不同浓度(0.0273～0.33μmol)的马拉硫磷进行的实验测得速率常数为 $(2.6 \pm 0.7) \times 10^{-12} L/(cell \cdot h)$，而通过上述参数值计算出的 $\mu_{max}/(Y \cdot K_s)$ 值为 $4.16 \times 10^{-12} L/(cell \cdot h)$，两者相差一倍，说明可以在浓度很低的情况下，建立简化的动力学表达式(4.5.2)。

如果将式(4.5.2)用于广泛的生态系统，在理论上是说不通的，因为实际环境中并不是被研究的化合物是唯一碳源。一个天然微生物群落总是从大量不同的有机碎屑物质中获取能量并降解它们。即使当合成的化合物与天然基质的性质相近，连同合成化合物在内是作为一个整体被微生物降解。而且，当微生物量保持不变的情况下使化合物降解，那么 Y 的概念就失去意义。通常应用简单的一级动力学方程表示：

$$-\frac{dc}{dt} = K_b \cdot c \qquad (4.5.3)$$

式中：K_b 为一级生物降解速率常数。

4.5.2   共代谢

某些有机污染物不能作为微生物的唯一碳源与能源，必须有另外的化合物提供碳源或能源时该有机物才能被降解，这种现象称为共代谢。它在那些难生物降解的化合物代谢过程中起着重要作用，展示了通过几种微生物的一系列共代谢作用，可使某些特殊有机污染物的彻底降解成为可能。微生物共代谢的动力学明显不同于来自生长基质的动力学，共代谢没有滞后期，降解速率一般比完全驯化的生长代谢慢。

共代谢虽然不提供微生物体任何能量，不影响种群数量，但是，共代谢速率直接与微生物种群的数量成正比，Paris 等描述了微生物催化水解反应的二级速率定律：

$$-\frac{\mathrm{d}c}{\mathrm{d}t} = K_{\mathrm{b}_2} \cdot B \cdot c \tag{4.5.4}$$

由于微生物种群 B 不依赖于共代谢速率，因而可以用 $K_{\mathrm{b}} = K_{\mathrm{b}_2} \cdot B$ 代入式(4.5.4)，使其简化为一级动力学方程。

用上述的二级生物降解的速率常数文献值时，需要估计细菌种群的数量，不同方法的细菌计数可能使结果发生高达几个数量级的变化，因此根据用于计算 K_{b_2} 的同一方法来估计 B 值非常重要。

4.5.3　影响生物降解的因素

1. 化学物质对生物降解的影响

化合物的化学性质决定微生物是否能够利用它作为基质。作为生长基质的化合物通常分解比微生物共代谢快，因而污染物在水中的归趋由于所发生的降解过程不同而有明显差别。因此，系统研究重点污染物的代谢途径是极为需要的。

2. 环境因素对生物降解的影响

1) 温度

温度升高一般会使分子能量增大而使反应速率加快，但微生物催化反应与温度的关系是复杂的，一般经验式为

$$K_{\mathrm{b}}(T) = K_{\mathrm{b}}(T_0)Q_{\mathrm{B}}^{(T-T_0)} \tag{4.5.5}$$

式中：$K_{\mathrm{b}}(T)$ 为温度为 T 时的生物降解速率常数；$K_{\mathrm{b}}(T_0)$ 为温度为 T_0 时的生物降解速率常数；T 为环境温度，℃；T_0 为参考温度，℃；Q_{B} 为生物降解的温度系数，为 1.072。

但温度过高，细菌失去活性，降解速率又会急剧下降直至为零。

2) 营养物的限制

为了代谢有机物质，微生物需要氮、磷作为营养物。一些研究者指出，无机营养物的限制是影响水环境中生物降解速率的明显因素。Ward 和 Brock(1976)发现天然水体中磷浓度和碳氧化物降解速率之间有很好的相关性，这个数据符合 Michaelis-Menten 型饱和关系式：

$$K_{\mathrm{b}}(c_{\mathrm{p}}) = K_{\mathrm{b}}(c_{\mathrm{p}}^*) \cdot \frac{0.0277c_{\mathrm{p}}}{1 + 0.0277c_{\mathrm{p}}} \tag{4.5.6}$$

式中：$K_{\mathrm{b}}(c_{\mathrm{p}})$ 为可溶性无机磷浓度为 c_{p} 时的生物降解速率常数；c_{p} 为可溶性无机磷浓度，μg/L；$K_{\mathrm{b}}(c_{\mathrm{p}}^*)$ 为没有营养物限制时的生物降解速率常数。

这个方程仅适用于碳、氮营养物没有限制时的情况。

3) 基质的吸着作用

许多有机污染物强烈地吸着在沉积物上，在该物理和化学环境中，被吸着污染物和可溶性的污染物之间差异，可能影响其对微生物的有效性。Steen 等 (1980) 研究表明：当不考虑吸着因素时，所研究化合物的溶解分数是细菌降解的可利用部分，此时污染物消失速率为

$$\frac{dc_T}{dt} = K_b \cdot c_w = a_w \cdot K_b \cdot c_T \tag{4.5.7}$$

式中：c_w 为水相中污染物浓度；a_w 水相中污染物浓度为总分析浓度的分数 ($a_w=1$ 时被吸着的分数)。

细菌生长在表面上是很稳定的，并且在沉积物和黏土形成时生物代谢速率随着可利用表面的增加而增大。如果一个化合物在生物降解中把吸着的影响看作没有有效性，那么，最好假设吸着并不改变这种速率。

4) 溶解度

Wodzinki 和 Bertalim 研究表明，溶解态的萘和联苯是可降解的，但在纯结晶态下它们均不降解，由此可知溶解度低的化合物降解慢。目前还没有建立确定的关系，读者可以假定仅是可溶解化合物能被降解。

5) pH

H^+ 浓度也影响生物降解速率。每一个细菌种类均有一个合适的 pH 范围，因此不同的 pH 存在着不同种属的细菌，或者提供的菌种以不同速率代谢污染物。目前，没有一般规律预测 pH 的影响，读者可以假设在 pH 为 5~9 时，生物降解速率与 pH 无关，超出这个范围，其速率将降低。

6) 厌氧条件

一旦天然水体缺氧时，代谢途径就发生变化。当溶解氧浓度下降至 1mg/L 时，生物降解速率除了依赖于基质浓度外，还与氧的浓度有关，此时，降解速率开始降低。当溶解氧浓度降至 0.5~1.0mg/L 时，硝酸盐开始代替分子氧。当厌氧时，大多数有机物的生物降解变慢，此时降解速率可以忽略不计。

然而，作为模式化的方法，求得一个不甚精确的速率常数和速率表达式是迫切需要的。Paris 等把微生物降解速率表达为二级反应，如式 (4.5.2)。这就是说，在好氧条件下，把影响速率的最主要因素归结为细菌生物量，或细菌浓度 (单位以细菌个数/升或细菌个数/毫升表示)，其他因素都归在 K_b 内。在天然水生态系统内，是一些影响较小的因素。

为了证实这一关系，Paris 等实验了三个化合物 2,4-二氯苯氧基乙酸的丁氧乙酯 (2,4-DBE)、马拉硫磷、氯苯胺灵。实验的天然水取自美国 14 个州的 40 个采样点，每升含细菌数为 $1\times10^5 \sim 10^8$ 个，水的温度为 1~29℃，pH 为 5.2~8.2，水的硬度为 10~420mg CaCO$_3$/L，总有机碳的含量为 1.6~28.8mg/L。从这些广泛的天然水性质和不同天然细菌群落结构所测出的速率常数，其再现性是满意的。

本章基本要求

本章着重介绍水环境中有机污染物迁移转化的基本原理和方法。要求了解有机污染物在水环境中的迁移转化过程；掌握分配作用、挥发作用、水解作用、光解作用和生物降解作用的原理，以及分配系数、挥发速率、水解速率、光解速率、生物降解速率的计算方法。

思考与练习

1. 解释下列名词：分配系数、标化分配系数、辛醇-水分配系数、生物浓缩因子、亨利常数、水解速率、直接光解、间接光解、光量子产率、生长代谢和共代谢。

2. 某水体中含有 300mg/L 的悬浮颗粒物，其中 70% 为细颗粒（$d<50\mu m$），有机碳含量为 10%，其余的粗颗粒有机碳含量为 5%。已知苯并[a]芘的 K_{ow} 为 1.0×10^6，计算该有机物的分配系数。

3. 已知氯仿的饱和蒸气压为 150mmHg，溶解度为 8200mg/L(20℃)，相对分子质量为 119，请计算出氯仿的亨利常数。

4. 某一有毒化合物排入 pH 为 8.4、温度为 25℃ 的水体中，90% 的有毒物质被悬浮物所吸着，已知酸性催化水解速率常数 $K_A=0$，碱性催化水解速率常数 $K_B=4.9\times10^{-7}$L/(d·mol)，中性水解速率常数 $K_N=1.6d^{-1}$，请计算化合物的水解速率常数。

5. 已知某化合物的酸性催化水解速率常数 $K_A=7.8\times10^{-5}$L/(s·mol)，中性水解速率常数 $K_N=6.6\times10^{-8}$s^{-1}，碱性催化水解速率常数 $K_B=1.4$L/(s·mol)，求在 pH 为 7.0 时，该化合物的水解速率常数和水解半衰期(以 d 表示)各是多少？

6. 某有机污染物排入 pH 为 8.0、温度为 20℃ 的江水中，该江水中含悬浮颗粒物为 500mg/L，其有机碳含量为 10%。

(1) 若该污染物相对分子质量为 129，溶解度为 611mg/L，饱和蒸气压为 9.10×10^{-3}mmHg(20℃)，请计算该化合物的溶解度分数和亨利常数(atm·m³/mol)，并判断挥发速率是受液膜控制还是气膜控制。

(2) 假定 $K_g=3000$cm/h，该污染物在水深 1.5m 处挥发速率常数 K_v(以 d 表示)是多少？

7. 某有机污染物溶解在一个含有悬浮物 200mg/L、pH 为 8.0 和水温为 20℃ 的水体中，悬浮物中细颗粒为 70%，有机碳含量为 5%，粗颗粒有机碳含量为 2%，已知此时该污染物的中性水解速率常数 $K_N=0.05d^{-1}$，酸性催化水解速率常数 $K_A=1.7$L/(mol·d)，碱性催化水解速率常数 $K_B=2.6\times10^6$L/(mol·d)，光解速率常数 $K_p=0.02h^{-1}$，污染物的辛醇-水分配系数 $K_{ow}=3.0\times10^5$，并从表中查到生物降解速率常数 $K_b=0.20d^{-1}$(25℃)，该有机污染物在水体中的总转化速率常数(以 d 表示)为多少？

第5章 水环境中污染物环境行为和归趋模式

随着工业技术的发展，从药物、石油化工、油脂、溶剂、农药及其他工业向水环境排放的有机毒物与日俱增。世界上化学品销售目前已达7万~8万种，且每年有1000~1600种新化学品进入市场。在这些化学品中除少数品种外，人们对进入环境中的绝大部分化学物质，特别是有毒有机污染物在环境中的行为（如光解、水解、微生物降解、挥发、生物富集、吸附、淋溶等）及其可能产生的潜在危害迄今尚无所知或知之甚微。科学研究和污染实践进一步证明，有一些有毒污染物往往难于降解，并具有生物积累性和"三致"（致癌、致畸、致突变）作用或慢性毒性，有的通过迁移、转化、富集，浓度水平可提高数倍甚至上百倍，对生态环境和人体健康是一种潜在威胁，因此受到人们的关注。但是有毒污染物品种繁多，不可能对每一种污染物都制定控制标准，因而提出在众多污染物中筛选出潜在危险大的作为优先研究和控制对象，称为优先污染物。美国是最早开展优先污染物监测的国家，早在20世纪70年代中期，就在《清洁水法》中明确规定了129种优先污染物，其中有114种是有毒有机污染物。1986年底，日本环境厅公布了1974~1985年对600种优先有毒污染物环境安全性综合调查，其中检出率高的有毒污染物为189种。1975年苏联公布了496种有机污染物在综合用水中的极限容许浓度，十年后公布修改561种有机污染物在水中的极限容许浓度。1980年，联邦德国公布了水中的120种有毒污染物名单，并按毒性大小分类。欧洲经济共同体在"关于水质项目的排放标准"的技术报告中，也列出了"黑名单"和"灰名单"。我国已把有毒污染物的污染防治工作列入国家环境保护科技计划，为了更好控制有毒污染物排放，开展了大量调查研究和水中优先污染物筛选工作，初步提出我国水中优先控制污染物黑名单68种（表5-1），将为优先污染物控制和监测提供依据。

表5-1 我国水中优先控制污染物黑名单（周文敏等，1990）

类别	品种
1. 挥发性卤代烃类	二氯甲烷；三氯甲烷；四氯化碳；1,2-二氯乙烷；1,1,1-三氯乙烷；1,1,2-三氯乙烷；1,1,2,2-四氯乙烷；三氯乙烯；四氯乙烯；三溴甲烷（溴仿），计10种
2. 苯系物	苯；甲苯；乙苯；邻二甲苯；间二甲苯；对二甲苯，计6种
3. 氯代苯类	氯苯；邻二氯苯；对二氯苯；六氯苯，计4种
4. 多氯联苯	1种
5. 酚类	苯酚；间甲酚；2,4-二氯酚；2,4,6-三氯酚；五氯酚；对硝基酚，计6种
6. 硝基苯类	硝基苯；对硝基甲苯；2,4-二硝基甲苯；三硝基甲苯；对硝基氯苯；2,4-二硝基氯苯，计6种
7. 苯胺类	苯胺；二硝基苯胺；对硝基苯胺；2,6-二氯硝基苯胺，计4种
8. 多环芳烃类	萘；荧蒽；苯并[b]荧蒽；苯并[k]荧蒽；苯并[a]芘；茚并[1,2,3-c,d]芘；苯并[g,h,i]芘，计7种
9. 酞酸酯类	酞酸二甲酯；酞酸二丁酯；酞酸二辛酯，计3种
10. 农药	六六六；滴滴涕；敌敌畏；乐果；对硫磷；甲基对硫磷；除草醚；敌百虫，计8种
11. 丙烯腈	1种
12. 亚硝胺类	N-亚硝基二乙胺；N-亚硝基二正丙胺，计2种
13. 氰化物	1种
14. 重金属及其化合物	砷及其化合物；铍及其化合物；镉及其化合物；铬及其化合物；汞及其化合物；镍及其化合物；铊及其化合物；铜及其化合物；铅及其化合物，计9种

　　POPs 对全球环境及人类健康的巨大危害，引起各国政府、企业界、学术界和公众的广泛关注。2001 年，110 个国家和地区在斯德哥尔摩签订协议，提出首批 12 种(类)POPs 控制名单，2009 年增列林丹、α-六六六、β-六六六、十氯酮、五氯苯、四溴二苯醚和五溴二苯醚、六溴二苯醚和七溴二苯醚、全氟辛基磺酸及其盐类、全氟辛基磺酰氯 9 种，2011 年又增列硫丹。随着科学技术不断的发展，一些新型污染物在水环境中广泛存在，它们在水环境中的来源、存在形态、环境行为及对人类健康可能带来的潜在危害尚不清楚，低浓度长期暴露会对生态系统产生多大危害尚不得而知，需要继续给予关注。

5.1　有毒有机污染物的环境行为

　　水环境中有机污染物的种类繁多，其环境化学行为一直受到人们的关注，特别是有毒难降解的持久性有机污染物(POPs)，它们在水中的溶解度低，一旦进入水体，可与水中悬浮颗粒物、沉积物中的有机质、矿物质发生一系列物理化学反应而进入固相，但在一定的环境条件下，吸附到固相的 POPs 又会重新释放到水体中。由于 POPs 在环境中难以降解，蓄积性强，能长距离迁移到达偏远的极地地区，并通过食物链对人类健康和生态环境造成危害，因而引起广泛关注。此外，有机污染物本身的物理化学性质如溶解度、分子的极性、蒸气压、电子效应、空间效应等同样影响到有机污染物在水环境中的归趋及生物可利用性。近年来，新型污染物不断在环境介质中被发现，种类繁多且性质各异，缺乏相关的理化参数，因此迫切需要对新型污染物开展环境行为、生物可利用性和生态风险的研究。下面简要叙述具有代表性的有毒有机污染物在水环境中的分布和环境化学行为。

5.1.1　农药

　　1939 年 Paul 和 Muller 发现了有机氯农药 DDT 有高效杀虫力后，农药的使用便蓬勃发展。目前农药的种类繁多，如果按用途划分，可分为杀虫剂、杀螨剂、杀菌剂、杀线虫剂、除草剂、植物生长调节剂等，其中除草剂占使用总量的 47%，杀虫剂占 29%，杀菌剂占 19%，其他占 5%；按来源划分，可分为矿物源农药(无机化合物)、生物源农药(天然有机化合物、微生物等)以及化学合成农药；按化学结构划分，有机合成农药可分为有机氯农药、有机磷农药、氨基甲酸酯、拟除虫菊酯等数十种。它们通过喷施农药、地表径流及农药工厂的废水进入水体中，水中常见的农药主要为有机氯和有机磷农药，此外还有氨基甲酸酯类农药。

　　有机氯农药难以被化学降解和生物降解，在环境中滞留时间很长，具有较低的水溶解性和高的辛醇-水分配系数，故很大一部分被分配到沉积物有机质和生物脂肪中。在世界各地区土壤、沉积物和水生生物中都已发现这类污染物，并有相当高的浓度。与沉积物和生物体中的浓度相比，水中农药的浓度是很低的。目前，有机氯农药如 DDT 由于它的持久性并可通过食物链在生物体累积而对生物体产生危害，虽然已被禁用多年，仍备受人们的关注。

　　与有机氯农药相比，氨基甲酸酯类和有机磷杀虫剂在环境中的滞留时间较短，它们在土壤和地表水体中降解速率比较快，杀虫力较高，常用来消灭那些不能被有机氯杀虫剂有效控制的害虫。由于它们的溶解度较大，其沉积物吸附和生物累积过程是次要的。当它们在水中浓度较高时，有机质含量高的沉积物和脂类含量高的水生生物也会吸收相当数量的该类污染物，目前在地表水中能检出的不多。

此外，近年来除草剂的使用量逐渐增加，可用来杀死杂草和水生植物。它们具有较高的水溶解度和低的蒸气压，通常不易发生生物富集、沉积物吸附和从溶液中挥发等。根据它们的结构性质，主要有有机氯除草剂、氮取代物、脲基取代物和二硝基苯胺除草剂四个类型。这类化合物的残留物通常存在于地表水体中，除草剂及其中间产物是污染土壤、地下水以及周围环境的主要污染物。

5.1.2 多环芳烃类

多环芳烃(polycyclic aromatic hydrocarbons，PAHs)是指两个以上的苯环连在一起的化合物。20世纪初，沥青中存在的致癌物质被鉴定为多环芳烃后，PAHs开始被世人所知。多环芳烃类化合物具有"三致"毒性，除含有很多致癌和变异性的成分外，还含有多种促进致癌的物质。USEPA将萘、二氢苊、苊、芴、菲、蒽、荧蒽、芘、苯并[a]蒽、䓛、苯并[b]荧蒽、苯并[k]荧蒽、苯并[a]芘、二苯并[a,h]蒽、茚并[1,2,3-c,d]芘、苯并[g,h,i]苝16种PAHs列为优先控制污染物。

PAHs的来源可分天然源和人为源。天然源包括火山爆发、森林植被和灌木燃烧等。人为源为其主要来源，包括石油、煤炭、天然气等化石燃料在不完全燃烧以及还原气氛下高温分解产生，其中煤炭燃烧时生成的量最高，石油次之，天然气最少。交通工具尾气排放、吸烟(尤其在室内)等过程也会产生PAHs。在适当的环境和充分的时间及100~150℃的低温下，有机物的裂解也能产生PAHs。例如，餐饮业烹调食物过程中，若燃烧条件差、排气不充分时，就会产生非常严重的环境污染。

由于PAHs在水中溶解度很小，辛醇-水分配系数高，是地表水中滞留性污染物，主要累积在沉积物、生物体内和溶解到有机质中，因此不同土壤或沉积物中的有机碳-水中的分配系数的对数($\lg K_{oc}$)基本相同，并与其$\lg K_{ow}$有较好的相关性。已有证据表明PAHs可以发生光解反应，其最终归趋可能是吸附到沉积物中然后进行缓慢的生物降解。挥发过程与水解过程均不是重要的迁移转化过程，显然沉积物是多环芳烃的蓄积库，在地表水体中浓度通常较低。

5.1.3 多氯联苯

多氯联苯(polychlorinated biphenyls，PCBs)是一类由两个以共价键相连的苯环，氯原子在联苯的不同位置取代1~10个氢原子，其化学稳定性随氯原子数的增加而提高。PCBs共有209种系列物，其中有12种毒性较大，都有4个或更多的氯取代，且不具有邻位取代或仅有一个邻位取代，因此两个苯环可以在同一平面旋转，故这些PCBs又称为共平面PCBs；因其与二噁英有类似的空间结构和相对其他同类物有较高的毒性，又称为二噁英类多氯联苯，并被列入《斯德哥尔摩公约》加以控制。PCBs有良好的热稳定性、低挥发性、低水溶性、较高的辛醇-水分配系数和生物富集因子、高度的化学惰性和高介电常数，能耐强酸、强碱及腐蚀性，因而被广泛用于变压器和电容器内的绝缘介质以及热导系统和水力系统的隔热介质。另外，PCBs还可以在油墨、农药、润滑油等生产过程中作为添加剂和塑料的增塑剂。

多氯联苯极难溶于水，不易分解，但易溶于有机溶剂和脂肪，具有高的辛醇-水分配系数，能强烈地分配到沉积物有机质和生物脂肪中，即使水中浓度很低时，PCBs 在水生生物体内的浓度仍然很高，沉积物中也可能很多。因此，监测 PCBs 的最优对象为沉积物段生物群。

5.1.4　卤代脂肪烃

大多数卤代脂肪烃在地表水中主要迁移过程是挥发至大气，并进行光解。水中卤代脂肪烃如氯甲烷、二氯甲烷、氯仿、四氯化碳、氯乙烷、1,1-二氯乙烷、1,1,1-三氯乙烷、1,1-二氯乙烯、顺式-二氯乙烯、反式-二氯乙烯、三氯乙烯、四氯乙烯、3-氯丙烯、2-氯丙烯、2,3-二氯丙烯等在 0.5h 内就有一半从水中挥发。对于这些高挥发性化合物，在地表水中能进行生物或化学降解，但与挥发速率相比，降解速率是很慢的。这类化合物溶解度高，因而辛醇-水分配系数低，在沉积物有机质或生物脂肪层中分配的趋势较弱，大多通过测定其在水中的含量来确定分配系数。

此外，六氯环戊二烯和六氯丁二烯，在沉积物中是长效剂，能被生物积累，而二氯溴甲烷、氯二溴甲烷和三溴甲烷等化合物在水环境中最终归宿目前还不清楚，对于这类化合物最好的办法是从水和沉积物开始监测。

5.1.5　醚类

有 7 种醚类化合物属 USEPA 优先污染物，它们在水中的归宿各有不同，其中 5 种即双-(氯甲基)醚、双-(2-氯甲基)醚、双-(2-氯异丙基)醚、2-氯乙基-乙烯基醚及双-(2-氯乙氧基)甲烷大多存在水中，辛醇-水分配系数很低，因此它们的潜在生物积累和在沉积物上的吸附能力都低，故应把水作为优先监测对象。4-氯苯-苯基醚和 4-溴苯-苯基醚的辛醇-水分配系数较高，因此有可能在沉积物有机质和生物体内累积。

5.1.6　单环芳香族化合物

多数单环芳香族化合物与卤代脂肪烃一样，在地表水中主要迁移过程是挥发，然后是光解。它们在沉积物有机质或生物脂肪层中的分配趋势较弱。在优先污染物中已发现 6 种化合物即氯苯、1,2-二氯苯、1,3-二氯苯、1,4-二氯苯、1,2,4-三氯苯和六氯苯，可被生物积累。但总的来说，单环芳香族化合物在地表水中不是持久性污染物，其生物降解和化学降解速率均比挥发速率低(个别除外)，因此对于这类化合物，吸附和生物富集均不是重要的迁移转化过程。

5.1.7　苯酚类和甲酚类

酚类化合物具有较高的水溶性、低辛醇-水分配系数及离子性质，因此大多数酚并不能在沉积物和生物脂肪中发生富集作用，主要残留在水中。然而苯酚分子的氯取代程度升高时，则化合物溶解度下降，辛醇-水分配系数增加，如五氯苯酚等，就易被生物累积。酚类化合物主要是发生生物降解和光解作用，在自然沉积物中的吸附及生物富集作用通常很小（高氯代酚除外），挥发作用、水解作用和非光解氧化作用也不是重要的迁移转化过程。

5.1.8 酞酸酯类

酞酸酯类(phthalic acid esters，PAEs)化合物为我国常用的增塑剂，如邻苯二甲酸二丁酯(DBP)和邻苯二甲酸二异辛酯(DEHP)(图 5-1)。它们是塑料制品生产中必不可少的添加剂，在涂料、润滑剂、药品、胶水、化妆品、化肥、农药等工农业产品中也广泛存在。所添加的 PAEs 化合物并没有与产品分子形成化学结合，因此大量使用含有 PAEs 的产品在生产、使用、废弃和后处理等过程中都能释放到环境中，这是导致 PAEs 全球性环境污染的重要原因。

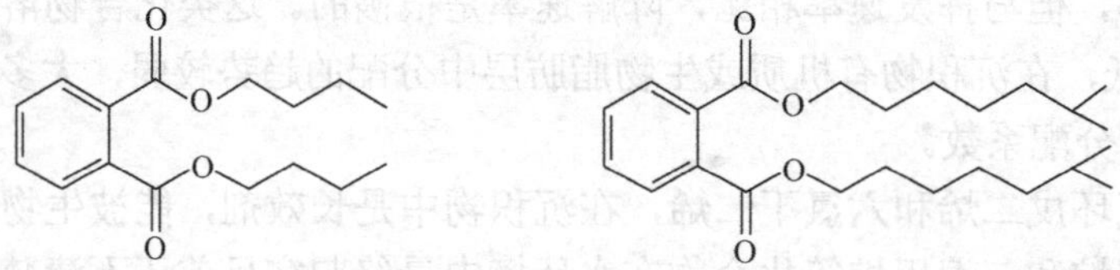

(a) 邻苯二甲酸二丁酯(DBP)   (b) 邻苯二甲酸二异辛酯(DEHP)

图 5-1 常用增塑剂结构式

现有研究表明，PAEs 具有致癌、致畸和致突变效应，还会导致男性生殖系统损伤和不育。为此，美国国家环保局已将邻苯二甲酸二甲酯(DMP)、邻苯二甲酸二乙酯(DEP)、邻苯二甲酸正二丁酯(DNBP)、邻苯二甲酸丁基苄基酯(BBP)、邻苯二甲酸二异辛酯(DEHP)和邻苯二甲酸正二辛酯(DNOP)6 种 PAEs 化合物列为优先控制污染物。我国政府也把 DMP、DNBP 和 DEHP 划入优先控制污染物，《生活饮用水卫生标准》(GB 5749—2006)中 DEHP 列为非常规指标，DEP 和 DNBP 列为参考指标。

PAEs 在水中的溶解度小，主要富集在沉积物有机质和生物脂肪体中，因此应加强沉积物和生物群中该污染物的监测。

5.1.9 亚硝胺和其他化合物

优先控制污染物中 2-甲基亚硝胺和 2-正丙基亚硝胺可能是水中长效剂，其他 5 种化合物主要残留在沉积物中，有的也可在生物体中累积。丙烯腈生物累积可能性不大，但可长久存在于沉积物和水中。

5.1.10 新型有机污染物

1. 全氟化合物

全氟化合物(perflucrinated compounds，PFCs)是一种新型含氟持久性有机污染物，主要包括全氟辛酸(PFOA)、全氟辛烷磺酸(PFOS)、全氟十烷酸(PFDA)、全氟十二烷酸(PFDO)等不同碳链长度的有机物，由于含有高能量的 C—F 共价键，因而具有优良的热稳定性、化学稳定性、高表面活性及疏水、疏油性能，被大量应用于聚合物添加剂、表面活性剂、电子工业、电镀等多种工业生产和不粘锅、化妆品、日用洗涤剂等民用产品中。PFOA 和 PFOS 是目前最受关注的两种典型全氟化合物，已在世界各地甚至北极等边远地区和野生动物中，都能检测到它们的存在。表 5-2 列出全球部分地区不同水环境中 PFOA 和 PFOS 的浓度。从表 5-2 可看出，水环境中 PFOA 的污染水平高于 PFOS，可能与近几年 PFOS 生产大幅度降低和 PFOS 溶解度小于 PFOA 有关。研究表明，来自生产氟聚物工厂的大气排放以及母体物质 $C_8F_{17}CH_2CH_2OH$(缩写为 8：2FTOH)在大气中远距离迁移转化可能是造成 PFOA、PFOS 全球污染的另一个重要原因。

表 5-2　全球部分地区不同水体中 PFOA 和 PFOS 浓度(祝凌燕和林加华，2008)　　　（单位：ng/L）

水体	地区	PFOA	PFOS
河流或湖泊	莱茵河	<2~9	<2~6
	日本境内不同河流	0.1~456.41(3.92)	0.24~37.32(1.99)
	Amituk 湖	1.9~8.4(4.1)	0.9~1.54(1.2)
	Char 湖	1.8~3.4(2.6)	1.1~2.3(1.8)
	Resolute 湖	5.6~10	23~69
	密歇根州和纽约水体	<8~35.86	0.8~29.26
	吉林、辽宁、山东部分水体		0.41~4.2,受污染区可高达 44.6
饮用水	鲁尔地区	最高值达 519	最高值达 22
	上海、北京、大连、沈阳等城市		0.40~1.53
海域	香港沿海	0.73~5.5	0.09~3.1
	韩国沿海	0.24~320	0.04~730
	南中国海	0.24~16	0.023~12
	东京湾	1.8~192	0.338~58
	苏禄海深海(1000~3000m)	<0.076~0.117	<0.017~0.024
	苏禄海表层水	<0.088~0.510	<0.017~0.109
	西太平洋	0.100~0.439	0.0086~0.073
	太平洋中部至东部表层水	0.015~0.142	0.0011~0.078
	太平洋中部至东部深海(4000~4400m)	0.045~0.056	0.0032~0.0034

　　有关资料表明，PFCs 对动物和水生生物具有广泛的毒性，尽管水体中 PFOA 的浓度远高于 PFOS，但 PFOS 是水生生物体内主要的 PFCs 化合物，含量远超过 PFOA，由此说明 PFOS 要比 PFOA 具有更强的生物蓄积和生物放大能力(祝凌燕和林加华，2008)。近年来的研究还发现，低剂量的 PFOA 就能引起肝脏、生殖、发育、遗传和免疫等的毒性。美国国家环保局科学顾问委员会已将 PFOA 描述为可能的或疑似的致癌物，被视为是继有机氯农药、二噁英之后的一种新型持久性有机污染物，甚至被视为是"21 世纪的 PCBs"。目前，有关这类物质的来源、接触途径、在环境中的迁移转化规律以及在生物体内的积累、潜在危害及致毒机理均不清楚，必须在今后给予高度关注。

2. 溴代类阻燃剂

溴代类阻燃剂(brominated flame retardants，BFRs)具有良好的阻燃效果，被广泛应用在纺织、家具、塑料制品、电路板和建筑材料中，其中应用最广泛的 BFRs 有：多溴联苯醚(polybrominated diphenyl ethers，PBDEs)、四溴双酚 A(tetrabromobisphenol A，TBBPA)、多溴联苯(polybrominated biphenyls，PBBs)、六溴环十二烷(hexabromocyclododecane，HBCD)等，图 5-2 为这几种化合物的结构式。

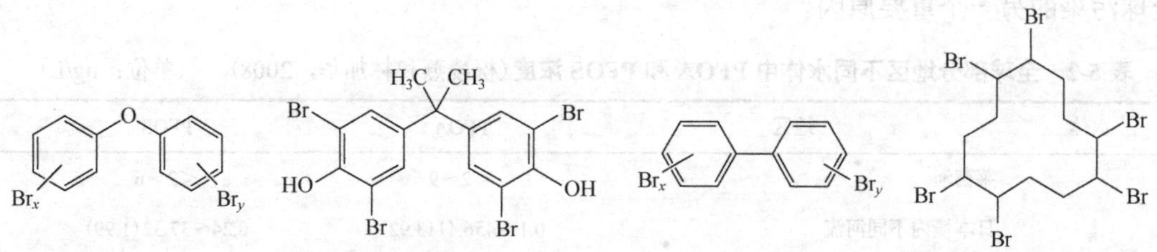

(a) 多溴联苯醚(PBDEs)   (b) 四溴双酚A(TBBPA)   (c) 多溴联苯(PBBs)   (d) 六溴环十二烷(HBCD)

图 5-2   4 种溴代阻燃剂的分子结构

PBDEs 是一组溴代芳香烃化合物，从一溴代到十溴代总共有 209 单体。PBDEs 中四溴、五溴、六溴、七溴联苯醚和 PBBs 中的六溴联苯，于 2009 年 5 月被列为持久性有机污染物。一般认为，PBDEs 和 PCBs 在结构上很相似，其毒性也会具有相似性。研究表明，PBDEs 会扰乱甲状腺素的作用。低取代的 PBDEs(如四溴和六溴)具有较高的致癌性和内分泌干扰性，原药及其代谢产物(特别是羟基化产物)与甲状腺素(T3，T4)结构相似，可作用于下丘脑-脑垂体-甲状腺轴途径，与甲状腺素竞争结合甲状腺素视黄质运载蛋白(TTR)或甲状腺素受体(THR)，影响甲状腺素的正常代谢和生理功能从而影响生物体的生长发育。而高取代的 PBDEs 毒性较小。

水中溶解态 PBDEs 浓度较低，一般在 pg/L 的数量级。水生生物可以通过水体、沉积物和食物中摄取 PBDEs 进行富集浓缩。据报道 1980~2000 年，北美洲五大湖中鱼体内的 $\sum$PBDEs 浓度呈指数增长，每 3~4 年翻一番(Zhu and Hites，2004)。沉积物中的浓度也具有增加的趋势。陈社军等(2005)对珠江三角洲和南海北部海域表层沉积物中 PBDEs 的研究表明，东江和珠江是 PBDEs 的高污染区，含量为 12.7~7361ng/g，其中 BDE 209 平均含量为 1199ng/g，是目前世界上已报道沉积物中含量最高的区域之一。表 5-3 分别列出不同地区表层沉积物中 PBDEs 浓度的分布。

表 5-3   不同地区表层沉积物中 **PBDEs** 浓度的分布(王晓蓉等，2013)   (单位：ng/g 干重)

研究地点	BDE 209	PBDEs 范围	参考文献
美洲			
安大略湖	50.2~55.4	58.3~63.6[b]	Song et al，2005
伊利湖	86.7~242.0	23.0~28.3[b]	Song et al，2005
圣弗朗西斯科湾	0.02~19.3	0.04~3.84[a]	Oram et al，2008
欧洲			
西班牙	2.1~132	0.4~34.1[b]	Eljarrat et al，2005
瑞典	68~7100	8~50b	Sellsrsom et al，2001

续表

研究地点	BDE 209	PBDEs 范围	参考文献
亚洲			
新加坡		3.4～13.8	Wurl et al，2005
珠江三角洲	0.41～7341	0.04～94.7[b]	Mai et al，2005a
环渤海	0.3～2777	0.074～5.24[b]	林忠盛等，2008
莱州湾	nd～1800	1.3～1800	Jin et al，2008
青岛		0.12～5.5	Yang et al，2003
香港	nd～2.92	1.7～52.1	Liu et al，2005
太湖梅梁湾		0.048～0.460	林海涛，2007
江苏近海	0.212～3.85	0.259～3.99	王晓蓉等，2013

a BDE 47 的含量；b 不包括 BDE 209 的含量。

　　沉积物中 BDE 209 是最主要的 PBDEs 单体，这与全球 PBDEs 阻燃剂市场以十溴联苯醚阻燃剂为主有关，占到 80%以上。另一个原因可能是 BDE 209 的高辛醇-水分配系数（$\lg K_{ow}=10$），使得其易吸附于颗粒物上，在一定的条件下沉积，不利于长距离迁移和进入其他环境介质。

　　水体中 PBDEs 在光照下可能发生直接光解，并在其转化代谢过程中也可能起到很重要的作用，十溴联苯醚可以看作是低溴化合物的释放源。进入生物体的多溴联苯醚可以发生生物转化，如脱溴、羟基化和甲氧基化等，从而生成新的代谢产物。研究发现，野生动物体内 MeO-PBDEs 的含量要高于 PBDEs（大约是十倍），而人类摄入的 MeO-PBDEs 是 PBDEs 的三倍。已有研究表明，PBDEs 经过羟基化生成 OH-PBDEs，然后甲基化生成 MeO-PBDEs，并发现 MeO-PBDEs 可以脱甲基代谢生成 OH-PBDEs，这也是 OH-PBDEs 的一个重要来源（Yu et al，2009）。

3. 药物和个人护理品

　　药物和个人护理品（pharmaceuticals and personal care products，PPCPs）是一类包含处方和非处方类医药品、清洁剂、防晒剂、香料、防腐剂、阻燃剂和增塑剂等日常使用和排泄的化学用品在内的污染物总称。PPCPs 通过各种途径源源不断地进入环境，由于其能在生物体中累积且能引起内分泌紊乱，日益威胁生态安全和人体健康，已成为国际上继持久性有机污染物之后的另一个研究热点。PPCPs 类物质中抗生素药物（主要包括四环素类、酰胺类、大环内酯类以及磺胺类等）是最受关注的几大类物质之一。环境中主要来源于医用药物和农用兽药的抗生素的大量使用，导致环境污染日趋严重，全球许多地区的土壤和水体中都检测到抗生素药物污染，种类较多，浓度也呈升高趋势。抗生素可改变环境中微生物种类，破坏生态系统的平衡（Costanzo et al，2005）；环境中抗生素残留的持续存在，将诱导出抗药菌株，通过食物等途径进入人体，对人类健康产生危害（Heberer，2002）；废水中残留的抗生素能杀灭废水生物处理过程中的功能微生物，从而降低废水处理效率。USEPA 和《欧盟水框架导则》已将一部分 PPCPs 列入未来优先监测和控制污染物的候选名单（Pietrogrande and Basaglia，2007）。

　　抗生素一旦进入环境会分布到土壤、水和空气中，一般会经历吸附、水解、光解和微生物降解等一系列迁移转化过程，这些过程直接影响抗生素对环境的生态毒性。研究发现，抗生素在水环境中可被光解、水解和水生生物降解，有些降解产物的生态毒性可能更大，而且有些产物在一定环境条件下能够再合成生成它们的母体化合物。由于抗生素在水体中的环境行为十分复杂，其在水体中的含量、分布特征、不同介质间的传输过程、迁移转化规律尚不清楚，主要降解产物及抗生素与降解产物间的相互转化和作用了解甚少，因此弄清水环境抗生素污染的分布特征，阐明其迁移转化规律，为生态风险评估提供科学依据就显得更为重要。

水产养殖和畜牧业抗生素长期滥用的直接后果，很可能诱导动物体内抗生素抗性基因(antibiotic resistance genes，ARGs)，其排泄后将对养殖区域及其周边环境造成潜在基因污染。环境中 ARGs 主要来源于长期使用抗生素的患者排泄物和畜牧水产养殖业中的动物粪便污染，它们可通过水流、雨水冲刷和地表径流等多种途径进行传播和扩散，对公共健康和食品、饮用水安全构成威胁。基因污染物可以通过物种间遗传物质的交换无限制地传播，具有遗传性且很难控制和消除，一旦形成将对人类健康和生态系统安全造成长期、不可逆的危害，目前已被定义为环境中一类新型污染物。世界卫生组织(WHO)将抗生素抗性基因列为 21 世纪威胁人类健康最重大的挑战，并宣布在全球范围开展抗性基因的污染调查战略部署(罗义和周启星，2008)。已有资料表明，动物体内的抗性菌株能随粪便扩散进入环境，并将抗性基因传播给环境微生物(Chee-Sanford et al，2001)。抗生素对环境微生物耐药性的选择和诱导可能是其环境效应最重要的部分，抗性基因作为一种新型环境污染物对生态环境的危害成为当前关注的热点。

4. 短链氯化石蜡

氯化石蜡(chlorinated paraffins，CPs)中碳链长度为 10~13 的正构烷烃的氯化衍生物产品称为短链氯化石蜡(short-chain chlorinated paraffins，SCCPs)，通常为不同碳链长度和不同氯化程度的混合物，常温下为淡黄色或无色黏稠液体，工业产品常以其含氯量进行命名。氯化石蜡由于具有挥发性低、阻燃、电绝缘好的特点，被广泛应用于塑料添加剂、阻燃剂、金属加工润滑剂等化工产品中。我国目前已经成为世界最大的氯化石蜡生产和消费国家。

近几年，由于 SCCPs 毒性较中长链产品大而受到广泛的关注。在英国、德国、加拿大等国家的河水、底泥和土壤甚至偏远的非工业地区以及北极高纬度等地区的大气中均检测出 SCCPs。同时，在贻贝、鱼、陆地生物、人体和母乳中也检出 SCCPs。已有研究表明，SCCPs 的 $\lg K_{ow}$ 为 4.8~7.6(Sijm and Sinnige，1995)，生物富集系数(BAFs)大于 5000(POPRC，2007)。Houde 对北美洲安大略湖和密歇根湖食物网中 SCCPs 的生物富集和营养级放大进行研究，发现 SCCPs 的生物富集因子 lgBAF 为 4.1~7.0，在无脊椎动物-草食鱼-鲈鱼食物网中营养级放大系数 lgTMF 为 0.41~2.4，表明 SCCPs 能通过食物链进行生物放大。此外，许多毒理学实验证实它具有一定的致癌性(Fisk et al，1999；Serrone et al，1987)。2008年 10 月，联合国环境规划署 POPs 审查委员会对短链氯化石蜡进行了公约附件 E 关于其终点的危害评估的审核。目前 SCCPs 已被列入《关于持久性有机污染物的斯德哥尔摩公约》受控物质候选名单(徐淳等，2014；王亚韡等，2009)。

5. 多氯萘

多氯萘(polychlorinated naphthalenes，PCNs)是一类基于萘环上氢原子被氯原子取代的化合物的总称。PCNs 共有 75 个单体，与 PCBs 的性质相似，其具有较高的热稳定性、化学惰性及电绝缘性，被广泛应用于电力工业及其他工业中。已有研究表明，PCNs 是全球环境中普遍存在的一类持久性有机污染物，具有类似二噁英的毒性、能被生物富集且难以降解，并能通过大气进行远距离输送，已在极地地区的大气、沉积物以及生物样品中普遍检测到 PCNs 的存在。在一些典型的污染区域，PCNs 的毒性贡献甚至比二噁英/呋喃（PCDD/Fs）和多氯联苯（PCBs）还要高（Park et al，2010）。PCNs 具有较高的亲脂性，其 $\lg K_{ow}$ 值在 3.9～10.37，易于在食物链中被生物富集放大（郭丽等，2009）。工业 PCBs 生产、废弃物焚烧及其他热处理过程是环境介质中 PCNs 的重要来源。PCNs 对全球环境和人类健康的潜在危害已引起人们的广泛关注。中国环境样品中 PCNs 已有检出（刘芷彤等，2013），但全国范围内的污染特征调查和源排放控制研究仍有待深入开展。PCNs 已被欧盟推荐列入《关于持久性有机污染物的斯德哥尔摩公约》优先控制的持久性有机污染物（POPs）名单中，目前公约秘书处正在组织开展将 PCNs 纳入公约的审查。

5.2　有机污染物的归趋模式

对于一种有机物，仅仅看它的毒性大小是不够的，还必须考查它进入环境分解为无害物的速度快慢如何。一个毒性大而分解快的有机物未必比毒性小而分解慢的危害大，许多有机物在受到控制（如进行治理）的情况下未必绝对不能使用。因此，人们就要为它制定排放标准、水质标准或基准，研究其环境容量以便利用天然的自净能力，这对于有机物是一件非常重要的事。

实际上并不是有机物都会造成污染，只有那些持久性有机污染物，才在禁用或严格控制之列，其他有机物，如果控制处置得当，不仅不是污染物，而且是工农业的资源。同时，从我国实际情况看，城市生活污水和工业废水仍有部分未经处理直接排入天然水体，城市污水处理厂出水仍是含有一定 COD 浓度的污水，除了一部分排入大江河海以外，一些中小型河流及其附近的河网地区已经受到严重污染，这些地方河流的功能只剩下航运与农灌，因此应认真加以清理。对于持久性的有机污染物，应按降解程度的难易、毒性大小、用量和使用方式几方面的原则统一考虑，进行筛选并严加控制。在工厂内、车间内，甚至设备旁将它们就地处理。对于其他有机物，因地制宜，采用各种污水资源化的方法，加以处理。同时，还要制定各种功能水体的排放标准，根据这些任务，在水土环境中开展各种有毒物预测性的模式研究。这种预测性的模式就是要在各种有机污染物未排放进入各式各样水体之前，预测它们在环境中浓度的时空分布及通过各种迁移转化过程后的归趋。

水质模式的研究已有很大的发展，但是对于迁移转化过程所取的参数，往往是经验性的，这种参数只对当地的同种污染物有用，不能推广到另外的环境和另外的污染物中去。这类模式对于预测众多化合物在各种环境中可能发生的状况就显得无能为力，或者要花费大量人力、物力测出各种化合物在各类环境中的经验参数，因此研究机理型的模式很有必要。

如果在模式中只出现表征化合物固有性质的参数（这些参数可以脱离具体环境而从实验室测得，如化合物的溶解度、蒸气压、辛醇-水分配系数、消光系数及不随环境特征参数而变化的速率常数等）和表征环境特征所测量的参数（如水流量、流速、pH、沉积物和水的质量比、水温、风速、细菌总数、光强等），那么，这种模式适用于广泛的化合物，也适用于不同类型的环境，且最适宜作预测之用。

要建立这种模式，只有充分研究化合物的各种迁移转化过程的机理，特别要着重动力学的研究。虽然无机物的迁移转化规律的研究早于有机物，但有机物却先于无机物在机理方面取得突破性的进展。取得的突破性进展主要表现在有机物的重要迁移转化过程的动力学，已经定量化即模式化。

5.2.1 有机污染物在水环境中的迁移转化过程

在讨论归趋模式之前，首先必须对有机污染物在水环境中的形态、迁移和转化过程有一定的了解。图 5-3 显示了有机污染物在水环境中的迁移转化过程。

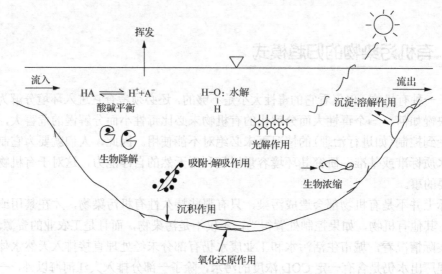

图 5-3   有机污染物在水污染中的迁移转化过程

为了预测水中污染物的归趋，可以把上述的这些迁移转化过程归纳为如下几个重要过程。

(1)负载过程(输入过程)(loading processes)。

污水排放速率，大气沉降及陆地径流引入有机污染物至天然水体导致影响污染水平。

(2)形态过程(speciation processes)。

酸碱平衡(acid-base equilibria)   天然水中 pH 决定着有机酸或碱以中性态或离子态存在的分数，因而影响挥发及其他作用。

吸着作用(sorption)   疏水有机物吸着至悬浮物上，由于悬浮物的迁移而影响它们以后的归趋。

(3)迁移过程(transport processes)。

沉淀溶解作用(precipitation-dissolution)   有机和无机污染物的溶解度范围可限制纯污染物在迁移转化过程中的可利用性或者从实质上改变迁移速率。

对流作用(advection)   水力流动迁移溶解的或者被悬浮物吸附的污染物进入或排出特定的水生生态系统。

挥发作用(volatilization)　有机污染物可能从水体进入大气,因而减少在水中的浓度。

沉积作用(sedimentation)　含有吸附污染物的沉积作用以及直接吸附或从底部沉积物解吸可以改变污染物的浓度。

(4)转化过程(transformation processes)。

生物降解作用(biodegradation)　微生物代谢污染物并在代谢过程中改变它们的毒性。

光解作用(photolysis)　污染物对光的吸收作用而导致影响它们毒性的化学反应。

水解作用(hydrolysis)　一个化合物与水作用通常产生较小的、简单的有机产物。

氧化还原作用(reduction-oxidation)　涉及减少或增加电子在内的有机污染物以及金属的反应都强烈地影响环境参数。对于有机污染物几乎所有重要的氧化还原反应是微生物催化的。

(5)生物累积过程(bioaccumulation)。

生物浓缩作用(bioconcentration)　通过可能的手段如通过鱼鳃的吸附作用,摄取有机污染物至生物体。

生物放大作用(biomagnification)　通过消耗污染的食物摄取有毒物质进入生物体。

了解水中有机物的这些主要迁移转化过程后,就可讨论有机污染物归趋模式的基本思路,其中包括一些假定:

(1)首先是从研究单个的主要迁移转化过程着手,单个过程的模式化是整个模式化的基础。为整体归趋模式综合,假定各个单过程使某种化合物从水环境中消失速率之和是该化合物在水环境中消失的总速率;又假定每种过程速率都是一级反应过程,因而总速率也是一级反应。这对于天然水环境,距离污染源较远的地方,化合物浓度都很低,假定一级反应是符合实际情况的。

(2)模式中既要有化合物固有性质的参数,又要有表征环境特征的参数,这样似乎应为二级反应式,但一旦具体环境定下来,则速率的方程就又变成准一级反应式了。为此,假定有机物的存在并不改变环境参数,如不会改变水体的 pH、对光的吸收系数和细菌的总数等。由于化合物在水环境中的浓度很低,这个假定也是合乎实际情况的。

(3)对于吸着过程,假定它的吸着速率远大于挥发和各种转化的速率,但实际上吸着过程并不是瞬时完成的,尽管它的过程比各转化过程快。因此,这种模式不能适用于污染源附近的浓度分布,它只反映长时间的大范围环境的情况。正因为如此,这种模式只采用一维的和稳态的处理方法。

5.2.2　归趋模式简介

根据以上基本思路,用简单的公式叙述归趋模式,大体可分以下三个步骤:①计算有机物因转化和挥发过程而从水环境消失的速率;②吸着过程对有机物消失过程的影响;③对于一个被研究的水生态系统,考虑有机物的输入包括从大气返回到水体、稀释及最终从系统中输出的速率,从而计算在系统内的浓度和半衰期。

1. 有机物消失速率

有机物由于各种转化过程和挥发过程消失的总速率 R_T 是各过程消失速率 R_i 之和。

$$R_T = \sum R_i = \sum K_i[E_i]c \tag{5.2.1}$$

式中：K_i 为第 i 个过程的速率常数；$[E_i]$ 为对于第 i 个过程在动力学上起重要作用的环境参数（如水体 pH、光强、细菌总数等）；c 为化合物的浓度。

关于 R_i 的计算在第 4 章已有介绍。这里应该指出，有机物消失的总速率 R_T 的表示式(5.2.1)是按有机物浓度的一级反应来描述，这对于在环境浓度高度稀释的情况下，应该是符合事实的，同时要求环境参数也是一级的。这样 R_i 可按二级反应动力学行为来处理，如果假定环境中有机物浓度很低，不对环境产生影响（即不改变 pH、生物量、溶解氧等），那么环境参数在一定的环境地区和时间范围内保持不变，$K_i[E_i]$ 就可以用准一级反应速率常数来表示，则

$$R_T = [\sum K_i]c = K_T c \tag{5.2.2}$$

和

$$K_T = \sum K_i = K_{vm} + K_b + K_p + K_h \tag{5.2.3}$$

式中：K_T 为化合物由于转化和挥发消失的准一级反应速率常数；K_{vm} 为挥发速率常数；K_b 为生物降解速率常数；K_p 为光降解速率常数；K_h 为水解速率常数。

由上述过程所造成的化合物消失的半衰期为

$$t_{1/2} = \frac{\ln 2}{K_T} \tag{5.2.4}$$

2. 吸着的影响

除了转化和挥发能使有机物消失外，在颗粒物上的吸着也能降低有机物在水中的浓度。颗粒物可以是悬浮的沉积物，也可以来源于生物，颗粒物最终将沉降至水体底部。无论是悬浮的或底部的颗粒物，当溶液中的化合物在水柱中因转化或挥发而消失时，它们就可通过吸附-解吸的平衡过程作为化合物的一种来源向水中释放。如果在生物群（如细菌、藻类或鱼类）中没有生物转化（代谢），那么有机污染物又可在生物死亡或分解时重新返回溶液。至今，对吸着在颗粒物上的生物转化过程了解得还很不充分。下面的讨论是暂时假定在颗粒物上不存在转化过程，而且吸着是完全可逆的，或比起溶液中转化过程的速率快得多。

当有机污染物浓度很低时，它在水与颗粒物（沉积物或生物群）之间的分配，往往可以用分配系数 K_p 来表示：

$$K_p = \frac{c_s}{c_w} \tag{5.2.5}$$

式中：c_s 和 c_w 分别为有机污染物在沉积物上和水中的平衡浓度。在这里应该注意，c_s 与 c_w 所用的单位要相当，K_p 是无量纲的。例如，c_s 的单位为每升在颗粒物上有机污染物的微克数，c_w 为每升在水中有机污染物的微克数。为了引入悬浮颗粒物的浓度，有机物在水与颗粒物之间平衡时总浓度可表示为

$$c_T = c_s \cdot p + c_w \tag{5.2.6}$$

式中：c_T 为单位溶液体积内颗粒物上和水中有机污染物质量的总和，µg/L；c_s 为有机污染物

在颗粒物上的平衡浓度，$\mu g/kg$；p 为单位溶液体积上颗粒物的浓度，kg/L；c_w 为有污染毒物在水中的平衡浓度，$\mu g/L$。

把式 (5.2.6) 代入式 (5.2.5)，则得

$$\frac{c_w}{c_T} = \frac{1}{K_p p + 1} \tag{5.2.7}$$

应该指出，由于 $[p]$ 很小，尽管 K_p 值比较大，但有机污染物转移至颗粒物上的量不一定很多。

在一个水-颗粒物体系中有机物在水中的浓度 c_w 为

$$c_w = \frac{c_T}{K_p p + 1} \tag{5.2.8}$$

将式 (5.2.8) 代入式 (5.2.2)，则

$$R_T = \frac{K_T c_T}{p K_p + 1} \tag{5.2.9}$$

式 (5.2.9) 说明，除非在颗粒物上有机物转化过程的速率大于水中的转化速率，吸着的净效应是降低有机污染物从水中消失的总速率，而且颗粒物的吸着将增加半衰期。其半衰期可表示为

$$t_{1/2} = \frac{(p K_p + 1) \ln 2}{K_T} \tag{5.2.10}$$

3. 稳态时的浓度

上述方程仅仅描述了水体没有输入和输出时有机污染物的归趋。实际上有机污染物总是以一定的速率 R_I 输入给水体的。这时，有机污染物在水环境中消失的总速率应为 R_L，它是 R_T、稀释的速率 R_D 和输出的速率 R_O 之和。在一定范围的水体内，当 $R_I = R_L$ 时，有机污染物就达到了稳态的浓度，即

$$R_I = R_L = R_T + R_D + R_O \tag{5.2.11}$$

$$R_I = \left(\frac{K_T}{K_p p + 1} \right) c_T + R_O + R_D \tag{5.2.12}$$

那么有机物的稳态浓度为

$$[c_T]_{ss} = \frac{(R_I - R_O - R_D)(K_p p + 1)}{K_T} \tag{5.2.13}$$

上述讨论表明，除了速率常数 K_T 外，起始浓度、吸着和稀释都决定水环境中有机污染物的最终浓度。化合物的持久性则往往以半衰期表示。半衰期就是起始浓度剩下一半所需要的时间，对于一级反应过程，此值是与浓度无关的。

从以上讨论可以看出，虽然用手算的方法可以预测环境浓度和半衰期，但在一些评价中手算费时而且有可能出现较大的计算误差，因此设计一套计算机程序来执行运算是有必要的。美国环保局为此开发了一套名为 EXAMS(exposure analysis modeling system)的计算程序，关于此程序本书不作介绍。

5.2.3 归趋模式应用举例

以邻苯二甲酸酯类 5 种化合物在不同类型的水环境中的归趋与迁移的情况为例。

5 种化合物是 DMP、DEP、DNBP、DNOP 和 DEHP，它们的生产量都比较大，1976 年在美国总产量超过了 10 万 t。

为了比较不同类型的水体，把环境规定为在空间上均匀分布的水体，这些环境包括一个面积为 1hm^2 的池塘，水的停留时间为 80d，一个贫营养化(弱热分层)和一个富营养化(分层)的湖泊，其面积均为 85hm^2，停留时间均为 200d，另一个水体为一河段，宽 100m，长 8km，停留时间为 1h。决定反应条件的环境参数选择为美国东南部夏季时间常见的数值。表 5-4 列举了上述所用生态系统的一些物理、化学和生物特征的数据。

表 5-4 所用生态系统的一些物理、化学和生物特征值

项目	河流(3km)	池塘	富营养湖泊	贫营养湖泊
体积/m^3	9×10^5	2×10^4	8×10^6	8×10^6
水输出速率/(m^3/h)	9×10^5	2.8×10^1	1.7×10^3	1.7×10^3
悬浮沉积物浓度/(mg/L)	100	30	50	10
pH	7.0	8.0	8.0	6.0
细菌群体数量(水)/(cells/mL)	1×10^3	1×10^3	1×10^5	1×10^2
细菌群体数量(沉积物)/(cells · 100gd/w)	1×10^8	1×10^8	1×10^{10}	1×10^7
沉积物的有机碳/%	1	4	4	1

天顶光衰减系数 α 除贫营养湖取 0.3m^{-1} 外，其余生态系统取 3.0m^{-1}；光的分布函数(即水中光程与水深之比)对所有情况均取 1.19。用这些数据来计算因吸收光的光解使有机物降低的百分数。各系统底部沉积物的密度都是 1.85g/cm^3，含水量为 150%，能起作用的深度为 5cm。对于底部沉积物与上复水之间的平衡，底部停留时间除河段取 10d 外，其余均取 75d。吸着在底部或悬浮沉积物上的邻苯二甲酸酯类假定是延缓转化过程。对所有水系水柱中的自由基浓度取 10^{-9}mol/L，假定在底部沉积物的浓度可以忽略。从挥发讲，令所有水系水面上 10cm 处的风速均为 2m/s(此值相当于气相传质系数为 2291cm/h)。复氧速率对池塘为 0.0072h^{-1}，湖泊为 0.012h^{-1}，河段为 0.0168h^{-1}。邻苯二甲酸酯类的挥发按双膜理论推演出来的方法计算。富营养化湖泊斜温层之间混合的边界扩散系数取 0.08m^2/h，用此值可算出下层滞水带的停留时间为 52d。对于弱热分层的贫营养化湖泊，从选取的边界扩散系数可以推算出下层滞水带的停留时间为 10d。

表 5-5 列出了 5 种邻苯二甲酸酯类化合物的过程数据。它们的酸催化二级水解速率常数是假设的值，这些酯的中性水解没有发现其转化的途径。碱催化水解速率常数引自文献。直接光解速率常数 K_d 是由 Zeep 提供。自由基氧化速率常数是根据伯基、仲基、叔基与过氧自由基作用所报道的平均值加以估算的。亨利常数用测量的溶解度及蒸气压值计算出。K_{oc}

及 K_B 均可以根据 K_{ow} 算出来。

表5-5　5种邻苯二甲酸酯类化合物归趋与迁移作用的常数值

常数	DMP	DEP	DNBP	DNOP	DEHP
$K_A/[L/(mol \cdot h)]$	0.04	0.04	0.04	0.04	0.04
$K_B/[L/(mol \cdot h)]$	2.5×10^2	7.9×10^1	8.8×10^1	5.8×10^1	4.0×10^1
$K_d/(1/h)$	2×10^{-4}	2×10^{-4}	2×10^{-4}	2×10^{-4}	2×10^{-4}
$K_b/[mol/(cell \cdot h)]$	5.2×10^{-6}	8.2×10^{-9}	2.9×10^{-8}	3.1×10^{-10}	4.2×10^{-12}
$K_{OX}/[L/(mol \cdot s)]$	18	18	18	18	18
$H_C/(atm \cdot m^3/mol)$	1.1×10^{-6}	2.0×10^{-8}	1.3×10^{-6}	5.0×10^{-6}	4.4×10^{-7}
K_{ow}	2.6×10^1	7.3×10^1	8.0×10^3	2.9×10^3	8.9×10^3
K_{oc}	1.6×10^2	4.5×10^2	6.4×10^3	1.9×10^4	5.7×10^4
$S_w/(mg/L)$	4.3×10^3	8.9×10^2	1.3×10^1	3.0	4.0×10^{-1}

注：K_A 及 K_B 为酸、碱催化水解速率常数；K_d 为准一级直接光解速率常数；K_b 为生物转化速率常数；K_{OX} 为氧化速率常数；H_C 为亨利常数；K_{ow} 为辛醇-水分配系数；S_w 为溶解度；K_{oc} 为沉积物-水分配系数；中性水解反应速率很小，未列出。

污染负荷按进入各系统的水中含酯 0.1mg/L 计算，用 EXAMS 计算了各有机物的稳态行为和外部负荷停止以后酯类逐渐消失的情形，计算结果列于表 5-6 和表 5-7 中。

表5-6　5种邻苯二甲酸酯类化合物在4种水环境中归趋与迁移的计算模拟结果[①]

化合物	生态系统	负荷降低/%	积累因子/d	分配系数/% 水柱	分配系数/% 底部沉积物	恢复时间
DMP	河流	0.55	0.04	99.99	0.01	3 小时
	池塘	80.5	5.3	99.98	0.02	20 天
	富营养湖	100.0	0.08	100.0	0.0	6.7 小时
	贫营养湖	73.2	52.0	100.0	0.0	184 天
DEP	河流	0.01	0.05	91.8	8.2	67 小时
	池塘	9.9	39.0	69.7	30.3	7 月
	富营养湖	62.4	65.0	99.8	0.2	8 月
	贫营养湖	14.8	174.0	98.3	1.7	20 月
DNBP	河流	0.07	0.09	45.7	54.3	18 天
	池塘	42.4	130.0	13.3	86.7	19 月
	富营养湖	93.9	11.7	96.4	3.6	40 天
	贫营养湖	24.7	186.0	81.0	19.0	23 月
DNOP	河流	0.04	0.20	20.7	79.3	30 天
	池塘	27.4	521.0	4.2	95.8	67 月
	富营养湖	51.0	316.0	28.3	71.7	47 月
	贫营养湖	33.3	235.0	57.2	42.8	32 月
DEHP	河流	0.0	0.50	8.3	91.7	35 天
	池塘	4.8	1910.0	1.5	98.5	19 年
	富营养湖	11.4	1564.0	11.2	88.8	19 年
	贫营养湖	16.0	544.0	31.0	69.0	6 年

[①] 所有结果是以输入负荷大小无关的方式来表示，这是为了有利于在各酯类化合物之间、各生态系统之间进行比较。

表 5-7　在 4 种水系中邻苯二甲酸酯类化合物的转化与挥发在稳态时所占输入负荷的百分数

化合物	生态系统	水解	光解	生物降解	挥发
DMP	河流	0.0	0.0	0.5	0.0
	池塘	3.5	0.4	74.5	2.2
	富营养湖	0.1	0.0	99.9	0.0
	贫营养湖	0.3	4.0	65.6	2.7
DEP	河流	0.0	0.0	0.0	0.0
	池塘	2.8	1.8	5.1	0.2
	富营养湖	6.7	0.7	55.0	0.1
	贫营养湖	0.2	3.9	0.6	0.1
DNBP	河流	0.0	0.0	0.1	0.0
	池塘	3.3	1.2	31.8	6.2
	富营养湖	2.1	0.2	89.1	0.9
	贫营养湖	0.3	12.3	4.9	7.2
DNOP	河流	0.0	0.0	0.0	0.0
	池塘	1.4	1.4	0.5	24.0
	富营养湖	5.6	0.8	28.6	16.0
	贫营养湖	0.1	11.0		22.2
DEHP	河流	0.0	0.0	0.0	0.0
	池塘	0.0	1.8	0.1	2.8
	富营养湖	0.2	1.4	7.7	2.2
	贫营养湖	0.0	13.7	0.0	2.3

注：表内 4 个百分数相加即为负荷消失的总百分数，剩余的为由水载带输出的百分数。

　　由水载带的负荷在畅通的河流中稳态消失最少。消失的百分数对任一个酯类化合物都不超过 0.6%，因此河流负荷的 99% 以上流至下游。具有较长停留时间的系统(池塘与湖泊)正如所预料的那样，消失显著。负荷的消失与停留时间并不是简单的正比关系。在一些情况下(如 DMP、DNBP)，池塘系统(停留时间为 30d)消耗掉的负荷比贫营养湖(停留时间为 200d)的多。

　　这些生态系统被邻苯二甲酸酯类化合物污染程度的大小用积累因子来表示。积累因子(单位是 d)乘以每日质量负荷(kg/d)就得到在达到稳态系统内残留的总量(kg) (表 5-6)。有两个因素可以有效限制污染的程度：一个是快速的冲刷(河流)，另一个是大量的降解。例如，在营养化湖泊中预报 DMP 和 DNBP 分别衰减 100% 和 93.9%，因此它们的积累因子最小(0.08 和 11.7)。但是，积累因子与底部沉积物对酯类的亲和力有关，在酯类中随 K_{oc} 的增加使底部沉积物中存留的污染负荷的比例增高。例如，最大的积累因子(1910.0)属于池塘生态系统的 DEHP，在那里，少于 5% 的负荷被降解，98.5% 的污染物存在于底部沉积物中。

　　被污染的生态系统的恢复时间是用 5 倍于准一级反应半衰期来估算。对于底部沉积物和水载带部分的半衰期是分开计算的，然后按照酯类在水柱与底部沉积物之间分配的比例来加权计算整个系统的准一级反应的半衰期。恢复时间一般是与积累因子的大小有关。对于池塘和富营养化湖泊中 DEHP 的污染，其恢复时间长达 19 年。

对于每一个生态系统，在总的消失负荷中，各个酯类化合物的水解、光解、生物降解和挥发过程各占多少比例，列于表5-7。酯类的氧化在所有情况下所占比例很小，只占负荷的0.01%或更小，因而没有把它列于表内。

在多数情况下，生物降解是主要的过程。光解虽然慢，但是在贫营养湖泊中，除DMP以外，光降解却是主要过程，在这些情况下，它可在稳态时分解负荷的10%～15%。DNOP是易挥发的化合物，在有较长停留时间的系统，可以挥发掉20%的负荷。对于其他的酯，只有DNBP有较多的挥发，但这也只限于生物降解和冲刷比较少的系统(池塘与贫营养化湖泊)，水解速率比起生物降解一般都很慢，虽然有些例外(如池塘系统中的DEP和DNOP)。

从表5-6和表5-7可以看出，对于邻苯二甲酸酯类几乎没有通用的规律。以DMP和DEHP为例，两者结构上差别很大。DMP很少为底部沉积物俘获，它能很快被降解和从污染的生态系统中输出，表现出很少在系统内积累；与此相反，DEHP积累明显，从被污染的系统内移去很慢。DNOP与DEHP是一对异构体，虽然二者的亨利常数在同一数量级之内，但从池塘和湖泊挥发，DNOP占负荷的20%，DEHP只占2%，说明化合物结构对其形为的深刻影响。

每一种转化过程的速率的大小强烈地受环境条件和参数之间相互作用的影响。例如，DMP和DEHP理论上的水解半衰期有人测得在pH=8、30℃下分别为4个月和100年。在富营养化湖泊生态系统中，稳态时仅对水解的半衰期来讲，DMP确实是4个月，但对DEHP却从100年增至2000年，这主要是由于湖泊底部沉积物俘获DEHP的结果。在贫营养化湖中，pH低，水解转化DMP需要31年(比富营养化湖慢100年)才能使之净化，对DEHP需用6000年。DEHP在贫和富营养化湖泊之间水解速率降低慢，只有3倍(2000年比6000年)而不是pH改变所估计的100倍。这是因为贫营养湖泊只含1%的有机碳，被沉积物俘获的DEHP较小，可供水解用的化合物较多。

结论：水解、光解、生物降解、挥发和从生态系统输出这几个过程相互竞争、谁多谁少将取决于有机物和生态系统的性质。一般来讲，相对分子质量大的酯转化过程可能不常进行，而从一个生态系统向另一个系统输出，虽然慢但却是主要过程。同时可以看出，邻苯二甲酸酯类不同的化合物在不同类型水环境中归趋和迁移有很大不同。

总之，对于有机污染物释放至水环境以后的复杂环境行为，至今不但有了单个过程的模式，而且也有了系统模式，一旦将模式用于生态归趋的分析会大大有利于对有机污染物的控制和防治。目前研究工作还在进行中，有不少问题需要继续探索。

5.3　无机污染物的环境行为和归趋模型

5.3.1　水环境中无机污染物的存在形态和生物可利用性

无机污染物进入水体后通常以可溶态或悬浮态存在，其在水体中的迁移转化及生物可利用性均直接与污染物存在形态相关。例如，水俣病就是食用了含有甲基汞的鱼所致。重金属对鱼类和其他水生生物的毒性，不是与溶液中重金属总浓度相关，主要取决于游离(水合)的金属离子，对镉则主要取决于游离Cd^{2+}浓度，对铜则取决于游离Cu^{2+}及其氢氧化物。而大部分稳定配合物及其与胶体颗粒结合的形态则是低毒的，不过脂溶性金属配合物是例外，因为它们能迅速透过生物膜，并对细胞产生很大的破坏作用。

　　近年来的研究表明，通过各种途径进入水体中的金属，绝大部分迅速转入沉积物或悬浮物内，因此许多研究者把沉积物作为金属污染水体的研究对象。由于金属污染源依然存在，水体中金属形态多变，转化过程及其生态效应复杂，因此金属形态及其转化过程的生物可利用性研究仍是环境化学的一个研究热点。

　　(1)镉：工业含镉废水的排放、大气镉尘的沉降和雨水对地面的冲刷，都可使镉进入水体。镉是水迁移性元素，除了硫化镉外，其他镉的化合物均能溶于水。在水体中镉主要以 Cd^{2+} 状态存在。进入水体中的镉还可与无机和有机配位体生成多种可溶性配合物，如 $CdOH^+$、$Cd(OH)_2$、$HCdO_2^-$、CdO_2^{2-}、$CdCl^+$、$CdCl_2$、$CdCl_3^-$、$CdCl_4^{2-}$、$Cd(NH_3)^{2+}$、$Cd(NH_3)_2^{2+}$、$Cd(NH_3)_3^{2+}$、$Cd(NH_3)_4^{2+}$、$Cd(NH_3)_5^{2+}$、$Cd(HCO_3)_2$、$CdHCO_3^+$、$CdCO_3$、$CdHSO_4^+$、$CdSO_4$ 等。实际上天然水体中镉的溶解度受碳酸根或羟基浓度所制约。

　　水体中悬浮物和沉积物对镉有较强的吸附能力。已有研究表明，悬浮物和沉积物中镉的含量占水体总镉量的 90% 以上。

　　水生生物对镉有很强的富集能力。据 Fassett 报道，对 32 种淡水植物的测定表明，所含镉的平均浓度可高出邻接水相 1000 多倍。因此，水生生物吸附、富集是水体中重金属迁移转化的一种形式，通过食物链的作用可对人类造成严重威胁。众所周知，日本的痛痛病就是由于长期食用含镉量高的稻米所引起的中毒。

　　(2)汞：水体汞的污染来自生产汞的厂矿、有色金属冶炼以及使用汞的生产部门排出的工业废水，其中化工生产中汞的排放为主要污染来源。

　　天然水体中汞的含量很低，一般不超过 $1.0\mu g/L$。汞在水体中以 Hg^{2+}、$Hg(OH)_2$、CH_3Hg^+、$CH_3Hg(OH)$、CH_3HgCl、$C_6H_5Hg^+$ 为主要形态；在悬浮物和沉积物中以 Hg^{2+}、HgO、HgS、$CH_3Hg(SR)$、$(CH_3Hg)_2S$ 为主要形态；在生物相中以 Hg^{2+}、CH_3Hg^+、CH_3HgCH_3 为主要形态。汞与其他元素等形成配合物是汞能随水流迁移的主要原因之一。当天然水体中含氧量减少时，水体氧化还原电位可能降至 $50\sim200mV$，从而使 Hg^{2+} 易被水中有机质、微生物或其他还原剂还原为元素 Hg，并由水体逸散到大气中。Lerman 认为，溶解在水中的汞有 $1\%\sim10\%$ 转入大气中。

　　水体中的悬浮物和沉积物对汞有强烈的吸附作用。水中悬浮物能大量摄取溶解性汞，使其最终沉降到沉积物中。水体中汞的生物迁移在数量上是有限的，但由于微生物的作用，沉积物中的无机汞能转变成剧毒的甲基汞而不断释放至水体中。甲基汞有很强的亲脂性，极易被水生生物吸收，通过食物链逐级富集最终对人类造成严重威胁。日本著名的水俣病事件就是食用含有甲基汞的鱼造成的。

　　(3)铅：由于人类活动及工业的发展，几乎在地球上每个角落都能检测出铅。矿山开采、金属冶炼、汽车废气、燃煤、油漆、涂料等都是环境中铅的主要来源。岩石风化及人类的生产活动，使铅不断由岩石向大气、水、土壤、生物转移，从而对人体的健康构成潜在威胁。

　　淡水中铅的含量为 $0.06\sim120\mu g/L$，中值为 $3\mu g/L$。天然水体中铅主要以 Pb^{2+} 状态存在，其含量和形态明显地受 CO_3^{2-}、SO_4^{2-}、OH^- 和 Cl^- 等含量的影响，铅能以 $PbOH^+$、$Pb(OH)_2$、$Pb(OH)_3^-$、$PbCl^+$、$PbCl_2$ 等多种形态存在。在中性和弱碱性的水中，铅的浓度受 $Pb(OH)_2$ 所限制。水中铅含量取决于 $Pb(OH)_2$ 的溶度积。在偏酸性天然水体中，Pb^{2+} 浓度受 PbS 所限制。

水体中悬浮颗粒物和沉积物对铅有强烈的吸附作用，因此铅化合物的溶解度低和水中固体物质对铅的吸附作用是导致天然水中铅含量低、迁移能力小的重要原因。

(4) 砷：岩石风化、土壤侵蚀、火山作用以及人类活动都能使砷进入天然水体中。淡水中砷含量为 $0.2 \sim 230\mu g/L$，平均为 $1.0\mu g/L$。天然水中砷以 H_3AsO_3、$H_2AsO_3^-$、H_3AsO_4、$H_2AsO_4^-$、$HAsO_4^{2-}$、AsO_3^{3-} 等形态存在，在适中的氧化还原电位 (E_h) 值和 pH 呈中性的水中，砷以 H_3AsO_3 为主，在中性或弱酸性富氧水体环境中则以 $H_2AsO_4^-$、$HAsO_4^{2-}$ 为主。

砷可被颗粒物吸附、共沉淀而沉降到底部沉积物中。水生生物能很好地富集水体中无机和有机砷化合物。水体无机砷化合物还可被环境中厌氧细菌还原而发生甲基化反应，形成有机砷化合物。但一般认为甲基砷及二甲基砷的毒性仅为砷酸钠的 1/200，因此砷的生物有机化过程，也可认为是自然界的解毒过程。

(5) 铬：铬是广泛存在于环境中的元素。冶炼、电镀、制革、印染等工业将含铬废水排入水体，使水体受到污染。天然水体中铬的含量为 $1 \sim 40\mu g/L$，主要以 Cr^{3+}、CrO_2^-、CrO_4^{2-}、$Cr_2O_7^{2-}$ 4 种离子形态存在，因此水体中以三价和六价铬的化合物为主。铬存在形态决定着其在水体的迁移能力，三价铬大多数被沉积物吸附转入固相，少量溶于水，迁移能力弱。六价铬在碱性水体中较为稳定并以溶解状态存在，迁移能力强。因此，水体中若三价铬占优势，可在中性或弱碱性水体中水解，生成不溶的氢氧化铬和水解产物或被悬浮颗粒物强烈吸附，主要存在于沉积物中；若六价铬占优势则多溶于水中。

六价铬的化合物毒性比三价铬大，它可被还原为三价铬，还原作用的强弱主要取决于 DO、五日生化需氧量 (BOD_5)、化学需氧量 (COD) 值。DO 值越小，BOD_5 值和 COD 值越高，则还原作用越强。因此，水中六价铬，可先被有机物还原成三价铬，然后被悬浮物强烈吸附而沉降至底部颗粒物中。这也是水体中六价铬的主要净化机制之一。由于三价铬和六价铬之间能相互转化，所以近年来又倾向考虑以总铬量作为水质标准。

(6) 铜：冶炼、金属加工、机器制造、有机合成及其他工业排放含铜废水是造成水体铜污染的重要原因。水生生物对铜特别敏感，故渔业用水中铜的容许浓度为 0.01mg/L，是饮用水中容许浓度的百分之一。淡水中铜的含量平均为 $3\mu g/L$，其水体中铜的含量与形态都明显与 OH^-、CO_3^{2-} 和 Cl^- 等浓度有关，同时受 pH 的影响。例如，pH=5 ~ 7 时，以 $Cu_2(OH)_2CO_3$ 溶解度最大，二价铜离子存在较多；当 pH>8 时，则 $Cu(OH)_2$、$Cu(OH)_3^-$、$CuCO_3$ 及 $Cu(CO_3)_2^{2-}$ 等形态逐渐增多。

水体中大量无机和有机颗粒物，能强烈地吸附或螯合铜离子，使铜最终进入底部沉积物中，因此河流对铜有明显的自净能力。

(7) 锌：各种工业废水的排放是引起水体锌污染的主要原因。天然水体中锌含量为 $2 \sim 330\mu g/L$，但不同地区和不同水源的水体，锌含量有很大差异。天然水体中锌以二价离子状态存在，但在天然水体的 pH 范围内，锌都能水解生成多核羟基配合物 $Zn(OH)_n^{(n-2)}$，还可与水中的 Cl^-、有机酸和氨基酸等形成可溶性配合物。锌可被水体中悬浮颗粒物吸附向底部沉积物迁移，沉积物中锌含量为水中的 1 万倍。水生生物对锌有很强的吸收能力，因而可使锌向生物体内迁移，富集倍数达 $10^3 \sim 10^5$ 倍。

(8) 铊：是伴生元素，大部分铊以分散状态的同晶形杂质存在于铅、锌、铁、铜等的硫化物和硅酸盐矿物中。铊在矿物中替代了钾和铷。黄铁矿和白铁矿中含铊量最大。目前，铊主要从处理硫化矿时所得到的烟道灰中制取。

天然水体中铊含量为 $1.0\mu g/L$，但受采矿废水污染的河水含铊量可达 $80\mu g/L$，水中的铊可被黏土矿物吸附迁移到底部沉积物中，使水中铊含量降低。环境中一价铊化合物比三价铊化合物稳定性要大得多。Tl_2O 溶于水，生成水合物 $TlOH$，其溶解度很高，并且有很强的碱性。Tl_2O_3 几乎不溶于水，但可溶于酸。铊对人体和动植物都是有毒元素。

（9）镍：岩石风化、镍矿的开采、冶炼及使用镍化合物的各个工业部门排放废水等，均可导致水体镍污染。天然水体中镍含量约为 $1.0\mu g/L$，常以卤化物、硝酸盐、硫酸盐以及某些无机和有机配合物的形式溶解于水。水中可溶性离子能与水结合形成水合离子 $Ni(H_2O)_6^{2+}$，与氨基酸、胱氨酸、富里酸等形成可溶性有机配合离子随水流迁移。

水体中镍可被水中悬浮颗粒物吸附、沉淀和共沉淀，最终迁移到底部沉积物中，沉积物中镍含量为水中含量的 3.8 万～9.2 万倍。水体中的水生生物也能富集镍。

（10）铍：目前铍只是局部污染，主要来自生产铍的矿山、冶炼及加工厂排放的废水和粉尘。天然水体中铍的含量很低，在 $0.005\sim2.0\mu g/L$。溶解态的 Be^{2+} 可水解为 $Be(OH)^+$、$Be_3(OH)_3^{3+}$ 等羟基或多核羟基配位离子；难溶态的铍主要为 BeO 和 $Be(OH)_2$。天然水体中铍的含量和形态取决于水的化学特征，一般说来，铍在接近中性或酸性的天然水体中以 Be^{2+} 形态存在为主，当水体 $pH>7.8$ 时，则主要以不溶的 $Be(OH)_2$ 形态存在，并聚集在悬浮物表面，沉降至底部沉积物中。

5.3.2　水体富营养化

1. 水体富营养化及其特点

富营养化是指生物所需的氮、磷等营养物质大量进入湖泊、河口、海湾等缓流水体，引起藻类及其他浮游生物迅速繁殖，水体溶解氧量下降，水质恶化，鱼类及其他生物大量死亡的现象。在自然状况下，这一过程很缓慢地发生，但在人类活动作用下，可加速此过程的进行。

水体富营养化首先从地表径流或污水中输入营养物，然后这种水体富营养物由于光合作用产生大量的植物生命体以及少量的动物生命体。死亡的生命体在湖底累积并部分分解，营养物 C、P、N、K 等再重新循环。如果湖泊不太深的话，底部根系植物开始生长，加速了固体物质在该底部的累积，形成沼泽最后变为草地和森林。富营养化并不是一种新出现的现象。事实上，大片煤和泥煤形成追溯至最初，便是"沧海"水体的富营养化。

在受影响的湖泊、缓流河段或某些水域增加营养物，由于光合作用使藻的数量迅速增加，种类逐渐减少，水体中原是以硅藻和绿藻为主的藻类，红色颤藻的出现是富营养化的征兆，随着富营养化的发展，最后变成以蓝藻为主的暴发性繁殖，出现水华、藻团、缺氧、高等水生植物生长过快等症状。

目前我国主要湖泊的氮、磷污染严重，富营养化问题突出，五大淡水湖泊水体中营养盐浓度远远超过富营养化发生浓度，中型湖泊大部分已处于富营养化状态。城市湖泊大多处于极富和重富营养化状况，一些水库也进入富营养化状况。进入 21 世纪后，我国湖泊富营养化呈现高速发展，在对全国 130 余个湖泊的调查表明，富营养化和中富营养化湖泊已达到 88.6%，39 个代表性水库中，达富营养化程度的有 12 座，占 30%。

需要注意的是，我国至今尚未制定湖库的营养状态标准，因此在湖泊营养化评价过程中对营养状态的划分还比较混乱，有的分级标准差别较大。目前常用的富营养化评价方法主要有营养状态指数法[如卡尔森营养状态指数(TSI)、综合营养状态指数(TLI)]、营养度指数法和评分法。例如,中国环境监测总站经常采用选取叶绿素 a(Chla)、总磷(TP)、总氮(TN)、透明度(SD)、高锰酸盐指数(COD_{Mn})五项指标的综合营养状态指数法对湖库富营养化状况进行评价(王明翠等,2002)。分级标准采用:TLI<30,为贫营养;30≤TLI≤50,为中营养;50<TLI≤60,为轻度富营养;60<TLI≤70,为中度富营养;TLI>70,为重度富营养。经济合作与发展组织(OECD)在 1982 年提出,平均总磷浓度大于 0.035mg/L,平均叶绿素浓度大于 0.008mg/L,平均透明度小于 3m,即为富营养化的标准。按此标准,我国许多湖泊已处于富营养化状态。

与发达国家相比,我国湖泊富营养化具有明显的特征,具体表现在以下三方面(金相灿等,1990)。

(1)湖泊水体中氮、磷浓度普遍较高,有时甚至出现异常营养。

(2)我国很多湖泊流域水土流失严重,水体中悬浮泥沙量大,使得水体透明度与叶绿素 a 的相关关系在相当部分湖泊中不甚明显。

(3)湖泊氮、磷内负荷大,特别是底部沉积物中的氮、磷营养盐对其富营养化有着十分重要的作用。

2. 藻华"暴发"

湖泊富营养化容易导致浮游植物生物量的增加,从而引发藻类水华暴发。水华暴发有时还伴随这些藻类产生的毒素,不仅影响水体景观,水体透明度下降,导致沉水植物消亡和水生植物的多样性显著下降,而且作为饮用水源地时蓝藻产生的毒素及异味物质将会给自来水的处理及饮用水安全带来严重危害。人为活动对湖泊生态环境的严重破坏、湖泊内源污染严重是我国湖泊富营养化发生的主要原因。

湖泊富营养化和有害藻类水华是目前全世界普遍面临的水域生态环境问题。国际上,通常用N/P比值来判断水体中蓝藻水华是否出现。藻类细胞内C、N、P的比值约为41∶7.2∶1(质量比),因此如果N/P比值低于7∶1,容易出现蓝藻水华。

最近研究表明,单纯用 N/P 比值判断蓝藻水华"暴发"并不一定准确。当水柱中的 N、P 浓度大于藻类生长受限制的阈值,那么,讨论 N/P 比对藻类影响是没有意义的。例如,太湖中 P、N 的阈值分别是 0.2mg/L 和 1.8mg/L(Xu et al,2010),目前太湖全湖平均总磷浓度为 0.1mg/L,总氮浓度为 2.0～3.0mg/L,且 N、P 浓度在空间和时间上具有高度的波动性。N/P 比值在夏季最小(<10),春季最大(80～100),因此该水域春季可能是 P 限制,夏季和秋季是 N、P 同时限制(秦伯强等,2013)。已有研究认为,N、P 等营养盐浓度增加、较高的水温、光照充足,以及平静的风浪条件,都有可能促成蓝藻水华"暴发"。但是,对于太湖这样典型的大型浅水富营养化湖泊,其富营养化导致的蓝藻水华"暴发"常呈现时间和空间上的高度变异与不稳定性。无论是国际上流行的光合作用调节的藻类细胞自身的比重而上浮与下沉,还是国内流行的"下沉-休眠-复苏-上浮"的蓝藻水华"暴发"四阶段理论,都无法很好地解释太湖蓝藻水华"暴发"的时空动态变化特性。秦伯强等(2016)基于对太湖的多次野外观测与模拟实验,提出了关于太湖蓝藻水华"暴发"的概念性解释:在蓝藻细胞生长阶段,营养盐、温度、光照等环境因素决定了蓝藻生物量的多少,为蓝藻水华"暴发"蓄积物质基础;在蓝藻水华"暴发"阶段,则主要受蓝藻细胞(团)浮力作用与水动力湍流作用的共同影响,决定了蓝藻水华出现后的规模、范围及位置。野外调查显示,在太湖这样的大型浅水湖泊,风浪作用条件下蓝藻细胞(团)在水柱中呈均匀分布,而当风浪消

失后，蓝藻细胞(团)迅速上浮出现水体表面可见的水华现象。蓝藻颗粒的上浮速度随着细胞团的增大而加快，适度地扰动促使蓝藻细胞团碰撞而形成更大的细胞团，更容易在水动力消失后快速上浮形成水华，湖流的辐合或辐散是蓝藻水华上浮后形成可见的斑块形状、位置、漂移和聚集的决定因素。正是太湖地区风场高度多变与不稳定，才导致太湖蓝藻水华"暴发"的时空分布呈现多变的动态特征。上述研究澄清了长期以来一直困扰人们的太湖蓝藻水华难以监测、无法防控的问题。

总体来说，太湖蓝藻水华"暴发"的过程可以分为以下几个阶段(秦伯强等，2016)。

(1)蓝藻细胞增殖阶段：在适宜的温度、光照和营养盐条件下，蓝藻细胞通过分裂与增殖发育成小的多细胞群体，而小细胞团的形成很可能是外部环境胁迫下胞外多糖分泌产生的黏合作用的结果。

(2)蓝藻细胞团形成阶段：水柱中具有一定生物量基础的蓝藻颗粒(或蓝藻小细胞团)在风浪扰动下发生碰撞，短时间内快速形成大细胞群体，这样的过程可能会重复多次，并随着风速的变化再现多阶段和间歇性的发展。

(3)蓝藻细胞团上浮阶段：水柱中的蓝藻生物量积累至一定程度，且大群体细胞团占多数，同时，风速小于细胞(团)上浮的临界风速(<3m/s)条件下蓝藻细胞团快速向水面聚集。在聚集过程中，细胞群体碰撞概率增加，较小体量的细胞团更容易黏合形成更大的群体从而加速蓝藻水华的出现。

(4)蓝藻水华暴发阶段：漂浮在水面上的蓝藻水华在湖流的辐合或辐散作用下，发生水平方向的漂移和聚集，最终呈现蓝藻水华"暴发"的态势(图5-4)。

(a) 蓝藻细胞分裂增殖　　　　　　　　　　(d) 湖流携带的迁移与堆积

(b) 碰撞形成大细胞团　　　　　　　　　　(c) 大细胞团上浮形成可见水华

图5-4　太湖蓝藻水华"暴发"的概念性解释框图

5.3.3　水环境中重金属的化学平衡模型

由于水体中金属形态的复杂性，在分类方法、分离和分析技术上很难直接通过实验取得结论，因此基于热力学平衡的计算模型弥补了这一缺憾。虽然人们很早就认识到基于溶液中各种组分的化学热力学平衡计算可以预测溶液中各种形态的浓度，但由于涉及反应众多，在计算机出现以前，大规模化学平衡组成的计算几乎是不可能的。20 世纪 50 年代末至 60 年代初，USEPA 阿森斯实验室和 Westall 等分别开发一系列地球化学热力学平衡模型 MINTEQA 程序及 MICROQL 等，使化学平衡模型的计算机化得到了较大发展。目前常见的基于计算机计算的化学模型软件众多，见表 5-8。

表 5-8　常见的化学形态模型软件

程序名称	作者	程序名称	作者
MINTEQA2	Allison et al	CHEAQS	Verweij，2003
MINTEQ	Felmy，1984	WHAM	Tipping，1994
MICROQL	Westall，1979	PHREEQC	Parkhurst and Appelo
MINEQL	Westall，1976	EQ3/6	Wolery，1992
visual MINTEQ	Jon Petter Gustafsson，2000	CHESS	Santore and Driscoll，1995
ECOSAT	Keizer and van Reimsdijk，1998	WATEQ3	Ball et al，1981
ORCHESTRA	Meeussen，2003	Geochemists Workbench	Benthke，2002

化学平衡软件一般带有 NIST（National Institute of Standards and Technology）平衡常数数据库，可以方便地计算复杂条件下，体系达到热力学平衡时各组分浓度，为研究溶液中离子浓度形态分布提供了很好的手段。化学平衡计算软件中涉及两个主要的概念，即组分（components）和形态（species）。形态为体系中平衡条件下物质的所有化学形态；而组分为能够描述溶液体系中所有形态的最少形态，即组分通过一定的化学反应式可以生成体系中的所有形态，前者为反应物，后者为产物。同一元素有不同的化学形态时，参照地球化学的习惯选取其中的某一种作为组分（在选择组分时不同软件有时会存在差别）。因此，根据化学平衡反应计量关系，体系中所有形态可以采用组分和反应平衡常数来描述，生成如表 5-9 所示的化学计量关系矩阵表，从而可以采用数学迭代法进行计算。

表 5-9　化学计量关系矩阵表

序号	形态	组分				$\lg K$
		Ni^{2+}	CO_3^{2-}	Cl^-	H^+	
1	Ni^{2+}	1	0	0	0	0
2	$Ni(OH)^+$	1	0	0	−1	−9.90
3	$Ni(OH)_2$	1	0	0	−2	−18.99
4	$Ni(OH)_3^-$	1	0	0	−3	−29.99
5	$NiCl^+$	1	0	1	0	−0.43
6	$NiCl_2$	1	0	2	0	−1.89
7	$NiHCO_3^+$	1	1	0	1	12.42
8	$NiCO_3$	1	1	0	0	4.57
9	H_2CO_3	0	1	0	2	16.68
10	HCO_3^-	0	1	0	1	10.33
11	CO_3^{2-}	0	1	0	0	0
12	Cl^-	0	0	1	0	0
13	H^+	0	0	0	1	0
14	OH^-	0	0	0	−1	−14.00

例如，在一个含有 $NiCl_2$ 的开放溶液体系中，Ni^{2+} 会发生水解反应以及与 Cl^-、CO_3^{2-} 的配位反应，因此有：

组分：Ni^{2+}、Cl^-、CO_3^{2-}、H^+；

形态：Ni^{2+}、$Ni(OH)^+$、$Ni(OH)_2$、$Ni(OH)_3^-$、$NiHCO_3^+$、$NiCO_3$、$NiCl^+$、$NiCl_2$、CO_3^{2-}、HCO_3^-、H_2CO_3、Cl^-、OH^-、H^+。

通过表 5-9 中的各形态的化学计量关系，每一种形态均可采用组分加上平衡常数的方程加以表达。例如，对于表中第三个形态 $Ni(OH)_2$ 而言，代表如下的反应方程：

$$Ni^{2+} + 2H_2O \rightleftharpoons Ni(OH)_2 + 2H^+$$

其中 $Ni(OH)_2$ 的浓度可以表达为

$$[Ni(OH)_2] = \frac{[Ni^{2+}]}{[H^+]^2} K$$

以上为化学反应平衡方程，除此之外，软件中的其他控制方程包括质量平衡方程、电荷平衡方程、温度校正方程和活度系数校正方程等。尽管不同软件采用的温度校正方程和活度系数校正方程等各不相同，但它们的基本原理均相同。

软件通常由输入、输出、迭代法及化学热力学数据库等几个模块组成。其中，输入模块一般由初始溶液的组分总浓度和参加反应的固相、气相等组成；输出模块则主要有各平衡组分/形态的浓度、溶液与固相和气相间的物质交换量等；迭代法模块用于非线性方程组的求解，基本上都是采用改进的 Newton-Raphson 迭代法；化学热力学数据库模块包括标准状态(25℃，1atm)下的热力学平衡常数、平衡常数的温度系数或不同温度下的值、活度系数计算所需的参数、水溶液中各形态的化学计量因子等(刘杰安和冯孝贵，2011)。

近年来，由瑞典皇家理工学院 Jon Petter Gustafsson 教授改进的视窗版本 visual MINTEQ 软件是目前功能最为强大的、人机界面较为友好的免费化学平衡软件。该软件含有 3000 余种离子形态以及 600 余种沉淀的平衡常数，可以计算气体溶解、沉淀/溶解、氧化/还原等过程，包含两种腐殖质的离子配位模型即 NIAC-Donnan 和 SHM(stockholm humic model)，并含有 5 种表面配位模型(DLM，TLM，BSM，CCM，CD-MUSIC)，可以满足常见的离子平衡条件下的形态计算要求。例如，采用 visual MINTEQ 计算不同 pH 条件下上述例子中各个 Ni^{2+} 形态，离子强度设置为 0.0001mol/L，所获结果如图 5-5 所示。

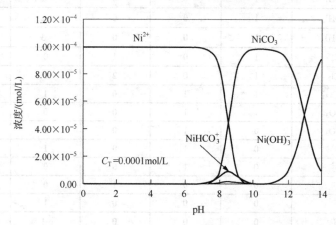

图 5-5　采用 visual MINTEQ 计算绘制的开放体系中 Ni^{2+} 的形态分布图

计算机软件模拟化学平衡计算的方法虽然不能完全真实地表征金属的形态，但作为一种近似定量计算的方法为研究水溶液中金属的形态提供了一定的参考依据。计算机软件不仅能够模拟到分子间的反应和传统方法难以模拟的动态微观平衡，还可模拟复杂生态的系统，补充传统的实验方法，研究领域扩大到仪器及化学分析方法无法触及的层次。

本章基本要求

　　本章要求了解水环境中污染物的分布特征和归趋模式的基本原理和方法。要求了解有机、无机污染物及新型污染物在水环境中的分布特征；应用 EXAMS 模式预测有机污染物在环境归趋的原理及方法，水体富营养化的发生、蓝藻水华暴发过程及暴发机制；了解常见化学平衡计算程序及原理。

思考与练习

1. 什么是优先控制污染物？我国优先控制污染物包括哪几类？

2. 请叙述水环境中存在哪些主要有毒有机污染物。

3. 请叙述有机物在水环境中的迁移、转化存在哪些重要过程。

4. 请叙述有机污染物水环境归趋模式的基本原理。

5. 请叙述水环境中存在哪些重金属污染物。

6. 什么是水体富营养化？我国湖泊富营养化的主要特征有哪些？

7. 药物和个人护理品主要包括哪几类物质？

8. 试用 visual MINTEQ 程序计算开放体系条件下，纯水体系的 pH，以及含有 0.0001mol/L $NiCO_3$ 的溶液 pH，计算时忽略沉淀的生成。

第 2 篇

大气环境化学

大气环境化学是环境化学的一个重要部分,它主要研究大气环境中污染物质的化学组成、性质、存在状态等物理化学特性及其来源、分布、迁移、转化、累积、消除等过程中的化学行为、反应机制和变化规律,探讨大气污染对自然环境的影响等。

污染物对大气环境的冲击和影响,促使大气环境化学迅速发展。20 世纪 80 年代以来,酸雨、温室效应和臭氧层的破坏等引起人们对大气环境的关注,近年在我国东部经常出现的雾霾现象,也说明大气污染问题的复杂性。随着近年来基础理论的完善和分析手段的进步,大气环境化学的研究内容、对象、范围又进一步扩展和延伸。本篇从环境化学角度出发,介绍天然大气的性质和组成、大气重要污染物、大气的气相反应及光化学烟雾、大气的液相反应及酸沉降、大气颗粒物等大气环境化学的基本原理和方法。

第6章 天然大气和重要污染物

6.1 大气的组成和停留时间

6.1.1 大气的组成

大气是由多种气体组成的混合物,其成分主要为 N_2 和 O_2,体积分数分别约为 78.08% 和 20.95%;其次是 Ar 和 CO_2,体积分数分别约为 0.9% 和 0.03%;此外还有 CH_4、SO_2、NO_2、CO、NH_3、O_3 和稀有气体等(表 6-1)。大气中的水分含量则是一个变化值,在不同的时间、地点及气候条件下水的含量是不确定的,其正常范围为 1%~3%。

表 6-1 海平面处干燥空气的组成及循环(唐孝炎等,2006)

气体组分	体积分数/10^{-6}	近似停留时间	循环
主要组分			
N_2	780 840	10^6 年	生物和微生物
O_2	209 460	10 年	生物和微生物
次要组分			
Ar	9 340	$>10^7$ 年	无循环
CO_2	332	15 年	人类活动和生物活动
微量组分			
Ne	18	$>10^7$ 年	无循环
He	5.2	10 年	物理、化学过程
CH_4	1.65	7 年	生物活动和化学过程
Kr	1.1	—	无循环
N_2O	0.33	10 年	生物活动和化学过程
CO	0.05~0.2	65 天	人类活动和生物活动
H_2	0.58	10 年	生物活动和化学过程
Xe	0.09	—	无循环
SO_2	10^{-5}~10^{-4}	40 天	人类活动和生物活动
O_3	10^{-2}~10^{-1}	—	化学过程
$NO + NO_2$	10^{-6}~10^{-2}	1 天	人类活动,化学过程,闪电
NH_3	10^{-4}~10^{-3}	20 天	生物活动,化学过程,雨除

大气中除了气体组分,还含有固体悬浮物(颗粒物),它们主要来自工业烟尘、火山喷尘和海浪飞逸的盐质。一般,把大于 $10\mu m$ 的颗粒称为降尘,几小时后可落到地面;粒径小于 $10\mu m$ 的颗粒,称为飘尘(或可吸入颗粒物),可在大气中飘荡数年。

6.1.2 大气组分的停留时间

通过大气圈与其他圈层之间发生的物理、化学或生物化学过程，大气组分不断进行物质交换或转化，构成了大气动态体系。一方面地球表面各种化学反应、生物活动、水活动、放射性衰变及工业活动等不断产生气体投放至大气中，另一方面又因化学反应、生物活动、物理过程及海洋、陆地吸收而不断迁出大气，前者称为产生气体的源(sources)，后者称为被去除气体的汇(sinks)。在这种"气体循环"过程中，各种组分在大气中的平均停留时间(residence time)少则几小时，多则达百年以上，这与组分性质、在大气中的储量及迁出或循环的途径等有密切关系。

可以认为，大气圈是各种气体和微粒组分的"储库"，某组分在储库中的总输入速度(F_X)和总输出速度(R_X)是相等的，若假设组分 X 的储量为 M_X，则可由式(6.1.1)确定组分 X 在大气中的停留时间 t_X：

$$t_X = \frac{M_X}{R_X} = \frac{M_X}{F_X} \tag{6.1.1}$$

案例 6.1

大气组分停留时间计算示例

大气中 CH_4 的总量为 $2.25 \times 10^{13} mol$，在低层大气中浓度保持 1.4ppm，可认为其输入与输出速度相等，估计为 $9 \times 10^{12} mol/a$，则 CH_4 在大气中的停留时间为

$$t_{CH_4} = \frac{M_{CH_4}}{R_{CH_4}} = \frac{M_{CH_4}}{F_{CH_4}} = \frac{2.25 \times 10^{13} mol}{9 \times 10^{12} mol/a} = 2.5a$$

已知大气中水的总储量换算成全球降雨为 3.0cm/d，而地球上的年平均降雨 $R_{H_2O} = 108cm/a$，则水在大气中的停留时间为

$$t_{H_2O} = \frac{M_{H_2O}}{R_{H_2O}} = \frac{3.0cm/d \times 365d}{108\ cm/a} = 10a$$

t_X 值高，表明该组分在离开大气或转化为其他物质前，在环境中停留时间长，意味着该组分在大气中的储量相对于输入(出)来说很大，因此即使人类活动大大改变了组分的输入(出)速度，对其总量的影响并不明显。相反，若组分停留时间短，其输入(出)速度的改变就对总储量很敏感。

由表 6-1 可看出，大气中各组分的停留时间相差悬殊，惰性气体 Ar、Ne 等停留时间都在 10^7 以上，属于外循环气体，其次是参与生物、水、岩石等循环的生物循环气体 N_2、O_2 等。而在大气中停留时间小于 1 年的气体如 H_2O、SO_2、NH_3 等，它们在大气中的浓度变化比较明显。

根据停留时间的不同，可将大气组分分为三类：①准永久性气体：N_2、Ar、Ne、Kr、Xe、He；②可变化组分：O_2、CO_2、CH_4、H_2、N_2O、O_3；③强可变组分：H_2O、CO、NO_x、NH_3、SO_2、H_2S、碳氢化合物(HC)、颗粒物等。

根据理论计算，仅需 1～2 年，大气组分即可在全球范围内达到混合均匀。因此，对于准永久性气体，其浓度与源分布并无太大关系。在研究大气环境化学时，更值得关注的是参与生物地球化学循环及较易变化的气体，它们在大气中停留时间较短，可能参与平流层或对流层中的化学变化。同时，由于受到局地源影响，其分布在不同的地区或高度往往有较大的差异，如冶炼厂、火电厂周围大气中含较多烟尘、SO_2、NO_x等，化工区周边大气中含有较多无机或有机物质等。

6.1.3　大气组分浓度表示方法

大气中各组分的浓度通常采用以下几种方法表示。

1. 混合比单位表示法(体积混合比或质量混合比)

用混合比单位可表示气体中某种成分的含量，这种表示法不因大气温度和压力的变化而变化，常见单位为 ppm，表示百万分之一，即 10^{-6}；pphm，表示亿分之一，即 10^{-8}；ppb，表示十亿分之一，即 10^{-9}；ppt，表示万亿分之一，即 10^{-12}。为了明确表示是体积混合比或质量混合比，可在相应单位后面加 V 或 m。例如，为了明确表示体积或质量的百万分之一，就可写成 ppmV 或 ppm m。

2. 单位体积内物质的质量数表示法

单位体积内物质的质量数是在大气污染监测和控制方面常用的单位，常用 mg/m^3 或 $\mu g/m^3$ 表示，即

$$A(\text{mg/m}^3) = \frac{污染物质量(\text{g})}{空气的取样体积(\text{m}^3)} \times 10^3$$

$$A(\mu\text{g/m}^3) = \frac{污染物质量(\text{g})}{空气的取样体积(\text{m}^3)} \times 10^6$$

上述这两种单位可以进行换算，即表示为

$$X(\text{ppm}) = \frac{22.4}{M} \times A(\text{mg/m}^3) \tag{6.1.2}$$

式中：M 为物质的相对分子质量；22.4 为在标准状态下(0℃，101.325kPa)气体的量。例如，CH_4 的相对分子质量为 16.04，若在标准状况下某气体中 CH_4 的浓度为 0.10mg/m^3，将单位换算为 ppm 时，则可按式(6.1.2)计算：

$$X = \frac{22.4}{16.04} \times 0.10 = 0.14 \text{ ppm}$$

由于气体体积受温度和大气压力的影响，为了使计算得出的浓度有可比性，将采样体积算成标准状态下的采样体积，其换算关系如下：

$$V_0 = V_t \cdot \frac{273}{273+t} \cdot \frac{p}{101.325} \tag{6.1.3}$$

式中：V_0 为标准状态下的采样体积，L 或 m^3；V_t 为温度为 t 时的采样体积，L 或 m^3；t 为采样时的温度，℃；p 为采样时的大气压力，kPa。表 6-2 列出大气压为 101.325kPa，不同温度下气体的摩尔体积。

表 6-2   不同温度下气体的摩尔体积   （大气压 101.325kPa）

t/℃	V_t/L	t/℃	V_t/L
0	22.40	25	24.45
5	22.81	30	24.86
10	23.22	35	25.37
15	23.63	40	25.68
20	24.04	45	26.09

因比，如果要求计算 25℃、大气压力为 101.325kPa 时的气体浓度，进行浓度换算时其摩尔体积由表 6-2 中可看出，应改为 24.45，即

$$X(\text{ppm}) = \frac{24.45}{M} \times A(\text{mg/m}^3) \tag{6.1.4}$$

6.2 大气的主要层次

随着高度的变化，大气特性有一定的差异。例如，大气的密度随高度增加而显著下降，大气的总质量（5.5×10^{18}kg）的 99.9%集中在 50km 以下的范围；大气层的温度在 $-138 \sim$ 1700℃变化；大气压由海平面处 1atm 至海平面上方 100km 处变为 3.0×10^{-7}atm；大气的化学组分也随高度有较大变化等。此外，大气中物质的平均自由路程随着高度的增加可以有几个数量级的变化。例如，一个粒子在海平面处的平均自由路程为 1×10^{-6}cm，而在 600km 的高空的平均自由路程超过 2×10^6cm。同时，季节、纬度、时间及太阳活度等也会影响大气特性。

为了更好地理解大气的相关性质，常根据大气气温的垂直分布、化学组分和运动规律，将整个地球大气划分为对流层(troposphere)、平流层(stratosphere)、中间层(mesoophere)和热层(thermosphere)等若干层次(图 6-1)。此外，有时也将散逸层(exosphere)划作一个层区。

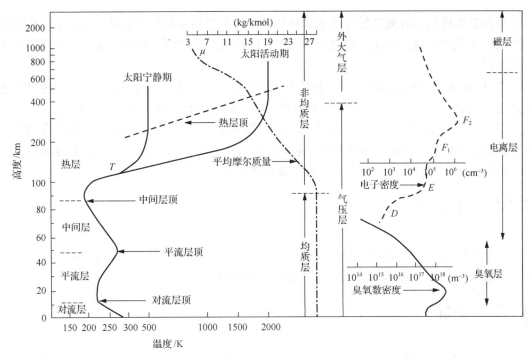

图 6-1　大气中温度和化学成分的垂直分布(王伟民等，2011)

6.2.1　对流层

对流层是对人类生活影响最大的一层，它的底界就是地面。对流层厚度的变化与纬度和季节相关，呈现两极薄、赤道厚、冬季薄、夏季厚的特点。对流层厚度在赤道附近为 16～18km；在中纬度地区为 10～12km；在两极地区为 8～9km，这是热带的对流程度比寒带强烈的缘故。该层的主要特点表现在以下三个方面。

(1)气温随高度增加而降低。高度大约每上升 100m，温度平均降 0.6℃，对流层上部的气温在−50℃左右。在不同地区、不同季节和不同高度，降低的数值并不相同。

(2)空气具有强烈的对流运动。高、低层的空气进行交换，使贴近地面的空气受地面散热量的影响而膨胀上升，上面的冷空气下降，故在垂直方向上形成强烈的对流。

(3)气体密度大。大气总质量的 75%、水汽的 90%集中于该层，主要天气现象如云、雾、雪、雹、降水等及化学污染物的产生和变化都发生在这一层中。

对流层顶和平流层之间有一个厚为 1～2km 的过渡层。该层中垂直温度分布随高度的变化不大，对垂直气流有很大的阻挡作用，上升的水汽、尘埃等多聚在它下面。

6.2.2　平流层

对流层顶之上是非常稳定的平流层，高度为 17～55km。在平流层内，随着高度的增加，气温先保持不变或稍有上升，直到 30～35km 处气温均保持在−55℃左右，再向上气温则随高度升高而升高，到平流层顶升至−2℃左右。因此，自对流层顶至 30～35km 处的大气也称为同温层。平流层的特点表现在以下三个方面。

(1)大气稳定。在高度为 15～35km 内形成厚度约为 20km 的臭氧层。臭氧能够吸收来自太阳的紫外线的同时被分解为原子氧和分子氧，当它们重新化合生成臭氧时，以热的形式释放出大量的能量。因此，吸收紫外线能量的净效应会释放出热量，这是平流层温度升高的原因。

(2) 层内垂直对流运动很小。主要是由于该层是上热下冷，多为平流运动，故污染物进入此层后，形成一薄层气流并很快随地球旋转而运动分布到全球，甚至可停留几年。

(3) 大气透明度高，没有对流层中的云、雨等现象，尘埃很少，因而是现代超高速飞机飞行的理想场所。但是超高速飞机和宇航业的发展，散发出的大量 CO 和 NO_x 等还原性气体，对臭氧层造成破坏，又成为人们关注的全球性环境问题。

6.2.3 中间层

从平流层顶到 80～85km 的一层称为中间层。在这一层中，气温随高度的增加而下降，至中间层顶，气温可达–92℃左右，垂直运动相当强烈。

6.2.4 热层

从 80km 到约 500km 称为热层。该层空气非常稀薄，大气质量仅占总质量的 0.5%，在 270km 处空气密度为地面的一百亿分之一。热层的主要特点表现在以下两个方面。

(1) 气温随高度增高而普遍上升。太阳辐射中波长小于 175nm 的紫外辐射几乎全部被该层中的分子氧和原子氧吸收，用于气层的增温，又由于该层内分子稀少，热量很难传递出去，温度最高可升至 1200℃这一极大值。

(2) 空气处于高度电离状态。从这一特征来说，又可把热层称为电离层，电离层的存在是无线电波能绕地球曲面进行远距离传播的一个重要条件。

在热层上部 800km 以上的大气层，还有一个散逸层(或外层大气层)。由于空气已极其稀薄，同时又远离地面，受地球引力作用较小，因而大气质点将不断地向星际空间逃逸。大气主要层次及其特征概括在表 6-3 中。

表 6-3　大气主要层次及特征

层次	温度范围/℃	高度范围/km	主要化学形态
对流层	15～–56	0～17	N_2、O_2、CO_2、H_2O
平流层	–56～–2	17～55	O_3
中间层	–2～–92	55～85	O_2^+、NO^+
热层	–92～1200	85～500	O_2^+、O^+、NO^+

6.3　大气中的离子及自由基

6.3.1 大气中的离子

高层大气的特征之一是存在显著数量的电子及正离子，由于高层大气中空气稀薄，因此离子重新结合生成中性分子前，可以长期存在。

50m 以上的高空是离子普遍存在的电离层，该层离子主要受紫外线照射产生。夜间，紫外线不再照射到电离层，正离子慢慢与自由电子重新结合，在电离层的较低区域，由于离子浓度较高，这个过程进行得特别快。此外，离子也可以在降水过程中，通过对微小水滴的剪切在对流层中产生。

6.3.2 大气中的自由基

高层大气中的光致电离及电磁辐射可以产生自由基，如

$$\underset{\substack{\parallel\\}}{H_3C-\overset{\overset{\displaystyle O}{\parallel}}{C}-H} \;\underset{}{\overset{h\nu}{\rightleftharpoons}}\; H_3C\cdot + HCO\cdot \qquad (6.3.1)$$

自由基是具有未成对电子的原子或原子团，所以大多数自由基是具有高度活性的物质，存在时间非常短，一般只有几分之一秒。由于高层大气稀薄，大气中的自由基可以存在相对较长的时间，如几分钟或更长时间。

1. 自由基反应

凡是有自由基生成或由其诱发的反应都称为自由基反应，一般包括自由基产生、自由基传递和自由基终止反应。例如，CH_4 与 Cl_2 在光的存在下发生的反应就是一种自由基反应，Cl_2 在光照条件下产生自由基，释放出的 $Cl\cdot$ 又可与 CH_4 反应而使反应继续进行，最终 $Cl\cdot$ 与另一个自由基反应使链反应终止。

$$Cl_2 \xrightarrow{h\nu} 2Cl\cdot \qquad (6.3.2)$$

$$Cl\cdot + CH_4 \longrightarrow CH_3\cdot + HCl \qquad (6.3.3)$$

$$H_3C\cdot + Cl_2 \longrightarrow CH_3Cl + Cl\cdot \qquad (6.3.4)$$

$$Cl\cdot + Cl\cdot \xrightarrow{h\nu} Cl_2 \qquad (6.3.5)$$

自由基反应在分子的哪一部分发生是由能量所决定。当分子的某些化学键最易断裂，即键能（离解能）最小时，则反应将优先在该处发生。以烷基过氧化物（R—O—O—R′）为例，分子薄弱环节是 O—O 键（114.3kJ/mol），而烷基 R 中的 C—C 键（344kJ/mol）和 C—H 键（415kJ/mol）的键能都较高，因而在 O—O 键处优先裂解而产生两种烷氧自由基（RO· 和 R′O·）。

2. 大气中主要自由基的来源

大气中自由基的种类繁多，其中最主要的是羟基自由基 HO·，它能与大气中各种微量气体反应，几乎控制了这些物质的氧化和去除过程；其次是 $HO_2\cdot$、$H_3C\cdot$、$H_3CO\cdot$ 和 $H_3COO\cdot$ 等在大气中也比较活跃。

1）HO· 的来源

HO· 的来源可由式（6.3.6）～式（6.3.9）表示。

$$HONO \xrightarrow{h\nu} HO\cdot + NO \ (\lambda < 400nm) \tag{6.3.6}$$

$$H_2O_2 \xrightarrow{h\nu} 2HO\cdot \ (\lambda < 370nm) \tag{6.3.7}$$

$$O + H_2O \longrightarrow 2HO\cdot \ (O \ 来自 \ O_3 \ 光解) \tag{6.3.8}$$

$$HO_2\cdot + NO \longrightarrow HO\cdot + NO_2 \tag{6.3.9}$$

（HO_2 来自 HCHO 光解产生的 H 与 O_2 作用）

式(6.3.8)中，O_3 分解所产生的原子氧参与的反应，是未受污染的对流层中 $HO\cdot$ 的主要来源。

由于 $HO\cdot$ 参与大气中许多痕量气体的化学转变(图 6-2)，因此 $HO\cdot$ 在大气化学过程研究中日益受到重视。目前已发现 $HO\cdot$ 与烷烃、醛类、烯烃、芳烃和卤代烃等有机物的反应速率常数要比 O_3 大几个数量级。由此可见，$HO\cdot$ 在大气化学反应过程中是十分活泼的氧化剂。Howard 和 Evenson(1976)用激光磁共振和放电流动系统研究 $HO\cdot$ 与卤代烃的反应，发现带有氢原子的卤代烃很易发生脱氢反应，因此如果大气中有足够 $HO\cdot$ 存在，则可减少卤代烃对平流层 O_3 的破坏。

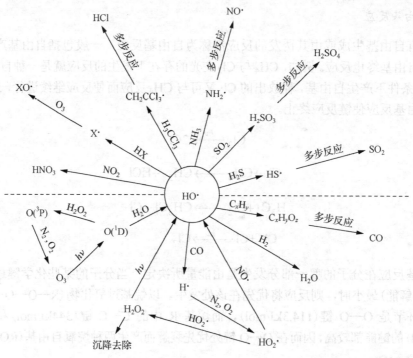

图 6-2 对流层 $HO\cdot$ 自由基控制各种痕量气体浓度示意图(Manahan，2010)

虚线以下各过程大都参与控制 $HO\cdot$ 在对流层的浓度，虚线以上各过程则控制有关反应物和反应浓度

2)$HO_2\cdot$ 的来源

$HO_2\cdot$ 主要来自大气中甲醛(HCHO)的光解，CH_3ONO 的光解所产生的 $HCO\cdot$ 和 $H_3CO\cdot$ 与空气中的氧作用的结果，以及 $HO\cdot$ 与 H_2O_2 或 CO 作用的结果，其反应如下：

$$HCHO \xrightarrow{h\nu} H\cdot + HCO \qquad (\lambda < 313nm) \tag{6.3.10}$$

其中 HCO 通过 O_2 生成 $HO_2\cdot$，通过 O_2 生成 $HO_2\cdot + CO$。

$$CH_3ONO \xrightarrow{h\nu} NO + CH_3O\cdot \qquad (\lambda = 300\sim400nm) \tag{6.3.11}$$

其中 $CH_3O\cdot$ 通过 O_2 生成 $HO_2\cdot + CH_2O$。

$$H_2O_2 \xrightarrow{h\nu} 2HO\cdot \xrightarrow{2H_2O_2} 2HO_2\cdot + 2H_2O \quad (\lambda < 370nm)$$

$$\xrightarrow{2CO} 2CO_2 + 2H\cdot \xrightarrow{2O_2} 2HO_2\cdot \tag{6.3.12}$$

3)$H_3C\cdot$、$H_3CO\cdot$ 和 $H_3COO\cdot$ 等自由基的来源

(1)$H_3C\cdot$ 主要来自乙醛(CH_3CHO)和丙酮(CH_3COCH_3)的光解:

$$CH_3CHO \xrightarrow{h\nu} H_3C\cdot + HCO\cdot \tag{6.3.13}$$

$$CH_3COCH_3 \xrightarrow{h\nu} H_3C\cdot + CH_3CO\cdot \tag{6.3.14}$$

(2)$H_3CO\cdot$ 主要来自甲基亚硝酸酯光解:

$$CH_3ONO \xrightarrow{h\nu} H_3CO\cdot + NO \quad (\lambda = 300\sim400nm) \tag{6.3.15}$$

(3)$H_3COO\cdot$ 来自 $H_3C\cdot$ 与 O_2 的作用:

$$H_3C\cdot + O_2 \longrightarrow H_3COO\cdot \tag{6.3.16}$$

综上所述,可见大气中的自由基各自有多种形成途径,还可通过各种反应而消除。

6.4 大气中的重要污染物

大气污染物的来源可分为天然源和人为源。前者是指在自然环境中,由于火山爆发、森林草原火灾、森林排放、海浪飞沫及自然尘等向大气排放出的各种物质;后者是指因人类活动(包括生产活动和生活活动)而不断地向自然界排放的物质。当这些物质的含量和存在时间达到一定程度,导致对人体、动植物和构件物品等产生直接或间接不良影响和危害时,就构成了大气污染。

天然源所排放的污染物种类少、浓度低,但在全球尺度上天然源的排放不可忽视,在某些情况下其影响比人为源更严重。人为源主要来自燃料燃烧、工业排放、农业排放等。煤是主要的工业和民用燃料,燃烧时产生大量 CO、CO_2、SO_2、NO_x、HC、重金属等有害

物质。以内燃机为主的各种交通运输工具也是重要的大气污染源,排放废气中含有 CO、NO$_x$、HC、SO$_2$、颗粒物、含氧有机物、含铅化合物等,汽车尾气排放是城市大气污染的主要来源。工业生产过程中排放到大气中的污染物与其行业性质有关,例如,有色金属冶炼主要排放 SO$_2$、NO$_x$、颗粒物及重金属;石油工业则主要排放 H$_2$S 及各种碳氢化合物等。农业排放主要源于大量农药及化肥的使用,它们不仅能在喷洒过程中以气溶胶的形式散逸,还会经过生物化学反应产生其他污染物释放到大气中。除此之外,固体废弃物和农作物秸秆的焚烧等也会产生大量的污染物。

根据污染物的形成过程可将其分为一次污染物和二次污染物。一次污染物是直接来自污染源的污染物,如 CO、NO、SO$_2$ 等;二次污染物是指由一次污染物经化学反应或光化学反应形成的污染物质,如 O$_3$、硫酸盐颗粒物等。二者之间的关系见图 6-3。下面分别介绍大气环境中的重要污染物。

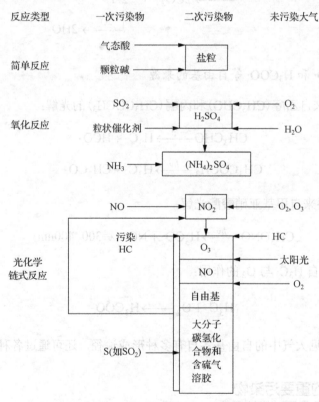

图 6-3 一次污染物和二次污染物的产生和相互关系(汪群慧,2004)

6.4.1 含硫化合物

大气中含硫化合物主要包括 SO$_2$、H$_2$S、SO$_3$、H$_2$SO$_4$、亚硫酸盐(MSO$_3$)、硫酸盐(MSO$_4$)、二甲基硫[(CH$_3$)$_2$S]、氧硫化碳(COS)、二硫化碳(CS$_2$)等,其中最主要的是 SO$_2$、H$_2$S 和 SO$_4^{2-}$。

1. SO$_2$

SO$_2$ 是无色、有刺激性气味的气体。大气中的 SO$_2$ 对人体的呼吸道危害很大,它能刺激呼吸道并增加呼吸阻力，造成呼吸困难。虽然 SO_2 体积分数达到 500×10^{-6} 就会致人死亡，但动物实验表明体积分数为 5×10^{-6} 的 SO_2 不会对动物造成损害。此外，SO_2 对植物也有危害，高含量的 SO_2 会损伤叶组织(叶坏死)，严重损伤叶边缘和叶脉之间的叶面，且损伤程度随湿度增加而增大。植物长期与 SO_2 接触会造成缺绿病或黄萎。

就全球范围而言，人为活动排入大气的含硫化合物大约与自然源产生的量相当，但在城市及区域尺度上，人为活动则是主要的污染源。例如，研究发现北京地区 SO_2 的质量浓度夏季低且一天内变化不大；冬季不但质量浓度增高，而且一天内在早 8:00 和晚 6:00～8:00 出现两个峰值，这是由于早、晚 SO_2 排放量大、逆温层低、空气稳定，排放的 SO_2 不易扩散，说明北京地区大气中 SO_2 主要来源于采暖过程。

空气中的含硫粒子大多是从热电厂和工业锅炉燃烧矿物燃料所产生的 SO_2 及其转化成的二次污染物。其他的工业活动，如石油加工、金属冶炼、木材造纸等，也会产生大量的含硫化合物。Kurokawa 等编制的"2008 年亚洲污染物排放清单"表明，仅亚洲地区由人为源排入大气的 SO_2 约为 $5.69\times10^7 t$，相比于 2000 年增长了 34%，其中约 87%来源于工业部门和电力部门的排放。大气中的 SO_2 约有 50%会转化形成 H_2SO_4 或 SO_4^{2-}，另外 50%可以通过干、湿沉降从大气中消除。

SO_2 在大气中(特别是在污染的大气中)易被氧化形成 SO_3，然后与水分子结合形成硫酸分子，经过均相或非均相成核作用，形成硫酸气溶胶，并同时发生化学反应生成硫酸盐。硫酸和硫酸盐可以形成硫酸烟雾和酸性降水，危害很大。实际上，SO_2 成为重要的大气污染物，原因就在于它参与了硫酸烟雾和酸雨的形成。关于大气中 SO_2 的液相反应将在第 8 章做详细的介绍。

2. H_2S

大气中 H_2S 的人为源排放量并不大($3\times10^6 t/a$)，其主要来源是天然排放($100\times10^6 t/a$，不包括火山活动排出的 H_2S)。H_2S 主要来自动植物机体的腐烂，即主要由植物机体中的硫酸盐经微生物的厌氧活动还原产生。当厌氧活动区域接近大气时，H_2S 就进入大气。此外，H_2S 还可以由 COS、CS_2 与 HO· 的反应而产生，反应式为

$$HO\cdot + COS \longrightarrow HS\cdot + CO_2 \tag{6.4.1}$$

$$HO\cdot + CS_2 \longrightarrow COS + HS\cdot \tag{6.4.2}$$

$$HS\cdot + HO_2\cdot \longrightarrow H_2S + O_2 \tag{6.4.3}$$

$$HS\cdot + CH_2O \longrightarrow H_2S + HCO\cdot \tag{6.4.4}$$

$$HS\cdot + H_2O_2 \longrightarrow H_2S + HO_2\cdot \tag{6.4.5}$$

$$HS\cdot + HS\cdot \longrightarrow H_2S + S \tag{6.4.6}$$

H_2S 在大气中氧化去除的反应为

$$H_2S + HO \cdot \longrightarrow HS \cdot + H_2O \tag{6.4.7}$$

$$HS \cdot + O_2 \longrightarrow HO \cdot + SO \tag{6.4.8}$$

$$SO + O_2 \longrightarrow SO_2 + O \tag{6.4.9}$$

总反应 $$H_2S + \frac{3}{2}O_2 \longrightarrow SO_2 + H_2O \tag{6.4.10}$$

大气中的含硫化合物主要通过干、湿沉降、土壤和植物的扩散吸收等途径被去除,有研究结果表明湿沉降对大气中 MSO_4 的去除率可达 90%。图 6-4 显示大气中含硫化合物主要的源和汇。硫循环中最大的不确定性来自非人为源的硫,主要是火山喷发产生的 SO_2 和 H_2S,以及有机质生物腐烂和硫酸盐还原过程中产生的 $(CH_3)_2S$ 和 H_2S。目前认为大气中硫释放的最大单一天然源是源自海洋生物的 $(CH_3)_2S$。

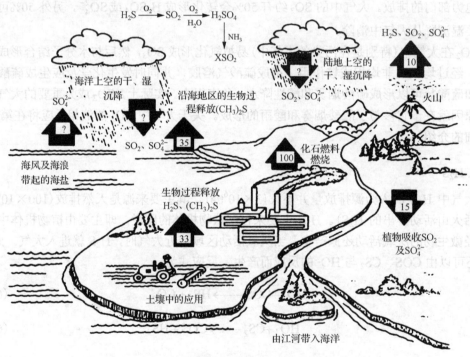

图 6-4　大气中含硫化合物的源和汇(Manahan,2010)

箭头中的数字表示硫的通量(以百万 t/a 计);问号表示不确定,但量很大,可能每年达 1 亿 t

6.4.2　含氮化合物

大气中主要含氮化合物为 N_2O、NO、NO_2、N_2O_5、NH_3、硝酸盐、亚硝酸盐和铵盐等。图 6-5 显示含氮化合物的大气循环过程。

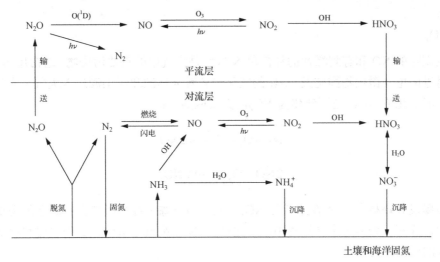

图 6-5　含氮化合物的大气循环 (王晓蓉, 1993)

1. N_2O

N_2O 俗称"笑气", 是无色气体, 医疗上可用作麻醉剂。N_2O 主要来自天然源, 由土壤中的硝酸盐经细菌的脱氮作用产生, 即

$$2NO_3^- + 4H_2 + 2H^+ \longrightarrow N_2O + 5H_2O \tag{6.4.11}$$

其人为源主要为氮肥施用、化石燃料燃烧及工业排放等。N_2O 的反应活性较差, 在低层大气中一般难以被氧化, 停留时间可达 150 年。同时, 由于其能够吸收地面辐射, 是目前已知的温室气体之一。此外, N_2O 难溶于水, 可通过气流交换进入平流层, 发生光化学反应, 其反应有

$$N_2O \xrightarrow{\ h\nu\ } N_2 + O \tag{6.4.12}$$

以及与单原子氧的反应

$$N_2O + O \longrightarrow N_2 + O_2 \tag{6.4.13}$$

$$N_2O + O \longrightarrow 2NO \tag{6.4.14}$$

并且

$$NO_2 + O \longrightarrow NO + O_2 \tag{6.4.15}$$

$$NO + O_3 \longrightarrow NO_2 + O_2 \tag{6.4.16}$$

总反应 $\qquad\qquad O + O_3 \longrightarrow 2O_2 \tag{6.4.17}$

上述反应是 N_2O 的催化循环反应, 它导致 O_3 的不断损耗, 而 N_2O 犹如催化剂的作用, 其本身不被破坏。

2. NO_x

无色无味的 NO 和有刺激性的红棕色 NO_2 均是大气中的重要污染物，通常用 NO_x 表示。它们可通过闪电、微生物固定及 NH_3 的氧化等各种天然源和污染源进入大气。大气中的氮在高温下能氧化成 NO，进而转化为 NO_2，其反应如下：

$$N_2 + O_2 \xrightarrow{\text{高温}} 2NO \tag{6.4.18}$$

$$2NO + O_2 \longrightarrow 2NO_2 \tag{6.4.19}$$

火山爆发和森林大火等都会产生 NO_x。人为污染源是各种燃料在高温下的燃烧以及硝酸、氮肥、炸药和染料等生产过程中所产生的含 NO_x 废气造成的，其中以燃料燃烧排出的废气造成的污染最为严重。

在没有脱硝措施的情况下，每燃烧 1t 煤产生 8～9kg 的 NO_x。根据全球大气研究排放数据库(the Emissions Database for Global Atmospheric Research，EDGAR)的统计资料，2005 年，全球人为源排放的 NO_x 大约为 1.19×10^7t，是天然源的数倍。从地域上来看，亚洲南部、欧洲西南部及北美洲南部是 NO_x 的主要排放地区。

6.4.3 含碳化合物

大气中含碳化合物主要包括 CO、CO_2、HC 及含氧烃类等。

1. CO

CO 是无色无味的气体，但是具有生物毒性，它与血红素中 Fe 部位的键合能力高于 O_2 的 32 倍。在封闭的重交通区域(如隧道、停车库)，CO 浓度可达 100ppm，导致头痛和呼吸困难；当 CO 浓度高于 750ppm 即可很快导致休克和死亡。作为大气污染物，CO 的主要危害在于能参与光化学烟雾的形成以及转化成 CO_2，造成全球性气候变化。

CO 的天然源主要来自 CH_4 的氧化、海水中 CO 的挥发、植物中叶绿素的分解、植物排放的萜烯类物质的转化、森林火灾等。CH_4 与 HO· 的氧化反应机制如下：

$$CH_4 + HO \cdot \longrightarrow H_3C \cdot + H_2O \tag{6.4.20}$$

$$H_3C \cdot + O_2 \longrightarrow HCHO + HO \cdot \tag{6.4.21}$$

$$HCHO \xrightarrow{h\nu} CO + H_2 \tag{6.4.22}$$

CO 的人为源是由含碳燃料的不完全燃烧产生，或者是在内燃机的高温、高压的燃烧条件下产生。估计 80%的人为源来自汽车，大气中 CO 的水平与车辆交通的密度呈正相关，与风速呈负相关。城市地区 CO 的空气浓度远高于非城市地区，尤其是在上下班的高峰时刻，CO 含量出现最大值可达 50～100ppm，而在远离市区的地方，CO 的平均含量约为几 ppm，有的地方仅为 0.09ppm。图 6-6(a)和(b)分别表明芝加哥和北京 CO 浓度的日变化趋势，均呈现出较明显的双峰形分布。芝加哥 CO 浓度的峰值出现在工作日期间的早晚交通高峰及周末的傍晚。而北京 CO 浓度的峰值则出现在早上 9:00 及夜间 22:00 左右。夜间的峰值除了由于气象条件引起的浓度积累，也与北京市夜间外地车进京有关。

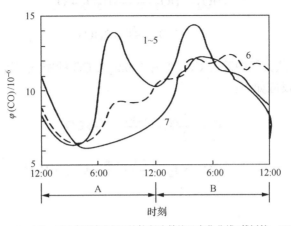

(a) 1962～1964年芝加哥CO的体积分数的日变化曲线(戴树桂，2006)
1～5：星期一至星期五；6：星期六；7：星期日；A：上午；B：下午

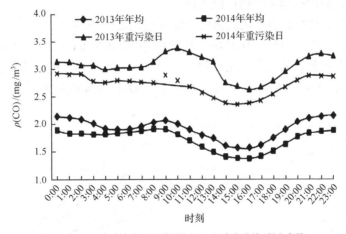

(b) 2013～2014年北京年均及重污染日CO日变化曲线(程念亮等，2016)

图 6-6　CO 浓度的日变化趋势

据 EDGAR 估算，2005 年全球人为排放 CO 量达 $8.50×10^8 t$。Worden 等利用卫星观测 2000～2011 年 CO 的柱浓度变化，发现北半球 CO 浓度以每年约 1%的比率下降，南半球虽然变化不是很明显，但总体也呈现下降的趋势。普遍认为大气中的 CO 是通过与 HO· 反应而去除的：

$$HO· + CO \longrightarrow CO_2 + H· \tag{6.4.23}$$

式(6.4.23)会产生副产物 HO_2·：

$$H· + O_2 + M \longrightarrow HO_2· + M \tag{6.4.24}$$

HO_2·会通过式(6.4.25)～式(6.4.27)重新生成 HO·：

$$HO_2 \cdot + NO \longrightarrow HO \cdot + NO_2 \tag{6.4.25}$$

$$HO_2 \cdot + HO_2 \cdot \longrightarrow H_2O_2 + O_2 \tag{6.4.26}$$

$$H_2O_2 \xrightarrow{h\nu} 2HO \cdot \tag{6.4.27}$$

土壤微生物也可从大气中除去 CO。含有 120mg/L CO 的空气，用 2.8kg 土壤处理 3h 后，可全部除去 CO，其反应如下：

$$CO + \frac{1}{2}O_2 \xrightarrow{\text{细菌，土壤}} CO_2 \tag{6.4.28}$$

$$CO + 3H_2 \xrightarrow{\text{细菌，土壤}} CH_4 + H_2O \tag{6.4.29}$$

2. CO_2

CO_2 是大气的正常组成成分，对人体无显著危害，但是其浓度升高会加剧温室效应，导致全球气候变暖，因而引起人们的广泛关注。

CO_2 的人为源主要是来自矿物燃料的燃烧过程。此外，动物和人类的呼吸、植物体废弃物作为燃料燃烧或腐败而自然氧化时均会产生 CO_2；海水中 CO_2 比大气高 60 余倍，因此大气圈和水圈之间存在强烈的交换作用（即海洋脱气）；大气中的 CH_4 在平流层与 $HO \cdot$ 反应，最终也会被氧化为 CO_2[式(6.4.20)～式(6.4.23)]。CO_2 的全球循环如图 6-7 所示。

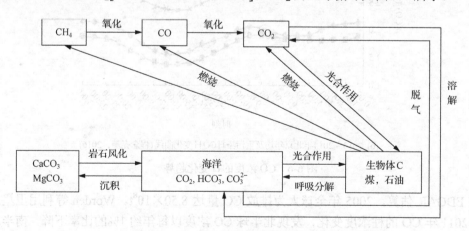

图 6-7　CO_2 的全球循环（唐孝炎等，2006）

19 世纪前半期工业革命前，大气中 CO_2 浓度约为 270mg/L。自工业化以来，CO_2 浓度已增加了 40%，这首先是由于人类活动如化石燃料的燃烧增加了大量 CO_2 排放，其次是土地利用变化，如人类大量砍伐森林、毁灭草原，使地球表面的植被日趋减少，导致减少了整个植物界从大气中吸收 CO_2 的数量。上述两种原因共同作用，使得大气中 CO_2 的含量急剧增加。据测定，19 世纪大气中 CO_2 的环境浓度为 290ppm，1958 年为 315ppm，1988 年上升为 350ppm，而 1998 年则达到 367ppm，其增长速率惊人。从国际气候变化委员会（International Panel on Climate Change，IPCC）报告可以看出，自 1960 年以来大气中 CO_2 浓度显著增长的趋势，其增长速率自 2000 年后始终保持在 1.4～2.8ppm/a（图 6-8）。

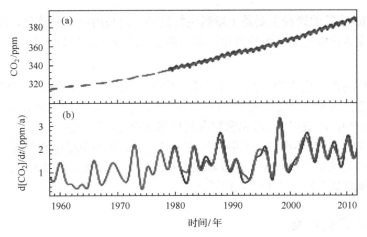

图 6-8　大气中 CO_2 全球平均浓度值及增长率（IPCC，2013）

CO_2 的汇机制主要在于三点：一是进入海洋，使海水变酸；二是进入生物圈，通过植物光合作用转化为生物碳；三是停留在大气圈，增加大气 CO_2 的含量。研究表明，大气 CO_2 浓度的升高，对海洋和陆地的吸收影响并不大，CO_2 还是更多地停留在大气圈，造成对全球气候的影响。由于 CO_2 能强烈吸收 $12.5\sim17.0\mu m$ 波段的红外热辐射，因而低层大气中的 CO_2 能有效地吸收地面发射的长波辐射从而造成温室效应，使地面大气变暖。根据世界气象组织（WMO）估算，大气中 CO_2 浓度增加 1 倍，全球地表平均温度可能上升 (3 ± 1) ℃。

3. HC

HC 是大气中重要的污染物，包含烷烃、烯烃、炔烃、脂肪烃和芳香烃等。其中碳原子为 $1\sim10$ 的可挥发性有机物（VOCs）是大气中普遍存在的一类有机污染物，具有相对分子质量小、饱和蒸气压较高（>133.32Pa）、沸点低（50~250℃）、亨利常数较大、辛烷值较小等特征。VOCs 本身的毒性不明显，但可参与大气中自由基反应，生成二次污染物，如参与大气光化学烟雾的形成等。汽车尾气排放是城市大气中 VOCs 的主要来源。

1）CH_4

CH_4 是大气中丰度最高的 HC，占总 HC 的 80%左右。大气中的 CH_4 既可由天然源产生，也可由人为源排放。除了燃烧过程和原油及天然气的泄漏外，实际上，产生 CH_4 的机制都是厌氧细菌的发酵过程。在沼泽、泥塘、湿冻土带、水稻田底部、牲畜反刍和白蚁的蚁冢等环境中的厌氧释放，其中牲畜反刍、水稻田是很大的排放源。例如，一头牛每天排放 CH_4 200~400L，而全世界约有牛、羊和猪共 1.2×10^9 头。CH_4 是重要的温室气体之一，在大气中的滞留时间约 10 年，其温室效应要比 CO_2 大 20 倍。2011 年，全球 CH_4 排放量达 3.77×10^8t，比 1970 年高出 1.24×10^8t，大气中平均浓度达 1.80ppm，约超过工业化前水平的 150%。总体上，CH_4 同 CO_2 一样存在逐年增加的趋势。在大气中，CH_4 主要是通过与 HO· 自由基反应而被去除[式(6.4.20)]。由于 HO· 自由基一般在夏季增加，冬季减少，因此大气中的 CH_4 浓度也有较为明显的季节变化。

2）非甲烷烃

大气中的非甲烷烃（nonmethane hydrocarbon，NMHC）种类很多，其中排放量最大的为植物排出的萜烯化合物，约为 1.15×10^9t/a，占全球 NMHC 总量的 60%~80%。人为源排出的 NMHC 主要来自汽油燃烧、焚烧、溶剂蒸发、石油蒸发和运输损耗等。其中汽车废气排出的 NMHC 约占人为源的 38.5%，除了少量的直链烷烃，其余皆为活性较高的烯烃和芳烃。

大气中的 NMHC 去除的途径主要是土壤微生物活动、植被的吸收和消化，以及对流层和平流层化学反应或转化成有机气溶胶去除，其中最主要的反应是与 HO· 的反应。

3）PAH

含多个苯环的稠环化合物，是大气环境中广泛存在的一类持久性有机污染物，它主要来自于生物质燃料的不完全燃烧过程。经干、湿沉降过程，大气中的 PAHs 可进入水体、土壤和生物圈。大气中 PAHs 以气态和颗粒态两种形态存在，其形态分布受自身的理化性质和环境的影响，其中 2～3 环小分子主要以气态形式存在，4 环 PAHs 在气态和颗粒态中分布大体相当，5～7 环大分子 PAHs 主要以颗粒态形式存在。大气中 PAHs 的存在形态、丰度、源解析及健康风险是人们关注的热点问题之一。

6.4.4 含卤素化合物

大气中的含卤素化合物主要是指有机的卤代烃和无机的氯化物和氟化物等。这些化合物在平流层紫外线的作用下会释放出氯原子和氟原子，引起臭氧的分解，从而威胁能够防御地球上生物免遭紫外线袭击的臭氧层，因而引起人们的关注。

表 6-4 列出大气中一些重要含卤素化合物的来源及浓度。其中氟氯烃类（CFCs）在大气层中不是自然存在的，而是完全由人为产生的，如冰箱制冷剂、喷雾器中的推进剂、溶剂和塑料起泡剂等；简单的卤代烃为 CH_4 的衍生物，如 CH_3Cl，CH_3Br 和 CH_3I，它们来自天然源，主要是来自海洋。

表 6-4 大气中含卤素化合物的浓度及来源

化合物	全球浓度平均值/ppt	来源[①]
CCl_2F_2(F12)	220	A
CCl_3F(F11)	126	A
CCl_2FCClF_2(F113)	18	A
$CClF_2CClF_2$(F114)	11	A
$CHCl_2F$(F21)	4	A
SF_6	0.29	A
CCl_4	120	A
CH_3CCl_3	94	A
CH_3Cl	613	0.9N, 0.1A
CH_3I	2	N
$CHCl_3$	8	A
CH_2Cl_2	32	A
C_2HCl_3	8	A
C_2Cl_4	26	A
CH_3Br	5—20	N, A
CH_2BrCH_2Br	5	A

①中 A 指人为活动；N 指天然源。

CFCs 在对流层大气中性质非常稳定，它们能透过波长大于 290nm 的辐射，故在对流层不发生光解反应；与 HO· 的反应为强吸热反应，故难以被对流层的 HO· 氧化；难溶于水，难以通过降水方式去除。CFCs 在对流层中停留时间很长，如 CFC-11（CCl_2F_2）为 47～58 年，CFC-12（CCl_3F）为 95～100 年。由人类活动排放的 CFCs 最终只能扩散到平流层，并在平流层发生光分解，进一步损耗臭氧，从而引起全球性的环境问题。有关 CFCs 对臭氧的损耗机制将在第 7 章详细解释。

此外，CFCs 化合物也是温室气体，尤其是 CFC-11 和 CFC-12，吸收红外线的能力很强，甚至超过了 CO_2，它们的吸收与大气中的 CFCs 浓度呈线性相关。因此，CFCs 化合物是具有破坏臭氧层和温室效应的双重效应的物质。但也有研究表明，大气中 CO_2、N_2O、CH_4 等痕量气体浓度增加，均能减轻对臭氧层的破坏程度，可以抵消一部分由 CFCs 引起的平流层臭氧损耗。臭氧损耗与温室效应存在着较复杂的关系。

1987 年 9 月在加拿大蒙特利尔召开国际会议，通过了《关于消耗臭氧层物质的蒙特利尔议定书》（简称《议定书》），并于 1989 年 1 月 1 日生效。《议定书》中明确提出需要限制的 8 种含卤素有机物，迄今，受控物质的种类、控制限额的基准、控制时间等已做过 4 次修订和 2 次调整。

除此之外，含卤素化合物还包括持久性有机污染物（POPs）中的含卤素物质，如艾氏剂、狄氏剂、DDT、七氯、二噁英等。大气中 POPs 以气态和颗粒态存在，一定条件下会发生光解，也可通过干、湿沉降去除，最重要的是大气中 POPs 可通过大气环流进行远距离迁移，从而导致污染物在全球范围内分布。

6.5　温室气体和温室效应

6.5.1　地球的热平衡

单位时间内从太阳辐射到地球上层大气里的能量是巨大的，如果太阳的能量全部到达地球表面并保留下来，那么，地球早就被烧灼或蒸发。事实上，辐射于地球的太阳能约只有 50%到达地面，约 30%的能量反射回宇宙空间，约 20%的能量被大气组分吸收。到达地球表面的太阳辐射一部分被地面反射，不同地面性质则反射率不同，地球的平均反射率为 31%；另一部分经吸收以后再以红外长波的形式辐射返回空间（图 6-9）。

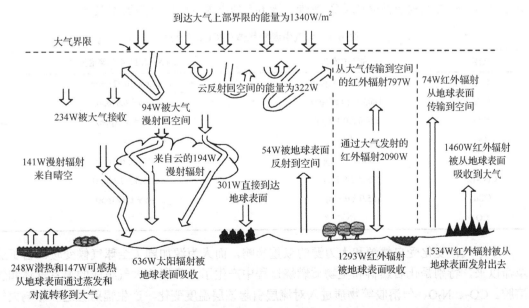

图 6-9　以构成太阳通量的 1340W/m² 部分为基础表示的地球的辐射"概算"（Manahan，2010）

地球吸收太阳辐射能量后，为了保持其能量平衡，必须将部分能量辐射回太空，这一过程称为地球辐射。根据 Wein 定律，黑体最大辐射能力所对应的波长 λ_m 与热力学温度 T 成反比，其数学表达式为 $\lambda_m=2897/T$。地表温度为 $285\sim300$K，由此可以算出，地球辐射波长在 $4\mu m$ 以上，即地球反射辐射能的波长主要为红外长波 $(4\sim100\mu m)$ 辐射。这部分辐射可以被低层大气中的水分子吸收，其中部分再辐射回到地面。水分子的吸收波长范围在 $7\sim8.5\mu m$ 和 $11\sim14\mu m$，而 $8.5\sim11\mu m$ 区则全无吸收，称为红外吸收光谱上的"大气窗口"，通过这个窗口一部分辐射可以逃脱，从而使地球表面的平均温度能够维持在舒适的 $15℃$ 左右。而大气中的 CO_2 数量虽然比水低得多，但它却能强烈地吸收 $12\sim16.3\mu m$ 的辐射，其作用相当于部分地关闭了大气窗口，使地面温度有增加的趋势（图 6-10）。

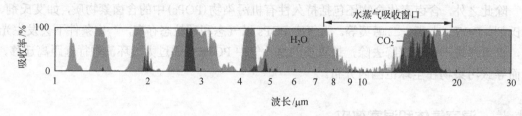

图 6-10　大气中 H_2O 和 CO_2 对红外辐射的吸收

6.5.2　温室气体和温室效应

通常，入射的太阳辐射和地球的长波辐射收支是基本平衡的。但是当低层大气中吸收地面长波辐射的组分（如 CO_2 等）含量增加时，则对地表的长波辐射吸收能力增强，使地表的热量不易散发出去，同时"逆辐射"也增加，从而导致地表气温升高，这种现象称为温室效应，而能够吸收地球释放出来的远红外辐射的气体则称为温室气体。除 H_2O 外，CO_2 是数量最多的温室气体，约占大气总容量的 0.03%，许多其他痕量气体也会产生温室效应，其中某些气体温室效应性能比 CO_2 更强。表 6-5 列出大气中的一些温室气体。

表 6-5　大气中温室气体（IPCC，2013）

气体	大气中浓度	2005～2011 年全球增长值
CO_2	390.48 ± 0.28(ppm)	11.67 ± 0.37(ppm)
CH_4	1803.1 ± 4.8(ppb)	28.9 ± 6.8(ppb)
N_2O	324.0 ± 0.1(ppb)	4.7 ± 0.2(ppb)
O_3	不定	—
CFC-11	236.9 ± 0.1(ppt)	-12.7 ± 0.2(ppt)
CFC-12	529.5 ± 0.2(ppt)	-13.4 ± 0.3(ppt)
CCl_4	85.0 ± 0.1(ppt)	-6.9 ± 0.2(ppt)
CO	不定	—

全球气候变化受自然源和人为源的双重影响，而人为源加剧了全球气候变暖。自工业革命以来，特别是化石燃料和生物质燃烧过程中产生了大量影响大气组成的温室气体和气溶胶。CO_2、N_2O、气溶胶等物质进入对流层引起该层温度变化，产生辐射强迫和影响大气的物质和能量的循环过程；同时大量的 O_3 损耗物质如氟利昂等进入平流层，加剧平流层 O_3

损耗，使到达地表的紫外辐射增强，进而增加地表温度。在大气组分改变影响气候的同时，气候的变化和反馈也会对大气化学过程产生影响。例如，极端天气、降水、干旱等对植被分布(改变干沉降速率)、生物物种的收支(响应温度及湿度变化)、大气传输过程的改变。

IPCC 第五次评估报告给出了近一个世纪内的气候变化趋势图。研究发现，地表大气的平均温度在不断变化中趋于上升。过去一世纪的平均升温为 0.3～0.7℃，海平面上升了 100～200mm，可能是由于伴随海水温度上升而使海水膨胀及陆地冰川融化等。图 6-11 给出了1950～2100 年全球平均温度变化趋势，预测表明 2018～2035 年的全球平均气温将比 1986～2005 年高出 0.47～1.00℃。同时，全球温度升高，导致冰川融化、海平面上升，部分国家的国土面临被淹没的风险。基于 CO_2 浓度的情景模拟表明，如果大气中 CO_2 浓度保持在500～700ppm，则一百年后海平面可能会上升 0.2～0.6m。

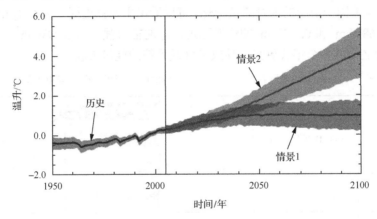

图 6-11　1986～2100 年全球平均温度变化趋势(IPCC，2013)

研究还表明，温度效应引起的气候变暖在全球有明显的地域差异。例如，若全球大气平均气温升高 2℃，则赤道地区至多上升 1.5℃，但在高纬和极地地区，却能上升 6℃以上，这样高纬和低纬地区间的温差将大大减少，从而使全球大气环流形态发生变化。

6.5.3　辐射强迫

辐射强迫(radiative forcing)的概念源于 IPCC(1990)，用于评估地球气候系统辐射收支的外加扰动。通常，地气系统所吸收的太阳辐射应等于向外发射的红外长波辐射，当外加扰动打破这一平衡时，气候系统会通过调整地表温度来形成新的平衡。在这个过程中，平流层温度先调整至辐射平衡状态，而地表和对流层仍保持未扰动的状态，扰动所产生的对流层顶平均净辐照度的变化(包括太阳辐射和红外辐射)，这称为辐射强迫，单位是 W/m^2。能够打破气候系统平衡的扰动则称为辐射强迫因子。

温室气体的辐射强迫可分为直接辐射强迫和间接辐射强迫。辐射活性温室气体通过吸收和发射红外辐射对辐射平衡产生的影响，称为直接辐射强迫，例如，CO_2、CH_4 和对流层 O_3 等吸收地球长波辐射所产生的辐射强迫。而某些温室气体则通过影响化学转化过程和大气中反应活性物种($HO\cdot$)的分布对辐射平衡产生间接的影响，称为间接辐射强迫，如 NO_x、CO 和 VOCs 等。

CH_4、平流层 O_3 和 CFCs 等辐射活性气体也可同时产生间接辐射强迫。CH_4 的间接辐射强迫表现在与 HO· 的反应上: ①大气 CH_4 浓度增加将消耗 HO· 自由基,降低 HO· 大气浓度,从而延长 CH_4 的大气寿命,这一过程称为 HO· 反馈; ②CH_4 与 HO· 的反应促进了对流层 O_3 和平流层水汽的生成。例如,1850~1992 年,CH_4 浓度增加引起的直接辐射强迫为 $0.33W/m^2$,由 HO· 反馈产生的间接辐射强迫为 $0.11W/m^2$,由对流层 O_3 增加产生的间接辐射强迫为 $0.11W/m^2$,由平流层水汽增加产生的间接辐射强迫为 $0.02W/m^2$,总辐射强迫比直接辐射强迫高出 73%。平流层 O_3 耗损一方面使平流层进入对流层的红外辐射减少,产生直接辐射强迫;另一方面使进入对流层的紫外光通量增加,加速了对流层的光化学反应,产生间接辐射强迫。CFCs 的间接辐射强迫主要是通过进入平流层消耗 O_3 而产生的。

大气辐射强迫的变化是多种因素综合的结果,既要考虑制热因子(如 CO_2 和 CH_4),也要考虑制冷因子(如硫酸盐细粒子、黑碳、气溶胶等)的贡献。图 6-12 量化了 2011 年与 1750 年相比由辐射强迫因子引起的能量通量变化。可以看出主要强迫因子为 CO_2 和 CH_4 的排放,分别产生了 $1.68W/m^2$ 和 $0.97W/m^2$ 的辐射强迫,总的辐射强迫为 $2.29W/m^2$,其增加速率自 1970 年以来比之前的各个年代更快,导致了气候系统的能量吸收。

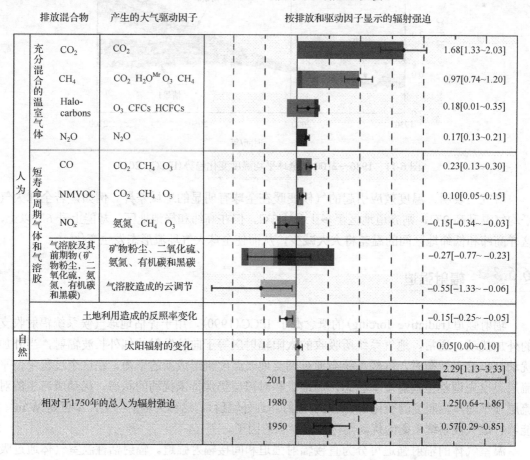

图 6-12　2011 年相对于 1750 年的气候变化主要驱动因子的辐射强迫估计值(IPCC,2013)

需要注意的是,辐射强迫并不随辐射强迫因子浓度增加而线性增加,增加一定量辐射活性温室气体所产生的直接辐射强迫主要取决于气体所在的吸收波段和当前浓度对这个波段已有的吸收。因此,新增温室气体产生的辐射强迫会随着其本底浓度的增加而减弱。当温室气体本底浓度较低时,吸收与浓度成正比;随着本底浓度增加,吸收会越来越偏离线性，其吸收与浓度的平方根成正比；当温室气体所在波段的吸收已趋于饱和时，吸收则与浓度的对数值近似成正比（图 6-13）。

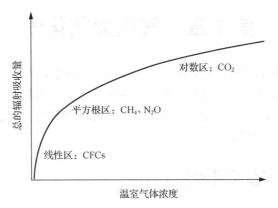

图 6-13　辐射强迫与温室气体浓度的关系（唐孝炎等，2006）

本章基本要求

　　掌握天然大气的组成、大气各主要层次的特点、大气中主要离子和自由基的来源；了解大气重要污染物的源和汇及温室效应、温室气体、辐射强迫的概念；运用所学内容计算大气污染物的浓度和停留时间。

思考与练习

1. 请分析大气各层次的特点及差异，并解释为什么平流层比对流层更易受到化学污染。

2. 请写出大气主要的自由基及其来源。

3. 请分析交通运输会造成哪些大气污染。

4. 大气中 CO_2 的浓度变化与哪些因素有关？对全球气候有什么影响？

5. 请分析大气组分是如何影响进入大气圈的太阳辐射。

6. 请写出主要的温室气体并分析其来源。

7. 据估计，每年 CH_4 的排放量比 N_2O 高 25～50 倍，但是大气中 CH_4 的浓度仅高出 N_2O 的 6 倍，请解释这一现象。

8. 对流层 CO 约为 0.1ppm，空气总质量为 4×10^{21}g，而 CO 的天然源和人为源的总贡献约为 9.2×10^8 t/a，请求出 CO 在对流层的平均停留时间。

9. 某汽车引擎的燃烧反应为

$$C_8H_{18} + \frac{17}{2}O_2 \longrightarrow 8CO + 9H_2O$$

若在车库中发动引擎,车库的体积为 50m³,那么需燃烧多少克汽油就可使空气中 CO 水平上升到 1200 ppm（在标准状况下）？

第7章　气相大气化学

大气污染物的气相反应过程大多是由光化学反应引起的，包括大气辐射导致的痕量气体的光解作用和对流层中可氧化痕量气体的光氧化作用。对流层发生的光化学烟雾污染、平流层发生的臭氧层空洞现象都是大气环境光化学过程导致的。为了便于讨论，对各类污染物的反应过程分别进行介绍。

7.1　大气光化学反应基础

光化学反应是指在透明的大气层中，化学物质吸收太阳辐射(包括紫外线)发出的光子进而引发的反应。光学反应的发生或进行的程度都与光的吸收有关，在讨论污染物的光化学反应之前，有必要先了解光化学反应的一些基本原理。

7.1.1　光化学反应定律

1) 光化学第一定律

光化学第一定律也称为格鲁西斯-特拉帕定律(Grothus-Draper law)。该定律定性描述了光化学反应过程，指出只有体系内分子吸收的光才能有效地引起体系内的化学反应，即引起反应的光一定是被体系内分子所吸收的部分，而不是反射或散射的部分。

2) 光化学第二定律

光化学第二定律也称为斯塔克-爱因斯坦定律(Stark-Einstain law)。该定律指出，能有效地产生光化学反应并造成分子(或原子)活化的光量子仅是能量超过活化能的光量子，因而在初级反应中物体吸收的具有活化能的光量子数应等于被活化的分子(或原子)数。换句话说，分子对光的吸收是单光子过程。1mol 波长为 λ 的光子的能量称为 1 爱因斯坦(ε_E)，即

$$\varepsilon_E = N_A \cdot h\nu$$

式中：N_A 为阿伏伽德罗常量，$6.02 \times 10^{23} \text{mol}^{-1}$；$h\nu$ 为一个光量子的能量；h 为普朗克常量，$6.62 \times 10^{-34} \text{J·s}$；$\nu$ 为光的频率，s^{-1}。

由于通常化学键的键能大于167.4kJ/mol，所以波长大于700nm的光就不能引起光化学离解。化学物质吸收光子后，所产生的光物理或光化学过程相对效率可用光量子产率(Φ)来表示，即发生光物理或光化学过程的光子数占总吸收光子数的比率。

3) 光化学第三定律

光化学第三定律也称为朗伯-比尔定律(Lamber-Beer law)。该定律给出了光吸收和气体浓度之间的定量关系式：

$$\lg(I_0 / I) = \varepsilon \cdot c \cdot l$$

或

$$\ln(I_0 / I) = \alpha \cdot c \cdot l$$

式中：I_0、I 分别为入射光强度和透射光强度；l 为容器的长度；c 为气体的浓度；$\lg(I_0/I)$ 为气体的吸收率；ε 和 α 为比例常数。

朗伯-比尔定律是一种准确计算对流层气态组分光吸收的方法。

7.1.2　光化学反应过程

分子吸收光子后变成激发态分子：

$$A + h\nu \rightleftharpoons A^*$$

式中：A 为基态分子；A^* 为激发态分子；$h\nu$ 为具有一定能量的光子。

一定的分子或原子只能吸收一定能量的光子，吸收光能后的激发态分子是不稳定的，可有许多途径失去能量而回到稳定状态，即基态，如表 7-1 所示。

表 7-1　激发态分子回到基态的途径

途径	反应式	举例
光解反应	$A^* \longrightarrow B_1 + B_2$	$O_2^* \longrightarrow O + O$
与其他物质反应	$A^* + B \longrightarrow C_1 + C_2$	$O_2^* + O_3 \longrightarrow 2O_2 + O$
碰撞失活	$A^* + M \longrightarrow A + M$	$O_2^* + M \longrightarrow O_2 + M$
发出荧光或磷光	$A^* \longrightarrow A + h\nu$	$NO_2^* \longrightarrow NO_2 + h\nu$
光致电离	$A^* \longrightarrow A^+ + e^-$	$N_2^* \longrightarrow N_2^+ + e^-$
敏化光解	$A^* + B \longrightarrow A + B^*$	$O_2^* + Na \longrightarrow O_2 + Na^*$

以上过程中，引发化学反应的能量直接来自光能，称为光化学初级过程。受激分子在激发态通过反应而产生的新物种还可能进一步发生分解或与其他物种反应，称为次级过程。

7.2　氮氧化物的气相反应

7.2.1　氮氧化物的基本反应

氮氧化物的气相反应与光照强度及有机化合物均有密切关系。大气中 NO、NO_2 和 HNO_3 等氮氧化物的基本反应如图 7-1 所示。由图可看出，在图上部四个有机氮化合物是在存在有机自由基条件下形成的。NO_2 可以与 O 或 O_3 反应生成 NO_3。NO_3 可以与 NO 反应或光解作用再生成 NO_2 或者再与 NO_2 反应生成 N_2O_5。N_2O_5 与 H_2O 作用形成 HNO_3。

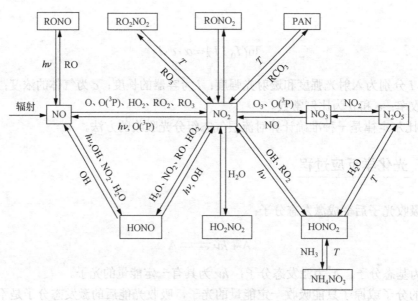

图 7-1 大气氮化学(王晓蓉，1993)

7.2.2 NO、NO₂ 和 O₃ 的基本光化学循环

NO、NO₂ 和 O₃ 之间的光化学循环是大气光化学过程的基础，当大气中 NO 与 NO₂ 和阳光同时存在时，O₃ 就作为 NO₂ 光分解的产物而生成，其基本反应如下：

$$NO_2 + h\nu \xrightarrow{K_1} NO + O \tag{7.2.1}$$

$$O + O_2 + M \xrightarrow{K_2} O_3 + M \tag{7.2.2}$$

M 为空气中的 N₂、O₂ 或其他第三者分子。

$$O_3 + NO \xrightarrow{K_3} NO_2 + O_2 \tag{7.2.3}$$

假设仅有式(7.2.1)～式(7.2.3)发生，大气中 NO 和 NO₂ 起始浓度分别为$[NO]_0$ 和$[NO_2]_0$，放入恒定体积和恒定温度的反应器中并照射，那么 NO₂ 在照射后的浓度变化可由式(7.2.4)给出：

$$\frac{\mathrm{d}[NO_2]}{\mathrm{d}t} = -K_1[NO_2] + K_3[O_3][NO] \tag{7.2.4}$$

若把[O₂]视为常数，那么体系中就有 NO₂、NO、O 和 O₃ 四种形态，它们的动力学方程为

$$\frac{\mathrm{d}[O]}{\mathrm{d}t} = K_1[NO_2] - K_2[O][O_2][M] \tag{7.2.5}$$

由于 O 原子极不稳定，它在式(7.2.2)中的消失和式(7.2.1)中的形成一样快，因此可用稳态近似法(pseudo-steady state approximation)来处理，此时可以认为生成速率等于消失速率，故

$$K_1[NO_2] = K_2[O][O_2][M] \tag{7.2.6}$$

体系中稳定 O 原子的浓度，即为

$$[O] = \frac{K_1[NO_2]}{K_2[O_2][M]} \tag{7.2.7}$$

与 NO_2 的速度表达式一样，同样可写出 NO 和 O_3 的速度方程：

$$\frac{d[NO]}{dt} = K_1[NO_2] - K_3[O_3][NO] \tag{7.2.8}$$

$$\frac{d[O_3]}{dt} = K_2[O][O_2][M] - K_3[O_3][NO] \tag{7.2.9}$$

因此，当这些反应体系达到稳态循环时，所有物质保持不变，此时 O_3 的稳态浓度为

$$[O_3] = \frac{K_1[NO_2]}{K_3[NO]} \tag{7.2.10}$$

稳态时 $[O_3]$ 与 $[NO_2]/[NO]$ 成正比，那么计算 $[NO_2]$ 和 $[NO]$ 可从氮转换获得，即

$$[NO] + [NO_2] = [NO]_0 + [NO_2]_0 \tag{7.2.11}$$

NO 与 O_3 的反应是等计量关系，所以

$$[O_3]_0 - [O_3] = [NO]_0 - [NO] \tag{7.2.12}$$

得出

$$[O_3] = \frac{K_1([O_3]_0 - [O_3] + [NO_2]_0)}{K_3([NO]_0 - [O_3]_0 + [O_3])} \tag{7.2.13}$$

若假设 $[O_3]_0 = [NO]_0 = 0$，那么式 (7.2.13) 简化为

$$[O_3] = \frac{1}{2}\left\{\left[\left(\frac{K_1}{K_3}\right)^2 + \frac{4K_1}{K_3}[NO_2]_0\right]^{\frac{1}{2}} - \frac{K_1}{K_3}\right\} \tag{7.2.14}$$

一般令 $K_1/K_3 = 0.01ppm$，则可算出 O_3 的浓度作为最初 NO_2 浓度的函数。若最初 $[O_3]_0 = [NO]_0 = 0$ 时，所产生的 $[O_3]$：

$[NO_2]_0/ppm$	$[O_3]/ppm$
0.1	0.027
1.0	0.095

虽然 NO 和 NO_2 的环境浓度值随地理位置不同而有明显差别，其变化幅度可从 0.6ppb（南极）到 10ppb（巴拿马森林），全球 NO_2 的总平均值也不过 2ppb。然而，实际测得的 O_3 浓度却远远大于 0.027ppm，表明大气中必然还存在着其他反应能使 O_3 增高。

7.2.3 氮氧化物气相反应动力学

NO 氧化为 NO$_2$ 可按式（7.2.15）进行，即

$$NO + O_3 \xrightarrow{K_4} NO_2 + O_2 \tag{7.2.15}$$

若空气中 O$_3$ 浓度为 30ppb，则少量 NO 仅在 1min 内全部被氧化，但若[NO]>[O$_3$]时，则 O$_3$ 的扩散过程成为反应的控制步骤。

在日光照耀下，NO 也可被自由基 HO·、CH$_3$O·、CH$_3$O$_2$·和 CH$_3$COO$_2$· 等氧化，其反应式及相应的速率常数如下：

$$HO \cdot + NO(+M) \xrightarrow{K_5} HONO \qquad K_5 = 5.0 \times 10^{-12}\, cm^3/(mol \cdot s) \tag{7.2.16}$$

$$CH_3O \cdot + NO(+M) \xrightarrow{K_6} CH_3ONO \qquad K_6 = 2.0 \times 10^{-11}\, cm^3/(mol \cdot s) \tag{7.2.17}$$

$$CH_3O_2 \cdot + NO(+M) \xrightarrow{K_7} CH_3O \cdot + NO_2 \qquad K_7 = 7.4 \times 10^{-12}\, cm^3/(mol \cdot s) \tag{7.2.18}$$

$$CH_3COO_2 \cdot + NO \xrightarrow{K_8} CH_3 \cdot + CO_2 + NO_2 \qquad K_8 = 1.4 \times 10^{-11}\, cm^3/(mol \cdot s) \tag{7.2.19}$$

$$RO_2 \cdot + NO \xrightarrow{K_9} RO \cdot + NO_2 \qquad K_9 = 7.4 \times 10^{-12}\, cm^3/(mol \cdot s) \tag{7.2.20}$$

NO$_2$ 转化为 NO 的净转化率由反应式（7.2.21）所限制。

$$NO_2 + h\nu \xrightarrow{K_{10}} NO + O \tag{7.2.21}$$

新生成的 O 与 O$_2$ 作用生成 O$_3$，则[NO$_2$]/[NO]比值由 K_4、K_{10} 和[O$_3$]控制，即

$$\frac{[NO_2]}{[NO]} = \frac{K_4[O_3]}{K_{10}} \tag{7.2.22}$$

NO$_2$ 在日光照耀下可与 HO· 和 O$_3$ 等反应，其反应式及相应速率常数如下：

$$OH \cdot + NO_2(+M) \xrightarrow{K_{11}} HNO_3 \qquad K_{11} = 1.6 \times 10^{-11}\, cm^3/(mol \cdot s) \tag{7.2.23}$$

$$O_3 + NO_2 \xrightarrow{K_{12}} NO_3 + O_2 \qquad K_{12} = 1.2 \times 10^{-8} e^{(-2450/T)}\, cm^3/(mol \cdot s) \tag{7.2.24}$$

$$NO_3 + NO_2(+M) \xrightarrow{K_{13}} N_2O_5 \qquad K_{13} = 1.2 \times 10^{-12}\, cm^3/(mol \cdot s) \tag{7.2.25}$$

此外，NO$_2$ 还可与过氧化物反应形成过氧硝酸和过氧乙酰硝酸酯（PAN），均是重要的二次污染物，且在寒冷的高层大气中热稳定性较大，因此它们在各种反应中的地位均须考虑。

7.3 二氧化硫的气相反应

SO$_2$ 直接吸光氧化不是其主要的氧化途径，SO$_2$ 吸光后生成激发态 SO$_2^*$，然后物理碰撞

去除。SO_2 的主要气相氧化途径是与强氧化自由基($O \cdot$、$HO \cdot$、$HO_2 \cdot$、$RO_2 \cdot$ 等)反应。

7.3.1 SO_2 与氧原子的反应

$$SO_2 + O(^3P)(+M) \xrightarrow{K_{14}} SO_3(+M) \qquad (7.3.1)$$

在标准状态下(1atm，0℃)该二级反应速率常数值为 $K_{14} = (5.7 \pm 0.5) \times 10^{-14} \, \mathrm{cm^3/(mol \cdot s)}$，其中氧原子的大部分来源是 NO_2 光解：

$$NO_2 + h\nu \xrightarrow{K_{15}} NO + O(^3P) \qquad (7.3.2)$$

$O(^3P)$ 的另一个反应是

$$O(^3P) + O_2 + M \xrightarrow{K_{16}} O_3 + M \qquad (7.3.3)$$

由于式(7.3.2)和式(7.3.3)的连续进行和 SO_2 氧化对 $O(^3P)$ 浓度的影响甚小，$O(^3P)$ 浓度可能处于稳态：

$$[O]_{ss} = \frac{K_{15}[NO_2]}{K_{16}[O_2][M]} \qquad (7.3.4)$$

SO_2 氧化反应速率为

$$-\frac{d[SO_2]}{dt} = K_{14}[O]_{ss}[SO_2] \qquad (7.3.5)$$

若 $[NO_2] = 0.1\mathrm{ppm}$，$[O_2] = 2.1 \times 10^5 \mathrm{ppm}$，$[M] = 1$，$K_{15} = 0.4\mathrm{min}^{-1}$，则 SO_2 与氧原子反应的特征时间 $[SO_2]$ 降低为初始 $[SO_2]_0$ 的 1/e 所需时间：

$$\tau_{14} = \frac{K_{16}[O_2][M]}{K_{14}K_{15}[NO_2]} \approx 1.3 \times 10^6 \mathrm{min} \qquad (7.3.6)$$

7.3.2 SO_2 与其他自由基的反应

$$SO_2 + HO_2 \cdot \xrightarrow{K_{17}} HO \cdot + SO_3 \qquad (7.3.7)$$

$$\tau_{17} = (K_{17}[HO_2 \cdot])^{-1}$$

$$SO_2 + CH_3O_2 \cdot \xrightarrow{K_{18}} CH_3O \cdot + SO_3 \xrightarrow{K_{19}} CH_3O_2SO_2 \qquad (7.3.8)$$

$$\tau_{18} = (K_{18}[CH_3O_2 \cdot])^{-1}$$

$$SO_2 + HO \cdot (+M) \xrightarrow{K_{20}} HOSO_2(+M) \qquad (7.3.9)$$

$$\tau_{20} = (K_{20}[OH \cdot])^{-1}$$

以上可能的均相反应式(7.3.7)～反应式(7.3.9)的特征时间和宏观反应速率数值见表 7-2，这些均相反应对 SO_2 转化速率的贡献总计约为 2.2%/h。在大气中 NO_x 和有机物的存在和反应，为产生各种自由基提供了可能，SO_2 与这些自由基反应是 SO_2 均相转化的重要条件之一。在清洁大气中单靠 SO_2 光化学反应不可能有很大转化率。

表 7-2　SO_2 与自由基氧化的均相反应速率常数

反应	速率常数/[cm³/(mol·s)]	特征时间/min	宏观氧化/(%/h)
$SO_2 + O(^3P)(+M) \longrightarrow SO_3(+M)$	$(5.7 \pm 0.5) \times 10^{-14}$	1.3×10^6	4.6×10^{-3}
$SO_2 + HO_2 \cdot \longrightarrow HO \cdot + SO_3$	$> (8.7 \pm 1.3) \times 10^{-16}$	0.8×10^4	0.75
$SO_2 + CH_3O_2 \cdot \longrightarrow CH_3O \cdot + SO_3$	$(5.3 \pm 2.5) \times 10^{-15}$	1.3×10^4	0.46
$\longrightarrow CH_3O_2SO_2$			
$SO_2 + HO \cdot (+M) \longrightarrow HOSO_2(+M)$	$(1.5 \pm 0.3) \times 10^{-12}$	0.6×10^4	1.0

7.4　有机物的气相反应

有机污染物的化学反应和反应产物的特性研究是大气污染化学研究的重要课题之一。由于人为活动排放大量有机物至大气中，在生物圈代谢及腐烂也排放种类繁多的有机物，如甲烷、萜烯、异丙烯、异戊二烯等至大气中。估计人为排放有机物约占世界总排放量的 5%～20%。近年来，已证实甚至海洋也可生成低级烃和氯甲烷，许多有机污染物在大气中又可再次发生化学反应，这些化学反应是很复杂的。环境中有机物的归趋见图 7-2。

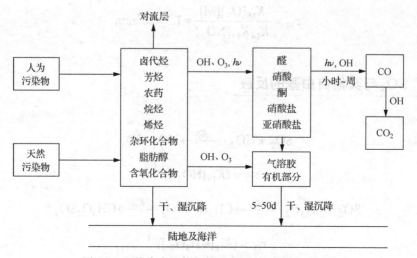

图 7-2　环境中有机物归趋示意图(王晓蓉，1993)

　　有机物在污染大气中种类繁多，反应活性各异，比较重要的反应是它们与 HO· 的反应。有机物与 O(^{3}P)、NO_2、HO_2· 或 RO_2· 可进行一定程度的反应，含有双键的化合物可与 O_3 直接反应，某些有机物可进行光解反应。在污染大气中存在着 NO_x、SO_2 等，有机物与它们的反应对环境质量的影响日益受到重视。本节将侧重介绍有机物的其他气相反应。

　　空气中的气体有机物和固体有机物的含量因地各异。为了研究大气中有机物的反应和形成气溶胶，需要做大量的分析工作，气溶胶的有机物的分析工作相当困难。目前广泛应用色谱、质谱、元素分析等分析手段做了许多分析研究工作。一次大气污染物中有芳烃类、萘类、苯并[a]芘、蒽类、氯化芳烃、烷烃、烯烃、羧酸类等。二次大气有机污染物一般含有—COOH、—CH_2OH、—CHO、—CH_2ONO、—CH_2ONO_2、

$$-\overset{\text{O}}{\underset{|}{\text{C}}}-\text{ONO}、\quad -\overset{\text{O}}{\underset{|}{\text{C}}}-\text{ONO}_2、\quad -\overset{\text{O}}{\underset{|}{\text{C}}}-\text{OSO}_2、\quad -\overset{\text{O}}{\underset{|}{\text{C}}}-\text{SO}_2\ 等基团。$$

这是大气中有机物在 HO·、HO_2·、CH_3O_2·、O_3 参加下氧化反应的特征产物。在大气气溶胶中甚至有含约 20 个碳原子的羧酸类以及含约 15 个碳原子的带硝基的羧酸。

7.4.1　碳氢化合物的一些重要反应

　　可以从 CH_4 的氧化作用来了解这一方面的反应。

$$CH_4 + O \longrightarrow H_3C \cdot + HO \cdot \tag{7.4.1}$$

$$H_3C \cdot + O_2 + M \longrightarrow H_3COO \cdot + M \tag{7.4.2}$$

$$CH_4 + HO \cdot \longrightarrow H_3C \cdot + H_2O \tag{7.4.3}$$

　　由于 O 可由 O_3 光解产生，通过上述反应，CH_4 不断消耗 O，可导致臭氧层的破坏。在 CH_4 的整个氧化过程中，还可产生一些附加反应如下：

$$H_3COO \cdot + NO \longrightarrow H_3CO \cdot + NO_2 \tag{7.4.4}$$

$$H_3CO \cdot + O_3 \longrightarrow 多种产物 \tag{7.4.5}$$

$$H_3CO \cdot + O_2 \longrightarrow CH_2O + HOO \cdot \tag{7.4.6}$$

$$H_3COO \cdot + NO_2 + M \longrightarrow CH_3COONO_2 + M \tag{7.4.7}$$

$$H_2CO + h\nu \longrightarrow 光分解产物 \tag{7.4.8}$$

7.4.2　HO· 与烯烃类、烃类、醛类、卤代烃、芳香烃的反应

　　HO· 的反应在大气污染化学中是一类很重要的反应。由于 HO· 测定技术改进，近年已研究许多它与有机物的反应。

1) HO· 与烯烃的反应

HO· 与烯烃的反应主要是加成反应,其 K 为 $10^9 \sim 10^{11} L/(mol \cdot s)$,反应机理尚未完全清楚。

$$C_2H_4 + HO \cdot \longrightarrow CH_2CH_2OH \cdot \xrightarrow{O_2} CH_2(OH)CH_2O_2 \cdot$$

$$\xrightarrow{NO} CH_2CH_2OH \cdot + NO_2$$

$$HCHO + CH_2OH \cdot \qquad HOCH_2CHO + HO_2 \cdot$$

$$\downarrow O_2$$

$$HCHO + HO_2 \cdot$$

$$(7.4.9)$$

2) HO· 与烷烃反应

HO· 与烷烃反应主要是氢原子的取代反应或抽氢反应。

$$CH_4 + HO \cdot \longrightarrow CH_3 \cdot + H_2O \xrightarrow{O_2} CH_2O_2 \cdot$$

$$\xrightarrow{NO} CH_3O \cdot + NO_2$$

$$\xrightarrow{O_2} CH_2OH + HO_2 \cdot$$

$$(7.4.10)$$

3) HO· 与醛类的反应

HO· 与醛类的反应也属于抽氢反应,形成 HCO 及 R—CHO 等,并进一步继续反应。

$$HCHO + HO \cdot \longrightarrow HCO \cdot + H_2O \tag{7.4.11}$$

$$CH_3CHO + HO \cdot \longrightarrow CH_3C(O) \cdot + H_2O \tag{7.4.12}$$

$$CH_3C(O) \cdot + O_2(^1\Delta) \longrightarrow CH_3C(O)O_2 \cdot \tag{7.4.13}$$

$$CH_3(CO)COO \cdot + NO_2 \xrightarrow{(0)} CH_3(CO)COONO_2 \tag{7.4.14}$$

4) HO· 与卤代烃的反应

HO· 与卤代烃的反应很重要,由反应可判断是否能减少卤代烃在大气中的寿命及降低对臭氧层的破坏。若卤代烃中有氢原子,则将发生下面的反应:

$$RH + HO \cdot \longrightarrow R \cdot + H_2O \tag{7.4.15}$$

当大气中的 HO· 足够多时,即可减少卤代烃对平流层臭氧的破坏,若用含 H 的氟代烃也可减少对臭氧层的影响。

5）HO· 与芳香烃的反应

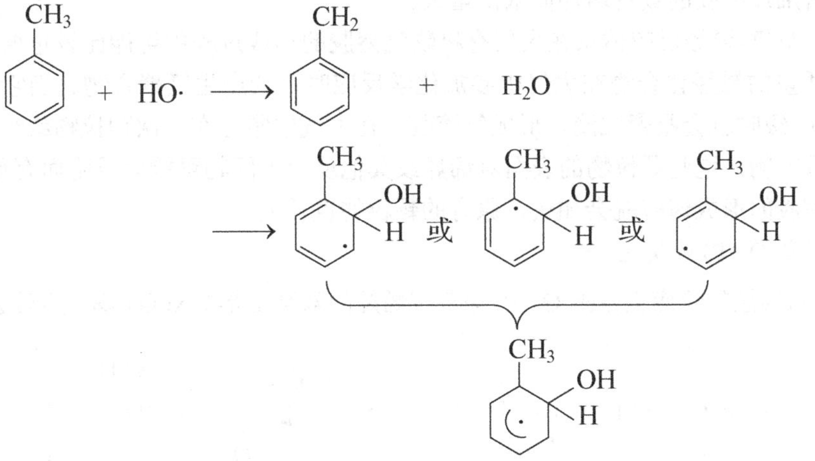

$$(7.4.16)$$

HO· 的攻击主要在烷基部位。由于 HO· 与烯烃、芳香烃、醛类的反应速率常数 K 比 O_3 的大几个数量级，这也是人们重视 HO· 反应的原因。

7.4.3　烯烃与臭氧、原子氧和氮氧化物的反应

1）烯烃与 O_3 的反应

烯烃类或环烯烃类与臭氧或自由基反应是形成气溶胶的可能途径之一。臭氧-烯烃一般按反应式（7.4.17）进行：

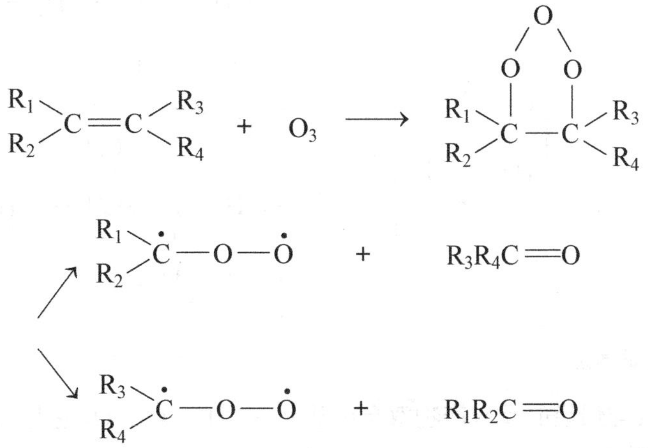

$$(7.4.17)$$

反应表示臭氧添加到烯烃上形成双自由基，它转化为环氧或分子臭氧化合物。分子臭氧化合物再通过不同途径转化为凝聚的过氧化合物。若在这个体系中有水，过氧化合物可以分解为酸或其他含氧化合物。这些化合物在大气中曾被鉴定出来。

在臭氧-烯烃反应体系中鉴定出双自由基，它在 SO_2 氧化为 SO_4^{2-} 的过程中具有促进作用，可使 SO_2 转化率达 3%/h，这正好把 SO_2 氧化和有机物气溶胶的形成联系起来。说明在真实大气的臭氧-烯烃-SO_2 污染物体系中，经化学反应形成硫酸盐气溶胶和有机物气溶胶的过程可能有一定的关系。

形成有机物气溶胶的臭氧-烯烃反应机制对臭氧和烯烃在反应初期为一级反应，反应速率常数随着烯烃中碳的数目增加而依次增大。

总之，臭氧-烯烃反应体系在大气有机物气溶胶的形成过程中可能比较重要。含有较大相对分子质量的烯烃化合物在大气中参加化学反应时，会产生氧聚合物。当它们的蒸气浓度仅为 ppb 级时就会凝聚成滴，形成气溶胶。在大气中常存在一次颗粒物或污染物反应形成的二次颗粒物，这些颗粒物的表面对烯烃或其他反应中间物可能会吸附而有预浓缩作用，有机物气溶胶的形成速率就会加快，原有的颗粒物也长大。

2) 烯烃与 O(^{3}P) 的反应

O(^{3}P) 与烯烃的反应也是把 O(^{3}P) 加合在烯烃的双键上形成双自由基，然后进一步分解。

$$H_3C-C(H)=C(H)-C_2H_5 + O(^3P) \longrightarrow \left[H_3C(H)C-\overset{\overset{\displaystyle \cdot}{O}}{\underset{}{C}}\cdot(H)C_2H_5 \right]^*$$

反应生成的中间体进一步反应：

- 环氧化合物 $\left[H_3C(H)C\overset{O}{\diagup\diagdown}C(H)C_2H_5 \right]^*$ → 分解，或 → $H_3C(H)C\overset{O}{\diagup\diagdown}C(H)C_2H_5$ （顺式或反式）

- 酮 $\left[H_3C-\underset{O}{\overset{\|}{C}}-CH_2-C_2H_5 \right]^*$ → 分解，或 → $H_3C-\underset{O}{\overset{\|}{C}}-CH_2-C_2H_5$ 　(7.4.18)

- 醛 $\left[H-\underset{O}{\overset{\|}{C}}-\overset{CH_3}{\underset{}{CH}}-C_2H_5 \right]^*$ → 分解，或 → $H-\underset{O}{\overset{\|}{C}}-\overset{CH_3}{\underset{}{CH}}-C_2H_5$

3) 烯烃与 NO$_x$ 的反应

大气中存在 O$_3$ 与烯烃的反应产物双自由基 $R-\overset{\displaystyle\cdot}{C}H-O-\overset{\displaystyle\cdot}{O}$，它与 O$_2$ 和 NO$_2$ 相继反应产生过氧乙酰酯类物质。

$$R-\overset{\displaystyle\cdot}{C}H-O-\overset{\displaystyle\cdot}{O} + O_2 \longrightarrow R-\underset{O}{\overset{\overset{\displaystyle O}{\|}}{C}}-O-\overset{\displaystyle\cdot}{O} + HO\cdot$$

$$R-\underset{O}{\overset{\overset{\displaystyle O}{\|}}{C}}-O-\overset{\displaystyle\cdot}{O} + NO_2 \longrightarrow R-\underset{O}{\overset{\overset{\displaystyle O}{\|}}{C}}-O-\overset{\displaystyle}{O}-NO_2$$

(7.4.19)

在大气中会产生 NO_3，它将进一步与烯烃反应最终会产生一种称为 2,3-丁二醇二硝酸酯的物质：

$$CH_3CH=CHCH_3 \quad + \quad NO_3 \quad \longrightarrow \quad H_3C-\overset{\overset{\displaystyle H}{|}}{C}-\overset{\displaystyle \cdot}{C}HCH_3$$
$$\underset{\displaystyle ONO_2}{|}$$

$$\overset{O_2}{\longrightarrow} H_3C-\overset{\overset{\displaystyle H}{|}}{\underset{\underset{\displaystyle ONO_2}{|}}{C}}-\overset{\overset{\displaystyle H}{|}}{\underset{\underset{\displaystyle OO\cdot}{|}}{C}}-CH_3 \quad \overset{NO}{\longrightarrow} \quad H_3C-\overset{\overset{\displaystyle H}{|}}{\underset{\underset{\displaystyle ONO_2}{|}}{C}}-\overset{\overset{\displaystyle H}{|}}{\underset{\underset{\displaystyle O\cdot}{|}}{C}}-CH_3 \tag{7.4.20}$$

$$\overset{NO_2}{\longrightarrow} H_3C-\overset{\overset{\displaystyle H}{|}}{\underset{\underset{\displaystyle ONO_2}{|}}{C}}-\overset{\overset{\displaystyle H}{|}}{\underset{\underset{\displaystyle ONO_2}{|}}{C}}-CH_3$$

7.4.4　天然有机物的转化

　　植物向大气中排放大量的有机物蒸气，这就是树叶和开花时逸散出的香精油。在香精油中有数百种有机物，主要是萜类。植物排放的不饱和有机物受太阳照射激发而发生反应，生成颗粒物，这是光化学反应形成烟雾的一种自然现象。植物排放的部分不饱和有机物甚至在没有阳光照射的情况下也能在大气中氧化。

　　植物逸放出的不饱和有机物转化为有机气溶胶的化学反应过程到目前尚不完全清楚。可能是不饱和有机物中的碳原子参与反应形成过氧化合物，然后又经过各种反应而形成颗粒物。估计全球植物每年向大气排出有机物蒸气可达 $4.4 \times 10^8 t$，在非城市地区和远离交通要道的野外，虽然距离工业或城市污染源相当远，植物排放有机物的光化学反应或非光化学反应的氧化作用可能是形成雾霾的原因之一。了解这个情况，对于恰当地估计空气质量的变化原因和考察各种污染源对污染事件的作用是很有必要的。在工业排放的大气污染物迁移转化到野外时，要考虑人为排放污染物和自然排放污染物之间的比例，它们之间的相互作用和对空气质量的综合影响。

7.5　光化学烟雾

7.5.1　光化学烟雾的特征

　　20 世纪 40 年代，美国洛杉矶大气中出现一种淡蓝色的烟雾，导致大气能见度降低。这种烟雾白天生成、傍晚消失，对人体的眼睛、呼吸道有强烈的刺激作用，并且损害植物和橡胶制品。经过调查研究，该污染事件是由洛杉矶市拥有的 250 万辆汽车排放的尾气造成的，这些汽车每天向大气中排放 1000 多吨 HC 和 400 多吨 NO_x，在光照的作用下生成大量的氧化剂，造成了光化学污染。随后日本、英国、加拿大、德国等国家中部分大城市也出现了这种烟雾。

汽车、工厂等污染源排入大气的 HC 和 NO_x 等一次污染物在阳光(紫外线)作用下发生光化学反应生成二次污染物，参与光化学反应过程的一次污染物和二次污染物的混合物(其中有气体污染物，也有气溶胶)所形成的烟雾污染现象，称为光化学烟雾。

光化学烟雾一般发生在大气相对湿度较低，气温为 24~32℃的夏季晴天。污染高峰出现在中午或稍后。图 7-3 显示了污染区大气中 NO、NO_2、烃、醛及氧化剂从早至晚的变化情况。可以看出，一次污染物 HC 及 NO 的最大值发现在早晨交通繁忙时刻；随着 NO 浓度的下降，NO_2 浓度增大；O_3 和醛类随阳光增强，中午时已达很高浓度，它们峰值一般比 NO 峰值出现延迟 4~5h。二次污染物过氧乙酰硝酸酯(PAN)浓度随时间的变化同 O_3 和醛类相似。

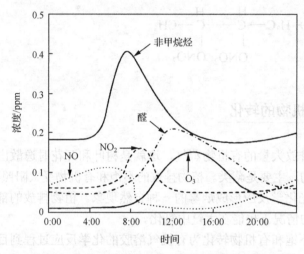

图 7-3　形成光化学烟雾的各污染物浓度日变化曲线(王晓蓉，1993)

NO_2 和 O_3 等的峰值说明，它们并不是污染源排出的一次污染物，而是在大气中光化学作用下的产物。早晨的交通高峰所产生的汽车尾气只有在白天的阳光作用下才能有重要影响，傍晚交通流量高峰期虽有一次污染物排放，但由于太阳光减弱且很快消失，所以夜间不发生光化学烟雾。

空气中氧化剂特别是 O_3，也包括 PAN 等其他化合物是烟雾形成的指标。当氧化剂过量 0.15ppm/h 则认为出现了光化学烟雾。

案例 7.1

洛杉矶烟雾与伦敦烟雾的区别

洛杉矶烟雾是典型的光化学烟雾，由汽车尾气排放引起的。由于是含有高浓度氧化剂的混合物，因此又称为氧化烟雾。伦敦烟雾化学上是还原性混合物，故称为还原烟雾，主要是由燃煤引起的。两者在许多方面有相反的化学行为，见表 7-3。不过，目前已发现这两种类型烟雾污染可交替发生，如广州的夏季是光化学烟雾为主，冬季则是煤烟型烟雾为主。

表 7-3 伦敦烟雾与洛杉矶烟雾的比较

项目	伦敦型	洛杉矶型
概况	发生较早(1873 年),至今已多次出现	发生较晚(1946 年),发生光化学反应
污染物	颗粒物、SO_2、硫酸雾等	碳氢化合物、NO_x、O_3、PAN、醛类等
燃料	矿物燃料	汽油、煤气、石油
季节	冬	夏、秋
气温	低(4℃)以下	高(24℃以上)
湿度	高	低
日光	弱	强
臭氧浓度	低	高
出现时间	白天夜间连续	白天
毒性	对呼吸道有刺激作用,严重时导致死亡	对眼和呼吸道有强刺激作用。O_3 等氧化剂有强氧化破坏作用,严重时可导致死亡

7.5.2 光化学烟雾的形成机制与臭氧生成机制

1. 光化学烟雾

通过对光化学烟雾形成的模拟实验,已明确在碳氢化合物和氮氧化物的相互作用方面有以下过程。

(1)污染空气中 NO_2 的光解是光化学烟雾形成的起始反应。

(2)碳氢化合物、HO·、O 等自由基和 O_3 氧化,导致醛、酮、醇、酸等产物以及重要的中间产物 RO_2·、HO_2·、RCO· 等自由基的生成。

(3)过氧自由基引起 NO 向 NO_2 转化,并导致 O_3 和 PAN 等生成。

Seinfied(1986)用 12 个反应概括了光化学烟雾形成的反应机制(表 7-4)。

表 7-4 光化学烟雾形成的基本反应机制

反应	速率常数/(ppm/min) (298K)
$NO_2 + h\nu \longrightarrow NO + O$	$0.533 min^{-1}$
$O + O_2 + M \longrightarrow O_3 + M$	2.183×10^{-5}
$NO + O_3 \longrightarrow NO_2 + O_2$	26.59
$RH + HO· \longrightarrow RO_2· + H_2O$	3.775×10^3
$RCHO + HO· \longrightarrow RC(O)O_2 + H_2O$	2.341×10^4
$RCHO + h\nu \longrightarrow RO_2· + HO_2· + CO$	$1.91 \times 10^{-4} min^{-1}$
$HO_2· + NO \longrightarrow NO_2 + HO·$	1.214×10^4
$RO_2· + NO \longrightarrow NO_2 + RCHO + HO_2·$	1.127×10^4
$RC(O)O_2· + NO \longrightarrow NO_2 + RO_2· + CO_2$	1.127×10^4
$HO· + NO_2 \longrightarrow HNO_3$	1.613×10^4
$RC(O)O_2· + NO_2 \longrightarrow RC(O)O_2NO_2$	6.893×10^4
$RC(O)O_2NO_2 \longrightarrow RC(O)O_2· + NO_2$	$2.143 \times 10^{-2} min^{-1}$

对于这个机制，Seinfied 使用三种初始浓度方案计算出温度为 298K、时间周期为 0~600min 条件下，RH、RCHO、NO、NO_2 和 O_3 瞬时浓度动力学，图 7-4 显示这三种方案的计算结果。图 7-4(a)表明在方案 1 初始浓度条件下，总有机碳消耗很少；RCHO 略有增加，是从 RH 转化而来；NO 向 NO_2 转化显著并有 O_3 生成。图 7-4(b)表明当有机物初始浓度比方案 1 增加 5 倍时，则 NO 迅速转化为 NO_2，且 O_3 的生成速度增加。而图 7-4(c)表明当有机物初始浓度比方案 1 增加 20 倍时，则在 120min 时 NO_2 出现了最大值随后又降低。这是生成硝酸和 PAN 所致，O_3 浓度明显增加，RCHO 浓度迅速下降，方案的情况与实际大气及烟雾箱模拟比较接近了，也可以解释图 7-3 所出现的情况。

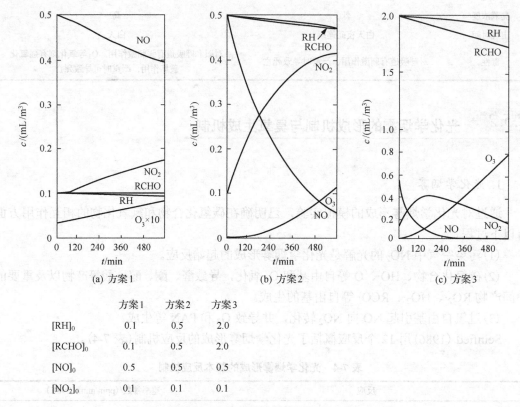

	方案1	方案2	方案3
$[RH]_0$	0.1	0.5	2.0
$[RCHO]_0$	0.1	0.5	2.0
$[NO]_0$	0.5	0.5	0.5
$[NO_2]_0$	0.1	0.1	0.1

图 7-4 按基本反应机制的计算结果(Seinfield，1986)

1997 年该简化机制增加至 20 个，主要有

引发反应：

$$NO_2 + h\nu \longrightarrow NO + O$$

$$O + O_2 \xrightarrow{M} O_3$$

$$O_3 + NO \longrightarrow NO_2 + O_2$$

自由基形成：

$$O_3 + h\nu \longrightarrow O(^1D) + O_2$$

$$O(^1D) + H_2O \longrightarrow 2HO\cdot$$

$$HCHO + h\nu \longrightarrow HO_2\cdot + CO \longrightarrow H_2O + CO$$

自由基传递反应：

$$RH + HO\cdot \longrightarrow RO_2\cdot + H_2O$$

$$HCHO + HO\cdot \longrightarrow HO_2\cdot + H_2O + CO$$

$$RCHO + HO\cdot \longrightarrow RC(O)O_2\cdot + H_2O$$

$$RO_2\cdot + NO \longrightarrow NO_2 + HO_2\cdot + RO$$

$$RC(O)O_2\cdot + NO \longrightarrow NO_2 + RO_2\cdot + CO_2$$

$$RO + O_2 \longrightarrow R'CHO + HO_2\cdot$$

$$HO_2\cdot + NO \longrightarrow NO_2 + HO\cdot$$

终止反应：

$$HO\cdot + NO_2 \xrightarrow{M} HNO_3$$

$$HO_2\cdot + HO_2\cdot \longrightarrow H_2O_2 + O_2$$

$$RO_2\cdot + HO_2\cdot \longrightarrow ROOH + O_2$$

$$RC(O)O_2\cdot + NO_2 \xrightarrow{M} RC(O)O_2NO_2$$

$$RC(O)O_2NO_2 \longrightarrow RC(O)O_2 + NO_2$$

$$HO_2\cdot + O_3 \longrightarrow HO\cdot + 2O_2$$

概括起来，光化学烟雾形成的必需条件：①有引起光化学反应的紫外线；②有烃类特别是烯烃的存在能引起光化学烟雾；③有 NO_x 参加，导致形成烟雾起始的光化学反应。

2. 臭氧生成机制

为了解臭氧生成机制，研究者进行了大量现场观测和数值模拟工作。研究表明，NO 和 VOCs 是臭氧生成的重要前体物，同时气象条件和污染源排放也会影响臭氧的生成。

在城市典型大气条件下，NO_2 与 HO· 的反应速率常数为 1.7×10^{10}（体积分数）min^{-1}，而 VOCs 与 HO· 的反应速率常数约为 3.1×10^9（体积分数）min^{-1}（以 C 计），VOCs+HO· 与 NO_2+HO· 反应速率常数的比值约为 5.5（该比值随污染源排放和气象条件而变化）。因此，当 VOCs/NO<5.5 时，NO_2 与 HO· 的反应就比 VOCs 与 HO· 的反应快，NO_2 与 HO· 反应从 VOCs 氧化循环中去除了 HO·，从而抑制 O_3 的生成，在此条件下，减少 NO_x 有利于 O_3 的生成。

相反，当 VOCs/NO$_x$>5.5，HO· 主要与 VOCs 反应，减少 NO$_x$ 将有利于过氧自由基之间的反应，从而通过去除自由基而阻碍 O$_3$ 的生成。

通常，增加 VOCs 浓度就意味着产生更多的 O$_3$；增加 NO$_x$ 则由于 VOCs 与 NO$_x$ 比值的不同，会对 O$_3$ 产生促进或阻碍作用。在一定 VOCs 浓度下，存在一个特定的 NO$_x$ 浓度，使产生的 O$_3$ 浓度最高。以此 O$_3$ 峰值和初始 NO$_x$ 和碳氢化合物浓度作图可绘出 O$_3$ 峰值的等浓度曲线，如图 7-5 所示，该曲线称为 EKMA（empirical kinetic modeling approach）曲线，反映了 O$_3$ 生成与前体物之间的关系。该图有如下假设：①碳氢化合物包括乙烯、丁烷（含量为 1∶3）和醛类（占总量的 50%）；②初始 NO$_2$ 的浓度为 NO$_x$ 的 25%；③计算时考虑了日照强度的变化从 8∶00 到 17∶00，纬度为北纬 34°；④模拟过程中不断有新鲜的污染物加入；⑤15∶00前稀释速率为 3%，15∶00 后无稀释；⑥O$_3$ 输送忽略。

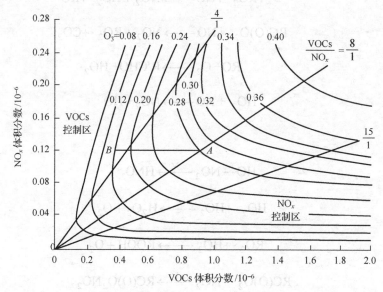

图 7-5　EKMA 方法中的臭氧等浓度曲线

将图 7-5 中各等浓度线的转折点连接成一线，即 VOCs/NO$_x$≈8∶1，为脊线，脊线上各点均有同一 VOCs/NO$_x$ 比值。脊线将图分为两部分，从图右边可见，当 NO$_x$ 浓度固定时，VOCs 浓度改变对 O$_3$ 影响不大，但 NO$_x$ 的减少会导致 O$_3$ 的减少，即 O$_3$ 生成处于 NO$_x$ 控制区。此外，若两者同时减少，则 O$_3$ 也会减少。但在脊线左边，NO$_x$ 维持不变，降低 VOCs 浓度，O$_3$ 就会显著减少，即 O$_3$ 生成处于 VOCs 控制区。若两者同时降低且维持同一比值，则 O$_3$ 也降低。当 VOCs/NO$_x$ 低至<4∶1 时，减少 NO$_x$，O$_3$ 会增加，直至达到脊线，即存在 NO$_x$ 减少的不利效应。

图 7-5 也可以用来预测 O$_3$ 浓度改变所要求的 VOCs 和 NO$_x$ 的改变。例如，如果某城市 VOCs/NO$_x$≈8∶1，O$_3$ 的设计值（即当地当天得到的 O$_3$ 小时平均浓度中第二个最高值）为 $0.28×10^{-6}$（体积分数），即图中 A 点。要想不改变 NO$_x$ 而使 A 值达到一级标准 $0.16×10^{-6}$（B 点），则需减少约 52% 的 VOCs。

通常，在大城市的城区及其附近较小的范围内，VOCs 控制下的 O$_3$ 生成贡献显著，一般浓度水平较高，是区域 O$_3$ 高值的主要来源，表明上述地区 O$_3$ 生成对 VOCs 的源排放和浓度水平比较敏感；在城市郊区和广大的农村地区，NO$_x$ 控制下的 O$_3$ 生成逐渐变得重要，甚至超过 VOCs 控制下的 O_3 生成贡献，在这些地区，NO_x 的源排放和浓度水平成为控制 O_3 生成的重要因素。

案例 7.2

臭氧生成的评价指标

VOCs 是 O_3 生成的重要前体物，但其组成非常复杂，在大气中已检测出上千种。各组分在臭氧生成中的贡献大小不仅与其大气浓度有关，也与其光化学反应活性、大气中自由基浓度等因素相关。VOCs 组分的反应活性大致有如下规律：内双键的烯烃>二烷基或三烷基芳烃>乙烯>单烷基芳烃>C_5 和 C_8 以上烷烃>$C_2 \sim C_5$ 烷烃。综合衡量指标有以下几种。

1. 等效丙烯浓度

$$VOCs_{等效丙烯浓度} = \left[VOCs_{(i)}\right] \times \frac{K_{HO}(VOCs_{(i)})}{K_{HO}(丙烯)}$$

式中：$[VOCs_{(i)}]$ 为组分 i 的浓度；$K_{HO}(VOCs_{(i)})$ 为组分 i 与 HO· 的反应速率常数；$K_{HO}(丙烯)$ 为丙烯与 HO· 的反应速率常数。

2. HO· 消耗速率

$$L_{HO} = \left[VOCs_{(i)}\right] \times K_{HO}(VOCs_{(i)})$$

式中：$[VOCs_{(i)}]$ 为组分 i 的浓度；$K_{HO}(VOCs_{(i)})$ 为组分 i 与 HO· 的反应速率常数。

3. VOCs 增量反应活性

$$IR = \frac{d[O_3]}{d[VOCs_{(i)}]}$$

式中：IR 为 VOCs 增量反应活性(incremental reactivity)，即在给定空气团的 VOCs 混合物中，加入或去除单位组分 i 后所产生 O_3 浓度的变化。

等效丙烯浓度和 HO· 消耗速率是将所有 VOCs 置于平等的基点上进行比较，同时考虑组分的浓度和与 HO· 的反应速率常数，属于 VOCs 活性分析方法。但是该方法未考虑 HO· 引发反应之后的后续反应，也忽略了大气中其他反应过程如光解反应、NO_3 和 O_3 与 VOCs 的反应以及生成有机硝酸酯和 PAN 等对 NO_x 去除而减少的 O_3 生成潜势。VOCs 增量反应活性则更为准确地反映组分 i 所生成的 O_3 的量，对控制 VOCs 排放从而减轻 O_3 污染提供更有针对性的建议。

7.5.3 光化学烟雾的化学动力学机理

从化学的观点，光化学烟雾污染化学实际上就是碳氢化合物在氮氧化合物和日光作用下缓慢燃烧的氧化过程，并同时形成一定量的臭氧。在此过程中，一些自由基特别是 HO· 起很重要的作用。整个氧化过程可用图 7-6 简单表示。

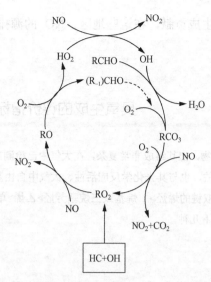

图 7-6　在光化学烟雾形成过程中碳氢化合物氧化途径示意图(王晓蓉，1993)

纯反应：$RCHO + 3NO + 3O_2 \longrightarrow (R_{-1})CHO + 3NO_2 + CO_2 + H_2O$

光化学烟雾化学动力学机理实际上就是碳氢化合物的气相光化学缓慢氧化的化学动力学机理。整个详细的反应过程十分复杂，但大致可包括 NO_2-NO-O_3 循环，O 与无机粒子的反应，NO_2、N_2O_5、HNO_2、HNO_3 化学，HO· 与无机粒子的反应，自由基形成反应，烃类氧化反应，醛类氧化反应，NO 氧化反应，自由基消除反应和其他反应。

随着光化学烟雾化学动力学机理的研究深入，相关学者提出了多种不同类型的机理。根据不同的实验手段和使用目的，大致可分为以下两种类型。

1) 归纳机理(generalized mechanisms)

它把有机物按其分子结构或化学键特性分类，用一个假想的化合物或某一典型化合物代表，这样可以把有机物的物种数降低到最小的程度，减少整个机理的反应式数量及反应种数，节约计算时间，常用于纯反应大气质量模式中。

2) 特定机理(explicit mechanisms)

它分别处理所有的化学反应和参与反应的物种，一般用于研究烟雾箱的模拟实验，也作为确定归纳机理的基础，因为归纳机理是特定机理经过删减和合并来的；有时大气质量模式也应用特定机理，这时它把同类有机物(如烯烃)以本类中的一个(如丙烯)来代表。研究较多的特定机理有丙烯、异丁烯、正丁烷、甲苯或几种烃化合物的混合物与 NO_x 和空气的体系。

Atkinson 等(1982)发展了一个包括 84 个反应、SO_2 参与反应的光化学烟雾形成化学动力学机理，并打算把它用于大气质量模式中。他们认为特定机理用于大气质量模式太费时，但过去的归纳机理又过于简单，因此提出了一个介于此两者之间的机理，把有机物分为 13 类，即不活泼烷烃(甲烷、乙烷)、丙烷、高级烷烃、甲醛、乙醛、高级醛、酮、乙烯、端烯、丙烯、苯、一烷基苯和二烷基苯(包括多烷基苯)，其中不活泼烷烃由于反应活性低不予考虑。

7.6　平流层化学

臭氧是平流层大气最关键的组分，绝大部分集中在地面上空 20～25km，如果把从地球

60km 上空中的所有臭氧集中在地球表面上也只能形成 3mm 厚的一层气体，其总质量约为 $3×10^9t$。臭氧层能吸收 99%以上紫外线，保护地球上的生命不受有害紫外线的伤害。图 7-7 表示大气层臭氧的垂直剖面，平流层中的臭氧处于形成与损耗的动态平衡。

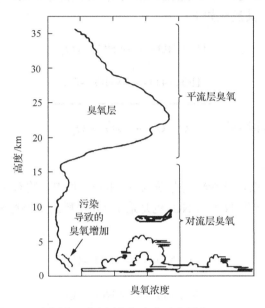

图 7-7　对流层和平流层臭氧变化示意图(WMO，2003)

20 世纪 60 年代由于超音速飞机的出现，平流层大气直接受飞机排出的水蒸气、氮氧化物等物质的污染。至 70 年代初，一些研究者提出了氮氧化物等物质的污染，又有一些研究者提出了氮氧化物分解臭氧的催化机理，开创了氮氧化物污染臭氧层的研究。随着氟氯烃作为冷冻剂、喷雾剂等受到广泛应用及其他长期滞留在对流层的痕量气体(二氧化碳、氧化亚氮、甲氧基、甲烷、四氯化碳等)进入平流层，它们在紫外线的辐照下，能同其他物质反应形成含氯、氟、氮、氢、溴的活性基，并剧烈地破坏臭氧。由于臭氧层对地球上的生命就像氧气和水一样重要，因此研究和探讨臭氧层保护机制，能够有力推动平流层光化学反应机理研究的发展。

7.6.1　平流层的化学反应

当大气层中没有其他化学物质存在时，臭氧在平流层的化学反应为

O_3 的生成
$$O_2 + h\nu \longrightarrow 2O \qquad (h\nu \leqslant 243nm)$$
$$O + O_2 + M \longrightarrow O_3 + M \qquad (M=N_2,O_2)$$

O_3 的消失
$$O_3 + h\nu \longrightarrow O_2 + O \qquad (h\nu \leqslant 320nm)$$
$$O_3 + O \longrightarrow 2O_2$$

这时臭氧的生成与破坏速度几乎相同。因此，在以往年代，大气中臭氧平均水平与分布状况变化很小，特别是平流层，臭氧的形成完全取决于阳光进入平流层的辐射能有多少。然而，由于大气中含有许多种其他如氧化氮、氯与氢这类痕量气体，能加速臭氧的分裂速度，而这些气体本身通过循环反应后仍然保持原状，起催化作用。下面几种催化过程均能

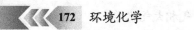

造成臭氧的损耗。

1) 水蒸气的影响（HO_x 循环）

平流层中存在的水蒸气，可与激发态氧原子形成含氢物质（H、OH 与 HO_2），这些物质可造成 O_3 损耗约 10%，其反应如下：

$$O_3 + HO\cdot \longrightarrow HO_2\cdot + O_2 \tag{7.6.1}$$

$$HO_2\cdot + O \longrightarrow HO\cdot + O_2 \tag{7.6.2}$$

净结果　　$O + O_3 \longrightarrow O_2 + O_2$

2) NO_x 的催化作用

平流层中的 N_2O 可被紫外线辐射分解为 N_2 和 O，其中，约有 1% 的 N_2O 又与激发态的氧原子结合，经氧化后产生 NO 和 NO_2 也是造成 O_3 损耗的重要过程，约占 O_3 总损耗量的 70%，其反应过程如下：

$$O + NO_2 \longrightarrow NO + O_2 \tag{7.6.3}$$

$$NO + O_3 \longrightarrow NO_2 + O_2 \tag{7.6.4}$$

净结果　　$O + O_3 \longrightarrow 2O_2$

3) 天然或人为的氯、溴和它们的氧化物（ClO 和 BrO）的催化作用

$$O + ClO \longrightarrow Cl + O_2 \tag{7.6.5}$$

$$Cl + O_3 \longrightarrow ClO + O_2 \tag{7.6.6}$$

净结果　　$O + O_3 \longrightarrow 2O_2$

1976 年美国科学院给出了平流层中 O_3 生成和损耗的天然过程（图 7-8）。

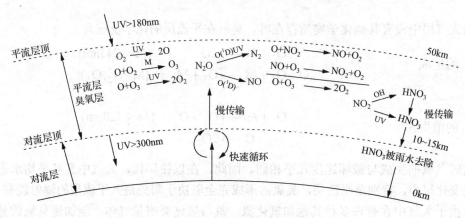

图 7-8　平流层中 O_3 的生成和损耗的天然过程（王晓蓉，1993）

有关资料表明，大气中氟氯烃类化合物 $CFCl_3$(F-11)、$CFCl_2$(F-12) 的浓度在 1976～1981 年分别增加 37%(至 187ppt) 和 31%(至 325ppt)，其大气寿命分别在 60 年和 110 年以上，因此可从地球表面和对流层逐渐传输至平流层，在 25～50km 高空，被紫外线辐射分解为 Cl 和 ClO，消耗 O_3。氟氯烃类化合物破坏 O_3 反应如下：

$$HCl \underset{CH_4, H_2}{\overset{OH}{\rightleftharpoons}} Cl \underset{O, NO}{\overset{O_3}{\rightleftharpoons}} ClO \overset{NO_2}{\rightleftharpoons} ClONO_2$$

$$HO_2, h\nu \qquad O(^1D)$$

$$CF_2Cl_2$$
$$CFCl_3$$

$$(7.6.7)$$

但 $Cl + CH_4 \longrightarrow HCl + CH_3\cdot$ 的反应对 Cl 破坏 O_3 过程起抑制作用，最近大气中 CH_4 浓度增加引起人们的关注。氟氯烃类(CFMs)化合物在平流层的归趋见图 7-9。

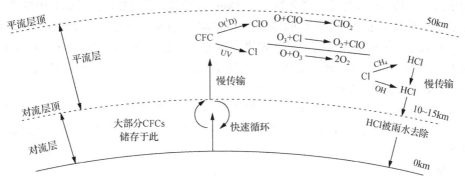

图 7-9　氟氯烃类在平流层的归趋示意图(王晓蓉，1993)

N_2O 破坏 O_3 的过程 (NO_x 循环) 为

$$N_2O + h\nu \longrightarrow N_2 + O(^1D) \qquad (\lambda < 337nm) \qquad (7.6.8)$$

$$\longrightarrow N_2 + O(^1S) \qquad (\lambda < 210nm) \qquad (7.6.9)$$

$$\longrightarrow NO + N(^4S) \qquad (\lambda < 250nm) \qquad (7.6.10)$$

$$N_2O + O(^1D) \longrightarrow N_2 + O_2 \qquad\qquad (7.6.11)$$

$$\longrightarrow 2NO \qquad\qquad (7.6.12)$$

$$NO + O_3 \longrightarrow NO_2 + O_2 \qquad\qquad (7.6.13)$$

$$NO_2 + O \longrightarrow NO + O_2 \qquad\qquad (7.6.14)$$

$$O_3 + O \longrightarrow 2O_2$$

式(7.6.8)～式(7.6.10)是由紫外线造成的光分解；式(7.6.11)和式(7.6.12)是和激发态氧原子的反应。在平流层光分解反应比式(7.6.11)和式(7.6.12)反应快两个数量级，因而 N_2O 分解的主要反应是式(7.6.8)～式(7.6.10)。另外式(7.6.10)只占 N_2O 全部光分解反应的 1%，但可生成 NO。式 (7.6.12) 也能生成 NO。这些 NO 按式 (7.6.13) 和式 (7.6.14) 循环反应使 O_3 分解，这就是现在探讨的 N_2O 破坏 O_3 的问题，目前尚未发现 CH_4 对 N_2O 破坏 O_3 有抑制作用。$HO\cdot$ 对 NO_x 有抑制作用，如式 (7.6.15) 所示，但 $HO\cdot$ 不像 CH_4 那样有稳定的供给源。

$$NO_2 + HO\cdot + M \longrightarrow HNO_3 + M$$

$$\downarrow$$

(7.6.15)

$$对流层 \xrightarrow{\text{冲洗}} 去除$$

7.6.2 南极"臭氧洞"现象及解释

　　1985 年，英国南极探险家 Farman 等发表 1957 年以来哈雷湾考察站 (南纬 76°，西经 27°) 臭氧总柱量测定数据，发现 1957～1973 年总臭氧量变化很小，约为 300D.U. (将 0℃，标准海平面压力下，10^{-5}m 厚的臭氧定义为 1 个 Dobson 单位，即 1D.U.)。而自 1975 年以来，每年冬末春初臭氧却出现异乎寻常的减少，至 1984 年总臭氧量已小于 200D.U.。随后，美国宇航局从人造卫星雨云 7 号的监测数据进一步证实，南极的臭氧均值在 1979～1985 年确实出现大幅减少，与周围臭氧浓度相比，就好像形成一个"洞"。因此，南极存在"臭氧洞" (ozone hole) 的现象便开始引起世界的关注。

　　南极上空平流层臭氧的损耗通常始于每年的 8 月 (南极的冬天)，在 10 月初 (南极的春天到来时节) 前后损耗达到极大，到同年的 12 月左右，臭氧层空洞的现象又逐渐消失。有一个科学定义被大家所公认，即当臭氧柱浓度降低到正常水平的 2/3 (220D.U.) 时，该地区出现了臭氧洞。

　　从观测数据来看 (图 7-10)，1985 年后，南极地区总臭氧量仍然在继续减少。据 USEPA 估计，1987 年南极上方臭氧层被破坏面积已超过 10%；此外，臭氧的减少开始向赤道方向扩展，接近南纬 20°。20 世纪 80 年代后，南极臭氧洞几乎每年季节性的发生，臭氧洞的面积在过去 20 年中增长了 10 倍。2003 年，WMO 给出了南极臭氧总量最小值变化和南极臭氧洞覆盖最大面积及持续时间的变化曲线 (图 7-11)。臭氧浓度最低值曾达到 100D.U.左右，臭氧洞面积的历史最大值出现在 2000 年，超过北美洲的面积。同时，臭氧洞持续的时间也越来越长。

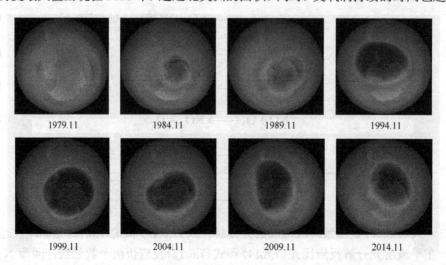

图 7-10　南极地区每年 11 月总臭氧的月均值变化 (NASA: http://ozonewatch.gsfc.nasa.gov/)

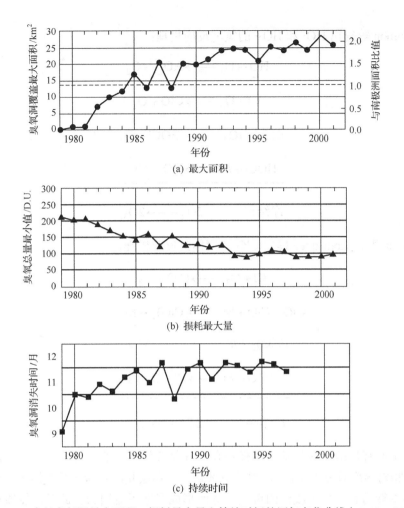

(a) 最大面积

(b) 损耗最大量

(c) 持续时间

图 7-11　南极臭氧洞最大面积、损耗最大量和持续时间的历年变化曲线(WMO，2003)

通常认为氟氯烃类物质是导致平流层臭氧消耗的"罪魁祸首"。那么如何解释进入平流层的 Cl_x 的活性释放及其对 O_3 的消耗？南极又存在怎样的特殊条件使得主要在北半球排放的臭氧损耗物质集中到南极并造成严重的臭氧洞？美国宇航局弗吉尼亚州汉普顿芝利中心 Callis 和 Natarajan(1986)曾提出南极臭氧层的破坏与强烈的太阳活动有关的太阳活动学说。麻省理工学院 Tung 等则认为是南极存在独特的大气环境造成冬末初春臭氧耗竭，提出了大气动力学学说。Solomon 等(1986)和 McElroy 等(1986)观察到南极平流层气溶胶的增长和臭氧的减少有很好的相关性。现将几位科学家提出的损耗臭氧作用机理介绍如下。

(1)McElroy 等提出氯和溴的协同作用机理：

$$Cl + O_3 \longrightarrow ClO + O_2 \tag{7.6.16}$$

$$Br + O_3 \longrightarrow BrO + O_2 \tag{7.6.17}$$

$$ClO + BrO \longrightarrow Cl + Br + O_2 \tag{7.6.18}$$

净结果　　$2O_3 \longrightarrow 3O_2$

(2) Solomon 等提出 HO· 和 HO$_2$· 的氯链反应机理：

$$HO \cdot + O_3 \longrightarrow HO_2 \cdot + O_2 \tag{7.6.19}$$

$$Cl + O_3 \longrightarrow ClO + O_2 \tag{7.6.20}$$

$$ClO + HO_2 \cdot \longrightarrow HOCl + O_2 \tag{7.6.21}$$

$$HOCl + h\nu \longrightarrow HO \cdot + Cl \tag{7.6.22}$$

净结果　　　$3O_2 \longrightarrow 2O_3$

(3) Molina 等和 Rodriquez 提出 ClO 二聚体链反应机理：

$$Cl + O_3 \longrightarrow ClO + O_2 \tag{7.6.23}$$

$$ClO + ClO + M \longrightarrow (ClO)_2 + M \tag{7.6.24}$$

$$(ClO)_2 + h\nu \longrightarrow Cl + ClOO \tag{7.6.25}$$

$$ClOO + M \longrightarrow Cl + O_2 + M \tag{7.6.26}$$

净结果　　　$2O_3 \longrightarrow 3O_2$

以上提出所有氯链反应是基于南极特有的气象条件进行的非均相反应。平流层的空气极为干燥，相对湿度只有1%左右，但其下部存在一薄层超冷水状硫酸气溶胶，这使得在极地漫长的冬季期间有水分子凝结的可能，进而形成极地平流层云。此时，氯原子的临时储库分子(ClONO$_2$ 和 HCl)可发生如下反应，释放出活性形式的氯。

$$ClONO_2(g) + HCl(s) \longrightarrow Cl_2(g) + HNO_3(s) \tag{7.6.27}$$

$$HOCl(g) + HCl(s) \longrightarrow Cl_2(g) + H_2O(s) \tag{7.6.28}$$

$$ClONO_2(g) + H_2O(s) \longrightarrow HOCl(g) + HNO_3(s) \tag{7.6.29}$$

$$N_2O_5(g) + H_2O(s) \longrightarrow 2HNO_3(s) \tag{7.6.30}$$

$$N_2O_5(g) + HCl(s) \longrightarrow ClNO_2(g) + HNO_3(s) \tag{7.6.31}$$

式中：s 为固相；g 为气相。

通过式(7.6.30)和式(7.6.31)，含氮的组分向颗粒相的 HNO$_3$ 转化，而在平流层的气相过程中，N$_2$O$_5$ 和 NO$_2$ 之间存在化学平衡：

$$2N_2O_5 \rightleftharpoons 4NO_2 + O_2 \tag{7.6.32}$$

因此，平流层中丰富的氮氧化物不断转化成 HNO$_3$ 并迁移到平流层云中固定，并与水分子结合成冰晶，从而从气相清除进入颗粒相。这样的颗粒物不断长大后自平流层沉降到低层而被去除，导致反应向着活性分子形态的氯富集的方向进行。原本以化学惰性的储库分子存在的含氯化合物以极易光解的 HOCl 和 Cl_2 气态的形式释放出来，暂时保留在云中。当南极早春来临，极地太阳升起时，这些活性组分在可见光和近紫外光的作用下，释放出氯原子，促进臭氧的催化循环，导致大面积、大量的臭氧损耗。含溴化合物也有类似的机理。

20 世纪 80 年代，国际社会签署《关于消耗臭氧层物质的蒙特利尔议定书》来减少最重要的臭氧损耗物质氟利昂的使用，1996 年 1 月，氟利昂等氟氯烃类正式被禁止生产。但是氟氯烃类在大气中的停留时间长达数十年，美国国家海洋和大气管理局(NOAA)预测，直到 2050 年才可能实现南极臭氧洞的完全恢复。2012 年，美国宇航局检测到臭氧总量最小值为过去 20 年来的第二高，意味着南极臭氧浓度逐渐趋于良性变化。

7.6.3　北极上空的臭氧损耗

北极臭氧损耗的研究始于 1980 年，通过飞机、地面、卫星等多种手段对北极的冬季(每年 3 月前后)的观测发现，北极臭氧层虽然未像南极一样出现空洞，但已出现多次的浓度下降。1997~1998 年，北极地区的臭氧总量下降到 354D.U.，较其他年份出现显著的偏低，研究者推论可能与当时北极的低温持续时间较长有关。

由于冬季极地涡旋和极低气温的差异，北极臭氧损耗不如南极明显。如前所述，极地平流层云的形成是南极臭氧洞出现的前提。由于北极地形多为大陆环绕的永冻水域，海陆温差大，赤道和极地的空气混合较好，因此北极的极地涡旋不像南极那样与外部空气隔绝。而且，北极冬季中期就开始变暖，在太阳光照分解氯、溴化合物释放活性原子之前，极地涡旋就开始减弱消失，从而避免大面积的臭氧损耗。所以对于北极而言，通常的变化规律是冬季温度低、臭氧损耗大，温度高、损耗相对较小。

近期，Manney 等(2011)的研究发现 2011 年春季北极上空臭氧浓度出现了显著的损耗，在 18~20km 超过了 80%。这是北极臭氧观测史上的第一次，甚至堪比南极臭氧层空洞。该年冬春交替期存在异常强烈的平流层极地涡旋和超长时间的连续寒冷。图 7-12 给出的是北极上空低平流层 HNO_3、HCl、ClO、O_3 的浓度变化，其中深色和浅色线条分别代表 2010~2011 年、2004~2005 年污染物的变化趋势。由于极地平流层云持续时间较长，HNO_3 得以进入颗粒相并沉降去除，因此春季云层消失后，HNO_3 浓度出现一定下降。此外，HCl 的降低和 ClO 的增加意味着活性氯原子增长，这种氯活化的程度与南极发生的现象相当。可以看出 2011 年 3 月末 O_3 浓度比 2005 年同期下降了约 0.9ppm。尽管北极上空的臭氧损耗还未像南极臭氧洞一样严重，但并不能排除今后出现恶化的可能。

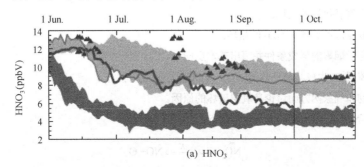

(a) HNO_3

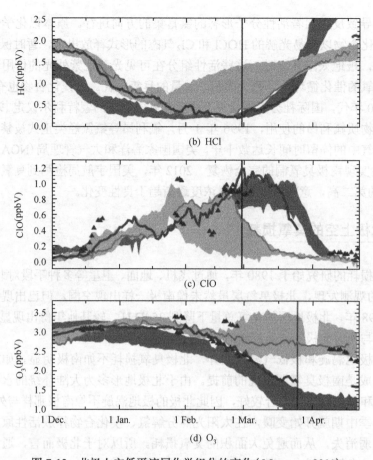

图 7-12　北极上空低平流层化学组分的变化（Manney，2011）

本章基本要求

本章介绍了大气中主要气相反应。要求了解大气光化学反应基本原理；掌握氮氧化物主要气相反应，NO、NO₂ 和 O₃ 的基本光化学循环，以及硫氧化物和有机物的主要气相反应；了解和掌握光化学烟雾形成条件及机制，平流层 O₃ 的生成和损耗的基本反应和臭氧层破坏的基本原理。

思考与练习

1. 请谈谈对大气氧化性的认识。

2. 请结合第 6 章讨论大气中 HO· 的循环。

3. 请分析光化学烟雾的形成条件并写出基本反应。

4. 请分析对流层 O₃ 生成与其前体物(NOₓ、VOCs)之间的关系。

5. 请从污染物和气象两方面讨论臭氧层破坏的原因。

6. 已知 NO、NO₂ 和 HCHO 的大气反应如下：

$$NO_2 + h\nu \xrightarrow{\ K_1\ } NO + O$$

$$O + O_2 + M \xrightarrow{K_2} O_3 + M$$

$$O_3 + NO \xrightarrow{K_3} NO_2 + O_2$$

$$HCHO + h\nu \xrightarrow{K_{4a}} 2HO_2 \cdot + CO$$

$$\xrightarrow{K_{4b}} H_2O + CO$$

$$HCHO + HO \cdot \xrightarrow{K_5} HO_2 \cdot + CO + H_2O$$

$$HO_2 \cdot + NO \xrightarrow{K_6} NO_2 + HO \cdot$$

$$HO \cdot + NO_2 \xrightarrow{K_7} HNO_3$$

请用稳态近似法(PSSA)处理，给出稳态时$[O_3]$、$[OH \cdot]$和$[HO_2 \cdot]$的表达式及 NO、NO_2 和 HCHO 的动力学方程。

第 8 章 液相大气化学

大气化学的一个重要方面是发生在大气颗粒物和液滴上的反应,多数重要的颗粒物相化学都涉及液态水的存在。在液相反应中化学转化的实质是氧化作用。除了单步的基本反应外,在液相中有大量快速平衡,而且液相大气化学包括中性游离基、自由基离子、非自由基离子和非自由基、非离子形态的 H_2O_2 和 O_3。在大气颗粒物内或颗粒物上发生的反应同时涉及多相反应出现在两相之间(气-液、气-固或液-固),因此多相反应在液相大气化学中也是很重要的。

本章主要讨论硫的液相转化。由污染源排放出的 SO_2(可能还有少量 SO_3),如果有水存在时,就可迅速转化为硫酸。在气相反应中,SO_2 可以与 OH· 或其他自由基反应生成 H_2SO_4,以这种方式生成 H_2SO_4 分子将很快获得水蒸气和集结成很小的 H_2SO_4/H_2O 粒子或凝聚在颗粒物上。SO_2 也可被吸附在干或湿的颗粒物或液滴上,然后在颗粒物相上被氧化成硫酸盐。另外,NO_x 的液相转化和酸沉降化学也将在本章一并介绍。

8.1 二氧化硫的液相反应

8.1.1 SO_2 的液相平衡

$$SO_2(g) + H_2O \longrightarrow SO_2 \cdot H_2O \tag{8.1.1}$$

$$SO_2 \cdot H_2O \rightleftharpoons H^+ + HSO_3^- \tag{8.1.2}$$

$$HSO_3^- \rightleftharpoons H^+ + SO_3^{2-} \tag{8.1.3}$$

相应的平衡常数为

$$K_{hs} = \frac{[SO_2 \cdot H_2O]}{p_{SO_2}} \qquad K_{hs} = 1.24 \, \text{mol}/(L \cdot atm)$$

$$K_{s1} = \frac{[H^+][HSO_3^-]}{[SO_2 \cdot H_2O]} \qquad K_{s1} = 1.32 \times 10^{-2} \, \text{mol}/L$$

$$K_{s2} = \frac{[H^+][SO_3^{2-}]}{[HSO_3^-]} \qquad K_{s2} = 6.42 \times 10^{-8} \, \text{mol}/L$$

根据亨利定律,就可获得各可溶态形态的浓度:

$$[SO_2 \cdot H_2O] = K_{hs} p_{SO_2} \tag{8.1.4}$$

$$[\mathrm{HSO_3^-}]=\frac{K_{s1}[\mathrm{SO_2 \cdot H_2O}]}{[\mathrm{H^+}]}=\frac{K_{hs}K_{s1}p_{so_2}}{[\mathrm{H^+}]} \tag{8.1.5}$$

$$[\mathrm{SO_3^{2-}}]=\frac{K_{s2}[\mathrm{HSO_3^-}]}{[\mathrm{H^+}]}=\frac{K_{hs}K_{s1}K_{s2}p_{so_2}}{[\mathrm{H^+}]^2} \tag{8.1.6}$$

总的四价硫浓度为

$$[\mathrm{S(IV)}]=[\mathrm{SO_2 \cdot H_2O}]+[\mathrm{HSO_3^-}]+[\mathrm{SO_3^{2-}}] \tag{8.1.7}$$

式 (8.1.7) 可改写为

$$[\mathrm{S(IV)}]=K_{hs}p_{so_2}\left(1+\frac{K_{s1}}{[\mathrm{H^+}]}+\frac{K_{s1}K_{s2}}{[\mathrm{H^+}]^2}\right) \tag{8.1.8}$$

注意，这里 K_{hs} 表示 SO_2 的亨利常数 $H_{\mathrm{SO_2}}$，因此可以用一个变化的亨利常数 $H_{\mathrm{S(IV)}}^*$ 表示方程式 (8.1.8)：

$$[\mathrm{S(IV)}]=H_{\mathrm{S(IV)}}^* p_{so_2} \tag{8.1.9}$$

由式 (8.1.9) 可看出，$H_{\mathrm{S(IV)}}^*$ 总是大于 $H_{\mathrm{SO_2}}$，而且总可溶性四价硫浓度与 pH 有关。因此，可以计算出三个 S(IV) 形态的摩尔分数作为溶液 pH 的函数。

$$\alpha_{\mathrm{SO_2 \cdot H_2O}}=\frac{[\mathrm{SO_2 \cdot H_2O}]}{[\mathrm{S(IV)}]}=\left(1+\frac{K_{s1}}{[\mathrm{H^+}]}+\frac{K_{s1}K_{s2}}{[\mathrm{H^+}]^2}\right)^{-1} \tag{8.1.10}$$

$$\alpha_{\mathrm{HSO_3^-}}=\frac{[\mathrm{HSO_3^-}]}{[\mathrm{S(IV)}]}=\left(1+\frac{[\mathrm{H^+}]}{K_{s1}}+\frac{K_{s2}}{[\mathrm{H^+}]}\right)^{-1} \tag{8.1.11}$$

$$\alpha_{\mathrm{SO_3^{2-}}}=\frac{[\mathrm{SO_3^{2-}}]}{[\mathrm{S(IV)}]}=\left(1+\frac{[\mathrm{H^+}]}{K_{s2}}+\frac{[\mathrm{H^+}]^2}{K_{s1}K_{s2}}\right)^{-1} \tag{8.1.12}$$

图 8-1 给出可溶态 SO_2、HSO_3^-、SO_3^{2-} 四价硫形态的浓度分数与 pH 的关系。

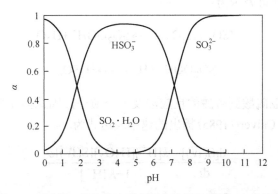

图 8-1 可溶态 S(IV) 的浓度和摩尔分数与溶液 pH 的关系

由图 8-1 可看出，在高的 pH 范围，S(Ⅳ)主要以 SO_3^{2-} 形态存在；在中间 pH 范围，S(Ⅳ)主要以 HSO_3^- 形态存在；在低的 pH 范围，S(Ⅳ)则主要以 $SO_2 \cdot H_2O$ 形态存在。实际上，由于 S(Ⅳ)在不同化学反应中存在着不同 S(Ⅳ)形态，如果在液相反应中出现 HSO_3^- 或 SO_3^{2-} 形态时，那么就可期望其反应速率将依赖于 pH。

8.1.2 SO₂ 的液相反应动力学

1. O₃ 对 SO₂ 的液相氧化

虽然对于 SO_2 在液相被 O_2 氧化问题研究较多，但其反应机制迄今仍不完全清楚。

在水溶液中 SO_2 可被 O_3 氧化：

$$HSO_3^- + O_3 \longrightarrow HSO_4^- + O_2$$

Larson 和 Harrison(1974)比较了 O_2 和 O_3 对 SO_2 的液相氧化反应后认为，在 $[O_3] \geqslant 0.05ppm$，pH<5.5 的条件下，O_3 氧化过程比 O_2 氧化过程更重要。由于在大气中液态水量比较小，在低于饱和湿度时 O_2 或 O_3 对 SO_2 的液相氧化都不足以快到能够产生较多的 SO_4^{2-}。只有在饱和条件下，液相氧化反应可能产生较多的 SO_4^{2-}。在云雾中若 $[O_3]=0.05ppm$、$[H_2O]=0.6g/cm^3$、$[SO_2]=0.01ppm$，SO_2 被 O_3 氧化的速率达每小时 1%~4%。

Hoffmann 和 Resch(1985)提出 S(Ⅳ)与可溶性臭氧的速率表达式为

$$-\frac{d[S(Ⅳ)]}{dt} = (K_0\alpha_0 + K_1\alpha_1 + K_2\alpha_2)[S(Ⅳ)][O_3] \tag{8.1.13}$$

式中：$\alpha_0 = \alpha_{SO_2 \cdot H_2O}$；$\alpha_1 = \alpha_{HSO_3^-}$；$\alpha_2 = \alpha_{SO_3^{2-}}$。

因此，速率表达式(8.1.13)可以改写为

$$-\frac{d[S(Ⅳ)]}{dt} = (K_0[SO_2 \cdot H_2O] + K_1[HSO_3^-] + K_2[SO_3^{2-}])[O_3] \tag{8.1.14}$$

式中：$K_0 = 2.4 \times 10^4 L/(mol \cdot s)$；$K_1 = 3.7 \times 10^5 L/(mol \cdot s)$；$K_2 = 1.5 \times 10^9 L/(mol \cdot s)$。

2. H₂O₂ 对 SO₂ 的液相氧化

H_2O_2 可能是 S(Ⅳ)最有效的氧化剂，尽管在溶液中氧化反应所涉及的 S(Ⅳ)形态还不确定，但通常氧化反应式可表示为

$$HSO_3^- + H_2O_2 \longrightarrow SO_2OOH^- + H_2O$$

$$SO_2OOH^- + H^+ \longrightarrow H_2SO_4$$

从反应式可看出，由亚硫酸到硫酸的反应涉及一个质子，因此当介质变得酸性更强时反应将加快。Hoffmann 和 Calvert(1985)提出的速率表达式为

$$-\frac{d[S(Ⅳ)]}{dt} = \frac{k[H^+][H_2O_2][S(Ⅳ)]\alpha_1}{1 + K[H^+]} \tag{8.1.15}$$

式中：$\alpha_1 = X_{HSO_3^-}$；$k = 7.45 \times 10^7 L/(mol \cdot s)$；当温度为 298K 时，$K = 13L/mol$。

由式(8.1.15)可看出，当 pH≫1 时，则 $(1+K[H^+])\approx1$，根据式(8.1.11)和式(8.1.2)，$[S(\text{IV})]\,\alpha_1=[HSO_3^-]$，$[H^+][HSO_3^-]=K_{s1}[SO_2\cdot H_2O]$。此时，可把式(8.1.15)改写为

$$-\frac{d[S(\text{IV})]}{dt}=kK_{s1}[SO_2\cdot H_2O][H_2O_2] \tag{8.1.16}$$

表明当 pH≫1 时，S(IV) 的氧化速率与 pH 无关；但当 pH≈1 时，则氧化速率随 pH 下降而降低。

3. 金属离子对 SO₂ 的液相催化氧化

在有某种过渡金属离子存在时，SO_2 的液相反应速率可能会增大，但这种催化氧化过程比较复杂，步骤较多，反应速率表达式多为经验式。现仅就报道较多的 Mn^{2+}、Fe^{3+} 等的催化氧化作简单介绍。

1) Mn²⁺ 的催化氧化

一般认为 Mn^{2+} 的催化作用较大。Matteson 等对 Mn^{2+} 的催化反应提出反应机制如下：

$$SO_2+Mn^{2+}\longrightarrow MnSO_2^{2+}$$

$$2MnSO_2^{2+}+O_2\longrightarrow 2MnSO_3^{2+}$$

$$MnSO_3^{2+}+H_2O\longrightarrow Mn^{2+}+H_2SO_4$$

总反应为

$$2SO_2+2H_2O+O_2\xrightarrow{Mn^{2+}}2H_2SO_4 \tag{8.1.17}$$

Hoffmann 和 Calvert(1985)提出，当 $[S(\text{IV})]\leqslant10^{-4}\text{mol/L}$，$[Mn(\text{II})]<10^{-5}\text{mol/L}$ 时，在有氧存在下 Mn^{2+} 催化氧化 S(IV) 的速率表达式为

$$-\frac{d[S(\text{IV})]}{dt}=K_2[Mn(\text{II})][S(\text{IV})]\alpha_1 \tag{8.1.18}$$

若 $[S(\text{IV})]>10^{-4}\text{mol/L}$，$[Mn(\text{II})]>10^{-5}\text{mol/L}$ 时，Mn^{2+} 催化氧化的速率表达式则为

$$-\frac{d[S(\text{IV})]}{dt}=K_1[Mn(\text{II})]^2[H^+]^{-1}\beta_1 \tag{8.1.19}$$

式中：$\alpha_1=X_{HSO_3^-}$；$K_2=3.4\times10^3\,\text{L/(mol·s)}$；$K_1=2\times10^9\,\text{L/(mol·s)}$；

$$\beta_1=\frac{[Mn_2(OH)^{3+}][H^+]}{[Mn^{2+}]}$$

在温度为 298K 时，$\lg\beta_1=-9.9$。

2) Fe³⁺ 的催化氧化

当氧存在时，Fe(III) 可以催化溶液中 S(IV) 的氧化作用，催化反应的固有速率(intrinsic rate)与溶液中 S(IV) 和 Fe(III) 的浓度、pH、离子强度、温度有关，同时对溶液中存在某些阴离子(如 SO_4^{2-})和阳离子(如 Mn^{2+})也很敏感。研究表明，当 pH≤4 时，Fe(III) 催化 O_2 氧化 S(IV) 的速率可表示为

$$-\frac{d[S(\mathrm{IV})]}{dt}=K[Fe(\mathrm{III})][S(\mathrm{IV})]\alpha_2 \tag{8.1.20}$$

式中：$\alpha_2=X_{SO_3^{2-}}$；当温度为 298K 时，$K=1.2\times10^8\,L/(mol\cdot s)$。

可溶性 Fe(II) 在低的 pH 条件下可催化 S(IV) 的氧化作用，但必须经历一个诱发期，即开始发生氧化作用之前，需使 Fe(II) 氧化为 Fe(III)。当 pH>4.5 时，铁的溶解度明显减少，主要以凝聚的 $Fe(OH)_3$ 或 Fe_2O_3 形式存在。Martin(1984) 确定了在 pH=5 时 Fe(III) 催化氧化 S(IV) 的速率表达式：

$$\frac{d[SO_4^{2-}]}{dt}=5\times10^5[Fe^{3+}(aq)][S(\mathrm{IV})] \tag{8.1.21}$$

3) Fe^{3+} 和 Mn^{2+} 共存时的催化氧化

当 Fe^{3+} 和 Mn^{2+} 同时存在于亚硫酸盐溶液中，S(IV) 的氧化速率比用 Fe^{3+} 和 Mn^{2+} 单独催化形成硫酸盐的速率之和要快 3～10 倍，表明存在着协同效应，其速率表达式可写为

$$\frac{d[SO_4^{2-}]}{dt}=4.7[H^+]^{-1}[Mn^{2+}]^2+0.82[H^+]^{-1}[Fe^{3+}][S(\mathrm{IV})]$$
$$+\left(1+\frac{1.7\times10^3[Mn^{2+}]^{1.5}}{6.31\times10^{-6}+[Fe^{3+}]}\right)[S(\mathrm{IV})] \tag{8.1.22}$$

注意，式 (8.1.22) 速率方程仅适用于 $[S(\mathrm{IV})]>10^{-6}\,L/mol$。此外，$NO_2$、$HNO_2$ 等都可能是 S(IV) 的氧化剂，使 S(IV) 氧化形成硫酸盐。

4) SO_2 液相氧化途径的比较

由于各种液相反应和多相反应的速率有很大的不确定性，因此精确地定量评价各反应对 S(IV) 氧化的贡献是不可能的，但可以粗略地对 SO_2 液相氧化的不同途径进行比较。图 8-2 描述了在 $p_{SO_2}=5\times10^{-9}$、$T=298K$ 情况下各种氧化途径的相对氧化速率随 pH 的变化关系。

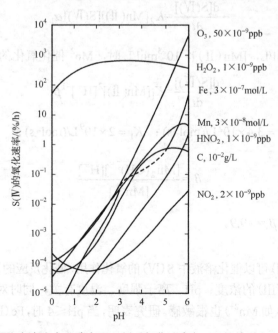

图 8-2　S(IV) 在溶液中和碳表面上相对氧化速率与 pH 的关系 (Martin，1984)

由图 8-2 可看出，H_2O_2 氧化 S(Ⅳ) 在 pH<5 时是最有效的途径，当 pH>5 时，O_3 氧化 S(Ⅳ) 比 H_2O_2 快 10 倍。Fe^{3+} 和 Mn^{2+} 催化 O_2 氧化 S(Ⅳ) 在高 pH 下可能比较重要，但因为速率表达式在高 pH 情况下的不确定性，所以不能得到肯定的结论。在所研究的 pH 范围内及气态 NO_2 和 HNO_2 浓度水平上，NO_2 和 HNO_2 对氧化 S(Ⅳ) 不重要。碳的催化氧化对 S(Ⅳ) 的氧化速率在较低的 pH 情况下与 Fe^{3+} 和 Mn^{2+} 相当。

8.2　氮氧化物的液相反应

8.2.1　NO_x 的液相平衡

$$NO(g) \rightleftharpoons NO(aq) \tag{8.2.1}$$

$$NO_2(g) \rightleftharpoons NO_2(aq) \tag{8.2.2}$$

随后，可溶性的 NO 和 NO_2 可以结合为

$$2NO_2(aq) \rightleftharpoons N_2O_4(aq)$$

$$NO(aq) + NO_2(aq) \rightleftharpoons N_2O_3(aq)$$

进一步生成 NO_2^- 和 NO_3^-：

$$N_2O_4(aq) + H_2O \rightleftharpoons 2H^+ + NO_2^- + NO_3^-$$

$$N_2O_3(aq) + H_2O \rightleftharpoons 2H^+ + 2NO_2^-$$

略去 $N_2O_4(aq)$ 和 $N_2O_3(aq)$ 形态，可获得简化方程：

$$2NO_2(aq) + H_2O \rightleftharpoons 2H^+ + NO_2^- + NO_3^- \tag{8.2.3}$$

$$NO(aq) + NO_2(aq) + H_2O \rightleftharpoons 2H^+ + 2NO_2^- \tag{8.2.4}$$

上述方程表明，可以通过两种途径获得 NO_2^- 和 NO_3^-。

因此，对于 NO-NO_2 体系，反应式(8.2.3)和式(8.2.4)的液相平衡如下：

$$2NO_2(g) + H_2O \rightleftharpoons 2H^+ + NO_2^- + NO_3^- \tag{8.2.5}$$

$$NO(g) + NO_2(g) + H_2O \rightleftharpoons 2H^+ + 2NO_2^- \tag{8.2.6}$$

从式(8.2.5)和式(8.2.6)可获得 NO_3^- 和 NO_2^- 体系在平衡时的比值。

液相氮氧化物体系的反应平衡常数值列于表 8-1 中。

$$\frac{[NO_3^-]}{[NO_2^-]} = \frac{p_{NO_2}}{p_{NO}} \times \frac{K_1}{K_2} \tag{8.2.7}$$

式中：$K_1/K_2 = 0.74 \times 10^7 (298K)$。

表 8-1　氮氧化物液相反应的平衡常数（唐孝炎，2006）

反应	反应平衡表达式	反应平衡常数
$NO(g) \rightleftharpoons NO(aq)$	$H_{NO} = \dfrac{[NO]}{p_{NO}}$	$1.93 \times 10^{-3} mol/(L \cdot atm)$
$NO_2(g) \rightleftharpoons NO_2(aq)$	$H_{NO_2} = \dfrac{[NO_2]}{p_{NO_2}}$	$1.0 \times 10^{-2} mol/(L \cdot atm)$
$2NO_2(aq) \rightleftharpoons N_2O_4(aq)$	$K = \dfrac{[N_2O_4]}{[NO_2]^2}$	$7 \times 10^4 L/mol$
$NO(aq) + NO_2(aq) \rightleftharpoons N_2O_3(aq)$	$K = \dfrac{[N_2O_3]}{[NO][NO_2]}$	$3 \times 10^4 L/mol$
$2NO_2(aq) + H_2O(l) \longrightarrow 2H^+ + NO_2^- + NO_3^-$	$R_{12} = k_{12}[NO_2]^2$	$7 \times 10^7 mol/(L \cdot atm)$
$NO(aq) + NO_2(aq) + H_2O(l) \longrightarrow 2H^+ + 2NO_2^-$	$R_{13} = k_{13}[NO][NO_2]$	$3 \times 10^7 mol/(L \cdot atm)$

注：1atm=101325Pa。

图 8-3 显示出水溶液中氮氧化合物反应区域与 p_{NO} 和 p_{NO_2} 的关系，说明在某一 pH 下，p_{NO} - p_{NO_2} 图上不同反应的优势区域。

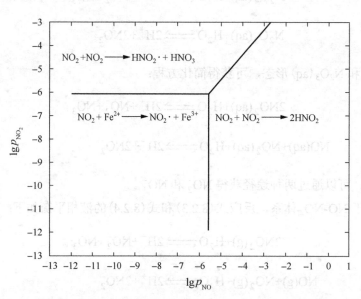

图 8-3　水溶液中氮氧化合物反应区域与 p_{NO} 和 p_{NO_2} 的关系(Seinfeld，1986)

NO 和 NO_2 在液相中的平衡比较复杂。在一定气象条件下，NO 和 NO_2 在液相表面吸附并发生氧化的作用不明显，反应也比较缓慢。NO 和 NO_2 反应的平衡常数列于表 8-1 中。相对于 NO_x 在气相中的反应，它们在液相中的反应速率很慢，对于 NO_x 的氧化去除及液相中的硝酸盐贡献不大。

8.2.2　NH_3 和 HNO_3 的液相平衡

1）NH_3 的液相平衡

$$NH_3(g)+H_2O \underset{}{\overset{K_{ha}}{\rightleftharpoons}} NH_3 \cdot H_2O \qquad K_{ha}=6.12 \times 10^{-4} mol/(L \cdot Pa)$$

$$NH_3 \cdot H_2O \underset{}{\overset{K_b}{\rightleftharpoons}} OH^- + NH_4^+ \qquad K_b=\frac{[OH^-][NH_4^+]}{[NH_3 \cdot H_2O]}=1.75 \times 10^{-5} mol/L$$

因此，总可溶氨浓度[N(Ⅲ)]为

$$[N(Ⅲ)]=[NH_3 \cdot H_2O]+[NH_4^+]=[NH_3 \cdot H_2O]\left(1+\frac{K_b}{[OH^-]}\right)=K_{ha} \cdot p_{NH_3}\left(1+\frac{K_b[H^+]}{K_w}\right) \qquad (8.2.8)$$

2）HNO_3 的液相平衡

$$HNO_3(g)+H_2O \underset{}{\overset{K_{hb}}{\rightleftharpoons}} HNO_3 \cdot H_2O$$

$$HNO_3 \cdot H_2O \underset{}{\overset{K_{n3}}{\rightleftharpoons}} H^+ + NO_3^-$$

$$K_{n3}=\frac{[H^+][NO_3^-]}{[HNO_3 \cdot H_2O]}=15.4 mol/L$$

由于 K_{n3} 比较大，可认为溶液中 HNO_3 全部转化为 NO_3^-，故总可溶 HNO_3 浓度[N(Ⅴ)]为

$$[N(Ⅴ)]=[HNO_3 \cdot H_2O]\left(1+\frac{K_{n3}}{[H^+]}\right)=K_{hb}\left(\frac{K_{n3}}{[H^+]}\right)p_{HNO_3} \qquad (8.2.9)$$

同理，可以写出总可溶 HNO_2 浓度[N(Ⅲ)]的表达式。同样，此处的亨利常数必须进行修正，使气相浓度同该物种在溶液中的总浓度相关联。若以 $H^*_{N(Ⅲ)}$、$H^*_{N(Ⅴ)}$ 表示，则

$$H^*_{N(Ⅲ)}=K_{ha}\left(1+\frac{K_b[H^+]}{K_w}\right) \qquad (8.2.10)$$

$$H^*_{N(Ⅴ)}=K_{hb}\left(1+\frac{K_{n3}}{[H^+]}\right) \qquad (8.2.11)$$

显然，$H^*_{N(Ⅲ)}>K_{ha}$，$H^*_{N(Ⅴ)}>K_{hb}$。

8.2.3　NO_x 的液相反应动力学

由表 8-2 可见，通过非均相反应可形成 HNO_2 和 HNO_3。NO_2 也可能直接经过在湿颗粒物或云雾液滴中的非均相反应而形成硝酸盐，但到目前为止，这个过程的作用还不太突出。表中所列的反应速率值均为最低值，实际上的数值可能要大些。例如，在反应 1 中液相表面的 N_2O_5 不足以维持平衡浓度值，说明反应 1 进行得相当快，而控制步骤为气、液界面间的扩散过程。

表 8-2　NO_x 的非均相反应速率常数

序号	反应	反应速率常数
1	$N_2O_5 + H_2O \longrightarrow 2HNO_3$	1.3×10^{-20} cm^3/(mol·s)
2	$NO + NO_2 + H_2O \longrightarrow 2HNO_2$	4.4×10^{-40} cm^3/(mol·s)
3	$2HNO_2 \longrightarrow NO + NO_2 + H_2O$	1×10^{-20} cm^3/(mol·s)
4	$HNO_2 + O_2 \longrightarrow$ 产物	1×10^{-19} cm^3/(mol·s)
5	$HNO_3 + NO \longrightarrow HNO_2 + NO_2$	3.4×10^{-22} cm^3/(mol·s)
6	$HNO_3 + HNO_2 \longrightarrow 2NO_2 + H_2O$	1.1×10^{-17} cm^3/(mol·s)
7	$2NO_2 + H_2O \longrightarrow HNO_3 + HNO_2$	8×10^{-89} cm^6/(mol^2·s)
8	$2NO_2 + H_2O \longrightarrow 2H^+ + NO_2^- + NO_3^-$	1.67×10^{-13} cm^6/(mol^2·s)

8.3　酸沉降化学

pH 小于 5.6 的雨雪或其他形式的大气降水，是大气受污染的一种表现。最早观测到酸性降雨的是 Smith(英国)，并且提出"酸雨"这个名词。实际上，酸性物质的干沉降对已出现的各种环境问题也有很大贡献。因此，近年来已逐渐采用"酸沉降"来取代"酸雨"的提法。一般把通过降水(如雨、雾、雪等)过程迁移到地表称为"湿沉降"(wet deposition)；各种污染物按其物理与化学特征和本身表面性质的不同，以不同速率与下方的物质表面碰撞而被吸附沉降下来的全部过程称为"干沉降"(dry deposition)。因此，酸沉降化学就是研究干、湿沉降过程中与酸有关的各种化学问题。20 世纪 50 年代以来，美国、加拿大及欧洲各国都先后发现降水变酸，致使湖泊、土壤、森林等遭受严重危害，引起各国对酸雨研究的关注，建立酸雨监测网络，开展国际合作。我国从 20 世纪 70 年代末开始，也开展了酸雨方面的研究，组织许多科研单位在酸雨严重和对酸化敏感的西南和华南地区开展综合研究，以期弄清酸雨的形成、危害及其发展趋势。本节将围绕酸雨的来源、形成、影响因素及其环境效应作简单介绍。

8.3.1　酸雨的形成和危害

自然界没有污染的环境里，由于大气中 CO_2 气体与大气中的水分反应使雨和雪呈弱酸性，从理论上计算，其 pH 为 5.6，但"清洁"地区或正常雨水的 pH 为 5.0～5.6。所谓"酸雨"，就是指酸性强于"正常"雨水的降水，其酸度可能高出正常雨水 100 倍以上。20 世纪 50 年代以前，世界范围内降水的 pH 一般大于 5，少数工业区曾降酸雨。从 20 世纪 60 年代开始，随着工业的发展和矿物燃料消耗增多，一些地区(如北欧南部和北美东部)降水的 pH 降到 5 以下，而且范围不断扩大，生态系统受到了明显的伤害。我国南方有些城市如重庆近年来也经常降落 pH 在 5 以下的酸雨。表 8-3 列出了我国部分城市降水的 pH。目前酸雨已成为当代全球性的环境污染问题之一。

表 8-3　2014 年中国部分城市大气污染物浓度和降水平均 pH(中华人民共和国国家统计局，2014)

城市	年均 SO_2 浓度/(mg/m^3)	年均可吸入颗粒物浓度/(mg/m^3)	年均 NO_2 浓度/(mg/m^3)	年均降水 pH
天津	0.061	0.088	0.041	6.34
石家庄	0.046	0.116	0.031	5.33
太原	0.073	0.094	0.021	5.27
呼和浩特	0.049	0.07	0.045	6.26
沈阳	0.059	0.118	0.037	6.02
长春	0.030	0.096	0.038	6.31
哈尔滨	0.043	0.102	0.055	5.89
上海	0.051	0.084	0.056	5.57
福州	0.023	0.071	0.046	4.91
南昌	0.050	0.083	0.036	4.78
济南	0.052	0.126	0.022	5.33

酸雨形成是一种复杂的大气化学和大气物理现象。酸雨中含有多种无机酸和有机酸，绝大部分是 H_2SO_4 和 HNO_3，多数情况下以 H_2SO_4 为主。造成酸雨的罪魁祸首是由燃料燃烧所产生的 SO_2、NO_x、工业加工和矿石冶炼过程产生的 SO_2 转化而成。其形成的化学反应可以随雨、雪的形成或降落而发生，也可以先在空气中发生反应被降水吸收形成酸雨。形成酸的前体物 SO_2 和 NO_x 可以是当地排放的，也可以是从远处迁移来的。

煤和石油燃烧及金属冶炼等释放到大气中的 SO_2 通过气相或液相反应生成 H_2SO_4，其化学反应过程如下：

气相反应
$$2SO_2 + O_2 \xrightarrow{\text{催化剂}} 2SO_3 \tag{8.3.1}$$

$$SO_3 + H_2O \longrightarrow H_2SO_4 \tag{8.3.2}$$

液相反应
$$SO_2 + H_2O \longrightarrow H_2SO_3 \tag{8.3.3}$$

$$H_2SO_3 + \frac{1}{2}O_2 \xrightarrow{\text{催化剂}} H_2SO_4 \tag{8.3.4}$$

高温燃烧生成 NO，排入大气后大部分转化成为 NO_2，遇水生成 HNO_3 和 HNO_2，其化学反应过程可大致表示如下：

$$2NO+O_2 \longrightarrow 2NO_2 \tag{8.3.5}$$

$$2NO_2+H_2O \longrightarrow HNO_3+HNO_2 \tag{8.3.6}$$

由于人类活动和自然过程,还有许多气态或固态物质进入大气对酸雨的形成产生影响。大气颗粒物中的 Fe、Cu、Mn、V 是成酸雨反应的催化剂;大气光化学反应生成的 O_3 和 H_2O_2 等又是使 SO_2 氧化的氧化剂;飞灰中的 CaO、土壤中的 $CaCO_3$、天然源和人为源的 NH_3 及其他碱性物质可与酸反应而中和,这称为对酸性降水的"缓冲作用"。当大气中酸性气体浓度高时,如果中和酸的碱性物质很多,即缓冲能力较强,雨、雪就不会有很高的酸性,甚至可能成为碱性。在碱性土壤地区或大气中颗粒物浓度高时,往往出现这种情况。相反,即使大气中 SO_2 和 NO_x 浓度不高,而碱性物质相对很少,则降水仍然会有较高的酸性。

赵殿五等在《我国西南地区酸雨形成探索》一文中指出:"酸雨严重和出现频率高的地区,一般 SO_2 污染较重,但部分 SO_2 污染严重的地区却很少发生酸雨,如北方地区冬季。表明酸雨出现,除 SO_2 外,还受其他因素的重大影响。"

概括起来,酸雨的形成必须具备的条件有:①污染源;②有利的气候条件,以便把污染物移送到远的地方,使其发生反应和变化;③大气中的碱性物质浓度较低,对酸性降水的缓冲能力很弱;④容易受到酸雨影响或损害的接受体。

酸雨主要具有以下五个方面的危害。

(1)使湖泊酸化。当河、湖泊水的 pH 降到 5 以下时,鱼的繁殖和发育会受到严重影响,同时,水体酸化还会导致水生生物的组成结构发生变化,耐酸藻类、真菌增多,而有根植物、细菌和无脊椎动物减少,有机物的分解速率降低。

(2)酸雨使流域土壤和水体底泥中的金属(如 Al)可被溶解进入水中毒害鱼类。

(3)酸雨抑制土壤中有机物的分解和 N 的固定、淋洗与土壤粒子结合的 Ca、Mg、K 等营养元素,使土壤贫瘠化。

(4)酸雨伤害植物的新生芽叶,干扰光合作用,从而影响其发育生长。

(5)酸雨腐蚀建筑材料、金属结构、油漆及名胜古迹等。

8.3.2 酸雨的化学组成

降水酸度是所含酸碱平衡的结果,如果降水中酸量大于碱量,就会形成酸雨。因此,研究酸雨必须进行雨水样品的化学分析。在国内外的酸雨研究中,分析测定的化学组分一般为阳离子 H^+、Ca^{2+}、NH_4^+、Na^+、K^+、Mg^{2+};阴离子 SO_4^{2-}、NO_3^-、Cl^-、HCO_3^-。

由于降水始终维持着电中性,如果对降水中化学组分作全面测定,最后阳离子的浓度之和必然等于阴离子的浓度之和,已有资料表明基本上满足这一要求(表8-4)。另外,还可根据这些离子计算出的电导率与实测电导率相比较,看二者是否接近。例如,美国从 588 例雨水计算得出的平均电导率为 43.4μS/cm,实测为 42.8μS/cm,相关系数为 0.94。我国也对重庆、贵阳等地区雨水中实测电导率与理论计算值进行比较,二者也接近。这表明对降水酸度来说,没有遗漏其他重要离子。

表 8-4 我国部分地区降水中阴、阳离子平衡情况(唐孝炎等，2006)

	地点	样本数	$\sum[A^+]$	$\sum[B^-]$	$\overline{pH}$	$\sum[A^+]/\sum[B^-]$
北方	北京	28	347.5	216.1	6.29	1.6
	长春	34	520.7	213.6	6.71	2.43
	沈阳	19	1016.3	545	6.41	1.86
	西安	5	2290.5	484.5	7.15	4.73
南方	重庆	21	391.4	381.5	4.21	1.02
	贵阳	4	528.6	461.4	4.23	1.15
	南宁	29	87.7	72.8	4.82	1.19
	上海	36	267.3	208.7	4.85	1.28

8.3.3 酸雨中的关键性离子组分

上述酸雨主要离子组分并非都起着同等重要的作用。下面根据我国实测数据及从酸雨和非酸雨的比较来探讨具有关键性影响的离子组分。表 8-5 列出我国部分地区的一些降水化学实测数据。

表 8-5 我国部分地区降水酸度和主要离子含量 （单位：µeq/L）

城市	时间/年	pH	F⁻	Cl⁻	NO_3^-	SO_4^{2-}	NH_4^+	Ca^{2+}	Mg^{2+}	K^+	Na^+	参考文献
赤城	2008	5.24	7.18	63.9	86.5	162	92.4	183	47.6	17.7	2.0	Wu et al, 2016
怀来	2008	5.84	10.9	71.4	169	289	57.7	391	70.9	12.3	22.2	Wu et al, 2016
宣化	2008	5.07	7.06	66.2	117	213	117	210	49.3	15.8	18.9	Wu et al, 2016
西安	2010	6.64	28.7	38.7	129	490	230	426	36.6	13.8	31.1	Lu et al, 2011
北京	2008	5.32	10.5	67.8	139	270	174	291	38.5	6.69	8.51	Xu et al, 2012
北京	2011~2012	4.85	12.0	50.9	42.6	357	346	273	53.3	9.17	21.5	Xu et al, 2015
南京	2003	5.15	19.1	142.6	39.6	241.8	193.2	295	31.7	12.1	23.0	Tu et al, 2005
上海	2005	4.49	11.0	58.3	49.8	200	80.7	204	29.6	14.9	50.1	Huang et al, 2008
重庆	2000~2009	5.52	8.4	25.3	43.7	258.3	126.6	114	29.1	12.7	27	赵亮等, 2013
金华	2004	4.54	9.05	8.51	31.2	95.2	81.1	47.9	3.45	4.73	6.27	Zhang et al, 2007
临安	2006~2007	4.25	3.84	10.9	44.6	80.7	63.2	71.1	46	8.89	10.3	Li et al, 2010
贵阳	2008~2009	4.23	14.5	20.7	7.31	266	113	183	10.5	9.61	13.9	Xiao et al, 2013
厦门	2002	4.57	15.3	23.7	22.1	62.5	37.7	42.9	9.87	3.58	36.1	Zhao, 2004
广州	2005~2006	4.49	12.0	21.0	52.0	202	66.0	131	9.0	9.0	18.0	Huang et al, 2009

由表 8-5 可知，各地区降水中 SO_4^{2-} 的含量有很大差别，除来自岩石矿物风化作用及土壤中有机物、动植物的分解外，主要来自燃煤排放出的颗粒物和大气中 SO_2 转化，因此工业区和城市降水中 SO_4^{2-} 的含量相对较高，并且冬季要高于夏季。

20 世纪初至 21 世纪初期，我国各地区 SO_4^{2-}/NO_3^- 比值平均大于 6，约相当于欧洲各国和日本的 2 倍多，表明我国酸性降水基本上是硫酸型的。然而近十几年期间，据表 8-5，我国无论是南方城市还是北方城市，降水中 SO_4^{2-}/NO_3^- 值却显著下降，说明 SO_2/NO_x 呈下降趋势，即 NO_x 浓度相对升高了，表明我国降水的硫酸类型正在发生变化(唐孝炎等，2006)。其次，我国南方、北方城市的降水中($SO_4^{2-}+NO_3^-$)/($NH_4^++Ca^{2+}$)比值均明显升高，说明我国南方、北方城市都在继续酸化，而且 NO_3^- 对降水酸化的贡献相对增加了，但仍有部分地区降水中的 SO_4^{2-} 较高于 NO_3^-(唐孝炎等，2006)。综上所述，说明了我国各地区的降水中化学组成以硫酸型为主或硫酸-硝酸混合型(张新民等，2010)。

对于阳离子而言，NH_4^+ 的主要来源可能是生物质腐败及土壤和海洋挥发等天然排放出的 NH_3。NH_4^+ 的分布与土壤类型有较明显的关系，碱性土壤地区降水中的 NH_4^+ 含量相对增加。此外，降水中的 Ca^{2+} 也是一个不容忽视的离子，在我国降水中，Ca^{2+} 提供了相当大的中和能力(表 8-5)。比较表 8-6 酸雨区与非酸雨区的数据，可发现阴离子(SO_4^{2-} 和 NO_3^-)浓度相差不大，而阳离子(Ca^{2+}、NH_4^+、K^+)浓度相差较大，酸雨区的 $\sum(Ca^{2+}+NH_4^++K^+)/\sum(SO_4^{2-}+NO_3^-)$ 数值普遍要低于非酸雨区。

表 8-6　降水中离子浓度比较

地区	地点	$\sum(Ca^{2+}+NH_4^+)$	$\sum(SO_4^{2-}+NO_3^-)$	$\sum(Ca^{2+}+NH_4^++K^+)/\sum(SO_4^{2-}+NO_3^-)$	参考文献
酸雨区	重庆	241	302	0.80	赵亮等，2013
	贵阳	296	273.31	1.08	Xiao et al，2013
非酸雨区	北京	619	399.6	1.55	Xu et al，2015
	赤城	275.4	248.5	1.11	Wu et al，2016

由此可见，是否形成酸雨不仅决定于降水中的酸量，可能更重要的是决定于对酸起中和作用的碱量。沙晨燕等(2007)对上海的数据加以比较，认为雨水变酸不是酸量增多而是碱量减少。综上所述，我国酸雨中关键性离子组分是 SO_4^{2-}、Ca^{2+} 和 NH_4^+。作为酸的指标 SO_4^{2-}，其来源是燃煤排放的 SO_2。作为碱的指标 Ca^{2+} 和 NH_4^+ 的来源较为复杂，既有人为源又有天然源，而且可能天然源是主要的。如果天然源为主，就会与各地的自然条件特别是土壤性质有很大关系，据此也可以在一应程度上解释我国酸雨分布的区域性。

8.3.4　影响酸雨形成的因素

1. 大气中的 NH_3

大气中的 NH_3 对酸雨形成是非常重要的。现有研究已表明：降水 pH 决定于 H_2SO_4、HNO_3 与 NH_3 和碱性尘的相互关系。NH_3 是大气中唯一的常见气态碱。由于它的水溶性，能与酸性气溶胶或雨水中的酸反应，起中和作用而降低酸度。在大气中，NH_3 与 H_2SO_4 气溶胶形成中性的($NH_4)_2SO_4$ 或 NH_4HSO_4。SO_2 也可由于与 NH_3 的反应而减少，避免了进一步转化成酸。美国有人根据酸雨的分布，提出酸雨严重的地区正是酸性气体排放量大并且大气中氨水平低的地区。从这一考虑出发，王德春和赵殿五在处酸雨区的重庆等地进行了实际测定作为对比，也在非酸雨地区的北京、天津两地区进行测定，所得结果见表 8-7。

表 8-7　气态氨的测定结果

地区	地点	NH_3/ppb	样品数
酸雨区	贵阳	1.7	16
	重庆	5.1	12
	成都	4.8	2
非酸雨区	北京	44	10
	天津	22.8	4

由表 8-7 可看出，酸雨区与非酸雨区的区别是很明显的。酸雨区比非酸雨区的 NH_3 含量普遍低一个数量级。表 8-5 中列出实测降水中 NH_4^+ 含量，其含量北京大于贵阳，与大气氨浓度的测定结果是一致的，这说明气态氨在酸雨形成中的重要作用。

大气中 NH_3 的来源主要是有机物分解和农田施用的氮肥的挥发。土壤的氨挥发量随着土壤 pH 的上升而增大。京津地区土壤 pH 为 7～8，而重庆、贵阳地区则一般为 5～6，这是大气氨水平北高南低的重要原因之一。土壤偏酸性的地方，风沙扬尘的缓冲能力低。这两个因素结合在一起，至少在目前可以解释我国酸雨多发生在南方的分布状况。

2. 颗粒物酸度及其缓冲能力

大气中的污染物除酸性气体 SO_2 和 NO_2 外，还有一个重要成员是颗粒物。颗粒物主要来自扬尘（土壤尘、道路尘、建筑尘）、燃煤、工业排放、生物质燃烧，以及 SO_2、NO_x、VOCs 氧化产生的二次颗粒物。颗粒物对酸雨的形成有两方面的作用，一是所含的催化金属促使 SO_2 氧化成酸；二是对酸起中和作用。但如果颗粒物本身是酸性的，就不能起中和作用，而且还会成为酸的来源之一。目前，我国大气颗粒物浓度水平普遍很高，为国外的几倍到十几倍，在酸雨研究中是不能忽视的。这里只讨论颗粒物的酸度和缓冲能力的问题。

1988 年王德春等对北京、成都、贵阳和重庆的大气总颗粒物测定其 pH，并进行微量酸滴定以绘制出缓冲曲线（图 8-4）。若曲线呈 45°，则表示所加酸量全部消耗，溶液 pH 不会变化；若曲线呈水平，则表示溶液不消耗酸，所加的酸（H^+）将使溶液 pH 发生相应的降低。由图 8-4 可看出，北京颗粒物缓冲能力大大高于西南地区，而酸雨弱的成都又高于酸雨重的贵阳和重庆。这表明非酸雨区颗粒物的 pH 和缓冲能力均高于酸雨区。

酸雨形成是很复杂的过程，除上述各种酸碱性物质的作用外，降水酸度的变化还与各物质间的反应过程、氧化剂的作用及气象条件等有关。为此，对酸雨形成的问题，需要进一步从酸化与中和反应的化学过程综合考虑进行研究，以便更清楚地了解形成酸性降水的化学机制。

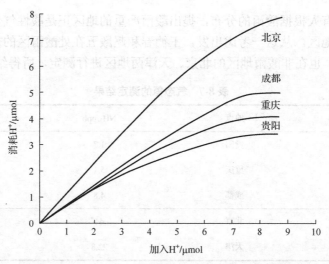

图 8-4　北京、成都、重庆和贵阳城区总颗粒物缓冲曲线

8.3.5　酸雨的来源及近年变化趋势

1. 酸雨的来源

酸雨是大气污染造成的，必然会反映大气污染的某些特点。我国大气污染一般存在两个特点：一是 SO_2、NO_x 等酸性气体污染物主要来自于近地层人为源的排放；二是各地区的颗粒物来源大不相同，其颗粒物的组成成分也不尽相同。在酸雨形成中，与上述第一个特点相应的是酸度，主要来自 SO_2 的洗脱。高空雨水中 SO_4^{2-} 含量约为 $15\mu mol/L$，而城市地面雨水则可达 $100\sim150\mu mol/L$，这说明雨滴在降落过程中吸收了大量的硫。第二个特点是大气中的颗粒物构成了大气对酸的缓冲能力，而缓冲能力的强弱与颗粒物的化学组成有密切关系。缓冲能力的不同，或者说颗粒物化学组分的不同，在很大程度上是我国当前酸雨存在地理分布的原因。

酸雨的来源是一个重要问题，一种认为是当地大气污染造成的，还有一种认为是从远方输送过来的。欧洲坚持远距离输送的看法，美国虽以此看法为主，但有人提出相反的意见。我国对此从不同方面进行了探索。宋煜等人利用条件概率和轨迹聚类法分析气流轨迹，探讨了大连地区酸雨外来源。此项研究表明，大连地区酸雨主要受我国华东沿海至山东半岛经黄海中北部或经渤海及其西岸的近地面大气污染输送影响，我国华东和华南等南方内陆地区和日本海周边东亚国家对大连地区酸雨均有贡献。还有研究表明，上海地区的酸雨除与局地污染有关外，主要来自上海西南向的北部湾和两广等地，也有部分来自东北东方向的韩国和日本西部地区等远处输送的外来污染。对杭州酸雨的传输分析显示，在高空偏北风的输送影响下，降水 pH 较低，这可能是降水天气系统的气流来向为偏北方向时，途经北部的上海和嘉兴等地吸收了较多的大气污染物造成的。以上的研究表明，现阶段污染物的远距离传输已是我国酸性形成的重要来源之一。

在我国，化石燃料的大量使用是造成酸雨现象产生的一个主要原因。例如，2013 年我国一次能源使用中，煤炭的比例超过 80%。由于大量的煤炭燃烧使得 SO_2 排放量从 1970 年起急剧增加；2005 年之后，大量燃煤电厂开始使用烟气脱硫技术，对全国 SO_2 排放控制起到了重要作用。大量的煤和石油燃烧也导致向大气中 NO_x 排放量的增加，这是造成酸雨现象的又一重要原因。

2. 近些年我国酸雨变化情况

图 8-5 显示 2000～2008 年在我国酸雨监测的城市下酸雨频率和降水 pH。从 2000～2005 年，城市遇到酸雨的频率大于 50% 和大于 75% 的比例增加，同时城市经历中度和重度酸雨(降水量的平均 pH 分别小于 5.0 和 4.5)的比例随之提高，表明酸雨问题随着时间的推移越来越突出。在 2005 年以后，我国城市的酸雨问题无论在酸雨发生的频率还是降水平均 pH 都得到缓解。这与 2000 年以后 SO_2 的排放趋势和浓度趋势是一致的。总体来说，我国现阶段的酸雨问题较早些年得到有效的控制，但酸雨现象在我国仍是一个不能忽视的重要的环境问题。

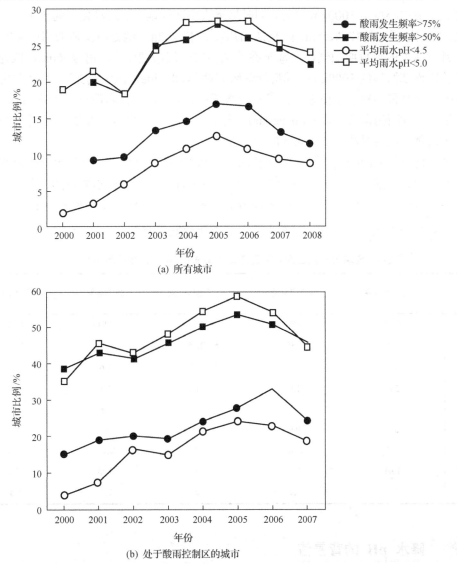

图 8-5 酸雨频率高于 50% 和 75% 的城市比例以及降水平均 pH 低于 5.0 和 4.5 的城市比例(Lu et al, 2010)

8.4 降水化学组分和 pH 的背景值

8.4.1 降水化学组分的背景值

人为排放到大气中的 SO_2 和 NO_x 迅速增加，使降水的化学组分发生了巨大变化，而且污染物的长距离输送，也改变了偏远地区降水的化学组分。从这些现象中，人们不禁要问在未受矿物燃料燃烧影响之前，降水是什么样的酸度？硫和氮的长距离输送，对降水化学组分有什么影响？1979 年美国着手开始了全球降水化学研究计划(global precipitation climatology project，GPCP)时，在世界偏远地区建立了 10 个背景降水观察点，这些背景都选在离大工业中心城市 1000km 以外，同时远离火山区的地方。最早建立的 5 个背景降水观察点是：①伯格福来特(Pokerflat，阿拉斯加州)，海拔 202m，地处阿拉斯加州中部的 Tanana 谷地，具有典型的阿拉斯加气候；②圣乔治生物站(百慕大群岛)，海拔 60m，地处岛屿东端，距美国南部海岸约 1000km；③凯瑟琳研究站(Katherine，澳大利亚)，在达尔文港东南约 275km，属热带稀树干草原地区；④圣卡洛斯(San Carlos，委内瑞拉)，海拔 119m，属热带雨林地区；⑤阿姆斯特丹岛(Amsterdam，南半球印度洋中的小火山岛)，主导气流由西向东，上风向最近陆地是相距 5000km 的南部非洲。

表 8-8 列出了 Galloway 等(1984)研究的 5 个背景降水观察点水化学组分的监测结果。从表中可看出，内陆降水的 H^+、SO_4^{2-}、NO_3^-、Na^+ 背景值与伯格福来特的十分接近，K^+、Na^+、Ca^{2+}、Mg^{2+}、Cl^- 等离子因地区不同有显著性差异；而且，内陆降水 NH_4^+ 背景值明显高于其他背景降水观察点，这可能与内陆地区施用化肥等有关。

表 8-8　全球若干点位内陆和海洋降水背景值(雨量加权平均值)　　　　(单位：μmol/L)

项目 \ 地点	阿姆斯特丹岛	伯格福来特	凯瑟琳研究站	圣卡洛斯	圣乔治生物站
pH	4.92	4.96	4.78	4.81	4.79
SO_4^{2-}	4.4	3.55	2.75	1.35	9.15
NO_3^-	1.7	1.9	4.3	2.6	5.5
Cl^-	208	2.6	11.8	2.5	175
Na^+	177	1	7	1.8	147
K^+	3.7	0.6	0.9	0.8	4.3
Ca^{2+}	3.7	0.05	1.25	0.15	4.85
Mg^{2+}	19.4	0.1	1	0.25	17.3
NH_4^+	2.1	1.1	2	2.3	3.8

8.4.2 降水 pH 的背景值

表 8-9 列出全球降水 pH 的背景值(吴丹等，2006)，发现降水 pH 均小于或等于 5.0，因

而有研究者对传统的 pH<5.6 的降水称为酸雨并以此作为判断人为污染的界线提出异议。实际影响降水 pH 的除 CO_2 外，还有 SO_4^{2-}、NO_3^-、有机酸、尘埃等因素；追溯到人为活动以前，也会发生酸性降水，自然界动植物分解、火山爆发都是提供酸沉降的来源。因此，降水酸度是降水中各种酸、碱性物质综合作用的结果。用降水背景值划分内陆 pH≤5.0、海洋 pH≤4.7 为酸雨，可能更符合客观规律。

表 8-9　全球降水背景点的 pH

地点	样本数	pH 平均值
中国丽江	180	4.99
印度洋	26	4.92
阿拉斯加	16	4.96
澳大利亚	40	4.96
委内瑞拉	14	4.81
大西洋百慕大群岛	67	4.79

8.5　酸沉降临界负荷

8.5.1　临界负荷基本含义与临界化学标准

1. 酸沉降临界负荷

酸沉降临界负荷是为了避免酸雨对生态系统产生长期有害的影响，人们提出了一个不导致对生态系统的结构和功能产生长期有害影响的化学变化时，生态系统能够接受的酸性化合物的最高沉降量。该定义指出了生态系统有一个最大可接受的酸沉降负荷。如果酸沉降超过确定的临界负荷，将导致生态系统的进一步酸化；反之，如果生态系统接受的酸沉降负荷小于临界负荷，则生态系统不受酸沉降影响。可见，临界负荷代表了系统得到保护或遭到破坏的临界状态，在该状态时系统原则上保持在有害影响的范围内。显然，临界负荷代表的临界状态与保护的植物种类有关，与描述临界状态选择的化学指标和化学指标的数值有关。生态系统的敏感性决定了系统临界负荷的大小。从保护环境的角度，也就是从酸沉降控制的最终目标出发，应该将酸沉降控制在低于临界负荷的水平。但是，在实际控制酸沉降时，考虑到社会、经济或技术因素，在确定某一阶段的控制目标时也可以考虑低于或高于临界负荷，这就是所谓目标负荷的概念。

2. 表示方法

酸沉降临界负荷指出了多少酸能够被系统承受。然而，必须根据硫和氮酸度分别定义临界负荷，因为酸沉降是以硫和氮化合物的形式沉降。于是，可以辨别两种不同的临界负荷：①不致使系统酸化的沉降临界负荷；②不致使系统发生富营养化或营养元素失衡的营养氮临界负荷。

3. 临界化学标准

为了确定临界负荷，通常根据有机体响应酸沉降的一个或一组信息来评价对生态系统的影响，用含有保护目标(指示生物)信息的一个或一组化学指标来表示。然后，对这些化学指标确定一个界限，即临界化学值，这是一个酸沉降或酸输入生态系统所造成的影响不能超过的界限。为了估计生态系统的临界负荷，对于每一个感兴趣的指标生物都必须确定危害界限的化学值。表 8-10 汇集了各文献估算临界负荷常用的一组临界化学值。这些化学值可能与生物体的功能有关，如树根损害或抑制了营养元素吸收。显然，不同的受体有不同的临界化学值，取决于对酸沉降敏感的是哪些生物，以及研究地点或区域的其他化学和环境条件。因此，利用这些临界化学值必须假设相应的指示生物能够代表所研究的生态系统。

表 8-10 计算临界负荷使用的一组临界化学值

化学指标应用的位置	单位	森林土壤 (树根区域 0~50cm)	地下水 (处于地下水位)	湖泊和河流(湖泊取体积加权，河流取截面积加权)
pH		E层>4.0	>6.0	>6.0
		B层>4.4	(1.0m 水位)	
碱度	μeq/L	>−300	>100~140	>50
			(1.0m 水位)	
[ANC]:[SO_4^{2-}]	摩尔比		>1.0	
总铝	mg/L	<4.0	<0.1	<0.08
不稳定铝	μg/L	<2.0		<0.03
[Al^{3+}]	mol/m³	0.2	0.02	0.03
[BC]:[Al^{3+}]	摩尔比	>1.0		>5
NO_3^-(富营养化)			<5 mg/L	<0.5meq/L
[NH_4^+]:[K^+]	摩尔比	<5		

8.5.2 临界负荷计算方法

临界负荷可通过实验研究、野外观测和应用各种模型计算得到，早期估算临界负荷的方法有经验关系法、离子衡算法、酸化模型法等，目前估算临界负荷的方法有稳定状态质量平衡法、动态酸化模型法和基于土壤矿物风化速率的半定量方法，这里仅简单介绍确定酸沉降临界负荷的稳定状态质量平衡法。

稳态法是计算各种系统酸沉降临界负荷的较好方法，包括简单质量平衡(simple mass balance，SMB)法和多层模型法计算临界负荷，其计算临界负荷的基本原理基于土壤中长期输入酸度间的静态质量平衡。土壤通过阳离子交换反应和矿物风化反应中和酸沉降进入土壤的酸，因此土壤系统淋溶液中的碱度是由风化供给的净碱度 ANC_W(假设等于 Ca+Mg+K+Na 的净释放速率 BC_W，即 $ANC_W=BC_W$)、盐基阳离子交换供给的净碱度 ANC_{EX}、大气酸沉降输入的净酸度 AC_D 和土地利用产生的净酸度 AC_{LU} 之间相互作用的结果。假设

整个土壤剖面是一个搅拌箱和土壤溶液完全混合，那么淋溶碱度（ANC_L）为

淋溶碱度[kmol/(hm^2·a)]=风化供给的净碱度+盐基阳离子交换供给的净碱度–大气酸沉降输入的净酸度–土地利用产生的净酸度，即

$$ANC_L = ANC_W + ANC_{EX} - AC_D - AC_{LU} \tag{8.5.1}$$

式中：ANC 为碱度；ANC_L 为淋溶碱度，下标 L 表示淋溶；ANC_W 为由土壤矿物风化供给系统的净碱度；ANC_{EX} 为土壤系统中通过盐基阳离子交换供给的净碱度；AC 为酸度；AC_D 为通过大气沉降输入系统的净酸度，下标 D 表示沉降；AC_{LU} 为通过土地利用产生的净酸度，下标 LU 表示土地利用。

当生态系统处于稳定状态时，盐基饱和度在一定时间内无变化，此时 ANC_{EX} 为零，生态系统不再进一步酸化。而临界负荷是系统处于临界状态时的酸沉降，于是式（8.5.1）成为

酸沉降临界负荷=风化供给的净碱度–土地利用产生的净酸度–淋溶碱度　（8.5.2）

这是计算酸沉降临界负荷的基本方程，所得到的值反映了生态系统固有消耗酸度的能力和潜在消耗或产生酸度能力的净效果，称为潜在酸度临界负荷，用 $CL(AC_{pot})$ 表示。

由式（8.5.2）可以得到计算潜在酸度、酸度、氮和硫的临界负荷的方程：

$$CL(AC_{pot})=ANC_W - BC_U + N_U + N_{Im}(crit) - ANC_L(crit) \tag{8.5.3}$$

$$CL(AC)=ANC_W - ANC_L(crit) \tag{8.5.4}$$

$$CL(N)=N_U + N_{Im}(crit) + NO_{3,L}(crit) \tag{8.5.5}$$

$$CL(S)=BC_{Dt}^* + ANC_W - BC_U - (NO_{3,L} + ANC_L)(crit) \tag{8.5.6}$$

式（8.5.3）～式（8.5.6）中：各物理量的单位均为 keq/(hm^2·a)；$CL(AC_{pot})$、$CL(AC)$、$CL(N)$ 和 $CL(S)$ 分别为潜在酸度、酸度、氮和硫沉降临界负荷；ANC_W 为由风化产生的净碱度（假设等于 Ca+Mg+K+Na 的净释放速率 BC_W，即 $ANC_W=BC_W$）；BC_U 为盐基阳离子的净吸收；$N_{Im}(crit)$ 为土壤的临界固氮速率；N_U 为氮的净吸收；ANC_L 为淋溶碱度；$NO_{3,L}$ 为淋溶硝酸盐；BC_{Dt}^* 为非海盐盐基阳离子的总沉降。

ANC_L 根据碱度的定义和不使选择的指示生物有机体发生危害的临界化学值计算。对于森林土壤，当基于 Al 浓度为 $0.2mol/m^3$ 计算临界负荷时，ANC_L 为

$$ANC_L = -0.09Q - 0.2Q \tag{8.5.7}$$

当基于植物响应标准 $(BC/Al)_{crit}$ 计算临界负荷时，ANC_L 为

$$ANC_L = -\left[1.5 \times \frac{(x_{CaMgK} \times ANC_W + BC_D - BC_U)}{(BC_{CaMgK}/Al)_{crit} \times K_{Gibb}}\right]^{\frac{1}{3}} \times Q^{\frac{2}{3}} - 1.5 \times \frac{(x_{CaMgK} \times ANC_W + BC_D - BC_U)}{(BC_{CaMgK}/Al)_{crit} \times K_{Gibb}} \tag{8.5.8}$$

当基于土壤稳定性标准计算临界负荷时，ANC_L 为

$$ANC_L = -\left(\frac{R_{Al} \times BC_W}{K_{Gibb}}\right)^{\frac{1}{3}} \cdot Q^{\frac{2}{3}} - R_{Al} \times BC_W \tag{8.5.9}$$

式 (8.5.7)～式 (8.5.9) 中：Q 为径流量，$m^3/(hm^2 \cdot a)$；K_{Gibb} 为水铝矿溶解平衡常数，$(mol/m^3)^{-2}$；$(BC_{CaMgK}/Al)_{crit}$ 是作为临界化学值应用的摩尔比率；x_{CaMgK} 为风化成为 $(Ca+Mg+K)$ 的分数；R_{Al} 为铝对盐基阳离子风化速率的比率；BC_D 为 $(Ca+Mg+K)$ 的沉降。生态系统实际的临界负荷，应该取应用上述标准计算出的最小临界负荷值。

段雷 (2000) 利用稳定状态平衡法，计算我国酸度临界负荷并完成 $0.1° \times 0.1°$ 临界负荷区划，根据酸度临界负荷可以粗略地将我国划分为东南和西北两部分，其分界线大致与 400mm 等降水量线重合。除了辽东半岛、华北平原和云贵高原西部之外，我国东南部大部分土壤只能接受小于 $2.0keq/(hm^2 \cdot a)$ 的酸沉降，对酸沉降比较敏感；我国西北部属干旱区域，普遍可以接受大于 $2.0keq/(hm^2 \cdot a)$ 的酸沉降，对酸沉降很不敏感。

本章基本要求

本章介绍了大气主要液相反应。要求掌握 SO_2、NO_x 的液相反应及动力学方程，O_3、H_2O_2 和金属离子等在 SO_2 液相氧化中的作用及各种形态浓度的计算；要求了解酸雨形成的基本原理及影响因素。

思考与练习

1. 已知 $SO_2(g)$ 和水平衡如下：

$$SO_2(g) + H_2O \underset{}{\overset{K_{hs}}{\rightleftharpoons}} SO_2 \cdot H_2O \qquad K_{hs} = 1.24 \, mol/(L \cdot atm)$$

$$SO_2 \cdot H_2O \underset{}{\overset{K_{s1}}{\rightleftharpoons}} H^+ + HSO_3^- \qquad K_{s1} = 1.32 \times 10^{-2} \, mol/L$$

$$HSO_3^- \underset{}{\overset{K_{s2}}{\rightleftharpoons}} H^+ + SO_3^{2-} \qquad K_{s2} = 6.48 \times 10^{-8} \, mol/L$$

(1) 请给出 $[SO_2 \cdot H_2O]$、$[HSO_3^-]$ 和 $[SO_3^{2-}]$ 作为 pH 的函数。

(2) 若 $p_{SO_2(g)}$ 为 $1.0 \times 10^{-8} atm$，水的 pH 为 5.0，给出该条件下水中各种硫形态的浓度。

2. 已知 $HNO_2(g)$ 的液相平衡如下：

$$HNO_2(g) \underset{}{\overset{K_1}{\rightleftharpoons}} HNO_2(aq)$$

$$HNO_2(aq) \underset{}{\overset{K_2}{\rightleftharpoons}} H^+ + NO_2^-$$

请推导出总可溶性 HNO_2 浓度 $[N(III)]$ 作为 $p_{HNO_2(g)}$ 的函数。

3. 已知在有 O_2 存在下，Mn^{2+} 可加速 SO_2 的液相氧化过程。若 $[S(IV)]$ 浓度大于 $10^{-4} mol/L$，$[Mn(II)]$ 的浓度为 $2 \times 10^{-4} mol/L$，请问当 pH 为 7.0 时，$[S(IV)]$ 催化氧的速率应为多少。[已知 $lg\beta_1 = -9.9$，$K_1 = 2 \times 10^9 L/(mol \cdot s)$]

4. 大气中 SO_4^{2-} 和 NO_3^- 生成的主要路径是什么?

5. 请说明酸雨的形成及影响酸雨形成的因素。

6. 试讨论为什么通常规定 pH 小于 5.6 的雨水为酸雨? 目前对这种规定又有什么异议? 为什么?

7. 某地区土壤缺乏碳酸盐矿物, 因此碱度较低。工业 SO_2 污染扩散转化为 H_2SO_4 所造成的酸雨, 会使该地区湖泊的 pH 明显下降并导致鱼类死亡。如果某湖容量为 $5.66 \times 10^5 m^3$、pH 为 7.0、碱度为 30mg/L (以 $CaCO_3$ 计), 要使此湖水的 pH 下降到 6.7, 需要多少体积 pH 为 4.0 的酸雨?

8. 解释酸沉降临界负荷的概念。

9. 阐述确定酸沉降临界负荷的方法和稳定状态质量平衡法确定酸沉降临界负荷的基本原理。

10. 结合文献资料概述我国酸沉降临界负荷的分布及其在我国酸沉降控制中的应用。

第9章 大气颗粒物

大气颗粒物（particulate matter，PM）在地球大气中虽然含量甚微，但达到一定数量时会形成大气颗粒物污染，在不同的地域尺度下对空气质量和暴露人体健康、大气能见度、酸沉降、全球气候变化，以及平流层与对流层的大气化学过程等都产生重要的影响。可以说，大气颗粒物正在深刻地改变人们所处的地球环境。

本章介绍大气颗粒物的分类、源和汇、颗粒物粒度分布的基本特征，以及大气颗粒物中的化学组成和来源判别，并阐述了大气颗粒物区域污染尺度下的时空特征和控制思路。

9.1 大气颗粒物的分类

大气颗粒物是指悬浮在大气中的微粒，在环境科学中，有时把颗粒物称为气溶胶。尽管大气颗粒物不是大气的主要组分，但它是大气环境中普遍存在又无恒定化学组分的聚集体。它可能本身就是有害物质，如致癌、致畸、致突变的物质，绝大部分存在于颗粒物中，并可能被人体吸入而危害人体健康。它也可能是有毒物质的运载体或反应床，可使一些气体污染物转化成有害的颗粒物或使某些污染物的毒性增强。此外，颗粒物能够散射太阳光，致使能见度下降，更重要的是颗粒物可在全球范围内扩散迁移。因此，对大气颗粒物的研究越来越受到人们的重视。

大气颗粒物的种类和名称很多，表 9-1 列出不同颗粒物的种类及其粒径范围。对于大气颗粒物，目前采用等效直径表示法，最常用的是空气动力学直径（D_a），PM_x 表示空气动力学当量直径为 $x\mu m$ 的颗粒物。基于颗粒物进入呼吸系统某些部位的能力，如 PM_{10} 也称为可吸入颗粒物（inhalable particles），$PM_{2.5}$ 也称为可入肺颗粒物（respirable particles），即能进入人体肺泡的颗粒物，此外，还有超细颗粒物（ultrafine particles）$PM_{0.1}$ 及纳米颗粒物（nanoparticles）$PM_{0.01}$ 等。

表 9-1 大气颗粒物的类别、名称

名称	颗粒直径	物态	生成机制、现象
粉尘（dust）	1～100μm 以上	固体	机械粉碎的固体颗粒，风吹扬尘，风沙
烟（fume）	0.01～1μm	固体	由升华、蒸馏、熔融及化学反应等产生的蒸气凝结而成的固体颗粒，如熔融金属、凝结的金属氧化物、汽车尾气、硫酸盐等
灰（ash）	1～200μm	固体	燃烧过程中产生的不燃烧颗粒，如煤、木材燃烧时产生的硅酸盐颗粒，粉煤燃烧时产生的飞灰等
雾（fog）	2～200μm	液体	水蒸气冷凝生成的颗粒小水滴或冰晶，水平视程小于 1km
霭（mist）	>10μm（介于雾和霾之间）	液体	与雾相似，气象上规定称轻雾，水平视程为 1～2km，使大气呈灰色
霾（haze）	～0.1μm	固体	干的尘或盐粒悬浮于大气中形成，使大气混浊呈浅蓝色或微黄色，水平视程小于 2km

续表

名称	颗粒直径	物态	生成机制、现象
烟尘(smoke)	0.01～5μm	固体与液体	含碳物质，如煤炭燃烧时产生的固体碳粒、水、焦油状物质及不完全燃烧的灰分所形成的混合物，如果煤烟中失去了液态颗粒，即成为烟炭(soot)
烟雾(smog)	0.001～2μm	固体与液体	由烟尘和雾两词合成，原意为污染空气中煤烟与自然雾的混合体，粒径在 2μm 以下，泛指各种障碍视程(能见度低于 2km)的大气污染现象。光化学烟雾产生的颗粒物，粒径常小于 0.5μm，使大气淡褐色

9.2　大气颗粒物的源和汇

9.2.1　大气颗粒物的来源

大气颗粒物可分为天然源和人为源两类。若按颗粒物形成机制，又可分为一次颗粒物和二次颗粒物。一次颗粒物是由天然污染源和人为污染源释放到大气中直接造成污染的颗粒物，如土壤粒子、海盐粒子、燃烧烟尘等。二次颗粒物是由大气中某些污染气体组分(如 SO_2、NO_x、HC 等)之间，或这些组分与大气中的正常组分(如 O_2)之间通过光化学氧化反应、催化氧化反应或其他化学反应转化生成的颗粒物。例如，SO_2 转化生成硫酸盐。一次颗粒物和二次颗粒物就总量而言约各占一半。

1) 颗粒物的天然源

天然源可起因于地面扬尘(风吹灰尘，与地壳、土壤的成分很相似)、海浪溅出的浪沫、火山爆发的进出物、森林火灾的燃烧物、宇宙来源的陨星尘及生物界产生的颗粒物(如花粉、孢子)等。二次颗粒物的天然源主要是森林中排出的 HC 进入大气后经光化学反应产生的微小颗粒；与自然界 S、N、C 循环有关的转化产物。例如，由 H_2S、SO_2 经氧化生成的硫酸盐，由 NH_3、NO 和 NO_2 氧化生成的硝酸等。

2) 颗粒物的人为源

燃料燃烧过程中产生的固体颗粒物(如煤烟、飞灰等)，各种工业生产过程中排放的固体微粒，汽车尾气排出的卤化铅凝聚而形成的颗粒物，以及像人为排放 SO_2 在一定条件下转化为硫酸盐粒子等的二次颗粒物。

9.2.2　大气颗粒物的汇

大气颗粒物的消除与颗粒物的粒度、化学组成及性质均密切相关，一般有以下两种消除方式。

1. 干沉降

干沉降是指颗粒物通过重力作用或与其他物体碰撞后发生沉降。这种沉降消除过程存在着两种机制。其中一种是通过重力对颗粒物的作用，使它降落在土壤、水体的表面或植物、建筑等物体上，沉降的速率与颗粒的粒径、密度、空气运动黏滞系数等有关。粒子的沉降速率可应用斯托克斯定律(Stokes' law)求出：

$$V = \frac{gd^2(\rho_1 - \rho_2)}{18\eta} \tag{9.2.1}$$

式中：V 为沉降速率，cm/s；g 为重力加速度，cm/s^2；d 为粒子直径，cm；ρ_1 和 ρ_2 分别为颗粒和空气的密度，g/cm^3；η 为空气的黏度，以泊表示，1 泊= 1Pa·s =1kg/(m·s)(干空气在 1atm，20°C 条件下的黏度为 $1.82×10^{-5}Pa·s$)。

粒径越大，则扩散系数和沉降速率也越大，表 9-2 列出用斯托克斯定律计算密度为 $1g/cm^3$ 不同粒径颗粒物的移动距离和最终沉降速率。可以看出，粒径小于 0.1μm 的颗粒很难靠沉降机制去除，它们主要靠布朗运动扩散、互相碰撞而凝集成较大的颗粒，通过大气湍流扩散到地面或碰撞而消除。

表 9-2　不同粒径颗粒物的沉降速率

颗粒直径/μm	沉降速率/(cm/s)	到达地面所需时间
0.1	$8×10^{-5}$	2～13 年
1	$4×10^{-3}$	13～98 天
10	0.3	4～9 小时
100	30	3～18 分钟

2. 湿沉降

湿沉降是指降雨、下雪使颗粒物消除的过程。它是去除大气颗粒物和痕量气体污染物的有效方法。湿沉降同样存在雨除(rain out)和冲刷(wash out)两种机制。雨除是指一些细颗粒物可作为形成云的凝结核，成为云滴的中心，通过凝结过程和碰并过程开始增长为雨滴，进一步长大而形成雨降落到地面，颗粒物也就随之从大气中去除。雨除对半径小于 1μm 的颗粒物效率较高，特别是具有吸湿性和可溶性的颗粒物更为明显。冲刷则是云下面降雨时，雨滴对颗粒物的惯性碰撞或扩散、吸附，使其除去的过程。冲刷对半径为 4μm 以上的颗粒物效率较高。

大气中消除颗粒物的量，一般湿沉降占 80%～90%，干沉降只占 10%～20%。但是，无论雨除或冲刷，对半径为 2μm 左右颗粒都没有明显的去除作用，因而它们可随气流被输送到几百公里甚至上千公里以外的地方，造成广域污染。

9.3　大气颗粒物的粒度分布及表面性质

9.3.1　大气颗粒物的粒度分布

粒度是指颗粒物粒子直径的大小。在颗粒物中聚集了许多不同粒度的粒子，在大气中不同粒度的分布情况，也是变化不定的。大气污染中的许多问题都与粒度分布有直接关系。粒度分布有不同的表示方式，如单位体积空气中粒子浓度、表面积浓度和体积浓度的分布曲线(图 9-1)。

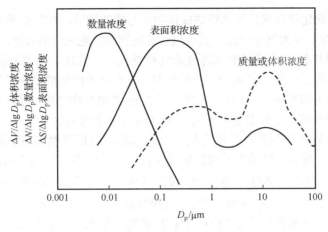

图 9-1　大气颗粒物浓度粒径分布

由图 9-1 可以看出，城市大气中的典型情况是粒径小于 0.1μm 的颗粒居多数，而按体积或质量分布出现两个峰值，前一个峰约在 0.5μm 处，后一个峰约在 10μm 处，这两个峰是两种不同的气溶胶形成过程所造成的。事实上，细颗粒是由于蒸气凝结，而粗颗粒则包括灰尘、飘尘及小粒径气溶胶长大而成的颗粒。表面积分布曲线在 0.25μm 处有一峰值，这是大量的细颗粒和少量的粗颗粒的平均结果。

人们对气溶胶的粒度分布与其来源和形成过程的关系方面开展了不少研究，例如，Whitby(1978)把大气颗粒物按表面积与粒度分布的关系得到的三种不同类型的粒度模态来解释气溶胶的来源和归宿。大气颗粒物的粒度有三个模态(图 9-2)，即爱根核模态(Aitken nuclei mode)(< 0.05μm)、积聚模态(0.05~2.0μm)和粗粒子模态(>2.0μm)。

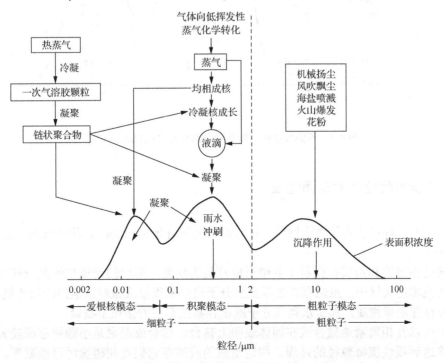

图 9-2　大气颗粒物粒径分布及其源与汇(Whitby，1978)

由蒸气凝结或光化学反应使气体经成核作用而形成的颗粒，粒径小于 0.05μm，属于爱根核模态，它很不稳定，在大气中湍流扩散很快被其他物质或地面吸着去除。粒径在 0.05～2μm 的颗粒物是由爱根核模态颗粒凝聚或通过蒸气凝结气而长大的，这是积聚模态，它们在环境中不易扩散或碰撞而去除，多数为二次污染物，80%以上的硫酸盐颗粒属于此模态。以上这两种颗粒物合称为细粒子(<2μm)。粒径大于 2μm 的颗粒物属粗粒子，它是由机械粉碎、液滴蒸发等过程形成的，主要是自然界及人类活动的一次污染物。

爱根核模态颗粒可以凝聚而转化为积聚模态颗粒，但积聚模态与粗粒子模态之间一般彼此不会相互转换，图 9-3 显示出不同粒径颗粒化学组分完全不同也证明这一点。细颗粒主要化学组分为 SO_4^{2-}、NH_4^+、NO_3^-、Pb 和含有烟气和凝聚有机物的碳；粗颗粒化学组分为 Fe、Ca、Si、Na、Cl、Al 等。一些研究表明，有毒物质如多环芳烃、As、Se、Cd 和 Zn 在细颗粒中有较高的富集，而粗颗粒所含的 Fe、Ca 和 Si 等主要来自风化产物、一次排放物、海水溅沫和火山灰等。城市大气中颗粒物的分布多数属双模态，即积聚模态和粗粒子模态，我国北京地区有类似结果。

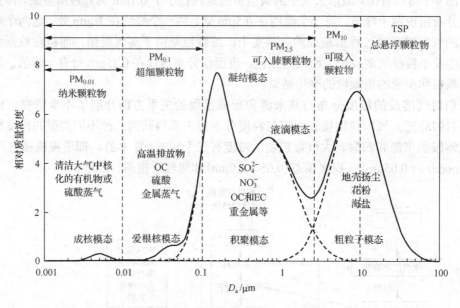

图 9-3　不同粒径颗粒物化学分布特征(Whitby，1978)

9.3.2　大气颗粒物的表面性质

颗粒物有三种最重要的表面性质，它们是成核作用(nucleation)、黏合(adhesion)和吸着(sorption)。

成核是指过饱和蒸气在微粒上凝结形成液滴的现象，雨滴的形成也涉及成核作用。在被水蒸气饱和的大气中，虽然存在着阻止水分子简单聚集形成微粒或液滴的强势垒，但是，如果已经存在凝聚物质，那么水蒸气分子就很容易在存在的微粒上凝聚。

粒子可以互相紧紧地黏合或在固体表面上黏合，黏合或凝聚是小颗粒形成较大的凝聚体并最终达到很快沉降粒径的过程。相同组成的液滴在它们互相碰撞时可能凝聚，固体粒子互相黏合的可能性随粒径的降低而增加。微粒黏聚至表面的程度与微粒及表面的组成、电荷、表面膜(水分或油)及表面的粗糙度有关。

吸着是指分子被颗粒物吸着的现象。如果气体或蒸气溶解在微粒中，这种现象称为吸收。若吸着在颗粒物表面上，则定义为吸附。涉及特殊的化学相互作用的吸着，定义为化学吸附作用。例如，大气 CO_2 与 $Ca(OH)_2$ 的颗粒反应：

$$Ca(OH)_2(s) + CO_2 \longrightarrow CaCO_3 + H_2O$$

化学吸着的其他例子有 SO_2 与氧化铝或氧化铁气溶胶的反应及硫酸气溶胶与 NH_3 的反应。

当离子在微粒表面上黏合时，可使微粒获得负的或正的电荷，电荷的量受空气的电击穿强度和微粒表面积的限制。在微粒子上电荷的符号和带电程度决定了微粒在电场中的移动，常利用微粒获得表面电荷的能力从烟道气中除去这种粒子。

案例 9.1

新粒子生成过程

新粒子生成是大气中过饱和气态分子(如硫酸和低挥发性有机物等)均相成核生成分子簇，继续通过冷凝与碰并等增长为可观测颗粒物的过程。它是大气中气态污染物向颗粒物二次转化的重要途径之一。新粒子生成事件，一方面是大气中颗粒物和云凝结核的重要来源，通过云物理和降水过程影响地球辐射平衡和全球气候变化；另一方面能导致超细颗粒物数量浓度急剧增加，成为二次颗粒物污染和霾的重要诱因(胡敏等，2016)。同时，新粒子在人体内的沉积能力强，对人体健康有明显影响，因此其形成机制成为近年来大气颗粒物研究的热点。

新粒子生成主要包括成核和增长两个过程(图 9-4)。成核是前体物经过气态-液态-固态三相转化形成 1nm 左右的临界分子簇(critical nucleus)的过程，在此过程中成核体系的熵和焓都是在减小的($\Delta H < 0$ 和 $\Delta S < 0$)，根据热力学第一定律和第二定律，成核过程需要克服吉布斯自由能能垒 ΔG。成核的另一个限制因素是开尔文效应(即曲率效应)，主要是指参与成核的物种必须具有较低的饱和蒸气压。增长过程分为分子簇通过凝结和碰并过程继续长大至 3nm 的初始增长过程，以及通过碰并和冷凝等增长为更大尺寸的后续增长过程。

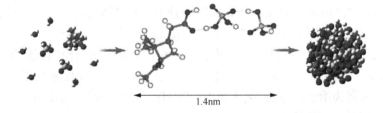

1.4nm

图 9-4　新粒子生成和增长示意图(Zhang，2010)

至今提出的新粒子生成机制主要有二元均相成核、三元均相成核、离子诱导成核和碘参与成核等(Gao et al, 2012)，但是这些成核理论都有各自的适用范围。例如，H_2SO_4/H_2O 二元成核理论只有在满足低温、高湿、大气中已存在的颗粒物比较少、气态硫酸浓度比较高的特定环境下才能发生，它不能解释生成速率较高的海岸和城市地区的成核现象，因此又提出了三元均相成核理论和离子诱导成核理论。$H_2SO_4/NH_3/H_2O$ 三元均相成核理论认为在 NH_3 浓度高于 1ppt 的情况下，NH_3 对成核过程有促进作用，从而提高了成核速率。在离子诱导成核理论中，由于电荷的存在，通过离子-偶极矩的相互作用减少了粒子成核的热力学势垒，加快了成核速率，因此比均相成核更容易进行。而针对碘参与成核的研究主要集中在海岸环境下。总体来说，虽然提出的多种成核理论都在一定大气环境下被证实，但并没有一个成熟的成核机理来代表全球的情况。目前，我国对新粒子生成过程的研究已取得了一些初步成果。例如，岳玎利等研究了北京夏季大气颗粒物粒径表征和新粒子生成现象，发现新粒子生成事件中硫酸在新粒子生成和生成过程具有决定性作用且可能与氨、草酸的浓度有关，并在随后的报道中指出研究有机物(如蒎酸和蒎酮酸)对新粒子生成早期阶段的作用具有重要意义(Yue et al, 2009)。

9.4 大气颗粒物中的无机物

9.4.1 无机颗粒物的来源

大气金属颗粒物的粒度大小、浓度和组成是它们的生物、化学和物理效应的直接函数。对环境重要金属的天然源和人为源起制约作用的是颗粒物的粒度，大于 $3\mu m$（空气动力学相应的直径）的金属颗粒物，将不影响呼吸或不参与大气间相互作用，因为它们在大气中停留时间很短，因此重点是研究小于 $2\mu m$ 的细颗粒物。颗粒物主要来自天然源和人为源，据全球大气研究排放数据库（emissions database for global atmospheric research，EDGAR）统计，目前全球每年估计约有 1.1×10^4 万 t 人为源排放的一次颗粒物进入大气。然而，要确定人类活动引起的与来自天然源的飘尘的比例是困难的。据可靠资料指出，大约 7%的一次颗粒物是属于人为源逸散。

1. 人为源

大量的细颗粒物来自电厂（燃煤）、市政焚化、冶金过程、采矿及地面交通运输等。其中最重要的是冶金过程，使大量的金属进入大气，颗粒物直径小于 $2\mu m$ 的占 46.6%。镉、铬、铜和锰飘尘在冶炼厂、冶金工业占优势。铍、镍和钒则主要来自动力发电厂（燃煤及燃油）。飘尘镉主要来自焚烧。有人报道过来自市政焚烧炉的有砷、铍、镉、铬、铜、铁、汞、镁、锰、镍、铅、锑、钛、钒和锌，它们取决于焚烧炉中被燃物的组成，且浓度范围差别也很大。很多学者还深入研究了来自燃煤动力厂的散发物，并推测燃油动力厂也能散发痕量金属。煤中至少有 14 种重金属，如浓度特别高的铁、镁、钛和锌（>100ppm）；油中至少有 13 种重金属，如高浓度锌和镍（>10ppm）。除铁外，来自燃油动力厂的痕量金属散发物浓度均大于或大大超过燃煤动力厂，如钒和镍。来自流动源的痕量金属，主要有内燃机燃料中的含铅添加剂燃烧产物。在汽油、汽油添加剂和马达油中还能检测到镉和汞。锌和镉是轮胎橡皮的成分，轮胎碎片是这些金属进入大气的明显来源。轮胎粉尘是大气中锌的两个来源之一（另一来源为冶金过程）；美国 2010 年约有 38 000 磅[①]镉由轮胎碎片进入大气，占美国 16 种大气镉散发源的第 5 位。

2. 天然源

颗粒物的天然散发源一般大于人为源，但由于这些颗粒物是易消失的粉尘和海浪溅沫，其中大颗粒占优势，它们迅速沉降，故对环境影响不大，除非在散发源附近如火山爆发将大量颗粒物散发达数公里之遥。Hobbs 等报道 1976 年阿拉斯加附近的 St. Augustine 火山爆发，1h 内颗粒物以 105m/s 的速度逸散，高度达 3.8km，绝大部分是由 $40\mu m$ 直径的气溶胶组成。镁是海浪、土壤和岩石外壳重要金属逸散物。在粉尘中明显的有铬、铁、锰、钛和钒。在火山散发物中找到锌、硒、锑、锰和铁，它们具有全球性的重要特点，因为夹带的大量颗粒物随逸散高度可长时间滞留在大气环境中。Boanford 等报道，植物能释放出亚微

---

① 磅，质量单位，1 磅=0.4535924kg。

米大小的颗粒物,扩散分布到广阔地区;他们的实验指出,从 $1km^2$ 植被中每年能释放出大约 9g 锌和 5g 铅,并认为地球上覆盖陆地的广大植被对大气痕量金属的含量做出贡献。

9.4.2　无机颗粒物的组成

气溶胶颗粒物的化学组成十分复杂,其组成与来源、粒径大小有密切关系,还与时空关系较大。例如,来自地表土、由污染源直接排入大气中的颗粒物及来自海水溅沫的盐粒等一次颗粒物往往含有大量的 Fe、Al、Si、Na、Mg、Cl 等元素;而二次颗粒物则含有硫酸盐、硝酸盐、铵盐和有机物等。与人类活动密切相关的化学组分可归纳为三类:水溶性离子组分、微量元素组分及有机物组分。下面重点介绍大气颗粒物的无机组分的主要组成。

1. 大气颗粒物中的主要离子成分

水溶性离子是颗粒物的重要化学组分,主要为硫酸盐、硝酸盐和铵盐,主要来自气态污染物的转化,气态前体物有二氧化硫、氨和氮氧化物等。气溶胶的水溶性离子组分具有吸湿性,能够在低于水的饱和蒸气压条件下形成雾滴,所以水溶性离子在大气过程中起了非常重要的作用。水溶性离子组分中阴离子主要由硫酸盐、硝酸盐、卤素离子,阳离子主要是铵盐、碱金属和碱土金属。

1) 硫酸盐

矿物燃料的燃烧可以排放出大量的 SO_2,其中一部分可通过多种途径氧化成硫酸或硫酸盐,成为大气颗粒物的重要组成部分。陆地性大气颗粒物中 SO_4^{2-} 的平均含量(质量分数)为 15%~25%,而海洋性大气颗粒物中的 SO_4^{2-} 的平均含量达到 30%~60%。

$PM_{2.5}$ 中的 SO_4^{2-} 大部分是通过 SO_2 气体氧化形成的,且 95% 的 SO_4^{2-} 和 96.5% 的 NH_4^+ 都集中在积聚模态中,故大气中的 SO_4^{2-} 通常以 $(NH_4)_2SO_4$、NH_4HSO_4 和 H_2SO_4 的形式存在,且这些硫酸盐均是水溶性的(USEPA,1999)。SO_2 既可以通过气相也可以通过液相的氧化反应生成 SO_4^{2-}。美国东部 SO_4^{2-} 的浓度占 $PM_{2.5}$ 质量的一半,而且几乎全部(99%)是由 SO_2 在大气中转化而成(USEPA,1999);其中约一半的 SO_2 在白天通过光化学反应生成。在夏季,由于大气中 O_3、H_2O_2 和 HO· 等氧化剂的浓度及气温均较高,SO_2 生成 SO_4^{2-} 的转化率也相应较高。SO_4^{2-} 主要通过湿沉降过程去除,去除率较低(每小时 1%~2%),在大气中的滞留时间为 3~5d(USEPA,1999)。

大气颗粒物中的硫酸(盐)引起很多环境问题:酸式硫酸盐是大气中最主要的强酸,是导致酸雨的主要因素之一;硫酸盐主要分布在亚微米范围的颗粒物中,很容易通过呼吸道进入人体肺部,损害人体健康,如著名的伦敦烟雾事件;硫酸和硫酸盐具有较高的消光系数,是影响大气能见度的重要因素之一;此外,大气颗粒物中的硫酸和硫酸盐在大气化学和全球气候效应等过程中起着重要的作用。

2) 硝酸盐

大气中一次排放的硝酸盐很少。硝酸盐是大气光化学反应的典型产物。硝酸盐多存在于细颗粒物模态($<2\mu m$),其主要是由 NO_x 在大气中发生均相反应生成 HNO_3 后再与 NH_3 气体反应而生成 NH_4NO_3 粒子(USEPA,1999)。而粗粒子中的硝酸盐的存在形式为硝酸钠,它主要来自气态硝酸和海盐的反应。在大气污染较为严重的城市中,硝酸和硝酸盐是非常

重要的污染组分，它们主要以硝酸铵的形式存在于细颗粒物中，对于大气的氮氧化物循环有着重要的作用。同时，硝酸同样是大气中的强酸，对大气酸沉降也有明显贡献，颗粒物中的硝酸盐在一些地区被认为和大气能见度降低也有一定的关系。大气颗粒物中硝酸盐的最初来源氮氧化物主要是机动车尾气。

3) 铵盐

氨是大气中唯一的碱性气体，天然源主要来自动植物活动排放、动植物尸体腐烂、土壤微生物排放等。人为源主要来自工业过程，但人为源仅占天然源的十分之一。在城市大气的二次污染中，氨和大气化学过程产生的二次污染物硫酸和硝酸结合形成硫酸铵和硝酸铵，是大气颗粒物极为重要的组成部分，也是城市大气二次污染的标志。氨还可与燃煤产生的气态氯化氢生成氯化铵，也存于细颗粒物中。

4) 其他水溶性离子组分

大气颗粒物中还含有其他水溶性离子组分，包括 Cl^-、Na^+、K^+、Ca^{2+}、Mg^{2+}等。海盐颗粒是大气颗粒物中 Cl^- 的主要贡献者。沿海地区大气颗粒物中的 Na^+ 几乎都来自于海洋排放，因此通常被作为海洋源的参比元素。K^+ 主要存在于细颗粒物中，且主要来源于燃烧过程，特别是生物质燃烧。Ca^{2+} 主要来自土壤，以粗粒子模态存在，是扬尘的标识元素。大气颗粒物中的 Mg^{2+} 既有海洋源的贡献又有土壤源的贡献，并且都分布在粗粒子中，含量较低。

2. 大气颗粒物中的微量元素

大气颗粒物中含有不少地壳元素和痕量元素。这些元素主要来自天然源和人为源，天然源中，风沙和火山爆发是主要因素；人为源中主要来自化石燃料的高温燃烧过程及其他高温燃烧的工业过程，如燃煤、燃油、钢铁厂、锅炉等。颗粒物中含有对人体有害的元素，如 Pb、As、Be、Cd 等，可以引起短期和长期的疾病问题。虽然这些微量元素的来源方式不同，但都属于一次排放物。不同元素因其来源不同，可以存在于细颗粒物或粗颗粒物中，同时随着污染源种类和排放量的不同，微量元素的种类、浓度水平、时空分布也不相同。如表 9-3 和表 9-4 分别列出在美国亚利桑那州 Tucson 市和中国北京中心区收集到颗粒中所检测到的元素。从这两个表的结果可看出，两个城市颗粒物中元素的组成差异很大，北京市道路交通颗粒物中 S 及 Cl 等元素含量较高，而 Al 和 Cu 较 Tucson 市含量特别低。因此，人们常根据粒子中微量元素含量的指纹特征来追踪它们的来源。

表 9-3　亚利桑那州 Tucson 市颗粒物样品中的微量元素

元素	浓度/(ng/m³)	元素	浓度/(ng/m³)
Al	4100	Li	3
Be	0.3	Mg	1300
Bi	3	Mn	12
Ca	10400	Na	2200
Cd	20	Ni	13
Co	1.5	Pb	800
Cr	40	Si	13400
Cs	0.4	Rb	3
Cu	600	Ti	150
Fe	3300	V	9
K	2300	Zn	140

表 9-4 **2008 年 12 月北京市典型道路交通 $PM_{2.5}$ 中元素浓度**(王姣等，2012)

元素	浓度/(ng/m^3)	元素	浓度/(ng/m^3)
Al	382	Ti	77
Na	225	Mn	76
Cl	1877	Fe	1442
Mg	125	Cu	44
Si	1056	Zn	541
S	2339	As	19
K	1435	Br	36
Ca	1123	Pb	179

9.5 大气颗粒物中的有机物

9.5.1 大气颗粒物中有机物的类型及来源

大气颗粒有机污染物是指吸附和沉积在各种大气颗粒上的有毒有害有机物，大气中的另一类有机物为挥发性有机物。全世界每年排放的挥发性有机物为颗粒物中的有机物的 10~15 倍。无论在污染地区还是在边远的背景地区，颗粒物中的有机物都是以数百种的有机物组成的混合物。从大气化学的角度看，这两类有机物是相互影响和转化的一个整体，既有一次污染物，如植物蜡、树脂等；也有二次污染物，即通过人为和生物排放的挥发性有机物的气粒转化生成的二次多官能团氧化态有机物。基于可吸入颗粒生物学意义的重要性，将着重讨论可吸入颗粒的有机污染物。

大气颗粒有机污染物的种类和数量极为复杂，不同燃料的燃烧条件所产生的污染物也不一样。基于目前气相色谱-质谱(GC-MS)测定方法和技术水平已经鉴别出来的颗粒中的有机物包括正构烷烃、正构烷酸、正构烷醛、多环芳烃、多环芳酮等。

近些年来，国内外一些研究小组纷纷开展了颗粒物中有机物的研究工作，表 9-5 给出了部分结果。因为各研究的采样时间、采样点位置、气象条件、颗粒物的粒径范围及采样方法与分析方法等诸多因素的不同，很难在严格意义上对这些数据进行直接对比，但仍可看出颗粒物中有机物的浓度水平在不同地区存在着很大的差异，且城市地区明显高于边远地区。

表 9-5 **不同地区大气颗粒物中有机物的浓度水平** (单位：ng/m^3)

国家	采样地点	时间	烷烃	烷酸	PAHs	参考文献
英国	伦敦	1995~1996 年	190~247	—	0.23~32.04	Kendall et al, 2001
美国	太平洋上小岛	1982 年 7 月~12 月	1.3~1.7	19.5~25.6	—	Rogge et al, 1993
	加利福尼亚州边远地区	1995 年 12 月	13.55~18.48	32.72~36.93	0.7	Schauer and Cass, 2000
	加利福尼亚州城市地区	1996 年 1 月	97.98~215.62	332~979	34.4~140	

续表

国家	采样地点	时间	烷烃	烷酸	PAHs	参考文献
中国	香港	1993 年 12 月	47 ~ 550	144.2 ~ 2104	2.4 ~ 54	Zheng et al, 1997
	青岛	2001 年 7 月 ~ 2002 年 5 月	19.1 ~ 502.4	149.8 ~ 1480	2.2 ~ 240.5	Guo et al, 2003
	北京	2002 年 7 月 ~ 2003 年 1 月	24 ~ 749	148 ~ 887	5.3 ~ 494	He et al, 2006
巴西（里约热内卢）	隧道	1997 年	581.2	—	85.89	Azevedo et al, 1999
	市中心		237.1	—	67.12	
	公园		58.3	—	4.9	
	森林		96.8	—	3.8	

　　颗粒物中的有机物来源于污染源直接排放进入大气的一次来源和气态有机物通过化学反应产生的二次来源。一次有机颗粒物的一种重要天然源是植物的分解和分散，还有一些微生物粒子，如细菌、病毒等，它们在大气中也广泛的存在。生物质和化石燃料的燃烧是全球最重要的一次含碳人为源。元素碳主要是通过燃烧过程直接排放进入大气。一般挥发性有机物氧化态蒸气压比还原态的要低很多，可与大气中 OH·自由基、NO$_3$·自由基和 O$_3$ 等发生氧化反应产生二次有机颗粒物。

　　为了对有机物来源进行解析，常采用能表征排放源化学指纹特征的代表性有机示踪物进行溯源研究。示踪物的条件是在大气中能够相对稳定存在，既不能通过大气化学反应形成也不能在传输过程中挥发或降解；在某类源成分谱中含量很高，而在其他类源中含量低；或在源成分谱中含量不高但其组分独特。一些主要污染源的有机示踪物如表 9-6 所示。

表 9-6　PM$_{2.5}$源解析研究中使用的有机示踪物（郑玖等，2014）

源类	示踪物
机动车	藿烷，甾烷，晕苯，荧蒽，芘
燃煤	藿烷，甾烷，烷基芘，多环芳烃
生物质燃烧	左旋葡聚糖，植物甾醇，萜类物质
厨房油烟、肉类烹饪	胆固醇，十六烷酸，十八烷酸，豆甾醇，β-谷甾醇，壬醛，9-十六烯酸
香烟	反异三十烷，反异三十二烷，异三十一烷，异三十二烷，异三十三烷
天然气	苯并[k]荧蒽，苯并[b]荧蒽，苯并[e]芘，茚并[1,2,3-c,d]荧蒽，茚并[1,2,3-c,d]芘，苯并[g,h,i]芘
植物碎屑	高相对分子质量的奇碳烷烃
轮胎碎屑	高相对分子质量偶碳烷烃，苯并噻唑

9.5.2 多环芳烃

　　大气中的多环芳烃（PAHs）大多数存在于固相中，大部分吸附在煤烟颗粒物上。大气颗粒物中已确证有较大致癌性的 PAHs 化合物为苯并[a]芘，其他在有机颗粒物中发现的活性致癌 PAHs 为苯并[a]蒽、䓛、苯并[e]芘、苯并[e]芘、苯并[j]荧蒽和茚并[1, 2, 3-c, d]芘。

PAHs 化合物大多在城市上空中出现。在这种大气中，代表性的致癌 PAHs 的水平为 $20\mu g/m^3$，有些特殊的大气和废气中 PAHs 含量更高。煤炉排放废气中 PAHs 可超过 $1000\mu g/m^3$，香烟的烟气中约为 $100\mu g/m^3$。此外，PAHs 多出现在城市大气中，不仅具有冬高夏低的季节变化规律，还有明显的日变化规律。在城市中，早晨和傍晚上、下班高峰期 PAHs 浓度出现高值，白天则由于混合层高度的上升而降低。苯并[a]芘被认为是 PAHs 中毒性最强的有机物。在海洋大气中苯并[a]芘的浓度为 $1\sim10pg/m^3$；远离污染源 30km 之外的自然保护区空气中的苯并[a]芘浓度则为 $0.1ng/m^3$。

PAHs 可由饱和烃在高温及缺氧条件下合成，甚至低相对分子质量的烃类如甲烷都可作为多环芳烃的先驱物，两个碳原子的烃如乙烷和乙烯可产生 10 种以上的 PAHs，称为高温合成。在温度超过 500℃时，C—H 及 C—C 链断开生成游离基，这些游离基再脱氢和化学结合，可生成耐高温降解的芳环结构。从乙烷开始的高温合成的芳烃过程，可以进行到形成稳定的 PAHs 结构为止，其示意反应如下：

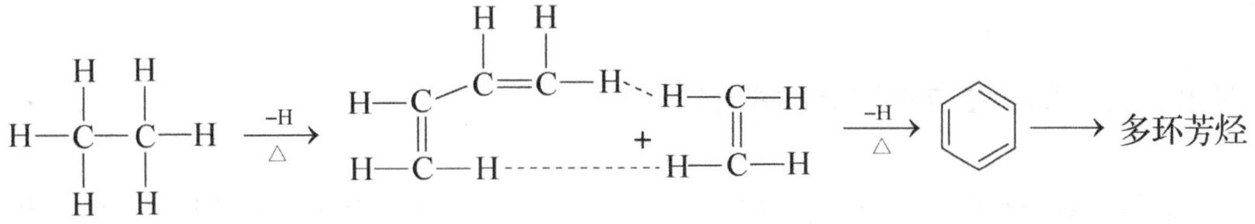

通过高温合成形成 PAHs 化合物的难易，随烃的种类不同而异。一般从易到难的次序可能是：芳烃＞环烯烃＞烯烃＞烷烃。环状化合物易生成 PAHs，是因为它们原来具有环状结构。不饱和化合物特别容易进行有利于 PAHs 生成的加成反应。

多环芳烃也可以由存在于燃料或植物中的较高级的烷烃由高温分解过程形成，有机物裂解为较小的、不稳定的分子和残渣，这些产物再反应生成芳烃。高相对分子质量的烷烃可高温分解为 $C_{10}H_{22}$，再进一步高温裂解成 $C_2\sim C_6$ 苯乙烯单元，也可导致生成多环芳烃：

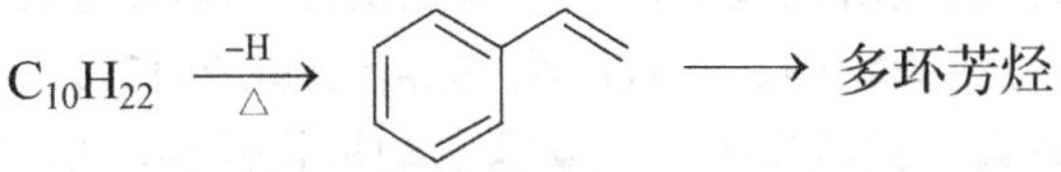

用丙烷不完全燃烧产生苯并[a]芘，然后测定气、固相中含量的实验表明，所生成的多环芳烃在气相中还不到 4%，而吸着在烟尘微粒上的占绝大部分。烟尘本身是多环芳烃的一种高聚物，X 射线结构分析表明，烟尘微粒像石墨晶体一样，也是一种六方晶系。一颗烟尘微粒是由几千个相互结合的微晶构成，而每个微晶是由若干石墨片晶组成，每个片晶又是由约 100 个缩合在一起的芳环构成。

9.5.3　持久性有机污染物的大气传输

持久性有机污染物(POPs)是影响全球的重大环境问题，其长距离传输能力和它的持久性、毒性、生物蓄积性并列为其四大基本属性。正因为长距离传输现象，POPs 从源区的局地问题逐步演变成一个区域性，甚至是全球性问题。大气传输是 POPs 全球传输和循环的重要环节，涉及诸多环境过程，对于这些交换和分配过程的正确描述是 POPs 大气传输研究的重要内容。下面仅以冷捕集效应为例简要说明。

由于扩散、稀释、降解等过程的作用,环境中污染物的浓度水平一般随着离开污染源的距离的增大而降低,但在有些情况下这种现象会颠倒过来。例如,在北半球海水中的六六六(α-HCH),植被中的六氯苯(HCB),随着纬度的增加,逐渐远离北半球中低纬度的源区而接近北极,其浓度反而增加。

这种现象主要发生在半挥发性POPs上,基于目前的研究,人们把沿纬度升高污染物浓度增加的现象称为"极地冷捕集"(polar cold trapping);把沿海拔升高污染物浓度增加的现象称为"山地冷捕集"(mountain cold trapping)。以多氯联苯(PCBs)为例,虽然"极地冷捕集"和"山地冷捕集"有不同的表现,但在实质上,两者是兼容一致的。小尺度的"山地冷捕集"效应富集,滞留了高氯PCBs,导致了大尺度的"极地冷捕集"效应最后富集的是低氯PCBs。这种PCBs向北极地区的大气长距离传输是通过反复多次的沉降和挥发循环实现的,又称为"蚂蚱跳"(grass-hopping)机制。

9.6 大气颗粒物对人体健康的影响

9.6.1 大气颗粒物对健康的影响

不同粒径颗粒物随呼吸分布在呼吸道不同位置。PM_{10}通常沉积在上呼吸道、气管和肺泡故称为可吸入颗粒。支气管中,$PM_{2.5}$主要沉积到细支气管、肺泡,$PM_{0.1}$经嗅球进入中枢神经系统,$PM_{0.1}$、颗粒物可溶组分及诱导肺部产生的炎症因子进入血液循环,作用于其他组织器官,引起氧化应激和炎症反应,导致机体损伤。因此,大气颗粒物对健康的影响受到社会各界的密切关注。大气颗粒物对健康的影响主要包括以下几个方面(芮魏等,2014)。

(1)对呼吸系统的影响:大量流行病学研究表明,大气颗粒物暴露与慢性阻塞性肺病、支气管炎、哮喘等呼吸系统疾病发生密切相关,尤其是老人、儿童及哮喘患者等易感人群对大气颗粒物十分敏感。近期研究显示,大气颗粒物也与肺癌的发生相关。2013年国际癌症研究机构已将大气颗粒污染物确定为致癌物(Straif et al, 2013)。

(2)对神经系统的影响:颗粒物的急性暴露影响植物性神经功能,降低副交感神经的信号传导,影响心血管等器官的运动。急性颗粒物暴露还与中风发病率相关,PM_{10}每增加$10\mu g/m^3$,中风的住院率增加1%。

(3)对心血管系统的影响:颗粒物急性暴露后心率、心率减速能力和心率变异性发生显著改变。长期高浓度颗粒物暴露降低血管舒张能力和促进动脉粥样硬化的形成。

(4)对内分泌系统的影响:流行病学调查结果显示,大气颗粒物与Ⅱ型糖尿病的发病相关。研究表明,$PM_{2.5}$浓度升高与Ⅱ型糖尿病的发病率上升呈正相关性。另外,$PM_{2.5}$可诱发Ⅰ型糖尿病和妊娠糖尿病,并升高糖基化血红蛋白水平。急性颗粒物暴露诱发酮症酸中毒等糖尿病急性并发症。亚急性低浓度$PM_{2.5}$暴露引起机体胰岛素抵抗。

9.6.2 人体吸入量的估算

通过呼吸道对颗粒物上有机物质的吸收,一般需要综合考虑颗粒物粒径、暴露频率、暴露时间、体重、年龄等因素。目前尚缺乏统一的方法，一般日均暴露剂量 $E[\text{ng}/(\text{kg}\cdot\text{d})]$ 可由式(9.6.1)估算获得

$$E = c \times \text{IR}/\text{BW} \tag{9.6.1}$$

式中：c 为目标物浓度，ng/m^3；IR 为每天空气摄入量，m^3/d，一般为 $20\text{m}^3/\text{d}$；BW 为体重，kg。

除此之外，当评价吸入污染物的健康风险时，一般还要考虑有机物的毒性系数、实际暴露天数、有机物在各粒径颗粒物上的浓度分布等因素。

9.7　大气颗粒物的源解析

由于不同粒度组成的颗粒物其来源、行为、效应和消失过程是不同的，因此推断颗粒物的来源，有助于解决污染源控制问题，这是采用测定颗粒物总浓度所不能解决的问题。针对颗粒物制定科学的大气环境质量标准和合理、经济的大气污染治理措施，需要定量研究各种源对其质量浓度和化学成分的相对贡献。随着大气颗粒物采样仪器和分析技术的发展，使得较短时间内在受体点和排放源获得大量颗粒物的物理化学信息成为可能，对这些信息进行统计分析可以定性识别其来源和定量解析各种源对大气颗粒物化学成分和质量浓度的贡献大小。

化学-统计学方法以大气颗粒物特性守恒和特性平衡分析为前提来判别其来源及贡献，包括源模型(source model)和受体模型。源模型也称为扩散模型(dispersion model)。源模型是从源排放出发，计算环境浓度；受体模型则是从环境浓度出发，计算源的贡献。

9.7.1　扩散模型法

描述大气颗粒物一次源排放浓度时空分布规律的物理过程主要涉及传输、扩散及干、湿沉降等。在实际应用中，描述污染物输送和扩散有两种基本途径，分别为欧拉方法和拉格朗日方法。这两种方法采用不同类型描述空气污染物浓度的数学表达式，都能正确地描述湍流扩散方程。目前，描述大气颗粒物一次源排放的空气质量模型很多，其机理是基于欧拉方法的高斯扩散方程和拉格朗日方法的轨迹方程。

欧拉方法考虑空间固定系统中物质和能量的迁移转化规律，研究的对象是空间内一固定的微元体，该体积元满足质量平衡方程。因此，欧拉方法是相对于固定坐标系描述污染物的输送和扩散，遵循梯度输送理论。拉格朗日方法考虑扩散物质随流体微团在空间变化的情况，即认为污染物浓度的变化与流动气流相关，由跟随流体运动的粒子来描述污染物的浓度及其变化。

USEPA 迄今推出了三代空气质量模型，这些模型大体上分为欧拉网格模型和拉格朗日轨迹模型两类。20 世纪 70～80 年代，USEPA 推出第一代空气质量模型，包括扩散模型(即高斯烟团模型)和拉格朗日轨迹模型；在 80～90 年代推出第二代空气质量模型——欧拉网格模型，主要包括城市光化学氧化模型(urban airshed model, UAM)、区域酸沉降模型(the regional acid deposition model, RADM)和区域光化学氧化模型(the regional oxidant model, ROM)；在 90 年代后推出针对多种污染问题的第三代空气质量模型，即以 Models-3 为代表的多尺度综合空气质量模型。

第一代空气质量模型因其较为简单的理论基础和计算而得以适应当时的计算机平台条件，并广泛用于控制臭氧的战略评估。这一代模型所模拟的物理过程过于简单而无法完整地描述大气运动的状况，因而难以对在大气污染中作用越来越突出的臭氧和颗粒物等进行准确模拟。

第二代空气质量模型同时纳入多种物理、化学过程而对被分成许多网格单元整个模型区域的大气浓度进行综合的数学描述和数值计算，在城市和区域光化学污染和区域酸沉降等的空气污染模拟中起着重要的作用。

第三代空气质量模型——区域多尺度综合空气质量模型，即 Model-3/CMAQ。Model-3 提出"一个大气"的模拟系统概念，即将整个污染大气作为一个整体来描述而不再区分污染问题，并详尽考虑所有的物理和化学过程，因而可以同时模拟多种大气污染物，包括臭氧、颗粒物、氮氧化物、酸沉降及能见度降低等在不同空间尺度范围内的行为过程。

9.7.2 受体模型法

受体模型是利用在源和受体测量的气态物质和颗粒物的物理、化学特征来鉴别受体浓度的来源并定量源的贡献。从原理上说，污染源和污染物之间是因果关系，由污染物推算污染源是合理的。只要检测数据完整，推算方法正确，便可准确判断出污染源的信息。作为判定 PM 的来源并定量其贡献的一种重要的手段，受体模型已经形成了一个成熟的方法体系并已用于城市、区域乃至全球的大气环境研究。

受体模型主要包括富集因子(enrichment factor，EF)、化学质量平衡(chemical mass balance，CMB)、正定矩阵因子分析法(PMF)、多元线性回归(multivariate linear regression，MLR)和主成分分析(PCA)等方法。目前普遍使用较多的方法是 CMB、PMF 及 PCA，但不同地区使用方法的选择性大不相同。在欧洲，受体模型里使用最多的是 PCA、CMB 和 PMF，它们的使用率相差不大；而在中国，使用最多的则为 CMB，其次是 PMF(郑玫等，2014)。

1. 富集因子法

富集因子法是 Gorden 于 1974 年提出，现在广泛用于鉴别土壤源以外的其他源对大气颗粒物中某一元素浓度水平的贡献程度。

富集因子定义为

$$EF_i = \frac{(c_i/c_r)_P}{(c_i/c_r)_R} \tag{9.7.1}$$

式中：c_i 为所研究的第 i 种元素的浓度；c_r 为选定的表征本底气溶胶的元素即参比元素的浓度；P 为第 i 种元素在气溶胶中的含量；R 为第 i 种元素在标准参考物质中的含量。

通常认为，某种元素的富集因子值小于 10 时，则相对于地壳(或地表土)来源没有富集，主要是由土壤或岩石风化的尘埃被风吹入大气造成的；如果富集因子增大到 $10\sim10^4$ 时，则该元素被富集，它不仅有地壳元素的贡献，而且可能与人类的各种活动有关。

根据 EF 值可推断元素的主要来源(天然，还是人为)。当 EF≫1(取>10 更可靠)，则参比元素基本上可认为是由人为活动造成的。当 EF≈1，则该元素主要来源于地壳、土壤，由此可半定量地估算某种污染来源(如风沙、土壤等)的贡献率，也可获得某地区或污染源颗粒物中元素的富集程度与污染状况。用此法可消除采样过程中受风速、风向、样品量的多少、离污染源的距离等可变因素的影响。因此,用这结果来解析问题,比用绝对浓度更为确切可靠。特别是当所得数据不够系统,数量不足,质量还没有达到一定要求时,用此法较为合适而简便。例如,利用此法计算渡口市(现为攀枝花市)大气飘尘中元素富集系数(表 9-7)可发现,Cd、Pb、Cu 和 Zn 向大气迁移能力较强,表明渡口市颗粒物中这些元素人为活动的影响不容忽视。

表 9-7 渡口市大气颗粒物中元素的富集系数(许欧泳等, 1984)

元素	Cr	Ni	Co	Mn	Cd	Pb	Cu	Zn
富集系数	0.8	1.2	2.9	1.2	61	26	9.3	21.5

2. 化学质量平衡法

CMB 模型假设污染源排放的和受体采集样品中的化学物质质量守恒,而不考虑大气颗粒物从排放源到受体传输过程中的化学变化和反应动力学过程。

CMB 模型的假设有:①源排放的成分在环境采样和源采样期间恒定不变;②各化学组分彼此不发生化学反应;③所有可能对受体有贡献的源均被鉴别;④待考察的源的数量或源的种类不超过组分的数量;⑤各类源的化学组成彼此独立;⑥测量误差是随机、无关联的,且成正态分布。

CMB 模型的表达式为

$$c_i = \sum_{j=1}^{J} a_{ij} S_j \tag{9.7.2}$$

式中:c_i 为受体大气颗粒物中成分 i 的浓度测量值,$\mu g/m^3$;S_j 为第 j 种源对受体点贡献的颗粒物的浓度,$\mu g/m^3$;a_{ij} 为第 j 种源排放颗粒物中化学成分 i 的质量分数。此法能定量地描述不同类型污染源(如土壤与燃煤、燃油、汽车、海盐)的贡献,但它也存在着一些缺点。首先,此法必须要有比较完善的具有代表性的污染源及环境的元素浓度数据,如果污染源的数据不完整,某些污染源没有包括进去,或直接用排放口的样品,不根据污染源的不同特性而选择有代表性的样品等,则所得结果不可靠;其次是 a_{ij} 值实际上是不稳定的,它随地点、时间、粗糙面、燃烧种类等而变化;最后是二次颗粒物没有计入。所有这些会影响计算结果的正确性与精确度,从而使最后结论受到影响。

CMB 方程有多种解法,包括示踪法、线性规划法、普通加权二乘法、有效方差加权最小二乘法、零回归加权最小二乘法等。其中,有效方差加权最小二乘法综合考虑了源和受体测定不确定性,故其是最为成熟的解法。

3. 正定矩阵因子分析法

PMF 模型属于带约束条件的因子分析法,不需要事先了解作用于受体的源的情况(包括源成分谱),因而可用于分辨未纳入排放清单中的排放源,但需要基于大量的样本数据获得平均的源解析结果。正定矩阵因子分析法是芬兰赫尔辛基大学 Paatero 教授在 20 世纪 90 年代中期开发的多元统计方法,具有分解矩阵中元素与分担率非负及可利用数据标准偏差进行优化的优点,是 USEPA 推荐的源解析工具。

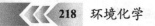

PMF 模型中使用最小二乘法处理因子分析问题，其二维模型(PMF2)的模型如下：

$$X = GF + E \qquad (9.7.3)$$

$$e_{ij} = x_{ij} - \sum_{k=1}^{p} g_{ik} f_{kj} \qquad (9.7.4)$$

$$Q(E) = \sum_{i=1}^{n} \sum_{j=1}^{m} (e_{ij} / s_{ij})^2 \qquad (9.7.5)$$

$$(i = 1, 2, \cdots, n; \ j = 1, 2, \cdots, m; \ k = 1, 2, \cdots, p)$$

式中：m 为化学成分数；n 为样本数；p 为主要污染源的数目；X 为 $n \times m$ 的浓度矩阵(x_{nm})；G 为 $n \times p$ 的源贡献矩阵(g_{np})，在模型中表示不同污染物在源廓线中的重要性；F 为 $p \times m$ 源廓线矩阵(f_{pm})；E 为 $n \times m$ 残差矩阵(e_{nm})，是实际数据与解析结果的差值；s_{ij} 为 X 的标准偏差；$Q(E)$ 为残差和观测值标准差比值的平方和。

在 PMF 模型中，通常应用多元线性回归方法判断各因子对总化学成分浓度的影响是否有统计显著性，若出现某一因子影响不显著，则不再增加因子数目，从而确定正矩阵因子分析的因子数目。在确定因子数目后，还需根据源贡献矩阵 G 和源廓线矩阵特征判断各因子代表哪一种类的源。

4. 多元线性回归法

多元线性回归法又称示踪元素法。不同的功能源，如燃油、冶金、燃煤等排放的一些元素或其他组分含量差别很大，即标识元素。如果可以得到各个源的标识元素，则可以通过多元线性回归的方法进行源解析。其方法为用测量得到的颗粒物浓度对不同污染源的标识元素进行多元线性回归，以此求出各个污染源对大气颗粒物的贡献量。颗粒物浓度与示踪元素的回归式如下：

$$c = BX + U \qquad (9.7.6)$$

式中：c 为受体点颗粒物浓度；B 为回归系数矩阵；X 为示踪元素在大气中的浓度矩阵；U 为常数，表示未知源的浓度。

在多元线性回归法中，回归系数其实是示踪元素在源排放谱中化学丰度的倒数，并代表了该源对受体点的贡献量。由于示踪元素的选择是理想化的，所以多元线性回归法进行源解析的结果较为粗糙。当一个或多个示踪元素并非由特定源排放时，将影响源解析的结果。与其他受体模型相比，多元线性回归的优点为不需要了解受体点的排放源的信息、过程简单、一般统计软件即可实现。

5. 因子分析法

因子分析法是把每一样品 j 中各元素 i 的浓度 X_{ij} 转变成归一化的变量，即

$$Z_{ij} = \frac{X_{ij} - X_i}{d_i} \qquad (9.7.7)$$

式中：X_i 为某一全部样品中元素 i 的平均浓度；d_i 为 X_i 分布的标准偏差。

将 Z_{ij} 值代入一系列方程式中进行计算：

$$Z_{ij} = \sum_{k=1}^{m} a_{ik}f_{kj} + d_iU_{ij} \tag{9.7.8}$$

式中：f_{kj} 为全部变量中的公共因子；U_{ij} 为每一元素的因子；a_{ik} 为 "负荷因子"；d_i 为 n 个变数的标准化回归系数。整个运算的目的是为了决定公共因子 m，它将能阐明许多实测元素浓度的变化。

因子分析法的优点是不需要事先的假定及大量完整的污染源数据，而且二次污染物也计算进去了。此法的缺点是不能得到元素的绝对浓度，只能是浓度的变化(变量%)，并且要求各样品数据中的变量很大，若变量较小，则此种数据是无效的。此外，对具有相似组分的不同排放源(如煤和土壤)不能加以区分。化学元素平衡法也有类似缺陷。

9.8　大气颗粒物的区域污染

9.8.1　大气颗粒物浓度的时空变化

大气颗粒物浓度的时空分布既决定了人群暴露于颗粒物污染的水平和颗粒物的达标状况，也包含影响其形成与分布过程的重要信息。同时，结合源排放和气象条件(如风速、风向、大气稳定度等)的变化，可明晰相关因素对颗粒物浓度时空分布的影响，并判定区域性颗粒物污染的形成与否。因此，了解大气颗粒物浓度的时空变化特征，对于识别大气颗粒物的区域性污染特征、演变规律及形成证据，划定区域大气污染的范围及制定区域大气污染防治对策与空气质量管理策略有重要意义。

北美洲和欧洲较早针对大气颗粒物建立大范围的观测网，开展了大规模、多方面的研究，对于其污染水平、化学组成特征、环境与健康影响及来源与贡献等方面的认识得到逐步深化，制定的相关标准越来越趋于严格，并越来越注重对于细颗粒物的控制。本节主要介绍我国大气颗粒物浓度的时空分布特征及其影响因素。

京津冀地区、长江三角洲地区(简称长三角地区)、珠江三角洲地区(简称珠三角地区)及川渝盆地作为我国经济发达地区，污染相对较为严重，以下介绍这些典型区域中典型城市的 $PM_{2.5}$ 浓度的时空分布。

重庆 $PM_{2.5}$ 浓度的季节变化较为显著。以重庆的一个郊区观测点为例，2005～2006 年的季节分布表现为 2005 年冬季($136.4\mu g/m^3$)>秋季($104.6\mu g/m^3$)>春季($103.3\mu g/m^3$)>夏季($98.0\mu g/m^3$)。整体而言，相比其 $PM_{2.5}$ 年均浓度分布均匀的特点，重庆季均浓度的空间分布存在一定差别，冬、秋季较高，春、夏季较低，但均显著高于北京的同期水平。

对于北京，通常秋季和冬季 $PM_{2.5}$ 的平均浓度较高，而春季和夏季的平均浓度较低；冬季与夏季的平均浓度相差最高可达近一倍。北京 $PM_{2.5}$ 的季节变化特征也与季节性的污染排放和气象因素有关。在采暖期，北京的燃煤量大量增加，燃烧源排放的一次颗粒物及其前体物均相应大量增加。例如，1998～2000 年北京近郊采暖期 SO_2 浓度为非采暖期的 4.5～7.2倍。此外，在冬季易于出现稳定的高压控制，此时一般天气晴好且风力较小，在近地层容易形成逆温，连续数日空气停滞的现象频繁发生，导致一次排放和二次转化形成的颗粒物在近地面大气中逐渐累积，达到高浓度水平。

上海 $PM_{2.5}$ 浓度的季节变化与北京相似，即夏季最低，冬季最高，如海南路夏季和冬季的平均浓度分别为 $(39.3\pm19.9)\,\mu g/m^3$ 和 $(90.7\pm27.2)\,\mu g/m^3$。

9.8.2 大气颗粒物污染特征

大气颗粒物已成为全球性话题，由于大气的快速传输，洲与洲之间、城市和农村地区的雾霾在数天甚至几周内可发展成为跨海洋和跨洲的颗粒物污染。van Donkelaar 等(2010)基于 MODIS 和 MISR 卫星通过气溶胶光学厚度反演算 $PM_{2.5}$ 地面浓度分布的研究表明，我国东部已成为全球 $PM_{2.5}$ 污染的高值区。

大气颗粒物的化学组成十分复杂，不同来源颗粒物其化学组分相差很大。例如，我国北方 $PM_{2.5}$ 受沙尘影响较大，所以地壳元素含量占比较大，而东部地区(尤其在长三角地区)$PM_{2.5}$ 更多的受二次无机气溶胶的影响(Yang et al, 2011)。大气颗粒物的污染特征和组成也会随时间而变化。在 1999~2003 年不同研究者对北京大气细粒子的质量浓度和化学组分进行了研究，观测到 $PM_{2.5}$ 质量浓度呈逐年下降趋势，但有机物和二次离子略有上升，表明北京大气颗粒物中有机物和二次污染十分严重，呈现出复合型污染的特征。

9.8.3 区域复合污染控制

大气颗粒物因其区域全球尺度的环境影响、复杂的源排放体系、多种大气物理化学过程相耦合的环境行为及其与气体污染物的相互作用等，成为大气复合污染的关键性污染物。对于颗粒物在内的大气污染控制策略的制定随着科学认知的深化是一个持续的过程。关于大气颗粒物和复合污染控制，目前国际上较多的做法是，在较好地掌握大气颗粒物与复合污染形成及相互影响规律的基础上，准确识别对大气颗粒物形成有主要贡献的重要污染源和关键污染物，通过对关键污染物空气质量标准的制定与实施，推动对重要污染源排放标准的制定与实施，进而推动相关控制技术的研发和控制计划的实施。

大气颗粒物的控制方面，迄今已有一些国家和组织制定了相关的标准或行动值。USEPA于 1997 年首次提出了 $PM_{2.5}$ 的标准，并于 2006 年修改了该标准，其新标准自 2006 年 12 月 17 日实施。加拿大于 2000 年建立了全国的 $PM_{2.5}$ 和 O_3 标准。澳大利亚于 2003 年也将 $PM_{2.5}$ 纳入空气质量标准中。在亚洲国家和地区中，新加坡制定的 $PM_{2.5}$ 标准最为严格。随着认识的不断深入，以及技术的不断进步，为了更有效保护人体健康，越来越多的国家、地区和组织将制定 $PM_{2.5}$ 环境空气质量标准。

在大气颗粒物的多方面影响因素中，一些是可控的因素，另外一些则是不可控的因素。对大气颗粒物污染的控制需要同时考虑人为源和自然源的排放。从管理角度而言，排放源可分为可控、不可控两大类，前者包括工业、电站、交通、商业活动等的排放；后者包括火山爆发、海浪飞沫、沙尘暴、闪电引起的山火等。即使在发达国家，也尚有一些排放源暂未或无法纳入控制的范畴，如船舶、航空等。

随着对一次颗粒物的有效削减和二次颗粒物在 $PM_{2.5}$ 中占主导地位的认识，欧美目前的颗粒物控制对象中纳入了主要的气态前体物。例如，从 1973~1987 年，美国洛杉矶地区的

SO_2 排放量下降了约 75%，整个地区的硫酸盐含量也减少了近 50%，相应的大气能见度水平提高了 26%～39%。

在我国，大气颗粒物是影响城市空气质量的最主要污染物，其中，大气细颗粒物对人体健康、全球气候变化及太阳辐射的影响十分显著。我国于 2012 年 2 月发布《环境空气质量标准》(GB 3095—2012)，以代替 GB 3095—1996、GB 9137—88，并于 2016 年 1 月 1 日实施，主要区别是增设了颗粒物(粒径小于等于 2.5μm)浓度限值和臭氧 8h 平均浓度限值，其目标旨在更加有效地减少 $PM_{2.5}$ 污染。

表 9-8 为 2014 年中国 190 个城市的年均细颗粒物($PM_{2.5}$)地表浓度分布(全国城市空气质量发布平台，http://106.37.208.233/)，而达到 2012 年发布的国家空气质量二级标准的城市仅占 9.5%，主要位于东南沿海地区，说明我国大气细颗粒物污染十分严重。

表 9-8　2014 年中国 190 个城市年均 $PM_{2.5}$ 浓度值　　(单位：μg/m³)

城市	$PM_{2.5}$ 年均值	城市	$PM_{2.5}$ 年均值	城市	$PM_{2.5}$ 年均值	城市	$PM_{2.5}$ 年均值	城市	$PM_{2.5}$ 年均值
邢台	131.4	自贡	73.1	重庆	62.8	抚顺	56.2	丽水	43.7
保定	127.2	成都	72.8	湖州	62.8	嘉兴	56.0	大同	43.2
石家庄	122.6	洛阳	72.8	平度	62.7	绵阳	54.9	江门	43.1
邯郸	114.2	哈尔滨	72.5	胶南	62.5	葫芦岛	54.5	九江	42.9
衡水	107.6	江阴	71.6	莱州	62.4	乳山	54.1	大庆	42.9
德州	106.0	咸阳	71.6	日照	62.2	青岛	53.9	清远	41.2
菏泽	100.6	株洲	71.6	西宁	62.1	承德	53.5	金昌	41.2
聊城	99.8	湘潭	71.4	瓦房店	62.0	海门	53.5	威海	40.7
廊坊	99.3	泰州	71.0	临汾	62.0	包头	53.4	河源	40.2
唐山	98.4	沈阳	70.9	锦州	62.0	衢州	53.2	营口	39.4
安阳	94.6	库尔勒	70.1	临安	62.0	肇庆	53.1	攀枝花	39.0
淄博	94.6	鞍山	69.9	招远	61.5	昆山	53.1	汕头	38.8
莱芜	93.4	宝鸡	69.5	桂林	61.2	大连	53.0	梅州	38.5
宜昌	92.1	南充	69.4	莱西	61.1	常熟	52.9	克拉玛依	38.5
临沂	91.9	句容	68.9	诸暨	61.0	上海	52.2	茂名	37.9
济南	91.0	常德	68.6	杭州	60.9	文登	51.4	中山	37.6
荆州	88.8	阳泉	68.1	绍兴	60.7	即墨	51	齐齐哈尔	37.2
济宁	88.2	太原	67.7	义乌	60.4	石嘴山	50.1	厦门	36.3
沧州	88.0	宿迁	67.6	连云港	60.4	南昌	49.8	嘉峪关	36.2
郑州	87.6	芜湖	67.5	南通	60.3	烟台	49.0	阳江	36.1
枣庄	87.6	长治	67.2	德阳	60.3	揭阳	49.0	曲靖	34.8
平顶山	87.3	马鞍山	67.0	富阳	60.2	蓬莱	49.0	惠州	34.6

城市	PM$_{2.5}$ 年均值	城市	PM$_{2.5}$ 年均值	城市	PM$_{2.5}$ 年均值	城市	PM$_{2.5}$ 年均值	城市	PM$_{2.5}$ 年均值
寿光	86.3	徐州	66.7	张家界	59.8	延安	48.7	张家口	34.3
天津	85.8	淮安	66.5	吉林	59.4	潮州	47.9	珠海	33.8
滨州	85.4	铜川	66.3	章丘	59.0	韶关	47.9	北海	32.8
北京	83.2	无锡	66.3	秦皇岛	59.0	南宁	47.6	汕尾	32.7
开封	82.2	常州	66.2	金坛	58.9	丹东	47.6	深圳	32.5
合肥	80.0	镇江	65.8	兰州	58.8	赤峰	47.5	云浮	32.4
武汉	79.5	柳州	65.7	吴江	58.7	银川	47.4	昆明	32.2
焦作	78.2	宜宾	65.2	宜兴	57.7	广州	47.4	泉州	31.6
潍坊	78.2	泸州	64.7	盐城	57.5	台州	46.3	福州	31.4
东营	77.3	长春	64.6	牡丹江	57.3	荣成	46.0	舟山	29.8
泰安	77.0	金华	64.2	岳阳	57.3	宁波	45.7	玉溪	29.6
西安	75.7	苏州	64.1	盘锦	56.9	温州	45.7	湛江	28.2
三门峡	75.5	张家港	63.5	胶州	56.9	贵阳	45.5	鄂尔多斯	27.7
长沙	75.0	扬州	63.2	太仓	56.6	东莞	44.1	拉萨	23.6
渭南	74.2	溧阳	63.0	遵义	56.3	呼和浩特	44.0	海口	22.4
南京	73.7	乌鲁木齐	62.9	本溪	56.3	佛山	44.0	三亚	18.7

　　以大气颗粒物为代表性污染物的城市大气复合污染作为一种新型的污染现象，要求城市空气质量改善目标制定过程中，必须寻找新的思路与研究方法。一次颗粒物的大幅削减是有效控制大气颗粒物区域复合污染的基础。以人为源颗粒物排放贡献最大的工业部门——水泥工业为例，自 1985 年以来排放标准经过数次修订而日益严格，其排放限值越来越低。其他行业针对一次颗粒物也制定了日益严格的排放标准，并取得了一定的成就。

　　二次颗粒物是大气颗粒物的重要组分，在细颗粒物中甚至可能占主导地位。为了控制大气复合污染，探索一次、二次颗粒物协同控制的方法，北京奥运会空气质量保障提供了一个重要的探索机遇。针对北京奥运会空气质量保障目标，国内研究团队提出了多污染物协同控制理论，该理论以解决大气复合污染的多维环境问题为导向，以复杂污染源高分辨率排放清单为基础，以多污染物减排-环境效应非线性响应关系为核心，以此作为构建多目标、多污染物协同控制技术方案的核心支撑。北京奥运会空气质量保障方案的实施使奥运会期间北京的空气质量不仅实现 API 三项指标全部达到国际奥委会的要求，PM$_{2.5}$ 和 O$_3$ 也明显降低，成为我国控制区域复合污染的第一个成功案例。随后举办的上海世博会和广州亚运会借鉴并发扬了北京奥运会区域联防联控、多污染物协同控制的有效经验。上海世博会实现了空气质量优良率为历年同期最高，广州亚运会实现空气质量全部优良，分别成为长江三角洲和珠江三角洲控制区域复合污染的成功案例。

9.8.4　灰霾

所谓"灰霾"现象，从感官上说，它是大气中气溶胶系统对可见光的削弱效应而造成的一种视程障碍(吴兑，2008)，具体表现为水平能见度下降，天空灰蒙蒙一片，可以说是"看得见的污染"(Hyslop，2009)。目前科学界还没有严格的定义，气象行业的识别方法是将其作为一种天气现象，通过能见度与相对湿度(RH)等指标进行界定，从而与"雾"等自然现象区分开来(中国气象局，2010)。现有判别是否为雾霾现象的方法汇总如表 9-9 所示。

表 9-9　现有灰霾天识别方法汇总

指标	判别条件	来源
能见度、相对湿度、$PM_{2.5}$、PM_1、消光系数	灰霾：(1)能见度小于 10km，RH 小于 80%； (2)能见度小于 10km，RH 介于 80%～95%，$PM_{2.5}$ 大于 $75\mu g/m^3$，PM_1 大于 $65\mu g/m^3$，此三者满足其一	中国气象局，2010
能见度、相对湿度	灰霾：能见度小于 5km 薄雾：能见度介于 1～5km，RH 大于 95% 雾：能见度小于 1km	WHO，2005
能见度	灰霾：能见度小于等于 5km 薄雾：能见度小于 2km 雾：能见度小于 1km	Vautard et al，2009
能见度、相对湿度	干霾：能见度小于 10km，RH 小于 80% 湿霾：能见度小于 10km，RH 介于 80%～95% 雾：能见度小于等于 1km，RH 大于 95% 薄雾：能见度介于 1～10km，RH 大于 95%	
能见度、相对湿度	约定 $U=(80–能见度^2/5)/100$ 灰霾：能见度小于 10km，RH 小于 U 雾：能见度小于 10km，RH 大于 U	李崇志等，2009
能见度、$PM_{2.5}$、$PM_{2.5}/PM_{10}$	灰霾：能见度小于等于 10km，$PM_{2.5}$ 大于 $87\mu g/m^3$，$PM_{2.5}/PM_{10}$ 大于等于 50%	段玉森，2012

必须指出的是，灰霾的本质是气溶胶污染，能见度下降的主要原因是空气中大量悬浮的微小颗粒物的消光作用，而这些微小颗粒物绝大部分来自人为污染源的直接排放与大气中的化学转化。首先，灰霾引起的低能见度破坏了大自然景观和人类生活区域的视觉体验，相关的心理研究表明频繁或长期的低能见度现象容易引发心情抑郁与心理障碍；更为严重的是，灰霾现象被作为大气污染程度的指示剂，大气能见度的大小与微小颗粒物浓度的高低密切相关。大量流行病学、毒理学和生态学的研究表明，大气中悬浮的微小颗粒物会通过呼吸道直接进入人体并沉积在肺泡，对人们的呼吸道、心血管、神经系统等产生严重的短期及长期健康毒害，同时通过干、湿沉降等途径对生态系统的形态结构与生态功能产生影响。此外，这些微小颗粒物由于对光吸收和散射产生的复杂而显著的辐射效应。例如，黑碳的光吸收作用产生正辐射强迫，对温室效应有重要影响，因此被政府间气候变化专门委员会(IPCC)列为重要的短寿命气候污染物。

　　尽管影响我国东部城市群灰霾形成的因素众多，但系统归纳起来，无外乎高浓度的人为颗粒物负荷、不利气象条件和自然排放源三大成因，其中高浓度的人为颗粒物负荷是内因，不利气象条件和自然排放源是外因，它们单独或者同时诱发内因导致严重灰霾现象的产生。以下从灰霾发生的主要成因入手，以我国东部典型城市群长三角地区为例，总结归纳国内外已有的研究工作基础。

1. 高强度的人为污染物排放

　　对长三角地区 $PM_{2.5}$ 组分的分析结果显示（图 9-5），有机物、无机盐及元素碳所占质量分数达到64%～83%，而它们绝大部分来自人为源直接的颗粒物或气态前体物排放。由此可见，即使是在扩散条件相对较好的沿海城市地区，颗粒物的浓度都比欧美地区高出数倍，其本质原因是一次颗粒物及其前体气态污染物的污染排放总量及强度都远高于欧美地区。

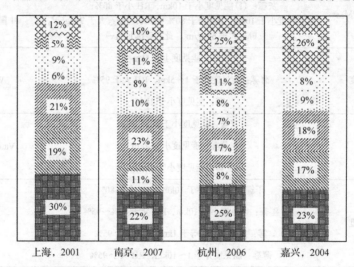

图 9-5　长三角地区 $PM_{2.5}$ 主要化学组分质量分数（包贞等，2010；陈魁等，2010；陈明华等，2008；翁君山等，2008；银燕等，2009）

▨ 有机物；▧ 元素碳；▨ 硫酸根；▦ 铵根；▨ 硝酸根；▨ 微量元素；▨ 未鉴别

　　张强等开发了 2006 年全亚洲的 $30' \times 30'$ 高分辨率污染排放清单，估算了中国的 $PM_{2.5}$、SO_2、NO_x 和非甲烷挥发性有机物（NMVOC）的年排放量分别为 1327 万 t、3102 万 t、2083 万 t 和 232.5 万 t，分别占亚洲全部排放的 60.4%、65.9%、56.6%和 42.6%，且集中于东部城市地区（Zhang et al, 2009）。黄成等基于自下而上的方法估算了长三角地区 2007 年各类污染物的排放量，得到 $PM_{2.5}$、SO_2、NO_x 和 NMVOC 的年排放量分别为 312 万 t、239 万 t、229 万 t 和 151 万 t，且主要集中在上海、杭州、南京等核心城市（Huang et al, 2011）。正是我国东部城市地区的污染排放量高，且排放区域集中，空间排放强度大，导致了这些地区一次颗粒物与二次颗粒物并存的复合污染态势。

2. 不利的气象扩散条件

　　区域性的静稳天气是导致污染物累积进而形成灰霾的主要诱因，垂直方向大气稳定，在夜晚至清晨常观测到明显的逆温现象，大气边界层高度较低，大量的一次颗粒物和气态污染物聚集在边界层以下使浓度升高，不仅促使颗粒物由核模态向积聚模态累积迁移，同时进一步加快了气态污染物氧化成二次颗粒物的各类化学反应速率(唐孝炎等，2006)。

此外，相对湿度对颗粒物浓度及大气能见度也有重要影响。一方面，它会以雾或小雨等形式直接通过水汽分子(液滴)等产生消光作用进而影响大气能见度；另一方面，水汽分子通过附着在颗粒物表面，促进颗粒物的吸湿增长进而大大增强了颗粒物对光的散射作用，影响大气能见度。杨军等(2010)在冬季南京的外场观测实验中，根据能见度和相对湿度将雾霾过程划分为雾、轻雾、湿霾、霾四个不同阶段，发现四个阶段的主要发生顺序为霾←→轻雾→湿霾→雾→湿霾→轻雾←→霾，且各个阶段颗粒物的粒径谱分布特征各不相同。

在秋、冬季经常有北方冷空气频繁南下，不仅会将沿途京津冀、山东等地的污染物输送到长三角地区，而且也容易因冷暖气团交汇形成逆温，且常常伴有丰富的水汽，进一步加强了颗粒物的吸湿增长。Li 等(2013)模拟了春季 3~4 月我国东部区域之间的颗粒物污染传输，发现北方区域对长三角地区的 $PM_{2.5}$ 浓度影响达到 10%。考虑到春季 3~4 月的风向以偏南气流为主，因此冬季北方区域对长三角地区的贡献比例将远高于 10%。由于长三角地区地处平原，该地区各城市之间的传输影响也十分明显，在西北风的主导风向影响下，江苏对上海、浙江及上海对浙江一次气态污染物及 PM_{10} 的外来影响达到 40%以上(程真等，2011)，外来源对上海的硫酸盐浓度的贡献比例达到 60%~70%(张艳等，2010)。

3. 沙尘暴和生物质开放燃烧的影响

沙尘暴对长三角地区空气质量的影响虽然不如北方城市严重，但在每年春季 3~4 月都会在高压场控制的大风输送下由北向南，把内蒙古、新疆戈壁的裸露土壤成分带入长三角地区的同时，会把北方沿途的污染物或东海的海盐离子少量输送到长三角区域。Fu 等(2010)观测到 2007 年 4 月 2 日上海的 PM_{10} 浓度达到 648μg/m³，并通过各地方同步颗粒物采样的 Ca/Al 比例，判断上海的沙尘暴主要来自蒙古戈壁而不是新疆塔克拉玛干沙漠。

长三角地区作为我国农业种植主产区之一，据统计 2008 年浙江、江苏、安徽和上海四省市的小麦、大米、玉米和油菜年产量分别为 43.5 百万 t、27.6 百万 t、6.5 百万 t 和 3.5 百万 t，共产生了 115.5 百万 t 农作物秸秆，其中 36.8 百万 t 被直接露天焚烧(朱佳雷等，2012)。秸秆焚烧一般集中发生在 5 月下旬到 6 月上旬的水稻收割季节和 10 月下旬到 11 月上旬的小麦收割季节。秸秆焚烧产生的大量有机物及黑碳对空气中 $PM_{2.5}$ 贡献明显，在扩散条件不好时极易在近地层堆积导致低能见度污染，且因为长三角地区的平坦地形及风场特征，较易发生区域城市间的输送(程真等，2011)。

本章基本要求

本章介绍了大气中的颗粒物。要求掌握大气颗粒物的源和汇、颗粒物粒径分布的基本特征及大气颗粒物中的化学组成来源判别；了解大气中颗粒物对人体健康的影响；了解大气颗粒物区域污染特征以及灰霾的特点及形成原因。

思考与练习

1. 请叙述大气颗粒物的源和汇。

2. 请讨论颗粒物粒度分布与化学组分的关系。

3. 请说明无机颗粒物的化学组分与来源的关系。

4. 已知地壳中和 $PM_{2.5}$ 中元素含量如下所示，请给出大气颗粒物中重金属 Cr、Pb 和 Co 的富集系数及可能的来源。

元素 项目	Cr	Pb	Co	Fe
地壳/ppm	345	11.8	16	2.5×10^5
$PM_{2.5}$/($\mu g/m^3$)	0.055	0.021	0.056	40.3

5. 请说明大气颗粒物中有机物的来源和类型。

6. 请简述大气颗粒物在局部、区域和全球大气污染中的作用。

7. 请简述判别大气颗粒物来源解析的方法，以及这些方法的异同点。

8. 请叙述新粒子生成和灰霾现象产生的条件及特点。

9. 请叙述不同粒径颗粒物在人体呼吸道的分布模式。

10. 已知大气飘尘中苯并[a]芘($C_{17}H_{12}$)的含量，冬季为 3.26×10^{-3}ppm，夏季为 3.9×10^{-4}ppm，问冬季和夏季时成年人(65kg)的日均吸入量分别是多少。

第 3 篇

土壤环境化学

　　土壤是自然环境要素的重要组成部分之一，它是岩石圈最外层疏松部分，其上界面与大气和生物圈相接，下界面与岩石圈及地下水相连。土壤环境在整个地球环境系统中占据着特殊的空间地位，处于大气圈、水圈、岩石圈和生物圈的交接地带，是连接无机环境与有机环境的重要纽带。土壤圈不仅与其他圈层之间进行着物质和能量的交换，而且土壤圈对环境的自净能力和容量有着重大贡献，同时也是提供人类资源和人类排放各类废弃物的场所。土壤的特性控制着化学物质进入食物链的数量和速率，当进入土壤系统的各种物质数量超过了它本身所能承受的容量时，就会破坏土壤系统原有的平衡，从而引起土壤系统成分、结构和功能的变化，导致土壤污染。因此，研究土壤环境化学，需要了解化学物质在土壤环境中的化学行为、转化和归趋，以及污染物在土壤-生物系统中的迁移及可能产生的危害，这对于控制土壤污染、保护土壤环境具有重要的意义。

　　本篇将侧重介绍土壤的物理化学性质，氮磷肥、重金属、农药及有机污染物在土壤中的迁移、转化及环境因素对迁移转化的影响。

第10章 土壤的组成和性质

10.1 土壤的分层

自然土壤剖面一般分为四个基本层次，即覆盖层、淋溶层、淀积层和母质层(图10-1)。

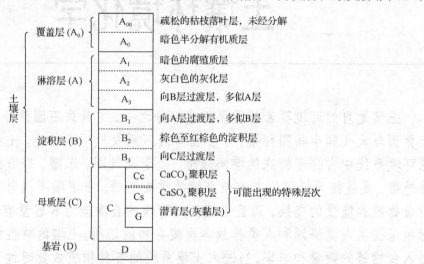

图 10-1 自然土壤的综合剖面图(王晓蓉，1993)

(1)覆盖层(A₀层)：是由枯枝落叶形成的、未分解或有不同程度分解的有机质层。

(2)淋溶层(A 层)：淋溶层中生物(包括高等植物、微生物和动物)活动最为强烈，进行着有机质的转化和积累作用，形成一个颜色较暗一般具有粒状和团粒状结构的层次，可分为 A_1、A_2、A_3 三个亚层，即通称为"表土"。

A_1 层为腐殖质层，它是接近地表处所形成的矿质土层，以腐殖质的积累为主要特征，而且腐殖质已和矿物质紧密结合。腐殖质包裹着土粒或土块，使该层颜色常较下面土层深暗。

A_2 层是灰化层。由于受到强烈淋溶，不仅易溶物质淋失，而且难溶物质如铁或铝及黏粒等发生下移，结果留下最难移动、抗风化最强的石英。

A_3 层为过渡层，主要性质与 A 层相同，又具有 B 层某些性质。

(3)淀积层(B 层)：常淀积着自上层淋溶下来的特质，这层质地较黏重，具有柱状或棱柱状结构，也比较紧实，颜色一般为棕色或红棕色。B 层可分为 B_1、B_2 和 B_3 等亚层。

(4)母质层(C 层)：它是岩石风化物的残积物或运积物，未受成土作用的影响。

(5)基岩(D 层)：母质层下面未风化的基岩。

A 层和 B 层合称为土体层，反映母质层在成土过程影响下已发生深刻或一定程度的变化，形成土壤剖面上部土层的特征。

10.2　土壤的组成

土壤是一个由固相、液相、气相三相物质组成的复杂不均质多相体。除此之外，土壤中还有数量众多的细菌和微生物，一般作为土壤有机物而视为土壤固相物质。三相物质互相联系、制约，成为一个有机整体，构成土壤肥力的物质基础。若按体积计，在较理想的土壤中矿物质占 38%～45%，有机质占 5%～12%，土壤孔隙约占 50%。土壤水分和空气共同存在于土壤孔隙中，它们的体积比则是经常变动而相互消长的。若按质量计，土壤矿物质一般占土壤固体质量的 90%～95%，有机质占 1%～10%。

10.2.1　土壤矿物质

土壤矿物质是土壤主要组成部分之一，一般可占土壤固体物质总质量的 90%以上，它主要来源于成土母质，即主要是由成土母质继承和演变而来的。土壤矿物质的成分和性质对土壤的形成过程和理化性质都有极大的影响。按成因类型可将土壤矿物分为两类：一类是原生矿物，它们是各种岩石(主要是岩浆岩)受到程度不同的物理风化而未经化学风化的碎屑物，其原来的化学组成和结晶构造都没有改变；另一类是次生矿物，它们大多数是由原生矿物经风化后重新形成的新矿物，其化学组成和构造都有所改变而不同于原来的原生矿物。在土壤形成过程中，原生矿物以不同的数量与土壤中的次生矿物混合存在，成为土壤矿物质。

1. 土壤中的原生矿物

原生矿物(primary soil minerals)关系到土壤的化学成分，因为它们是土壤中各种化学元素的最初来源，土壤中原生矿物的种类和含量随母质类型、风化强度和成土过程不同而异。土壤中直径为 0.001～1mm 的砂粒和粉粒以原生矿物为主。矿物的稳定性很大程度上决定着土壤中原生矿物类型和数量，极稳定的矿物如石英，具有很强的抗风化能力，因而在土壤粗颗粒中的含量较高。占地壳质量 50%～60%的长石类矿物，也具有一定的抗风化能力，在土壤粗颗粒中的含量也较高。

土壤中最主要的原生矿物包括以下四类。

1)硅酸盐类矿物

硅酸盐类矿物是地壳中最重要的矿物种类，SiO_4^{4-} 是其基本结构单元，一般含有 K、Na、Ca、Fe、Mg 和 Al 等阳离子来平衡结构电荷。按硅酸盐结构可以分为岛状、链状、面状和架状硅酸盐矿物。常见的有长石、云母、辉石、闪角石和橄榄石等矿物，一般硅酸盐矿物不太稳定，比较容易风化而释放出 K、Na、Ca、Fe、Mg 和 Al 等元素可供植物吸收，同时形成新的次生矿物。

2)氧化物类矿物

氧化物类矿物包括石英(SiO_2)、赤铁矿(Fe_2O_3)、金红石(TiO_2)、蓝晶石(Al_2SiO_5)等，它们相对稳定，不易风化，因而对植物养分意义不大。

3）硫化物类矿物

土壤中通常只有铁的硫化物，即黄铁矿和白铁矿，二者是同质异构物，分子式均为 FeS_2，它们极易风化，是土壤中硫元素的主要来源。

4）土磷酸盐类矿物

土壤中分布最广的是磷灰石，包括氟磷灰石 $[Ca_5(PO_4)_3F]$ 和氯磷灰石 $[Ca_5(PO_4)_3Cl]$ 两种，其次是磷酸铁、磷酸铝及其他磷的化合物，它们是土壤中无机磷的重要来源。

2. 土壤的次生矿物

土壤的次生矿物（secondary soil minerals）颗粒很小，粒径一般小于 $0.25\mu m$，具有胶体性质，它既是土壤中黏粒和无机胶体的组成部分，也是固体物质中最有影响的部分。土壤中很多重要物理性质（如黏结性、膨胀性等）和化学性质（如吸收、保蓄性等）都与次生矿物有密切联系。

土壤中次生矿物的种类很多，通常可分为以下三类。

1）简单盐类

简单盐类如方解石（$CaCO_3$）、白云石[$CaMg(CO_3)_2$]、石膏（$CaSO_4·2H_2O$）、硫酸镁（$MgSO_4·7H_2O$）、食盐（$NaCl$）、芒硝（$Na_2SO_4·10H_2O$）、水氯镁石（$MgCl_2·6H_2O$）等。它们是原生矿物化学风化的最终产物，结晶构造都较简单，常见于干旱和半干旱地区的土壤中。

2）氧化物类

铝、铁和锰氧化物在土壤化学中常常扮演重要的角色，尽管它们在土壤中总量可能不多，但由于它们具有极高的比表面积和反应活性，对一些土壤化学过程（如吸附和氧化还原等）起着重要的作用。表 10-1 中列出一些土壤中常见的氧化物。氧化物在土壤中普遍存在，它是原生矿物彻底风化的产物，常见于湿热的热带和亚热带地区的土壤中，特别是基性岩（玄武岩、安山岩、石灰岩）上发育的土壤中含量最多。

表 10-1　土壤中常见的氧化物类（Sparks, 2003）

种类	化学式
铝氧化物（aluminum oxides）	
刚玉（corundum）	Al_2O_3
水铝石（diaspore）	α-AlOOH
勃姆石（boehmite）	γ-AlOOH
三羟铝石（bayerite）	α-Al(OH)$_3$
三水铝石（gibbsite）	γ-Al(OH)$_3$
铁氧化物（iron oxides）	
磁铁矿（magnetite）	Fe_3O_4
赤铁矿（hematite）	α-Fe$_2$O$_3$
磁赤铁矿（maghemite）	γ-Fe$_2$O$_3$
针铁矿（goethite）	α-FeOOH
四方纤铁矿（akaganeite）	β-FeOOH

续表

种类	化学式
六方纤铁矿（feroxyhyte）	$\delta\text{-FeOOH}$
纤铁矿（lepidocrocite）	$\gamma\text{-FeOOH}$
水铁矿（ferrihydrite）	$Fe_5HO_8\cdot4H_2O$
锰氧化物（manganese oxides）	
软锰矿（pyrolusite）	$\beta\text{-MnO}_2$
水钠锰矿（birnessite）	$\delta\text{-MnO}_2$
水锰矿（manganite）	$\gamma\text{-MnOOH}$
钛氧化物（titanium oxides）	
锐钛矿（anatase）	TiO_2
钛铁矿（ilmenite）	$FeTiO_3$
金红石（rutile）	TiO_2

　　土壤中最常见的铁氧化物主要包括针铁矿和赤铁矿，不同的土壤中铁氧化物的种类和数量对土壤的染色各不相同。土壤中的氧化铁一般以两种以上的形态混合存在，有的是单独的晶体，也可以形成黏膜包被在土壤颗粒的表面，或形成溶胶沿土壤剖面移动，还有部分形成配合物或者被吸附在黏土矿物表面。

　　土壤中最常见的铝氧化物为三水铝石，主要发生在轻度风化的土壤中。铝氧化物的形态和数量对土壤结构、酸碱性和缓冲性都有重要的影响。

　　3）层状硅酸盐类

　　层状硅酸盐类矿物在土壤中普遍存在，种类很多，由长石等原生硅酸盐矿物风化后形成，一般粒径小于 5μm，它们是构成土壤黏粒的主要成分，故又称黏土矿物或黏粒矿物。

　　层状硅酸盐矿物的基本结构单元是硅氧四面体和铝氧八面体。

　　硅氧四面体由 1 个 Si^{4+}（中心）和 4 个 O^{2-}（顶角）堆砌成 1 个四面体结构，如图 10-2 所示，其中四面体底部的 3 个氧分别与相邻的 3 个四面体相连，这样向 1 个平面延展，形成上、下面都具有六边形蜂窝状的四面体片，其中底面的 6 个氧不带电，顶端的 6 个氧带–1 价负电荷，称为硅氧四面体片，可用 $n(Si_4O_{10})^{4-}$ 表示，片层厚度约 0.46nm。

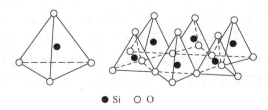

●Si　○O

图 10-2　硅氧四面体结构图

　　铝氧片则由 1 个 Al^{3+}（中心）和 6 个 O^{2-}（或 OH^-）（顶角）组成的 1 个八面体结构，如图 10-3 所示，其中 3 个氧在上，3 个氧在下，相互错开作最紧密堆积。相邻的 2 个八面体通过共棱边的 2 个氧的方式在水平方向上无限延展，组成铝氧八面体片，片层厚度约为 0.5nm。当八面体的阳离子为三价离子如 Al^{3+}、Fe^{3+}，将占据八面体孔隙 2/3 的位置，留下 1/3 的空位，

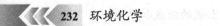

称为二八面体片层，用 $n[Al_4(OH)_{12}]$ 表示；如果是二价阳离子如 Mg^{2+}、Fe^{2+}，将占据八面体的全部孔隙，称为三八面体片层，表示为 $n[Mg_6(OH)_{12}]$，如图 10-3 所示。

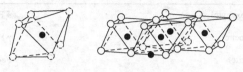

● Al　　○ O/OH

图 10-3　铝氧八面体结构图

硅氧片和铝氧片均带有负电荷，不稳定，两者通过重叠化以形成更加稳定的化合物。例如，硅氧四面体顶端带负电荷的氧，取代铝(镁)氧八面体中位置相当的 OH，通过共用氧相结合，构成层状硅酸盐矿物的单元晶层(图 10-4)。硅片和铝片在 c 轴方向上可通过不同方式堆叠，最常见的有 1∶1 型和 2∶1 型晶层。

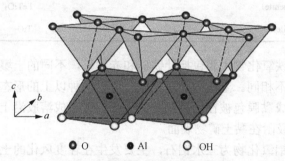

○ O　　● Al　　◎ OH

图 10-4　硅氧片和铝氧片的相互堆叠

1∶1 型层状硅酸盐矿物的单元晶格由一个硅片和一个铝片构成，这样的矿物上下两个层面各不相同，一个是硅氧四面体底部的六角形网孔，另一个是八面体片底部的氢氧原子面，单元晶层之间可通过氢键连接，其理想的单位晶胞化学式为 $Al_4(Si_4O_{10})(OH)_8$。

2∶1 型层状硅酸盐矿物的单元晶格由两个硅片夹一个铝片构成，单元晶层的上下两面均为硅氧四面体的氧原子面，单元晶层之间通过静电或 van der Waals 键结合，其理想的单位晶胞化学式为 $Al_4(Si_8O_{20})(OH)_4$ 或 $Mg_6(Si_8O_{20})(OH)_4$。

在黏土矿物形成过程中，常常发生半径相近似的离子在矿物晶格中相互替换而不破坏晶体结构的现象，这种取代作用称为"同晶置换"。一般是半径相近的较低价的正离子取代高价的正离子，如 Mg^{2+}、Fe^{2+} 等取代 Al^{3+}，Al^{3+} 取代 Si^{4+}。其结果是使黏土矿物颗粒具有过剩的负电荷，此负电荷与处于层状结构外部的 K^+、Na^+ 等平衡。阳离子同晶置换的数量会影响晶层表面电荷量的多少，而同晶置换发生的部位会影响表面电荷的强度。

土壤中常见的层状硅酸盐矿物类型包含以下几种，如图 10-5 所示。

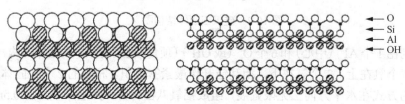

← O
← Si
← Al
← OH

(a) 高岭石

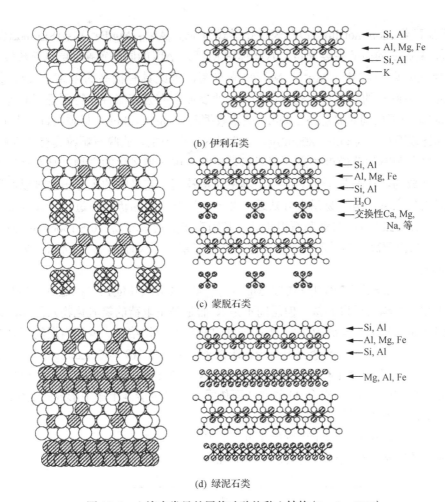

图 10-5　土壤中常见的层状硅酸盐黏土结构(Sparks, 2000)

(1) 高岭石类(kaolinite)代表性化学式为 $Al_4(Si_4O_{10})(OH)_8$，属 1∶1 型，几乎没有或很少同晶置换，层电荷几乎为零，负电荷主要来源于结构边缘的断键或暴露在表面的羟基的离解。晶层间由氢键紧密连接，层间空隙不大，层间距 $d_{(001)}$ 固定为 0.75nm。高岭石类颗粒直径较大，比表面积小(7~30m²/g)，膨胀性较小，阳离子代换量也低(5~15cmol[①]/kg)，高岭石类为风化度极高的矿物，主要见于湿热的热带和亚热带地区的土壤中，在花岗岩残积母质上发育的土壤中含量也较高。故富含高岭石的土壤，透水性良好，植物可获得有效水分多，但供肥能力低，植物易感养分不足。

(2) 伊利石类(或水化云母类)(illite)代表性化学式为 $K_{0.74}(Si_{3.4}Al_{0.6}O_{10})(Al_{1.53}Fe_{0.25}Mg_{0.28})(OH)_2$，属 2∶1 型，其结构中有约 1/6 的 Si^{4+} 被 Al^{3+} 置换，产生的大量负电荷由晶层之间 K^+ 来平衡，K^+ 半径为 0.133nm，正好嵌进晶层四面体底部的六角形网孔，不能与其他阳离子进行交换，使晶层间距比较固定，$d_{(001)}$ 为 1.0nm，水分子不能进入，无膨胀性。矿物呈片状，颗粒较大，比表面积为 70~120m²/g。矿物边缘由于风化常具有楔形开口，K^+ 可流失从而可以吸附其他阳离子，因此具有一定的阳离子代换量(10~40cmol/kg)。伊利石是云母风化的产物之一，在各种土壤中广泛存在，以温带干旱地区的土壤中含量最多。

① 1cmol=0.01mol。

(3) 蒙脱石类(montmorillonite)代表性化学式为 $M_{0.33}Al_{1.67}(Mg,Fe^{2+})_{0.33}(Si_4O_{10})(OH)_2$，属 2：1 型，蒙脱石的电荷主要来自二八面体中 Mg^{2+} 对 Al^{3+} 的同晶置换，层电荷数较低，靠层间的交换性阳离子(Ca^{2+}、Mg^{2+}、Na^+等)来平衡，因此具有极高的阳离子代换量(80～150cmol/kg)。蒙脱石的显著特征是其层间能吸水膨胀，有强膨胀性，特别是层间为交换性 Na^+ 时，潮湿条件下层间距 $d_{(001)} > 2.0nm$，失水收缩时 $d_{(001)} = 1.0nm$。其颗粒直径小于 $1\mu m$，具有很大的比表面积，为 $600～800m^2/g$，主要以内表面为主。蒙脱石颗粒具有高度分散性，钠蒙脱石比钙蒙脱石的分散度更高。蒙脱石是伊利石进一步风化的产物，是基性岩在碱性环境条件下形成的，在温带干旱地区的土壤中含量较高。它吸收的水分植物难以利用，因此富含蒙脱石的土壤，植物易感水分缺乏。此外，还有一类由伊利石进一步脱钾形成的风化产物蛭石(vermiculite)，与蒙脱石很相近，其阳离子交换量较高(10～150cmol/kg)，但膨胀性有限，含二价阳离子的硅石吸水不超过两个分子层，含水时 $d_{(001)} = 1.4nm$，失水收缩时 $d_{(001)} = 1.0nm$。

(4) 绿泥石类(chlorite)代表性化学式为 $[(Mg,Fe^{2+})_{3-x}Al_x(OH)_6]^{x+}[(Mg,Fe^{2+})_3(Si_{4-x}Al_x)O_{10}(OH)_2]^{x-}$，属 2：1：1 型，结构与云母类似，但层间不是 K^+ 而是带正电荷的氢氧化物八面体，即带正电荷的层间八面体与带负电荷的 2：1 型晶层通过静电引力相结合。绿泥石层间不具有膨胀性，晶间距 $d_{(001)} = 1.4nm$，剩余负电荷少，阳离子代换量低(10～40cmol/kg)，比表面积为 $25～150m^2/g$。土壤中的绿泥石，特别是富含 Fe、Mg 的三八面体绿泥石，大多由母质留下来，在风化过程中很快消失。富含 Al 的二八面体绿泥石有可能是土壤中形成的次生绿泥石。沉积物和河流冲积物中含较多的绿泥石。

不同次生硅酸盐矿物是原生矿物的不同风化程度的产物，一般而言，伊利石的风化程度较轻，而高岭石是强烈风化的结果，如图 10-6 所示。

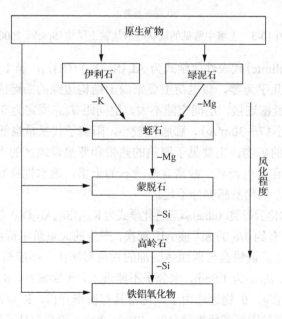

图 10-6　不同次生矿物的风化程度

10.2.2　土壤有机质

1. 土壤有机质的组成

土壤中有机质(soil organic matter, SOM)的化学组成一般为 C(52%～58%)、O(34%～39%)、H(3.3%～4.8%)及 N(3.7%～4.1%)，而且不同土壤腐殖质的元素组成基本相似，一般 C/N 比值在 10 左右。大部分的土壤有机质不溶于水，但可溶于强碱。

进入土壤中的动植物残体是土壤有机质的来源，其中高等绿色植物是最主要来源，它们残体通过土壤动物和微生物转化为土壤有机质。不同土壤中有机质的含量差异很大，高的可达 200g/kg(如泥炭土等)，低的不足 5g/kg(如一些荒漠土和砂质土等)。

土壤中有机质主要包括以下几种物质。

(1)土壤非腐殖物质：包括化学分子式已知的有机物，主要为动植物残体的组成部分及有机质分解的中间产物，如蛋白质、树脂、糖类、有机酸等，这类物质占土壤有机质总量的 10%～15%。

(2)腐殖质(humus，HS)：这是土壤特有的有机物质，不属于有机化学中现有的任何一类，占土壤有机质总量的 85%～90%，主要是动植物残体通过微生物作用，发生复杂转化而成。腐殖质是组成和结构都很复杂的天然高分子有机聚合物，其主体是各种腐殖酸及其与金属结合的盐类，它没有统一的分子式，但结构上和性质上又具有共同特点。经典的腐殖质分组方法是采用其在酸碱中的溶解性，或加入电解质、有机溶剂(如乙醇)、金属离子来进行分组。最常用是采用强碱溶液(如 $NaOH+Na_4P_2O_7$)来提取，然后再进行酸化，利用在酸、碱溶液中的溶解度不同，腐殖质可以分为：①胡敏素(humin)，既不溶于碱，也不溶于酸；②胡敏酸(humic acid, HA)，溶于碱，但不溶于酸；③富里酸(fulvic acid, FA)，既溶于碱，也溶于酸。

粗提出来的腐殖酸一般要进一步进行纯化，如再沉淀、交换树脂、透析或电渗析等方法。

广义的土壤有机质包括以上两类物质，而狭义的土壤有机质主要特指土壤腐殖质。

案例 10.1

土壤腐殖质的形成

土壤的腐殖化过程(humification)是土壤腐殖质形成的过程，即各种有机物通过微生物的合成或在原植物组织中的聚合转变为组成和结构比原来有机物更为复杂的新的有机物的过程。对于土壤腐殖质的形成有多种解释，Selman Waksman 的经典理论认为腐殖质为微生物作用后保留下的被修饰的类木质素物质，即所谓的木质素理论(图 10-7 中的通路 4)，其特征是木质素失去甲氧基(—OCH_3)，并且存在邻苯二酚和脂肪侧链上被氧化的—COOH。这些木质素经过氧化降解修饰后，先形成 HA，然后形成 FA。而通路 1 认为腐殖质是通过糖类形成，这个路径不显著(Stevenson, 1982)。

同时代的土壤腐殖质形成机制还有涉及醌的多酚理论，即图 10-7 中的通路 2 和 3。在通路 3 中，木质素是腐殖质形成的起始组分，在微生物将木质素降解为醌的过程中释放出酚醛类和酚酸类，其进一步反应，或与氨基化合物通过共聚反应形成腐殖质类物质。通路 2 与通路 3 类似，但多酚类物质是由非木质素 C(如纤维素)通过酶氧化成醌，然后进一步聚合形成腐殖质。

目前这 4 种通路的解释还存在争议，很有可能是 4 种通路在所有土壤中存在，但不同土壤中某种通路占主导地位。例如，在排水性很差的土壤中可能通路 4 的木质素理论占主要，而在森林土壤中，多酚理论的通路 2 和 3 可能占主导地位。

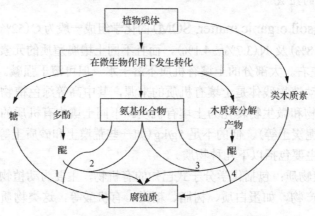

图 10-7   土壤腐殖质的形成机制 (Sparks, 2003)

2. 腐殖质的理化特性

腐殖质的颜色一般较深，HA 的颜色较 FA 深，HA 常呈棕色或黑色，FA 常呈黄色至棕红色。

腐殖质是亲水胶体，有强大的吸水能力，最大吸水量可以超过本身 5 倍。

腐殖质没有固定的大小和形状，由于表面主要带负电荷，常随 pH、离子强度、金属配合物、腐殖质浓度变化而变化。当样品浓度高、离子强度高、pH 低时，腐殖质趋于团聚；反之则伸展为纤维状或胶体状。一般认为其比表面积在 2000m²/g。

腐殖质的相对分子质量变动范围较大，一般在 0.2 万~40 万，在同一土壤中，FA 的平均相对分子质量最小，HA 的相对较大，而胡敏素的相对分子质量最大。

腐殖酸是由大小不同的分子组成的混合物，很少有精确和相同的结构，目前所提出的 FA 或 HA 模型主要有 Stevenson(1982) 的 HA 模型，以及 Schnitzer 和 Khan(1972) 的 FA 模型，如图 10-8 所示。可以看出 HA 含有较多的酚羟基和醌结构，N 和 O 是桥接单元，羧基主要连接在苯环上。而 FA 的结构单元由氢键决定，结构中有许多大小不一的孔隙，可以捕获或固定其他化合物。

(a) HA模型(Stevenson, 1982)

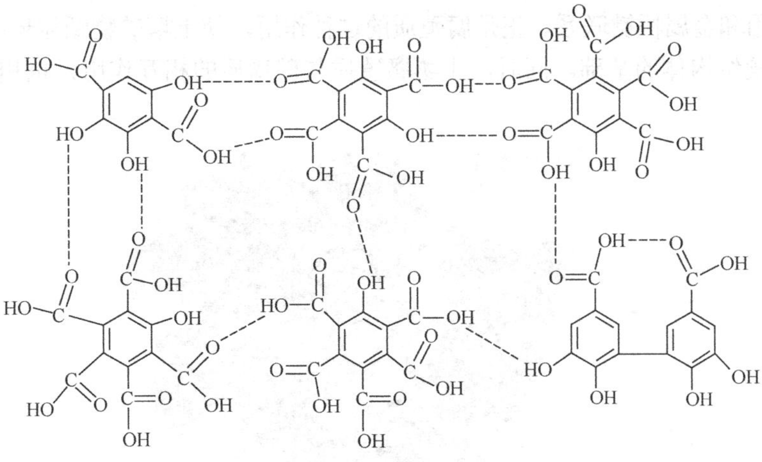

(b) FA模型(Schnitzer and Khan, 1972)

图 10-8　腐殖酸的模型分子式

腐殖酸中含有各种官能团,主要是含氧的官能团,如羧基、酚羟基、羰基、甲氧基等,因此具有很高的反应活性。一般而言,HA 的总酸度、羧基和酚羟基含量低于 FA,醌基高于 FA。FA 中含 O 量明显高于 HA,而含 C 量明显低于 FA,一般同一种土壤中 HA 的 O/C 比值约为 0.5,而 FA 的 O/C 比值约为 0.7。官能团中的羧基/酚羟基比值(A/B),反映腐殖质氧化度和芳香度高低,HA 的 A/B 一般低于 FA,说明 HA 的氧化度低、芳香度高。另外腐殖酸在波长 465nm 和 665nm 处有吸收峰,HA 在两处吸附峰的比值,即 $E4/E6$ 一般小于 5.0,而 FA 的比值一般在 6.0~8.5。

腐殖酸的官能团使其具有较高的阳离子代换量。HA 的代换量在 400~450cmol/kg,代换能力一般随 pH 升高而增大,FA 由于相对分子质量较小,代换量也较低(300~350cmol/kg)。

3. 腐殖质与金属离子的相互作用

由于腐殖质中含有丰富的官能团,使其对金属阳离子具有很高的反应活性,腐殖质与金属离子之间的配位反应可以显著地影响金属在土壤和水体中的富集和迁移能力。例如,溶解态有机质可与金属离子配位从而增加其溶解性,而金属离子与土壤或底泥中有机质配位可以降低其迁移能力。

重金属离子的存在形态还受腐殖质的配位作用和氧化还原作用的影响。例如,腐殖质可以作为还原剂将有毒的 Cr^{6+} 还原为无毒的 Cr^{3+},同时 Cr^{3+} 能与腐殖质上的羧基形成稳定的配合物,从而限制了动植物对它的吸收。腐殖物质能将 V^{5+} 还原为 V^{4+},Hg^{2+} 还原为 Hg^0,Fe^{3+} 还原为 Fe^{2+},U^{6+} 还原为 U^{4+},从而改变其迁移能力。

4. 土壤有机-无机复合体

土壤中的腐殖酸虽然含量总体不高,但由于其特殊的理化性质,对土壤中养分物质、无机离子及有机分子的迁移转化都有深刻的影响,因此一直是土壤学研究的重点。土壤中腐殖质往往不是单独存在,而是与土壤矿物结合在一起,其中 52%~98%的有机质是同黏粒结合在一起,余下的全部同氧化物结合在一起,可见土壤中几乎没有游离有机碳(黄盘铭,1991)。腐殖质与矿物质的结合模式如图 10-9 所示,可以看出,腐殖质与黏粒的结合主要通过水桥作用和金属桥键联系。正是腐殖质的这种作用，使土壤矿物颗粒形成"团粒"结构，是形成土壤结构体的基础。同时，土壤腐殖质与矿物质的相互作用，也相互影响着彼此的表面性质。

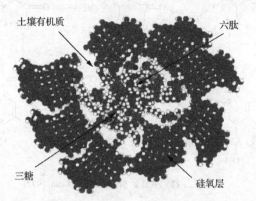

图 10-9　土壤中的腐殖质-黏土矿物复合体(Sparks, 2003)

中间为含有一个六肽和三糖的腐殖质，周围通过 Fe^{3+} 和 Al^{3+} 与 8 个硅氧片相连

10.2.3　土壤水分

水是形成土壤的固-液-气三相中的一部分，水也是把基本营养物从土壤输送到根部及最远植物叶子的基础介质。大气降水到达地面后，一部分以水汽的方式蒸发，蒸腾返回大气，其余水分渗入土壤，当降水超过土壤渗入能力时，水在土表积累形成地表径流，渗入土壤中的水分提高了土壤孔隙度的水分储备量，并向深层土壤缓慢流动，植物根系从土壤中吸收水分，过量的水分则向地下渗漏，使地下水源重新获得补充，这些过程构成了水循环。土壤中的水分能溶解土壤中易溶物质，土壤水分及其所含溶质，即溶有土壤中可溶成分的稀薄不饱和溶液称为土壤溶液。土壤溶液中主要含有氧气等溶解性气体，单糖等有机物，钙、镁、钠等无机盐类，以及各种胶体物质。

土壤中的水分按照其物理形态，一般可分为以下几种类型(图 10-10)。

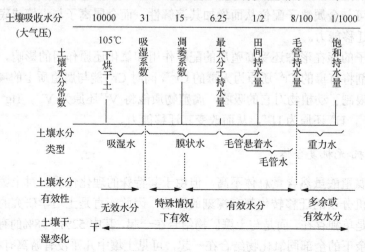

图 10-10　土壤水物理形态及能量 (陈怀满, 2010)

(1)吸着水。由于土粒表面有很强的黏附力，土壤颗粒吸附着数层水分子，这种水分称为吸着水，它几乎是不移动的，最内层的水分子呈结晶状态，密度在 $1.2\sim1.4mg/cm^3$，具有固态水性质，对溶质无溶解能力，对植物无效。

(2)膜状水。超过土壤颗粒强引力范围，在吸着水外层的液态水分子形成的水膜称为膜状水。膜状水的形成是由于土粒表面吸附吸着水层后，尚有剩余的吸附力，但不能吸附动能较大的气态水分子，只能吸附动能较小的液态水分子，从而形成的水膜。膜状水与液态水相似，有一定的流动性，一般是从水膜较厚处向水膜较薄处移动，但速度缓慢。当土壤失水到剩余膜状水时，植物开始出现凋萎，此时的土壤含水率称为"凋萎系数"（wilting coefficient）。

(3)毛管水。靠土壤中粗细不同的毛细管孔隙吸持的水称为毛管水。根据土层中地下水与毛管水相连与否，可分为毛管悬着水和毛管上升水。当降水进入土壤中，借助于毛管力保持在土壤上层的毛细管孔隙中，与地下水并不相连，称为毛管悬着水。而地下水借助土壤中的毛细管张力上升进入土壤中的水称为毛管上升水。毛管水是植物吸收利用最主要的土壤水分，当土壤中毛细管均充满水分时的持水量称"田间持水量"（field capacity），这是衡量土壤持水能力的一个重要指标。

(4)重力水。当土壤水分超过田间持水量，多余的水分受重力的作用向下移动进入地下水，这部分不受土壤吸附力和毛细管张力作用的，主要受重力支配的水分，称为重力水。当土壤所有孔隙由水分填满时的持水量，称为土壤的"最大持水量/饱和持水量"（maximum capacity）。由于重力水不能长期持留在土壤中，所以对植物的作用有限。

根系吸收水分过程和叶面的蒸腾是连续体系内水分流动的两个关键环节。植物对水分的吸收是一个非常复杂的动态过程，它取决于土壤和植物的性质及周围环境条件等因素。研究根系吸水规律，从而建立根系吸水模型，对土壤水分-植物关系、土壤水分对植物生长的有效性等进行定量描述，是作物栽培、灌溉、植物品种选育、作物抗旱保墒等农业生产活动的重要基础。目前，植物根系吸水模型可分为微观和宏观两大类，尽管仍有一定的局限性，但随着理论的不断完善，将为解决生态系统的水分交换和合理利用提供新的手段。

10.2.4　土壤空气

土壤孔隙中所存在的各种气体的混合物称为土壤空气。这些气体主要来自大气，它的组成成分与大气基本相似，以 O_2、N_2、CO_2 及水汽等为主要成分，但是土壤空气中某些特殊成分是大气所没有的，这是由于土壤进行生物化学作用的结果，如 H_2S、NH_3、H_2、CH_4、NO_2、CO 等，另外一些醇类、酸类及其他挥发性物质通过挥发作用也进入土壤。

土壤空气不同于大气之处：①土壤空气是不连续的，而是存在于被土壤固体隔开的土壤孔隙中，使它们的组成在土壤的各处都不相同，如有机物的分解，可以消耗 O_2 并产生 CO_2，因而大大改变了土壤空气的组成；②土壤空气一般比大气有较高的含水量；③土壤空气中的 CO_2 含量一般远比大气中的含量高。大气中 CO_2 为 $0.02\%\sim0.03\%$，而土壤中 CO_2 含量一般是 $0.15\%\sim0.65\%$，有时甚至达 $1\%\sim2\%$ 或更多，主要来自生物呼吸及各种有机质的分解。然而土壤空气中 O_2 的含量则低于大气，这是由于植物根系的呼吸、种子发芽及各种微生物的生命活动，消耗土壤空气中的 O_2 而产生 CO_2。土壤空气中的 N_2 与大气中的 N_2，二者相差很小，这是由于 N_2 是一种不活泼气体，很少参与土壤中的各种过程。

10.3 土壤的主要理化性质

10.3.1 土壤的质地

1. 土壤质地

任何一种土壤都是由大小不一的颗粒构成,在自然状态下,有的土粒单独存在,大部分则由于土壤有机质的作用形成更大的复合体。而土粒的分级是以单粒的大小为基础进行的,因此土壤质地测定前需要去除土壤中的有机质。根据单个土粒的当量粒径(假定为球形的直径)的大小,将矿质颗粒分为若干组,称为粒级。目前各粒级之间的分界点尚缺乏公认的标准,在国内常见的几种粒级列于表 10-2 中,一般可分为石砾、砂粒、粉粒和粘粒(黏粒)4组。每组内的粒径大小和性质类似,而组间则有明显的差异。例如,石砾和砂粒主要由原生矿物组成,粉粒以原生矿物为主,也有次生矿物,而黏粒主要由次生硅酸盐矿物组成,是各级土粒中最活跃的部分。

表 10-2 常见的土壤粒级制

粒径/mm	中国制(1987 年)	美国农业部制(1951 年)	国际制(1930 年)
2 ~ 3	石砾	石砾	石砾
1 ~ 2		极粗砂粒	
0.5 ~ 1	粗砂粒	粗砂粒	粗砂
0.25 ~ 0.5		中砂粒	
0.2 ~ 0.25		细砂粒	
0.1 ~ 0.2	细砂粒		
0.05 ~ 0.1		极细砂粒	细砂
0.02 ~ 0.05	粗粉粒		
0.01 ~ 0.02		粉粒	
0.005 ~ 0.01	中粉粒		粉粒
0.002 ~ 0.005	细粉粒		
0.001 ~ 0.002	粗黏粒		
0.0005 ~ 0.001		黏粒	
0.0001 ~ 0.0005	细黏粒		黏粒
< 0.0001			

根据土壤中各级土粒的质量比例对土壤进行的粗细程度划分称为土壤质地,即为土壤颗粒的机械组成(soil texture)。目前比较常用的为美国农业部的三角形分类标准,如图 10-11 所示。在等边三角形的三条边分别代表黏粒、粉粒及砂粒,根据不同的比例将土壤划分为11 个质地名称。土粒粒径的不同会导致土壤的性质如黏着性、透水性、保水性、可塑性和胀缩性等有明显的差异。例如,土壤颗粒越细,粒间孔隙越小;比表面积越大,表面能越高,则透水性越差,持水性、吸附性、可塑性、黏结性均明显增强。

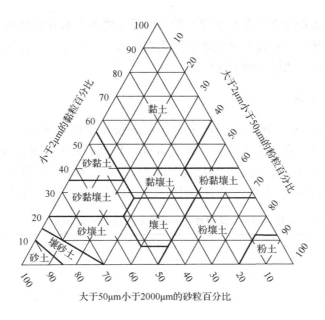

图 10-11 美国土壤质地分类的三角坐标图

2. 土壤密度

土壤比重或颗粒物密度(soil particle density)是指单位体积(不包括颗粒间孔隙体积)土壤固体颗粒的密度,由土壤矿物和有机质的含量决定,通常在 2.60~2.70g/cm³,变化不大,应用时常取平均值 2.65g/cm³。

土壤密度(soil bulk density)是指单位体积(包括颗粒间孔隙体积)自然状态下土壤的质量。由于包括了土壤孔隙,土壤密度比土壤颗粒物密度要小。土壤密度粗略反映了土壤质地、结构、孔隙状况和松紧程度,变化相对较大,一般砂质土壤的密度为 1.4~1.7g/cm³,黏质土壤的密度为 1.1~1.6g/cm³,一般可取平均值 1.5g/cm³。

土壤密度和比重可用于计算土壤的孔隙度(soil porosity),如下式所示:

$$土壤孔隙度\%=\left(1-\frac{土壤密度}{土壤比重}\right)\times100\%$$

土壤孔隙度直接反映土壤结构的好坏,一般土壤孔隙度以 50%或稍大为好,否则,土壤中的孔隙数量少,水汽通透状况不良,对作物生长不利。

10.3.2 土壤的胶体性质

直径在 1~100nm 的颗粒,一般称为胶体。土壤胶体主要指土壤中的黏粒部分,即土壤中粒径小于 2μm 或 1μm 的颗粒,是土壤形成过程中的产物。土壤胶体广泛存在于土壤环境中,是土壤中最细小且最活跃的成分,对于土壤整体的性质和功能具有重要的影响。土壤中的许多化学反应主要发生在土壤胶体/溶液的界面上,而土壤胶体的比表面积和表面电荷是使土壤具有一系列物理、化学和电化学性质的根本原因。根据表面性质的不同,土壤胶体表面可以分为层状硅酸盐的硅氧烷型表面、水合氧化物型表面和有机物腐殖质表面三种类型。这三类胶体表面常常不是单独存在的，而是交错混杂且互相影响。例如，层状黏土矿物的表面可能会覆盖一层腐殖质或水合氧化物胶体，从而显示出有机物腐殖质型或水合氧化物型的表面性质，如图 10-8 所示。

1. 土壤胶体比表面积

土壤胶体表面可分为外表面和内表面。无机胶体中以蒙脱石类表面积最大（600～800m^2/g），不仅有外表面，而且有巨大的内表面，伊利石（50～150m^2/g）次之，高岭石最小（7～30m^2/g），且没有内表面。铁氧化物表面为 20～250m^2/g，有机胶体具有巨大的外表面（～700m^2/g），与蒙脱石相当。表 10-3 中列出土壤中一些常见胶体的比表面积。

表 10-3　土壤中各胶体的平均比表面积和平均表面电荷密度（pH=7.0）（李法虎，2006）

胶体	内表面积/(m²/g)	外表面积/(m²/g)	总表面积/(m²/g)	电荷密度/(μmol/m²)	CEC/(cmol/kg)
蒙脱石	600～800	15～50	600～800	0.75～1.60	80～150
蛭石	600～750	1～50	600～800	1.5～2.7	120～150
伊利石	0～5	90～150	90～150	1.5～4.4	10～40
高岭石	0	10～20	10～20	1.0～6.0	3～15
腐殖质	—	—	800～900	1.0～3.0	150～300

物质的比表面积越大，表面能也越大，表现出的吸收性质也越强。这是因为物体表面分子与该物体内部的分子所处的条件不同，内部分子在各方面都和与它们相似的分子接触，受它们的相等吸引力，但表面分子受到内部与外部两种不同的吸引力而具有多余的自由能，这种自由能就是胶粒表面能产生的原因。例如，蒙脱石由于具有很大的比表面积，是一种优良的吸附材料，在化工、污染控制领域有着广泛的应用。

2. 土壤胶体表面电荷

土壤胶体的电荷有永久电荷（permanent charge/constant charge）和可变电荷（variable charge）之分，它们通过电荷数量和电荷密度两种方式对土壤性质产生影响。例如，土壤吸附离子的多少，取决于其所带电荷的数量，而离子被吸附的牢固程度则与土壤的电荷密度有关。

1）永久电荷

永久负电荷是由于层状硅酸盐黏土矿物晶格中的同晶置换现象所产生。例如，硅氧四面体中的 Si^{4+} 被 Al^{3+} 置换，八面体中的 Al^{3+} 被 Fe^{2+} 或 Mg^{2+} 置换，则矿物结构中的电荷就不平衡，产生剩余的负电荷，剩余负电荷的数量，取决于晶格中离子同晶置换的数量。同晶置换作用一般产生于结晶过程。一旦晶体形成，它所具有的电荷就不受环境（如 pH、电解质浓度等）的影响，因此把它称为土壤的永久负电荷。不同的层状硅酸盐矿物，其同晶置换的位置和数量不同，其产生的负电荷对阳离子吸持的牢固程度不同。

例如，蒙脱石的负电荷主要是由位于晶体中间的铝氧八面体中的 Al^{3+} 被置换而产生，因而电场强度较弱，每单位晶胞大约还有 0.66 个剩余负电荷由所吸附的水合阳离子平衡，这部分阳离子可以自由移动和置换，导致蒙脱石具有较大的阳离子交换量；而伊利石的负电荷主要由靠近晶面表面的硅氧四面体中 Si^{4+} 被 Al^{3+} 置换产生，每个晶胞产生 $1.3\sim1.5$ 个剩余负电荷，因而电场强度较强，过剩的负电荷主要由层间的 K^+ 来平衡，这部分 K^+ 不可移动，因此伊利石的阳离子代换量较小。

2) 可变电荷

测定土壤电荷时，常发现有部分电荷随 pH 的变化而发生变化，这种电荷称为可变电荷。可变电荷的产生主要是胶核表面分子或原子团的离解，常常在低 pH 时为正电荷，在高 pH 时则变为负电荷。土壤中的主要胶体，如腐殖质、水合氧化物及硅酸盐矿物均可以产生可变电荷，其中腐殖质是大多数土壤可变电荷的主要来源。

土壤有机质的一些活性基团，如—OH、—COOH、—C_6H_4OH 和—NH_2 等获得或失去质子，是腐殖质表面产生可变电荷的主要来源。一般土壤 pH 条件下，腐殖质主要携带可变负电荷。

土壤中铁、锰等氧化矿物可产生可变电荷。在氧化物晶体边缘断键处的表面官能团都是羟基(M—OH)，在固/液体界面上形成羟基化表层，羟基化表层能够吸附或解吸 H^+，这种吸附或解吸作用与溶液的 pH 有关。金属阳离子是路易斯(Lewis)酸，在酸性介质中，表面阳离子与 H_2O 配位，可吸附多余 H^+ 使其带正电荷；在碱性介质中，因解吸质子而带负电荷，形成 Lewis 碱点位，于是在氧化物的表面上就产生了可变电荷。其总的化学式可以表示为

$$M-OH_2^+ \underset{+H^+}{\overset{-H^+}{\rightleftharpoons}} M-OH \underset{+H^+}{\overset{-H^+}{\rightleftharpoons}} M-O^-$$

但铁、铝氧化物的晶体结构具有多种形式，不同晶面上的羟基所配位的铁离子与铝离子数也不相同，因此不同晶面上的羟基数量、活性、电荷均不相同。例如，针铁矿表面的羟基就具有三种类型，如图 10-12 所示，分别为与一个、两个和三个铁离子配位。

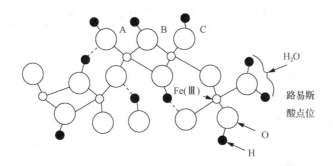

图 10-12　针铁矿表面的羟基类型(Sposito, 2008)

A 为单配位，B 为三配位，C 为双配位，以及一个 Fe(Ⅲ)的路易斯酸点位(铁离子与一个水分子配位)；虚线表示氢键

层状硅酸盐黏土矿物虽然主要带永久性负电荷，但在矿物边缘因断裂键也可产生 Al—OH 和 Si—OH 可变电荷，一般 Al—OH 的质子离解能力较 Si—OH 高。例如，高岭石边面就具有可变电荷的性质，当 $pH<5.2$ 时，断裂的 $Al-OH^{-1/2}$ 质子化后可形成 $Al-OH_2^{+1/2}$，如图 10-13 所示。而硅羟基 Si—OH 由于质子离解常数较高(pK_a 为 9.5 左右)，在一般土壤 pH 条件下，硅羟基对土壤可变电荷的贡献较小。不同黏土矿物的边面面积大小不同，如可变电荷对高岭石比对蒙脱石或蛭石来讲更为重要。

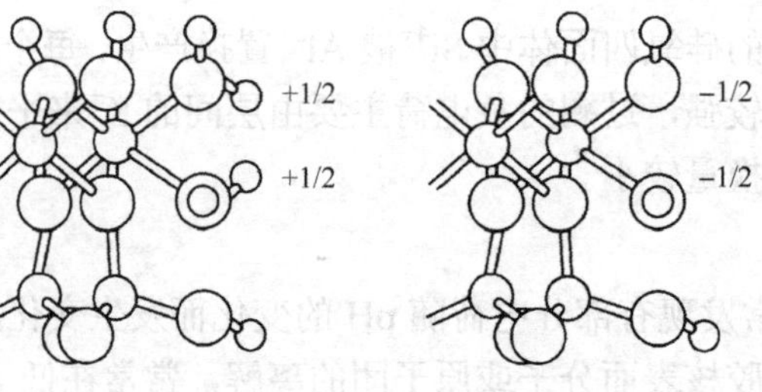

(a) pH<5.2   (b) pH>5.2

图 10-13 高岭石边面产生 pH 可变电荷图(Sposito，2008)

3) 净电荷和零点电荷

土壤的正电荷和负电荷的代数和就是土壤的净电荷。由于土壤的负电荷一般多于正电荷，所以除了少数土壤在较强酸性条件下，或者永久正电荷的土壤可能出现净正电荷外，大多数土壤带有净负电荷。

我国南方砖红壤和红壤中的黏土矿物以高岭石和三水铝石为主，属于可变电荷土壤，它们可同时携带有净正电荷和净负电荷。例如，第四世纪红色黏土发育的土壤，其永久负电荷为 7.4cmol/kg；在 pH=2 时，正电荷为 2.8cmol/kg；当 pH 升高到 7.4 时，正电荷消失，可变负电荷为 2.2cmol/kg。由于在低 pH 时产生的最大正电荷小于永久负电荷，因此该土壤在不同 pH 时均携带有净负电荷。

零点电荷(PZC)又称为等电点，是指土壤胶体表面上的正电荷数量与负电荷数量相等、净电荷密度为零时的溶液 pH。土壤中主要的黏土矿物和氧化物 PZC 值见表 10-4。胶体种类、电解质离子的种类和性质、吸附的专性离子等都影响其零点电荷。

表 10-4 某些常见典型矿物的等电点(pH_{PZC})

矿物	等电点(pH_{PZC})
MgO	12.4
CuO	9.5
α-Al_2O_3(刚玉)	9.1
α-Al(OH)$_3$(水铝矿)	5.0
Fe(OH)$_3$(无定形)	8.5
α-FeOOH(针铁矿)	7.8
γ-AlOOH(薄水铝矿或勃姆石)	8.2
TiO_2(锐钛矿)	7.2
β-MnO_2(钡镁锰矿)	7.2
Fe_3O_4(磁铁矿)	6.5
高岭石	4.6
SiO_2(石英)	2.0
δ-MnO_2(钠水锰矿)	2.8
蒙脱石	2.5
钠长石	2.0
长石	2～2.4

10.4 土壤的离子交换与吸附

土壤是永久电荷与可变电荷共存的复杂体系,既可吸附阳离子,也可吸附阴离子,既可以通过静电引力发生离子交换反应,也可以通过形成共价键发生配位反应。土壤的离子交换与吸附是土壤最重要的化学特征之一,是土壤具有保肥供肥、对污染物具有一定自净和容纳能力的根本原因。需要注意的是,土壤中的离子交换与吸附是概念不同但又密切相关的两种现象。离子交换是指土壤胶体所通过静电引力作用吸附的一种离子被溶液中另一种同价离子所取代的过程。离子吸附的概念更宽泛,是指吸附质在吸附剂表面浓度增加的过程,其吸附机制除了离子交换外,还包括土壤胶体表面与溶液中离子间形成共价键或配位键的配位吸附,以及氢键、范德华力、疏水作用等其他机制。在土壤环境中,阳离子交换是离子吸附最重要的机制。

10.4.1 离子交换与吸附反应

1. 阳离子交换

土壤的阳离子交换(cation exchange)是指被土壤胶体静电吸附的阳离子与溶液中的其他阳离子进行等量交换的过程。通常情况下,土壤胶体都带负电荷,因此在其表面上依靠静电作用可吸附很多阳离子,这些被吸附的阳离子具有很大的活动性,可与溶液其他阳离子进行相互交换。对于这种能相互交换的阳离子称为交换性阳离子,而且把这种相互交换作用称为阳离子交换作用。例如,某一吸附 H^+、K^+、NH_4^+、Na^+等的土壤,施用钙质肥料后,就会产生阳离子交换作用,其交换作用如下式所示。

$$\text{土壤胶体} \begin{matrix} K^+ & K^+ & Na^+ & Na^+ \\ H^+ & & & NH_4^+ \\ H^+ & & NH_4^+ \end{matrix} + 3Ca^{2+} \Longleftrightarrow \text{土壤胶体} \begin{matrix} & Ca^{2+} & Ca^{2+} & Ca^{2+} \\ Na^+ & & & Na^+ \end{matrix} + 2H^+ + 2K^+ + 2NH_4^+$$

阳离子交换反应的机制是由土壤胶体表面负电荷与离子间的库仑力(即静电作用力)引起的,吸附自由能为两者间的库仑作用能。被吸附的阳离子主要分布在带电胶体表面的外层和扩散层中,保持了水合离子的特征,基本上不影响胶体的表面化学性质。土壤中主要参与阳离子交换反应的点位是具有永久性负电荷的层状硅酸矿物表层,以及土壤有机质中的去质子化的羧基和羟基官能团。土壤中的可变电荷点位也可以参与阳离子交换反应,但由于总浓度较低,不是主要的反应位置。元素周期表中第 I 和 II 主族的元素由于电负性弱、水解能力弱、水合半径大,大多数情况下,它们为惰性离子,不参与胶体表面的配位反应,仅参与离子交换反应。

阳离子交换反应具有快速、可逆、等量交换及遵守质量作用定律的特征。阳离子交换反应不属于专性吸附,因此对交换离子的选择性不强。但实际上由于不同阳离子的性质差异,离子交换反应仍然具有一定的选择性:阳离子价位越高,越易被吸附;对于同价离子,电负性越大或水合半径越小,吸附性越强。例如,不同阳离子的交换能力大小顺序为 $Li^+ < Na^+ < NH_4^+ \approx K^+ < Rb^+ < Cs^+$;$Mg^{2+} < Ca^{2+} < Sr^{2+} < Ba^{2+} < La^{3+} < Th^{2+}$。此外,黏土矿物的层间

大小、构造孔穴、电荷来源等及胶体表面羟基性质不同，对吸附阳离子也具有一定的选择性。

在特定 pH 条件下，土壤吸附的所有可交换阳离子之和称为土壤的阳离子交换量(cation exchange capacity, CEC)，单位为 cmol/kg。CEC 是土壤的一个极为重要的化学性质，它反映了土壤对阳离子的吸持和缓冲能力，也是评价土壤保肥能力、改良土壤和合理施肥的重要依据。

不同土壤的阳离子交换量不同，主要影响因素：

(1)土壤胶体类型，不同类型的土壤胶体其阳离子交换量差异较大，如有机胶体>蒙脱石>水化云母>高岭石>含水氧化铁、铝。表 10-3 列出了一些常见土壤胶体 CEC 的变化范围。

(2)土壤质地越细，其阳离子交换量越高。

(3)对于实际的土壤而言，土壤黏土矿物的 SiO_2/R_2O_3 比率越高，其阳离子交换量就越大。

(4)土壤溶液 pH，因为土壤胶体微粒表面的羟基的离解受介质 pH 的影响，当介质 pH 降低时，土壤胶体微粒表面所带负电荷减少，其阳离子交换量也降低；反之就增大。

把土壤胶体吸着的 H^+ 和 Al^{3+} 称为致酸离子，吸着 Ca^{2+}、Mg^{2+}、K^+、Na^+ 等离子称为盐基离子。当土壤胶体吸着的阳离子都属于盐基离子时，这种土壤称为盐基饱和土壤。当土壤胶体吸着的阳离子仅部分为盐基离子，而其余部分为 H^+ 和 Al^{3+} 时，则这一土壤胶体称为盐基不饱和土壤。各种土壤的盐基饱和程度可用盐基饱和度(base saturation, BS)来表示，即交换性盐基占阳离子交换量的百分数：

$$盐基饱和度\% = \frac{交换性盐基总量}{阳离子交换量} \times 100\%$$

代换性钠含量高低能强烈地影响土壤胶体的分散程度，高代换性钠能促进土壤胶体的分散，降低了土壤的透水性，因此人们利用这个原理，将高代换性钠的土壤作为水利上人工防渗的物质材料。用代换性钠饱和土壤，可以降低灌溉水渠的渗漏量。当土壤被钠饱和时，整段标本的渗漏量几乎为零。

案例 10.2

阳离子交换平衡常数与选择性系数

一直以来人们试图定义土壤阳离子交换平衡常数的概念，用于测定不同离子浓度土壤对离子的吸附平衡状态。这其中比较著名的方程包括 Kerr 方程(1928)、Vanselow 方程(1932)、Gapon 方程(1933)。许多研究表明，这些方程中获得的交换平衡常数随着固相表面的性质不同而不同，因此称"交换平衡常数"为"选择性系数"。

1)Kerr 方程

1928 年，Kerr 提出了"平衡常数"的概念，假设土壤的吸附相是一个固相溶液(solid solution)，即一个宏观的多种组分构成的均相介质，离子的交换反应在溶液相和土壤固相间的分配，对以下二元交换反应来说，有

$$\nu A^{u+}(aq) + uBX_\nu(s) \rightleftharpoons uB^{\nu+}(aq) + \nu AX_u(s)$$

式中：A^{u+} 和 $B^{\nu+}$ 为交换性离子；X 为土壤固相。那么，该反应的平衡常数就为

$$K_{Kerr} = \frac{[B^{\nu+}]^u \{AX_u\}^\nu}{[A^{u+}]^\nu \{BX_\nu\}^u}$$

式中：[ ]表示离子在溶液相中的浓度(mol/L)；{}表示离子在吸附相上的有效浓度(mol/kg)。

Kerr 研究了 Ca-Mg 体系的交换反应，发现当吸附相的组分发生一定改变时，交换平衡常数 K 仍然保持恒定，说明理想状态下两种离子的交换系数为 1。但是，这个发现具有偶然性，因为 Ca-Mg 是少数几个选择性系数接近于 1 的二元交换体系。

2) Vanselow 方程

Albert Vanselow 发现很难测定离子在吸附相上的有效含量(active masses)，转而从热力学的角度来描述平衡方程，认为以上二元体系的平衡常数可以表示为

$$K_{eq} = \frac{(B^{v+})^u (AX_u)^v}{(A^{u+})^v (BX_v)^u}$$

式中：( )表示热力学活度。溶液相中的离子活度容易测定，用离子浓度乘以活度系数 γ 即可。吸附相上的离子活度不是以离子吸附状态时的量来表示，而以它们占有交换位置的摩尔分数(mole fraction)来表示，如 $\bar{N}_A$ 和 $\bar{N}_B$ 分别表示离子 A 和 B 的摩尔分数，因此以上方程可以改为

$$K_V = \frac{\gamma_B^u c_B^u \bar{N}_A^v}{\gamma_A^v c_A^v \bar{N}_B^u}$$

式中：$\bar{N}_A = \dfrac{\{AX_u\}}{\{AX_u\} + \{BX_v\}}$；$\bar{N}_B = \dfrac{\{BX_v\}}{\{AX_u\} + \{BX_v\}}$；$K_V$ 表示 Vanselow 方程的表面平衡常数或选择性常数。

Vanselow 认为 K_V 等于 K_{eq}，但是实际上只有当吸附质为理想状态下，即 $f_A = f_B = 1$ 时，活度可以等于其摩尔分率，否则吸附质上的活度应该为摩尔分数乘以 f，即如下方程：

$$K_{eq} = \frac{\gamma_B^u c_B^u \bar{N}_A^v f_A^v}{\gamma_A^v c_A^v \bar{N}_B^u f_B^u} = K_V \left(\frac{f_A^v}{f_B^u} \right)$$

Vanselow 方程曾广泛用于描述简单、相对均一的交换剂的交换过程，但在较复杂的情况下，其质量作用方程的表观平衡常数常常出现偏差。

3) 其他的经验式离子交换方程

Krishnamoorthy 和 Overstreext (1949)采用统计学方程获得了选择性系数 K_{KO}，利用系数来较正不同价态离子间的吸附能力，其中一价离子的系数为 1，二价离子的系数为 1.5，三价离子的系数为 2。Gaines 和 Thomas (1953)、Gapon(1933)提出了经验式的选择性系数方程，与 Kerr 方程有一定类似性，其中 Gapon 选择性系数在土壤化学中应用最为广泛，其受土壤组分的影响最小。

Gapon 交换反应表达为

$$Ca_{1/2}\text{-soil} + K^+ \Longleftrightarrow K\text{-soil} + 1/2Ca^{2+}$$

Gapon 选择性系数表示为

$$K_G = \frac{\{K\text{-soil}\}[Ca^{2+}]^{1/2}}{\{Ca\text{-soil}\}[K^+]}$$

Gaines-Thomas 交换反应表达为

$$Ca\text{-soil} + 2K^+ \Longleftrightarrow 2K\text{-soil} + Ca^{2+}$$

Gaines-Thomas 选择性系数表示为

$$K_{GT} = \frac{\{K\text{-soil}\}^2[Ca^{2+}]}{\{Ca\text{-soil}\}[K^+]^2}$$

2. 阳离子在无机矿物表面的配位吸附

土壤对阳离子的吸附除静电引力外，还可通过形成共价键或配位键结合从而产生配位吸附或专性吸附(specific adsorption)。能发生阳离子配位吸附的矿物表面位点包括土壤中铁、铝等水合氧化物(图 10-11)及黏土矿物的边面(图 10-12)。以水合铁氧化物为例，它可与痕量金属发生如下反应：

$$\equiv Fe{-}OH^{-1/2} + Me^{2+} \rightleftharpoons \equiv Fe{-}OMe^{+1/2} + H^+$$

式中："$\equiv$"表示固相表面。这个反应可以视为金属阳离子将土壤胶体表面羟基上 H^+ 置换下来，反应的结果会产生 H^+，因此 pH 越高，有利于反应的进行。图 10-14 列出了几种金属离子在赤铁矿和针铁矿表面吸附反应随 pH 变化的情况。发生配位吸附的阳离子主要是元素周期表中的过渡金属及 ⅠB 族和 ⅡB 族元素，因为它们的离子半径小、极化能力强、较易形成水解阳离子；而 ⅠA 族和 ⅡA 族元素由于不容易发生水解反应，因此几乎不发生配位吸附反应，但可以通过改变溶液中离子强度的大小影响胶体双电层的厚度。环境中常见的污染重金属阳离子在土壤胶体容易发生配位吸附，在土壤中迁移能力相对较弱，因此土壤或沉积物常常是重金属污染的主要汇。

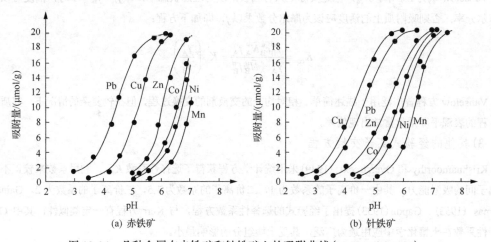

图 10-14　几种金属在赤铁矿和针铁矿上的吸附曲线(McKenzie, 1980)

金属阳离子与矿物表面羟基形成配位键的强弱主要由金属的极化率、离子半径大小决定，一般顺序是 $Pb^{2+} > Cu^{2+} > Zn^{2+} > Co^{2+} > Ni^{2+} > Cd^{2+} > Sr^{2+}$，但该顺序随土壤矿物表面羟基性质的不同存在区别，如不同氧化矿物对金属的选择性略有差别。

3. 阳离子在土壤有机质上的配位吸附

土壤有机质上带有的羧基和羟基官能团，也能与金属离子形成配位吸附反应，但与矿物表面的羟基反应略有差别。土壤有机质中的羧基、羟基、酚基、氨基、羰基、巯基等属于 Lewis 软碱，倾向于与重金属离子等 Lewis 软酸优先键合，腐殖质与金属离子复合体的稳定常数反映了金属离子与有机配位体之间的亲和力。例如，不同金属离子与腐殖酸之间的稳定常数顺

序是 $Fe^{3+}>Hg^{2+}>Cr^{3+}>Al^{3+}>Cu^{2+}>Pb^{2+}>Ni^{2+}>Cd^{2+}>Zn^{2+}>Mn^{2+}>Co^{2+}>Mg^{2+}>Ca^{2+}$。

此顺序可能与金属离子的电负性有一定的相关性。此外，土壤有机质与金属的配合反应能形成多齿的"螯合反应"，也有利于配合产物的稳定。因此，配位能力强的离子在有机质丰富的土壤中的迁移能力较弱，如 Hg^{2+} 和 Cu^{2+}，而配位能力弱的离子相对有较强的迁移能力，如 Mg^{2+} 和 Ca^{2+} 等。

4. 阳离子交换与配位吸附的区别

阳离子的配位吸附由于涉及共价键或配位键的形成，因此与阳离子交换反应相比，具有如下特征：

(1) 反应趋向于不可逆，解吸速率比吸附速率要慢得多。

(2) 对吸附阳离子表现出高度的选择性。

(3) 由于配位吸附为内层吸附，因此可以改变胶体表面的电化学性质。

(4) 每吸附一个 Me^{n+}，可释放 n 个 H^+。

5. 土壤中阴离子的交换和吸附

一些土壤胶体如水合氧化铁、铝等矿物可以带正电荷，它们可以吸附阴离子，而被吸附的阴离子与土壤溶液中阴离子可以相互交换，这就是阴离子的交换作用。与阳离子交换反应类似，土壤对阴离子的静电吸附称为阴离子交换反应(anion exchange)。在特定 pH 条件下，土壤中吸附的所有可交换阴离子之和称为土壤的阴离子交换量(anion exchange capacity, AEC)。

由于土壤主要带有负电荷，因此对阴离子的吸附能力相比阳离子而言要弱得多，甚至表现为负吸附。溶液中的阴离子浓度往往比原来土壤固体表面上的阴离子浓度大，这主要是由于土壤胶体双电层中阴离子受到带负电荷的胶体表面排斥造成的，这种现象称为阴离子排斥或阴离子的负吸附。例如，蒙脱石对 Cl^- 和 NO_3^- 的排斥作用。

与阳离子类似，阴离子吸附也主要分为两种，其中一种是非专性吸附，主要是靠静电引力的阴离子交换反应，如

$$\equiv Al{-}OH_2^{+1/2} + Cl^- \Longrightarrow \equiv Al{-}OH_2^{+1/2}\cdots Cl^-$$

另一种是专性的配位吸附，阴离子与土壤胶体表面—OH 发生配位体交换反应，如

$$\equiv Al{-}OH_2^{+1/2} + H_2PO_4^- \Longrightarrow \equiv Al{-}H_2PO_4^{-1/2} + H_2O$$

前者往往是在 pH 小于 PZC 的条件下进行，而后者在 pH 大于或小于 PZC 的条件下都能进行。吸附作用很弱或进行负吸附的离子，如 Cl^-、NO_3^-、ClO_4^-、NO_2^- 等这类离子，主要进行前一种反应；而产生专性吸附的阴离子，如 F^-、磷酸根、硫酸根、钼酸根、砷酸根等含氧酸根离子。硫酸根与碳酸根表现的吸收作用强弱介于以上两者之间。因此，各种阴离子被土壤吸收的顺序为 $F^->$草酸根$>$柠檬酸根$> H_2PO_4^- > HCO_3^- > H_2BO_3^- > CH_3COO^- > SCN^- > SO_4^{2-} > Cl^- > NO_3^-$。

影响阴离子吸附的主要因素包括胶体性质、溶液 pH、阴离子浓度、竞争性阴离子、交换性阳离子种类和电解质强度。例如，如图 10-15 所示，土壤 pH 越低，氧化矿物表面所带正电荷越多，越有利于阴离子的吸附。

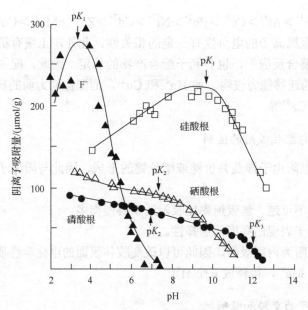

图 10-15　系列阴离子在针铁矿表面的吸附曲线(Sparks, 2003)

10.4.2　表面配合模型

由于自然土壤胶体表面的复杂性，一般采用表面配合模型(surface complexation model, SCM)来研究离子在矿物表面的吸附。SCM 将固体表面的吸附点位处理为官能团，将表面吸附过程看作表面吸附反应，用表面吸附反应常数 K^{int} 值来描述吸附过程，表面静电力作用用 Boltzman 方程来描述，采用不同模型来描述外层(outer-sphere)或内层(inner-sphere)的吸附机制(Sposito, 2008)。

以二价金属阳离子为例，其主要通过与氧化物矿物表面或黏土矿物边缘点位的 O 原子反应而吸附，同时伴随有吸附点位质子的释放过程。根据金属与 O 原子间结合键的强弱，其可以与矿物吸附点位专属性内层吸附或非专属性外层吸附，内层吸附为共价键作用，外层吸附为静电力作用，故前者形成的配合物稳定性强于后者。二价金属阳离子 Me^{2+} 与矿物表面羟基点位($\equiv SOH$)内层和外层配合反应表示如下：

$$\equiv SOH^0 + Me^{2+} \rightleftharpoons \equiv SOMe^+ + H^+ \qquad 内层吸附$$

$$\equiv SOH^0 + Me^{2+} \rightleftharpoons \equiv SO^- \cdots Me^{2+} + H^+ \qquad 外层吸附$$

金属离子与矿物可变电荷点位的吸附能力强弱与金属类型、金属离子浓度等因素有关。Ⅰ族和Ⅱ族金属原子与 O 原子间的共价键较弱，只能与吸附点位外层配合，而配位亲和力的大小与金属离子化合价和离子半径有关，化合价越高、离子半径越小，则配合作用力更强。研究表明，几种碱土金属在铝氧化物($\gamma\text{-}Al_2O_3$)表面的吸附能力为 $Mg^{2+} > Ca^{2+} > Ba^{2+}$。重金属(如 Cd、Co、Cu、Fe、Mn、Ni、Pb、Zn)阳离子与可变电荷点位则为强内层吸附，不受溶液离子强度和电解质离子的影响。

离子与土壤矿物表面配合反应的自由能包括化学能和静电能(Stumm and Morgan, 1996)，根据对吸附过程中矿物表面静电作用描述方法的不同，SCM 分为扩散层模型(diffuse layer model, DLM)、双电层模型(basic Stern model, BSM)、三电层模型(triple layer model, TLM)和恒容量模型(constant capacity model, CCM)。土壤氧化物矿物表面点位的酸碱反应及其平衡常数 K^{int} 可表示为

$$\equiv SOH^0 + H^+ \rightleftharpoons \equiv SOH_2^+ \qquad K_{(+)}^{int} = \frac{[\equiv SOH_2^+]}{[\equiv SOH^0]\{H^+\}} \exp(\psi_s F/RT) \qquad (10.4.1)$$

$$\equiv SOH^0 \rightleftharpoons \equiv SO^- + H^+ \qquad K_{(-)}^{int} = \frac{[\equiv SO^-]\{H^+\}}{[\equiv SOH^0]} \exp(-\psi_s F/RT) \qquad (10.4.2)$$

式中：$\exp(\psi_s F/RT)$ 源于玻耳兹曼方程，为带电表面的静电性质；ψ_s 为表面电荷电势，V；F 为法拉第常量；R 为摩尔气体常量；T 为热力学温度，K。

若土壤矿物表面总吸附点位浓度 N_s(mol/L) 可以测定，则其可以表示为

$$N_s = [\equiv SOH_2^+] + [\equiv SOH^0] + [\equiv SO^-] \qquad (10.4.3)$$

矿物表面电荷密度 σ(C/m²) 可表示为

$$\sigma = \frac{([\equiv SOH_2^+] - [\equiv SO^-])F}{S_s S_d} \qquad (10.4.4)$$

式中：S_s 为矿物比表面积，m²/g，用 BET/N₂ 法测定；S_d 代表矿物的悬浮浓度，g/L。

在此基础上，还需要描述矿物表面电荷密度 σ 与表面电势 ψ_s 之间关系的方程，目前有四种常见的 SCM 模型(图 10-16)。

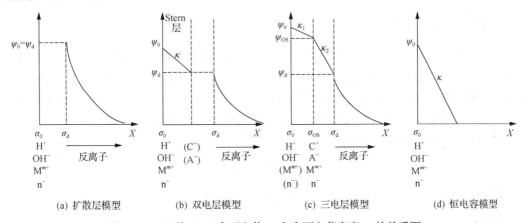

(a) 扩散层模型　　　(b) 双电层模型　　　(c) 三电层模型　　　(d) 恒电容模型

图 10-16　四种 SCM 表面电势 ψ_s 和表面电荷密度 σ 的关系图

1. 扩散层模型(DLM)

早在 20 世纪初该模型就已经被提出。模型假设：①矿物表面电荷由背景电解液中的反离子平衡；②反离子以扩散群形式分布于带电表面周围；③将溶液中的离子视为点电荷；④反离子与带点表面只存在静电作用。在 1:1 的背景电解液中，扩散层反离子的分布可用方程式(10.4.5)来描述，该方程即为 Gouy-Chapman 方程：

$$\sigma_d = -(8RT\varepsilon\varepsilon_0 c)^{1/2} \cdot \sinh(Z\psi F/2RT) \qquad (10.4.5)$$

式中：ε 为水的介电常数，78.5（25℃）；ε_0 为自由空间的介电常数，8.854×10^{-12} C^2/(J·m)；c 为电解质的摩尔浓度，mol/m^3；Z 为电解质离子的化合价。

25℃条件下，带入所有常量，方程式（10.4.5）可简化为

$$\sigma_d = -0.1174 I^{1/2} \sinh(19.45 Z \psi_d) \tag{10.4.6}$$

式中：I 为溶液的离子强度，mol/L。

Dzombak and Morel（1990）对 DLM 理论的应用进行了深入讨论。经典的 DLM 模型假设溶液中所有的离子为点电荷，不考虑其离子大小，此假设在低浓度下尚可，但当离子变得拥挤时，此种假设显然不成立，之后该理论被改进成为 BSM 模型。

2. 双电层模型（BSM）

Stern 等根据以上情况，提出由紧靠界面的固定层和分散分布的扩散层构成的双电层模型（BSM），即是用一个假想的分界面来划分双电层的水中部分。第一层为内层，又称 Stern 层，是在表面上专属紧密吸附的离子；第二层则是扩散层或称 Gouy 层。Stern 层中，离子和表面以化学键结合，称为内层专性吸附，该层电势随表面距离的增大而线性下降；扩散层中，分布有外层非专性吸附的反离子，根据相应的离子半径或水合离子半径，反离子只能分布在距离矿物表面有限的范围内。σ-ψ_s 的关系可表示为

内层（0-plane）：
$$\sigma_0 = \kappa(\psi_0 - \psi_d)$$

扩散层：
$$\sigma_d = -0.1174 I^{1/2} \sinh(19.45 Z \psi_d)$$

式中：κ 为表面电容，Farad/m^2；$\sigma_0 + \sigma_d = 0$

3. 三电层模型（TLM）

Davis 和 Leckie 在 20 世纪 80 年代初首次提出了 TLM。模型假设矿物表面有两个吸附层和一个扩散层。最初的 TLM 认为只有质子和羟基与矿物表面发生内层配合，其余离子形态通过非专性吸附分布于吸附层的外层，反离子游离于本体溶液的扩散层中。TLM 经改进后，假定一些重金属离子和配合基团也可以在矿物内层发生内层专性吸附。

TLM 中包含三个 σ-ψ_s 方程：

内层
$$\sigma_0 = \kappa_1(\psi_0 - \psi_{os})$$

外层
$$\sigma_{os} = \kappa_2(\psi_{os} - \psi_d)$$

扩散层
$$\sigma_d = -0.1174 I^{1/2} \sinh(19.45 Z \psi_d)$$

表面电荷平衡可表示为
$$\sigma_0 + \sigma_{os} + \sigma_d = 0$$

4. 恒电容模型（CCM）

该模型早在 20 世纪 70 年代就已经被提出。模型假设：①矿物表面的配合吸附均为内层专性吸附；②阴离子通过配体交换机制吸附；③背景电解质离子不参与吸附反应；④矿物表面只有一个吸附层，σ-ψ_s 为线性关系，即

$$\sigma_0 = \kappa \psi_s$$

5. 不同表面配合模型的比较

SCM 各个模型的区别主要在于对矿物表面吸附形态的位置、表面电荷密度和电势关系描述的差异。可以看出，TLM 的模型架构最为完善，但是由于需要参数最多，计算过程复杂，因此应用范围有限；而 DLM 和 CCM 由于方程简单，在处理一些吸附过程中也有应用，但需要注意的是，DLM 只适合低离子浓度下的吸附，CCM 常用于恒定离子强度条件。

6. CD-MUSIC 模型

CD-MUSIC 模型是由 Hiemstra 和 van Riemsdijk 等（Hiemstra et al, 1989；Hiemstra and van Riemsdijk, 1996）在 TLM 和 MUSIC 模型的基础上提出，用来描述金属离子、非金属阴离子等在土壤氧化物表面吸附行为的 SCM。CD-MUSIC 模型充分考虑了吸附离子所带电荷在固-液界面的空间分配，而不是和过去模型一样将它们当作点电荷处理。CD-MUSIC 模型中 CD（charge distribution）是指被吸附分子的电荷在带电表面不同电层中的分布；而 MUSIC（multi-site surface complexation）指对矿物表面结构异质性的处理，即采用多种点位来描述矿物表面的不同配位形态，较以往采用单一的点位法能更准确地描述矿物表面各种点位的化学特性。

MUSIC 模型中，多点位模型是其核心概念。例如，MUSIC 模型应用最为成功的矿物——针铁矿的晶形结构中，根据 Pauling 规则，针铁矿中的 Fe^{3+} 周围存在 6 个 O(H) 配体，因此每个 Fe—O 键提供的化合价为 0.5。在针铁矿表面的氧可与 1 个、2 个或 3 个晶体内部的铁配位，形成即单配位、双配位和三配位三种情况（图 10-17），因此在针铁矿表面存在单配位 $\equiv FeO^{-1.5}$、双配位 $\equiv Fe_2O^{-1}$ 和三配位 $\equiv Fe_3O^{-0.5}$ 三种基团。

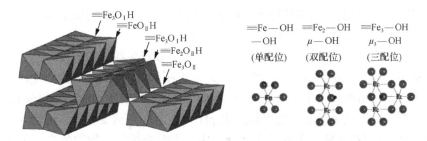

图 10-17　针铁矿表面氧的三种配位情况（Hiemstra et al, 2007）

除此之外，CD-MUSIC 模型充分考虑了吸附离子的电荷在表面静电层中的空间分布。例如，一个被吸附阳离子的部分电荷可以存在静电层的内层，即 0-plane，其余部分电荷可以存在静电层的第二层，即 1-plane。并且该模型定义了一个电荷分配系数（charge partition coefficient）f，即中心离子处于 0-plane 的电荷分数。以硅酸根在氧化物表面的吸附形态为例，其 –1 价的净电荷在静电层中可以有多种分配方式（图 10-18）。例如，在图 10-18(a) 中，Si 上的电荷在四个 O 上平均分配，一半（$f = 0.5$）在内层配体（surface ligand）O 上，一半在溶液配体（solution ligand）O 上。但电荷的平均分配有时与 Pauling 规则中固体内部的配体倾向于电荷平衡的概念相冲突。吸附过程中，内层配体 O 被"掩盖"成内部晶体，因此内层配体氧具有成为电中性的倾向，导致 f 值更大。如果内层配体 O 被完全中和为电中性，即图 10-18(b)：内层配体 O 带有 $-2+0.5+1.5 = 0$ 价，外层溶液配体 O 则带有 $-2+1+0.5 = -0.5$ 价，则 $f = +1.5 \times 2/4 = 0.75$。但实际上被吸附硅酸根的电荷分布可能是图 10-18(c)：内层配体 O 带有–2+0.5+1.2 =–0.3 价, 外层溶液配体 O 则带有–2+1+0.8 = –0.2 价, 则 f = +1.2×2/4 = 0.6。CD-MUSIC 模型在处理具有较大分子结构的化合物(如含氧阴离子、小分子酸等)吸附过程中具有独特的优势。

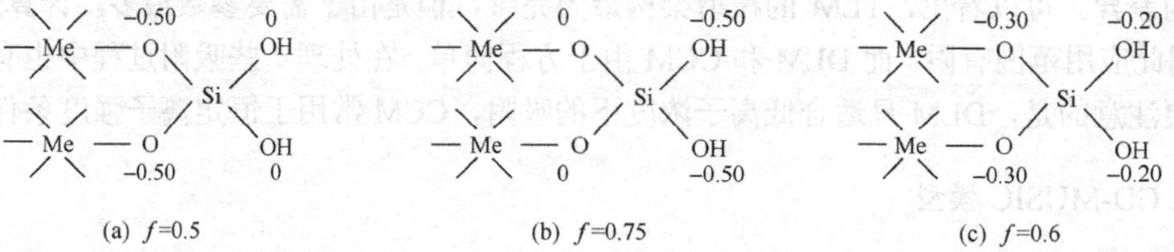

图 10-18 硅酸根在金属氧化物表面的吸附形态中电荷的分配方式示意图 (Hiemstra and van Riemsdijk, 1996)

10.5 土壤的酸碱度

土壤的酸碱度是土壤的重要理化性质之一, 主要取决于土壤中含盐基的情况, 是土壤在其形成过程中受生物、气候、地质、水文等因素的综合作用所产生的重要属性。土壤的酸碱度一般以 pH 表示。从已获得的资料可知, 我国土壤 pH 大多在 4.5~8.5, 并且呈"东南酸西北碱"的规律。南方的极酸性土到北方的强碱性土壤, 按 H^+ 浓度计算, 相差达七个数量级之多。

10.5.1 土壤的酸度

土壤酸化是指在自然或人为条件下土壤 pH 下降的过程。土壤中酸的来源主要包括:
(1)碳酸的离解。空气中 CO_2 溶于水可释放出 H^+。
(2)土壤中铝的活化。矿物中 Al^{3+} 风化释放水解可以产生相应的酸度。
(3)盐基离子淋失。使土壤交换性阳离子变成以 H^+ 和 Al^{3+} 为主的过程, 相对缓慢。
(4)植物生长。植物对土壤中阳离子(K^+、Na^+、Ca^{2+}、NH_4^+、Mg^{2+}等)养分元素吸收时, 根系会释放 H^+ 以保持电荷平衡, 使根际土壤 pH 降低。在自然条件下, 植物残体会把养分元素归还给土壤以保持平衡, 但农业生产活动中, 大部分植物产物被收走, 平衡会打破, 从而导致植物对土壤的永久性酸化。
(5)人为活动。农业生产活动中, 大量施加氮肥, 硝化过程也会导致土壤的酸化, 如下式所示:

$$NH_4^+ + 2O_2 \rightleftharpoons NO_3^- + 2H^+ + H_2O$$

另外人为活动导致的酸雨增加, 也是土壤酸化的主要原因之一。
土壤酸度的度量主要包括以下两种。

1. 活性酸度(active acidity)

活性酸度又称有效酸度, 是土壤溶液中游离 H^+ 浓度直接反映出来的酸度, 通常用土壤 pH 直接测定获得, 即

$$pH = -\lg\{H^+\}$$

2. 潜性酸度 (potential acidity)

潜性酸度是由于土壤胶粒吸附的 H^+ 和 Al^{3+} 所造成的。这些致酸离子只有在通过离子交换作用产生了游离的 H^+ 才显示酸性，因此称为潜性酸度。可通过以下三种作用获得。

1) 土壤胶体上吸附性氢离子的离解

$$R — H \rightleftharpoons R^- + H^+$$

土壤胶体上吸附性 H^+ 与溶液中 H^+(即活性酸)保持平衡，当溶液中 H^+ 减少时，吸附性 H^+ 便从胶粒上离解出来，补充到溶液中去，成为活性酸。

2) 土壤胶体上吸附的交换性氢被释放

施用中性盐如 KCl、$BaCl_2$ 等或化肥时，使土壤溶液中盐基离子浓度增加，则吸附性 H^+ 就可部分被交换出来进入溶液，土壤酸度也随之变化，如

$$\boxed{蒙脱石}—H^+ + K^+ \rightleftharpoons \boxed{蒙脱石}—K^+ + H^+$$

3) 土壤胶体上吸附性铝离子被释放水解

在酸性较强的土壤，胶体上常含有相当数量的交换性 Al^{3+}。当土壤溶液中的酸度提高后，H^+ 就进入胶体，当胶体表面吸附的 H^+ 超过一定饱和度时，黏粒不稳定，造成晶格内铝氧八面体的破裂，使晶格中的 Al^{3+} 成为交换性 Al^{3+} 或溶液中的活性 Al^{3+}，并且进一步成为其他胶粒上的吸附性 Al^{3+}，通过阳离子交换使等量 Al^{3+} 释放出来，这种转化速度是相当快的。Al^{3+} 进入土壤溶液后，可以经过水解作用产生 H^+，总反应可以表示为

$$\boxed{蒙脱石}—Al^{3+} + K^+ + H_2O \rightleftharpoons \boxed{蒙脱石}—K^+ + Al(OH)^{2+} + H^+$$

Al^{3+} 是控制矿质土壤中潜在酸度的主要因素，它比交换性 H^+ 重要得多。红壤的交换性酸度中，由交换性 Al^{3+} 所产生的酸可占 90% 以上。图 10-19 为溶解态 Al^{3+} 的形态分布图，可以看出，当 $pH > 4.7$ 时，Al^{3+} 开始水解，但同时铝的溶解度开始降低，铝开始沉淀。实际土壤中游离态的 Al^{3+} 含量很低，大部分 Al^{3+} 与有机、无机配合物进行了配位作用。

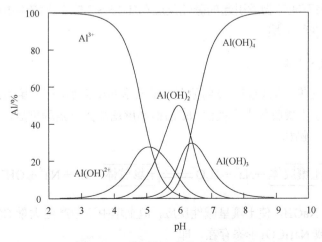

图 10-19　溶解态 Al^{3+} 的形态分布图

潜性酸度的单位与 CEC 相同，用 cmol/kg 表示，潜性酸度的大小常用交换性酸度和水解性酸度表示：

（1）交换性酸度。用过量的中性盐（如 1mol/L 的 KCl）浸提土壤时产生的酸度。

（2）水解性酸度。用弱酸强碱盐（如 pH 为 8.2 的 1mol/L 的乙酸钠溶液）浸提土壤中所产生的酸度。由于乙酸钠水解的 pH 高，可以使交换反应进行得更加彻底。

一般情况下，水解性酸度大于交换性酸度，水解性酸度也可以用于计算酸性土壤改良时的石灰加入量。

3. 活性酸度和潜性酸度的关系

土壤中活性酸度和潜性酸度是属于同一个平衡系中的两种酸度。因此，有活性酸的土壤必然会导致潜性酸的生成；反之，有潜性酸存在的土壤也必然会产生活性酸。然而土壤活性酸是土壤酸度的根本起点，只有当土壤溶液有了 H^+，它才能和土壤胶体上的盐基离子相交换，而交换出来的盐基离子不断被雨水淋失，导致土壤胶体上的盐基离子不断减少，与此同时，胶体上的交换性 H^+ 也不断增加，并随之而出现交换性铝，这就造成了土壤潜性酸度的增高。

10.5.2 土壤的碱度

当土壤溶液中 OH^- 浓度超过 H^+ 浓度时，OH^- 浓度的大小表现为土壤碱性的强弱，即 pH 越大，碱性越强。

1. 土壤液相碱度指标

土壤溶液中存在着弱酸强碱性盐类，其中最多的弱酸根是碳酸根和碳酸氢根，其次是硫酸根及某些有机酸根，不过后两者在土壤中一般含量较少，因此通常把碳酸根和碳酸氢根的总量作为土壤液相碱度指标。碳酸根和碳酸氢根在土壤中主要以碱金属（Na、K）及碱土金属（Ca、Mg）的盐类存在，其中 $CaCO_3$ 和 $MgCO_3$ 的溶解度很小，在正常的大气环境条件下，它们在土壤溶液中的浓度很低，因此土壤中主要阳离子为 Ca^{2+} 和 Mg^{2+} 时，土壤 pH 最高只达 8.5。这种因石灰性物质引起的碱性反应（pH 7.5～8.5）在土壤学中称为石灰性反应，这种土壤就称为石灰性土壤。

2. 土壤固相碱度指标

土壤胶体吸附交换性碱金属离子特别是 Na^+ 的饱和度大小，和土壤的碱性反应程度常有直接关系。这是由于土壤胶体上交换性 Na^+ 的饱和度增加到一定程度后，会引起胶体上交换性离子的水解作用。例如

$$\boxed{土壤胶体}—Na^+ + H_2O \Longleftrightarrow \boxed{土壤胶体}—H^+ + Na^+ + OH^-$$

交换的结果产生了 NaOH，使土壤呈碱性反应，但土壤中不断产生大量 CO_2，因此 NaOH 实际上是以 Na_2CO_3 或 $NaHCO_3$ 形态存在，即

$$NaOH + CO_2 \rightleftharpoons NaHCO_3$$

所以，当土壤胶体所吸附的 Na^+、K^+、Mg^{2+}在土壤阳离子交换量中占有相当比例时，土壤的理化性质就会发生一系列变化。例如，Na^+占交换量 15%以上时，土壤就呈强碱性和极强碱性反应，pH 大于 8.5，甚至超过 10，而且土粒高度分散、干时硬结、湿时泥泞、不透水、不透气、耕性极差。土壤理化性质所发生的这些变化，称为土壤的"碱化作用"。

3. 土壤碱度表示方法

土壤的碱性除了用土壤 pH 表示外，总碱度和碱化度是两个重要指标。

总碱度(total alkalinity)指土壤溶液或灌溉水中碳酸根和碳酸氢根的总量，可用滴定法获得。

$$总碱度　(cmol/L) = 2[CO_3^{2-}] + [HCO_3^-]$$

碱化度(exchange sodium percentage，ESP)是指交换性 Na^+占阳离子交换量的百分数。

$$ESP\% = \frac{[交换性Na^+]}{CEC} \times 100\%$$

4. 盐度与碱度的区别

土壤碱化与盐化有着发生学上的联系。土壤盐化是指可溶性盐在土壤中的积累过程，而土壤碱化是指土壤胶体被 Na^+饱和的过程。盐土一般都含有大量可溶性盐及石灰质，对应阴离子主要有 Cl^-、SO_4^{2-}，呈碱性反应，pH 在 7.5~8.5，但一般不超过 8.5；而碱土中交换性 Na^+含量大于 20%，呈强碱性反应，pH 一般在 8.5 以上。碱土的形成往往是在积盐和脱盐的反复过程中发生。

10.5.3　土壤的缓冲作用

土壤缓冲性是指土壤具有抵抗土壤溶液 H^+或 OH^-浓度改变的一种能力。一旦施入酸性或碱性肥料时或当土壤在发生发展过程中产生碱性或酸性物质时，它可缓和土壤 pH 不至于发生剧变，而保持在一定范围内。

1. 土壤缓冲作用的原因

1)土壤含有多种弱酸及其弱酸强碱的盐类

土壤中含有多种弱酸如碳酸、重碳酸、磷酸、硅酸和腐殖酸及其盐类，它们都是离解度很小的酸和盐类，在土壤溶液中构成一个良好的缓冲系统，故对酸、碱具有缓冲作用。例如，$CaCO_3$ 的 pH 缓冲范围为 6.2~7.8，碳酸-硅酸盐的 pH 缓冲范围为 5.0~6.2。

$$CaCO_3(s) + H_2O + CO_2(g) \rightleftharpoons Ca^{2+} + 2HCO_3^- \qquad\qquad pK=5.83$$

$$KAlSi_3O_8(s) + H^+ + 4H_2O \rightleftharpoons HAlSiO_3(s) + K^+ \rightleftharpoons K^+ + Al^{3+} + 3H_4SiO_4 \qquad pK=1.29$$

2）土壤中存在两性物质

土壤中含有两性物质，如土壤腐殖质、蛋白质、氨基酸等也能起缓冲作用，其对酸的缓冲作用为

$$R—\underset{\underset{NH_2}{|}}{CH}—COOH + HCl \Longleftrightarrow R—\underset{\underset{NH_3Cl}{|}}{CH}—COOH$$

因此，当加入少量盐酸时，可以缓和土壤的酸度变化，使土壤 pH 不至于降低，而对碱的缓冲作用为

$$R—\underset{\underset{NH_2}{|}}{CH}—COOH + NaOH \Longleftrightarrow R—\underset{\underset{NH_3OH}{|}}{CH}—COONa$$

同样，当加入少量氢氧化钠时，可以缓和土壤的碱度变化，使土壤 pH 不至于升高。

3）土壤胶体上的交换性阳离子

土壤胶体上含有很多交换性阳离子，如 Ca^{2+}、Mg^{2+}、Na^+ 等交换性盐基离子，对酸能起缓冲作用，交换性 H^+、Al^{3+} 则对碱能起缓冲作用。土壤胶体的 pH 缓冲范围为 4.2～5.0，此时土壤盐基离子的淋溶十分强烈。

4）酸性土壤中铝的缓冲作用

在极酸性土壤(pH<4)中单独存在的 Al^{3+} 也能起缓冲作用。由于 Al^{3+} 周围有 6 个水分子围绕，当加入碱时，OH^- 增多，发生如下反应：

$$2Al(H_2O)_6^{3+} + 2OH^- \Longleftrightarrow [Al_2(OH)_2(H_2O)_8]^{4+} + 4H_2O$$

当 OH^- 继续增加时，Al^{3+} 周围水分子继续离解 H^+，将 OH^- 中和，使土壤 pH 不至于发生迅速变化，Al^{3+} 的缓冲作用如图 10-20 所示。

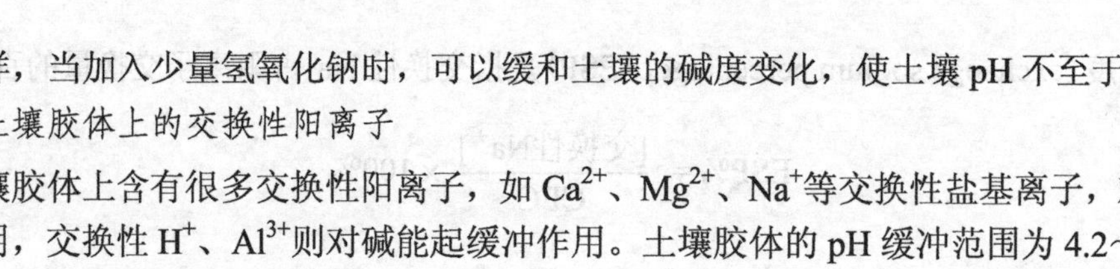

图 10-20　Al^{3+}缓冲作用示意图

2. 酸雨问题

近年来，酸雨对土壤酸化的影响已成为世界性问题。在我国南方的某些地区也出现了酸雨引起的土壤酸化的迹象。从国际研究趋势看，近几年来有关土壤酸度的论文明显增多。20 世纪 60 年代中期以后，关于土壤酸度的研究与 50 年代相比较为沉寂，经过近 20 年又重新活跃起来。显然，这与酸雨的全球性出现有关。

从土壤类型看，酸性土壤在世界上主要分布在多雨地带，一个是寒温带，以灰土为主；一个是热带和亚热带，以氧化土和老成土为主。这两个地带的土壤虽然都是强酸性，但其

基本性质很不相同。我国的酸性土壤分布在两大地区：一个是东北的大、小兴安岭和长白山地区，这里土壤与北欧、北美类似，从全国范围看，本区所占比重不大；另一个是长江以南广大地区，本区又可分为两个亚区，川、贵、滇黄壤亚区，以及华中和华南的红壤亚区(在全国所占面积最大，从土壤特点看问题也较严重)。

在我国受酸雨影响最严重的地区主要分布在长江以南地区，除了酸雨的来源外，主要是长江以北地区多石灰性及碱性土壤，对酸雨的中和效应使得酸雨的影响不显著；而以南地区土壤多为酸性土壤，如红壤的黏粒矿物组成以高岭土为主，对酸的缓冲能力不如石灰性土壤高，而缓冲容量也较寒温带土壤者小得多。例如，北京的褐土黏粒的阳离子交换量为每百克 56mg，江苏的黄棕壤为 41mg，而江西的红壤、广东的赤红壤和海南岛的砖红壤则分别为 22mg、21mg 和 5mg，最低与褐土有十倍之差。同时红壤因为所处地区一般温度较高，有机质易于分解，所以与寒温带的土壤相比，其有机质含量较低，这样，有机部分对缓冲容量的贡献也比较小。而且强酸性红壤是高度盐基不饱和的土壤，对酸的缓冲能力较弱，因此在酸输入量相同的情况下，这类土壤容易酸化。

土壤酸化的一个直接后果是 Al^{3+} 增加。Al^{3+} 的大量出现产生两个重要危害：①现在科学上已经基本明确，土壤对植物的酸害实质上是铝害，所以土壤酸化到一定程度，Al^{3+} 增多至一定程度后，植物受害而生长不良；②因 Al^{3+} 是多价离子，与土壤胶体的结合能特别强，所以很容易从土壤的负电荷点位上排挤盐基性离子，使它们进入土壤溶液而后遭受淋失，这在南方多雨地区更有特殊意义。现在，已有很多资料说明，我国南方酸性红壤中大量 Al^{3+} 的存在是土壤遭受强烈淋溶而发生酸化的一个后果，它反过来也是使这类土壤的盐基性离子易于遭受淋失，从而加速酸化的一个原因。

10.5.4　土壤酸碱性的环境意义

1) 对土壤中化合物的影响

土壤酸碱性可通过对土壤中进行各项化学反应(如沉淀-溶解、吸附-解吸、配位-离解等)干预从而影响组分和污染物的浓度、形态、生物有效性或毒性；同时，土壤 pH 还能影响土壤微生物的活性，从而间接改变土壤中各物质的转化速率和方向。例如，大多数金属元素在酸性条件下溶解态含量增加、毒性较大，而在中、碱性条件下生成难溶性沉淀或被土壤胶体吸附，毒性大为降低。对土壤养分元素而言，氮在 pH>5.5 时有效性最高，而磷在 pH=6.5～7.5 时有效性最好。

对有机污染物而言，其降解转化也受到土壤 pH 的影响。例如，有机氯农药在酸性条件下性质稳定，不易降解，而在强碱性条件下能加速代谢；五氯酚在碱性条件下呈离子态，移动性大，而在酸性条件下呈分子态易被土壤吸附而降解。

2) 对土壤物理性质的影响

在碱性土壤中，交换性 Na^+ 增加，使土粒分散、结构破坏。在酸性土壤中，H^+ 浓度增加，易使胶体上吸附的钙、镁等养分离子淋失，不利于团粒结构的形成，土壤易板结。

3) 土壤中铝、锰的危害

pH 小于 5 的强酸性土壤中，矿物结构中的铝、锰均易被活化，使土壤中游离的铝、锰离子含量增加，积累到一定程度，可危害作物。

4) 对植物生长的影响

一般植物各自对土壤酸碱性有特定的要求，有的对 pH 反应较迟钝，有的则非常敏感。例如，茶树只能生长在酸性土壤上；甜菜则生长在中性到微碱性土壤上。对大多数植物来说，更适应近中性的土壤。

10.6 土壤的氧化还原作用

氧化还原作用在土壤化学反应和土壤生物化学反应中占极重要地位，是土壤和土壤溶液中的普遍现象，对土壤物质的转化、迁移、剖面的分异、土壤肥力等都有着深刻的影响。

10.6.1 土壤的氧化还原电位

土壤溶液中的氧化作用，主要由自由氧、NO_3^- 和高价金属离子所引起。还原作用是某些有机质分解产物，厌氧性微生物生命活动及少量的铁、锰等金属低价氧化物所引起。氧化还原反应涉及的反应平衡及与氧化还原电位之间的关系，在第 3 章中有详细解释，这里就不再重复。

土壤 E 一般为 –450～720mV，其中旱地条件下为 200～750mV，如果旱地低于 200mV，说明土壤通气不良；水田 E 的变化较大，一般为 –200～300mV，水稻适宜的 E 为 200～400mV。

以下 5 种因素可以影响土壤的氧化还原状况。

(1) 土壤通气性。这是影响土壤氧化还原状况的关键因素。渍水土壤或排水不良的土壤与大气交换慢，大气氧难以及时补充，土壤中氧气不断消耗，E 下降。

(2) 土壤微生物活动。微生物的活动主要为耗氧过程，它使土壤空气中氧分压下降，因此土壤中旺盛的微生物活动会导致还原态物质的浓度增加。

(3) 易分解有机物的含量。土壤中有机质的分解和矿化是一个耗氧过程。

(4) 植物根系的代谢作用。有些植物根系分泌物可以直接影响根系的氧化还原电位，如水稻等作物的根系能分泌氧，提高土壤的 E 值。

(5) 土壤 pH。土壤 pH 和 E 的关系很复杂，理论上 $\Delta E / \Delta pH = -59mV$，即在土壤通气条件不变的情况下，pH 每上升一个单位，E 下降 59mV，但实际情况并不完全如此，一般来讲，E 在一定条件下随 pH 的升高而下降。

10.6.2 土壤中主要的氧化还原体系

土壤中的主要氧化还原体系包括氧体系、铁体系、锰体系、氮体系、硫体系和有机物体系(表 10-5)。图 10-21 列出土壤中主要氧化还原体系的发生序列，可以看出土壤中从氧化到还原条件下，各体系的大致作用顺序为氧体系 → 氮体系 → 锰体系 → 铁体系 → 硫体系 → 有机碳体系，其中铁体系可用来区分土壤氧化态和还原态。

表 10-5 土壤中主要的氧化还原体系

序号	氧化还原体系	E^0/V	pe^0
1	$O_2 + 4H^+ + 4e^- \longrightarrow 2H_2O$ $E = 1.23 + 0.0151 \lg(p_{O_2}) - 0.059pH$	1.23	20.8
2	$MnO_2 + 4H^+ + 2e^- \longrightarrow Mn^{2+} + 2H_2O$ $E = 1.23 - 0.0295\lg[Mn^{2+}] - 0.118pH$	1.23	20.8
3	$Fe(OH)_3 + 3H^+ + e^- \longrightarrow Fe^{2+} + 3H_2O$ $E = 1.06 - 0.059\lg[Fe^{2+}] - 0.177pH$	1.06	17.9
4	$NO_3^- + 2H^+ + 2e^- \longrightarrow NO_2 + 2H_2O$ $E = 0.83 - 0.0295\lg([NO_2^-]/[NO_3^-]) - 0.059\,pH$	0.83	14.1
5	$SO_4^{2-} + 10H^+ + 8e^- \longrightarrow H_2S + 4H_2O$ $E = 0.303 - 0.0074\lg([H_2S]/[SO_4^{2-}]) - 0.074pH$	0.30	5.1
6	$CO_2 + 8H^+ + 8e^- \longrightarrow CH_4 + 2H_2O$ $E = 0.17 - 0.059\lg(p_{CH_4})/(p_{CO_2}) - 0.059pH$	0.17	2.9
7	$2H^+ + 2e^- \longrightarrow H_2$ $E = 0 - 0.0295\lg(p_{H_2}) - 0.059pH$	0	0

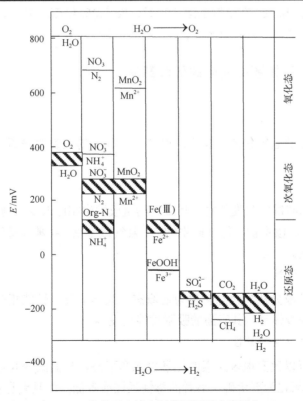

图 10-21 pH 为 6.5~7 条件下土壤中氧化还原反应序列(Essington, 2004)

图中阴影部分为氧化还原反应的 E 范围,图中氧化态为 $E > 414mV$,次氧化态为 $120mV < E < 414mV$,还原态为 $E < 120mV$

铁在土壤中大量存在,是土壤中氧化还原变化较为频繁的元素之一。土壤中铁形态极为复杂,在氧化条件下,铁主要以 Fe(III) 存在,由于 Fe(III) 难溶,主要形态为各种高价铁氧化物,如羟基针铁矿(α-FeOOH)、四方纤铁矿(β-FeOOH)、纤铁矿(γ-FeOOH)、磁铁矿(Fe_3O_4)、赤铁矿(α-Fe_3O_4)等;在还原条件下,铁主要以 Fe(II) 存在,由于 Fe(II) 相对易溶，主要形态为 Fe^{2+} 及其水解产物。在干湿季明显的地区，湿季时低价铁可随降水渗透到土壤 B 层，当季节性干燥时，又氧化脱水而淀积，因此土壤中层富集有铁。在渍水土壤中，大量高价铁还原为亚铁，但土壤溶液中亚铁离子浓度不大，主要原因是在强还原条件下，有大量硫化氢等存在，使亚铁形成很多不溶性的铁盐沉淀。$Fe(III)$ 被还原时消耗 H^+，从而增加 pH(表 10-5)，相反，土壤通气性增强，$Fe(II)$ 被氧化导致 pH 降低，这种由铁的氧化导致土壤酸化的现象称为铁解作用。

土壤中锰的含量一般比铁低，因此重要性略低于铁。锰的标准电极电位为 1.23V，比铁高，相对来说，铁易被氧化，锰易被还原。当土壤 pH 低于 7.0 时，除强氧化(通气良好)条件以外，可溶性 Mn^{2+} 是其主要形态；当 pH 升高时，在还原条件下，$MnCO_3$ 为主，在氧化条件下，则形成不溶性锰氧化物。

四价锰氧化物是土壤中最强的固体氧化剂，在通气良好的碱性条件下，Mn^{2+} 的氧化可以自然发生，生成一系列氢氧化物或氧化物产物，其种类受到体系 pH、O_2 浓度、阳离子存在条件等因素的影响。

大多数条件下，Mn^{2+} 是土壤溶液中的主要形式，也是植物吸收的主要形式。在还原条件下，还原性锰往往比还原性铁的含量高。例如，当 pH 为 7.0 时，Mn^{2+} 比同条件下 Fe^{2+} 浓度高 100 倍，当 Mn^{2+} 和 Fe^{2+} 在土壤剖面移动时，Fe^{2+} 先氧化而沉淀，而 Mn^{2+} 移至更深层次后，才氧化并脱水形成 MnO_2 黑色沉淀。

10.6.3 土壤中氧化还原反应的环境意义

1) 矿物风化与土壤发育

矿物风化往往伴随着氧化还原反应。例如，云母中的铁为亚铁离子，风化时晶格中的铁转为高价铁离子。

2) 微生物活动

当系统氧化还原状况发生变化时，其微生物组成发生相应改变。例如，系统从通气 $\longrightarrow$ 渍水 $\longrightarrow$ 还原状况时，微生物从好气微生物 $\longrightarrow$ 兼气微生物 $\longrightarrow$ 嫌气微生物，从而引起系统中微生物活动的变化。

3) 胶体表面反应活性

当胶体中的某种成分从氧化态转化为还原态，胶体的反应性能相应改变。例如，三价铁胶体转变为二价铁胶体时，其表面的吸附性能也变弱。

4) 污染物的转化与生物毒性

氧化还原反应可以改变很多元素的化学价态和形态，从而改变其行为和毒性。例如，MnO_2 可以将三价砷氧化为五价砷，后者的毒性远比前者低，而且更易被土壤胶体吸附。

5) 有机-无机复合体的形成

E 变化时，复合体金属离子价态改变，复合体的稳定性发生改变。例如，复合体桥接元素为 Fe^{3+} 被还原为 Fe^{2+} 时，复合体稳定性下降。此外，E 变化引起系统 pH 的变化，复合体稳定性也受影响。

本章基本要求

　　本章介绍了土壤的主要物理化学性质。要求了解土壤的组成和主要组分的基本性质；掌握土壤胶体的表面特性、土壤中离子的交换与吸附过程、土壤酸碱度及土壤的缓冲作用；了解土壤溶液氧化还原作用对土壤形成及元素富集的影响。

思考与练习

　　1. 请叙述土壤的形成和土壤的组成。

　　2. 请根据高岭石、伊利石和蒙脱石三类黏土矿物结晶构造特点，讨论其物理、化学性质的差异。

　　3. 土壤中存在哪些水分类型？它们被植物的利用有何差别？

　　4. 一种土壤的密度为 $1.38 g/cm^3$，比重为 $2.45 g/cm^3$，为使 $10 m^3$ 的该土壤达到饱和持水量，应加入多少吨水？

　　5. 什么是土壤胶体的永久电荷、可变电荷和净电荷？并请举例说明。

　　6. 简述土壤胶体的类型及其表面性质。

　　7. 土壤中阳离子交换与配位作用的主要区别是什么？

　　8. 什么是盐基饱和度？

　　9. 一个 CEC 为 20cmol/kg 的矿质土壤吸持了 4cmol/kg 的 Na^+、3cmol/kg 的 Ca^{2+} 及 2cmol/kg 的 Al^{3+}，余下吸持为 H^+，则该土壤的盐基饱和度和潜性酸度分别为多少？

　　10. 什么是土壤活性酸度和潜性酸度？这二者之间又有什么联系？

　　11. 请说明土壤中存在哪些起缓冲作用的物质，并分别讨论其缓冲机理。

　　12. 请说明酸雨对土壤酸化将产生哪些影响。

　　13. 当土壤溶液氧化还原条件发生变化时，铁和锰离子的价态将发生什么变化？当其在土壤剖面中移动时，何种离子先氧化沉淀下来？为什么？

第 11 章　氮、磷及重金属在土壤中的迁移转化

氮、磷是植物生长的必需元素，也是化学肥料的主要有效成分，为了使农作物产量能成倍增加，化肥的大量施用已成为农业生产活动最重要的手段之一，由此引起的污染及对环境的影响已越来越受到人们的重视。土壤的重金属污染问题一直是人们关注的热点环境问题之一，根据我国 2014 年《全国土壤污染状况调查公报》公布的数据可知，全国调查土壤中总的超标率为 16.1%，其中污染类型以无机型为主，无机污染物超标点位占全部超标点位的 82.8%，主要污染物为镉、汞、砷、铜、铅、铬、锌、镍等重金属元素。本章主要讨论氮、磷及常见重金属元素的来源、形态及其在土壤中的主要行为和效应。

11.1　氮在土壤中的迁移

11.1.1　土壤中氮的来源

大气中存在着大量的氮源($3.86 \times 10^9 t$)，每年返回地球表面的大气氮总量为 194t，通过生物固定的氮为 175t(陆地加海洋)，其中约一半(80t)是豆科作物固氮的结果。这些作物具有从大气固氮的根部细菌，豆科植物与这种细菌有共生关系，能向土壤提供大量的氮。

人类的活动使固氮的量大大增加，目前其占全部固氮量的 30%~40%。这些活动包括肥料的制造、燃料的燃烧、增加豆科植物的耕种等。此外，大气层中所发生的自然雷电现象，可以使氮氧化成氮氧化物，最后随雨水带入土中，成为土壤中氮的自然源之一。人为源主要来自化肥及有机肥(包括粪肥、厩肥、堆肥、绿肥等)的施用。死亡的动植物的生物降解产物也是有机氮的主要来源。

11.1.2　土壤中氮的形态

表层土的氮大部分是有机态氮，约占总氮的 90%以上。尽管某些植物也能直接利用氨基酸，但植物摄取氮几乎都是无机态氮，表明氮绝大部分是以有机态氮储存而以无机态氮被植物吸收。

土壤中无机态氮主要为 NH_4^+、NO_3^-、NO_2^-、N_2、N_2O、NO 和 NO_2，其中 NH_4^+ 和 NO_3^- 是植物摄取的主要形态。NH_4^+ 是由土壤有机质通过微生物的铵化作用而生成，能为带负电荷的土壤胶体所吸附，成为交换性离子，也不易流失，只有在水田中才比较稳定而有可能累积。NO_3^- 能直接被植物吸收，由于是阴离子不能被土壤吸附而易流失。气态氮除 N_2 外，N_2O 和 NO 在土壤中含量很低、停留时间短，只是在特殊条件下作为微生物转化氮的形态的中间物存在，如硝化、反硝化过程及硝酸盐还原。还有一些量不大且化学上不稳定仅以过渡态存在，如 NH_2OH、H_2NO_2。

土壤中的有机态氮可按其溶解度大小及水解难易分为三类：①水溶性有机态氮，主要是一些较简单的游离氨基酸、胺盐及酰胺类化合物，一般不超过全氮量的 5%；②水解性有机态氮，凡是用酸、碱或酶处理时，能水解成为简单的易溶性化合物或直接生成铵化合物的有机态氮属此类，包括蛋白质及多肽类、核蛋白质类、氨基糖等；③非水解性有机态氮，这种形态的氮既非水溶也不能用一般的酸、碱处理来促使其水解，主要包括杂环氮化合物、糖类和铵类的缩合物，以及铵或蛋白质和木素类物质作用而成的复杂环状结构物质，这类化合物占土壤总氮量的 30%～50%。

土壤中有机态氮和无机态氮之间可以转化。土壤中的有效氮通过微生物的吸收同化，把无机态氮转化为有机态氮，从而可以避免淋失，起到保肥作用。相反地，有机态氮转化为无机态氮的过程称为矿化过程。

11.1.3　氮在土壤中转化的重要过程

1. 植物对氮的吸收

NH_4^+ 和 NO_3^- 是植物摄取氮的主要形态。植物吸收硝态氮量高，且为主动吸收。在低 pH 条件下更有利于 NO_3^- 的吸收，而 NH_4^+ 可与之竞争减少植物对 NO_3^- 的吸收；当 pH 为 7 时，植物吸收 NH_4^+ 较多。NH_4^+ 在土壤中既不易淋失，也不易发生反硝化，损失较少。

2. 有机态氮的矿化

有机态氮的矿化是指土壤中的有机肥或动植物残体中的有机态氮被微生物分解转变为氨的过程，这个过程又称为氨化过程。土壤中有机态氮的矿化作用主要分两个阶段，第一阶段先把复杂的含氮化合物经生物酶分解为简单的氨基化合物，称为氨基化过程，即

$$含氮有机化合物 \longrightarrow R\!-\!NH_2 + CO_2 + 能量 + 其他中间产物$$

第二阶段在微生物作用下将各种简单氨基化合物分解为氨，称为氨化阶段，即

$$R\!-\!NH_2 + HOH \longrightarrow NH_3 + R\!-\!OH + 能量$$

$$NH_3 + H_2O \longrightarrow NH_4^+ + OH^-$$

3. 硝化作用

硝化作用(nitrification)是微生物在好氧条件下将 NH_3 氧化为 HNO_3 或 HNO_2，或者由微生物导致的 NO_2 增加的过程，自养和异养生物均可参加此过程。硝化作用分两步，第一步由亚硝酸细菌将氨氮转化为亚硝态氮，中间过渡产物为 NH_2OH，总反应式如下：

$$NH_3 + OH^- + O_2 \longrightarrow NO_2^- + H_2O + 2H^+ \qquad \Delta G = -351.7 kJ$$

第二步由硝酸菌将 NO_2^- 氧化为 NO_3^-：

$$NO_2^- + H_2O \longrightarrow NO_3^- + 2H^+$$

$$2H^+ + 1/2\ O_2 \longrightarrow H_2O \qquad \Delta G = -74.5kJ$$

化能自养硝化菌是硝化作用的主要贡献者。异养微生物在利用有机物作为碳源和能量来源的过程中，也能从氧化氨氮的过程中获得部分能量，但与自养硝化相比，异养硝化的作用常被认为是微不足道的。

4. 反硝化作用

土壤中的反硝化作用(denitrification)主要包括生物和化学的作用，其中生物作用是主要的。在土壤氮素转化过程中，矿化作用和硝化作用是土壤有机态氮转化无机态氮的过程，而反硝化作用是土壤有效氮损失的过程。

生物反硝化作用是在厌氧条件下，由兼性好氧的异氧微生物利用同一个呼吸电子传递系统，以 NO_3^- 作为电子受体，将其逐渐还原为 N_2 的过程。生物反硝化过程的通式如下：

$$2NO_3^- \longrightarrow 2NO_2^- \longrightarrow 2NO \longrightarrow N_2O \longrightarrow N_2$$

土壤中已知的能进行反硝化的微生物有 24 个属，绝大多数为异养型细菌。土壤通气性、有效氮含量、土壤有机质和 pH 等都影响土壤的反硝化过程，其中缺乏易分解有机质是限制嫌气土壤反硝化的主要因素。

化学反硝化过程是 NO_3^- 和 NO_2^- 被化学还原剂还原为 N_2 或 NO_x 的过程。例如， NO_2^- 与 NH_3 反应，生成 NH_4NO_2，再复分解放出 N_2，即

$$NH_3 + HNO_2 \longrightarrow NH_4NO_2 \longrightarrow N_2 + 2H_2O$$

化学反硝化生成的含氮气体中绝大多数是 NO，N_2O 占比很小。

11.1.4 氮的流失

我国目前氮肥品种主要是碳酸氢铵(简称碳铵)和尿素，另外还有少量硫铵、氯化铵等。化肥施入土壤后，氮素可通过以下途径流失。

1. 挥发损失

在 pH 大于 7 的石灰性土壤上，氮肥作表施，氨的挥发非常迅速。在 20℃下旱地土壤，碳铵的 1d 挥发损失 16%，20d 达 50%～64.5%，硫铵也达 51%，尿素与碳铵接近或略低，大约为 50%。在石灰性水稻田中，硫铵作表施时，氮素损失高达 41.5%～51.2%，作基肥混施时达到 50.3%～54.4%。氨挥发后进入大气，除少部分被绿色植物吸收外，剩余随风飘起，其主要部分被大气中的尘埃吸附。由于降雨作用，以干、湿沉降物的形式重新回到地面，其中很大一部分将进入地表水中，增加了水体额外的氮负荷。

2. 淋溶损失

实验表明，各种铵态氮肥和尿素施入土壤后，只要 20d 就可完全被硝化转化为硝酸盐，硝酸根不能被土壤吸附，存在于土壤溶液中，易被灌溉水和雨水淋溶至还原层。我国各地气候条件比较复杂，土壤性质各异，淋失量差别很大。在干旱和半干旱地区，只有降雨量大于 150mm 的月份和灌溉水定额使水下渗超过 30cm 的土层时，在质地轻的土壤上才会

发生硝态氮淋失。各地实验结果表明，氮肥淋失量为 8.5%～28.7%，将污染地下水源和部分地面水。

3. 反硝化脱氮损失

反硝化脱氮作用主要发生在稻田地区。日本的反硝化脱氮损失为 30%～50%，印度为 20%～30%。江苏的实验结果表明，水稻田氮的反硝化损失为 10%～66.1%，平均为 16.5%～39.4%。我国脱氮损失均值为 15%～40%，平均 35%左右。脱氮强度与土壤 pH、土壤有机质含量、施肥方式、氮磷配合、农业措施等因素有关。

4. 随水流失

稻田中的氮素还会随水流失。据研究，稻田施用氮素化肥后 24h 内排水，损失氮 10%～20%，尿素大于碳铵，这因为尿素要经过 2～3d 水解后方转化为铵而被水稻吸收或被土壤胶体吸附，在有串灌习惯的地区尤为突出。

5. 地表径流和冲刷

这是一个破坏性的流失途径，不仅施下的化肥，而且土壤也被剥蚀。在水土流失严重的地区，施用的氮肥几乎 100%流失。

按全国实验数据估计，氮素通过挥发损失约 20%，淋溶损失约 10%，反硝化脱氮损失约 15%，地表径流、冲刷和随水流失约 15%，总损失量约 60%。据国外报道，全世界有 1200～1500 万 t 氮素是通过硝化作用损失的，反硝化作用损失同样数量的氮素。氮素损失总量等于世界上全部氮肥的一半，价值 60 多亿美元。据国际化肥发展中心(IFDC)和国际水稻研究所(IRRI)的测定，三袋尿素施于水稻田，损失两袋，仅有一袋被作物利用。

11.1.5　氮污染

氮是蛋白质及其他生命物质的基本组分，植物在富氮的土壤中生长，不仅能获得较高的产量，而且往往富含蛋白质。但是，植物能从土壤中吸附过量的硝酸盐氮，这种现象特别发生在干旱条件下施肥过量土壤中，含有过量硝酸盐的庄稼会使反刍类动物如牛及羊中毒，这是由于反刍类动物的胃液是一种还原介质，含有能使硝酸盐还原成有毒的亚硝酸盐的细菌。当含过量硝酸盐的植物用作动物的青饲料时，会使人类受害。例如，切得很细的未完全成熟的谷类植物，在地窖中发酵加工制成一种动物饲料，这种在还原条件下发酵的青饲料能还原硝酸盐成为有毒的 NO_2 气体，此种气体可在地窖中积累到很高水平。已有许多关于地窖中积累的 NO_2 气体致人死亡的报道。

在一些农业地区，硝酸盐污染已成地表水及地下水中的主要问题。虽然与肥料的污染有关，但牧场也是硝酸盐污染的一个主要来源。牧畜群的发展和密度增加所引起的问题更严重，即使人口较少，但污染水平却较高，在这种地区的河流及水库的污染水平与人口密集及工业区的污染水平相当。

11.2 磷在土壤中的迁移

11.2.1 土壤中磷的来源

磷的天然源主要来自岩石的风化作用,许多岩石中所含的磷通常以PO_4^{3-}形态结合至矿物结构中。当岩石风化时,这些磷酸盐大量溶解并被植物利用,因此发育于不同母质的土壤其磷含量会有明显差异。例如,由原生岩风化体发育而成的土壤,其来自基性母岩的含磷量常大于来自酸性母岩的同一气候植被带土壤;由沉积岩风化发育成的土壤中,来自石灰岩或石灰性沉积体的,通常含磷也多于酸性沉积物。人为源主要是磷矿废水及施用磷肥。自2005年我国超过美国,成为磷肥第一生产大国,2014年我国磷肥总产量约1700万 t P_2O_5,其中水溶性磷肥(磷酸铵、重钙、硝酸磷肥和过磷酸钙)占磷肥总量的 99%。自然界磷通常没有像氮循环那样有气体参与循环,而是沉积循环。

11.2.2 土壤中磷的形态

土壤中磷主要分无机态磷和有机态磷两大类。

1. 土壤中的无机态磷

土壤中的无机态磷几乎全部是正磷酸盐,根据其所结合的主要阳离子的性质不同,可把土壤通常存在的磷酸盐化合物分为以下四个类别。

1)磷酸钙(镁)化合物(以 Ca-P 表示)

土壤中磷酸根可以和钙、镁离子按不同比例形成一系列不同溶解度的磷酸钙、镁盐类,不过,钙盐溶解度小于镁盐且数量也远大于镁盐,因而成为石灰性或钙质土壤中磷酸盐的主要形态。钙盐类化合物中,以磷灰石类溶解度最小。土壤中常见的磷灰石为氟磷灰石$[Ca_5(PO_4)_3F]$、羟基磷灰石$[Ca_5(PO_4)_3OH]$等,其共同特点是 Ca/P 比值为 5/3,溶解度极小,对植物营养无效。土壤存在的磷灰石很多是从母岩转化而来。

施用化学磷肥也可在土壤中形成一系列磷酸钙类化合物。例如,施用过磷酸钙肥料,其中水溶性磷酸一钙为主要有效成分,其可与石灰性土壤中的钙质成分作用依次转化为磷酸二钙(Ca_2HPO_4)、磷酸八钙$[Ca_8H_2(PO_4)_6]$及磷酸十钙$[Ca_{10}(PO_4)_6(OH)_2]$等,随着 Ca/P 比值的增加,这些化合物在土壤中稳定性增加,溶解度迅速下降。

2)磷酸铁和磷酸铝类化合物(分别以 Fe-P 或 Al-P 表示)

在酸性土壤中,无机态磷很大一部分是和土壤中的铁、铝化合物形成各种形态的磷酸铁和磷酸铝类化合物,如常见的粉红磷铁矿$[Fe(OH)_2H_2PO_4]$和磷铝石$[Al(OH)_2H_2PO_4]$,它们溶解度极小,尤其是粉红磷铁矿更低。此外,水稻土和其他沼泽型积水土壤中还可能有蓝铁矿$[Fe_3(PO_4)_2 \cdot 8H_2O]$,由于处在厌氧条件下,使 Fe-P 类化合物的溶解度提高,从而增加了磷对植物的有效性。

3) 闭蓄态磷(以 O-P 表示)

这是由氧化铁胶膜包被着的磷酸盐，如当磷在土壤固定为粉红磷铁矿后，如果遇到土壤的局部 pH 升高时，就可能产生下列反应：

$$Fe(OH)_2H_2PO_4 + OH^- \longrightarrow Fe(OH)_3\downarrow + H_2PO_4^-$$

反应结果虽然释出了固相表面的固定磷，但所形成的无定形 $Fe(OH)_3$ 胶体可以在粉红磷铁矿表面形成一层胶状薄膜，溶度积比粉红磷铁矿小得多，因此胶膜对内部的 Fe-P 起掩蔽作用。这种以 $Fe(OH)_3$ 或其他类似性质的不溶性胶膜所包被的磷酸盐，统称为闭蓄态磷。这种形态的磷在没有除去外层铁质胶膜前，很难发挥其有效作用，但在土壤中有相当比例，尤其是在强酸性土壤中，往往超过 50%，而在石灰性土壤中也可达到 15%～30%。

4) 磷酸铁铝和碱金属、碱土金属复合而成的磷酸盐类

这种磷酸盐成分更复杂，种类也更多，往往是由化学磷肥作用于土壤成分转化而成，因此它们很少存在于自然土壤中。而在耕作土壤中，由于它们存在的数量不多，而且溶解度极小，所以对作物营养影响不大。

就我国而言，在风化程度很高的南方砖红壤和红壤中，O-P 占无机态磷总含量的比例很高，最多的竟占 90% 以上，其次为 Fe-P，而 Ca-P 和 Al-P 一般比较少。在风化程度较低、有石灰性反应的北方和西北土壤中，Ca-P 所占比例最大，约在 60% 以上，其次为 O-P，而 Al-P 很少，Fe-P 小于 1%。

2. 有机态磷

有机态磷在总磷中变化范围宽。一般，有机态磷随土壤中有机质含量的增加而增加，而表层土又较次层土有机态磷含量高，有机态磷在表层土的含量不定。土壤中有机态磷主要有以下三类。

1) 核酸类

核酸是一类含磷和氮的复杂有机物，多数认为是从动植物残体特别是微生物中的核蛋白质分解而来，这类核酸态磷在土壤有机态磷中所占比例一般在 5%～10%，除了核酸外，土壤中还存在少量核蛋白质，也属有机态磷化合物，它们都是通过微生物酶系作用，分解为磷酸盐后才能为植物所吸收。例如

核蛋白质 —水解→ 核酸 + 蛋白质

　　　　　　│核酸酶
　　　　　　↓
　　　　磷酸 + 含氮的嘌呤基或吡啶基

　　　　　　│+ 核糖 - 脱氧核糖
　　　　　　↓
　　　　植物吸收

2) 植酸

植酸又名环己六醇六全-二氢磷酸盐，其结构是由 6 个碳原子构成的正六边形，每个碳原子上连有 1 个带负电的磷酸根。植酸是植物中磷的主要存在形式，它主要存在于植物的种子、根和茎中，其中以豆科植物的种子、谷物的麸皮和胚芽中含量最高。土壤中植酸主要

来源是植物残体的分解,由于植酸分子中磷含量高达 28%,可占土壤有机磷总量的 1/5 至 1/3 之间,有的甚至超过一半。植酸具有很强的螯合能力,可与钙、铁、镁、锌等金属离子及蛋白质等螯合产生不溶性化合物,从而降低这些营养成分的有效性。绝大多数单胃动物不能充分消化、利用植酸和植酸盐中的磷,因此常在饲料中添加植酸酶来帮助动物消化吸附植酸中的磷。土壤中的植酸极易被铁、铝氧化物吸附,从而降低了其生物有效性,但释放的植酸较易被微生物降解,释放出磷酸,如钙质土壤中植酸的半衰期为 4~5 周,因此有观点认为土壤中正磷酸盐的释放受植酸与土壤矿物吸附能力的控制。

植酸

3) 磷脂类

这是一类醇溶性和醚溶性的含磷有机物,其中较复杂的还含氮,普遍存在于动植物及微生物组织中,土壤中磷脂类含量通常不到总有机态磷的 1%,也必须经过微生物的分解,才能成为有效态磷。

以上几种有机态磷含量约占总有机态磷的 70%,其中以植酸磷和核酸磷为主,尚有 20%~30%的有机态磷的形态有待进一步查明。

11.2.3 土壤的固磷作用

土壤中各种含磷化合物从可溶性或速效性状态转变为不溶性或缓效性状态,统称为土壤的固磷作用。据统计,我国施用化学磷肥的有效率不到 30%,其重要原因之一就是土壤具有强大的固磷作用。

在大部分土壤 pH 范围内,$H_2PO_4^-$ 及 HPO_4^{2-} 是主要的正磷酸盐形态,也正是植物摄取磷的主要形态。因此,在近于中性 pH 时,正磷酸盐对植物最有用。在较酸性的土壤中,正磷酸盐离子被沉淀或被 Al(III) 及 Fe(III) 的物类吸附。在碱性土壤中,其可与 $CaCO_3$ 反应生成溶解度很小的羟磷灰石,即

$$3\,HPO_4^{2-} + 5CaCO_3(s) + 2H_2O \longrightarrow Ca_5(PO_4)_3(OH)(s) + 5\,HCO_3^- + OH^-$$

羟磷灰石表明了作为肥料的磷很难从土壤中淋溶失去,这在水污染和磷肥利用两方面都有重要意义。我国南方酸性红壤的固磷能力特别强。

固磷作用可通过化学沉淀、土壤固相表面交换吸附作用、闭蓄作用及生物作用进行。

11.2.4 磷肥的污染

磷酸盐主要以固相形态存在,因此只有在灌水时才可能出现磷过量从而造成污染问题。但是磷肥的生产和施用过程中伴生的许多其他污染不容忽视,这些污染可概括如下。

1. 氟污染

对全国 23 个磷矿的 72 个样品分析结果表明,氟含量与全磷含量呈显著相关($R=0.985$),

以含 24% P_2O_5 的标矿计，平均含氟 2.2%。生产过磷酸钙过程中，每年排入大气的氟约 1.54 万 t，以酸性废水形式排入江河的氟约 5.25 万 t，钙、镁、磷肥厂排入大气的氟约 2.2 万 t，流入江河的氟约 2.5 万 t，全国磷肥生产每年排入环境的总氟量约为 9.24 万 t。

2. 磷肥中的放射性

自然界分布的磷矿石中，往往伴生铀、钍、镭等天然放射性核素，并在加工成磷肥的过程中进入磷肥。对全国 22 个矿的磷矿石测定结果表明，含铀 0.13～1000μg/g，多数为 10～154μg/g，最高含量为 0.12%；钍 0～189μg/g；镭-226 微量。对全国 8 个省或地区的磷肥进行测定发现，总放射性强度为 $1.7×10^{-12}$～$8.21×10^{-10}$Ci/g，地区间差异较大。例如，福建某磷肥厂生产的过磷酸钙的废水中含铀 $4×10^{-5}$mg/g，钍 $8.4×10^{-5}$mg/g，镭-226 为 $3.35×10^{-14}$Ci/g，总放射强度比对照水高 17～840 倍。用该废水灌溉和施用磷肥的实验表明，田泥对天然放射性核素有富集作用，但有一定的限度，至第 3 年趋于平衡，即比废水含量高 300 倍，相当于磷肥的水平。作物的累积规律是根吸收最多，茎秆次之，果实最少。在果实中，稻谷比米含量高，靠近废水的稻田，稻谷含铀 $25.7×10^{-6}$mg/g，是米的 41.4 倍；含钍 $23.3×10^{-5}$mg/g，是米的 60 倍；镭-226 为 $4.5×10^{-14}$Ci/g，是米的 13 倍。旱作物与水稻的结果一致。

3. 重金属

对全国各地磷肥测定结果表明，重金属含量在几至几百 mg/kg，只有钙、镁磷肥含铬(Cr^{3+})量较高，为 1000～1800mg/kg，不过即使 1 亩[①]地施用 100kg，对土壤的影响也不大。但近年来，部分进口磷肥中发现有较高的镉含量，可达 20～40mg/kg(魏红宾等，2004)，因此长期施用高镉磷肥可能导致镉污染。

4. 三氯乙醛的危害

一些小磷肥厂由于硫酸供应不足，利用含三氯乙醛或三氯乙酸的工业废硫酸为原料生产过磷酸钙，由于检测控制不严，将三氯乙醛或三氯乙酸带到土壤里，危害农作物。这些磷肥的绝对数量虽仅是十多万吨，但由于小厂分散于全国各地，危害波及面较大。在我国山东、河南、安徽、江苏、浙江、山西、甘肃、四川、辽宁等地区，由于施用这类化肥，连续发生污染农田，危害小麦、花生、玉米等十多种农作物，受害面积达数十万亩，损失粮食近 3 亿公斤。

5. 水体富营养化

由于城市排污和农田大量施用化肥，可以通过地表径流、土壤侵蚀等进入海洋、河流及湖泊中。其中农业面源污染已经成为我国湖泊富营养化及水环境污染的最重要来源。根据国家环境保护部 2010 年发布的《全国第一次污染源普查公报》数据，来自工业排入的氨氮量为 20.76 万 t；来自种植业、畜禽养殖业和水产养殖业的农业源污染物排放(流失)量为总氮 270.46 万 t，总磷 28.47 万 t；生活污水总氮约 87 万 t，总磷约 5.9 万 t，氨氮约 64 万 t。大量营养物进入水体必然会导致水体富营养化从而对环境产生影响，如各地水域频繁爆发的"水华""赤潮"事件。

---

① 亩，面积单位，1 亩≈666.67m²。

11.3 土壤重金属污染

重金属是指密度大于 5g/cm³ 的金属元素，在自然界中大约存在 45 种。但是，由于不同重金属在土壤中的毒性差别很大，所以在环境科学中关注的重金属主要包括有毒重金属汞、镉、铬、铅等，以及有一定毒性的锌、铜、镍等元素。砷是一种类金属，因其化学性质与重金属有类似之处，通常也归于重金属范畴进行讨论。

土壤中重金属来源广泛，主要包括污水灌溉、矿业活动、化肥和农药、大气降尘、污泥农用、废弃物的不当堆置等。例如，砷主要来自杀虫剂、杀菌剂、杀鼠剂和除草剂，汞主要来自含汞废水，而镉、铅则主要来自冶炼排放和汽车废气沉降等。

重金属不能被土壤微生物降解，可在土壤中不断积累，也可为生物所富集并通过食物链而最终在人体内积累，危害人体健康。例如，镉污染引起的痛痛病事件，就是因为食用含镉废水灌溉的稻米。我国环境保护部、国土资源部于 2014 年公布的《全国土壤污染状况调查公报》显示，我国耕地土壤污染物点位超标率为 19.4%，主要污染物以镉、镍、砷、铜、汞、铅等无机污染物为主。土壤一旦遭受重金属污染，就很难予以彻底消除，最后向地表水或地下水中迁移，加重了水体的污染，因此应特别注意防止重金属对土壤的污染。

11.3.1 土壤元素背景值和土壤环境容量

1. 土壤元素背景值

土壤元素背景值是指在未受污染的条件下，土壤中各元素和化合物，特别是有毒物质的含量。它是土壤在漫长的地质形成时期，各种成土因素综合作用的结果。土壤元素背景值是评价土壤环境质量，特别是评价土壤污染状况、研究土壤环境容量、制定环境质量标准、确定污染控制措施的基本依据。

在 20 世纪 70 年代，美国、日本、英国等国开始着手元素背景值的研究。我国在"七五"期间，组织全国多个单位协作研究，开展了我国土壤元素背景值研究，并于 1990 年出版了《中国土壤元素背景值》。我国土壤中主要微量元素的背景值如表 11-1 如示。

表 11-1 中国土壤元素背景值与其他国家的比较（魏复盛和陈静生，1991）（单位：mg/kg）

元素	中国			美国	英国	日本
	算术平均值	中值	全距	算术平均值	算术平均值	算术平均值
砷(As)	11.2	9.6	0.01～626	7.2	11.3	9.02
镉(Cd)	0.097	0.079	0.001～13.4	—	0.62	0.413
钴(Co)	12.7	11.6	0.01～93.9	9.1	12	10
铬(Cr)	61.0	57.3	2.20～1209	54	84	41.3
铜(Cu)	22.6	20.7	0.33～272	25	25.8	36.97
汞(Hg)	0.065	0.038	0.001～45.9	0.089	0.098	0.28
锰(Mn)	583	540	1～5888	550	761	583
镍(Ni)	26.9	24.9	0.06～627	19	33.7	28.5
铅(Pb)	26.0	23.5	0.68～1143	19	29.2	20.4
硒(Se)	0.29	0.207	0.006～9.13	0.39	0.40	—
钒(V)	82.4	76.8	0.46～1264	80	108	—
锌(Zn)	74.2	68.0	2.6～593	60	59.8	63.8

尽管土壤重金属污染十分普遍，但土壤本身含有一定量的重金属元素，其中很多是作物生长所需要的微量营养元素，如 Mn、Cu、Zn 等。因此，只有当进入土壤的重金属元素积累的浓度超过了作物需要和可忍受程度，而表现出受毒害的症状或作物生长并未受害，但产品中某种重金属含量超过标准，造成对人、畜的危害时，才能认为土壤被重金属污染。

2. 土壤质量

　　土壤是人们赖以生活的基本资源，同时也是污染物的吸纳和处置场所，土壤质量的好坏直接关系到人类可持续发展的物质基础。那么土壤质量的科学定义是什么？土壤质量可以形象化地理解为一个"三条腿的凳子"，由土壤肥力质量、土壤环境质量及土壤健康质量组成综合质量。其中土壤肥力质量是指土壤提供植物养分保障生物生产的能力，是保障粮食生产的根本；土壤环境质量是指土壤容纳、吸收、净化污染物的能力；土壤健康质量是指土壤影响或促进人类和动植物健康的能力(赵其国等，1997)。

　　土壤环境质量和土壤健康质量与环境科学关联较为密切。土壤环境质量的主要评价指标包括土壤环境容量、重金属全量和有效性、农药残留量、pH、有机质、质地等。土壤健康质量主要针对因自然地质过程和生物地球化学循环而造成的土壤中某些元素的丰缺值，如有益元素全量及有效性、有毒元素全量及有效性，有时也包括一些生物学指标，如有机碳、生物量、呼吸量、生物多样性等(徐建明等，2010)。

　　需要注意的是，与空气与水质量不同，土壤质量很难直接用眼睛观测或通过其他感官觉察到，其指标因受诸多因素的影响，也更难以确定和量化。土壤质量的评价方法应根据土壤使用者的目的不同而不同。常见的土壤环境质量评价方法包括单因子评价法、多因子评价法和综合评价法(陈怀满，2010)。

3. 土壤环境容量

　　环境容量这一概念，大约于 20 世纪 70 年代引用到环境科学领域。目前关于土壤环境容量的概念尚在探索中。一种观点认为，污染物在土壤中的含量未超过一定浓度之前，在作物体内不会产生明显的累积或危害作用，只有超过一定浓度之后，才有可能产生出超过食品卫生标准的作物或使作物受到危害而减产，因此土壤存在一个可承纳一定污染物而不至于污染作物的量。一般将土壤所允许承纳污染物的最大数量称为土壤环境容量；另一种观点是从生态学观点出发，认为在不使土壤生态系统结构和功能受到损害的条件下，土壤中所能承纳污染物的最大数量。根据这一概念，必须明确污染物对土壤生态系统的结构和功能的影响，以及系统结构和功能方面的要求来确定土壤环境容量。不少国家，如德国、日本、澳大利亚等确定了某些污染物的土壤环境污染标准。我国对土壤环境容量研究已有一些报道。

　　土壤环境容量的确定方法包括以下两种。

　　1)土壤静容量

　　土壤静容量是根据土壤的元素背景值和环境标准的差值来推算容量的一种简易方法，它是从静止的观点来度量土壤的容纳能力，可由式(11.3.1)表示：

$$C_a = M(C_i - C_{Bi}) \tag{11.3.1}$$

式中：M 为每亩耕层土壤的质量，kg；C_i 为 i 元素的土壤临界含量，mg/kg；C_{Bi} 为 i 元素的土壤背景值，mg/kg。

现存容量可用式(11.3.2)表示：

$$C_{sp} = M(C_i - C_{Bi} - C_p) \tag{11.3.2}$$

式中：C_p 为土壤中人为污染而增加的量。例如，土壤中 Cd 的背景值为 0.122mg/kg，土壤中 Cd 含量为 0.299mg/kg，则可分别求得土壤的静容量为 402g/亩，现存容量为 225.1g/亩。

另外土壤环境容量也可用式(11.3.3)粗略估计：

$$Q = (C_K - B) \times 150 \tag{11.3.3}$$

式中：Q 为基本的土壤环境容量，g/亩；C_K 为土壤环境标准值，mg/kg；B 为区域土壤背景值，mg/kg。

土壤环境标准值的确定，可根据大田采样统计和单因子(或复因子)盆栽实验，求土壤中不同污染物使某一作物体内残留达到食品卫生或使作物体生育受阻时的浓度，作为土壤环境容量标准。

2) 土壤动容量

由于土壤是一个开放的物质体系，这种计算是根据污染物的残留计算出土壤的环境容量。污染物可以进入土壤，也可以输出。因此，若假定年输入量为 Q，年输出量为 Q'，并且 Q 大于 Q'，则残留量为 $Q-Q'$。随着时间的推移，残留量也不断增加，造成积累。残留量($Q-Q'$)与输入量 Q 之比，称为累积率(K)。若计算几年内土壤污染物累积总量 A_T(含当年输入量)，则有

$$A_T = Q + QK + QK^2 + \cdots + QK^n \tag{11.3.4}$$

而 n 年内的污染物残留总量 R_T(不含当年输入量)则为

$$R_T = QK + QK^2 + \cdots + QK^n \tag{11.3.5}$$

可见，污染累积总量 A_T 和残留总量 R_T 均为等比级数之和，等比系数为 K。当年限 n 足够长时，QK^n 趋于零，A_T 达到最大极限值。因此，这种积累关系称为等比有限累积规律，其数学模式如式(11.3.6)：

$$A_T' = K(B + Q) \tag{11.3.6}$$

式中：A_T' 为污染物在土壤中的年累积量，mg/kg；K 为土壤污染物的年残留率，即残留量与输入量的比率，%；B 为污染物的区域土壤背景值，mg/kg；Q 为土壤污染物的年输入量，mg/kg。

计算 n 年内土壤的总积量，则有

$$\begin{aligned} A_T &= K_n(K_{n-1}\{\cdots K_2[K_1(B+Q_1)+Q_2]+\cdots+Q_{n-1}\}+Q_n) \\ &= B \cdot K_1 \cdot K_2 \cdots K_n + Q_1 \cdot K_1 \cdot K_2 \cdots K_n + Q_2 \cdot K_2 \cdots K_n + Q_n \cdot K_n \end{aligned} \tag{11.3.7}$$

当 $K_1=K_2=\cdots=K_n=K$，$Q_1=Q_2=\cdots=Q_n=Q$，则有

$$A_T = BK^n + QK^n + QK^{n-1} + QK^{n-2} + \cdots + QK = BK^n + QK\frac{1-K^n}{1-K} \tag{11.3.8}$$

11.3.2　控制重金属在土壤中归趋的主要反应

土壤是一个复杂的体系，痕量金属如 As、Cd、Co、Cr、Cu、Hg、Ni、Pb、Se、Zn 均能以多种形态存在。除了 As、Cr 和 Se 以阴离子存在外，大多数金属以阳离子存在。不同金属在结合机理和能力、可溶性等方面相差甚大。这导致不同金属在土/液相间的分配机制与比例不同，痕量金属对土壤生物的有效性也不同。金属在土壤中以多种形态存在，大致可以分为结合在土壤矿物晶格中、以沉淀形式存在、吸附在土壤胶体表面、以溶解态存在于土壤溶液中四部分。其中前两种为惰性形态，对环境安全的风险低，几乎不影响其在土壤溶液中的金属含量；后两种迁移能力强，尤其是溶解在土壤中的可溶态金属部分，移动性和生物有效性最高，是生物吸收金属的主要形态，是影响土壤中金属生物有效性和毒性效应的主要形态。由于土壤中金属形态难以直接测定，目前主要采用操作定义加以区分，关于土壤中重金属形态和生物可利用性的详细内容，请查阅本书第 13.1 节，本节主要讨论影响土壤中金属行为的主要过程和反应。

1. 土壤胶体对重金属的吸附

由于土壤普遍带有负电荷，因此对多数为阳离子的重金属元素有较强的吸附固定能力，一般重金属进入土壤后，多在土壤表层富集，较难向下淋溶，但不排除随胶体颗粒迁移进入地表水或地下水系统。土壤胶体对金属离子的吸附能力主要与金属离子的性质及胶体种类有关，下面从这两方面讨论对金属离子的影响。

1）胶体种类

土壤中主要存在三种胶体，黏土矿物、水合铁锰氧化物及土壤有机质。不同胶体的表面电荷性质和电荷密度均可直接影响对金属的吸附能力。

黏土矿物表面存在两种表面电荷形式：一种为同晶置换产生的永久性负电荷，对阳离子的吸附机制表现为阳离子交换反应，该反应主要受阳离子的价态、浓度及竞争离子的影响，对阳离子的选择性不高，对体系 pH 也不敏感，在 pH 为 3～7 均可发生阳离子交换反应；另一种为黏土矿物边缘断裂的带可变电荷的 Al—OH 键，重金属离子可在此点位进行选择性强的专性吸附，由于吸附反应中有共价键的形成，因此吸附能力要强于阳离子交换反应，反应主要受金属种类和 pH 的影响，不受碱金属和碱土金属离子的竞争影响。该反应对 pH 较敏感，只有当 pH 大于一定范围后，此吸附作用才起作用。图 11-1 显示了 Ni^{2+} 在蒙脱石表面的吸附反应。可以看出当 pH 为酸性范围内，Ni^{2+} 的吸附主要为阳离子交换反应，并受到背景电解质的竞争影响，当 pH>6 时，Ni^{2+} 的吸附主要发生在可变电荷点位。因此，金属阳离子在黏土矿物表面的吸附往往是这两种点位共同作用的结果。相对而言，由于黏土矿物表面存在的永久性负电荷，因此黏土矿物对阴离子的吸附要弱得多。

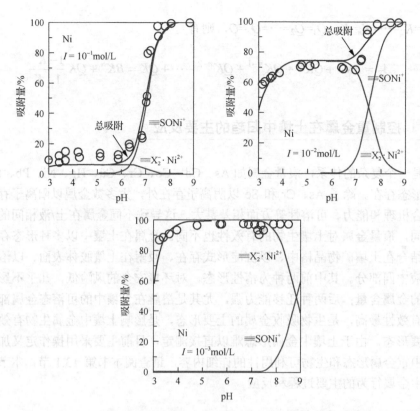

图 11-1　Ni^{2+} 在蒙脱石表面的吸附曲线及背景电解质（$NaNO_3$ 溶液）对吸附的影响（Gu et al, 2010）

≡X 为永久电荷吸附点位；≡SO 为可变电荷吸附点位

土壤中广泛存在的(水合)氧化矿物主要包括铁、锰、铝等氧化物，其中铁氧化物含量相对较高，研究也较多。氧化物胶体主要带可变电荷，因此可与常见金属阳离子发生配位吸附，吸附的强度受离子性质的影响，其吸附行为与在黏土边缘点位类似。同时，氧化矿物能够通过静电引力或配位体交换等吸附含氧阴离子。例如，铁氧化物的 PZC>8.5 时，说明在大多数土壤 pH 条件下，铁氧化物表面带正电荷，因此可以通过静电引力吸引阴离子。而 As、Se、Cr 等含氧阴离子型重金属，在土壤中的吸附点位主要为氧化矿物。

土壤有机质由于含有大量的活性官能团，因此尽管在土壤中总量不高，但却是土壤 CEC 的主要贡献者之一，单位质量有机质的 CEC 比无机胶体要大得多，数值可达 200~500cmol/kg。土壤有机质对金属阳离子的吸附能力与金属的电负性有关。目前，人们已建立了一些热力学平衡模型可用于计算金属与土壤腐殖质之间的配位作用，常见的模型有 NICA-Donnan 模型、WHAM 模型、SHM 模型等。同时，一些有机化金属，如有机汞、有机砷等在土壤有机质中也有较高的分配。

2) 金属离子的性质

金属离子的性质取决于与土壤中胶体的吸附能力。同一类型的土壤胶体对阳离子的吸附与阳离子的价态有关。阳离子的价态越高，电荷越多，土壤胶体与阳离子之间的静电作用力也就越强，吸引力也越大，因此结合强度也大。而具有相同价态的阳离子，则主要取决于离子的水合半径，即离子半径较大者，其水合半径相对较小，在胶体表面引力作用下，较易被土壤胶体的表面所吸附。

2. 重金属的配位作用

土壤中的重金属可与土壤中的各种无机配位体和有机配位体发生配位作用。例如，在土壤表层的土壤溶液中，汞主要以 $Hg(OH)_2^0$ 和 $HgCl_2^0$ 形态存在，而在氯离子浓度高的盐碱土中则以 $HgCl_4^{2-}$ 形态为主。重金属的这种羟基配位及氯配位作用，可提高难溶重金属化合物的溶解度，同时减弱土壤胶体对重金属的吸附，进而影响重金属在土壤中的迁移转化。这种影响取决于所形成配合物的可溶性，如腐殖质中的富里酸，与金属形成的配合物一般是易溶的，从而增加重金属的溶解性和移动性。

3. 土壤中重金属的沉淀和溶解

重金属的沉淀和溶解作用是土壤中重金属迁移的重要形式，可以根据溶度积的一般原理，结合环境条件(如 pH、E_h 等)了解其变化规律。例如，在高氧化环境中，E_h 较高，钒、铬呈高氧化态，形成可溶性钒酸盐、铬酸盐等，具有强的迁移能力，而铁、锰则相反，形成高价难溶性化合物沉淀，迁移能力很低。

pH 更是影响土壤中重金属迁移转化的重要因素。例如，土壤中铜、铅、锌、镉等重金属的氢氧化物沉淀直接受 pH 所控制。

4. 氧化还原电位

氧化还原电位变化，一方面可以改变具有多价态金属的赋存价态，从而影响其环境行为和对植物的有效性。例如，砷在淹水条件下多为三价砷，在土壤中的迁移能力相对五价砷更强，且毒性也更大；低价铬为正三价阳离子，在土壤中极易被吸附，且是生物必需的微量元素，而六价铬具有强氧化性，对生物有很强的毒性，六价铬为含氧阴离子，在土壤中不易被吸附，具有较强的迁移能力。另一方面，氧化还原电位通过改变土壤环境，从而影响重金属的环境行为。氧化还原电位常与沉淀溶解过程相联系。例如，在强还原条件下，Pb、Cd、Cu 等重金属能与还原态硫形成极难溶的硫化物沉淀，从而从土壤溶液中去除，这一原理常用来去除废水或渗滤液中的重金属。

11.4　土壤-植物系统中重金属的归趋

土壤中的污染物，尤其是重金属，一般具有长期性、隐蔽性、难降解等特点。

污染物可以经过植物，通过食物链到达动物及人体，从而威胁人体健康。研究发现，经食物链吸收是目前为止动物及人类暴露于污染物最重要的途径之一。重金属在土壤-植物系统中的累积和迁移，一般取决于重金属在土壤中的存在形态、含量及植物种类和环境条件变化等因素。土壤-植物系统具有转化、储存太阳能为生物化学能的功能，又是一个强有力的"活过滤器"，这里有机体密度最高，生命活动最为旺盛，还可通过一系列吸附、交换、颉颃、沉淀和降解等过程，对污染物进行净化。本节着重介绍重金属在土壤-植物系统中的累积和迁移状况。

11.4.1 重金属在土壤-植物体系中的累积和迁移

以往植物吸收痕量金属的研究大多是从农业营养学的角度开展的,研究对象多限于 Cu、Co、Mn、Mo、Ni、Zn 等痕量营养元素,对 Cd、Hg、Pb 等生物非必需元素的研究则相对较少。在过去的 20 多年里,污染土壤的情况受到了越来越多的关注,围绕土壤质量安全及土壤中污染元素的生态风险评价开展了大量研究,包括土壤中污染元素的形态研究、植物对金属的吸收及富集过程和机理研究、污染元素生物可利用性预测方法研究、金属对生物的毒理学研究等。近年来,围绕植物根际环境、超累积植物在植物修复中的应用及其吸收重金属的机理也开展了大量的研究。

需要注意的是,并不是进入土壤中所有金属都会对生态环境产生危害,一些金属因为具有较强的植物毒性,在较低的暴露浓度下即可引起植物死亡,甚至还来不及迁移到下一个营养层,因此对食物链的危害很小,这种现象称为"土壤-植物屏障(soil-plant barrier)"作用。

Chaney(1980)根据金属在土壤及植物中迁移能力大小,将金属分为以下四类。

第一类包括 Ag、Cr、Sn、Ti、Y、Zr,由于它们溶解度极低,能够强烈地被土壤持留,几乎不能被植物吸收,因此生态风险极低,如果在植物中发现有较高浓度的此类元素通常意味着样品被土壤或降尘污染。

第二类包括 As、Hg、Pb,能够强烈地被土壤胶体所吸附,即使被植物根吸收,一般也很难迁移到植物的地上部分,因此它们通过食物链对人类造成的风险较小,但可能对以植物根为食的地下动物有较大风险。人类暴露于此类元素的主要途径可能是直接摄取土壤,而不是通过食物链,因此对它们被植物吸收过程及机理的研究相对较少,当然在较高浓度下,此类元素对植物显示有很强的毒性效应。

第三类包括 B、Cu、Mn、Ni、Zn,它们作为微量营养元素时容易被植物吸收,但当浓度升高时,它们将对植物产生毒害作用,而这个浓度通常对人体还构不成危害,因此土壤-植物屏障阻止了此类元素进入食物链,其对人体健康的风险也较低,但它们会显示出较强的植物毒性。

第四类包括 Cd、Co、Mo、Se,此类元素在土壤中迁移力较强,植物毒性小,植物可以积累较高浓度而不显示出毒性症状,通过食物链进入人体的风险最大,因而此类元素,尤其是 Cd 的生物可利用性一直是人们关注的热点。

1. 植物根吸收金属的基本原理

一般而言,离子从土壤溶液中进入木质部导管主要有两种方式,胞外运动(apoplasmic flow)及胞内运动(symplasmic flow)。胞外运动是指离子不穿过质膜进入细胞质中,而是在细胞壁外的自由空间运动,其进入根管腔主要受凯氏带(Casparian strip)的限制。凯氏带是位于根管腔与根皮层之间的憎水物质,离子需要穿过凯氏带的质膜才能进入根管腔。而胞内运动则是离子可以跨越细胞质膜,从表皮穿越皮层细胞、凯氏带直接进入根管腔(图 11-2)。

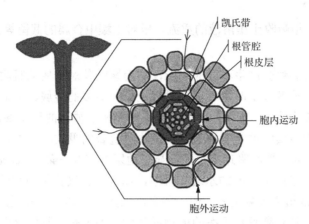

图 11-2　离子从土壤溶液进入植物根管腔的两种运动方式（胞外运动和胞内运动）

实际上，金属的胞外运动由于受细胞壁本身的多孔性质影响而显得非常曲折，离子运动的实际路程要远大于从表皮到凯氏带的直线距离，而且细胞壁通常因为其胶质及半纤维素中的半乳糖酸和葡萄糖酸的羧基而带有较高的负电荷，因此金属离子进入植物根后易被细胞壁吸附。这种吸附通常是一种离子交换型的吸附，特异性和选择性低，在细胞壁上的吸附使得离子的胞外运动十分困难。需要注意的是，细胞外的这些吸附点位可以结合大量的金属离子，而这部分金属不参与植物正常的新陈代谢。例如，根据暴露浓度及生长期不同，约超过 90% 的 Zn 存于细胞膜外。

吸收过程中需要消耗能量的屏障主要位于细胞壁内的质膜，对阳离子而言，其主要动力可能来源于细胞膜上三磷酸腺苷（ATPase）离解 H^+ 而产生的电势差。细胞膜内（带负电荷）与细胞膜外的电势差可达 $-100 \sim -200mV$，足以驱使阳离子进入细胞内，因此植物根吸收阳离子不一定与细胞的新陈代谢过程相关，而可能只是由于膜上这个质子泵造成的电势差。例如，当膜上的电势差为 $-120mV$，土壤溶液中的 Cd 浓度为 1.0nmol/L，电位平衡时，Cd 在细胞中的浓度可以高达 11μmol/L。另外的阳离子跨膜过程可能与蛋白通道或 H^+ 载体有关，如一些研究人员认为对二价金属可能存在一种 Ca^{2+} 或 Mg^{2+} 通道。如双子叶植物吸收 Fe 过程中的铁还原酶可能参与控制细胞膜上的离子通道的开关，从而影响二价离子的吸收。

金属穿过细胞质膜的另一个重要机理是形成金属-配体配合物。当土壤中某种金属不足时，植物根通常可以产生和分泌大量金属配位剂进入根际环境，将吸附在土壤固体表面的金属解吸到土壤溶液中，从而增加土壤溶液中该金属浓度，然后此金属配合物被吸收进入细胞体内。例如，研究发现用 ^{14}C 标记的根际分泌物与 ^{65}Zn 的配合物被发现跨膜被玉米根所吸收。一些人工合成的有机配体发现可以增强金属在植物体内的移动性，如金属-EDTA 等配合物的结合力较强，从而使金属离子不易被细胞壁吸附，增强了其在细胞溶液中的移动力。如果形成的配合物表面电荷为零，则具有较强的亲脂性，从而更容易跨过细胞质膜；如果形成大的亲水化合物，如 $MeEDTA^{2-}$，虽不太可能跨越憎水的细胞质膜，进入根管腔的路径受到憎水的凯氏带阻挡，但凯氏带的阻隔有时也不是完全的。例如，其在根尖部分发育不完全或在侧根发育点断裂等，均为金属-EDTA 等配合物进入根管腔提供了一条"捷径"，从而使金属离子更容易从地下部分迁移到地上部分。

2. 影响植物吸收的主要环境因素

植物吸收金属的过程受到多种环境因素的影响。例如，金属离子从土壤溶液中扩散到植物根表面的过程，根吸收土壤溶液的质流，根对土壤中金属的截留等。

1) 环境因素

植物对各种环境条件会产生不同的响应，从而影响其对金属的吸收和金属的毒性。例如，当植物根的生长速度较快时，可以接触到土壤中更多的金属，因此温度和土壤肥力将直接影响植物对金属的吸收。同样，一些可以影响到根的质流的环境条件，如温度和湿度，可以通过影响土壤中金属的供给能力来影响植物对金属的吸收。例如，Blaylock 等 (1997)发现土壤湿度可以影响土壤呼吸速率，从而显著地影响印度芥菜(*Brassica juncea* L.)对 Pb的吸收，而该种蔬菜在富积 Cd 的水培实验中，加入一种气孔关闭剂(脱落酸)后，将阻止Cd 的吸收及明显降低植物呼吸速率。但一些必需元素，如 Zn，一般比 Cd 较少受植物呼吸速率的影响。因此，具有高呼吸速率的植物或气候，如干热的气候比湿冷的气候更有利于提高土壤溶液到植物根的质流，从而导致土壤中更多的金属到达根际表面。对可以通过木质部转运到茎部的元素，如 Cd，植物吸收速率一般更易受植物呼吸速率的影响，其吸收速率一般随着植物生长而增加。

2) 竞争离子

在金属的跨膜吸收过程中，对很多金属的吸收并不是专一性的，因此很多研究发现离子之间存在竞争吸收，特别是那些水合离子半径相近的金属离子，如 Cu^{2+} 和 Zn^{2+}，Cd^{2+} 和Ca^{2+}。而碱土金属的竞争吸收可能会影响溶液中自由离子活度，以及金属对植物的毒性效应。质子(H^+)也是一个根吸收金属的重要的竞争者，随着 pH 降低，土壤中生物有效态的金属含量升高，而作为竞争吸收的结果，植物吸收金属的量有时却会降低。

3) 金属形态

生物对金属离子的吸收不仅与溶液中金属浓度有关，还与离子的存在形态有密切关系。最早 DeKock(1956)、DeKock 和 Mitchell (1957)等在水培营养液中加入 NTA、EDTA、DTPA后发现 Cu、Co、Ni、Zn 的毒性大幅度下降，并与叶中的浓度呈线性相关，因此提出金属配合物能显著影响金属的生物有效性。随后 Morel(1983)提出的自由离子活度模型(free ion activity model, FIAM)，认为生物吸收金属的主要限速步骤是跨膜过程，只有自由金属离子才能穿过细胞膜而为生物所吸收。

后来又有大量研究表明，FIAM 并不是对所有情况有效。例如，当加入不同配位剂(通常为 NTA、EDTA、DTPA)后，虽然溶液中金属离子的自由离子活度均相等，但植物吸收量却大大增加，这结果甚至后来被广泛用于对重金属污染土壤的植物修复技术中，尤其是对Pb 的植物修复技术。加入配位剂后有助于植物吸收金属，这可能是由于：①金属配合物的亲脂性增加，作为整体被植物吸收，表面电荷为零的配合物通常表现出较强的亲脂性，更容易穿透生物膜；②形成的惰性金属配合物在根表扩散层边缘的离解提高了自由离子到达吸收点位的程度。Degryse 等(2006) 比较了不同配位剂缓冲下植物对 Zn 和 Cu 的吸收，发现配位剂促进金属吸收的顺序为 NTA > HEDTA > EDTA > CDTA，与离解速率的顺序一致，说明配位剂促进金属吸收可能主要是由于促进了离子扩散到根表面的速度。此外又进一步提出，植物吸收金属的限速步骤并不都是跨膜过程，也可能是将离子输送到根表面的扩散过程。例如，Zn 和 Cd 主要由扩散过程控制，因此添加配位剂有利于吸收，但对竞争离子不敏感；而Ni 则主要由跨膜过程控制，对配位剂不敏感，而对竞争离子更敏感(Degryse and Smolders, 2012)。

考虑到 FIAM 的不足，Campell 等(1995)在此基础上提出了基于"3C"(concentration、competition、complexation)原则的生物配体模型(biotic ligand model, BLM)，将生物对金属的毒性响应程度与金属及其竞争性离子在生物配体上关键点位的份额数相关，此模型在水生环境取得了广泛的应用和认可。但针对陆生植物，由于土壤介质的不均匀性，土壤溶液环境远比水环境复杂而难以直接测定，因此应用范围相对有限。

11.4.2　植物对重金属污染的耐受机制

植物对重金属污染的耐受机制主要包括以下几种。

(1)植物根系通过改变根际化学性状，原生质泌溢等作用限制重金属离子的跨膜吸收。某些植物对重金属吸收能力的降低是通过根际分泌螯合剂抑制重金属的跨膜吸收。例如，Zn 可以诱导细胞外膜产生相对分子质量为 60 000～93 000 的蛋白质，并与之键合形成配合物，使 Zn 停留在细胞膜外，还可以通过形成跨根际的氧化还原电位梯度和 pH 梯度等来抑制对重金属的吸收。

(2)重金属与植物的细胞壁结合。例如，耐性植物中 Zn 主要分布在细胞壁上，以离子形式存在或与细胞壁中的纤维素、木质素结合。由于金属离子被局限于细胞壁上，不能影响细胞内的代谢活动，使植物对重金属表现出耐性。但不同植物的细胞壁对金属离子的结合能力不同，因此植物细胞壁对金属的固定作用不是一个普遍的耐受机制。例如，70%～90%的 Cd 存在于细胞质中，只有 10%左右存在于细胞壁中。

(3)酶系统的作用。一般来讲，重金属过多可使植物中酶的活性破坏，而耐性植物中某些酶的活性可能不变，甚至增加，具有保护酶活性的机制。研究发现，耐性植物中有些酶的活性在重金属含量增加时仍能维持正常水平，而非耐性植物的酶的活性在重金属含量增加时明显降低。

(4)形成重金属硫蛋白或植物络合素。金属结合蛋白与进入植物细胞内的重金属结合，使其以不具生物活性的无毒的螯合物形式存在，降低了金属离子的活性，减轻或解除了其毒害作用，称为金属结合蛋白的解毒作用。

11.4.3　重金属的植物修复

由于土壤中重金属无法进一步分解消除，因此针对土壤重金属污染关键在于控制排放。针对土壤重金属污染的主要修复方法包括物理化学修复(电动修复、电热修复、土壤淋洗等)、化学修复(投加固定剂等)和生物修复(植物修复、微生物修复)。其中植物修复是 1983年美国科学家 Chaney 提出的利用某些能够富集重金属的植物清除土壤重金属污染的技术。与其他治理方法相比，这项技术以其潜在的高效、经济及其生态协调性等优势显示出巨大的生命力，成为学术界研究的热点。从广义上讲，植物修复技术(phytoremediation)是指利用植物提取、吸收、分解、转化或固定土壤、沉积物、污泥或地表、地下水中有毒有害污染物技术的总称。

1. 植物修复的分类

从技术原理上，植物修复技术可以分为以下几种类型。

1) 植物萃取技术(phytoextraction)

植物萃取技术指利用一些特殊植物吸收污染土壤中的有毒、有害物质并运移至植物地上部位，通过收割地上部位带走土壤中污染物的一种方法。植物萃取技术利用的是一些对重金属具有较强富集能力的特殊植物——重金属超累积植物(hyperaccumulator)。目前已有报道的超累积植物有近 500 种，其中 70%以上是镍超累积植物，我国这方面研究虽然起步较晚，但许多已进入工程实验阶段。我国报道的常见超累积植物包括 As-蜈蚣草、凤尾蕨等，Zn 和 Cd-东南景天、伴矿景天，Cu-海州香薷，Mn 和 Pb-商陆，Cr-李氏禾(骆永明等，2015)。

2) 植物钝化技术(phytostabilization)

植物钝化技术利用特殊植物将污染物钝化/固定，降低其生物有效性及迁移性，使其不能为生物所利用，达到钝化/稳定、隔断、阻止其进入水体和食物链的目的，以减少其对生物和环境的危害。植物枝叶分解物、根系分泌物及腐殖质对重金属的螯合作用都可固定土壤中的重金属。例如，发现铅可与磷结合形成难溶的磷酸铅沉淀在植物根部，减轻铅的毒害；六价铬可被还原为毒性较轻的三价铬。

3) 植物挥发(phytovolatization)

植物挥发利用植物根系分泌的一些特殊物质或微生物使土壤中的汞、硒转化为挥发形态以去除其污染的一种方法。例如，烟草能使毒性大的二价汞转化为气态的汞，洋麻可使土壤中 47 %的三价硒转化为甲基硒挥发去除。

4) 植物降解(phytodegradation)

植物降解利用植物及其根际微生物区系将有机污染物降解，转化为无机物或无毒物质，以减少其对环境的危害。

2. 植物修复技术的优点

与物理、化学和微生物处理技术比较，植物修复技术有其独到的优点(韦朝阳和陈同斌，2002；陈怀满，2010)：

(1)植物修复技术的最大优势是其运行成本大大低于传统方法。Cunningham 对利用各种技术治理一块 4.86hm² 铅污染土地的成本进行了估测比较，其中挖掘填埋法为 1200 万美元，化学淋洗法为 6300 万美元，客土法为 60 万美元，植物萃取法为 20 万美元，显示出植物修复技术的优势。

(2)植物修复技术在工程中可以原位实施，无须挖掘、运输巨大的处理场所，从而减小了对土壤性质的破坏和对周围生态环境的影响，是真正意义上的"绿色修复技术"。

(3)植物修复技术无须专门设备和专业操作人员，因而工程上易于推广和实施。

(4)植物修复不会破坏景观生态，能绿化环境，容易为大众所接受。

3. 植物修复技术的不足

植物修复技术目前主要存在的不足(韦朝阳和陈同斌，2002)：

(1)超富集植物个体矮小、生长缓慢、修复重金属污染土地需时太长，因而经济上并不一定很合理。这是目前限制超富集植物大规模应用于植物修复的最重要因素。例如，在英国洛桑试验站的植物修复工程表明，利用富锌的遏蓝菜(*T. caerulescens*)修复被 Zn 污染的土壤，土壤中 Zn 的浓度从 444mg/kg 降到欧共体规定的标准 330mg/kg 仍需 13.4 年。

(2) 植物修复土壤只能局限在植物根系所能延伸的范围内，一般不超过 20cm 土层厚度。

(3) 超富集植物对重金属具有一定的选择性，即一般只对一种重金属具有富集能力，而土壤重金属污染多为几种重金属复合污染，且常伴生有机污染，因此用一种超富集植物难以全面清除土壤中的所有污染物。

(4) 富集了重金属的超富集植物需收割并作为废弃物妥善处置。

(5) 异地引种对生物多样性的威胁，也是一个不容忽视的问题。

11.4.4　典型重金属在土壤-植物系统中的主要归趋

一般来说，进入土壤的重金属，大都停留在它们与土壤首先接触部位的几厘米之内，通过植物根系的摄取并迁移至植物体内，也可向土壤下层移动。下面分别介绍若干重金属在土壤-植物系统中的累积和迁移状况。

1. 砷

砷虽是一种非金属元素，但具有一定的金属性质，它对人的毒害也与金属类似，因此环境科学中常将砷列入类金属之列。砷在地壳中的相对丰度为 5.0×10^{-4}，比铬和铅低得多。世界土壤中平均砷含量为 9.36mg/kg，水稻土和风砂土中砷含量较低，某些含砷母岩发育的土壤则含砷较多。例如，我国湖南常宁的某些区域土壤砷含量为 160～510mg/kg。砷的主要污染源为矿业活动，以及冶金、化工和医药行业的"三废"。某些磷灰石含砷量也较高，以至于随磷肥进入土壤。

土壤中砷主要的氧化态为 +3 和 +5 价，其中亚砷酸盐的存在形式包括 $As(OH)_3$、$As(OH)_4^-$、AsO_3^{3-} 等，而砷酸盐主要是 AsO_4^{3-}。砷酸盐的化学行为与土壤中的磷酸盐较为类似。尽管砷主要以阴离子形式存在，但土壤中水溶性砷含量很少，一方面是由于砷易与土壤中 Ca^{2+}、Fe^{3+}、Al^{3+} 等阳离子形成难溶的化合物，碱金属的亚砷酸盐较易溶，碱土金属的亚砷酸盐较难溶，重金属亚砷酸盐几乎不溶于水；另一方面是因为土壤胶体对砷有较强的吸附能力，在不同土壤胶体中，铁、锰、铝等氧化物对砷的吸附能力最强，其次为黏土矿物，腐殖质对砷的吸附能力较弱。不同价态的砷在土壤胶体上的吸附能力也存在明显差异，如 As(V) 在水合铁氧化物表面的吸附能力要远大于 As(III)。由于砷的性质与磷接近，土壤中的磷可以与砷竞争胶体上的专性和非专性吸附点位。

砷通常集中在表土层 10cm 内，只有在某些情况下可淋洗至较深土层，如施加磷肥可稍增加砷的移动性。五价砷和三价砷在不同条件下可以相互转化，在旱地土壤中，E_h 较高，一般为 500～700mV，砷主要以 As(V) 的形态存在，而在嫌气条件下，土壤 E_h 值降低，砷主要以 As(III) 形态存在。由于 As(III) 比 As(V) 移动能力强，因此在淹水条件下，砷的溶解性增加，此外，水合铁氧化物在淹水条件下溶解，也加速了吸附在其表面的砷的释放，因此淹水下作物受砷害最严重，而旱地作物受害相对较轻。土壤中砷形态若按植物吸收的难易划分，一般可分为水溶性砷、吸附性砷和难溶性砷。通常把水溶性砷和吸附性砷总称为可给性砷，是可被植物吸收利用的部分。植物在生长过程中，可从外界环境吸收砷，并且有机态砷被植物吸收后，可在体内逐渐降解为无机态砷。砷可通过植物根系及叶片的吸收并转移至体内各部分，砷主要集中在生长旺盛的器官。不同含砷量小区栽培实验表明，作物根、茎叶、籽类含砷量差异很大，如水稻含砷量分布顺序是稻根＞茎叶＞谷壳＞糙米，呈现自下而上递降的变化规律。

2. 铬

铬在地壳中的含量较高，是人类和动物的必需元素，但高浓度时对植物有害。冶炼、燃烧、耐火材料及化学工业等排放，含铬灰尘的扩散，堆放的铬渣，含铬废水污灌等都会造成土壤铬污染。

铬有三价和六价两种价态，Cr^{3+}为阳离子，六价以铬酸 CrO_4^{2-} 形式存在。土壤中铬主要是 Cr(III)，当它们进入土壤后，90%以上迅速被土壤吸附固定，在土壤中难以再迁移，土壤胶体对三价铬有强烈的吸附作用，并随 pH 的升高而增强。六价铬的生物毒性很强，土壤对其吸附固定能力较低，仅有 8.5%~36.2%，不过普通土壤中可溶性六价铬的含量很小，这是因为进入土壤中的六价铬很容易还原成三价铬。

三价铬和六价铬在土壤中可以相互转化，在还原性条件，在土壤中六价铬还原成三价铬，其中有机质起着重要作用，并且这种还原作用随 pH 的升高而降低。值得注意的是，在通气良好的条件下，当 pH= 6.5~8.5 时，土壤的三价铬能被氧化成六价铬，其反应为

$$4Cr(OH)_2^+ + 3O_2 + 2H_2O \longrightarrow 4CrO_4^{2-} + 12H^+$$

同时，土壤中存在氧化锰也能使三价铬氧化成六价铬，因此三价铬转化成六价铬的潜在危害不容忽视。

植物在生长发育过程中，可从外界环境中吸收铬，通过根和叶进入植物体内。黑麦、小麦则通过根冠吸收三价铬，而不需要通过根毛。植物从土壤中吸收铬绝大部分累积在根中，作物吸收转移系数很低，可能是由于：①三价铬的化学性质和三价铁相似，但 Fe^{3+} 还原成 Fe^{2+} 比 Cr^{3+} 还原为 Cr^{2+} 容易得多，因此植物中铁含量显然要比铬高几百倍；②六价铬是有效铬，但植物吸收六价铬时受到磷酸根、硫酸根等阴离子的强烈抑制，所以铬是重金属元素中最难被吸收的元素之一，其在蔬菜体内不同部位分布也呈根>叶>茎>果的趋势。

3. 汞

土壤中的汞污染来自工业污染、农业污染及某些自然因素。除了土壤母质中汞的天然释放，矿物燃料燃烧、含汞废水、废气、废渣排放等工业污染导致的汞污染也很多，农业污染大部分是有机汞农药(如赛力散、西力生等)所致。

在正常的土壤 E_h 和 pH 范围内，汞能以零价状态存在是汞区别于其他金属的重要特点。土壤中的汞按其形成可分为金属汞、无机化合态汞和有机化合态汞。在一定条件下，各种形态的汞可以相互转化(图 11-3)，其转化受土壤 pH、E_h、有机质含量、微生物等因素的影响。

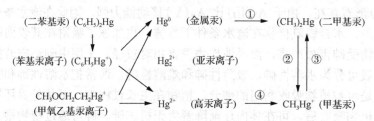

图 11-3 汞在土壤中的转化模式(戴前进等，2002)

①酶的转化(厌氧)；②酸性环境；③碱性环境；④化学转化(需氧)

汞在土壤中最重要的非微生物反应之一是

$$2\,Hg^+ \rightleftharpoons Hg^{2+} + Hg^0 \qquad\qquad \lg K = -1.94$$

此外，各种化合物中的 Hg^{2+} 也可被土壤微生物转化还原为金属汞，并向大气中迁移。汞进入土壤后 99%以上能迅速被土壤吸持或固定，这主要是土壤的黏土矿物和有机质对汞有强烈的吸持作用，因此汞容易在表层累积，并沿土壤的纵深垂直分布递减。由于汞在土壤中极易被吸附固定，不易被植物吸收。据报道，在汞轻度污染地区，作物中汞含量远低于土壤中汞的浓度。

在土壤中嫌气微生物的作用下，无机汞可能转化为有机汞：

$$Hg^{2+} + 2R—CH_3 \longrightarrow (CH_3)_2Hg \longrightarrow CH_3Hg^+ \,(甲基汞)$$

有机汞化合物的毒性比无机汞更强，其中甲基汞毒性最大，危害最普遍。汞转化为甲基汞以后，不易被土壤腐殖质吸附，水溶性增加，随水迁移能力增加。二甲基汞具有较强的挥发性，也不易被土壤吸附。

据报道，汞化合物可能是在土壤中先转化为金属汞或甲基汞后才被植物吸收，因此植物吸收和累积汞同样与汞的形态有关，其顺序是氯化甲基汞＞氯化乙基汞＞乙酸苯汞＞氯化汞＞氧化汞＞硫化汞。在汞污染的污灌区，常发现旱作物不受污染，但水稻会受到污染，可能是由于水稻种植条件下，汞的甲基化程度增加。但在汞矿地区，土壤、水和大气均受到污染，作用能通过叶片的气孔吸收大气中的汞，因此旱作物和水稻都受到污染。

汞在植物各部位的分布是根≫茎叶＞籽实。这种趋势是由于汞被植物吸收后，常与根中的蛋白质相结合沉积于根上，阻碍了向地上部分的运输。

4. 镉

土壤中镉的背景值较低，全世界土壤中镉的平均含量为 0.06mg/kg。镉常与其同族锌伴生，土壤中镉污染主要来源于：①矿业活动，如日本富山县 1955 年发现的"痛痛病"就是由于用锌矿选矿废水灌溉农田引起的，污染区土壤中镉含量在 7～8mg/kg，而稻米中镉含量高达 1～2mg/kg；②一些电镀、颜料、塑料、电池、电子、化工等工业中也用到镉或镉制品，如陶瓷业中常用镉黄、镉红等无机颜料中主要成分为 CdS 和 CdSe；③磷肥、磷矿石中常伴生镉、砷、氟等有害元素。我国生产的磷肥中镉含量在 0.7～4mg/kg，属于较低水平，而进口磷肥中镉含量良莠不齐，据 2002 年天津口岸对美国进口磷肥监测发现，美国进口磷肥中镉含量大致可分为两个水平，低于 5mg/kg 和 20～40mg/kg（魏红兵等，2004）。因此长期施用可能导致土壤中镉的积累。

废水中的镉可被土壤吸附，一般在 0～15cm 的土壤表层累积，15cm 以下含量显著减少。土壤中镉只能以二价阳离子形态存在，可划分为可给态、代换态和不溶态等。可给态和代换态易于迁移转化，而且能够被植物吸收。不溶态在土壤中累积，不被植物所吸收。当土壤中镉浓度较高时，还以 $CdCO_3$、$Cd_3(PO_4)_2$ 及 $Cd(OH)_2$ 等难溶形态存在，其中以 $CdCO_3$ 为主，尤其是在 pH＞7 的石灰性土壤中。与其他金属阳离子相比，镉的电负性较弱，因此与土壤胶体的配合能力较弱，迁移能力相对较强。

镉是植物体非必需元素，但许多植物均能从水和土壤中摄取镉，并在体内累积。累积量取决于环境中镉的含量和形态、镉在土壤中的活性及植物种属等。镉在植物各部位的分布基本上是根＞叶＞枝的秆皮＞花、果、籽粒。水稻研究表明同样规律，即主要在根部累积，为总累积量的82.5%，地上部分仅占17.5%，其顺序为根＞茎叶＞稻壳＞糙米。

5. 铅

铅在土壤中的含量为2～200mg/kg。人类开采使用铅制品已有数千年的历史。土壤中铅的污染主要来自汽油燃烧、冶炼烟尘及矿山、冶炼废水等。

土壤中铅主要以二价铅形式存在，土壤溶液中可溶性铅含量极低。铅能形成 $Pb(OH)_2$、$PbCO_3$ 和 $PbSO_4$ 等多种难溶沉淀，同时 Pb^{2+} 在各种土壤胶体中均有很强的吸附能力，因此它在土壤中很少移动。但高 pH 的土壤变酸时，可使部分固定的 Pb 变得较易活动。

植物对铅的吸收与累积取决于环境中铅的浓度、土壤条件、植物的种类、叶片大小和形状等。植物根部吸收的铅主要累积在根部，只有少数才转移到地上部分。土壤的 pH 增加，使铅的可溶性和移动性降低，影响植物对铅的吸收。大气中的铅一部分经雨水淋洗进入土壤，一部分落在叶面上还可通过张开的气孔进入叶内。因此，在公路两旁的植物，铅一般累积在叶和根部，花、果部位含量少。藓类植物具有能从大气中被动吸收累积高铅浓度的能力，现已确定作为铅污染和累积的指示植物。

6. 镍

土壤中的镍主要来源于岩石风化、大气降尘、灌溉用水、农田施肥、植物和动物遗体的腐烂等。进入土壤的镍离子可被土壤无机和有机复合体吸附，因而主要累积在表层。实验表明，土壤中累积的镍与总铝、总铁显著相关。镍可能以镍铁盐（$NiFe_2O_4$）或镍铝酸盐（$NiAl_2O_4$）沉积在土壤中，另外 Ni^{2+} 可与土壤中磷酸根形成难溶的 $Ni_3(PO_4)_2 \cdot 8H_2O$ 和 $Ni_3(PO_4)_2 \cdot 2NiHPO_4$，与土壤中 S^{2-} 形成硫化镍或碱性土壤中形成难溶解的磷酸镍，或与土壤的有机质形成配合物，从而使镍在土壤中固定累积。但是，在大多数土壤条件下，镍是一个颇能移动的元素，当土壤 pH 低于9和 E_h 高于+200mV 且又无大量的碳酸盐或硫酸盐存在时，镍主要是可溶态，因而易发生淋溶迁移。

植物对镍的吸收累积与灌溉水中镍浓度及植物种类有关，有些植物如十字花科植物灰分中含镍量达 $5.0 \times 10^4 \sim 1.0 \times 10^5$ mg/kg，这些植物不仅对镍的吸收和累积性很强，而且对镍还有很强的忍耐性，这是由于镍进入植物体内，过量的镍受细胞壁吸附成为不溶性镍从而减弱其毒性。镍在植物不同器官的含量分布差异也很大，一般根叶＞茎枝部位或根＞叶，果＞叶、枝。

7. 铜

土壤中铜污染主要来自铜矿山和冶炼排出的废水。此外，工业粉尘、城市污水及含铜农药，都能造成土壤的铜污染。土壤铜含量在2～100mg/kg，平均为20mg/kg。污染土壤的铜主要在表层累积，并沿土壤的纵深垂直分布递减，这是由于进入土壤的铜被表层土壤的黏土矿物持留，此外，由于铜与有机质的配合能力较强，因此铜一方面可以被土壤固相有机质所吸持从而减少向下迁移，另一方面土壤溶液中的铜也多与可溶性有机质相结合，影响其生物可给性。酸性条件下，土壤对铜的吸附减弱，被土壤固定的铜易被解吸出来，因而使铜容易淋溶迁移。砂质土由于对铜的吸附固定力较弱，也容易使铜从土壤中流失。

植物可从土壤中吸收铜，但作物中铜的累积与土壤中总铜无明显相关，铜的有效性随土壤 pH 的降低而增加，这是由于低 pH 时铜离子的活性增加及有机质吸着铜的能力下降，铜易呈离子状态而被植物吸收。铜在植物各部位的累积分布多数是根＞茎、叶＞果实，但少数植物体内铜的分布与此相反，如丛桦叶则是果＞枝＞叶，小叶樟叶则是茎＞根＞叶。

8. 锌

　　铅锌矿的开采、农田施用污泥、污灌等均会造成土壤锌污染。正常土壤含锌量为 10～300mg/kg，平均为 30～50mg/kg。锌主要以 Zn^{2+} 进入土壤，也可能以配位离子 $Zn(OH)^+$、$ZnCl^+$、$Zn(NO_3)^+$ 等形态进入土壤，并被土壤表层的黏土矿物所吸附，参与土壤中的代换反应而发生固定累积，有时则形成氢氧化物、碳酸盐、磷酸盐、硫酸盐和硫化物沉淀，或与土壤中的有机质结合，使锌在表土层富集。土壤中锌的迁移取决于土壤的 pH。锌在酸性土壤中容易发生迁移，当土壤为酸性时，被吸附的锌易解吸，不溶的氢氧化锌可和酸作用转变成可溶的 Zn^{2+} 状态，致使土壤中锌以 Zn^{2+} 形态被植物吸收或淋失。

　　植物体内锌的累积与土壤锌的含量有较好的相关性。锌在植物体内各部位的分布也存在着差异，木本植物对锌的累积为树皮＞叶＞果实＞木质部。草本植物则地下部分比地上部分大，而对于水稻、小麦等，则根＞茎＞果实。

9. 硒

　　硒是植物和人体生长必需的微量元素，缺硒或富硒都会对动植物及人体带来危害。土壤中硒浓度为 0.1～2.0mg/kg，与土壤发育的母岩密切相关。硒一般以亚硒酸铁形态在富铁层中累积并降低了硒的活性。在碱性土壤中，$2SeO_3^{2-} + O_2 \longrightarrow 2SeO_4^{2-}$ 的反应很容易发生，硒氧化成较易溶的硒酸，可以通过淋溶作用而迁移或从这些土壤中排出，所以碱性较强的土壤含硒较少。

　　硒是以硒酸盐、亚硒酸盐或有机态被植物吸收，水溶态硒并不能很好反映各类土壤的有效态。已有实验证明植物吸收硒，主要结合在植物蛋白中，并以硒氨酸形态占优势。而且还发现当有各种微生物存在时，往往把某些不易被植物吸收的硒转化为可吸收的形态，生长在高硒土壤的高硒植物能吸收累积大量的硒，其含量可达 1000～10 000mg/kg，主要有紫云英属中 200 多种及窄叶野豌豆、双槽毒野豌豆和帝王羽状花等，它们是硒的指示植物，对硒具有很高的忍受力，能将大量硒储存在非生物活性的氨基酸中。硒在植物体内分布是根＞茎、叶＞果，地下部分含硒量大于地上部分。收藏后种子里的硒可以遗传到下一代。

10. 钴

　　钴在土壤中有两种氧化态，+2 价和+3 价，其中+2 价为主要形态。由于化学吸附及共沉淀作用，钴主要与铁和锰氧化物关联。土壤 pH 升高，钴溶解度下降。钴在土壤中可被吸附、固定或螯合。被吸附的钴往往是专性吸附，但只能与 Cu^{2+}、Zn^{2+} 交换，不能与 Ca^{2+}、Mg^{2+} 或 NH_4^+ 交换。钴可参与到黏土矿物的晶格中被固定，有一部分则可能类似 K^+ 的晶格固定。钴也可被有机物螯合，致使中上层钴有向下层移动的趋势，土壤呈酸性，将加重淋溶作用，导致土壤垂直侵蚀迁移。

　　植物容易吸收土壤中的可溶性钴和代换性钴，主要通过根部吸收土壤中的钴，然后有一部分转运到植物的其他部位，地下部分含钴量通常大于地上部分，如大麦中含钴量分布为根＞茎＞叶＞颖和芒＞籽实。植物对钴的吸收还受土壤 pH 的影响，酸性土壤可提高钴的可溶性，增大钴进入植物体内的能力。

本章基本要求

　　本章介绍了氮、磷肥料在土壤中的迁移。要求了解土壤氮、磷的来源；掌握土壤中氮、磷的存在形态及其归趋；掌握施用氮、磷肥料后可能带来的污染及环境影响。本章还介绍了重金属在土壤环境中的迁移转化。要求掌握重金属在土壤-植物体系中迁移转化及影响迁移转化的因素；了解土壤重金属环境容量的概念及确定土壤环境容量的方法。

思考与练习

1. 请叙述土壤中氮、磷的来源。

2. 请说明土壤中氮的存在形态及其对作物吸收的影响。

3. 请举例说明氮可通过哪些途径流失。

4. 请说明土壤中磷的存在形态及其对作物吸收的影响。为什么闭蓄态磷难以被植物吸收利用？

5. 什么是土壤的固磷作用？

6. 施用磷肥将产生哪些危害环境的污染物？

7. 什么是土壤重金属污染？控制重金属在土壤中归趋的主要过程有哪些？

8. 什么是土壤环境容量、土壤静容量和土壤动容量？

9. 请从重金属在土壤中的存在形态、土壤和植物对其富集和吸着等，讨论各重金属元素在土壤-植物系统中的归趋。

10. 植物对重金属污染的耐受机制是什么？

第12章　有机污染物在土壤中的迁移转化

12.1　土壤中的典型有机污染物

12.1.1　农药

农药是现代化农业活动中必不可少的生产资料。农药种类繁多,性质差异大。从组成元素来分可分为有机氯、有机磷、有机汞、有机砷、氨基甲酸酯类等,从结构性质可以分为离子型有机农药和非离子型有机农药。不同农药在环境中的迁移转化行为和危害程度受浓度、作用时间、环境状况、温度、湿度、化学反应速率等众多因素影响。例如,当在空中喷洒气温较高或其挥发性较大时,农药进入大气的含量会增多,农药的蒸气和气溶胶随气流带到很远的地方。进入大气的农药一部分随蒸气冷凝而落入土壤和水体,一部分受到空气中的氧和臭氧的氧化而分解。进入大气的大部分农药的氧化分解是相当快的,只有DDT、环二烯类农药等特大型化合物分解较慢。含重金属汞、铅、镉和砷的农药,在农药分解后,这些重金属将从大气进入土壤和水体,并有可能在食物链中积累。

农药是土壤的重要污染物,有少量农药从地表面渗入深层地下水中,农药在水中的溶解度越大,则向土壤下层移动的速度越快,因而进入土壤下层地下水的可能性越大。然而,大多数情况下,农药在土壤中的移动是不大的。某些农药,如DDT能被黏土很好地吸附,有些黏土可吸附水体中99%的DDT。

生物降解是土壤中农药的主要去除途径之一,其次是化学降解,如光解和水解也是部分农药的主要去除途径。

12.1.2　多环芳烃类

由于多环芳烃类(PAHs)的水溶性低,辛醇-水分配系数高,因此该类化合物进入环境中趋于从水中分配到土壤或沉积物的有机相中去,通过食物链在生物体中也可以产生富集作用。研究发现,大多数PAHs在土壤上吸附的等温线为直线形,且发现PAHs在不同土壤有机碳-水分配系数的对数($\lg K_{oc}$)基本上相同,并与其 $\lg K_{ow}$ 有较好的相关性,说明土壤中有机质是PAHs的主要载体。PAHs在土壤中有较高的稳定性,当它们发生反应时,趋向于保留它们的共轭环体系,一般多通过亲电取代反应形成衍生物。另外,小分子的PAHs的疏水性相对较弱,蒸气压低,从而容易被淋溶和挥发进入大气,影响它们在土壤中的分布和含量。高分子的PAHs在优势流中的含量高于在土壤晶格中的含量。

12.1.3 多氯联苯

土壤中的多氯联苯(PCBs)主要来源于颗粒沉降，或者工业垃圾的渗漏等。据报道，土壤中的 PCBs 含量一般比它们上部空气中的含量高 10 倍以上。若仅按挥发损失计，PCBs 在土壤中的半衰期可达 10~20 年。通过田间实验表明，生物降解和可逆吸附都不能造成 PCBs 的明显减少，只有挥发过程是 PCBs 损失的主要途径，对于高取代的联苯更是如此。土壤中 PCBs 的挥发除与温度有关外，其他环境因素也有影响。有研究表明，PCBs 的挥发随温度的升高而升高，但随土壤中黏粒含量和联苯化程度的增加而降低。PCBs 的疏水特性决定了其最终归所是土壤和沉积物，一般认为，吸附是控制 PCBs 在土壤中迁移转化的主要过程之一，有机质的分配理论适用于描述 PCBs 在土壤或沉积物中的吸附行为，其吸附程度与自身的溶解度呈负相关，与土壤有机碳含量、辛醇-水分配系数呈正相关。PCBs 生物降解有厌氧和好氧两种：多氯取代的 PCBs 易发生厌氧脱氯过程，是电子受体；低氯取代的 PCBs 易发生好氧脱氯过程，是电子给体。

12.1.4 二噁英

二噁英(dioxin)是多氯代二苯并二噁英(PCDDs)和多氯代二苯并呋喃(PCDFs)的统称，二者具有相似的结构。根据氯原子在苯环上的取代位置和数量不同，分别有 75 个和 135 个系列物，其中以侧位(2, 3, 7, 8-)取代的化合物(TCDD)的毒性最强。1999 年，比利时"污染鸡"事件使二噁英为全球所注目，由于其具有高毒性和难降解性，称其为"世纪之毒"。二噁英化学性质非常稳定，具有耐酸碱、抗化学腐蚀等特性，易溶于有机溶剂，极难溶于水，在常温下为无色固体，其挥发性随氯取代数增加而降低。由于二噁英具有高亲脂性，进入人体后易积存于脂肪。它在土壤有机质之间也容易形成强吸附作用，一旦污染，极不易清除。

二噁英的来源有天然源和人为源，其中人为源为主要来源，二噁英并不是人类有意制造的化学品，而是燃烧过程和一些工业过程中的副产品，如垃圾焚烧、发电或能源工业、其他高温排放源、金属冶炼和化学制造等，此外，一些农药如除草剂、杀菌剂和杀虫剂中也含有二噁英类化合物。

12.1.5 石油类

20 世纪 80 年代以来，土壤石油类污染成为世界各国普遍关注的环境问题。土壤石油污染主要来源于石油钻探、开采、运输、加工、储存、使用产品及其废弃物处置等人为活动。从通常的石油排放，到石油泄漏、输油管破损等事故，以及包含 PAHs 的润滑油等石油类产品的不合理排放，都会导致石油烃类化合物释出，进而进入土壤环境。

石油烃类在土壤中以多种状态存在，有气态、溶解态、吸附态、自由态(以单独的一相存留于土壤孔隙)，其中被土壤吸附和存留于孔隙的部分不易迁移，进而影响土壤透气性。由于石油类物质的水溶性小，因而土壤颗粒吸附石油类物质后不易被水浸润，形不成有效的导水通路，透水性降低。能积聚在土壤中的石油烃，大部分是高分子组分，它们黏着在植物根系上形成一层黏膜，阻碍根系的呼吸与吸收功能，甚至引起烂根。以气态、溶解态和单独的一相存留于非毛管孔隙的石油烃类迁移能力较强，容易扩大污染范围，最终可引起地下水的污染。由于石油的疏水性，土壤中绝大部分石油类物质吸附在固体表面，在较大的湿度条件下，土壤有机质含量是影响平衡吸附量的一个重要因素。此外，石油烃类对强酸、强碱和氧化剂都有很强的稳定性，在环境中存留时间较长。

土壤微生物在适宜的环境条件下，可以把石油类物质中的一定组分作为有机碳和能量的来源，同时把它们降解。对生物降解影响最显著的环境因素为温度、pH、湿度和反应体系中存在的氧量。由于生物稳定性的差别，石油类物质的各组分可被生物降解的程度相差很大。

12.1.6 其他

土壤中的有机污染物很复杂，除了前面介绍的几类外，还有增塑剂、阻燃剂、表面活性剂、抗生素、染料等有机污染物。这些污染物大多来源于工业废水、污灌、污泥和堆肥。

1. 增塑剂（PAEs）

酞酸酯类化合物为我国常用的增塑剂，大气沉降、农用薄膜、施用污泥和污水灌溉是我国农业土壤中 PAEs 的主要来源。Hu 等（2003）研究发现，我国各地区土壤中 DEHP 浓度与当地农膜消耗量之间有很好的相关性（$R = 0.58$，$p < 0.004$），说明农膜大量使用是我国农业土壤 PAEs 污染的重要原因之一。各地的调查数据显示，我国农业土壤中不同程度地受到了 PAEs 化合物的污染，与国外学者发表的数据比较，我国多数地区农业土壤 PAEs 的含量水平均显著高于美国和欧洲等国家和地区，我国农业土壤 PAEs 污染水平具有明显的区域差异性（王凯荣等，2013）。

PAEs 为典型的疏水性化合物，在水中的溶解度低，而且随着烷基链长度的增加溶解度降低。DMP、DEP 等短链 PAEs 化合物的溶解度相对较高而 $\lg K_{ow}$ 较小，易被生物降解或通过其他途径消失，在土壤中的含量较低；DEHP 等中高相对分子质量 PAEs 化合物的溶解度较低而 $\lg K_{ow}$ 较大，易被土壤吸附，活动性较差且难于降解，在土壤中累积导致其含量较高。PAEs 自然水解速率十分缓慢，对 PAEs 吸附影响可以忽略。部分 PAEs 可以在有氧或无氧的条件下发生氧化或还原反应，当土壤透气性好时，其氧化还原电位高，有利于氧化反应的进行。

2. 多溴联苯醚（PBDEs）

土壤中 PBDEs 主要来源于大气沉降、地表径流及灌溉用水。电子垃圾在非法拆卸及长期露天堆放过程中，其中的 PBDEs 可通过泄露和降水作用进入地表径流，而后渗入土壤。据报道，我国是世界上最大的电子垃圾处理地，全球 50%～80%的电子垃圾通过合法或非法途径进入亚洲，其中 90%进入中国，这些电子垃圾的不当拆卸使得大量的 PBDEs 进入地表径流从而渗入土壤。使用含有 PBDEs 的污水进行农业灌溉也可能导致土壤污染。此外污水处理厂污泥的农业利用也是 PBDEs 进入土壤的途径之一。PBDEs 随污水进入污水处理厂，由于 PBDEs 具有高辛醇-水分配系数，因此大部分的 PBDEs 会分配到污泥中。目前，PBDEs 在多地区的土壤中均有检出，并且我国 PBDEs 的污染呈上升趋势，东南沿海区域尤为明显。

土壤中 PBDEs 也可以通过植物的根系吸收进入植物体内。Wang 等（2014）研究了PBDEs 在土壤-植物体系间的迁移，发现土壤中 PBDEs 的浓度与植物根系中 PBDEs 的浓度具有正相关性。PBDEs 的化学结构与 PCB 相似，很难被氧化，却易被还原脱溴。已有研究表明，PBDEs 可被微生物降解，发生降解时溴原子取代数目越少，PBDEs 越容易被降解。在降解过程中，高溴代联苯醚转化成低溴代联苯醚(de-PBDEs)、羟基多溴联苯醚(OH-PBDEs)和甲氧基多溴联苯醚(MeO-PBDEs)，它们对环境和生物的毒性大于母体 PBDEs，其中 OH-PBDEs 的毒性最大。

3. 药物和个人护理品(PPCPs)

PPCPs 中的抗生素污染问题尤其受到人们的关注。土壤和沉积物环境中残留的抗生素都有检出，其中以养殖场粪便和农田土地含量为高。例如，天津集约化养殖场的猪、鸡粪便中金霉素最高值达到 563.8mg/kg(干基)，四环素和土霉素最高值分别为 34.8mg/kg 和 22.7mg/kg。菜田土壤中的四环素最高值达到 196.7μg/kg，金霉素最高值达到 477.8μg/kg，并且温室和大棚菜田土壤的四环素类抗生素残留水平高于露地菜田土壤(张志强，2013)。

与传统持久性有机污染物 POPs 不同的是，大多数抗生素属于离子型有机物，带有多个官能团，具有极性强、水溶性高、挥发性小、形态多变的特点。它们在土壤和沉积物中的界面行为一般不仅受辛醇-水分配系数 $\lg K_{ow}$ 的控制，还受溶液 pH、静电引力、共存离子的影响，其环境过程较一般脂溶性有机物更为复杂。例如，四环素类抗生素为两性分子，结构中既有带正电的—$NH(CH_3)_2$ 的部分也有带负电荷—COOH 部分，其在土壤中可通过与阳离子交换作用被吸附，也能通过表面配位作用吸附到金属氧化物表面，还可能与土壤中的极性部分发生氢键作用，多种机理的共同作用使四环素类抗生素表现出较强的吸附能力 (Zhao et al, 2013)。

12.2　有机污染物在土壤中的吸附与迁移

12.2.1　有机污染物在土壤中的吸附

1. 吸附作用机制

土壤吸附有机物可能起作用的机制有以下七种。

1) 离子交换

离子型农药在水中能离解成为离子。例如，阳离子型除草剂，当有机物以阳离子形式存在时，可通过离子键被土壤有机质吸附或与黏土矿物上阳离子起交换作用；均三氮苯类农药可通过质子化的亚氨基，直接与腐殖质的羧基或酚羟基之间形成离子键。

2) 配位体交换

这种吸附作用是由吸附质分子置换了一个或几个配位分子。在土壤及其组成中，可进行配位体交换的通常是结合态水分子，其必要条件是吸附质分子被置换的配位体具有更强的配位能力。例如，杀草强、2,4-D 与蒙脱石的吸附，以及利谷隆等与土壤中可交换离子间的吸附都属这种作用机制。

3) 范德华力

范德华力对非离子非极性有机污染物吸附的贡献最大，其作用力大小随相对分子质量的增大而增大，但随与吸附剂表面的距离增大而减小。范德华力来自于短程偶极-偶极、偶极-诱发偶极或诱发偶极-诱发偶极相互间的弱相互作用,但被吸附物与吸附剂分子间的范德华力具有叠加性,对大分子而言范德华力的叠加性可造成相当大的吸附力。一些研究发现,均三氮苯类和取代脲类农药、苯脲类除草剂、毒莠定和 2,4-D、杀虫脒、西维因及"1605"等农药的吸附,范德华力是主要的辅助机理。

4) 疏水性结合

土壤腐殖质由于其芳香性和极性基团,兼含疏水和亲水吸附位点。有机污染物中非极性或弱极性基团为主的化合物能与上述疏水基结合,水分不影响这种吸附作用,其本质相当于农药分子在土壤有机质和水分之间的一种分配作用。有机质中酯类化合物可能是属于这种类型。

5) 氢键结合

土壤腐殖质中的 C=O、羧基、酚羟基、醇羟基等官能团,均可与有机污染物中的 N—H 基形成氢键。这是一种特殊类型的偶极-极矩作用,氢原子在两个电负性原子之间起桥梁作用,其中一个原子与其共价结合,而另一个原子的静电作用与其相连。

氢键结合是非离子型极性有机分子与黏粒矿物和有机质吸附的最重要作用机制。除草剂分子可与黏粒表面氧原子或边缘羟基以氢键相结合。例如,扑草灭在蒙脱石上的吸附,也可与土壤有机质的氧和胺基以氢键相结合;均三氮苯类除草剂的叔胺基 N 与腐殖物质羧基之间的氢键作用机制。有些交换性阳离子与极性有机分子可通过水桥与氢键缔合。

6) 电荷转移

当电子从一个富电子的给予体移到一个缺电子的接受体,两者间产生静电引力,形成电荷转移型配合物,含有 π 键或含有未成对电子结构的分子能够产生这种作用。电荷转移作用只能在近距离粒子间发生,有人认为甲硫基三氮苯在有机物上的吸附属于这种机制。

7) 化学吸附

吸附质上的某些官能团可能与土壤表面形成较强的表面配合反应,形成共价键等化学键合作用从而形成较强的吸附作用。例如,某些有机物中的羧基基团在酸性条件下可以与铁氧化物表面的吸附点位形成表面配合共价吸附。

2. 物理吸附与化学吸附

在以上讨论的吸附机制中,有的是属于物理吸附,吸附质与吸附剂之间的相互作用不强,如范德华力;有的是属于化学吸附,在有机分子在吸附剂表面生成共价键或短距离静电引力,如离子交换、配位体交换、氢键结合等,两者的区别如表 12-1 所示。

表 12-1 物理吸附与化学吸附的区别

	物理吸附	化学吸附
作用力	范德华力	化学键力(氢键、共价键、静电引力)
活化能	低或不需要	需要活化能
吸附速率	瞬间达到,快	取决于化学反应速率,慢于物理吸附
吸附热	<10kcal/mol	>20kcal/mol
吸附的温度范围	仅低于吸附质的沸点	低温和高温
吸附等温线斜率	吸附质浓度高时更高	吸附质浓度高时更低
与吸附剂的关系	相对小	大
与吸附质的关系	大	大
吸附分子的层数	多层(最多)	单层(最多)

3. 有机污染物性质对吸附的影响

土壤中有机污染物的吸附与解吸过程是由吸附质分子的化学性质与土壤的表面性质共同控制。与此相关的有机物分子的化学性质包括有机分子的官能团种类和数量、官能团的酸碱性、有机分子大小和形状、分子极性与电荷数。这些性质决定了有机分子的溶解性。其中分子极性和电荷是非常重要的性质，常用来对有机分子进行分类(图 12-1)。

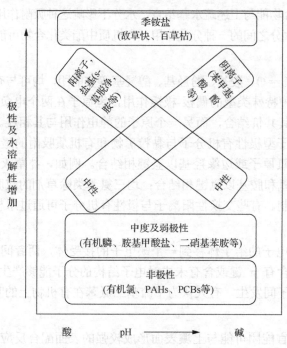

图 12-1 基于极性和电荷性质的有机物分类(McBride, 1994)

土壤对农药的吸附中，主要是离子交换吸附。例如，土壤无机黏土矿物中，蒙脱石对丙体六六六的吸附量为 10.3mg/g，而高岭土只有 2.7mg/g。土壤有机胶体比矿物胶体对农药有更强的吸附力，许多农药如林丹、西玛津等大部分吸附在有机胶体上。

另外，农药本身的化学性质对吸附作用也有很大影响。农药中存在的某些官能团如—OH、—NH、—NHR、—CONH$_2$、—COOR 及 R$_3$N$^+$等有助于吸附作用。在同一类型的农药中，农药的分子越大，溶解度越小，被植物吸收的可能性越小，而被土壤吸附的量越多。

农药被土壤吸附后，由于存在形态的改变，其迁移转化能力和生理毒性也随之变化。例如，除草剂、百草枯和敌草快被土壤黏土矿物强烈吸附后，它们在溶液中的溶解度和生理活性就大大降低，所以土壤对化学农药的吸附作用在某种意义上讲就是土壤对污染有毒物质的净化和解毒作用。土壤的吸附能力越大，农药在土壤中的有效度越低，净化效果越好，但这种净化作用是相对不稳定也是有限的，只是在一定条件下能起到净化和解毒作用。

12.2.2 离子型有机物在土壤上的吸附

1. 有机阳离子

尽管人们对这类有机物在土壤及土壤矿物中的吸附已有一些研究，但实际上作为农药或有机污染物的例子并不多。目前最好的例子是两个联吡啶季铵盐：敌草快和百草枯。这两种除草剂由于在水中呈离子态而有很高的水溶性。两种物质的分子结构如下：

敌草快　　　　　　　　　　　　百草枯

这些分子可以通过阳离子交换作用被膨润土强烈吸附，在蛭石和高岭石上的吸附稍弱。它们在膨润土上的吸附等温线是 Freundlich 型的，表明相对于可交换阳离子，黏土对有机阳离子具有强选择性。事实上，即使加入高浓度的竞争性金属阳离子，敌草快和百草枯在膨润土上的吸附也很少解吸。其交换反应可以用下式表示（PQ 表示百草枯）：

$$PQ^{2+} + Ca^{2+}—膨润土 \rightleftharpoons PQ^{2+}—膨润土 + Ca^{2+}$$

有机阳离子能在很低 pH 条件下吸附在土壤有机质上，但是敌草快和百草枯在土壤有机质上的吸附要弱于黏土矿物。有机阳离子在土壤有机质上吸附的强度一般取决于最初占据交换点位的阳离子类型。Na^+ 极易被有机阳离子交换下来，而 Ca^{2+} 相对而言更难被百草枯离子交换，这可能是因为 Ca^{2+} 的价态更高，而且高价阳离子（如 Ca^{2+} 和 Al^{3+}）与土壤有机质之间的静电引力可能会改变有机质的构型，使交换点位"掩埋"在有机质中，从而限制了百草枯分子扩散到这些交换点位。

当 pH 较低时，有机阳离子在土壤腐殖质上的吸附程度下降，部分因为 H^+ 比金属阳离子在有机官能团上的亲和力更强，即

$$R—COO^-\cdots Na^+ + H^+ \rightleftharpoons R—COOH + Na^+$$

同时由于 H^+ 的中和效应使腐殖质分子在水中趋于团聚，也限制了有机阳离子到达其内部的交换点位。

有机阳离子与土壤胶体的吸附行为很好地解释了一旦敌草快和百草枯接触土壤，其活性立即降低的现象。可以预见此类污染物向地下水迁移的能力也极低。此外，由于其强吸附能力，这些污染物被微生物降解的能力也相应降低，从而延长了其在土壤中的残留时间。

决定有机阳离子在土壤黏土和有机质上选择性的有以下两点。

1）相对分子质量

大多数情况下，相对分子质量更高的有机物在交换点位上有更高的选择性。例如，对于系列的季铵盐在膨润土上的吸附有

$$(CH_3CH_2CH_2)_4N^+ > (CH_3CH_2)_4N^+ > (CH_3)_4N^+$$

在交换反应中，大的分子必须从胶体表面置换出更多的水分子，即

$$R_4N^+ + Na^+—膨润土 \rightleftharpoons R_4N^+—膨润土 + Na^+ + nH_2O$$

反应中，随有机官能团 R 增大，n 增加，则反应的熵变 ΔS 增加。这是因为更多的水分子从表面获得自由进入水体，同时更大的有机分子从水体中去除也降低了溶液相的自由能，使

得整个反应向右进行。

2)分子的水合能

如果有机阳离子不能有效地屏蔽它们的正电荷与水分子之间的离子偶极力(ion-dipole forces)，那它们就将在溶液中形成水合离子，这与金属阳离子的水合效应是类似的，那么水合化越高的有机阳离子在交换点位的选择性越小。例如，乙胺($CH_3CH_2NH_3^+$)容易被 Ca^{2+} 或季铵[$(CH_3CH_2CH_2)_4N^+$]取代，这是因为后者的正电荷被丙基基团很好地屏蔽，因此水合能很小，更易在交换点位上反应。同时，吸附了弱水合有机阳离子的黏土表面性质从"亲水"变为"亲脂"，因此对溶液中的非极性有机分子具有更好的吸附性能。这一原理常用来制造用于吸附非极性有机物的新型吸附材料——"有机黏土"。

此外，土壤胶体的表面性质也影响着有机阳离子的吸附能力，这些性质包括：

(1)交换点位上最初阳离子的性质。阳离子的价态和水合能大小都直接影响交换能力。

(2)黏土矿物的表面电荷密度。一些黏土矿物，如蛭石的层间高度不超过 14.5Å，只有不到 5 Å 的空间给有机分子，而蒙脱土的层间高度可以达到 20Å，因此一些大分子的有机物很难进入蛭石层间而可能被蒙脱石吸附，这种"分子筛"效应如图 12-2 所示。

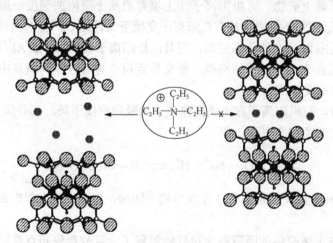

图 12-2　大分子有机物在层状黏土矿物上吸附时的"分子筛"效应(McBride, 1994)

2. 有机碱分子

此类有机物接受一个质子后带正电荷，对任何有机碱分子 B 而言，有以下反应：

$$B + H^+ \rightleftharpoons BH^+ \qquad K_a = \{B\}\{H^+\}/\{BH^+\}$$

此方程显示当溶液酸度更低时，越多的有机碱分子转变为阳离子形式。

在农业活动中一个最重要的有机碱化合物为均三嗪类，包括除草剂阿特拉津、西玛津、扑灭通。质子化的阿特拉津反应如下：

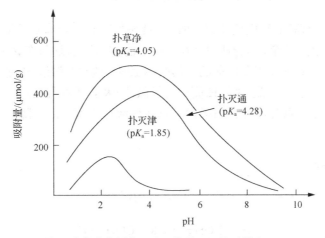

有机阳离子的吸附性质前面已讨论过，因此有机碱的共轭酸能强烈地吸附在土壤黏土和有机质中，而有机碱分子只能靠物理性弱吸附。实验结果也证实 Na^+—蒙脱土在低 pH 条件下对均三嗪类的吸附更大（图 12-3），其吸附在任何 pH 条件下符合 Langmuir 方程。在极酸性条件下，吸附下降可能部分由于蒙脱石的分解释放出 Al^{3+} 与有机分子竞争交换点位。

图 12-3　均三嗪类除草剂在 Na^+—蒙脱土上的吸附（Weber，1970）

图 12-3 还显示出共轭酸的 pK_a 在决定最大吸附 pH 时的重要性，具有高 pK_a 的均三嗪类吸附的 pH 比低 pK_a 的化合物高。也就是说，易于形成共轭酸阳离子的分子更容易被吸附，因为 pK_a 与 pH 有如下关系：

$$pK_a = \lg \frac{\{BH^+\}}{\{B\}} + pH$$

可以看出，给定 pH 时，有机分子阳离子形态占比由 pK_a 决定。但是从图 12-3 可以看出在高 pH 条件下，尽管只有小部分分子为阳离子形态，仍然有部分均三嗪被吸附。例如，在 pH=8 时，扑草净仍有很大部分被吸附，但从以上方程计算出：

$$\lg \frac{\{BH^+\}}{\{B\}} = pK_a - pH = 4.05 - 8.00 = -3.95$$

即溶液中 10 000 个扑草净分子中只有 1 个带正荷，但此条件下仍有显著吸附发生。这可能是带负电荷的黏土更倾向于从溶液中吸附阳离子（BH^+）而非中性分子（B），因此导致表面上的 $\{BH^+\}/\{B\}$ 比例比溶液中的高得多，或者说由于表面负电荷的影响，共轭酸在黏土表面上的 pK_a 要远高于溶液相中的 pK_a。

土壤有机质也能通过阳离子交换吸附有机碱，且吸附对溶液 pH 很敏感，因此其不仅决定了{BH$^+$}/{B}比值，而且决定了有机质上的羧基等官能团的离解程度。

(1)有机质离解：

$$R—COOH \rightleftharpoons R—COO^- + H^+$$

(2)盐基质子化：

$$B + H^+ \rightleftharpoons BH^+$$

(3)共轭酸的吸附：

$$R—COO^- + BH^+ \rightleftharpoons R—COO^- \cdots BH^+$$

其中高 pH 条件有利于有机质离解，而低 pH 条件有利于盐基质子化，因此吸附会在一个中间 pH 时呈最大值。这个最优 pH 通常在共轭酸的 pK_a 附近，这与在黏土表面现象类似(图 12-3)。因此当有机碱吸附在带负电荷的土壤胶体上时，通常在溶液 pH 接近其共轭酸的 pK_a 时呈最大吸附量。但是，一般土壤 pH 高于有机碱的 pK_a，因此经常观察到土壤越酸，对有机碱的吸附越大。这就意味着均三嗪类除草剂接触酸性土壤时活性降低，而在碱性土壤中的活性更高。

3. 有机酸性分子

此类有机分子中带有酸性官能团，如羧基或酚羟基：

$$R—COOH \rightleftharpoons R—COO^- + H^+$$

$$Ar—OH \rightleftharpoons Ar—O^- + H^+$$

其酸离解常数 pK_a 为

$$pK_a = pH - \lg \frac{\{R—COO^-\}}{\{R—COOH\}}$$

酚羟基是比羧基更弱的酸，因此其 pK_a 通常更高(大于 9)。

通常来说，由于电性相斥，阴离子形式的有机酸分子在土壤胶体上很少被吸附，相反，中性分子在土壤颗粒(尤其是土壤有机质)中相对更容易被吸持，尽管这种吸持较弱(吸附等温线主要为直线形)，因此有机酸趋向于吸附在 pH 相对低且有机质含量相对高的土壤中。这类有机物在土壤中一般具有高度移动性且向地下水迁移的风险更大。

为说明此类有机物在土壤中的吸附规律，可以比较一些酸性除草剂在一种酸性腐殖土上的吸附，表 12-2 中列出了这些除草剂的结构和性质。因为这些除草剂在土壤中的吸附有如下顺序：

$$地乐酚 > 毒莠定 > 2,4\text{-}D \approx 麦草畏$$

说明这些有机物的溶解度与吸附成反比，即水溶解性差的有机物倾向于有最大吸附。这些有机酸主要是以分子形式被吸附，或以"有机阴离子-金属阳离子"的离子对形式被腐殖质吸附。当溶液 pH 升高时，这些吸附被静电斥力所抑制，因此有机酸的 pK_a 与其吸附呈正相关，而与水溶解度呈负相关。

表 12-2　一些酸性除草剂的结构和性质

除草剂	地乐酚	毒莠定	2,4-D	麦草畏
结构	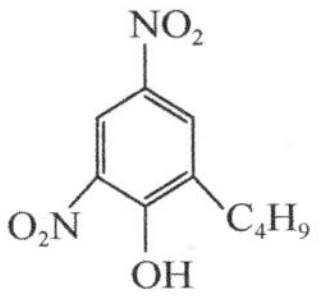	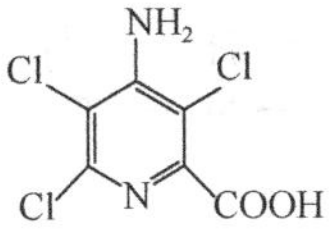	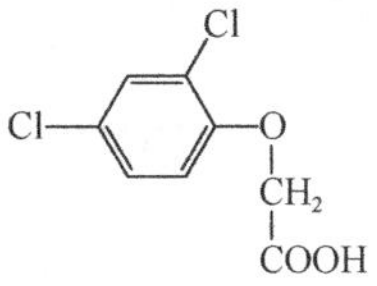	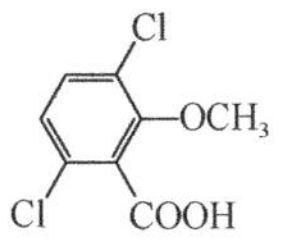
pK_a	4.40	3.6	2.80	1.93
水溶解度/(mg/L)	45	430	650	4500

由于土壤的电荷性质，可以预见有机酸分子容易从土壤上解吸下来淋溶进入地下水。但也存在例外，一些带可变电荷的氧化矿物可以通过配位体交换持留某些有机阴离子，如图 12-4 中显示的 2, 4-D 可以被铁氧化物表面吸附，形成以下表面配合物：

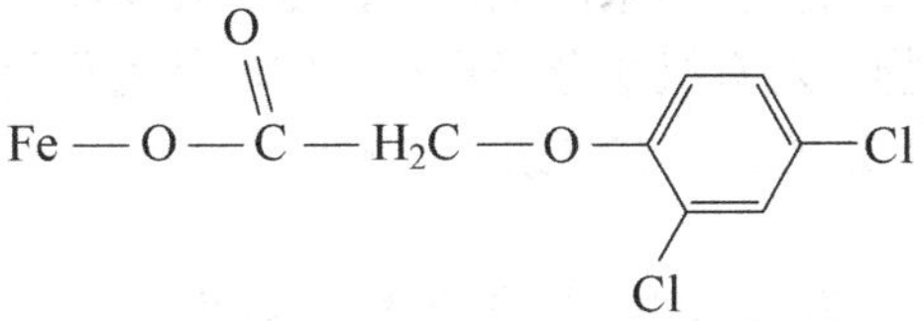

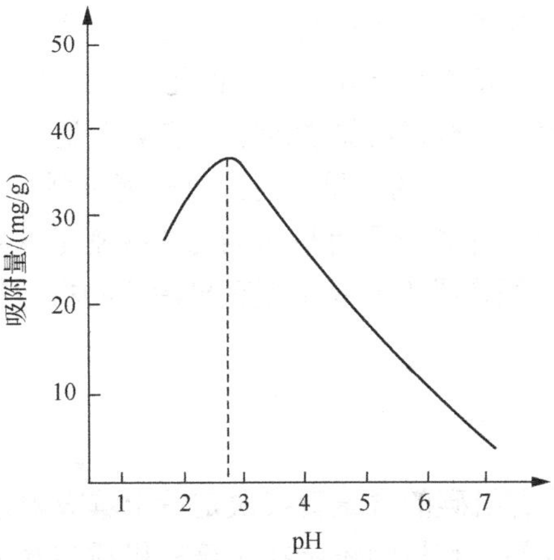

图 12-4　2,4-D 在针铁矿表面的吸附(Watson et al, 1973)

这种形式的吸附一般存在最佳的 pH，而且在有机酸的 pK_a 附近(2.80)。从此机制可以看出，当 pH < 2.8 时，有机酸分子主要以分子形式存在，因此吸附相对较弱，而当 pH 升高时，铁氧化物表面的质子化程度下降，正电荷减少，也促使吸附下降。因此，与前面有机碱在带负电荷土壤胶体表面的吸附行为类似，有机酸分子在氧化矿物表面的吸附也存在“pK_a 规则”，即有机酸在可变电荷土壤胶体表面的最大吸附量发生在有机酸的 pK_a 附近。

吸附剂表面电荷性质也会对最大吸附量发生的 pH 带来影响，一般是使其朝矿物的 PZC 值方向移动。除了羧基酸之外，酚羟基化合物也可与矿物表面配位，如表 12.2 中的地乐酚也可被氧化矿物所吸附。

4. 螯合有机分子

一些有机污染物带有多个官能团均可同时与氧化矿物表面发生相互作用，形成所谓的"螯合物"。一个最好的例子即草甘膦，它的分子中带有胺基、羧基和膦酸根，如下所示：

$$
\text{HOOC} - \underset{\text{C}}{\overset{\text{H}_2}{|}} - \underset{\text{N}}{\overset{\text{H}}{|}} - \underset{\text{C}}{\overset{\text{H}_2}{|}} - \underset{\underset{\text{OH}}{|}}{\overset{\overset{\text{O}}{\|}}{\text{P}}} - \text{OH}
$$

草甘膦

这个分子既有碱性又有酸性性质，可以与氧化物表面上的金属形成三齿或四齿螯合物，这种多键配位的方式导致非常强的吸附，因此可观察到草甘膦可在铁氧化物表面有选择性很强地专性吸附，其药性在接触土壤后很快失活。

普遍来讲，风化程度高的土壤中含有大量铁、铝氧化物，可以持留部分有机酸分子，而很多土壤，尤其是从火山灰发育而来的土壤中，由于在层状硅酸盐矿物骨架中穿插有无定形或微晶的铁、铝氧化物，对有机酸分子也有一定的持留作用。但是需要注意的是，这些活性矿物表面已吸附有大量的天然有机或无机配体。

12.2.3 非离子型有机物在土壤有机质上的吸附

除了离子型有机物，还有更多的有机物属于非极性或弱极性，在水中溶解度很低，因此又常称为疏水性有机物，本节及下一节主要讨论此类有机物在土壤中的吸附过程。

就土壤/沉积物本身而言，对有机污染物的吸附实际上是由土壤/沉积物中的矿物组分和土壤/沉积物有机质两部分共同作用的结果。而针对非离子型有机物而言，与土壤有机质相比，土壤/沉积物中矿物组分对非离子型有机污染物的吸附是次要的，而且这种吸附多是以物理吸附为主，因此土壤/沉积物吸附非离子型有机污染物机理的研究主要是围绕土壤有机质开展的。

1. 分配理论的提出

早期研究发现，土壤中有机碳的含量直接决定着土壤吸附杀虫剂的能力，认为土壤有机质的作用相当于有机萃取剂，有机污染物在土壤有机质与水之间的分配就相当于该化合物在水-有机溶剂之间的分配。因此，在水-沉积物/土壤体系中，吸附疏水性有机物的主要是土壤/沉积物中的有机质，即这种吸附过程主要与其中有机质含量有关，而与土壤矿物的多少无关。同时，这种吸附作用主要是溶质的分配过程（溶解），吸附等温线几乎都是线性的。这被认为是最早从机理上对土壤吸附疏水性有机污染物的解释。关于分配理论的详细解释可参见第4.1节。

那么为什么出现这种现象呢？这是由于有机物的"疏水性"（hydrophobic）造成的，由于土壤中水是溶剂，而它是极性分子，且极性比大多数有机物强，水分子之间通过"氢键"紧密联系，而非极性或弱极性有机物（即疏水性有机物）溶解在水中，需要破坏水分子之间的原有结构，在能量上是不利的，因此相对分子质量越大、极性越弱的有机分子越倾向于被"挤出"水溶液而到固相表面上去。

土壤中固相主要包括矿物质和土壤有机质,由于极性水分子能与土壤矿物表面发生强烈的偶极作用,矿物表面表现为"亲水性","疏水性"有机物分子很难吸附在土壤矿物表面的吸附位上,这样就使得矿物表面所吸附的非离子性化合物分子的数量变得微乎其微。相反,土壤有机质表面有一定的疏水性,使得疏水性有机物很容易分配或溶解进去,这一过程类似于有机溶剂从水相中萃取有机物(图 12-5)。很明显,疏水性有机物在水-土壤/沉积物中的分配过程,实际上是它们遵循溶解平衡原理溶解到土壤有机相(有机质)中的过程。这样就不难理解,非离子性有机物在水-土壤/沉积物体系中的吸附等温线为线性的原因。

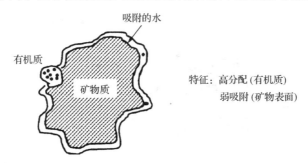

图 12-5　土壤有机质吸附非离子性有机物的作用示意图(Chiou, 2002)

2. 分配作用和吸附作用的比较

可以看出,吸附和分配过程并不相同。分配作用是有机物通过分子力将溶质分配到土壤或沉积物的有机质中去,而吸附作用一般包括物理吸附和化学吸附,前者主要靠范德华力,后者是各种化学键力如氢键、离子偶极键、配位键及 π 键作用的结果。因此,它们在对反应热、吸附等温式类型和竞争吸附等方面都各不相同。

1) 吸附热

吸附过程往往以放出大量的热量来补偿反应中熵的损失,所以吸附是一个放出高吸附热的过程。分配过程其吸附热等于某种溶质液体在有机相和水相中的摩尔熵的差值。一般情况下,分配过程放出的吸附热要比溶质的缩合热小,所以分配过程放出的反应热比较少。

2) 吸附等温线

吸附作用的等温线是非线性的,通常可用 Langmuir 等温线或 Freundlich 等温线来描述,而分配作用的等温线在溶质的整个溶解范围内则均呈线性相关。

3) 竞争吸附作用

当两种或两种以上有机物并存于同一反应体系中,有机物会对土壤表面的吸附位发生强烈的竞争吸附,也就是说,土壤对有机物表现为吸附作用时,则土壤对有机物吸附中存在着这种竞争吸附。然而在相同条件下,若吸附作用是分配过程,则不发生竞争吸附,它们的吸附量和吸附等温线并不因为有其他有机物存在而发生变化,这是因为分配作用实际上是一种溶解作用,只与它们的溶解度相关,而与表面吸附位无关。

由于分配与吸附作用的差异性,在研究分配过程时,常用分配系数(partition coefficient)K_d(单位为 L/kg 固体),即平衡条件下有机物在土壤和水中的浓度比值来描述分配能力。在研究中也常用土壤/沉积物中有机碳含量对 K_d 值进行标化,有机碳标化的吸附系

数常用 K_{oc}(单位为 L/kg 有机碳)表示。

　　由于其在不同土壤中的吸附主要由在土壤有机质中的分配机制所控制,因此理论上如果土壤/沉积物中的有机质结构和性质均一致,对于给定有机物,其在不同土壤/沉积物中的 K_{oc} 值是一定的。但研究发现,有机物在不同来源的土壤和沉积物上的吸附存在较大差异,在沉积物上的 K_{oc} 值大约为土壤的 2 倍(图 12-6)。说明天然土壤和沉积物性质上并不完全均匀,土壤有机质在平均水平上似乎比沉积物有机质的极性要大一些,因此对于非极性有机物是一种更弱的"吸附剂"。

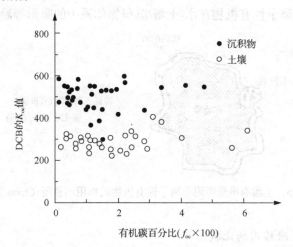

图 12-6　1,2-二氯苯(DCB)在 32 种土壤和 36 种沉积物中的有机碳吸附系数(Kile et al, 1995)

3. 线性分配理论

　　经过许多学者的共同努力(Karickhoff et al, 1979; Chiou et al, 1979),在 20 世纪 80 年代初形成了比较完整的线性分配模型理论。该模型假设土壤/沉积物有机质在组成和结构上是均匀的,疏水性有机物在土壤中的吸附过程实际上是在土壤有机质上的分配过程,该过程具有以下特点:

　　(1)吸附等温线是线性的,对于给定的疏水性有机物,尽管在不同的土壤/沉积物上的分配系数不同,但经过有机碳标化的 K_{oc} 为常数。

　　(2)吸附速率很快。

　　(3)吸附是完全可逆的,在吸附与解吸之间没有滞后效应。

　　(4)当多种疏水性有机物同时吸附时,有机物之间没有竞争现象发生。

　　20 世纪 80 年代后,人们在实践中发现许多农药在土壤中的吸附过程并非都完美地遵循相平衡分配线性模型,大量的非线性吸附现象被发现。例如,吸附等温线常常是非线性的且遵循 Freundlich 方程;对于给定的有机物,从不同土壤/沉积物中测得的 K_{oc} 存在较大的差异;吸附速率随时间的增加逐渐减慢,有时可能需要数月的平衡时间,而且解吸等温线存在明显的滞后现象;不同理化性质的疏水性有机物在吸附过程中有时有竞争吸附发生,这些都是线性分配模型所无法解释的。

　　由此在线性分配模型的基础上,人们又提出了非线性分配模型,对实验中观察到的非线性现象进行解释,该模型认为发生非线性吸附主要是由于以下因素中的一个或多个共同作用的结果:①液相中存在的悬浮物会改变疏水性有机物在土壤/沉积物中分配系数的大小;

②土壤/沉积物中无机矿物组分参与了吸附；③土壤/沉积物有机质组成和结构的不同影响吸附。但是，对给定的反应体系，该模型无法给出非线性吸附的范围和大小。

如果仔细考察土壤中的有机质，可以发现这是一个包括了多种已知和未知结构的复杂混合物。相对分子质量从小到 1000 的蛋白质和富里酸，到大于 1000000 的木质材料和油田母岩，其结构和形态受 pH、离子强度、金属离子等影响，是一个组成和结构均不相同的复杂混合物，同时显示出"亲水性"和"疏水性"，并不是一个"均质"的有机相。因此，人们又提出了以下模型用于解释疏水性有机物在天然土壤/沉积物上的吸附现象（党志等，2001）。

4. 多端元反应模型

多端元反应模型（distributed reactive model）由 Weber 等在 1992 年提出，与分配模型最大的不同点在于该模型不再将土壤/沉积物中的有机质看作是组成和结构上都均一的物质。相反，他们认为无论从宏观还是微观的角度土壤/沉积物都是高度不均一的吸附剂，兼有"亲水性"和"疏水性"、"流体"和"固体"的特点。他们引入"硬碳"（hard carbon）和"软碳"（soft carbon）的概念，并认为有机物与硬碳之间倾向非线性吸附，而与软碳之间则倾向线性分配。整个模型的大意是土壤/沉积物对有机污染物的吸附是由一系列线性的和非线性的吸附反应组合而成，所观察到的宏观吸附现象实际上是有机物吸附或者分配到一系列不同微观有机相过程的加合。这些微观的吸附过程既包括线性分配，也包括非线性的表面吸附反应等，因此整个吸附等温线将是线性和非线性的加合。

随后，Weber 和 Huang（1996）将土壤/沉积物中吸附有机污染物的组分分成无机矿物表面、无定形的土壤有机质（软碳）和凝聚态的土壤有机质（硬碳）3 个部分。这样多端元反应模型就变成三端元反应模型。有机污染物通过不同的吸附方式进入土壤的上述 3 个部分，其中无机矿物和软碳对有机污染物的吸附以相分配为主，因此是一个可逆过程；而在硬碳上的吸附则表现为非线性，吸附速率与无机矿物和软碳相比明显缓慢，达到平衡的时间也需更长。反之，有机物从硬碳上解吸下来也比较困难，因此在吸附与解吸之间会存在明显的滞后现象。

通过差热扫描分析，LeBoeuf 和 Weber（1997）发现在腐殖酸中有一玻璃过渡点存在。这意味着土壤有机质至少有 2 种相态存在，可膨胀的橡胶态（rubbery），相当于无定形的土壤有机质；凝聚的玻璃态（condensed），相当于凝聚态的土壤有机质。进一步的吸附实验还发现，有机污染物在橡胶态上的吸附由分配机理控制，故呈线性，而在玻璃态部分的吸附则表现为 Langmuir 等温吸附。这为三端元反应模型提供了一个直接的证据。

与此同时，Pignatello 等（Pignatello and Xing, 1996; Xing et al, 1996a, 1996b）基于疏水性有机物在土壤/沉积物中吸附/解吸动力学的研究，认为土壤有机质与玻璃聚合物（glassy polymers）类似，是一个双模吸附剂，可分为溶解相（dissolution or partition domain）和孔隙填充相（hole-filling domain）两个部分。有机污染物在溶解相中是一个分配过程，具有较大的扩散系数，吸附与解吸的速率都很快，不会发生滞后现象。相反，在孔隙填充相中的吸附则服从非线性等温模型，扩散速率要慢得多，其中涉及的机理可能基于缓慢扩散（slow diffusion）或物理捕获（physical entrapment）等理论（段林等，2011），在这个相内的吸附过程可能就是造成慢吸附的主要原因。这一理论被广泛用于解释污染物吸附过程中的缓慢平衡过程，以及从土壤和沉积物中解吸时的"解吸滞后"或"不可逆吸附"过程。

5. 双模式吸附或双组分吸附模型

在以上研究基础上，人们重点研究了土壤有机质中硬碳的来源和组分，认为硬碳（如黑碳）对有机物的吸附贡献不可忽略（Accardi-Dey and Gschwend，2002；Cornelissen et al, 2005）。例如，他们发现黑碳大约可以占沉积物中总有机碳的9%（300个样品）、土壤中总有机碳的4%（90个样品）。因此，提出了将土壤有机质做更准确划分的双模式吸附（dual-modes sorption）或双组分吸附（dual-components sorption），包括无定型有机质（amorphous organic matter, AOM）和碳质基质（carbonaceous geosorbents, CG）吸附剂，如黑碳、煤和油母质，前者类似于"软碳"或"橡胶态"，而后者类似于"硬碳"或"玻璃态"。有机物在CG上的吸附一般比在AOM上高10～100倍，对平面化合物的吸附尤其显著，在低浓度条件下，有机物在CG上的吸附可能占主导地位。有机物在AOM上的吸附以线性分配为主，吸附/解吸速率快，更容易被微生物降解；而在CG上主要为非线性吸附，吸附机制涉及表面点位间作用和纳米孔道，解吸速率慢且不容易被微生物降解。如图12-7所示，这个理论合理解释了仅基于AOM的吸附预测在实际环境中会导致的较大偏差问题。

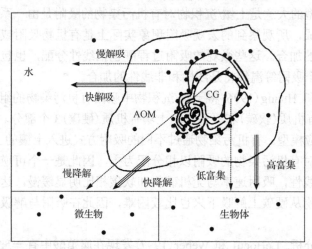

图 12-7　有机物在土壤有机质上的双模式吸附模型（Cornelissen et al, 2005）

图中箭头表示有机物在各个过程中的净通量，黑点代表有机物分子

12.2.4　非离子型有机物在矿物表面上的吸附

尽管土壤矿物质的大部分表面为亲水性的，对疏水性有机物的贡献相对较小，但土壤矿物是土壤和沉物物中主要构成组分，而且其百分含量与有机质相比，占绝对优势，因此在一些环境条件下，对有机物的吸附行为也可能是重要的，在对有机物的环境行为研究中，黏土矿物对吸附的影响也不能忽视。

1. 气相中在无机矿物表面的吸附

在潮湿的土壤环境中，由于水分子与有机物竞争亲水的无机表面，因此此条件下有机物多表现为弱吸附，但一些"干燥"的环境条件下，没有水分子与非离子性有机物竞争土壤黏土矿物表面的吸附位，所有有机物很容易被土壤表面所吸附。在干旱地区，这种吸附作用十分显著。

这种土壤矿物质表面的吸附,与吸附质的极性有关。一般来讲,极性越大的吸附质,其吸附量也就越大。同时,土壤中的有机质对非离子性有机物的分配作用仍然在发生,因为反应体系中没有有机溶剂的存在,有机物具有分配到土壤有机质中的趋势。结果,非离子性有机物在干土壤的气相吸附中,形成了强吸附(被矿物质表面)和高分配(被有机质)的吸附特征。很明显,干土壤对有机物的吸附可能是土壤对有机物吸附类型中其吸附量最大的情形,因为在这种反应体系中,土壤矿物质和有机质都发挥了作用。

2. 有机溶剂中在无机矿物表面的吸附

由于水分子能与有机物竞争矿物表面,如果将溶剂从水换成有机溶剂,那么有机物在土壤中的吸附会发生什么变化呢?在这种有机体系中,可以通过有机溶剂把土壤有机质分配部分的作用屏蔽起来,在比较理想的条件下来讨论土壤矿物质对有机物的吸附特征。

1)在非极性有机溶剂体系中

Chiou 等(1979)使用两种矿物成分和有机质含量明显不同的土壤(19.9%有机质、68%粉砂、21%黏土和 51%有机质、36%粉砂、3.5%黏土),在己烷体系中,对对硫磷和高丙体六六六的吸附进行了深入的研究后发现,两种土壤对两种有机物的等温线完全为非线性,而且吸附量比在水溶液体系中的吸附量大得多。在干土壤上对硫磷的吸附等温线的非线性和较大的吸附量及高吸附热等,都支持了这样一个论点,即在己烷中吸附的主要机理是土壤矿物质的吸附[图 12-8(a)]。表现出非离子性有机物被强烈地吸附在矿物表面,极弱分配在土壤有机质中的吸附特征。

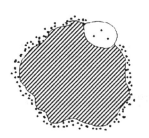 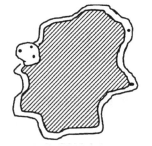

特征:弱分配(有机质)　　　　　特征:弱分配(有机质)
　　　强吸附(矿物表面)　　　　　　　弱吸附(矿物表面)

(a) 非极性有机溶剂　　　　　　　(b) 极性有机溶剂

图 12-8　非离子性有机物在非极性有机溶剂和极性有机溶剂中土壤上的吸附示意图(金相灿,1990)

2)在极性有机溶剂中

Yaron 和 Saltzman 研究了在极性有机溶剂中,土壤吸附有机物的特征。结果发现,对硫磷在极性溶剂如甲醇、乙醇、丙酮、氯仿中被干土壤吸附时,其吸附量几乎为零。然而在非极性溶剂己烷中作同样的吸附时,其吸附量比较大,而且高于从水溶液体系中进行同样吸附时的吸附量。图 12-8(b)表示了土壤在极性溶剂中对有机物的吸附机理,即非极性有机物极弱的分配至有机质和土壤黏土矿物表面。这是因为在极性有机溶剂中,如甲醇、丙酮、氯仿、乙酸乙酯等溶剂具有高的极性,对有机物又具有很好的溶解度。在土壤的吸附中,它们的极性可以强烈地占据土壤矿物表面的吸附位,其作用十分类似于在水溶液体系中极性水分子激烈地与非离子性有机物竞争矿物表面的吸附位的机理。其结果，对硫磷几乎很难被矿物所吸附，另外由于有机溶剂的高溶解度，使得对硫磷的绝大部分溶解在有机溶剂中很难分配到土壤有机质中去。因此，在极性有机溶剂中，土壤对有机物的吸附很小甚至几乎不发生，这就不难理解了。

3. 水相中在无机矿物表面的吸附

当无机矿物完全浸没在水中时，也可以观察到非离子型有机物在其表面的吸附，这类吸附在某些条件下是非常重要的，如在一些环境体系中，固体表面没有足够多的有机质来支配吸附时。一般来说，由于非离子型有机物与矿物表面相互作用时不涉及共价键的形成，所以这些吸附属于物理吸附作用。非离子型有机物在无机固体上的吸附可以用线性等温线来描述，如芘在高岭土上的吸附(图 12-9)。但是，某些化合物，如含硝基芳香族化合物，在黏土上的吸附符合 Langmuir 等温线(图 12-10)。下面将分别讨论这两种情况的机理(王连生等，2003)。

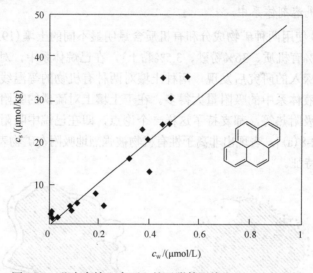

图 12-9 芘在高岭土表面上的吸附等温线(Backhus, 1990)

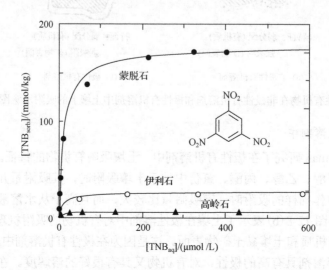

图 12-10 水溶液中三硝基苯(TNB)在 K$^+$饱和黏土矿物表面的吸附(Haderlein et al, 1996)

1) 在矿物表面附近区域上的分配

在水体中，非离子型有机物吸附到亲水性无机表面之前，有机物需要替代早已吸附在极性表面上的水分子，由于非极性和弱极性有机物与无机物表面没有氢键作用，这些有机物不会像水分子那样与无机表面进行有效的偶极作用。因此，水体中非极性或弱极性有机物在亲水无机矿物表面的吸附非常微弱，但仍有一些报道观察到了这类吸附。这可能是中等极性矿物的部分表面（如—Si—O—Si）可以允许极性水分子和非极性有机物存在某种程度的交换。例如，无定形硅或铝氧化物对非极性有机物有明显的吸附作用；另一种可能是由于无机表面的水分子受表面的吸引，排列会比溶液中的水分子有序，这层水膜称为"微层水"，可从固体表面向外延伸几纳米，当疏水性有机物从主体水溶液中"排挤"出来，可能在"微层水"中的再分配，这种分配在能量上更有利。对于比表面积越大的矿物，"微层水"的比例更大，更有利于吸附。

2) 基于电子供体/受体相互作用的吸附

一些特殊的有机物表现出比氯苯和 PAHs 等有机物强得多的矿物表面亲和力，如硝基芳香化合物（NACs），包括炸药 TNT 和除草剂二硝基甲酚（DNOC）等。一定的条件下，这些NACs 在层状硅酸盐黏土矿物表面表现出很强的吸附能力（图 12-10），吸附等温线为非线性，说明与固体表面特殊点位存在能饱和的相互关系，用不同的 NACs 同时吸附时也观察到竞争效应。

这是由于芳香环上硝基具有很强的吸电子特性，致使苯环上的 π 电子云具有吸引电子供体的能力（即 NAC 是电子受体）。硅酸盐矿物的硅氧四面体表面的氧原子存在着多余电子对，只要这些表面没有被大量的水合阳离子所阻挡，NACs 就能与硅酸盐的硅氧表面形成电子供体/受体（electron donor/acceptor, EDA）相互作用，从而完成吸附，即

$$NAC + Si—O:H_2O \Longrightarrow Si—O:NAC + H_2O$$

这时，苯环以水平的方式与硅氧表面相互吸引，而 NACs 的硝基端与硅酸盐矿物表面的交换性阳离子相互吸引，更加稳定了这种吸附。

这种基于 EDA 作用的吸附强度受 NACs 结构的影响，当苯环上硝基取代基越多，吸附能力越强；而其他取代基团由于会阻碍苯环靠近硅氧表面或吸电子能力不足，会大大降低吸附能力。有研究表明，NACs 在 K-黏土上的吸附常数与 Hammett 取代基常数呈正相关关系（Boyd et al, 2001）。

这类吸附的一个重要特征是黏土表面交换性阳离子的种类和数量可以显著影响表面对NACs 的吸附强度。例如，在 Cs^+、K^+、Na^+ 饱和的蒙脱土上，它们在 Cs-蒙脱土上的吸附最强，而在 Ca^{2+} 饱和的蒙脱土上则几乎没有吸附（图 12-11）。这种现象可以解释为大量水合的阳离子会阻碍 NAC 到达黏土表面点位，而价态越低，水合半径越小的阳离子，如 Cs^+ 对 NAC的阻碍作用最小（图 12-12）。因此，对于同一种黏土矿物，吸附阳离子的水合能越小，对NACs 的吸附越强。另外，黏土矿物的电荷密度也可以影响对 NACs 的吸附，因为黏土矿物所带电荷越小，层间所吸引的阳离子越少，对有机物的阻碍作用也越低。因此，CEC 越小、表面积越大的 Cs 饱和黏土对 NACs 的吸附越强。

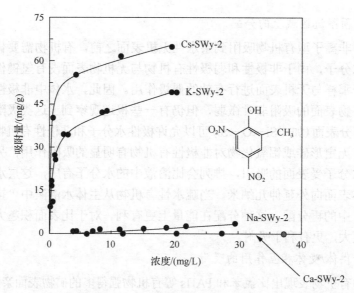

图 12-11　二硝基甲酚(DNOC)在不同阳离子饱和的蒙脱石(SWy-2)表面的吸附等温线

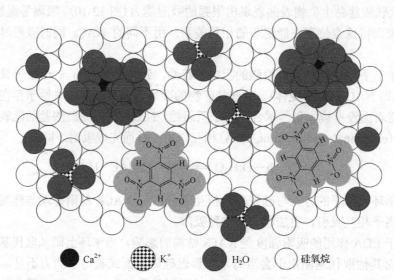

图 12-12　交换性阳离子(水合 K⁺和 Ca²⁺)及三硝基苯(TNB)在层状硅酸盐表面的吸附图(Weissmahr et al, 1998)

TNB 与硅氧表面能形成较强的 EDA 作用

12.2.5 有机污染物在土壤中的挥发、扩散和迁移

1. 挥发

农药在田间土壤中损失的主要途径是挥发。农药施撒期间和施撒后由于挥发造成的损失量，占撒药量的百分之几甚至 50%以上，这涉及农药的化学效率和对人畜的危害。在过去的十多年中，人们对土壤中农药的蒸发损失机制了解已取得很大成就，这里着重介绍影响土壤农药挥发的主要因素。

大量的农药施撒时损失的多少受农药性质、剂型、大气条件、施用方法和药滴大小的影响。例如，颗粒剂菌达灭撒到干土表面时，几小时内几乎没有损失，但是当把菌达灭进行喷雾时，在雾滴复干所需的 10min 内，农药就损失了 20%。显然，施撒时风速明显影响飘移量，温度则影响农药的蒸气压和化学及光化学降解速率。

有些研究者还从农药的物理与化学特性、土壤的吸附特性、农药浓度、土壤含水量、气流移动、温度、扩散七个方面研究影响土壤农药挥发的主要因素。

2. 扩散

农药在土壤中的移动是通过扩散和质体流动两个过程进行的。扩散是控制与土壤紧密结合的农药挥发的主要过程，农药在土壤的扩散取决于土壤特性，如水含量、紧实度、充气孔隙度、湿度，以及某些农药的化学特性，如溶解度、蒸气密度和扩散系数。扩散既能以气态发生，也能以非气态发生，因此非气态扩散完全取决于土壤水分含量。

农药的质体流动是由与农药分子相联系的水或土壤微粒流或者两者皆有的流动引起的，质体被水流转移通过土壤剖面取决于水流的方向和速度及农药与土壤的吸附特征。水流通过土壤的剖面可能十分复杂，已经提出利用模型来预测某一种农药的质体转移。

12.3　有机污染物在土壤中的降解

12.3.1　非生物降解

非生物降解过程在消除土壤中的许多有机物方面起着重要作用。例如，水解、光化学降解均是土壤中农药非生物降解的主要化学反应类型。

1. 水解反应

水解是化合物与水分子之间相互作用的过程，由于土壤体系总是含有水分，因而水解是有机污染物在土壤中的重要转化途径之一。有机污染物(RX)的水解反应通式可以表示为

$$RX + H_2O \Longleftrightarrow ROH + XH \tag{12.3.1}$$

在环境条件下，可能发生水解的有机官能团有烷基卤、酰胺、胺、氨基甲酸酯、羧酸酯、环氧化物、腈、磷酸酯、磺酸酯和硫酸酯等。水解作用的结果是改变了有机物的结构，一般情况下，水解可导致产物的极性和水溶性增加、毒性降低，但是也存在例外。例如，2,4-D 酯类的水解就生成了毒性更大的 2,4-D 酸类化合物。

水解反应可以被酸或碱加速，OH⁻是比水分子更强的亲核试剂。而在土壤中，当氧化矿物或黏土矿物存在时，水解反应常被矿物表面的酸性点位催化加速，如金属阳离子的水解反应可以释放出 H⁺。已经证明了黏土可以催化几种农药的分解，在土壤中，吸附-催化水解反应对以下两类农药似乎特别重要。

1)氯化均三嗪类除草剂

大量资料证明，化学水解在土壤中的氯化均三嗪类除草剂方面起着重要的作用，这些资料是以灭菌的土壤系统和未灭菌的土壤系统、有土系统和无土系统、土壤性质和土壤与溶液的比率作为水解影响的评价，以及模拟土壤系统中的水解机理的研究为基础。Horrobin

等早在 20 世纪 60 年代末就提出了关于莠去津的吸附催化水解模式(图 12-13),其根据是氢键可以有相似于氢离子催化氯化均三嗪水解的机理来催化水解,环上与氯原子结合的碳原子被电负性的氯和氢原子包围着,因而易受 OH 的影响而水解。

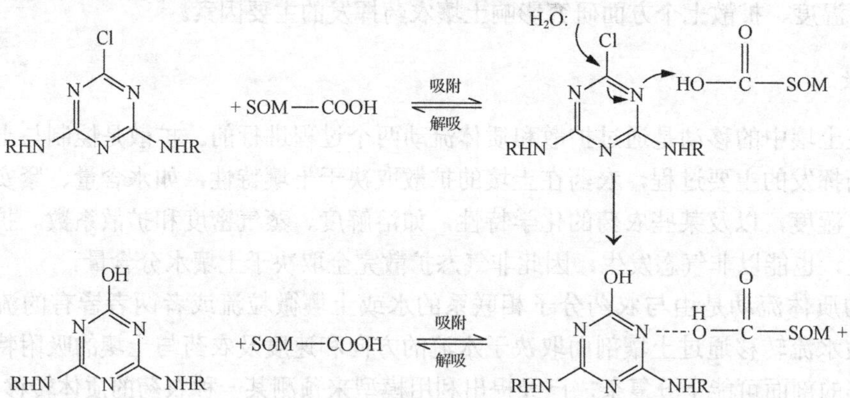

图 12-13 土壤中吸附-催化水解莠去津的机理

SOM—COOH 为土壤有机质上的羧基官能团

2) 有机磷农药

有机磷农药易于水解(图 12-14),水解形式主要包括酸催化、碱催化。但有机磷农药碱催化水解要比酸催化水解容易得多,从以上的资料可看出,有机磷农药在碱性条件下水解速率比在酸性条件下有很大的提高,因为有机磷农药的水解主要是发生在磷原子与有机基团连接的单键结构上(这个有机基团是取代羟基或羟基上的氢原子的),而 OH 取代有机磷农药的有机基团要比 H^+ 取代有机磷农药的有机基团要容易得多,这与农药的本身结构及 OH^- 的氧化能力强有关。

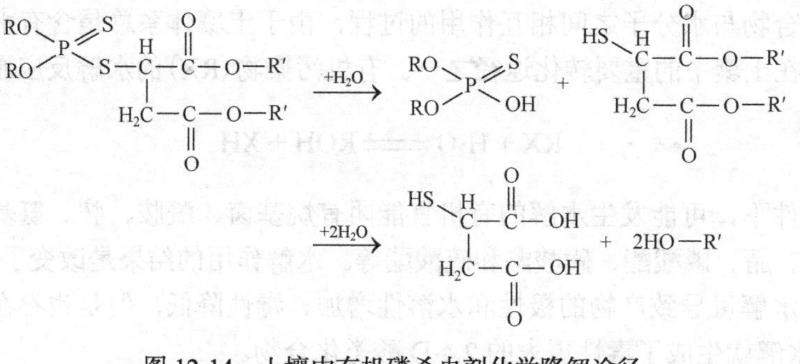

图 12-14 土壤中有机磷杀虫剂化学降解途径

有机磷农药在土壤水中的水解速率与在纯水中的水解速率是不一致的,有机磷农药在无土体系中的水解要比有土体系中的水解慢得多。例如,丁烯磷在 38℃、pH 为 9.1 的条件下,水解 50%需 35h,而它在普通土壤中水解 87%也只需 24h。有机磷农药进入土壤以后,能被土壤中的有机质和矿物质吸附,土壤中存在的诸多氧化物(如 O_3、H_2O_2、NO_x 及有机质等)会使体系中产生更多的 OH^-,使有机磷农药发生快速彻底的吸附-催化水解反应。

土壤中有机磷农药的水解还可能包含另一种机理,即与金属离子发生配位作用催化水解反应。Mortland 和 Raman 证实 Cu^{2+} 可与地亚农发生配位反应,催化它的水解反应(图 12-15);而且,金属离子催化有机磷水解的倾向与有机磷和金属离子形成配合物或螯合物的能力有关。

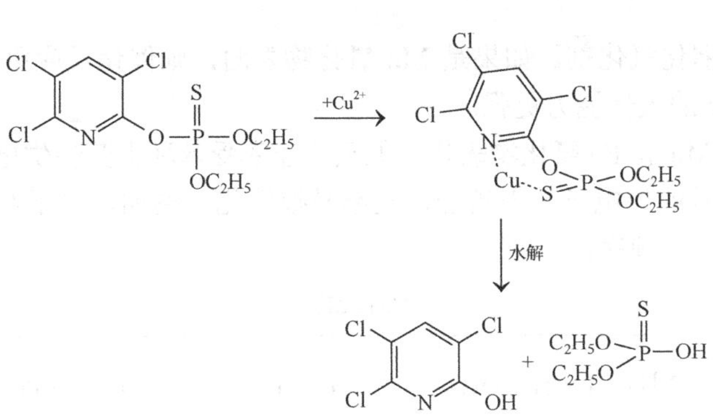

图 12-15　铜离子催化的有机磷水解反应途径

2. 金属催化氧化

一些有机物如酚类和芳香胺，可以被氧化降解，包括 Al^{3+} 在内的很多金属阳离子可以通过形成金属配合物诱导多酚类向醌类聚合物转化，而聚合反应更倾向于形成 C—C 键而非 C—O 键，即

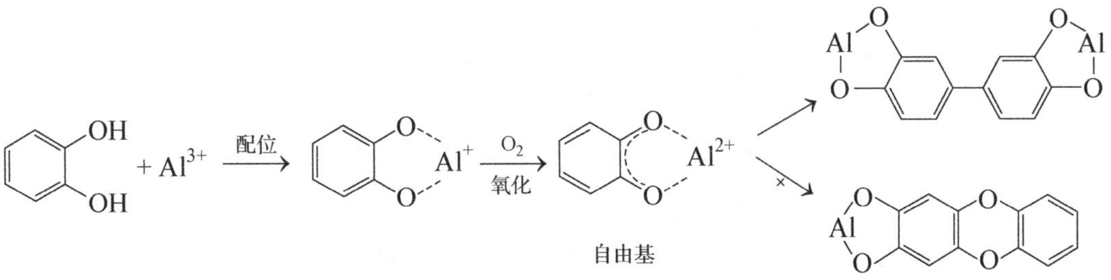

由于配位的金属离子占据了聚合反应所需的双酚基团，因此阻止以上反应从下面的反应途径进行。尽管氧化反应可以由土壤溶液中的溶解氧引发，但事实上一些矿物表面可以充当氧化剂或催化剂，从而极大地加速反应。例如，联苯胺可以被黏土矿物吸附，从而被矿物中的结构 Fe^{3+} 氧化，即

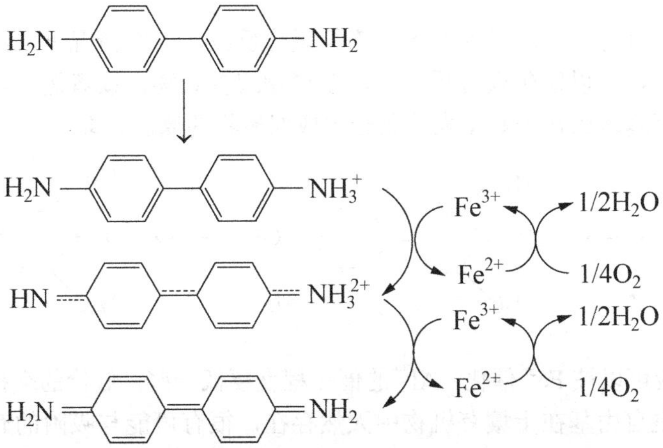

矿物中的结构 Fe—OH 可以自旋产生一个亚铁离子和羟自由基 HO·，从而氧化有机物分子，然后 O_2 分子将亚铁离子重新氧化成高铁离子，完成循环。因此，矿物表面上的结构铁

离子可以充当胺的催化氧化剂。如果是 Mn 氧化物表面，则催化反应更加迅速，因为+4 价的 Mn 比+3 价的 Fe 的氧化能力更强。

　　酚类也可以被 Mn 和 Fe 氧化物氧化，但氧化速率受苯环上其他供电子基团的影响，一般来说，这些取代基的供电子能力越强，则越易被氧化。例如，对于对位取代的苯酚类化合物，氧化能力有以下顺序：

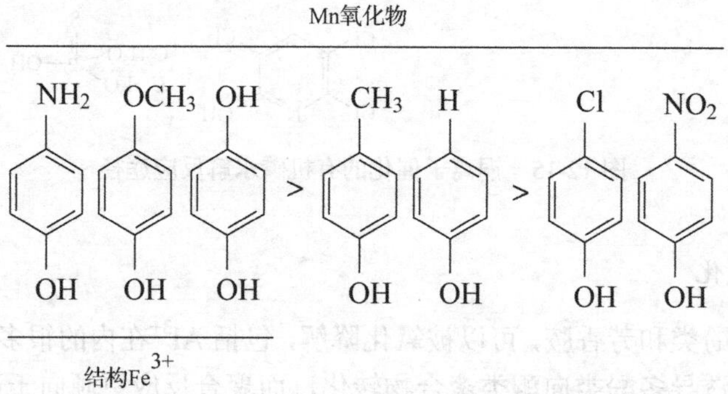

Mn氧化物

结构Fe^{3+}

　　双酚和多酚类化合物可以通过生成半醌的途径被氧化为醌类，如以下的反应：

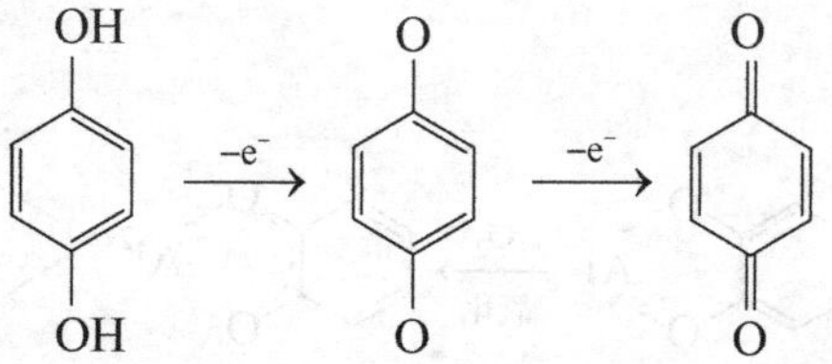

双酚　　　　　半醌　　　　对苯醌

　　苯环上羟基—OH 较强的供电子能力使得酚类化合物在土壤中较易被氧化。但是，处于对位的氯酚类物质相对难以被氧化，可以在土壤中存留较长的时间；而处于其他位置的氯酚则较易被 Mn 氧化物降解，这个过程包括水解(Cl 被 OH 取代)和氧化。上面双酚被氧化的反应可以被土壤中 Mn 氧化物、Fe 氧化物、黏土矿物中的结构 Fe^{3+}及土壤有机质上配位的 Fe^{3+}诱导。

　　矿物表面可以进行如上所示的单电子连续氧化反应，一些情况下，产物中的半醌自由基积累到一定浓度，可以发生聚合反应生成双聚物或多聚物，或者进一步被溶解氧氧化，这可能是 2, 6-二甲基苯酚在干黏土表面聚合生成双聚物的原因，即

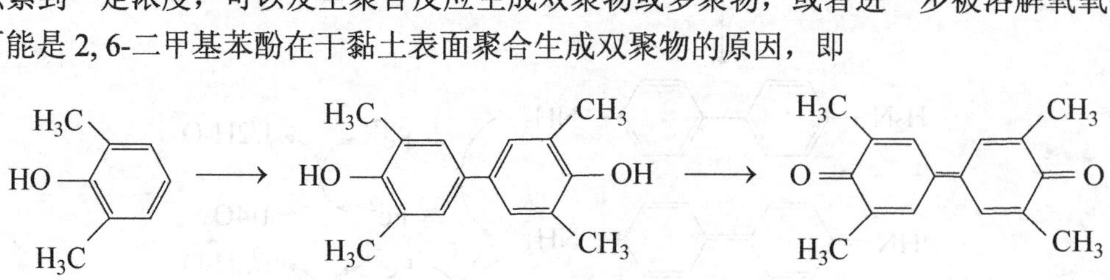

　　这种偶合反应可以被 Fe^{3+}催化，Al^{3+}的催化程度要低一些，低价的交换态金属的催化活性更低一些。半醌自由基在土壤有机物中天然存在，很有可能与吸附的有机污染物发生氧化或还原反应，也可能将自己与其他有机物偶合形成相对分子质量更高的有机物。

3. 光化学降解

有机污染物在土壤表面的"光化学降解"指吸附在土壤表面的污染物分子在光的作用下，将光能直接或间接转移到分子键，使分子变为激发态而裂解或转化的现象，它是有机污染物在土壤环境中消失的重要途径。在光化学反应的初期阶段，常常伴随着化学键高度松动、分裂成游离基，光化学反应可能是异构化作用、取代作用的总结果。所发生的反应类型将取决于农药、溶剂和存在的其他反应物的物理状态。常见的光解类型包括光氧化、光还原、光水解、分子重排、光异构化等。已报道各种类型农药发生的光化学反应，农药化合物对光化学的敏感性说明，土壤表面农药光解与农药药用效果、农药对生态系统的影响有直接关系。

相比较而言，农药在土壤表面的光解速率要比在溶液中慢得多。光线在土壤中迅速衰减可能是农药在土壤中光解速率减慢的重要原因；土壤颗粒吸附农药分子后发生内部滤光现象，可能是农药在土壤中光解速率减慢的另一重要原因。多环芳烃 PAHs 在高含 C、Fe 的粉煤灰上光解速率明显减慢，可能是由于分散、多孔和黑色的粉煤灰提供了一个内部滤光层，保护了吸附态化学品不发生光解。此外，土壤中可能存在的光猝灭物质可猝灭光活化的有机分子，从而减慢光解速率。

影响土壤中有机物光解的主要因素包括(陈怀满，2010)：

(1)土壤组分和质地。土壤黏粒具有相对高的比表面积和电荷密度，能通过催化光解作用使所吸附的农药降解。例如，氧和水在光照的黏土矿物表面极易形成活性氧自由基，使吸附在矿物表面的有机物降解。

(2)土壤水分含量。潮湿的土壤在光照条件下容易形成大量的自由基，可加速有机物的降解。例如，在湿度为 80% 的土壤中，丁草胺和乙草胺的光解速率均比干燥条件下的大，西维因也有类似趋势。

(3)共存物质的猝灭和敏化光解。土壤色素可猝灭光活化的有机分子，而土壤有机质含有大量的自由基核心，在光照条件下可使自由基浓度增加，促进有机物的间接光解。ZnO 等金属氧化物对土壤中的阿特拉津等具有光诱导降解作用，可能是影响有机物在土壤中光解的另一类重要光敏物质。

12.3.2　生物降解

生物降解是影响土壤中有机物持留时间最重要的过程。一种化学物质，不管是持久、短期、迁移、稳定、吸附吸收、活性、非活性的还是最后产生残留问题的，都取决于土壤的微生物代谢作用。一些有机物能在土壤中保留很长时间，可能的原因是被吸附后使微生物无法接触到，或者是结构上能抵抗微生物的降解。

参与生物降解的生物类型包括各种微生物、动物、植物等，其中微生物降解作用是最为重要的，因为微生物具有各种化学作用能力，对能量的利用比高等生物高，且微生物具有高速度的繁殖和遗传变异性，其酶体系能以最快的速度适应外界环境的变化，所以通常提到生物降解即指微生物降解。

从有机污染物是否为微生物的唯一碳源，可以将生物降解作用分为"生长代谢"(growth metabolism)和"共代谢"(co-metabolism)两种。前者是指有毒有机物作为微生物培养的唯一碳源，使有毒有机物进行彻底的降解或矿化；后者是指有机物不是微生物生长的唯一碳源，必须有另外的化合物提供微生物碳源或能源，该有机物才降解。

研究表明，在微生物降解烃类和农药等有机物的过程中，微生物的共代谢降解方式起着重要的作用，其突出的特点是在有机物浓度非常低时(mg/kg 或 µg/kg)，微生物也能对其进行降解。所谓共代谢，是指微生物的"生长基质"和"非生长基质"共酶，或是在污染物完全被氧化成 CO_2 和 H_2O 的过程中有许多酶或微生物参与。"生长基质"是可以被微生物利用作为唯一碳源和能源的物质。"生长基质"和"非生长基质"共酶，是指有些有机物(非生长基质)不能作为微生物的唯一碳源和能源，其降解并不导致微生物的生长和能量的产生，它们只是在微生物利用生长基质时，被微生物产生的酶降解或转化为不完全的氧化产物，这种不完全氧化可以被别的微生物利用并彻底降解。

土壤中有机物的生物代谢受以下几个方面的影响。

(1)环境条件：温度、降水、风和光照等环境条件能影响微生物的生理状况，如提高土壤湿度加速有机污染物的降解。

(2)土壤性质：如土壤 pH、E_h、有机质含量、矿物质、质地等。土壤 pH 对微生物影响很大，一方面 pH 能显著影响微生物活性，如氧化亚铁硫杆菌等嗜酸菌在强酸条件下代谢活性更高，另一方面能显著影响土壤中有机污染物的赋存形态。例如，当土壤 pH 高于甲磺隆除草剂的 pK_a 时，其分子主要以阴离子形态存在，不易被土壤吸附和微生物利用，使其在土壤中的残留时间较长(汪海珍等，2001)，如溴氰菊酯在江苏太湖水稻土、江西红壤和东北黑土中的降解半衰期分别为 4.8d、8.4d 和 8.8d。

(3)营养物料的种类浓度。例如，在土壤中添加少量葡萄糖，能大大加快涕灭威的降解，半衰期时间缩短一半。但加入碳源过多往往导致降解率下降，这可能源于微生物对不同碳源的偏好利用。对外加营养依赖性小、适应性强的菌剂来说，外源营养物添加与否，对菌剂的降解效果影响不大。

(4)有机污染物的结构：一般来说，相对分子质量越小、结构越简单的有机污染物越易被降解。而一些拥有极性官能团的有机物(如—OH、—NH_2、—COOH、—NO_2)也容易被微生物降解，这是由于它们水溶解度更高，且微生物拥有降解这些官能团的酶系统。例如，饱和烃最易降解，其次是相对分子质量较低的芳香烃，而相对分子质量较高的芳香烃、多氯联苯类等有机物很难被微生物降解，一方面是其水溶解性极低；另一方面其结构中缺少微生物酶作用的点位。但是，在一些还原性条件下，这些化合物仍然能被微生物缓慢降解。

12.4 土壤中有机污染物的修复方法

土壤污染修复是指对被污染的土壤采取物理、化学、生物技术等措施，使其中的污染物浓度降低或毒性减小或完全无害化的过程。污染土壤的修复方法一般可以分为物理修复、化学修复和生物修复。其中，物理修复是借助物理手段将污染物从土壤中分离开来的技术，包括客土法、蒸气浸提、固定稳定化、电动力学修复等，具有工艺简单、费用低的特点。化学修复技术是利用化学方法降解、固定或去除污染物的方法，包括化学淋洗、化学氧化/还原、化学固定、电化学降解、可渗透反应墙等技术。而生物修复主要是要利用生物特有的分解有毒、有害物质的能力，达到去除土壤污染的目的，包括微生物修复和植物修复等。一般来说，修复技术常根据实际情况，联合几种方法来达到修复污染土壤的目的。例如，生物降解有机污染物的过程中，为强化降解效果，常常加入助溶剂、通入空气或适当加热土壤等。以下就两种常用的土壤/地下水有机污染物修复方法加以介绍。

12.4.1　原位微生物催化降解

原位微生物催化降解是在污染场地利用微生物的降解作用来去除土壤中有机污染物的方法。一般条件下，在适宜的土壤条件下，微生物对有机物的降解作用是一个自然发生的过程；而在较恶劣的土壤条件下，微生物的降解过程缓慢或停滞，此时则需要向土壤中加入催化剂或某种特定的微生物，才能促进上述降解过程的正常进行。人们把这种在催化条件下发生的生物降解过程称为(原位)催化生物降解。催化生物降解具有环境友好、成本低、对土壤质量破坏小的特点，是消除土壤有机物污染，实现土壤安全的理想方式之一。

1. 生物降解的前提条件

1) 环境条件

细菌等微生物发挥正常作用的前提条件一般包括充足的水、适当的电子受体和电子供体、营养物质和微量元素，毒性化合物的含量不能太高，pH 为 6~8。

2) 适宜细菌的存在

在一般土壤中广泛分布着能降解矿物油和芳香族化合物的细菌等微生物，因此对此类污染物无须人为地加入降解细菌。而针对氯代有机物的微生物降解，有时必须加入某种细菌，因为迄今人们发现只有一种细菌群(脱氯菌)可以完全降解氯化物。

3) 生物可利用性

有机污染物得以快速降解的前提条件是细菌与这种污染物能够发生反应性接触，这就要求污染物必须是溶于水的。而常见的矿物油、多环芳烃等有机污染物的水溶解性较差，尤其在含有腐殖质较多的土壤中，有机物趋向于分配在土壤有机质中，因此会使此类有机污染物的生物降解难度加大。如果污染物是难溶于水的，则这种污染物的降解速率常取决于该物质从土壤固相中释放的速率，因此人们常添加一些助溶剂，改变污染物的溶解性，促进其从吸附态转变为溶解态，从而加速其生物降解。

2.常见的生物降解方法

1) 好氧降解法

好氧降解法适用于矿物油、苯系化合物和轻质多环芳烃的降解。此方法通过将压缩空气、纯氧或能够提供氧气的催化剂注入土壤中作为电子受体，从而促进其好氧菌的活动能力。例如，在对矿物油、苯系化合物和多环芳烃进行催化降解过程中最常用的方法是生物曝气(适用于饱和土壤区)和生物通风(适用于非饱和土壤区)。

2) 厌氧降解法

厌氧降解法是降解氯代有机物和芳香族化合物的主要方法。土壤中的氯代有机物或其他碳源作为电子供体，常加入硝酸盐或硫酸盐作用电子受体。当土壤中不含具有脱氯作用的细菌时，可以向土壤中加入这种细菌(生物强化)。

表 12-3 中列出了一些常见有机污染物的生物降解方法适用情况。

表 12-3　土壤中典型有机污染物的生物降解方法适用情况(环境保护部自然生态保护司，2011)

污染物	降解条件	适用情况
矿物油	好氧	烷烃组分只能在氧气充分的条件下进行降解，如果氧气和营养物质同时具备，矿物油可以很快转化为二氧化碳和水
	厌氧	烷烃的厌氧降解几乎未投入实际应用
苯系物	好氧	在好氧条件下，苯系物易被微生物降解，这类物质是作为碳源使用的。由于苯系物挥发性好，生物曝气和生物通风过程都会促进苯系物进入空气中，抽提土壤空气可以使挥发性有机物通过某种吸收装置进行回收
	厌氧	甲苯、乙苯和二甲苯可以在不同的厌氧条件下被细菌降解(硝酸盐降解菌、产甲烷降解菌)，如加入硝酸盐或硫酸盐，此方法适用于地下水的修复，但与苯的降解机理有所不同
多环芳烃	好氧	一般条件下，多环芳烃只在好氧条件下降解，并且降解速率与这些物质结构中环的数量成反比。在好氧条件下，萘和菲等具有双环结构的多环芳烃类物质较易降解，而具有四个或更多环的多环芳烃则很难降解
	厌氧	理论上讲，萘可以在厌氧条件下降解，但这种降解并不是在所有条件下发生，原因尚不清楚
氯代物	好氧	含氯原子多的化合物不能在好氧条件下降解。在好氧条件下，如四氯乙烯和三氯乙烯不能被细菌降解，但氯代程度较低的化合物，如二氯乙烯、氯乙烯、氯乙烷，能够在好氧条件下被降解。在上述情况下，主要机理为氧化降解和共代谢
	厌氧	厌氧条件下的降解是氯代乙烯类最重要的降解形式。降解过程中，氯代乙烯作为电子受体参与降解过程，其降解机理为还原脱氯。在降解过程中，氯原子被逐步除去，可以最终形成乙烯和乙烷等无害物质 四氯乙烯或三氯乙烯几乎不能在好氧条件下降解，但可以在铁或硫酸盐还原条件下进行不完全降解，生成顺式-二氯乙烯。只有在产甲烷菌的作用下，有机氯化合物才能完全降解为乙烯或乙烷，这种降解过程要求土壤中含有或向土壤中加入足够的电子供体

12.4.2　原位化学氧化

原位化学氧化技术是指将强氧化剂注入污染土壤中，当氧化剂接触到有机污染物时，有机污染物被化学氧化分解，产生无害的化合物。该技术相对简单并且能够快速削减污染，因此被普遍采用。

常见的土壤化学氧化剂有芬顿(Fenton)试剂、臭氧、过硫酸盐等，其氧化能力及适用污染物见表 12-4。

表 12-4　不同氧化剂的相对氧化强度及适用范围(环境保护部自然生态保护司，2011)

氧化剂	氧化能力/mV*	状态	适用污染物	不适用污染物
Fenton试剂	2800	液体	氯乙烯、氯乙烷、苯系物、轻馏分矿物油与PAH、自由氰化物、酚类、邻苯二甲酸盐(或酯)、甲基叔丁基醚	重馏分矿物油、高级烷醇、重馏分PAH、PCB、氰化物配合物
臭氧/过氧化物	2800	气体	氯乙烯、(氯)烷醇、苯系物、矿物油、轻馏分PAH、自由氰化物、酚类、邻苯二甲酸盐(或酯)、甲基叔丁基醚	重馏分PAH、PCB、氰化物配合物
过硫酸盐	2700(活性)	固体/液体	氯乙烯、(氯)烷醇、苯系物、矿物油、轻馏分PAH、酚类、邻苯二甲酸盐(或酯)、甲基叔丁基醚	重馏分PAH、PCB
臭氧	2600	气体	氯乙烯、苯系物、矿物油、轻馏分PAH、自由氰化物、酚类、邻苯二甲酸盐(或酯)、甲基叔丁基醚	(氯)烷醇、重馏分PAH、PCB、氰化物配合物
高锰酸盐	1700	固体/溶液	氯乙烯、苯系物、酚类	(苯、氯)烷醇、矿物油、PAH、PCB、氰化物

*1mol 氧化剂在一个大气压、25℃条件下的标准氧化能力。

1. Fenton 试剂

Fenton 试剂是目前用于土壤修复最强的氧化剂，它是 H_2O_2-Fe(Ⅱ) 的复合物。Fe(Ⅱ) 为催化剂，在经典的 Fenton 试剂中，Fe(Ⅱ) 以 $FeSO_4$ 溶液的形式添加，而改进的 Fenton 试剂中，铁与有机配位剂(如 EDTA 或柠檬酸盐)一起添加。典型的 Fenton 试剂在酸性条件(pH 为 2～4)下具有最有效的氧化作用，但在 pH 达到 7 的条件下也能应用。如果 pH>8，经典的 Fenton 试剂则没有作用，这是因为 Fe(Ⅱ) 在经典 Fenton 试剂中作为催化剂，必须保持为可溶状态；如果 pH>7，过氧化物就会分解，很少会用于氧化反应；如果 pH 更高，并且地下水中的碳酸盐浓度也高，则羟基自由基就会被碳酸盐吸收，对于中性形式的 Fenton 试剂，由于配位剂将 Fe(Ⅱ) 保持为可溶状态，pH 和碳酸盐的作用轻小。在用 Fenton 试剂开始原位化学氧化修复之前，必须确定土壤消耗氧化剂的量。由于 Fenton 试剂能氧化土壤有机物质，因此能提高土壤的孔隙率和渗透性，其优点是氧化剂能很好地分布在土壤中，但缺点是在有机质含量较高的土壤中，能发生剧烈的氧化反应，使土壤温度过度升高，此外，注入土壤后，氧化剂的稳定性持续不到一天。

2. 臭氧和臭氧/过氧化物

像经典的 Fenton 试剂一样，由于形成自由基，臭氧反应在酸性环境中最有效。既然臭氧以气体形式注入土壤，那么在非饱和区，用臭氧进行氧化也是原位化学氧化的一种选择。当臭氧用于非饱和区域时，温度水平很重要，而且，臭氧在低湿度水平下的分布比高湿度水平下的分布状况好。当用饱和区域时，由于气体向上运动，并且土壤通常水平成层，因此地下水非均质活动造成的优先流动路径更快形成。对于臭氧和臭氧/过氧化物，土壤消耗的氧化剂量不大重要，通常不需要进行实验室实验来确定氧化剂消耗量，一般而言，每立方米土壤消耗的臭氧量大约为 15g，理想的 pH 为 5～8，pH 达到 9 为上限。注入土壤后，氧化剂的稳定性可持续一天左右，最长达到两天。

3. 过硫酸盐

过硫酸盐有两种形态，非活化态和活化态。活化过硫酸盐氧化强度几乎等同于臭氧/过氧化物和 Fenton 试剂。活化意味着氧化反应的催化，形成氢氧自由基和硫酸根，活化方式包括：①加热到 45℃；②添加催化剂，如 Fe(Ⅱ)；③添加配位剂，如 EDTA；④强碱化土壤(pH=11.5)。土壤中过硫酸盐非常稳定，可以存在数月，此外，过硫酸盐可以用于分解多种污染物。

4. 高锰酸盐

高锰酸盐是一种温和的氧化剂，产生的风险较少，在较宽的 pH 范围内可以使用。高锰酸盐的降解反应非常特殊，如高锰酸盐可以分解污染土壤中的双键化合物，如四氯乙烯及其降解产物。然而高锰酸盐容易受到土壤质地的影响，因为高锰酸盐的氧化会产生二氧化锰(也称为褐色砂岩)，这在污染负荷高时，能降低渗透性。当使用高锰酸盐时，有必要在修复之前进行实验室实验，以便确定土壤消耗的氧化剂量，即所谓的土壤需氧量(SOD)实验。土壤需氧量取决于实验条件下的高锰酸盐浓度，这意味着必须在多个高锰酸盐浓度下进行实验，包括修复用的浓度。根据经验，当每千克土壤中的 SOD 值超过 $2g\ MnO_4^-$ 时，使用高锰酸盐进行修复的成本将过高。高锰酸盐氧化剂在土壤中的稳定性高，能持续反应数周。

本章基本要求

本章介绍了有机污染物在土壤中的迁移、转化。要求掌握土壤对有机污染物的吸附作用机理，以及土壤性质对有机污染物迁移、转化的影响；掌握分配作用和吸附作用的区别；了解有机物在土壤中的主要降解途径，以及土壤中有机污染物的修复方法。

思考与练习

1. 请讨论有哪些因素影响农药在土壤中的行为。

2. 请叙述土壤吸附农药的机理。

3. 请说明分配作用和吸附作用的区别。

4. 请叙述土壤有机质对非离子性有机物吸附的影响。

5. 举例说明土壤黏土矿物对有机物的吸附及其影响。

6. 请说明农药在土壤中存在哪些迁移、转化过程。

第4篇

化学物质的生物效应
和生态风险

　　化学物质的生物效应在环境化学领域具有特殊的意义，它综合运用化学、生物、医学三方面的理论和方法，研究化学污染物造成的各种生物效应，如致畸、致癌、致突变的生物化学机理，化学物质的结构与毒性的相关性，多种污染物毒性的协同和拮抗作用的化学机理，污染物富集累积放大的生物化学过程等。随着化学物质的种类和数量的突飞猛进，化学物质对环境的污染和破坏所引起的生物效应和生态系统结构和功能的改变，已日益受到人们的关注。一些新兴学科，如污染生态化学、环境生物化学、生态生物化学等，作为环境化学的交叉或分支学科，已经取得长足发展。研究化学物质在生态系统中的化学行为、变化规律和生态效应，达到保护环境和人类健康的目的。

　　由于内容广泛，本篇主要从化学物质的存在形态、生物可利用性、化学物质的生物吸收和生物浓缩、微生物对环境中化学物质的作用，以及污染物的生态风险及评价等方面，作简单介绍。

第13章 污染物的存在形态及生物可利用性

人们在研究中发现，化学品的分布、迁移、生物可利用性与毒性并不简单取决于它们在环境介质中的总浓度，而更依赖于它们的存在形态。例如，水俣病就是由于人们所食用的鱼类中的甲基汞（而不是总汞）所致；砷在无机形态下有极强的毒性，但是以砷甜菜碱形式（有机砷）存在时则基本可以认为是无毒的。因此，单纯测定环境中污染物总浓度有时并不能说明其环境风险，而需要进一步考虑其存在形态。

较早时候的化学形态（chemical species）指的是某一元素在环境中以某种分子或离子存在的实际形式。例如，碘在水溶液中能以一种或多种形式存在，如 I_2、I^-、I_3^-、HIO、IO^-、IO_3^- 及离子对、配合物或有机碘化物等。而近年来污染物形态的概念更加广泛，不仅包括污染物的价态、化合态、结合态和结构状态，也包括污染物与环境介质的结合形态等，研究对象也从无机重金属离子拓展到有机污染物。研究污染物形态的最终目标是为了更加准确地评价污染物的生态和健康风险。

13.1 环境介质中的金属形态

13.1.1 水体中金属形态

淡水中有机或无机化合物的性质和浓度是经过一系列复杂的过程后（包括陆生生物、水生生物的生产和降解，岩石的风化及通过雨水滤去土壤、悬浮粒子的吸附反应，水体中颗粒的凝聚和沉淀，沉淀物的化学和生物活性及胶体的夹带）产生的。因此，不同水体中这些物质的成分和浓度是不同的，即使是在同一系统中，也会存在周期性、水平方向及垂直方向上的变化。

水中常见的金属形态划分办法是根据粒径大小，将水样中能通过 0.45μm 孔径滤膜者称为溶解态金属，而被截留在滤膜上的部分称为颗粒态金属。一般而言，金属在水体中可以以游离金属离子与无机配体或有机配体结合形态存在。环境中水体的 pH 能够影响和控制不同金属的化学形态，水体 pH 为 6～8 时，金属主要以碳酸盐和氢氧化物为主，但当 pH 低于此范围时，硫酸盐和磷酸盐占主导地位。自然环境中，金属与水中溶解性有机物的结合尤为重要。水中悬浮固体（颗粒或胶体）的表面积对控制水中溶解的微量元素浓度具有十分显著的作用。这些元素大部分可以与颗粒相结合，通过沉淀而去除，结合通常是与颗粒表面位点配位而成。最常见的胶体是硅酸盐矿物、Fe-Mn 氧化物、天然有机质（natural organic matter, NOM）等。

13.1.2 土壤中金属形态

1. 土壤中金属的主要存在形态

土壤是一个复杂的体系，痕量金属如 As、Cd、Co、Cr、Cu、Hg、Ni、Pb、Se、Zn 均能以多种形态存在。除了 As、Cr 和 Se 以阴离子存在外，大多数金属以阳离子存在。不同金属在结合机理和能力、可溶性等方面相差甚大。这导致不同金属的分配过程不同，对土壤生物的可利用性也不同。

金属在土壤中以多种形态存在，有些形态是易溶的，有些形态是惰性的。惰性形态的存在几乎不影响其在土壤溶液中的金属含量。土壤中金属的主要存在形态包括以下几种。

(1) 结合在土壤矿物晶格中。这部分金属存在状态非常稳定，通常是不可交换的，对生物无效，只能由强酸(如王水)消解才能释放出来。土壤金属总量测量值中虽然包括这部分金属，但很明显它对环境安全的风险极低，因此土壤金属总量值常常不能有效反映土壤金属的潜在风险。

(2) 以沉淀形式存在。当金属化合物在土壤溶液中或土壤表面的溶度积过量时，会发生沉淀作用。例如，向 Pb 污染的土壤加入磷酸盐可以形成不溶的磷氯铅矿而使得污染的 Pb 固定(Ruby et al, 1994)；硫化汞可以使得 Hg 发生沉淀作用(Barnett et al, 1997)。即使金属在溶液中未饱和，也可能在固体表面发生表面沉淀作用。例如，当金属氢氧化物在溶液中未饱和时，会因成核作用在土壤矿物表面发生沉淀。在 pH 很高时，金属会在矿物和氧化物表面上形成多核沉淀。形成沉淀的金属比较稳定，较难再溶解进入土壤溶液，因此对生物的有效性较低。

(3) 吸附在土壤固体表面。土壤中有多种固体，如土壤有机质、Al, Fe 和 Mn 的氧化物、硅酸盐矿物等表面均存在大量可以吸附金属离子的活性点位。各种吸附点位由于吸附能和吸附机理不同，因此吸附牢固程度也不同。一些吸附态金属在条件适合的时候容易重新解吸下来，进入土壤溶液中，因此这种形态常常充当"储库"的角色。

(4) 以溶解态存在于土壤溶液中。尽管这种形态的金属占土壤中金属总量的份额很小，但移动性和生物有效性最高，是生物吸收金属的主要形态。在溶解态金属中，不同的配位形态也影响其生物可利用性。通常认为自由离子态金属的生物可利用性最高，而被大相对分子质量可溶性有机物配位的金属生物可利用性较低。可溶态金属占土壤金属总量的比例一般 Cu 和 Pb 为 0.001%～0.01%，Cd 为 0.05%～15%，Zn 为 0.001%～5%，Ni 为 0.001%～20%。

金属在各种土壤形态中的分配并不是一成不变的。有时会随时间而发生改变，通常来说随时间增加，土壤中金属将倾向于向稳定的、生物有效性较低的形态转化；有时会随外界条件的变化而改变。例如，降低土壤的 pH，原来被吸附的金属离子将解吸进入土壤溶液中。目前为止，还没有一种明确的方法可以来区别土壤中元素的不同存在形态。植物吸收的金属元素不仅来自单一形态，而是许多化学形态可以快速溶解进入土壤溶液而被植物吸收。

2. 控制土壤中金属形态的主要过程

影响分配过程的因素有很多，研究发现主要影响因素包括以下几种。

1) pH

土壤溶液 pH 是影响金属溶解度、移动性和生物可利用性的最主要因素。但是，同时也要综合考虑其他物理化学性质的影响，因为土壤中金属的化学行为和过程是相互关联的。举例来说，虽然 Cu 解吸随着 pH 的降低而增加，但是酸度同时减少溶解性有机质(DOM)和 Cu 羟基配合物的浓度。此外，溶液阳离子浓度依赖于 pH，将会影响 DOM 的结构，并导致其凝聚。

2) 阳离子

一方面，溶液的阳离子可因为竞争作用而减少痕量金属的吸附；另一方面，有时稀盐溶液(如 0.01mol/L CaCl₂)提取某些金属的含量比纯水少，因为盐离子的加入会促进 DOM 的絮凝，这会使与 DOM 亲和力较强的金属(如 Cu 和 Pb)发生沉淀作用。由于不同过程存在相互竞争，仅从溶液阳离子水平的角度难以预测其影响，因此常常要综合考虑多种过程，如在固相交换位点的阳离子竞争作用、阳离子与溶解配位体发生配合时的竞争作用、对有机质溶解产生的絮凝效应、阳离子对离解反应的影响，以及对于各种化学过程反应动力学的影响。

3) 配体

金属与无机阴离子形成配合物的无机化学平衡反应比较简单、容易建模，而与有机配体(如腐殖酸和富里酸)形成配合物比较复杂且性质各异。虽然金属和无机阴离子的配位反应相对简单，但是潜在的环境应用非常复杂并难以预测。例如，施用磷酸盐肥料于Pb 污染的土壤能够减少其溶解度和生物有效性，但是能够导致生物有效性和毒性更大的砷酸盐解吸，造成更为严重的污染(Davenport and Peryea, 1991)。有机配体的影响更为复杂，如土壤溶解性有机质(DOM)和土壤固相有机质(SOM)可能存在相反的效应：SOM可增加土壤 CEC，从而增加金属的吸附量，使得与有机配位体亲和力较强的金属在溶液中的浓度减少；DOM 与金属的配位作用将增加土壤溶液中的金属浓度，减少在固相上的吸附。

13.1.3 大气中金属形态

最近二十年，大气重金属的存在形态问题才引起关注，这主要是因为测定困难，即使对大气中金属的总量进行测定，困难依然存在。大气中痕量金属的形态分析，与水介质中痕量金属的形态分析稍微有些不同。金属在大气中的迁移主要以气溶胶的形式完成，因此形态研究主要以此为主。

1. 气溶胶的化学形态

通过大量样品采集器和筛网过滤对气溶胶全量的采集，可能会得到相当大量的气溶胶物质。通过三个连续的浸滤步骤可以测定样品固态物质的化学形态(Chester et al, 1993; Spokes et al, 1994)：第一步是以 1.0mol/L 的 CH₃COONH₄ 释放其中的松散结合的金属；第二步是通过 1.0mol/L 的盐酸羟胺的 25% CH₃COOH 溶液释放出残渣中以氧化物和碳酸盐结合形态存在的金属；第三步是通过 HNO₃ 和 HF 的共同作用破坏铝硅酸盐晶格，并释放出其中与气溶胶地壳部分相连的金属。元素松散结合的部分，相对于与地壳组分相结合的部分来说，在环境中更易于迁移。相对来源于地壳的气溶胶而言，人为因素产生的金属会具有更高的溶解性。例如，城市气溶胶相对于来源于地壳的气溶胶而言，以松散结合态、氧化态及碳酸盐结合态存在的金属元素更多。这是因为地壳气溶胶是地壳物质经风化形成，所含的金属首先跟铝硅酸盐晶格结合，而城市气溶胶的主要组分是经高温过程产生的金属蒸气与松散结合的气溶胶态相结合。

除了运用化学方法测定气溶胶的固定形态外，那些基于电子显微镜及 X 射线分析的技术也被用来测定单一气溶胶颗粒的化学形态。例如，扫描电镜与能量色散 X 射线光谱联用(SEM-EDXS)，可以对单一微粒进行元素分析；而 X 射线衍射可以表征气溶胶物质中的晶形。

2. 雨水和气溶胶中金属的化学形态

目前，人们对于雨水中与无机物结合的金属化学形态知之甚少。一般情况下，大气被认为是具有氧化性的，同时它的温度也比较低。大气水的 pH 比较低，同时它的离子强度也比较低，其中占支配地位的阴离子是氯化物，另外数量比较大的离子包括亚硫酸盐、硫酸盐和氢氧离子。与海水相比，碳酸盐化合物不是很重要。这就意味着溶解在潮湿气溶胶或者雨水中的金属，一般以自由水合离子的形态出现，或者与氯根、亚硫酸盐、硫酸盐和氢氧根结合形成配合物。

目前关于大气中的金属研究多集中于汞。与其他金属不同，大气中超过 97% 的汞是以气相的元素 Hg^0 存在的。汞蒸气在大气中滞留时间比较长，一般为 3 个月到两年不等，Hg^0 大多数被 O_3 氧化，有一少部分被 NO_3 氧化，然后由气相汞转变为水溶态的 Hg^{2+}，Hg^{2+} 与一系列的有机和无机配体(包括卤化物和氢氧离子)发生配位作用。这些 Hg^{2+} 合物进入气溶胶物质中，再通过湿沉降作用或干沉降作用沉降下来，这使得 Hg^{2+} 在大气中滞留时间要远远低于 Hg^0。相对于气相汞而言，气溶胶相的汞更容易被雨水冲刷下来，因而降水中汞几乎都是气溶胶相的汞。雨水冲刷作用是大气中汞迁移的主要机制，也是汞元素进入海洋和陆地的主要输入途径。

除此之外，元素砷、硒和铬的氧化态已被证实存在于气溶胶中。在自然界中以 As(Ⅲ) 和 As(Ⅴ) 两种形态出现。熔炉和烧煤的发电厂中会挥发出砷，主要是低价的氧化物(As_2O_3)，它一般跟亚微米级的气溶胶结合。蒸气相的砷也被发现，它是由通过生物作用生成的甲基化 As(Ⅲ) 产生的。由于无机砷毒性一般大于甲基化的化合物，因而甲基化过程减轻了元素的毒性。从美国大西洋中部海岸的沉降物来看，只有低于 40% 的砷以 As(Ⅲ) 的形式存在，许多样品中 As(Ⅲ) 的浓度低于检测限。此外，如果来源于煤和冶炼，那么产生的 As(Ⅲ) 就会迅速氧化成 As(Ⅴ)。

13.2　金属形态的分析技术及应用

金属离子作为一种重要的污染物进入环境后，经过一系列的反应，如吸附、配位、淋溶和还原等，形成不同的化学形态，产生的负面效应也存在较大的差异。金属的形态分析就是利用一定的物理、化学方法测定金属的含量、各种价态、络合态及其组分的形态，其目的是确定生物毒性及生物可利用性，为环境中金属的污染评价、修复及环境保护等提供理论依据。目前化学形态的分析方法概括如下。

13.2.1　天然水中溶解态金属形态分析

溶解态金属中包含有许多化学形态。企图要找出一种在所有场合下能够分辨出这些不同化学形态的分析方法是很困难的。目前大都采用两类方法，一类是直接法，它是利用化学形态之间物理化学性质的差别，配合不同的分离技术和测量手段，直接测定出不同化学形态，这类方法一般只能给出少数化学形态（如价态、水合离子或化学形态组合），同时受方法灵敏度限制；另一类是计算法，它是根据热力学平衡原理，计算时考虑到处于平衡状态下溶解态金属的水解、聚合、配位、胶体形成和吸附等因素对金属形态的影响，通过计算可估算水体中可能存在的金属形态及形态浓度。各种平衡常数值必须准确，这种计算方法才可信。下面分别对两类形态分析方法作简要介绍。

1. 直接测定法

为使分析结果尽可能反映溶解态金属原来的化学形态，在操作中应避免使溶解态金属的化学形态发生变化，实践中经常用到的是电化学测定法、梯度扩散薄膜技术（DGT）和超滤。此外，离子交换法、同位素稀释法也常用于形态分析研究。

电化学测定法通常可将重金属分为 4 类组分，自由态离子、电活性态（易迁移和不稳定的）、无电活性态（惰性或不易迁移的）及重金属总量，它是目前能够直接和准确地测定 ppb 级痕量金属化学形态的有效方法之一。

1）离子选择电极法

测定溶液中自由离子活度（free ion activity）最直接的方法是用离子选择电极（ion-selective electrodes，ISEs），即利用离子选择性电极电位与特定离子浓度的直接相关性，通过测试电极电位确定自由态离子浓度。离子选择电极操作简单，与测定 pH 类似。ISE 是测定 Cu^{2+} 的最好方法。对于 Cu，如果是人工配制的缓冲溶液，Cu^{2+} 检测限可以到 10^{-19}mol/L。对于 Pb 来说，人工配制溶液的 ISE 检测限在 $10^{-10} \sim 10^{-12}$mol/L。ISE 方法的缺点：①受电极的限制，目前并没有很多检测限很低的金属离子选择电极可供选择，除最常用的 Cu-ISE 外，只有 Cd-ISE 和 Pb-ISE 应用相对较多；②电极的校正，目前 ISE 主要用离子缓冲液校正，但在真实环境中，如复杂的土壤溶液中，容易受到其他离子的干扰，因此 ISE 的应用于人为配制溶液的为多。由于 ISE 方法可以较容易实现远程监测，目前已有一些文献报道了关于 ISE 电极在天然水或废水监测领域的应用。

2）伏安法

伏安法是根据指示电极电位与电解池的电流之间的关系，通过测定电流密度确定金属浓度的一种方法。Sander 和 Koschinsky（2000）研究在海船上测定低温热流水体中铬的形态分布，采用示差脉冲溶出伏安法测定铬的形态。Li 和 Xue（2001）研究了 Cr(III) 和 Cr(VI) 在 DTPA 存在下不同的电化学行为，指出不同形态 Cr(III) 的电化学活性差异，并给出了测定环境水样中 Cr(VI)、电活性 Cr(III) 和非电活性 Cr(III) 及 Cr 总量的方法。

微分脉冲阳极溶出伏安法是一个常用的伏安法，该法包括两个过程，先在负电位下还原将样品溶液中的金属离子沉积富集在汞电极上，之后再加反向电压将金属离子从汞电极上扫描氧化溶出而测定。它能用来测定"不稳定态"金属浓度（Chaperon and Sauvé, 2008），即自由离子、无机配合物及弱的有机配合物，而不包括与有机物发生强配位的金属（Sauvé et al, 2000）。所以该方法测定的金属形态是一个混合态。一般无机或有机胶体的存在不干扰微分脉冲阳极溶出伏安法测量，但是吸附在 Hg 电极上的有机质可能阻碍金属的扩散从而减少测定值。该方法的主要缺点是实验过程中由于电流的使用破坏了溶液平衡，溶液中存在的有机质容易吸附在电极上而影响电极的富集和溶出过程。

3) 梯度扩散薄膜技术

1994 年, Davison 和 Zhang 共同开发了梯度扩散薄膜(diffusive gradient in thin film, DGT)的膜技术, 用于测定环境中的重金属的有效形态(Davison and Zhang 1994; Zhang et al, 1998)。这项技术的核心主要由三层膜组成, 即最外层的滤膜、聚丙烯酰胺扩散膜和最内层的吸附膜。DGT 技术以菲克扩散第一定律为理论基础, 通过对特定时间内穿过特定厚度的扩散膜的某一离子进行定量化测量从而计算获得外界离子浓度。这项技术被开发后, 首先被运用于水环境中重金属的有效形态的提取。这种能够被 DGT 累积的形态称为 DGT 有效态, 它通常包括游离形态、无机结合态和部分小分子的有机结合态(分子大小要小于扩散相的孔径)的金属离子。有研究采用 DGT、超滤、普通膜过滤等方法测试某一受污染的淡水河流中 Fe 形态, 发现 DGT 有效态的浓度高于超滤浓度, 低于 0.2μm 过滤的浓度, 表明 DGT 所测有效态范围宽于超滤法。

2. 模型计算法

水环境中形态模型大多是以假定热力学平衡为基础的, 主要涉及平衡热力学、活度系数、热力学平衡常数及相关平衡问题的定义, 具体方法在第 5 章的 5.3 节有详细的介绍。由于水环境中存在的体系都是比较复杂的, 因此不仅需要综合考虑水解、聚合、胶体形成、配合和吸附等因素对金属形态的影响, 而且还要考虑同时存在的不同组分之间的相互作用和竞争。显然这种计算相当复杂, 目前已经发展了许多环境化学平衡模型可供选择, 如 visual MINTEQ、CHEAQS、PHREEQC 等。

13.2.2　沉积物/土壤中的重金属或类金属形态分析

1. 化学提取法

化学提取法主要针对土壤或沉积物中的重金属或类金属形态分析, 采用不同提取剂和提取方法对土壤或沉积物中的金属形态进行表征, 一般包括以下两种。

1) 单级提取法

单级提取法主要是指生物可利用萃取法, 其评估对象为土壤或沉积物颗粒中能被生物(动物、植物和微生物)吸收利用或者对生物活性产生影响的重金属, 这部分重金属通常被称为有效态。常用的萃取剂包括稀酸(硝酸、盐酸、乙酸等)、螯合剂(EDTA、DTPA)、中性盐[$CaCl_2$、$Ca(NO_3)_2$、KNO_3、$NaNO_3$、NH_4NO_3]和缓冲体系等。但是到目前为止, 仍然缺乏一种普适性的提取剂可以成功预测不同土壤的生物可利用态金属。提取剂的可行性与土壤类型、金属种类及植物的种类、器官和生长阶段都相关, 因此需要研究者根据实际情况进行选取。

2) 多级连续提取法

多级连续提取法就是利用反应性不断增强的萃取剂对不同物理化学形态重金属的选择性和专一性, 逐级提取土壤或沉积物样品中不同有效性的重金属元素的方法。目前常用的多级连续提取法包括 Tessier 五步连续提取法、Forstner 法、欧共体标准物质局 BCR 法。其中 Tessier 五步连续提取法和 BCR 法这两种方法因其适用性强、效果好和实验方法成熟, 成为国内外研究土壤重金属形态的主要方法。表 13-1 中列举了 Tessier 五步连续提取法与 BCR

三步法的提取方案和形态分类。

表 13-1　Tessier 五步连续提取法和 BCR 三步法形态提取方法

	重金属形态	提取剂(1.000g 样品)	操作条件
Tessier 法	Ⅰ 水溶态+交换态	8mL 1mol/L MgCl$_2$(pH=7.0)	室温下振荡 1h
	Ⅱ 碳酸盐结合态	8mL 1 mol/L CH$_3$COONa (CH$_3$COOH 调 pH=5.0)	室温下振荡 6h
	Ⅲ 铁锰氧化物结合态	20mL 0.04 mol/L NH$_2$OH·HCl [25%(体积分数) CH$_3$COOH, pH=2.0]	(96±3)℃水浴，间歇搅拌 6h
	Ⅳ 有机结合态	3mL 0.02mol/L HNO$_3$ +5mL 30% H$_2$O$_2$(pH=2)	(85±2)℃水浴提取 3h，最后加 5mL 3.2mol/L CH$_3$COONH$_4$ 防止再吸附，振荡 30min
	Ⅴ 残留态	HF-HClO$_4$	土壤消化法
BCR 法	Ⅰ 水溶态+交换态	0.1mol/L CH$_3$COOH	室温下振荡 16h
	Ⅱ 铁锰氧化物结合态	0.5mol/L NH$_2$OH·HCl [25%(体积分数) CH$_3$COOH, pH=2.0]	室温下振荡 16h
	Ⅲ 有机物及硫化物结合态	30% H$_2$O$_2$(pH=2.0)	室温振荡 1h 后，加温到 85℃再振荡 1h，再加入 30% H$_2$O$_2$于 85℃振荡 1h，然后加入 1mol/L CH$_3$COONH$_4$(pH=2.0)室温振荡 16h
	Ⅳ 残留态(选做)	王水 HNO$_3$：HCl(1：3)	115℃硝化

多级连续提取法中各级提取步骤得到的结果与重金属所结合的某一特定化学组分(如碳酸盐、氢氧化铁、氢氧化锰)或重金属的赋存方式(如溶解态、交换态、吸附态)密切相关，根据此固相形态可推测重金属在环境中可能的行为(如迁移性和生物活性)。但由于提取剂对目标组分很难完全溶解且添加的化学药剂可能会破坏样品原有的重金属化学结构和溶液化学平衡等，因此这种方法不能区分多重环境因素和重金属本身形态控制的重金属分子化学机制，无法表示重金属的真实化学形态。上述 3 种方法虽然容易获得实验数据，但从其得到的重金属分级和分配信息不能真正鉴别出化学相态组成。近年来，现代光学检测技术开始辅助用于重金属形态的测试，从分子尺度原位观察环境样品表面的重金属化学结构和与其他吸附质之间的键合作用等相关信息。

上述连续提取法主要适用于土壤或沉积物中的 Cu、Cd、Pb、Zn、Ni 的形态分析，而不适用于 Hg、As、Cr 等元素。例如，目前土壤中砷的分级方法多以提取磷的方法为基础修改而成，土壤中砷一般分为吸附态砷(用 1mol/L NH$_4$Cl 提取)、铝型砷(Al-As)(用 0.5mol/L NH$_4$F 提取)、铁型砷(Fe-As)(用 0.1mol/L NaOH 提取)、钙型砷(Ca-As)(用 0.25mol/L H$_2$SO$_4$ 提取)和闭蓄态砷(O-As)，即不能用上述提取剂提取的被闭蓄的砷。一般来说，酸性土壤中以 Fe-As 为主，而碱性土壤中以 Ca-As 为主。铬的操作定义有其特殊性，一般分为水溶态、交换态(用 1mol/L CH$_3$COONH$_4$ 提取)、沉淀态(用 2mol/L HCl 提取)、有机结合态(用 5% H$_2$O$_2$-2mol/L HCl 提取)、残渣态等。

连续提取法已广泛应用于土壤或沉积物中重金属的形态分析，但这些方法中的化学提取剂缺乏选择性，提取过程中痕量金属的再吸附、再分配等问题，使得其形态的界定是一种操作定义。如何能得到反映土壤和沉积物重金属赋存的真实形态，至今仍备受关注，并探索基于不同原理的各种新方法。

2. 梯度扩散薄膜技术

1998 年,原应用于水环境的 DGT 技术也被用于对土壤中重金属的生物有效态进行原位提取,结果发现 DGT 技术提取的重金属有效浓度和土壤溶液中金属浓度具有良好的相关性。之后的大量研究表明,对于不同理化性质的土壤和不同的重金属,DGT 技术的浓度值和该金属的生物有效形态的相关程度总是高于传统的化学提取方法。

DGT 技术可以准确地反映土壤中重金属的生物有效形态,其主要原因是它的膜结构可以较好地模拟根系从根际土壤环境中摄取重金属的动力学和热力学过程,其中模拟动力学过程是传统化学提取手段所无法比拟的。DGT 技术局部地降低了其表面附近土壤溶液的重金属浓度,这样在 DGT 装置、土壤溶液及土壤固相之间形成了一个稳定的浓度梯度差,重金属离子可以顺着浓度差从土壤固相进入溶液再通过 DGT 的扩散膜最终被吸附膜所固定,直至达到平衡(图 13-1)。这一过程很好地模拟了根系摄取重金属的过程。Zhang 等(2001)指出 DGT 测定的浓度值不仅包括土壤溶液中的重金属浓度,还包括重金属从土壤固相向溶液中释放的那部分浓度。

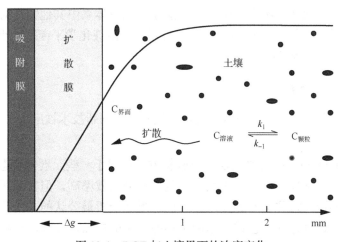

图 13-1　DGT 与土壤界面的浓度变化

3. 道南膜技术

道南膜技术(donnan membrane technique,DMT)是由荷兰 Wageningen 大学建立的土壤金属有效态测定方法(Temminghoff et al, 2000)。该方法基于道南平衡理论,即两种溶液被一个半透膜隔开,实验开始时,两边溶液的化学势不等,因此两边溶液中的离子互相扩散直至最后化学势相等,即达到道南平衡,因此测定平衡时一边溶液舱中的离子浓度可以间接测定另一侧中的离子浓度。Wageningen 大学设计的测定土壤溶液中离子浓度的道南膜实验装置如图 13-2 如示,阳离子交换膜将反应池分为两部分,给体池和受体池,给体池装有与土壤建立平衡的基质液;受体池装有与给体液相同离子强度的空白基质液。实验达到道南平衡时,给体池和受体池中金属离子的活度比(电荷修正)相等。通过测定受体池中的离子活度可以推算出土壤溶液中的离子活度。

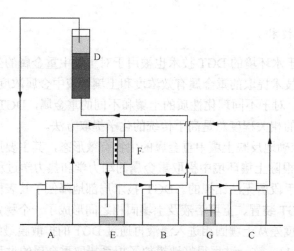

图 13-2 测定土壤溶液中离子活度的道南膜系统(Weng et al, 2001)
A.泵Ⅰ;B.泵Ⅱ;C.泵Ⅲ;D.土柱;E.储液瓶;F.道南膜交换装置,左为给体池,右为受体池;G.试管

该方法可在不影响反应体系平衡的基础上同时测定多种金属元素,而且测试体系与反应体系是分开的,彼此之间不会发生干扰,能避免反应体系中其他物质对测定的影响,检测限仅由元素检测器决定,可达 nmol/L 级,且对试样溶液化学平衡振动小,是目前测定土壤溶液中自由金属离子浓度的最好方法。

4. 现代仪器分析方法

近年来,随着现代仪器分析技术的进步,越来越多的新技术被应用于形态分析领域。

1)联用技术

最简单的如紫外-可见吸光光度法、电分析方法可用于一些元素的价态分析,这些分析方法简便经济,但选择性差、干扰因素多。色谱法分离效率高,但其常用检测器为非专一性检测器,灵敏度低,往往达不到要求。目前,形态分析最公认的方法是将色谱仪器与原子光谱仪器联用。这种方法中色谱技术用于形态分析的样品前处理,分析灵敏度、准确度和速度都有了实质性的改进。

(1)分离技术。分离技术主要有气相色谱(GC)、高效液相(HPLC)及其他分离技术。气相色谱用于分离挥发性大,而且热稳定性的化合物,许多有机金属化合物如二甲基汞、四烷基铅等具有挥发性的特点,可用 GC 直接分离。液相色谱用于形态分析较晚,但液相色谱无须衍生直接分离、简单快速,另外固定相和流动相种类多,供选择的参数多,可使金属配合物、有机金属、有机类金属得到更好分离,而且液相色谱一般在室温下操作,因而更适于生物活性物质及环境样品的研究。此外,超临界流体色谱、毛细管电泳、凝胶渗透色谱也可与原子光谱联用进行形态分析。

(2)检测系统。与色谱联用的检测系统中,原子光谱是用于测定金属元素最灵敏、专一和广泛使用的技术。

(a)原子吸收检测器(AAS)。由于 AAS 的高灵敏度和高选择性,已被大多数实验室使用。它最先于 1966 年与 GC 联用分析汽油中四乙基铅,后来发展了许多利用色谱-AAS 进行形态分析的方法,火焰法 AAS 可与色谱方便地连接,但往往达不到所需灵敏度;石墨炉法

AAS 作为色谱的检测器,灵敏度可提高 3 个数量级。

(b) 原子发射光谱法(AES)。AES 中的电感耦合等离子体(ICP)是目前用于元素分析应用最广的技术,该检测器灵敏而特效,能同时测定多个元素。20 世纪 90 年代后出现 GC 或 HPLC 与 ICP-AES 联用的商品仪器,近年来出现了 GC 或 HPLC 与电感耦合等离子质谱仪(ICP-MS),进一步提高了检测的灵敏度,是测定有机金属化合物(如有机汞、有机砷等)形态分析的主要手段。

(c) 原子荧光检测器(AFS)。作为检测器近年来进展不大,自从 1977 年用它同时测定了色谱洗脱液中锌、镍、铜的配合物,后来才有人陆续使用,Šlejkovec 等(1998)与气相色谱联用测定了砷的形态,黄卓尔(1998)用 GC-AFS 法测定甲基汞,其检测限为 0.5pg Hg。该方法检测限较低,但由于缺乏合适的商品仪器,没有被人们广泛接受。

(d) 其他类型检测器——GC-FPD/DCP。火焰光度检测器(FPD)灵敏度高,但缺乏专一性,将色谱流出物引入 DCP 发射光度计形成 GC-FPD/DCP 系统,其专一性会提高,该技术用于分析鱼体或甲壳动物体内的二丁基锡和三丁基锡,检测限为 50pg。

(e) 离子喷雾质谱/质谱(ion spray MS/MS)。该系统对丁基锡的形态分析尤为灵敏,虽然仪器显得笨重,但测定时简单快速,用于测定沉积物中丁基锡形态时,样品不需进行预处理,检测限为 5pg。

2) XAS 光谱

近年来,随着同步辐射技术的成熟,X 射线吸收光谱(X-ray absorption spectroscopy, XAS)也被应用于环境样品中金属形态分析。XAS 技术是基于同步辐射技术的 X 射线吸收光谱,它可以定性、定量检测入射 X 射线经过目标原子时被内层电子吸收后的能量衰减。当向待测样品发射高能 X 射线时,内层电子吸收特定能量的光子,发生能量跃迁,从低能级轨道进入高能级轨道,形成吸收边(absorption edge),当被激发电子重新跃迁回低能级轨道时,可发射出 X 射线光子或将能量传递给另一个电子(这时没有辐射产生),当发射出的光子离开吸收原子时,可被附近原子背向散射(backscatter)。如果背向散射波与光电子波相互叠加,则在吸收边后形成最大值,相反出现最小值(图 13-3)。因此,XAS 可以反映出目标原子周围配位原子的分布特征。

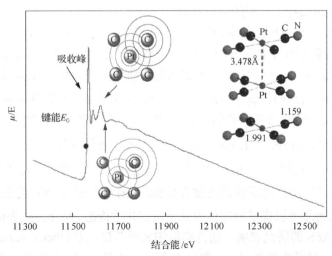

图 13-3 $K_2[Pt(CN)_4]$中 Pt 的 XAS 光谱图

目前最广泛应用的 XAS 光谱包括近边结构(X-ray absorption near edge structure, XANES)

和广延精细结构(extended X-ray absorption fine structure, EXAFS)(图 13-4)。XANES 部分包括内层电子吸收 X 射线能级跃迁形成的吸收边(E_0),还包括跃迁电子重新回到内层轨道,释放出 X 射线光子。因为价态可以显著影响内层电子跃迁所需的能量频率,所以 XANES 光谱可以反映吸收原子的氧化态。而吸收原子周围配位环境的对称性可以限制跃迁电子轨道的等级,从而降低电子跃迁的概率,因此 XANES 光谱还可以反映吸收原子与周边配合物的对称性。EXAFS 光谱的产生是由于吸收了足够强的能量后电子被完全激发离开吸收原子,形成的光电子波可被周围几埃米范围内的原子反射,出射波与反射波可以相互叠加形成 EXAFS 光谱,而周围原子的多少和存在位置可以影响谱带的形成,因此从 EXAFS 光谱可以了解吸收原子的配位数和与周围原子的键长及与周围原子的配位状况(Sposito, 2008)。

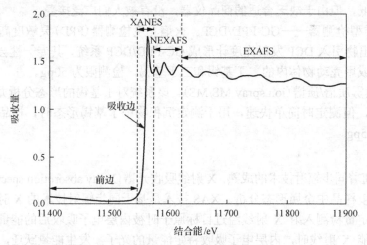

图 13-4　X 射线吸收图
图中列出了 XANES 和 EXAFS 与吸收边 E_0 的相对位置

XAS 能用于研究多种状态下的大多数元素,如晶体或非晶体固体、溶液或气态,目标物的浓度可以是从 ppm 到纯物质的较宽范围(Sparks, 2003)。而且 XAS 还是一个"原位"技术,不用破坏样品,甚至可以研究水溶液中进行的化学反应,而不用将物质烘干、提取等,从而最大限度地保持了反应的最初状态。

近年来,XAS 在土壤环境化学研究中广泛应用,它可以提供土壤中金属的配位状态,特别是固-液界面吸附过程中化学键的性质(Sparks, 2003)。它可以用于重金属在固-液界面的配位结构等微观机制研究。例如,传统的表面化学研究发现 SeO_3^{2-} 和 SeO_4^{2-} 在针铁矿表面的吸附能力不同,暗示着这两种离子可能是以不同的化学键结合在针铁矿表面。通过 EXAFS 分析发现,SeO_4^{2-} 在针铁矿表面吸附的 EXAFS 图谱与其水溶液的非常相似,表明 SeO_4^{2-} 在针铁矿表面是外层吸附;而 SeO_3^{2-} 的 EXAFS 图谱与其水溶液的明显不同,而且在第二配位层检测到较强的 Se-Fe 相互作用,表明 SeO_3^{2-} 在针铁矿表面是内层吸附。这些结果率先从分子水平上解释了 SeO_4^{2-} 在针铁矿-水界面的弱键合和 SeO_3^{2-} 在针铁矿-水界面的强键合的微观机制。

此外,XAS 光谱还可以提供植物体内重金属的化学价态、结合方式等信息。例如,Huang 等(2004)基于 EXAFS 的研究表明,超富集植物大叶井口边草(*Pteris nervosa*)经 $NaAsO_2$ 和 Na_2HAsO_4 处理后,植株根部的 As 主要与 S 配位,但随着 As 的向地上部位的转运,与 S 配位的形态迅速减少,到羽叶中 As 基本上以与 O 配位的化学形态存在。而且在 Na_2HAsO_4 处理过的样品中,根部的 As 以五价的形态为主,转运至地上部位的 As 则以三价为主。

尽管 XAS 技术对重金属在固-液界面体系的化学行为研究上已显示出独特的优势，但由于界面体系的复杂性，XAS 技术也只能揭示金属离子的平均配位环境。要了解更丰富的界面反应信息，还必须结合其他分析仪器，如用原子力显微镜(AFM)、扫描电子显微镜(SEM)观察表面吸附产物的形貌和结构，阐明细胞表面结构与功能间的关系。运用高精度微量热技术(IMC)得到金属和表面官能团相互作用的热力学信息，X 射线光电子能谱(XPS)获取吸附产物中金属元素的组成和含量等。因此，如能将与这些现代分析技术结合在一起，重金属的界面吸附及生物体对重金属的耐毒机制的研究将会取得更大的突破(方临川，2008)。

5. 形态分布模型

常用的方法是基于大量实验数据的经验式多元回归模型或一种 Freundlich 式的方程，通常考虑了金属总浓度及土壤相关理化参数(pH、有机碳、CEC 等)。这类模型方程简单，预测性好，但缺点是难以外推至不同土壤，适用范围有限。

$$\lg[M]=a\,\mathrm{pH}+b\,\lg\mathrm{SOM}+c\,\lg[M]_{\mathrm{total}}+d\,\lg\mathrm{CEC}$$

此外，由 Weng 等(2001)提出了机理性多表面形态模型(multi-surface speciation model, MSM)，此类模型认为土壤由系列相互独立的活性表面(如有机质、氧化矿物及黏土矿物)组成(图 13-5)，金属离子在水相及土壤各固相间的分配由系列的热力学平衡方程及表面配位模型(surface complexation model，SCM)描述，模型不仅能刻画离子在水相及固相组分上的形态分布，还能预测不同离子间的竞争行为。由于各反应参数基于热力学基础，因此能够外推到各种土壤，理论上更具有发展潜力。但不足的是这类模型要求大量的输入参数，对初学者的使用难度较高。

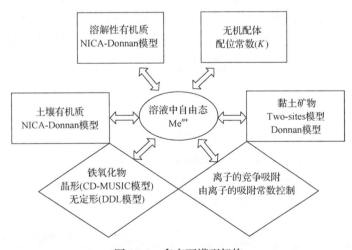

图 13-5　多表面模型架构

近年来，由于金属离子在土壤固相组分上的 SCM 模型得到快速发展，Bonten 等(2008)采用文献中报道的通用(generic)模型参数预测了欧洲 60 多个地区土壤中多种金属(Ni、Cu、Zn、Cd、Pb、S、V、Cr、Co、As、Se、Mo、Sn、Sb、Ba)的可溶态含量，取得了较好的效果。Groenenberg 等(2012)比较了经验式回归模型与多表面模型对多种痕量金属在土壤中固、液相间分布的预测，发现两种模型都能对研究土壤有较好的预测效果，尤其是多表面模型仅使用"通用"的模型参数即能实现较宽 pH 范围的预测。

13.3 金属形态的生物可利用性与形态调控

13.3.1 生物可利用性概念

大量的研究表明，污染物被生物吸收、积累和产生的毒性效应主要取决于环境中污染物存在形态，而与污染物总浓度并无直接关系。也就是说，污染物在生物体的积累或产生毒性效应之前必须能够被生物利用，因此如何评估污染物在不同环境介质中的不同形态能否被生物利用极为重要。但是，研究这一过程并不容易，不同的物理、化学和生物因素及它们之间的交互作用都将会影响污染物的生物可利用性。因此，污染物的生物可利用性也成为生态毒理学长期关注的研究领域。

一直以来，生物可利用性的定义比较混乱，表述存在多种分歧。为此，美国国家研究理事会(National Research Council, NRC) 2003 年提出了用"生物可利用性过程"来描述它，即这个过程应包括结合态污染物的释放、结合态和自由溶解态污染物向生物膜的迁移、不同形态污染物跨越生物膜、生物体内污染物迁移到达靶位点四个步骤。在 NRC 定义的基础上，Semple 等建议将生物可利用性区分为两个概念：①生物可利用性(bioavailability)，即指环境中现成的、在一定时间内可穿过膜进入生物体的那部分为生物可利用部分；②生物可给性(bioaccessibility)，即指现成生物可利用和潜在生物可利用部分，但是实际测量的指标仍然难以区分是生物可利用性还是生物可给性。2008 年国际标准化组织(International Standardization Organization, ISO)和 Harmsen 定义生物可利用性为三个步骤(图 13-6)：①环境可利用性或生物可给性，即污染物的束缚态和自由态之间的相互交换的环境行为，描述污染物的潜在可给性；②环境生物可利用性，即污染物穿过生物膜被生物体吸收；③毒性生物可利用性，即污染物在生物体内的目标作用点产生的不良效应和生物体内的富集等。

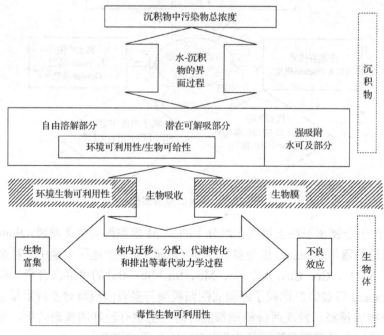

图 13-6 生物可利用性定义(改编自 ISO 和 Harmser)

13.3.2　溶解态金属的生物可利用性

金属形态不同，对水生生物的毒性也不同。环境因素如何影响金属的化学形态，以及当形态变化时生物效应又如何变化，在这方面对于铜的研究报道较多。例如，铜对鱼类的毒性受到如 pH、硬度、无机及有机配合作用等许多环境因素的影响。许多研究工作证实了被有机配位基螯合的铜是无毒的，铜的毒性是随着铜的被螯合而下降。因此，铜的毒性是由铜的无机形态所造成的。pH 也是影响毒性的另一重要因素，pH 降低会导致痕量元素的形态发生重大变化。例如，铜可从沉积物和悬浮颗粒物中溶解而释放出有毒的二价铜离子，而且活性镉、铅、锌的浓度也会增加。

人们基于经验观察到金属自由离子活度在决定痕量金属元素的吸收、营养及毒性时的重要性，认为只有自由金属离子才能与细胞表面的活性点位结合，穿过细胞膜而被生物吸收。据此，Morel 于 1983 年正式提出自由离子活度模型(free ion activity model，FIAM)。该模型的前提条件是平衡状态下金属扩散到细胞表面的速率远高于细胞吸收速率，即跨膜过程为金属吸收的主要限速步骤。按照 FIAM，金属生物积累主要包括：①金属离子(也包括金属配位体)首先扩散到生物表面与其反应(吸附、解吸或交换)；②金属离子与生物膜载体结合而被生物内化进入细胞后，金属复合物与细胞内另一高结合稳定常数配体交换金属离子，这样细胞内自由态金属离子浓度便低于细胞外，有利于离子跨膜运输。长期以来，FIAM 被广泛应用于水环境的毒理学研究(Campell，1995)。该模型可以用来解释一些小型生物对金属的吸收，但对不同生物或不同金属，其应用性相差很大。例如，一些金属可能因其脂溶性增加而以被动扩散进入细胞，且扩散速率很高，使生物吸收显著增加。必须指出，绝大多数验证 FIAM 的研究是在实验条件下通过人工改变介质进行的，若在更复杂的自然环境中，FIAM 是否可行仍有相当的不确定性。但模型从理论上解释了金属对生物的有效性及毒性，并取决于自由金属离子浓度而不是总金属浓度。

在 FIAM 的基础上，国际铜业协会将金属的化学形态用于水体金属生物有效性和毒性的预测，于 1999 年提出了生物配体模型(biotic ligand model，BLM)，模型不仅考虑了金属离子在鱼鳃表面结合位的积累与金属浓度之间的平衡，而且考虑了金属离子与其他阳离子对结合位的竞争作用。BLM 将生物视为一种生物配体(BL)，生物对金属的吸收相当于金属与生物配体的"配位"反应，当 BL 上富集的金属达到临界极限时将导致急性毒性。因此，BLM 将水体中生物对金属的吸收及毒性扩展到水体中的化学平衡框架，使得一些现存的水体形态模型，如 MINTEQ，WHAM 等，可以将水体生物对金属的积累兼容进来，从而使应用模型来预测金属对生物的有效性成为可能。BLM 显示可广泛应用于水质标准条件下铜毒性的预测。铜在鱼鳃上的积累受游离铜离子控制，其他离子在鱼鳃表面的竞争也起到重要作用。铜的毒性不一定发生在铜与鱼鳃的配位位置，也可发生在生物的其他位置。尽管 BLM 能更精确地预测金属在生物结合位上的积累，但还需要在复杂水质环境下及更多的生物种类中加以验证。

GCSM (gouy-chapman-stern model) 是近年来由 Kinraide 等(1998)发展起来的金属离子毒性模型，其特点是将双电层理论应用于金属离子毒性预测。由于生物的细胞质膜(plasma membrane，PM)一般带有负电荷，受静电引力影响，阳离子在细胞质膜表面的浓度会高于溶液中的离子浓度，而不同阳离子由于浓度、价态、水合离子半径等的差异，其在 PM 表面的富集程度不同。GCSM 采用胶体双电层理论来描述 PM 表面电势对表面离子富集程度的影响，同时假设金属离子在细胞质膜表面的活度与其生物富集性或毒性直接相关。有研究表明，GCSM 在应用于预测 Cu 和 As 对植物毒性时效果较好(Wang et al, 2012)，并可用于解释一些生物毒性现象。例如，Ca^{2+} 的存在不仅无法抑制 SeO_4^{2-} 的生物毒性，反而会增强其毒性，BLM 无法解释这一现象，但是 GCSM 计算发现 Ca^{2+} 的存在提高 SeO_4^{2-} 在 PM 膜上的活度，从而解释了这一现象(Kinraide, 2003)。

13.3.3 土壤沉积物金属的生物可利用性

1. 土壤中金属的生物可利用性

土壤中重金属的生物可利用性评价方法较水相更加复杂，但方法也具有类似性。人们常采用一些中性盐、稀酸或水浸提液来评价土壤重金属生物可利用性，如德国用 1mol/L NH_4NO_3，荷兰用 0.43mol/L HNO_3 和 0.01mol/L $CaCl_2$，瑞士用 0.1mol/L $NaNO_3$，日本采用水浸提(骆永明等，2015)。这些"可提取浓度"作为风险评价的补充内容，与"总浓度"并行使用。但由于重金属性质、土壤性质及植物吸收的差异，采用单一提取态表征所有重金属的生物有效性具有局限性，这也是目前土壤环境质量标准中重金属浸提态指标未能全面普及的重要原因。许多学者研究了各种环境因素如土壤 pH、氧化还原电位、有机碳含量、老化效应等的变化均将导致土壤中重金属形态的变化，最终引起生物体中相应重金属含量产生变化。

案例 13.1

土壤重金属存在形态与蔬菜的生物可利用性的相关性

采用欧盟的 BCR 连续提取法研究了南京某区土壤重金属 Cd、Pb、Cu、Zn 在土壤中的赋存形态分布(图 13-7)。由图 13-7 可知，Cd 以 B1 态、B2 态为主，生物可利用性高，两个形态之和占 52.8%~83.2%；其余 3 种金属 Pb、Cu、Zn，B1 态、B2 态所占比例极少，以残渣态和有机结合态为主。根据土壤环境质量二级标准，土壤所有采样点 Pb 不超标；Cu、Zn 总超标率分别为 30% 和 20%，最大超标倍数为 22.8% 和 25%~50%。Cd 污染最严重，样品总超标率达 56.7%，最大超标倍数为 80%。由此可见，Cd 是该区农业土壤最主要的重金属污染物。

分析了该区 5 个采样点不同蔬菜(芦蒿、莴苣、青菜、大白菜、香菜、菠菜、芹菜、大蒜、胡萝卜、红萝卜 10 种)对 Cu、Zn、Pb、Cd 的富集情况，观察到 Cu、Zn、Pb 3 种重金属在所有蔬菜的可食部位未超标，而重金属 Cd 除芹菜、胡萝卜两种蔬菜未超标外，其余蔬菜均有样品超标，总的超标率为 50%，尤其是芦蒿超标率达 83%，最大超标倍数为 400%，菠菜次之。其中 1 号点所有蔬菜样品超标，超标倍数在 100%~400%，其他采样点除芦蒿外，绝大多数蔬菜达标或处于限量值附近。但 1 号采样点土壤 Cd 含量(0.33~0.41mg/kg)并不比其他采样点高，造成蔬菜严重超标的原因可能是土壤 pH 普遍偏低(4.5~6.5)，导致交换态和碳酸盐结合态等活性高的形态比例明显高于其他采样点。

这个案例表明，土壤中 Pb、Cu、Zn 3 种重金属主要以生物可利用性低的有机结合态和残渣态形态存在，因此向作物迁移的风险较低，未对该区的蔬菜安全构成威胁。而 Cd 是以生物可利用性高的形态存在，因而易被作物吸收，造成农产品超标，这也是该区土壤 Cd 比其他重金属生态风险性高的最主要原因。

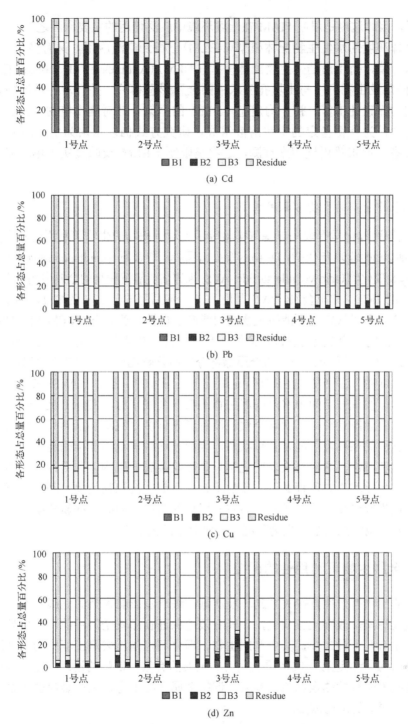

图 13-7 南京某区农业土壤 Cd、Pb、Cu、Zn 的形态分布

B1 是交换态；B2 主要是铁锰氧化物结合态；B3 是有机物结合态；Residue 是残渣态

　　除了实验提取方法外，人们也将水相中的生物有效性模型延展到土壤环境中。但是，至今 FIAM 在土壤中应用没有定论，因为土壤固相和液相之间的物质交换更加复杂。此外，水环境中金属离子的自由活度相对容易，可直接测定或通过化学平衡模型如 MINTEQ 等计算得到。但在土壤环境中，土壤溶液中金属离子的自由活度很难原位直接测定，或通过模

型计算获得，因此这也是限制 FIAM 在土壤环境中广泛使用的主要原因之一。

基于水体环境的水生生物配体模型(a-BLM)已得到广泛应用，又有多项研究将 BLM 应用于土壤环境，衍生出陆生生物配体模型(t-BLM)(Antunes et al, 2006；Thakali et al, 2006)。人们假设生物毒性与土壤孔隙水中的金属形态相关，并针对各种植物和土壤动物开展了系列的探索性工作，初步构建起 t-BLM 的框架。针对陆生植物，由于土壤环境远比水环境复杂，为获得稳定的土壤溶液组成，研究方式仍以水培为主，因为金属在土壤中的存在形态目前很难用模型来预测，这也是限制 t-BLM 反映真实土壤环境的主要原因之一。

2. 沉积物中金属的生物可利用性

早期，人们通过化学提取法或暴露实验等手段对沉积物的生物可利用性和毒性开展了大量研究，直到 20 世纪 90 年代初，Di Toro 等提出同步萃取金属(simultaneously extractable metal, SEM)和酸挥发硫化物(acid volatile sulfide, AVS)来评估厌氧沉积物的金属生物可利用性。SEM 是用 6mol/L 的 HCl 萃取出金属，AVS 是用 HCl 反应后释放出 H_2S 的浓度。由于金属硫化物 MeS 极其稳定，可以假定它不能被生物利用或产生毒性，若 AVS＞SEM 或(AVS－SEM)＞0，则表示沉积物的金属不能被底栖生物所利用或产生毒性；反之，若 AVS＜SEM 或 (AVS－SEM)＜0，则表示沉积物的金属除部分被硫化物结合外，还有游离态部分可能被生物利用并产生毒性。这种假说在某些特定情况下是可行的，但由于 AVS/SEM 假说可能存在两个问题，即该假说假定间隙水是底泥生物的唯一金属来源，实际上沉积物金属是许多底栖生物的最主要暴露途径；其次这个假说没有考虑许多底泥动物虽然处于厌氧沉积物生态环境中，但它们的微环境可能是有氧状态，因而使这种假说不能准确地预测沉积物金属的生物可利用性和毒性。这也再次表明化学只是影响金属的生物可利用性的一部分，必须对生物的生理、生化和生态过程做进一步的了解。目前，沉积物生物可利用性研究比较多的是在野外原位进行暴露，然后带回实验室开展相关研究，同时一些新的研究方法和先进仪器不断的引入，也将推动金属生物可利用性研究不断向前发展。

13.3.4 金属生物可利用性的调控

重金属的生物有效性直接关系到环境质量，进一步影响人类的健康和发展。控制与修复土壤重金属污染，改善土壤质量，才能有效地保证食品安全。目前，国内外重金属污染土壤修复技术有几十种之多，其中利用生物、理化调控措施去除土壤中的重金属，阻抗土壤-植物系统中重金属运移，实现重金属污染土壤的有效、低耗的治理，是国内外重金属污染土壤修复技术研究的热点和前沿领域，调控金属存在形态，减少金属的生物可利用性也符合我国实际国情的迫切需要。

1. 植物对重金属的富集与阻断

目前，不管是科学研究还是工程应用，经常种植对土壤中某种重金属元素具有特殊吸收富集能力的植物，收获植物并进行妥善处理以使该种重金属移出土壤，达到污染治理的目的。植物修复通常包括植物吸收提取、植物挥发、根际滤除和植物稳定，如采用超积累植物对土壤中重金属进行富集去除，有关植物修复的详细内容请参见第 11 章 11.4 节。

2. 钝化土壤重金属的生物可利用性

通过添加天然或人工合成的钝化材料，可以调控土壤环境，促进沉淀或共沉淀作用改变金属在土壤中存在形态，使金属元素向难被生物利用态转化，从而减少对植物的毒害。影响沉淀作用的一个重要因素就是土壤 pH。研究显示，在酸性土壤中加入石灰可明显地提高土壤的 pH，促进重金属形成难溶的氢氧化物类沉淀。施加石灰能显著降低土壤有效 Cd 含量，增加 Fe、Mn 的氧化态和残留态 Cd 含量，降低植物体内重金属含量。石灰的加入使 Cd 在大白菜地上部分的含量减少 34.45%，Pb 含量减少 41.22%，Zn 含量下降 38.4%。通过改变土壤 pH 来降低重金属的生物有效性，这种钝化措施是不稳定的，如果添加的钝化剂还可以增加对重金属的吸附或形成难溶沉淀，则会增加钝化效果稳定性，其稳定性依赖于土壤及钝化剂的缓冲容量和钝化剂的吸附容量。例如，添加含磷类钝化材料，可与土壤中金属离子形成溶解度很小的金属磷酸盐沉淀，从而降低重金属污染物在土壤中的生物有效性和毒性。又如，Ma 等（2002）发现将磷酸钙加入 Pb 污染的土壤中，其中磷与 Pb 生成了难溶的磷酸氯铅类难溶矿物沉淀，可以使土壤中水溶性的 Pb 减少 56.8%～100%，加入磷酸盐类矿物也对土壤中的 Pb 起类似的固定作用。

3. 农业生态措施降低土壤重金属的生物可利用性

农业生态措施是因地制宜地改变一些耕作管理制度来治理和调控土壤重金属污染的手段。它主要是通过控制土壤水分、改变作物种类、科学合理施用肥料与秸秆还田等措施降低土壤重金属的活性。

1) 控制土壤水分

针对某些类型重金属污染的土壤，改变土壤水分状况，调节 E_h 可适当地降低重金属的活性。例如，Cd、Hg 等离子，当 E_h 降至 -150mV 以下时，开始生成硫化物沉淀，因此宜淹水耕作。而对于 As 污染土壤，宜旱作，因 E_h 降至 200mV 以下时，砷酸盐便生成毒性更强的亚砷酸盐。因此，在长江三角洲轻度 Cd、Hg 和 As 污染地区，控制土壤水分，可降低重金属的毒性。

2) 改变作物种类

不同作物类型和品种对土壤中重金属的吸收、利用及抗性能力不同，因而改变作物种类可有效地减少土壤重金属对作物的危害。在一般污染区，尽可能不要种植根菜或叶菜类作物，而种瓜果类作物，以减少可食部分重金属的含量。杨艳华等（2002）研究表明，Hg^{2+} 胁迫下杂交水稻两优培九较武运粳 7 号常规水稻幼苗抗性强。同时，水稻籽粒中的重金属积累量存在显著的基因型差异。因此，在长江三角洲地区土壤重金属潜在污染区域，可选育抗污染农作物品种，以及在污染土壤上种植重金属不易进入食物链的农作物。

3) 科学合理施肥

施肥不仅影响土壤重金属的含量，而且还影响土壤重金属的形态，继而影响其活性。因氮、磷、钾肥的不同形态对重金属有效性影响不同，所以应在不影响土壤肥力供应的情况下，选择最能降低重金属毒性的肥料品种。研究显示，氮肥形态的选择供应可作为控制作物对重金属吸收的一种措施。此外，多施有机肥，可以提高土壤的有机质含量，增强土壤胶体对重金属和农药的吸附能力。例如，有机化肥中腐殖质能促进 Cd 的沉淀，继而降低其在土壤中的生物有效性。同时，施肥也能提高作物对某些重金属的积累。李莲芳等(2011)通过盆栽实验研究表明，猪粪和鸡粪两种有机肥的施用可导致土壤有效砷含量明显提高，施用有机肥明显促进了小白菜对砷的吸收，其中猪粪处理下小白菜的砷吸收量比对照增加20.7%～53.9%。因此，在长江三角洲轻度重金属污染区域，科学合理施肥可能会在一定程度上降低土壤重金属的活性。

4) 秸秆还田

秸秆还田可在一定程度上增加了农田土壤的有机质，而有机质对土壤中重金属离子具有较强的吸附和配位能力，因此，秸秆还田可通过影响土壤重金属形态的方式降低重金属的活性。有机质含量高的土壤，具有明显的解毒作用，同时土壤有机质中的腐殖酸可以通过对 Hg 的配位来影响土壤中 Hg 的存在形态和生物活性。有研究表明秸秆还田后，在早稻期间皆显著降低植株和糙米 Pb、Cd 的含量(王凯荣等，2007)。因此，有机物料对大面积重金属污染农田的修复具有较好的应用前景。在长江三角洲经济发达地区，秸秆已不是当地农户的主要燃料，秸秆还田，一方面能解决秸秆处理的问题，另一方面可在一定程度上缓解土壤重金属污染。但秸秆在农田的熟化过程中，会影响到农田土壤肥力的供应，因而，在该地区调控土壤重金属的过程中，要妥善处理好秸秆还田的事项。

13.4 有机污染物的形态及生物可利用性

13.4.1 土壤中有机污染物的形态

有机污染物进入土壤后，经过吸附、解吸、迁移、转化等一系列物理、化学和生物过程，最终将被降解消除，但一些化学结构稳定的有机污染物容易在土壤中持留，通过不同的机制与土壤组分结合，从而构成不同的赋存形态。目前，有机污染物的形态研究以从土壤中提取难度来划分，一般分为可提取态残留(extractable residue)和结合态残留(bound residue)。前者指未改变化学结构、可用溶剂提取并用常规残留分析方法所鉴定分析的这部分残留；后者则难于直接萃取，国际纯粹与应用化学联合会(IUPAC)及 FAO/IAEA 确定的农药结合残留是指用甲醇连续萃取 24h 后仍残存于样品中的农药残留物。两部分之间的界限并不是十分明显。

1. 可提取态残留

可提取态残留物的生物活性较高，能直接对生物产生影响，但在环境中降解也快。研究表明，土壤中甲磺隆残留物的可提取态残留率随时间延长而逐渐降低；培养 112d 后，其可提取态残留量为初始量的 16.1%～75.5%。这表明甲磺隆进入土壤初期主要以可提取态残留存在，且可提取态残留能转变形成结合态残留或直接降解。另有研究表明，土壤pH 与甲磺隆可提取态残留率呈显著正相关，甲磺隆在碱性土壤中降解较慢，可提取态残留比例较高。

2. 结合态残留

许多有机化学品具有与土壤腐殖质相同的结构，所以在腐殖化过程中这些外源性有机物与土壤有机质易结合成结合态残留。结合态残留可以是有机污染物的母体化合物，也可以是其代谢物。有机污染物的结构和化学特征、土壤理化性质(如有机质、黏土矿物含量)、环境条件(如 pH、微生物、水分和氧化还原条件)、农业生产措施(如农药浓度和施用频率、有机肥)等都会影响土壤中有机污染物结合态残留的形成。

我国每年农药使用量达 $50 \times 10^4 \sim 60 \times 10^4 t$，其中约 80% 的农药直接进入环境，而在人们通常使用的农药中，有 90% 可以在土壤和植物中形成结合态残留，其结合态残留量一般占到施药量的 20%～70%。研究人员用高温蒸馏法提取溴氰菊酯在土壤中的结合态残留，发现有 19.2% 的结合态残留量。有研究指出，经 14 周培养，土壤中氟乐灵的结合态 ^{14}C 残留量最高可达施入量的 20% 以上，而且有机质含量高的黑土的结合态 ^{14}C 残留量高于水稻土。

13.4.2　土壤中有机污染物的生物可利用性

可以看出，土壤中有机物的赋存形态会影响有机污染物的生物可利用性，除此之外，土壤有机质种类和老化效应也会产生影响。不同形态有机污染物的生物(如微生物、植物)毒性和生物可利用性差异很大，用污染物的总量指标很难准确地评价土壤有机污染的程度、风险和修复效果。目前评价土壤/沉积物中有机污染物生物可利用性的方法主要分为以下两种(Cui et al, 2013)。

1. 生物法

采用生物法(即动物实验)评价生物可利用性是最直接的方法。在土壤中，蚯蚓是最为常见的被用作污染土壤生态风险评价的标准受试生物(OECD, 1984)。沉积物中，由 USEPA 推荐的钩虾(*Hyalella azteca*)、摇蚊(*Chironomus tentans*)是较为常用的毒性实验受试生物。夹杂带丝蚓(*Lumbriculus variegatus*)则常被应用于生物富集实验(Leppänen and Kukkonen，2006)。

在人体健康领域，则常采用哺乳动物(如小鼠、幼猪、猴子等)。在动物实验中认为动物体内有机物的富集量或导致毒性效应的部分则是生物可利用的部分。然而生物法耗时长，花费高，且由于动物的个体差异而很难得到准确可重复性高的结果，因此寻求快速经济的化学体外测试方法显得非常必要。

2. 化学法

根据提取原理和目标的不同，可以分为以下三类方法。

1) 提取法

通常认为有机污染物在土壤/沉积物中以不同的结合形态存在，包括与土壤/沉积物颗粒松散结合的可提取态，和与土壤/沉积物紧密结合的结合态残留。由于前者被认为是生物最易获得的形态，常采用温和的提取剂和方法来测量这部分有机物的浓度，常用的提取方法包括以下三种。

(1)温和溶剂萃取法。

温和溶剂萃取法通常指采用中等极性有机溶剂萃取与固相弱结合的有机污染物(Dean，2007)的方法。该方法操作简单，将土壤/沉积物与溶剂混溶，常温下振荡若干时间后，离心获取上清液，测定其中的有机污染物即为生物可获得的部分。常用的温和试剂包括正丁醇、甲醇、乙腈、乙醇和异丙醇等(Kelsey et al, 1997)。一些研究结果表明温和溶剂萃取量与生物富集系数或生物降解能力有很好的相关性。例如，Liste 和 Alexander(2002)的实验中，正丁醇提取得到的多环芳烃与蚯蚓体内富集量有很好的线性相关性。

(2) 环糊精提取法。

环糊精是细菌在降解淀粉时产生的一种环状低聚糖，其外部结构为含羟基的官能团，所以环糊精有很高的水溶性；其内部结构有很多环形的疏水性空洞，所以可以与疏水性有机物结合(Dean，2007)。依据疏水性有机物分子的大小，环糊精可与有机物结合成 1∶1 或 2∶1 的混合物，并且只有溶解在水相中的有机物才可以与环糊精结合(Dean，2007)。不同的环式糊精由不同数量的单体构成。含有 6 个、7 个、8 个单体的环糊精分别称为 α-环糊精、β-环糊精和 γ-环糊精(Dean，2007)，其中 β-环糊精是目前应用最为广泛的一种萃取剂。目前，环糊精主要应用于多环芳烃生物可利用性的研究，也有少量研究针对多氯联苯、氯苯物质、拟除虫菊酯杀虫剂等(Puglisi et al, 2007)。Reid 等(2000)是较早进行环糊精对多环芳烃生物可利用性研究的课题组，他们以 [14]C 同位素标记的方法，优化提取条件(如环糊精浓度、提取时间、缓冲液的选择等)，发现环糊精可以提取土壤中快速解吸部分的多环芳烃，并且提取量与微生物降解量有 1∶1 的线性关系。后续的很多研究中也发现环糊精提取量与实际可被生物降解的多环芳烃量呈 1∶1 的线性关系(Cuypers et al，2002；Rhodes et al，2008)。但如果沉积物/土壤中富含黑碳类物质，利用环糊精预测多环芳烃被降解趋势会有偏差(Rhodes et al, 2008)，原因可能为微生物颗粒可主动利用与黑碳结合的多环芳烃，但是环糊精却没有如此强的萃取能力。

(3) Tenax 解吸珠提取法。

Tenax 是一种以 2,6-二苯呋喃为基础的多孔聚合物树脂颗粒材料，并且被认为可以无限地吸附从沉积物/土壤中解吸下来的疏水性有机物。挪威的 Cornelissen(1997)是最早利用 Tenax 解吸珠测定氯苯、多氯联苯和多环芳烃在沉积物上的解吸动力学，并将其完善发展，构建动力学模型的学者。Tenax 法得到的解吸动力学通常由快速解吸、慢速解吸、极慢速解吸三部分组成。

近年来，Tenax 解吸已被广泛应用于生物可利用性评价的研究中。许多研究表明，该方法得到的快速解吸部分与疏水性有机物在生物体内的富集量成很好的正比关系。例如，采用 30h Tenax 解吸量可以很好地预测多环芳烃在腹足类动物体内的富集量，而沉积物中的总浓度却不能准确地预测富集量。除生物富集以外，有机物的微生物降解趋势也可以由 Tenax 解吸预测。早期研究认为，Tenax 解吸珠与细菌都可以通过自身对有机物的吸收而促进有机物从沉积物/土壤中的解吸过程，因此推测 Tenax 解吸珠提取法也可以很好地预测疏水性有机物的生物降解趋势。

2) 分配法

根据平衡分配理论，污染物的化学活度决定了其扩散或分配的趋势。在达到平衡时，不同介质之间的同一个污染物的化学活度是相同的，也就是说有机污染物在不同介质之间的浓度成固定比例。例如，可以根据有机物在土壤/沉积物中的浓度和其生物富集系数预测其在动物体内的富集量。通常化学活度可以由污染物的自由溶解态浓度来表示，因此测定污染物在土壤/沉积物中的自由溶解态浓度也是测定生物可利用性的一大类方法。这类方法多采用被动采样器，如半透膜采样器(semi-permeable membrane devices，SPMDs)、聚乙烯采样器(polyethylene devices，PEDs)、固相微萃取(solid phase microextraction, SPME)等。

固相微萃取法这一概念最早是由 Arthur 和 Pawlizsyn(1990)提出并得以发展。应用于这一方法的纤维材料主要有两部分组成，通常材料中心为玻璃或是钢材质的杆状物，外层为各种材质的涂层。目前，常用的涂层材料有聚二甲基硅氧烷、聚丙烯酸酯、碳蜡、模板树脂，或是以上材料中两种材料的混合(Dean，2007)，不同的材料有不同的疏水性。用于固相微萃取的纤维材料可以直接插入土壤/沉积物样品，液态样品或是混合样品的顶端空间。暴露结束后的纤维材料可以直接插入色谱仪器(如气相色谱)，解吸目标污染物，进行检测；或是采用有机溶剂萃取浓缩后，再进行色谱定量分析。

根据使用方法的不同，固相微萃取的纤维材料主要分为插入式和一次性纤维两种。插入式纤维通常与色谱的自动进样器连接，在采集样品后，纤维直接进入液相或气相色谱定量分析，因此采集和分析可以连续完成，不需要溶剂萃取。一次性纤维材料较插入式纤维便宜很多，而且可以由普通的光学纤维加上不同涂层制备得到，并且纤维的长度和涂层的厚度可根据具体检测要求而改变。与插入式纤维不同的是，一次性纤维必须经过溶剂萃取，才可以对目标污染物定量分析。一次性纤维具有的一个显著优点，即该纤维材料可以放置于与生物样品相同的暴露环境中，因此这样得到的结果更接近于实际的生物过程。例如，You 等(2006)将纤维和夹杂带丝蚓一起暴露于污染沉积物，发现 DDE、氯菊酯、毒死蜱在生物体内的富集量和纤维上监测到的自由态溶解度有很好的相关性。

3) 模拟人体胃肠液的体外提取方法

在人体健康领域，为评价有机污染物对人体的生物可利用性，通常采用模拟人体胃肠液的体外提取方法。该类方法因操作简单、实验周期短和造价低等优点而引起广泛关注。胃肠模拟法最早始于人体对食物中营养元素吸收过程的研究，后来广泛用于土壤重金属(如砷，铅等)的人体风险评价。直到近十年来，该方法才开始应用于有机污染物的研究。目前常用方法包括欧洲生物有效性研究协会提出的 UBM 法(Wragg et al., 2009)，Ruby 等(1996)提出的 PBET 法，英国地质调查局采用的 SBET 法(Juhasz et al, 2007)，以及 Rodriguez 等(1999)提出的 IVG 法。因体外模拟方法、土壤性质及土壤和污染物的接触时间(老化过程)的差异，体外法得到的结果也会有很大差异。例如，Rostami 和 Juhasz(2011)在综述文章里指出："对于多环芳烃，因土壤类型、老化时间、体外模拟法的不同，所测定的人体可给性跨度很大(0.1%~89%)"。因此，体外法的结果必须与动物活体实验结果校正后，该体外法才能成为活体实验的代替方法。

本章基本要求

本章要求掌握环境介质中金属形态、相关分析技术，金属形态的生物可利用性及影响因素；了解环境中尤其是土壤中金属生物可利用性的调控方式，有机污染物的形态及生物可利用性。

思考与练习

1. 请详述水体和土壤金属形态的分析方法，并阐述元素的形态分析方法之间的异同。
2. 请简述什么是生物可利用性和生物可给性，它们之间的差异是什么。
3. 通过文献搜索，讨论一下在重金属原位分析技术方面的最新进展。
4. 请概述形态分析在环境中的应用。
5. 请说明影响金属形态生物有效性的主要因素。

第 14 章　化学物质的生物吸收和生物浓缩

14.1 化学物质的吸收和转化

14.1.1 生物膜的结构

外源物质被机体吸收、分布和排泄等在生物体内的各个过程，大多涉及其必须首先通过机体的各种生物膜。生物膜是细胞质与外界环境相隔开的一层屏障，包括外周膜和细胞内膜，其主要作用是维持微环境稳定，与外界环境不断进行物质交换、能量和信息的传递，对细胞的生存、生长、分裂、分化都至关重要。人体和动物机体的真核生物细胞具有调节物质转运和保持细胞稳态的胞浆膜，各种细胞器也有膜。所有这些膜的结构类似，只是脂质和蛋白质的含量各异。

生物膜主要是由磷脂双分子层和蛋白质镶嵌组成的厚度为 7.5～10nm 的流动复杂体系（图 14-1）。脂质类分子是双歧分子，由一个亲水极性"头部"（氨基酸、磷酸、甘油)和另一个非极性的双"尾部"（脂肪酸)组成。膜上的各种蛋白质以不同的镶嵌形式与磷脂双分子层相结合。此外还有部分糖类附着在膜的外侧，与膜脂或膜蛋白的亲水端相结合，构成糖脂和糖蛋白。这些蛋白质完善了膜的结构，也起到酶、载体、孔壁或受体的作用。膜是一种动态结构，能够根据功能的需要，可以分开或以蛋白质与脂质的不同比例加以重建。

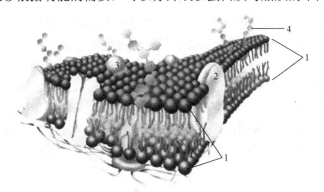

图 14-1　细胞膜脂质双层结构示意图

1.磷脂双分子层；2.内在蛋白；3.外周蛋白；4.糖基链

14.1.2 化学物质通过生物膜的方式

生物膜是细胞或细胞器内外环境之间的一种选择性通透屏障。物质的跨膜运输对细胞的生存和生长至关重要，是细胞维持正常生命活动的基础之一，物质的跨膜方式包括以下几种（图 14-2）。

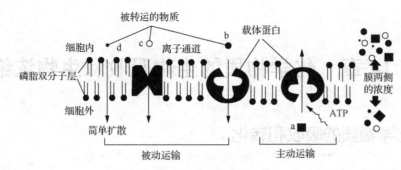

图 14-2　物质的跨膜运输

1. 被动运输

被动运输(passive transport)是物质顺浓度梯度或电化学梯度运输的跨膜运动方式,不需要细胞提供代谢能量。被动运输分为简单扩散和协助扩散两种。

(1)简单扩散(simple diffusion)也称自由扩散,是指分子或离子以自由扩散的方式跨膜转运,不需要细胞提供能量,也没有膜蛋白的协助。相对分子质量小的疏水分子、不带电荷的极性分子可以进行自由扩散,如 O_2、CO_2、N_2、H_2O、乙醇、甘油、尿素、苯等。

(2)协助扩散(facilitated diffusion)也称促进扩散,是各种极性分子和无机离子,如糖、氨基酸、核苷酸及细胞代谢物等,在膜转运蛋白的协助下,沿浓度梯度或电化学梯度的跨膜转运。该过程不需要细胞提供能量,但需要特异的膜蛋白协助。

膜转运蛋白主要有载体蛋白和通道蛋白两种类型。

(1)载体蛋白(carrier protein)是一种跨膜蛋白,溶于磷脂双分子层,能够与特定的分子或离子进行暂时性、可逆的结合和分离,通过自身构象的改变,将某种物质由膜的一侧运向另一侧,而且不需要提供任何能量。载体蛋白具有高度的特异性,一种载体蛋白只能运输一类甚至一种分子或离子。载体蛋白既参与被动的物质运输,也参与主动的物质运输。

(2)通道蛋白(channel protein)是横跨质膜的亲水性通道,允许适当大小的分子和带电荷的离子顺浓度梯度通过,又称离子通道。有些通道蛋白形成的通道通常处于开放状态,如钾泄漏通道允许钾离子不断外流。有些通道蛋白平时处于关闭状态,仅在特定的刺激下才打开,而且是瞬时开放瞬时关闭,在几毫秒的时间里,一些离子、代谢物或其他溶质顺着浓度梯度自由扩散通过细胞膜,这类通道蛋白又称为门通道,其特点为具有离子选择性、转运速率高、只介导被动运输。

2. 主动运输

主动运输(active transport)是载体蛋白所介导的物质逆浓度梯度或电化学梯度由低浓度的一侧向高浓度的一侧进行跨膜转运的方式。它不仅需要载体蛋白,而且还需要消耗能量。根据主动运输过程所需要能量来源的不同可归纳为三磷酸腺苷(ATP)直接提供能量和间接提供能量的两种基本类型。

(1)ATP 直接提供能量的主动运输。例如,动物细胞膜上的钠钾泵(Na^+-K^+泵),人体红细胞中 K^+浓度比血浆中高 30 倍,而 Na^+浓度则比血浆中低 1/6 左右。一般动物细胞要消耗

1/3 的总 ATP 来维持细胞内低钠高钾的离子环境。在植物和真菌的细胞膜上分布的是质子泵（H^+-泵），能将 H^+ 输出细胞，驱动转运溶质进入细胞，其作用原理与 Na^+-K^+ 泵相似，与之类似的还有钙泵等。

（2）协同运输（cotransport）是一类由 Na^+-K^+ 泵（或 H^+-泵）与载体蛋白协同作用，靠间接消耗 ATP 所完成的主动运输方式，又称偶联运输。物质跨膜运输所需的直接动力来自膜两侧离子的电化学浓度梯度，而维持这种离子电化学梯度则是通过 Na^+-K^+ 泵（或 H^+-泵）消耗 ATP 所实现的。动物细胞是利用膜两侧的 Na^+ 电化学梯度来驱动的，而植物细胞和细菌常利用 H^+ 电化学梯度来驱动。协同运输可分为同向协同（共运输）和反向协同（对向运输）两种类型。当物质运输方向与离子转运方向相同时，称为同向协同，例如，动物细胞的葡萄糖和氨基酸就是与 Na^+ 同向协同运输；否则为反向协同。

3. 胞吞和胞吐作用

大分子和颗粒物质进出细胞都是由膜包围，形成小膜泡，在转运过程中，物质包裹在磷脂双分子层膜围绕的囊泡中，因此称为膜泡运输。膜泡运输分为胞吞作用和胞吐作用。

1）胞吞作用（endocytosis）

外界进入细胞的大分子物质先附着在细胞膜的外表面，此处的细胞膜凹陷进入细胞内，将该物质包围形成小泡，最后小泡与细胞膜断离而进入细胞内的过程称为胞吞作用。固态的物质进入细胞内，称为吞噬作用。液态的物质进入细胞内，称为胞饮作用，吞入的小泡称为液饮泡。

2）胞吐作用（exocytosis）

大分子物质由细胞内排到细胞外时，被排出的物质先在细胞内被膜包裹形成小泡，小泡与细胞膜相接触，并在接触处出现小孔，该物质经小孔排到细胞外的过程称为胞吐作用。

总之，物质以何种方式通过生物膜，主要取决于机体各组织生物膜的特性、物质的结构和理化性质（如脂溶性、水溶性、离解度、分子大小等）。被动协助扩散和主动转运是正常的营养物质及其代谢物通过生物膜的主要方式。除与前者类似的物质以这样方式通过膜外，大多数物质一般以被动扩散方式通过生物膜。膜孔滤过和胞吞、胞吐在一些物质通过生物膜的过程中发挥作用。

14.1.3 ▶ 化学物质的生物转运

生物转运（biotransportation）是环境污染物经过各种途径和方式同机体接触而被吸收、分布和排泄等过程，使外来化合物在生物体内发生位移的总称，这些过程有类似的机理，即每一过程都需要通过细胞膜。

机体对化学物质的处置包括四个过程：吸收、分布、代谢和排泄，这四个过程相互作用、相互影响。生物转运包括吸收、分布和清除三个过程，而化学物质代谢和排泄过程为生物转化（biotransformation）过程。

1. 吸收（absorption）

吸收是指外源物质从接触部位的生物膜转运至血液循环系统的过程。外源物质与营养物质在吸收机理方面并无差异。吸收途径主要有消化道、呼吸道和皮肤。

1) 消化道

从口腔摄入的食物和饮水中的污染物，主要通过被动简单扩散被消化道吸收。消化道的主要吸收部位是小肠，其次是胃。进入小肠的污染物大多以简单扩散的方式通过肠黏膜进入血液，因而污染物的脂溶性越强，在小肠内浓度越高，被小肠吸收也越快。血液流速也是影响机体对污染物吸收的因素之一，血流流速越大，膜两侧污染物浓度梯度越大，机体对污染物的吸收速率也越大。由于脂溶性污染物经膜通透性好，因此它被小肠吸收的速率主要受到血流速度的限制；相反，一些极性污染物的脂溶性小，在小肠吸收时经膜扩散成了限速步骤。小肠液的酸性(pH≈6.6)明显低于胃液(pH≈2.0)，因此有机弱碱在小肠中的吸收比在胃中的吸收快，而有机酸在小肠中吸收不利。但是，因为小肠的吸收总面积达200m^2，血流速度为 1L/min，而胃的相应数据仅分别为 1m^2 和 0.15L/min，所以小肠对有机弱酸的吸收一般比胃快。在胃肠道，全部吸收过程非常有效：经磷脂双分子层或细胞膜孔及孔道过滤式的扩散而经细胞转运、通过细胞间连接的副细胞转运、异化扩散和主动转运、内摄作用和绒毛的泵入机制。

2) 呼吸道

人体呼吸道通过表面积达 30～100m^2 的膜(肺泡)进行气体交换，约有 200km 长的毛细血管网络位于膜的下层。由于扩散的屏障很小，只有两层细胞膜那样薄，因此吸收的气态和液态气溶胶污染物以被动扩散和滤过方式，分别迅速通过肺泡和毛细血管膜进入血液。固态气溶胶和粉尘污染物吸进呼吸道后，可在气管、支气管及肺泡表面沉积。到达肺泡的固态颗粒很小，粒径小于 5μm。其中，易溶微粒在溶于肺泡表面体液后，按上述过程被吸收，而难溶微粒往往通过吞噬作用吸收。吸收率取决于肺通气量、心搏出量和毒物在血液中的溶解度及其代谢率。化学物质与肺开始接触时，存在吸收与沉着两个不同的过程，两者之间的平衡取决于肺泡空气和血液中污染物的浓度。亲水污染物较易达到平衡，其吸收速率取决于肺通气量；而亲脂污染物需要更长时间才能达到平衡，吸收速率受未饱和的血流控制。

3) 皮肤

皮肤接触的污染物，常以简单扩散相继通过皮肤的表皮及真皮，再滤过真皮中毛细血管壁膜进入血液。一般相对分子质量低于 300、处于液态或溶解态、呈非极性的脂溶性污染物最容易被皮肤吸收，如酚、尼古丁、马钱子碱等。皮肤吸收可按照下述机制实现：亲脂性物质经脂质膜扩散被皮肤吸收，较少情况下某些亲水性物质经孔道吸收；毛茎周围至毛囊通过膜屏障穿过毛囊吸收，这种吸收只发生在皮肤毛发区；经汗腺管的吸收，这种横断面占皮肤总积的 0.1%～1%；经过机械性损伤、热和化学性损伤及皮肤病时的经皮吸收，此时各层皮肤，包括屏障被破坏，为毒物和有害物质的侵入打开门户。

化学物质经过这些途径吸收以后，到达血液、淋巴或其他体液，血液是转运毒物及其代谢产物的最主要运载工具。化学物质在红细胞表面吸收，或与基质的配位体结合。如果化学物质穿入红细胞中，它们就能与血红蛋白或球蛋白结合。能被红细胞转运的主要有砷、铯、钍、氡、铅和钠。六价铬能与红细胞结合而三价铬与血浆蛋白结合。锌与红细胞和血浆蛋白存在竞争。约有 95%的铅被红细胞运送。有机汞大部分与红细胞结合，无机汞大部分由血浆蛋白携带。大部分毒物是由血浆或血浆蛋白转运的。许多电解质是以离子形式存在，与游离的或血浆部分结合的非离解分子保持平衡。毒物的离子部分易扩散，穿过毛细血管进入组织或器官中，气体和蒸气溶于血浆中。可扩散的游离态离子、某些复合物和游离分子易被从血液中清除到组织和器官内。离子和分子的游离部分与结合部分保持动态平衡。血液中毒物浓度将控制其在组织和器官中的分布，或将这些毒物从组织和器官运送到血液中。

2. 分布(distribution)

分布是指污染物被吸收后或其代谢转化物质形成后，由血液转送至机体各组织，与组织成分结合，从组织返回血液，以及再分布等过程。这是一个动态变化的过程，取决于吸收率和清除率、不同组织的供血量及与组织的亲和力。不带电的水溶性小分子、单价阴离子易进行扩散，而且最终会在体内相对均匀地分布。

在污染物分布过程中，污染物的转运以简单扩散为主。脂溶性物质易通过生物膜，此时，生物膜的通透性对其分布的影响不大，组织血液流速是分布的限速因素。因此，它们在血流丰富的组织(如肺、肝、肾)的分布远比血流少的组织(如皮肤、肌肉、脂肪)中迅速。污染物一般可与血液中的血浆蛋白结合，这种结合是可逆性，只有未与蛋白质结合的污染物才能在体内组织进行分布，因此与血浆蛋白结合率高的污染物，在低浓度下几乎全部存留在血浆内，只有当其浓度达到一定水平，未被结合的污染物增加，快速向机体组织转运，组织中该污染物的分布才会显著增加。而与血浆蛋白结合率低的污染物，随浓度增加，组织中的污染物浓度也逐渐增加。由于亲和力不同，污染物与血浆蛋白的结合受到其他污染物及机体内源性代谢物质的置换竞争影响。

一些污染物可与血液中的红细胞或血管外组织蛋白相结合，也会明显影响它们在机体内的分布。例如，肝、肾细胞内的一类含巯基氨基酸的蛋白，易与锌、镉、汞、铅等重金属结合成复合物，称为"金属硫蛋白"。因而肝、肾中的这些污染物的浓度，可以远远超过其血液中浓度数百倍。在肝细胞中还有一种 Y 蛋白，易与很多有机阴离子相结合，对于有机阴离子转运进入肝细胞起重要作用。

1)特殊隔室

机体被分成下列隔室：内脏器官、皮肤和肌肉、脂肪组织、结缔组织和骨。这种分类大部分是以供血递减的程度为依据的。例如，内脏器官占总体重的 12%，约接受总血容量的 75%；结缔组织和骨髓占总体重的 15%，只接受总血容量的 1%。供血良好的内脏器官一般在最短时间内污染物可达到最高浓度，并在血液与这种隔室之间维持平衡。供血量少的组织对污染物的吸收很低，但是由于供血缓慢，滞留时间很长(蓄积)。

组织和器官内的水分含量、脂质含量和蛋白质含量对于毒物在细胞内的分布具有特殊意义。亲水毒物更易分布到体液和含水量都比较高的细胞内，亲脂性毒物则易分布在含脂量较高的细胞(脂肪组织)中。毒物在特殊隔室中的滞留一般是暂时的，能再分布于其他组织中。滞留与蓄积是以吸收速率和消除速率的差别为基础的。在隔室中滞留的时间以生物半衰期表示。

2)特殊屏障

生物体内有些屏障，可以限制某些有毒物质(主要是亲水性毒物)穿透到这些器官和组织内，这些屏障包括：

血脑屏障(blood-brain barrier)：介于血液和脑组织之间，对物质通过有选择性阻碍作用的动态界面，由脑的毛细血管内皮及基膜、周细胞及星形胶质细胞围成的神经胶质膜构成。血脑屏障能够阻止某些污染物由血液进入脑组织，污染物的膜通透性是其转运的限速因素。高脂溶性、低离解度的污染物，如甲基汞化合物，经膜通透性好，容易通过血脑屏障由血液进入脑部。非脂溶性污染物，如无机汞化合物，很难通过血脑屏障。

血眼屏障(blood ocular barrier)：是循环血液与眼球内组织液之间的屏障，包括血房水屏障、血视网膜屏障等结构，它使污染物在眼球内难以达到有效浓度，与血脑屏障相似，脂溶性或小分子物质比水溶性大分子物质容易通过血眼屏障。

胎盘屏障(placental barrier)：污染物由母体转运到胎儿体内，必须通过数层生物膜组成的胎盘，称为胎盘屏障，同样受到膜通透性的限制。对毒物从母体血液中进入胎儿具有不同程度阻止的效果，胎盘细胞的层数可随动物细胞层数和妊娠阶段不同而异。

3) 在富含脂质组织中的累积

脂肪组织不是产生毒效应的靶器官，因其血管分布少、生物转化率低，但可引起毒物的累积。毒物到脂肪组织间的积蓄可视为临时解毒的一种类型，但对机体的潜在危害在于毒物可以从脂肪中被释放出来，再次返回血液循环中去。毒物沉积在脑或周围神经系统富含脂质的髓鞘中非常危险，沉积的神经毒物可以再次到达靶器官。毒物滞留在富含脂质的内分泌腺，能产生激素紊乱。尽管存在血脑屏障，许多亲脂性神经毒物和麻醉药、有机溶剂、农药、四乙基铅及有机汞均可到达脑部。

4) 在网状内皮系统中的滞留

在各个组织和器官中有百分之几的细胞具有特异的吞噬细胞活性，能吞噬微生物、颗粒、胶体颗粒等，这种系统称为网状内皮系统(RES)，含有固定的细胞和游走的细胞(吞噬细胞)。胶体类毒物会被器官和组织的网状内皮系统所捕获，其中肝脏有利于滞留较大的颗粒物，较小的胶体颗粒物或多或少会均匀分布于脾脏、骨髓和肝脏内。

5) 在细胞内的分布

近来，某些重金属在组织和器官细胞内的分布受到重视，随着超速离心技术的发展，可以将细胞内各组分进行分离，来测定金属离子或其他毒物的含量。动物研究表明，某些金属离子进入细胞后，能与特异蛋白质，如金属硫蛋白相结合。这种低相对分子质量的蛋白质存在于肝、肾和其他器官和组织的细胞内，金属离子的存在可诱导这种蛋白质的生物合成。

3. 清除(elimination)

毒物在各组织和器官的细胞内滞留时，毒物与酶接触而发生生物转化从而产生代谢产物。毒物及其代谢产物的消除途径包括经肺呼出气、经肾脏从尿、经肠胃道的胆汁、经皮肤的汗液、经口腔黏膜的唾液、经乳腺的乳汁、经正常生长和细胞转换从毛发和指甲排除。

1) 经肺呼出气体的消除

经肺消除的一般是挥发性高的毒物(如有机溶剂)的典型途径。血中溶解度低的气体和蒸气将会迅速以这种方式消除。被肠胃道或皮肤吸收的有机溶剂，如果分压高，在血液每次通过肺时可以从呼出气中排出。

2) 肾脏排泄

肾脏是排泄许多水溶性毒物及其代谢物和维持机体自稳体制的特异器官。毒物经肾至尿的排泄取决于油-水分配系数、离解常数、尿的 pH、相对分子质量大小和形状、代谢成更亲水性代谢产物的速度及肾脏的健康状况。

3) 肝胆排泄

血液循环中化学物质进入胃肠道的最主要的机制是经过胆汁排泄，胆汁排泄可作为经尿排泄的补充，小分子经肾排泄，较大分子经胆汁排泄，胆汁是许多结合物(如谷胱甘肽结合物和硫酸结合物)的主要排泄途径。有机酸类、有机碱类和中性有机化学物质经主动转运机制排泄至胆汁，金属可能有另一种主动转运系统排泄。

4) 其他排泄途径

唾液：某些药物和金属离子能够从口腔黏膜的体液中排泄，如铅、汞、砷、铜、溴化物、碘化物、乙醇、生物碱等，然后毒物在被咽入胃肠道时会被再吸收或从粪便中排出。

汗液：许多非电解质能经皮肤的汗液被部分清除，如乙醇、丙酮、苯酚、二硫化碳和氯化氢。

乳汁：许多金属、有机溶剂和某些有机氯农药(如 DDT)能经乳腺从母亲乳汁中分泌出去。这种途径会危及哺乳的婴儿。

头发：头发的分析能被用作某些生理性物质自稳体制的指示剂。接触毒物特别是接触重金属时也能用这类生物材料的测定进行评价。

14.1.4　污染物的生物转化

生物转化是外源化学物质在体内进行代谢转化的过程，在体内酶催化下发生一系列代谢变化的过程，也称为"生物代谢转化"(biological metabolic transformation)。一般通过这一过程能使外源化学物质的脂溶性降低而水溶性增高，便于其排泄，这种经代谢变成低毒甚至无毒产物的转化称为"生物解毒作用"(biodetoxification)。但是也有相反的过程，有时化学物质经过生物代谢转化，能够生成毒性更大的产物。例如，苯可代谢为酚，在转化期间能产生中间产物，其中一些已被认为影响生物的造血功能。这种产生更大毒性代谢产物的过程称为"生物活化作用"(bioactivation)。

污染物的生物转化几乎可以在所有器官系统中进行，肝脏尤为重要，因为肝细胞含有大量氧化外源物质的各种酶，是代谢转化的主要部位。通常这种氧化可以活化一些化合物，使其活性比母体分子的活性更大。大多数情况下，被氧化的代谢物被另一组酶进一步代谢。这些酶使代谢物与内源性底物相结合，成为极性更大的分子，这个过程有利于将转化后的污染物排出体外。一般来说，外源化学物质的生物转化过程，主要包括氧化、还原、水解和结合四种反应，前三种反应可使分子出现极性反应基团，使其易溶于水并可进行后一种结合反应，大多数外源化学物质无论先经过氧化、还原或水解反应，最后必须经过结合反应再排出体外。因此，氧化、还原和水解反应是生物转化的第一阶段反应(Ⅰ相反应)，结合反应是第二阶段反应(Ⅱ相反应)。

1. Ⅰ相反应

1) 氧化反应

大多数化学物质代谢的第一步是氧化反应，参与氧化反应的酶主要有细胞色素 P450 单加氧酶系。该酶系位于细胞内质网上，主要由血红素蛋白(细胞色素 P450 和细胞色素 b5)、黄素蛋白(NADPH-细胞色素C还原酶和NADPH-细胞色素b5还原酶)和脂类三部分组成(主要是磷脂酰胆碱),其中细胞色素 P450 尤为重要,可以催化多种氧化反应。这一酶系是毒物代谢反应的主要酶系,又称为微粒体混合功能氧化酶(mixed-function oxidase, MFO)。例如,底物 RH 在细胞色素 P450 单加氧酶作用下,可催化氧分子中的一个氧原子加到底物分子上(羟化),另一个氧被氢(来自底物 $NADPH+H^+$)还原成水,进行以下反应:

$$RH+O_2 \xrightarrow{\text{细胞色素P450}} ROH+H_2O$$

$$\uparrow e^-$$

$$NADPH + H^+ \longrightarrow NADP^+$$

在该反应中,氧化型细胞色素 $P450(Fe^{3+})$ 与 RH 形成一种复合物,在 NADPH-细胞色素 P450 还原酶的作用下,由 NADPH 提供一个电子,使其转变为还原型细胞色素 $P450(Fe^{2+})$ 复合物,此复合物和氧分子结合形成含氧复合物,然后在 NADPH-细胞色素 P450 还原酶或 NADPH-细胞色素 b5 还原酶作用下,由 NADPH 提供一个电子,使复合物中的 O_2 活化为氧离子,与 RH 生成氧化产物而被释放,同时释放出一个分子的 H_2O,此时,$P450(Fe^{2+})$ 变为 $P450(Fe^{3+})$,再次参与氧化过程。

氧化反应的主要类型:

脂肪族羟化

$$RCH_3 \xrightarrow{[O]} RCH_2OH$$

芳香族羟化

$$C_6H_5R \xrightarrow{[O]} R-C_6H_4OH$$

环氧化

$$CH_2R \xrightarrow{[O]} H_2C-CHR \overset{O}{\diagup\diagdown}$$

杂原子(O—、S—、N—)脱烷基化

$$R(N.O.S)-CH_3 \xrightarrow{[O]} R(NH_2 \cdot OH \cdot SH)+HCHO$$

氧化脱氨

$$R-CH_2-NH_2 \xrightarrow{[O]} R-\overset{O}{\overset{\|}{C}}-H + NH_3$$

N-羟化

$$C_6H_5NH_2 \xrightarrow{[O]} C_6H_5NHOH$$

氧化脱硫

$$\underset{R'}{\overset{R}{\diagdown}}C=S \xrightarrow{[O]} \underset{R'}{\overset{R}{\diagdown}}C=O$$

此外,一些氧化反应也可以由非微粒体混合功能氧化酶催化,肝组织胞液、血浆和线粒体中有一些专一性不太强的酶,如醇脱氢酶、醛脱氢酶和黄嘌呤氧化酶等,这些酶可以将醇类氧化成醛类,醛类氧化成酸类,最后产生 CO_2 和 H_2O。肝细胞胞液中还含有单胺氧化酶和双胺氧化酶，可催化胺类氧化，形成醛类和氨。

2）还原反应

含有硝基、偶氮基化合物及醛、酮、亚砜和多卤代烃类化合物容易被还原，通常在哺乳动物组织中这类反应活性较低，但在肠道菌群内该酶的活性较高，常见的还原反应包括依赖细胞色素 P450 的反应和依赖黄素蛋白的反应。

3）水解反应

环氧化物、酯类、酰胺类和碳酸盐类等化学物质在体内容易被水解，参与水解反应的酶主要有环氧化物水解酶、酯酶和酰胺酶。环氧化物水解酶能将多种环氧化物（脂肪族或芳香族）水解为反式二氢二醇；酯酶和酰胺酶可催化水解酯类和酰胺类。

2. Ⅱ相反应

Ⅱ相反应又称为结合反应，外源化学物质在代谢过程中，可直接发生结合反应，特别是含有羟基、氨基、羧基及环氧基的化学物质最容易发生，也可经过上述氧化、还原、水解的Ⅰ相反应，然后再进行结合反应。一般情况下，通过结合反应，一方面可以使外源化学物质分子上某些功能基团失去活性及丧失毒性，另一方面可使其极性增强、脂溶性降低、加速排泄过程。

结合反应需要转移酶催化，转移酶催化某一化学基团，从一种化合物（供体）转移到另一化合物（受体），形成结合物，即

$$AB + XH \longrightarrow XB + AH$$
$$\text{（供体）　（受体）　　　　（结合物）}$$

多数情况下，受体是含亲核中心（如—OH、—SH、—NH_2）的外源物或代谢物，供体是某种内源性化合物，通常有一个供转移的亲电基团的核苷酸衍生物。例如，葡萄糖醛酸结合，主要是外源化合物及其代谢物与葡萄糖醛酸结合。葡萄糖醛酸的来源是在糖类代谢过程中生成的尿苷二磷酸葡萄糖（UDPG），再被氧化生成尿苷二磷酸葡萄糖醛酸（UDPGA），它是葡萄糖醛酸的供体，在葡萄糖醛酸转移酶的作用下，与外源化合物及其代谢物的羟基、氨基和羧基等基团结合，反应产物是 β-葡萄糖醛酸苷，葡萄糖醛酸必须为内源性代谢产物，直接由体外输入者不能进行结合反应。

14.2 生物富集、生物积累和生物放大作用

环境中的物质进入生物体内的途径大约有以下几种：一是各种藻类、菌类和原生动物等主要靠体表直接吸收；二是高等植物主要靠根系吸收，叶表面和茎表面也有一定的吸收能力；三是大多数动物主要靠吞食，对于鱼来说，呼吸也是一种途径。前两种途径是直接从环境中摄取，后一种途径必须通过食物链完成。各种物质进入生物体内，参加生物的代谢过程，其中生命必需的物质，部分参与了生物体的构成，多余的必需物质和非必需的物质中，易分解的经代谢作用很快排出体外，不易分解的脂溶性较强、与蛋白质或酶有较高亲和力的物质，就会长期残留在生物体内。例如，DDT 和狄氏剂等农药，性质稳定、脂溶性强，被摄入生物体后即溶于脂肪，很难分解排泄。随着摄入量的增加，这些物质在体内的浓度也会逐渐增加。

化学物质被生物体吸收后，它在生物体内的浓度超过环境中该物质的浓度时，可认为存在生物富集、生物积累或生物放大现象，这三个概念既有联系又有区别。

14.2.1 生物富集

生物富集(bioconcentration)又称生物浓缩，是生物有机体或处于同一营养级上的许多生物种群，从周围环境中蓄积某种元素或难分解化合物，使生物有机体内该物质的浓度超过环境中浓度的现象。生物富集的程度用富集系数或浓缩系数(bioconcentration factor，BCF)表示，即生物机体内某种物质的浓度和它所生存的环境中该物质浓度的比值。

$$BCF=c_b/c_e \tag{14.2.1}$$

式中：BCF 为生物的富集系数或浓缩系数；c_b 为某种元素或难降解物质在机体中的浓度；c_e 为某种元素或难降解物质在机体周围环境中的浓度。

浓缩系数与物质本身的性质及生物和环境等因素有关。同一种生物对不同物质的浓缩系数有很大差别。例如，褐藻对钼的浓缩系数是 11，对铅的浓缩系数却高达 70 000，相差悬殊。此外，即使是同一种物质，在不同的环境条件下，浓缩系数也是不同的。例如，翻车鱼对多氯联苯的富集系数在水温 5℃时为 6.0×10^3，而在 15℃时为 5.0×10^4，水温升高相差显著。生物浓缩对于阐明物质或元素在生态系统中的迁移转化规律，评价和预测污染物进入环境后可能造成的危害，以及利用生物对环境进行检测净化等均有重要意义。

水生生物对水中难降解物质的富集速率，是生物对其吸收速率、消除速率及由生物体质量增长引起的物质稀释速率的代数和。吸收速率 R_a、消除速率 R_e 及稀释速率 R_g 的表达式为

$$R_a=k_ac_w \tag{14.2.2}$$

$$R_e=-k_ec_f \tag{14.2.3}$$

$$R_g=-k_g c_f \tag{14.2.4}$$

式中：k_a、k_e、k_g 分别为水生生物的吸收速率常数、消除速率常数和稀释速率常数；c_w、c_f 分别为水及生物体内的瞬时物质浓度。

水生生物富集速率方程为

$$dc_f/dt=k_ac_w-k_ec_f-k_gc_f \tag{14.2.5}$$

如果富集过程中生物量增长不明显，则 k_g 可忽略，则

$$dc_f/dt=k_ac_w-k_ec_f \tag{14.2.6}$$

通常情况下，水体足够大，水中物质浓度 c_w 可视为恒定，设 $t=0$ 时 $c_w=0$ 求解式(14.2.5)和式(14.2.6)，水生生物富集速率方程为

$$c_f = \frac{k_a c_w}{k_e + k_g}[1 - \exp(-k_e - k_g)t] \tag{14.2.7}$$

$$c_f = \frac{k_a c_w}{k_e}[1 - \exp(-k_e)t] \tag{14.2.8}$$

由此可以看出，水生生物浓缩系数 c_f/c_w 随时间延续而增大，先期增大比后期迅速，当 $t \to \infty$ 时，生物浓缩系数依次为

$$\text{BCF} = \frac{c_f}{c_w} = \frac{k_a}{k_e + k_g} \tag{14.2.9}$$

$$\text{BCF} = \frac{c_f}{c_w} = \frac{k_a}{k_e} \tag{14.2.10}$$

说明在一定条件下，生物浓缩系数有一阈值，此时水生生物富集达到动态平衡，生物浓缩系数常指生物富集达到平衡时的 BCF 值，可由实验和计算获得。

案例 14.1

磺胺类抗生素在斑马鱼中的生物富集模型研究

许静等(2015)针对磺胺类抗生素在鱼体内的生物富集特征，采用半静态生物富集测试方法，研究磺胺二甲嘧啶(SMT)和磺胺甲噁唑(SMX)在斑马鱼体内的生物富集系数，并选用 3 种常用预测模型对这两种磺胺类抗生素的 BCF 值进行估算，比较了估算值和实际测定值。

该研究主要根据《化学品测试导则》OECD 305 鱼类生物富集实验方法，实验结束时，水体和鱼体中药物含量已经达到平衡。

如图 14-3 和图 14-4 所示，8d 内 SMT 的 BCF_{max} 为 1.11，SMX 的 BCF_{max} 为 1.15，属于低生物富集性。根据 SMT 和 SMX 的理化性质，可采用模型方法推算其 BCF 值。

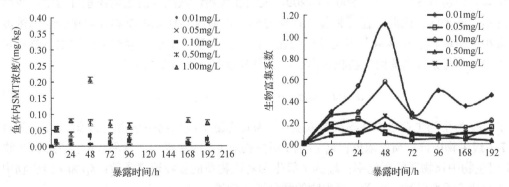

图 14-3　不同浓度 SMT 在斑马鱼中的含量和 BCF 值的变化

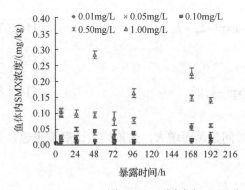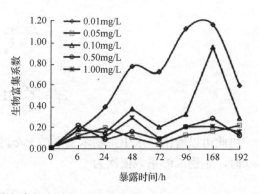

图 14-4　不同浓度 SMX 在斑马鱼中的含量和 BCF 值的变化

(1) 根据 K_{ow} 值估算，较著名的是 Veith 等利用不同鱼种和 84 种不同的化合物经实验得到的估算式：lgBCF=0.761lgK_{ow}–0.23，根据此估算式得到 SMT 的 BCF 估算值为 2.39，SMX 的 BCF 估算值为 2.80。

(2) 根据水溶解度估算，使用 Kenaga 和 Goring (1980) 利用不同鱼种和 36 种有机物进行研究后推得的估算式：lgBCF= –0.564lg$S$+2.791，根据此估算式求得 SMT 的 BCF 估算值为 9.99，而 SMX 因水溶解度低而难以估算。

(3) 根据土壤吸附分配系数估算，使用 Kenaga 和 Goring (1980) 从少量土壤吸附分配系数测定值推导出的估算式：lgBCF=1.12lgK_{oc}–1.58，根据此估算式求得 SMT 的 BCF 估算值为 7.59，SMX 的 BCF 估算值为 3.16。

因此，以 K_{ow} 值估算的 BCF 与实验值较为接近，说明 SMT 和 SMX 在鱼体内生物富集与 K_{ow} 最为相关，而与水中的溶解度和 K_{oc} 相关性不大。

14.2.2　生物积累

生物积累 (bioaccumulation) 是指生物在整个代谢活跃期内通过吸收、吸附、吞食等各种过程，从周围环境中蓄积某些元素或难分解的化合物，导致随生物的生长发育，浓缩系数不断增大的现象。生物积累程度也用浓缩系数表示。例如，有人研究牡蛎在 50μg/L 氯化汞溶液中对汞的积累，观察到 7d、14d、19d、42d 时，牡蛎体内汞含量的变化，结果发现其浓缩系数分别为 500、700、800 和 1200，表明在代谢活跃期内的生物积累过程中，浓缩系数是不断增加的。因此，任何机体在任何时刻，机体内某种元素或难分解化合物的浓度水平取决于摄取和消除这两个相反过程的速率，当摄取量大于消除量时，就发生生物积累。以水生生物对某种物质的生物积累而言，其微分速率方程可以表示为

$$dc_i/dt = k_{ai}c_w + a_{i,i-1} \cdot w_{i,i-1}c_{i-1} - (k_{ei}+k_{gi})c_i \tag{14.2.11}$$

式中：c_w 为生物生存水中某物质的浓度；c_i 为食物链 i 级生物中该物质的浓度；c_{i-1} 为食物链 $i-1$ 级生物中该物质的浓度；$w_{i,i-1}$ 为 i 级生物对 $i-1$ 级生物的摄食率；$a_{i,i-1}$ 为 i 级生物对 $i-1$ 级生物中该物质的同化率；k_{ai} 为 i 级生物对该物质的吸收速率常数；k_{ei} 为 i 级生物中该物质的消除速率常数；k_{gi} 为 i 级生物的稀释速率常数。

式 (14.2.11) 表明，食物链上水生生物对某物质的积累速率等于从水中的吸收速率、从食物链上的吸收速率及其本身消除、稀释速率的代数和。当生物积累达到平衡时，$dc_i/dt=0$，式 (14.2.11) 成为

$$c_i = \left(\frac{k_{ai}}{k_{ei} + k_{gi}} \right) c_w + \left(\frac{a_{i,i-1} \cdot w_{i,i-1}}{k_{ei} + k_{gi}} \right) c_{i-1} \tag{14.2.12}$$

这表明生物积累的物质浓度是指从水中摄取的浓度和从食物链传递得到的浓度。环境中物质浓度的大小对生物积累的影响不大，但在生物积累过程中，不同种生物、同一种生物的不同器官和组织，对同一种元素和物质的平衡浓缩系数的数值，以及达到平衡所需的时间，可以有很大的差别。

14.2.3　生物放大

生物放大(biomagnification)是指在生态系统的同一食物链上，由于高营养级生物以低营养级生物为食，某种元素或难分解化合物在机体中的浓度随着营养级的提高逐步增大的现象。生物放大的程度也是用富集系数表示。生物放大的结果使食物链上高营养级生物体内这种物质的浓度显著超过环境中的浓度。因此，生物放大是就食物链关系来讲的，如不存在食物链关系，机体中物质浓度高于环境介质的现象，分别用生物富集和生物积累来表示。

食物链上营养级较高的生物机体内所含元素或难分解化合物的浓度，一般说来，高于营养级比它低些的生物。但是，因为处于食物链上的任何生物体内所含某种物质(如有机氯杀虫剂)的浓度都取决于它的吸收和消除的相对速度，所以处于食物链中部的生物体内所积累的该物质的浓度，也有可能大于营养级比它高的生物。

生物放大现象在水生态系统中尤为常见。1966 年，有人报道了在美国图尔湖和克拉马斯南部保护区内生物群落的 DDT 污染。经检验证实，通过生物放大，在小鹏鹏(*Colymbsruficollis poggei*)的脂肪体中，DDT 的浓度竟比湖水高出 76 万多倍。Elliott 等(2005)通过调查计算了美国 James River 流域鹗鸟(*Pandion haliaetus*)蛋/鱼的捕食关系中发现 $\sum$PBDEs 的 BMF 值为 24，检测到 PBDEs 单体(BDEs28、47、99、100、153 和 154)的 BMFs 值的范围为 3.7～46。北极的陆地生态系统中，在地衣—北美驯鹿—狼的食物链上，也明显地存在着对 ^{137}Cs 的生物放大现象。生物机体中的 ^{137}Cs 的放射性强度随着营养级的提高而增大。

许多文献报道和说法使人产生了一种印象，似乎绝大多数的元素和难分解化合物在每一个水生态系统中有生物放大现象。实际上，对于大多数元素来说，生物放大并不是一种普遍现象。至于氯烃类化合物是否在所有的水生食物链上出现生物放大现象，也存在着许多疑问。各种生物对不同物质的生物放大作用也有差别。例如，汞和银都能被脂首鱼(*Pimephales pronelas*)积累，但脂首鱼对汞有生物放大作用，对银则没有；在一个海洋模式生态系统中研究藤壶、蛤、牡蛎、蓝蟹和沙蚕 5 种动物对于铁、钡、锌、锰、镉、铜、硒、砷、铬、汞 10 种重金属的生物放大作用，结果发现，藤壶和沙蚕的生物放大能力较大，牡蛎和蛤次之，蓝蟹最小。

由于生物放大作用，进入环境中的毒物，即使是微量的，也会使生物尤其是处于高位营养级的生物受到毒害，甚至威胁人类健康。因此，对污染物的排放，不仅要规定浓度的限制，也要考虑总量的限制。

14.3 生物组织中物质的浓缩机理

化学物质通过生物呼吸、饮食和皮肤吸收等多种途径进入生物体内，然后通过血液循环分散至身体的各个部位，被生物的多种组织和器官吸收浓缩。显然，生物的各器官和组织对某污染物的浓缩程度，取决于该物质在血液中的污染浓度、生物组织与血液对该物质亲和性的差异及生物组织对该物质的代谢。

14.3.1 生物体某组织生物浓缩的机理模型

对生物中的某一组织来说，其生物浓缩机理模型如图 14-5 所示。

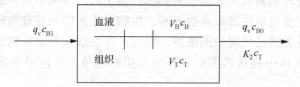

图 14-5　生物体某一组织生物浓缩的机理模型

q_v为血液通过该组织的流量；c_{B1}为进入该组织的血液中化合物的浓度；c_{B0}为出该组织的血液中化合物的浓度；V_B、V_T为血液和组织的体积；c_B、c_T为化合物在血液和组织的浓度；K_2为化合物的代谢速率常数

如果在一定条件下，血液流量 q_v 和进出生物组织的血液中化合物浓度 c_{B1}、c_{B0} 恒定，则由物料平衡可得该组织的生物浓缩速率方程：

$$V_t = dc_T/dt = q_v(c_{B1}-c_{B0}) - V_T K_2 c_T \tag{14.3.1}$$

$$dc_T/dt = q_v(c_{B1}-c_{B0})/V_T - K_2 c_T \tag{14.3.2}$$

将式(14.3.2)积分可得

$$c_T(t) = q_v(c_{B1} - c_{B0})(1 - e^{K_2 t})/(V_T K_2) \tag{14.3.3}$$

在 q_v、c_{B1}、c_{B0} 一定时，K_2 越小，持续时间越长，化合物在该组织中浓缩量越大。当 $t \to \infty$ 时：

$$c_T(\infty) = q_v(c_{B1}-c_{B0})/(V_T K_2) \tag{14.3.4}$$

此时生物组织中的化合物浓度，除了与该化合物在该组织中的代谢速率常数有关外，还与进出组织的血液中的化合物浓度差成正比。而$(c_{B1}-c_{B0})$恰恰反映了生物组织及血液对化合物亲和性的差异。

事实上，生物组织和血液中的化合物浓度不可能恒定不变的，由于生物的代谢作用，生物组织和血液中的化合物浓度都会有变化，如图 14-6 所示，图中 K_1、K_{-1} 和 K_2 分别为化合物的吸收速率常数、释放速率常数和代谢速率常数。由此模型可获得生物组织和血液中化合物浓度及代谢产物浓度的变化速度方程。

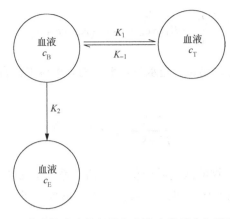

图 14-6　化合物在生物组织和血液中的吸收和释放模型

$$\frac{\mathrm{d}c_B}{\mathrm{d}t} = K_{-1}c_T - \left(K_1 + K_2\right)c_B \tag{14.3.5}$$

$$\frac{\mathrm{d}c_T}{\mathrm{d}t} = K_1 c_B - K_{-1} c_T \tag{14.3.6}$$

$$\frac{\mathrm{d}c_E}{\mathrm{d}t} = K_2 c_E \tag{14.3.7}$$

14.3.2　生物浓缩模型

为了探讨生物浓缩的机理和开展浓缩速率理论的研究，常用模型来模拟自然过程。下面以水生生物的生物浓缩为例来讨论这种方法，如单一组合模型、食物链组合模型等。

1. 单一组合模型

这类模型组合如图 14-7 所示。根据热力学原理，水生生物在水中可摄取化合物的最大浓度应为 Kc_w，其中 K 为化合物在水生生物和水中的分配系数，则水生生物从水体中摄取化合物的速率就为 $K_1(Kc_w - c_f)$，再考虑化合物从生物体中的释出，则该化合物在生物体内的浓度变化速度为

$$\frac{\mathrm{d}c_f}{\mathrm{d}t} = K_1(Kc_w - c_f) - K_{-1}c_f \tag{14.3.8}$$

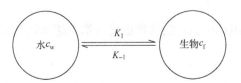

图 14-7　化合物在水生生物和水中的分配

如果考虑化合物在生物中的降解，则

$$\frac{\mathrm{d}c_f}{\mathrm{d}t} = K_1(Kc_w - c_f) - (K_{-1} + K_2)c_f \tag{14.3.9}$$

式中：K_2 为化合物的降解速率常数。当水体足够大时，水体中化合物的浓度 c_w 可认为恒定，将式(14.3.9)积分得

$$c_f = \frac{K_1 K c_w}{K_1 + K_{-1}} \left[1 - \mathrm{e}^{-(K_1 + K_{-1})t} \right] \tag{14.3.10}$$

这就是水生生物中化合物的浓度随时间变化的关系。通常为了表示生物浓缩的程度，用化合物在生物中的浓度与水中浓度之比来表示浓缩系数，即

$$\frac{c_f}{c_w} = \frac{K_1 K}{K_1 + K_{-1}} \left[1 - \mathrm{e}^{-(K_1 + K_{-1})t} \right] \tag{14.3.11}$$

可见，浓缩系数随时间延续而增大，当 $t \to \infty$ 时，则

$$\frac{c_f}{c_w} = \frac{K_1 K}{K_1 + K_{-1}} \tag{14.3.12}$$

从上面讨论可以看出，生物浓缩系数由分配系数 K 和速率常数组合而成，这种组合可以分为三种情况：

(1)生物从水中摄取化合物的速率常数远大于其释放常数，即 $K_1 \gg K_{-1}$，与 K_1 相比，K_{-1} 可以被忽略，由式(14.3.11)得

$$\frac{c_f}{c_w} = K(1 - \mathrm{e}^{-K_1 t}) \tag{14.3.13}$$

当 $t \to \infty$，$c_f/c_w = K$，即此时生物浓缩系数就是热力学分配系数。

(2)生物从水中吸收化合物的速率常数与释放速率常数近似相等，即 $K_1 \approx K_{-1}$，则得

$$\frac{c_f}{c_w} = \frac{K}{2}(1 - \mathrm{e}^{-2K_1 t}) \tag{14.3.14}$$

当 $t \to \infty$，$c_f/c_w = K/2$，此时浓缩系数是热力学分配系数的一半。

(3)生物从水中摄取化合物的速率常数远小于其释放速率常数，即 $K_1 \ll K_{-1}$，与 K_{-1} 相比，K_1 忽略不计，则得

$$\frac{c_f}{c_w} = \frac{K_1 K}{K_1}(1 - \mathrm{e}^{-K_1 t}) \tag{14.3.15}$$

当 $t \to \infty$，$c_f/c_w = K_1 K/K_{-1}$。由此可见，生物释放化合物的速率常数相对增大时，生物浓缩系数就会减小。

2. 食物链组合模型

生物浓缩过程中进入生物的化合物有直接从环境中摄取的，也有通过食物链间接摄取的，如图 14-8 的模型组合。这类模型组合的速率方程为

$$\frac{dc_B}{dt}=K_1(K_1'c_w-K_{-1}c_B)-K_{-1}c_B \tag{14.3.16}$$

$$\frac{dc_f}{dt}=K_2(K_2'c_w-c_f)+K_3c_B-K_{-2}c_f \tag{14.3.17}$$

式中：K_1'、K_2' 分别为化合物在饵料生物、捕食生物在水中的分配系数；K_3 为捕食生物捕食饵料生物的速率常数。设水中化合物浓度 c_w 不变，当 $t\to\infty$ 时，则捕食生物的浓缩系数为

$$\frac{c_f}{c_w}=\frac{K_2K_2'}{K_2+K_{-2}}+\frac{K_1K_3K_1'}{(K_1+K_{-1})(K_2+K_{-2})} \tag{14.3.18}$$

此生物浓缩系数中的第一项来自捕食生物从水体中直接摄取，第二项来自食物链的生物浓缩。

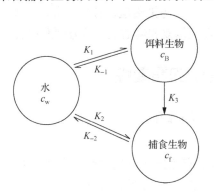

图 14-8　化合物通过食物链摄取的模型

本章基本要求

　　本章要求掌握生物膜基本结构、化学品的跨膜方式；了解化学品在体内的吸收、分布和清除过程；掌握 I 相和 II 相反应的原理和作用；掌握生物富集、生物积累和生物放大的概念；了解化学品在生物组织中的浓缩机理和模型。

思考与练习

1. 生物膜主要由哪些物质组成？它们在膜结构中各起什么作用？
2. 阐述化合物通过生物膜的机理。
3. 生物体内有哪些特殊屏障？各起什么作用？
4. 阐述化学物质生物转化的 I 相、II 相反应。
5. 请简要说明生物浓缩、生物富集、生物放大的差异。

第15章 微生物对环境中化学物质的作用

自然环境中的微生物数量巨大、种类多样、生物活性高,对环境物质的生物地球化学循环和生物转化有重要作用。微生物可通过酶活性催化反应使一些原先很慢的化学反应过程,速度迅速上升到 11 个数量级。微生物可以催化转化或降解有机污染物,这是环境中有机污染物分解的重要过程。因此,人们称微生物是生物催化剂,能使很多化学过程在水、土壤和大气中发生。近年来,人们对微生物在环境中的分布状况、分离纯化和开发(包括驯化和基因操作等)利用方面的报道与日俱增。微生物技术是已有的应用最广泛且日益重要的环境保护单项技术之一。其在水污染控制、大气污染治理、有毒有害物质降解、清洁可再生能源开发、废物资源化、环境监测、污染环境修复和清洁生产等方面发挥着极为重要的作用。

15.1 微生物在环境中的重要性

15.1.1 微生物在环境中的作用

微生物代谢类型多样和适应变异能力强的特点为微生物对生物物质的巨大分解能力提供了基础,与自然界物质不同的环境污染物对存在于环境中的微生物是一个挑战。环境污染物大多数是人工合成生产的,其中许多化学结构是自然界现存化合物所没有的,因此也称为异源物质。"生物降解"被定义为生物因子(特别是微生物)作用下对物质的分解,一般来说生物降解是一个由微生物引起的衰变过程。

微生物群落可以催化无数反应,但最重要的有以下三类反应。

(1)氧化反应,如苯从非极性化合物变成极性化合物就是一种氧化反应。

$$\text{(15.1.1)}$$

(2)催化还原反应,如 DDT 变成 DDE。

$$\text{(15.1.2)}$$

(3)催化水解反应。

$$(CH_3O)_2\text{—}P\text{—}S\text{—}CHCOOC_2H_5 \xrightarrow{\text{酶}} (CH_3O)_2\text{—}P\text{—}S\text{—}CHCOOC_2H_5 \quad \text{(15.1.3)}$$

微生物的催化反应最终可以使毒性有机物全部降解为无机物，即毒性有机物降解为CO_2、无机产物（NO_3^-、PO_4^{3-}、SO_4^{2-}）等，这个过程称为"矿化作用"。然而，实际微生物的催化反应既存在"解毒"反应（使有毒的有机物转化为无毒或低毒的化合物），也存在"活化"反应（使潜在的有毒物转化为有毒化合物）。

微生物降解转化作为生态系统物质循环过程中的重要一环，在其中起重要的作用。在C、N、H、O、S的循环中，没有微生物的活动，这些元素就会被束缚在复杂的不被降解的物质中，不能回到自然循环。因此，微生物的降解转化作用对生物地球化学循环及维持生态系统的健康有重要意义，主要包括：①推动元素的地球化学循环；②微生物的降解过程是生态系统中食物链的起点；③移去污染物、降低生物毒性可以维持生态系统健康。

15.1.2 微生物酶催化的氧化还原反应

微生物酶催化氧化还原反应，获得代谢过程和生产过程所需的能量。自然界中存在的这类反应数量极多。通过微生物的作用，在环境介质中存在的主要的氧化还原反应及序列概括在表 15-1 和表 15-2 中。

表 15-1　微生物参与的主要氧化还原反应（Manahan，2010）

氧化	$pe^0(w)^*$	还原	$pe^0(w)^*$
(1) $\frac{1}{4}\{CH_2O\}+\frac{1}{4}H_2O \rightleftharpoons \frac{1}{4}CO_2(g)+H^+(w)+e^-$	−8.20	(A) $\frac{1}{4}O_2(g)+H^+(w)+e^- \rightleftharpoons \frac{1}{2}H_2O$	−13.75
(1a) $\frac{1}{2}HCOO^- \rightleftharpoons \frac{1}{2}CO_2(g)+\frac{1}{2}H^+(w)+e^-$	−8.73	(B) $\frac{1}{5}NO_3^-+\frac{6}{5}H^+(w)+e^- \rightleftharpoons \frac{1}{10}N_2(g)+\frac{3}{5}H_2O$	+12.65
(1b) $\frac{1}{2}\{CH_2O\}+\frac{1}{2}H_2O \rightleftharpoons \frac{1}{2}HCOO^-+\frac{3}{2}H^+(w)+e^-$	−7.68	(C) $\frac{1}{8}NO_3^-+\frac{5}{4}H^+(w)+e^- \rightleftharpoons \frac{1}{8}NH_4^++\frac{3}{8}H_2O$	+6.15
(1c) $\frac{1}{2}CH_3OH \rightleftharpoons \frac{1}{2}\{CH_2O\}+H^+(w)+e^-$	−3.01	(D) $\frac{1}{2}\{CH_2O\}+H^+(w)+e^- \rightleftharpoons \frac{1}{2}CH_3OH$	−3.01
(1d) $\frac{1}{2}CH_4(g)+\frac{1}{2}H_2O \rightleftharpoons \frac{1}{2}CH_3OH+H^+(w)+e^-$	−2.88	(E) $\frac{1}{8}SO_4^{2-}+\frac{9}{8}H^+(w)+e^- \rightleftharpoons \frac{1}{8}HS^-+\frac{1}{2}H_2O$	−3.75
(2) $\frac{1}{8}HS^-+\frac{1}{2}H_2O \rightleftharpoons \frac{1}{8}SO_4^{2-}+\frac{9}{8}H^+(w)+e^-$	−3.75	(F) $\frac{1}{8}CO_2(g)+H^+(w)+e^- \rightleftharpoons \frac{1}{8}CH_4(g)+\frac{1}{4}H_2O$	−4.13
(3) $\frac{1}{8}NH_4^++\frac{3}{8}H_2O \rightleftharpoons \frac{1}{8}NO_3^-+\frac{5}{4}H^+(w)+e^-$	+6.16	(G) $\frac{1}{6}N_2+\frac{4}{3}H^+(w)+e^- \rightleftharpoons \frac{1}{3}NH_4^+$	−4.68
(4) $FeCO_3(s)+2H_2O \rightleftharpoons FeOOH(s)+HCO_3^-(10^{-3})$ $+2H^+(W)+e^-$	−1.67		
(5) $\frac{1}{2}MnCO_3(s)+H_2O \rightleftharpoons \frac{1}{2}MnO_2(s)+\frac{1}{2}HCO_3^-(10^{-3})$ $+\frac{3}{2}H^+(W)+e^-$	−8.50		

*指 H^+ 活度为 1.00×10^{-7}mol/L 时的 pe^0。

表 15-2 微生物引起的氧化还原反应序列(Manahan，2010)

模式 1: 含过量有机物(水中最初含有 O_2、NO_3^-、SO_4^{2-} 和 HCO_3^-)，如富营养湖的湖下层、沉积物和废水处理厂的消化池

模式 2: 含过量 O_2(水中最初含有有机物 SH、NH_4^+，并可能含 Fe^{2+} 和 Mn^{2+})，如好氧污水处理、河流中水体自净和湖的温水层

项目	组合	$pe^0(w)$	$\Delta G^0(w)/kJ$	项目	组合	$pe^0(w)$	$\Delta G^0(w)/kJ$
好氧呼吸	(1)+(A)	21.95	−125.2	好氧呼吸	(A)+(1)	21.95	−125.2
脱氮作用	(1)+(B)	20.85	−120.6	SH氧化	(A)+(2)	17.50	−99.6
硝酸根还原	(1)+(C)	14.36	−82.1	硝化	(A)+(3)	7.59	−43.1
发酵	(1b)+(D)	4.67	−26.8	铁(II)的氧化	(A)+(4)	15.42	−87.9
硫酸根还原	(1)+(E)	4.45	−24.7	锰(II)的氧化	(A)+(5)	5.75	−30.1
甲烷发酵	(1)+(F)	4.07	−20.1				
固氮	(1)+(G)	3.52	−17.4				

15.2 碳、氮、硫的微生物转化

15.2.1 碳的微生物转化

1. 含碳化合物的好氧/厌氧分解

碳是生命的基本元素，在微生物组成中含量很高。对大多数微生物来说，在代谢过程中产生大量净能量或消耗能量都涉及碳的氧化态变化，碳的这些化学转化具有重要的环境影响。例如，当藻类和其他植物把 CO_2 以碳水化合物(用{CH_2O}表示)形式固定下来时，碳的氧化态从+4 价变成为 0 价：

$$CO_2 + H_2O \longrightarrow \{CH_2O\} + O_2(g) \tag{15.2.1}$$

这就将来自太阳光的能量以化学能的形式储存在有机物中了。然而，当藻类死亡后，细菌的分解作用会使反应(15.2.1)逆转，释放出能量，氧气则被消耗掉。

(1)有氧气存在的条件下，细菌产生能量的主要反应是有机物的氧化。为了便于比较，用 1mol 电子反应表示有机物的好氧分解：

$$\frac{1}{4}O_2 + \frac{1}{4}\{CH_2O\} \longrightarrow \frac{1}{4}CO_2 + \frac{1}{4}H_2O \tag{15.2.2}$$

反应中自由能变化为–125.2kJ。从这个常见的反应类型可看出，细菌等微生物获得所需的能量，用于进行代谢过程和合成新的细胞物质，这些含碳有机物成为好氧微生物的营养基质而被分解。

(2)在缺氧条件下，有机物作为电子受体，好氧微生物的活动为厌氧微生物取代，但并不抑制微生物对有机物的分解。与好氧条件相比，厌氧过程获得的能量较低，细胞产量和有机物的分解速率都比较低，基质只能进行不完全分解。

2. 产甲烷的微生物过程

碳的循环转化中，甲烷(CH_4)也是碳循环的一种重要方式。大部分甲烷是微生物在厌氧环境下发酵有机物产生的。在缺氧的沉积物中，高浓度的有机物、低浓度的硝酸盐和硫酸盐有利于甲烷的产生。在碳循环过程中，作为有机物厌氧分解的最后一步，甲烷的产生起重要作用。这个过程也是进入大气中 80%甲烷的来源。

$$有机物 \xrightarrow{\text{厌氧异养细菌}} 脂肪酸类和醇类 \xrightarrow{\text{产甲烷菌}} CH_4$$

微生物产生甲烷的碳主要通过乙酸脱羧和 CO_2 的还原，也能利用其他一碳化合物如甲醇、甲酸形成甲烷。在厌氧条件下以 CO_2 作为电子受体时，可经反应(15.2.3)产生甲烷：

$$\frac{1}{8}CO_2 + H^+ + e^- \longrightarrow \frac{1}{8}CH_4 + \frac{1}{4}H_2O \tag{15.2.3}$$

该反应由产甲烷菌参与进行。当有机物进行微生物降解时，以 1mol 电子发生迁移为基础，$\{CH_2O\}$的半反应为

$$\frac{1}{4}\{CH_2O\} + \frac{1}{4}H_2O \longrightarrow \frac{1}{4}CO_2 + H^+ + e^- \tag{15.2.4}$$

将反应(15.2.3)和反应(15.2.4)相加，得到产甲烷厌氧降解有机物的全反应，1mol 电子反应自由能变化为–23.24kJ：

$$\frac{1}{4}\{CH_2O\} \longrightarrow \frac{1}{8}CH_4 + \frac{1}{8}CO_2 \tag{15.2.5}$$

这实际上是一系列复杂过程的反应，既是一个发酵过程又是一个氧化还原过程，其中的氧化剂和还原剂都是有机物。从反应(15.2.2)和反应(15.2.5)可以看出，1mol 电子迁移反应对应的产甲烷的反应所获得的自由能仅相当于对应的有机物完全氧化反应能量的 1/5。

甲烷的形成对于大量废物(有机废水)的降解，是一个很有价值的化学过程，甲烷的产生常被用在生物污水处理中降解来自活性污染过程剩余的污泥。在天然水的底层和缺氧条件下，产甲烷细菌降解有机物。如果在有溶解氧的好氧水中，有机物会进行好氧降解，则必然会使生物耗氧量(BOD)增加。甲烷的产生是去除 BOD 最有效的工具，其反应为

$$CH_4 + 2O_2 \longrightarrow CO_2 + 2H_2O \tag{15.2.6}$$

从反应(15.2.6)中可以看出，1mol CH_4 需 2mol O_2，以氧化成 CO_2，因此产生 1mol CH_4 并从水中逸出，相当于除去了 2mol O_2，即除去 16g(1mol)甲烷相当于在水中加入 64g(2mol)的氧气。

在有氧条件下，甲烷被许多种细菌菌株氧化，甲烷单胞菌属就是其中之一。这是一种非常特殊的微生物，不能利用甲烷以外的任何有机质作为碳源。甲烷在环境中也可被甲烷营养菌利用作为碳源和能源，甲烷营养菌是化能异养和专性好氧的。甲烷由微生物氧化为 CO_2 时，其中间产物是甲醇、甲醛和甲酸。

$$CH_4 + O_2 \xrightarrow{\text{甲烷单加氧酶}} CH_3OH \longrightarrow HCHO \longrightarrow HCOOH \longrightarrow CO_2 + H_2O$$

地球表面不同厌氧生态系统产生的甲烷,并不都进入大气层。湖海地区深处产生的甲烷,就在深部消失;超过 20m 深的湖泊,产生的甲烷中途被氧化也不会进入大气;深达 260m 的海洋,产生的甲烷形成甲烷水合物,也不会以气体形式排放。沼泽地、动物瘤胃、水稻田产生的甲烷最多,占整个地球上所产沼气的 90%左右。从整个地球上含碳有机物的总量来计算,有 4.5%~5%被转变成甲烷。通过有机废物的厌氧消化制造甲烷燃料也成为一种可再生资源廉价利用方式。

15.2.2 氮的微生物转化

在水生及土壤环境中一些主要的微生物催化的化学反应包括含氮化合物,其中将游离的分子氮以化合态氮的形式固定称为固氮。NH_4^+ 转变成硝酸盐的氧化过程称为硝化。硝酸盐中氮还原形成较低级的含氮氧化态的过程称为硝酸盐还原。硝酸盐和亚硝酸盐还原为氮气的过程称为脱氮。

1. 固氮作用(nitrogen fixation)

大气氮以化合物形式固定下来的总过程为

$$3\{CH_2O\} + 2N_2 + 3H_2O + 4H^+ \longrightarrow 3CO_2 + 4NH_4^+ \tag{15.2.7}$$

这是一个复杂、重要的过程,生物固氮是环境中一个关键的生物化学过程,而且是植物在无合成肥料条件下生长的必需条件。迄今已知的能固氮的生物多属于原核生物,固氮生物分为两大类,一类是能独立生存的自生型固氮微生物,如细菌和蓝藻;另一类是与其他植物或动物共生的共生型固氮微生物。陆生和水生的植物以氨和硝酸盐的形式吸收氮,将它转化为氨基酸或核酸。水生微生物中只有光合细菌、固氮菌属(*Azotobacter*)、梭状菌属(*Clostridium*)中的几种具有固定大气中氮的能力。藻类中蓝绿藻能固定大气氮,然而在大部分天然淡水体系中生物固定水中氮的数量与从有机物分解、肥料径流及其他来源产生的氮数量相比要低得多。

固氮过程为

$$N_2 + 8e^- + 16ATP \longrightarrow 2NH_3 + 16ADP + 16Pi + H_2 \tag{15.2.8}$$

催化该固氮过程的固氮酶是一种复合酶,这个酶由两个亚基即双固氮还原酶(dinitrogenase reductase)和双固氮酶(dinitrogenase)组成。固氮过程主要受到两个因素的制约,这就是固氮的代谢产物和氧压。固氮酶对氧极端敏感,一些有利的好氧细菌只能在还原性氧压条件下固氮。其他的细菌(如根瘤菌属、拜叶林克氏菌属)由于已经发展出保护固氮酶酶蛋白的机制,这使它们能在一般氧压条件下固氮。

根瘤菌属(*Rhizobium*)是最著名和最重要的固氮菌,它与豆科植物如三叶草、紫叶苜蓿共生。根瘤菌生存于豆科植物根部的根瘤中,根瘤增大是根瘤菌刺激豆科植物根毛的结果。根瘤与植物的维管束循环系统直接相连,使根瘤菌能够直接从植物中获得光合作用产生的能量。因此,植物提供所需的能量去破坏氮分子的强三键,转变氮为能够直接被植物所吸收的还原形式。当豆科植物死亡和腐烂时，释放出的 NH_4^+ 由微生物转化成易为其他植物吸收的硝酸盐，其中一部分 NH_4^+ 和 NO_3^- 可能被携带进入天然水体中。

近年来，海洋生物固氮作用成为海洋氮循环研究的热点，研究认为全球海洋生物固氮速率为 $100\sim200$Tg/a。自 20 世纪 60 年代以来，束毛藻(*Trichodesmium* spp.)被视为海洋中最重要的自生固氮蓝细菌，在全球寡营养盐的热带和亚热带海区广泛存在，并经常形成大规模的水华，在较短时间内大量固氮，构成海洋固氮速率估算中不可忽视的一部分。与其他动植物共生并具有固氮能力的一些生物也是海洋固氮的重要来源，如胞内植生藻(*Richelia intracellularis*)可与硅藻共生并固氮，在许多海域是仅次于束毛藻的固氮者。

人工固氮的成功可能会破坏全球氮平衡成为人们为之关注的问题。现在全球每年固氮总量比 1850 年工业化前的水平(约 150×10^6t)高出 50%。由于水体硝酸盐污染和通过微生物作用产生 N_2O 气体，过量 N_2O 气体可能涉及大气臭氧层消耗的问题。

2. 硝化作用(nitrification)

硝化作用是 N(–III)通过微生物作用氧化成亚硝酸，再进一步氧化成硝酸盐的过程。当水中的氮与空气中的氮达到热力学平衡时，水中的氮是以+5 价氧化态存在的，而大部分生物体中的氮化合物是以–3 价还原态存在的，如氨基酸中的—NH_2。对于以 1mol 电子总的硝化反应：

$$\frac{1}{4}O_2 + \frac{1}{8}NH_4^+ \longrightarrow \frac{1}{8}NO_3^- + \frac{1}{4}H^+ + \frac{1}{8}H_2O \tag{15.2.9}$$

其平衡常数 $K=10^{7.59}$，表明从热力学观点来看反应易于进行。

硝化在自然界中很重要，因为植物吸收氮主要是通过硝酸盐，当肥料以铵盐或氨形态存在时，微生物将其转化为硝酸盐，使其成为最易被植物吸收的氮。能进行硝化作用的细菌称为硝化细菌(nitrifier, nitrifying bacteria)，把铵氧化成亚硝酸的称为亚硝酸细菌(nitrite bacteria)或铵氧化菌(ammonium oxidizer)，把亚硝酸氧化成硝酸的称为硝酸盐细菌(nitrate bacteria)或亚硝酸盐氧化菌(nitrite oxidizer)。亚硝化单胞菌(*Nitrosomanas*)和硝化杆菌(*Nitrobacter*)会催化硝化反应，亚硝化单胞菌催化氨转变为亚硝酸根，反应如下：

$$NH_3 + \frac{3}{2}O_2 \longrightarrow H^+ + NO_2^- + H_2O \tag{15.2.10}$$

而硝化杆菌促使 NO_2^- 催化氧化成 NO_3^-：

$$NO_2^- + H_2O \longrightarrow H_2O\cdot NO_2^- \longrightarrow NO_3^- + H_2 \quad \overset{\frac{1}{2}O_2}{\longrightarrow} H_2O \tag{15.2.11}$$

这两种高度专一性细菌是专性需氧微生物，仅在分子氧存在时才起作用。这些细菌也都是无机营养型细菌，它们能利用无机物作为电子供给体在氧化反应中产生代谢过程所需的能量。

在 pH=7.00 时，1mol 电子的氨氮好氧转化为 NO_2^- 的反应为

$$\frac{1}{6}NH_4^+ + \frac{1}{4}O_2(g) \longrightarrow \frac{1}{6}NO_2^- + \frac{1}{3}H^+ + \frac{1}{6}H_2O \qquad (15.2.12)$$

自由能变化为–45.2kJ。对于 1mol 电子 NO_2^- 好氧转化为 NO_3^- 的反应为

$$\frac{1}{2}NO_2^- + \frac{1}{4}O_2(g) \longrightarrow \frac{1}{2}NO_3^- \qquad (15.2.13)$$

自由能变化为–37.7kJ。硝化反应过程的这两个阶段均明显地释放自由能。

硝化细菌对环境条件具有高度敏感性，即①严格要求水分和高浓度的氧；②当存在 NH_4^+、pH 为 9.5 以上时，硝化作用细菌被抑制，亚硝化细菌却十分活跃，造成对人有毒的亚硝酸盐积累，而在 pH 为 6.0 以下时，亚硝化细菌受到抑制；③硝化作用最适宜温度为 30℃，低于 5℃或高于 40℃，它的活动受到抑制；④硝化作用发生的条件很特殊，虽然硝化细菌的纯培养是化能自养，但在生态环境中必须在有机物存在的条件下才能活动。

3. 硝酸盐还原(nitrate reduction)

硝酸盐还原指微生物将 NO_3^- 中所含的 N 还原为更低价态的过程。硝酸盐还原反应分为"同化"和"异化"两类。

同化硝酸盐还原是 NO_3^- 被还原成 NO_2^- 和 NH_4^+，NH_4^+ 被利用合成进入生物体的过程，即这里被还原的硝酸盐被微生物作为氮源。生物利用硝酸盐中的氮合成蛋白质时，必须先还原氮成为氨氮。同化硝酸盐还原的酶系包括硝酸盐还原酶和亚硝酸还原酶，这些酶是水溶性的，不被氧抑制，但受环境中氨和还原性有机物抑制。

异化硝酸盐还原又可分为产铵异化硝酸盐还原(DNRA)(发酵性硝酸盐还原)和反硝化作用(呼吸性硝酸盐还原)。

产铵异化硝酸盐还原是兼性化能异养微生物在微好氧或厌氧条件下利用 NO_3^- 作为末端电子受体来氧化有机物，末端产物是 NH_4^+。

$$NO_3^- + 4H_2 + 2H^+ \longrightarrow NH_4^+ + 3H_2O \qquad \Delta G = -603kJ/8e^- \qquad (15.2.14)$$

反应(15.2.4)中，第一步是 NO_3^- 被还原成 NO_2^-，并产生能量。尽管这步产生的能量仅为以氧作为电子受体时产率的 2/3，但是无分子氧存在时，NO_3^- 是有效的电子受体。在污水氧化塘中氧不足时，常加入 $NaNO_3$ 提供氧源用作"急救处理"，以重新恢复细菌的正常生长。第二步是 NO_2^- 在依赖 NADH 还原酶作用下被还原成 NH_4^+。已经证明在有限碳源条件下会造成 NO_2^- 积累，而在富碳条件下 NH_4^+ 是主要产物(异化硝酸盐还原占优势)。因此，在富碳环境中(如不流动水、污水、高有机物沉积层和瘤胃)异化硝酸盐还原过程易于成为优势，这个过程受氧抑制，不受氨抑制。

反硝化过程(denitrification)是兼性化能异养微生物在微好氧或厌氧条件下利用硝酸盐作为末端电子受体来氧化有机物，产生气态氮化物(N_2O、N_2)的过程(又称脱氮)。

在 pH = 7 时，1mol 电子反应的自由能变化为–11.89kJ：

$$\frac{1}{5}NO_3^- + \frac{1}{4}\{CH_2O\} + \frac{1}{5}H^+ \longrightarrow \frac{1}{10}N_2(g) + \frac{1}{4}CO_2(g) + \frac{7}{20}H_2O \qquad (15.2.15)$$

每摩尔硝酸盐还原为 N_2(5mol 电子)的自由能变化较相同数量的 NO_3^- 还原为 NO_2^- 偏低。然而 NO_3^- 还原成 N_2 需要消耗 5 个电子，而 NO_3^- 还原成 NO_2^- 仅消耗 2 个电子。

脱氮作用的四步反应如图 15-1 所示，第一步是硝酸盐还原成亚硝酸盐，催化酶是硝酸盐还原酶，这种酶是一种膜结合钼-铁-硫蛋白，可同时见于反硝化和 DNRA 作用菌，合成和活性受氧的抑制；第二步是亚硝酸盐还原酶催化的亚硝酸盐转变成 NO 的反应，亚硝酸还原酶仅存在于反硝化微生物，酶见于周质中，以含铜和血红素两种形式存在，受氧抑制和硝酸盐诱导；第三步是氧化氮还原酶催化 NO 转化成 N_2O 的反应，膜结合酶-氧化氮还原酶受氧的抑制，被各种氮氧化物诱导；第四步是氧化亚氮还原酶催化 N_2O 转化成 N_2 的反应，这种酶是位于周质的含铜蛋白，受低 pH 的抑制，而且对氧比反硝化途径其他三种酶更加敏感，因此在高氧和低 pH 时 N_2O 就可能成为反硝化的最后产物。

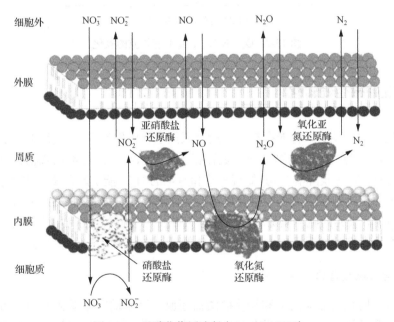

图 15-1　反硝化作用途径(Myrold，1998)

4. NO_3^- 及其他氧化剂对有机质的竞争氧化

有机质依次被溶解氧、NO_3^- 及 SO_4^{2-} 氧化，能使沉积物及初始含氧但缺乏再曝气过程的底泥及湖底静水层水体中 NO_3^- 含量发生有意义的变化。图 15-2 显示出溶解氧、NO_3^- 和 SO_4^{2-} 的浓度作为代谢总有机质的函数。这种特性可以用化学反应(15.2.16)~(15.2.18)过程来说明：

$$\{(CH_2O)_{106}(NH_2)_{16}P\} + O_2 \longrightarrow CO_2 + NO_3^- + H_2PO_4^- + H_2O + H^+ \tag{15.2.16}$$

$$\{(CH_2O)_{106}(NH_2)_{16}P\} + NO_3^- + H^+ \longrightarrow CO_2 + N_2 + H_2PO_4^- + H_2O \tag{15.2.17}$$

$$\{(CH_2O)_{106}(NH_2)_{16}P\} + SO_4^{2-} + H^+ \longrightarrow CO_2 + NH_4^+ + H_2PO_4^- + H_2S + H_2O \tag{15.2.18}$$

当有氧存在时，可以从有机物氧化得到一些 NO_3^-，当氧分子耗尽后，NO_3^- 就可以充当氧化剂，当它的浓度从最高值很快降到 0，然后 SO_4^{2-} (通常比以上两种氧化剂都过量存在)可以成为良好的电子接受体，使有机物的生物降解继续下去。

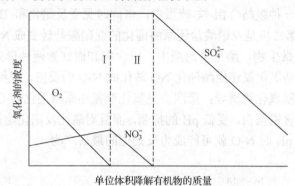

图 15-2　O_2、NO_3^-、SO_4^{2-} 对有机质的氧化

15.2.3 硫的微生物转化

含硫的化合物在环境中普遍存在，在所有天然水体中发现不同浓度的 SO_4^{2-}。无论是天然源还是人为污染的有机硫化物，都普遍存在于天然水体中，这类化合物的降解是一个重要的微生物过程。有时候降解产物(如有臭味和有毒的 H_2S)能引起严重的水质问题。环境中的硫与氮极为相似，硫在生物体中主要以高度还原态存在，如作为—SH 基；当有机硫化合物被细菌分解时，最初的硫产物通常为还原态 H_2S；一些细菌也能利用硫的化合物制造和储存元素硫；在氧存在的情况下，一些细菌将硫的还原态转变为氧化态 SO_4^{2-}。

1. 微生物对硫酸盐的还原作用

硫还原包括同化硫酸盐还原和异化硫酸盐还原，因末端电子受体不同，后者又分为硫呼吸和异化硫酸盐还原。同化硫酸盐还原是微生物吸收硫酸盐形式的硫，在细胞内还原，再把还原态硫掺入氨基酸和其他需硫分子的过程。

脱硫弧菌属(*Desulfovibrio*)细菌能使 SO_4^{2-} 还原成 H_2S，在此过程中，脱硫弧菌利用 SO_4^{2-} 作为氧化有机物的电子接受体，其反应如下：

$$SO_4^{2-} + 2\{CH_2O\} + 2H^+ \longrightarrow H_2S + 2CO_2 + 2H_2O \tag{15.2.19}$$

除这种菌外，需要其他细菌才能完全氧化有机质成为 CO_2。用脱硫菌属对有机物氧化，最终产物一般都是乙酸，乙酸的积累是这些微生物存在的特征，这些细菌在水底层活动特别明显。由于海水中有较高浓度的 SO_4^{2-}，因此细菌催化形成 H_2S 导致在一些沿海地区的污染问题，并且也是大气硫的主要来源。一般硫化物生成的水体，底泥常呈黑色，这是由于生成了 FeS。

以元素硫作为末端电子受体的异化硫还原称为硫呼吸，乙酸氧化脱硫单胞菌是硫呼吸代谢的代表性菌，其利用元素硫作为电子受体来氧化小分子碳化合物(如乙酸、乙醇和甲醇)：

$$CH_3COOH + 2H_2O + 4S \longrightarrow 2CO_2 + 4S^{2-} + 8H^+ \tag{15.2.20}$$

异化硫酸盐还原是重要的环境过程，具有这种能力的细菌称为硫酸盐还原菌(sulfate-reducing bacteria，SRB)，它们分布广泛，常见于水环境的厌氧沉积物、水饱和土壤、动物肠道，那里发生活跃的硫酸盐还原。它们利用 H_2 作为电子供体推动硫酸盐还原。

$$4H_2 + SO_4^{2-} \longrightarrow S^{2-} + 4H_2O \tag{15.2.21}$$

硫酸盐还原菌都是严格的厌氧化能异养菌，都倾向于利用低相对分子质量的有机碳化物，这些化合物大多是动植物和微生物在厌氧发酵区的副产物。实际上在厌氧区可以形成发酵菌、硫酸盐还原菌和产甲烷菌的偶合菌群，它们协同作用完成把有机物矿化成 CO_2 和 CH_4。

2. 微生物对 H_2S 的氧化作用

一些细菌能使 SO_4^{2-} 还原成 H_2S，而另一些细菌(如紫硫细菌和绿硫细菌)又使 H_2S 氧化成较高级的氧化态。硫化氢、单质硫等在微生物作用下进行氧化，最后生成硫酸的过程称为硫化，硫化作用中以硫杆菌和硫磺菌最重要。硫杆菌广泛分布在土壤、天然水及矿山排水中，它们绝大多数是好氧菌。一般还原性硫化物存在的区域仅含少量氧或缺氧，因而这些细菌是微好氧的。这部分细菌大部分呈丝状，易在黑色淤泥沉积物中发现，黑色是由于沉积物中含有沉积了硫化物的细菌。

氧化硫硫杆菌和耐酸的化能自养铁氧化菌可以协同氧化 FeS_2 产生酸矿水。氧化硫硫杆菌可用于低品位矿的富集冶炼，称为生物冶金，这类细菌也是造成矿山产生含硫矿水污染的因素，有些露天煤矿，甚至可以使 pH 降至 2 以下。氧化硫硫杆菌能耐受 1mol/L 的酸性溶液，具有明显的耐酸特性。

某些化能自养菌如氧化硫硫杆菌能氧化元素硫或硫代硫酸根离子：

$$2S + 2H_2O + 3O_2 \longrightarrow 4H^+ + 2SO_4^{2-} \tag{15.2.22}$$

$$S_2O_3^{2-} + H_2O + 2O_2 \longrightarrow 2H^+ + 2SO_4^{2-} \tag{15.2.23}$$

在土壤中，微生物氧化 H_2S 得到元素 S，可进一步氧化得到 H_2SO_4，使土壤 pH 下降，从而使土壤中一些不溶的无机盐转变为能被植物利用的可溶性盐类。元素硫能够沉积在紫色硫菌和无色硫菌细胞内，以及沉积在绿色硫菌的细胞外。这个过程是硫沉积的重要来源。

3. 有机硫化物的微生物降解

水体中天然和外源污染物中常含有有机硫化物，这些有机硫化物的微生物降解对水质有重大影响。在水中的含硫有机物中，常见的含硫官能团有巯基(—SH)、二硫基(—S—S—)、硫基(—S—)、亚砜基(—S—，上标 O)、磺酸基(—SO_2OH)、硫酮基(—C—，上标 S)及噻唑基(含硫的杂环基)。水中也常见具有含硫官能团的氨基酸(半胱氨酸、胱氨酸、蛋氨酸)组成的蛋白质。氨基酸很容易被细菌和真菌降解生成挥发性有机硫化物，如甲硫醇(CH_3SH)及二甲基二硫醇(CH_3SSCH_3)，这些化合物有很强的恶臭气味。

含硫有机物通过多种微生物的作用能产生 H_2S 或 H_2SO_4。典型的离解有机硫的反应是半胱氨酸转化成丙酮酸，通过半胱氨酸脱巯基酶的作用进行。

在厌氧条件下：

$$HS-\underset{\underset{H}{|}}{\overset{\overset{H}{|}}{C}}-\underset{\underset{NH_2}{|}}{\overset{\overset{H}{|}}{C}}-COOH + H_2O \xrightarrow[\text{半胱氨酸脱巯基酶}]{\text{细菌}} CH_3-\overset{\overset{O}{||}}{C}-COOH + H_2S + NH_3 \quad (15.2.24)$$

在好氧条件下：

$$HS-\underset{\underset{H}{|}}{\overset{\overset{H}{|}}{C}}-\underset{\underset{NH_2}{|}}{\overset{\overset{H}{|}}{C}}-COOH \xrightarrow{\text{细菌}} CH_3-\overset{\overset{O}{||}}{C}-COOH + H_2SO_4 + NH_4^+ \quad (15.2.25)$$

因此，半胱氨酸在厌氧条件下分解产生 H_2S，在好氧条件下分解生成 H_2SO_4，使环境中酸性增加，还产生 NH_4^+，能起一定的缓冲作用。由于硫可以多种有机物形式存在，有机硫化物的降解必然伴随着多种含硫产物及生物化学反应途径。

15.3 金属及类金属的微生物转化

15.3.1 铁的微生物转化

一些细菌能利用催化氧化亚铁化合物获得代谢所需的能量，如亚铁硫杆菌属（*Ferrobacillus*）、嘉利翁氏菌属（*Gallionella*）、泉发菌属（*Crenothrix*）及一些球衣菌属（*Sphaerotilus*）等，这些微生物催化氧分子将 $Fe(II)$ 氧化成 $Fe(III)$ 的反应为

$$4Fe(II) + 4H^+ + O_2 \longrightarrow 4Fe(III) + 2H_2O \quad (15.3.1)$$

这些细菌的碳源是 CO_2，由于不需要有机物作碳源，以及细菌能从无机物的氧化过程中获得能量，因此这些细菌可以在没有有机物的环境中旺盛繁殖。

有微生物参与的 $Fe(II)$ 的氧化反应并不是一种获得代谢能量的特别有效的方法：

$$FeCO_3(s) + \frac{1}{4}O_2 + \frac{3}{2}H_2O \longrightarrow Fe(OH)_3(s) + CO_2 \quad (15.3.2)$$

这个反应的自由能变化大约为 70.13kJ，产生 1g 细胞碳必须氧化大约 220g $Fe(II)$，生成 430g 的固体 $Fe(OH)_3$，因此水合氧化铁(III)大量沉积的地区往往是铁氧化细菌繁殖场所。

酸性矿水是水环境中常遇到的污染问题，是由微生物氧化黄铁矿（FeS_2）所产生的 H_2SO_4 引起的。氧化反应的整个过程都与微生物密切相关，涉及多个反应，首先，FeS_2 氧化成 H_2SO_4：

$$2FeS_2 + 2H_2O + 7O_2 \longrightarrow 4H^+ + 4SO_4^{2-} + 2Fe^{2+} \tag{15.3.3}$$

然后，Fe^{2+}氧化为Fe^{3+}：

$$4Fe^{2+} + O_2 + 4H^+ \longrightarrow 4Fe^{3+} + 2H_2O \tag{15.3.4}$$

这是在低 pH 下缓慢产生酸性矿水的过程。当 pH 低于 3.5 时，氧化亚铁硫杆菌可以催化铁的氧化；pH 在 3.5～4.5 时，丝状铁细菌可催化铁的氧化。氧化硫硫杆菌和氧化亚铁铁杆菌可能也与酸性矿水的形成有关。

Fe(III)可进一步溶解 FeS_2：

$$FeS_2(s) + 14Fe^{3+} + 8H_2O \longrightarrow 15Fe^{2+} + 2SO_4^{2-} + 16H^+ \tag{15.3.5}$$

这个过程与反应(15.3.3)构成一个溶解黄铁矿的循环过程。

河床受酸性矿水破坏，常常覆盖一层无定形半胶体的 $Fe(OH)_3$ 沉淀黄体。酸性矿水最有害的组分是 H_2SO_4，它具有直接毒性，且对与它接触的矿物质产生强烈腐蚀。$CaCO_3$ 被广泛用于酸性矿水处理。但由于 Fe(III)的广泛存在，随着反应发生，pH 升高，$Fe(OH)_3$ 沉淀立即覆盖在 $CaCO_3$ 上成为不透水层，阻止了 $CaCO_3$ 对酸的进一步中和。

15.3.2 汞的微生物转化

环境中的汞主要以无机汞的形态存在，但是无机汞在一定条件下，通过细菌作用可以转变成有机汞，如甲基汞。甲基汞的毒性比无机汞大 50～100 倍。日本的水俣病事件和瑞典湖泊的"死鸟事件"的发生，均是由于食用含有甲基汞的鱼所引起的，但是事件中排放的污染物是无机汞，因此无机汞如何转化为毒性更大的甲基汞是重要的环境过程。环境中汞的主要生物转化方式如表 15-3 所示，本节主要讨论其中的甲基化作用和还原去甲基化作用。

表 15-3　汞在环境中的主要形态生物转化方式概述(谷春豪等, 2013)

转化方式	主要转化机制
Hg^{2+}甲基化	在完全氧化硫酸盐还原菌中通过乙酰辅酶 A 转移甲基至 Hg^{2+}，形成甲基汞；非完全氧化硫酸盐还原菌甲基化途径与之完全不同
CH_3Hg去甲基化	还原去甲基化：在微生物汞还原酶、有机汞裂解酶还原去甲基化作用下，释放 CH_4 和 Hg^0；氧化去甲基化生成 CO_2 和 Hg^{2+}
Hg^{2+}还原	水藻或微生物在避光或见光条件下通过汞还原酶完成，以及其他的途径
Hg^0氧化	过氧化氢酶作用下发生氧化

1. 甲基化作用

在好氧或厌氧条件下，水体底质中的一些微生物能够使二价无机汞盐转变为甲基汞和二甲基汞的过程，称为汞的生物甲基化。这些微生物利用机体内的甲基钴氨蛋氨酸转移酶来实现汞甲基化。该种酶的辅酶是一种维生素 B_{12} 的衍生物甲基钴氨素，汞的生物甲基化途径可由此辅酶把甲基负离子传递给汞离子形成甲基汞(CH_3Hg^+)，甲基钴氨素本身变成水合钴氨素。

$$\text{(图示 Co}^{3+}\text{结构与 CH}_3, H_2O, B_{12} \text{配位)} \quad + H_2O \longrightarrow \quad \text{(图示 Co}^{3+}\text{结构与 } \underset{H}{O}\underset{H}{}, B_{12} \text{配位)} \quad + CH_3^- \tag{15.3.6}$$

水合钴氨素被辅酶 $FADH_2$ 还原，使钴由+3 价降为+1 价，然后辅酶甲基四氢叶酸($THFA\text{-}CH_3$)将正离子CH_3^+转给钴，并从钴上取得两个电子，以CH_3^-和钴配位，完成甲基钴氨素再生，使汞的甲基化能够继续进行(图 15-3)。多种厌氧和好氧微生物具有生成甲基汞的能力，前者中有某些甲烷菌、匙形梭菌等，后者主要有荧光假单胞菌、草分枝杆菌等，其中硫酸还原菌(sulfate-reducing bacteria)是导致汞甲基化最重要的微生物。

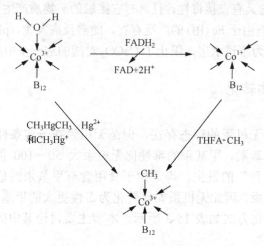

图 15-3 甲基汞的反应示意图

同理，在上述途径中，以甲基汞取代汞离子的位置，还可以形成二甲基汞$[(CH_3)_2Hg]$。二甲基汞的生成速率约为甲基汞的 1/6000。二甲基汞化合物挥发性很大，容易从水体逸至大气。甲基汞脂溶性大、化学性质稳定，容易被生物体吸收，难以代谢消除，能在食物链中逐级传递放大，并最终进入人体而对人体产生危害。

2. 生物去甲基化作用

自然界中还存在一类抗汞微生物，能使甲基汞或无机汞化合物变成金属汞，这是微生物以还原作用转化汞的途径，其还原过程为

$$CH_3Hg^+ + 2H \longrightarrow Hg + CH_4 + H^+ \tag{15.3.7}$$

$$HgCl_2 + 2H \longrightarrow Hg + 2HCl \tag{15.3.8}$$

这类反应方向与甲基化反应相反，所以又称为汞的生物去甲基化。常见的抗汞微生物为假单胞菌属。例如，我国吉林医学院等单位从第二松花江底泥中分离出三株可以使甲基

汞还原的假单胞菌,其清除氯化甲基汞(CH_3HgCl)的效率较高,对 1ppm 和 5ppm 的 CH_3HgCl 清除率接近 100%。

15.3.3 砷的微生物转化

环境中的砷可以以无机砷和有机砷的形态存在,与汞不同的是,有机砷的毒性远小于无机砷。无机砷可以通过生物甲基化作用形成有机砷(图 15-4),有机砷主要包括一甲基砷酸(盐)(MMAA 或 MMA)和二甲基砷酸(盐)(DMAA 或 DMA),占土壤总砷的比率较低。土壤或水体中的无机砷还可以通过微生物作用直接转化为 AsH_3 挥发到大气中去。

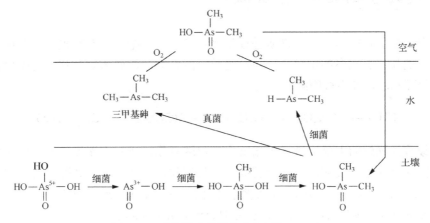

图 15-4　砷的微生物转化(王晓蓉,1993)

根据微生物对砷的代谢机制不同将其分为砷氧化微生物、砷还原微生物和砷甲基化微生物。砷氧化微生物可以将环境中的 As(Ⅲ)氧化为毒性较弱并且容易被铁铝矿物吸附固定的 As(Ⅴ)。砷和汞一样能发生生物甲基化作用,已有研究分离出 3 种真菌——土生假丝酵母、粉红粘帚霉和青霉,能使单甲基砷酸盐和二甲基亚砷酸盐形成三甲基砷。现已证明,有各种各样的生物和微生物能将工业、农业排出的含砷污水和污染物中的砷转化为三甲基砷,并在许多生物体内发现甲基砷化合物。

砷甲基化的机理如图 15-5 所示,在 As(Ⅴ)还原成 As(Ⅲ)的过程中 H:与 OH^-上的 O 结

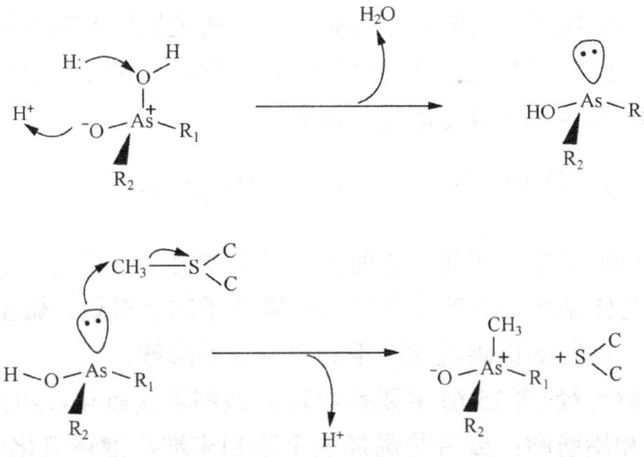

图 15-5　还原反应与甲基化过程的机理(Bentley and Chasteen, 2002)

第一行表示 As(Ⅴ)向 As(Ⅲ)转化的还原过程,其中 $R_1=R_2=OH$ 时,该结构为砷酸,$R_1=CH_3$,$R_2=OH$ 时为一甲基砷酸,$R_1=R_2=CH_3$ 时为二甲基砷酸;第二行表示 As(Ⅲ)的甲基化过程,其中 $CH_3—S^+—(C)_2$ 代表 *S*-腺苷甲硫氨酸

合，产生 H_2O，单独存在的 O 利用其携带的负电荷吸引 H^+ 从而形成一个 OH，由于 H_2O 的失去使该结构拥有一对剩余电子，此时 As(V) 还原为 As(III)。三甲基砷氧化物(TMAO)还原为三甲基砷(TMA)的过程则不同，在该过程中，TMAO 先与环境中的一个 H^+ 结合形成 H—O—$As^+(CH_3)_3$，再与 H_3O^+ 结合，最终形成 TMA 和两个 H_2O 分子。在这些还原反应过程中，巯醇类物质等作为还原剂，为反应提供必需的电子，每个还原反应之后均伴随着甲基化过程，来自 S-腺苷甲硫氨酸(SAM)上的 CH_3— 与 As(III) 化合物上的两个剩余电子反应最终完成甲基化过程，SAM 转化为 S-腺苷高半胱氨酸。

15.4 有机污染物的微生物降解

水体中的微生物能够使多种物质进行生化反应，因此绝大多数有机物降解成为更简单的化合物。例如，石油中的烷烃，一般经过醇、醛、酮、脂肪酸等生化氧化阶段，最后降解为二氧化碳和水，如甲烷降解：

$$CH_4 \longrightarrow CH_3OH \longrightarrow HCHO \longrightarrow HCOOH \longrightarrow CO_2 + H_2O$$

较高级烷烃降解的主要途径有单端氧化、双端氧化，或次末端氧化变成脂肪酸；脂肪酸再经过其他有关生化反应，最后分解成二氧化碳和水。能引起烷烃降解的微生物有解油极毛杆菌(*Pseudomonas oleo*)、脉状菌状杆菌(*Mycobacterium phlei*)、奇异菌状杆菌(*Mycobacterium rhodochrous*)、解皂菌状杆菌(*Mybobacterium smegmatis*)、不透明诺卡氏菌(*Nocardia opaca*)、红色诺卡氏菌(*Ncadia rubra*)。

有机物生化降解的基本反应可分为两大类，即水解反应和氧化反应。对于有机氯农药等，在降解过程中还可以发生脱氯、脱烷基等反应。

15.4.1 烃类的微生物降解

烃类的微生物降解是一个很重要的环境过程，因为这是从水中及土壤中消除石油污染物的主要过程。

碳原子数大于 1 的正烷烃，其降解途径有三种：通过烷烃的末端氧化，或次末端氧化，或双端氧化，逐步生成醇、醛及脂肪酸，而后经 β-氧化进入 TCA 循环，最终降解成二氧化碳和水。其中，以烷烃末端氧化最为常见。例如

$$CH_3(CH_2)_4COOH + 3O_2 \longrightarrow CH_3(CH_2)_2COOH + 2H_2O + 2CO_2 \qquad (15.4.1)$$

脂肪酸羧基的 β-碳原子发生氧化，进而失去两节碳链，这是包含很多步骤的复杂循环，每次循环的最终产物是比循环开始的原物少两个碳原子的有机酸。微生物易对直链烃降解，因为支链妨碍 β-氧化，如四支链碳就能严重妨碍烷烃的降解。

烯烃的微生物降解途径(图 15-6)主要是烯烃的饱和末端氧化，再经与正烷烃(碳数>1)相同的途径成为不饱和脂肪酸；或者是烯烃的不饱和末端双键环氧化成为环氧化合物，再经开环所成的二醇至饱和脂肪酸。然后，脂肪酸通过 β-氧化进入 TCA 循环，降解成二氧化碳和水。

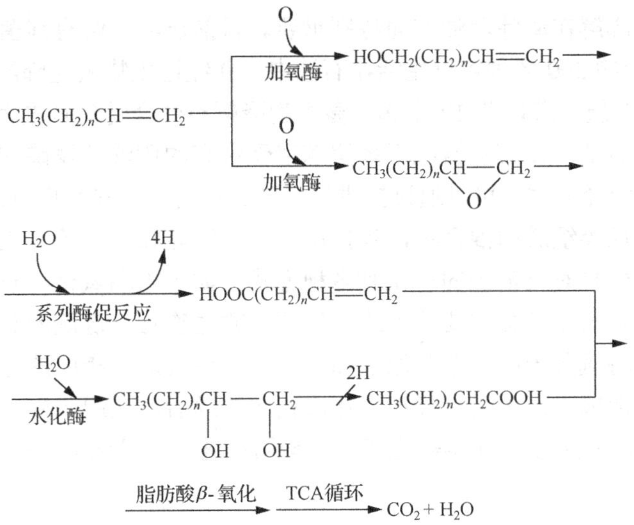

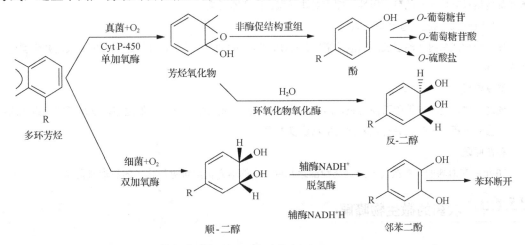

图 15-6 烯烃的微生物降解途径(戴树桂，2006)

芳烃具有化学稳定性，但对微生物的氧化作用较为敏感，氧化过程会引起环的断裂。在环断开以前，先在相邻的碳原子上加上—OH 基，再进一步开环降解。多环芳烃的微生物降解具有重要的环境意义。微生物降解多环芳烃的基本过程如图 15-7 所示。PAHs 通过两种途径进入微生物(包括真菌和细菌)细胞中，一种是真菌氧化，真菌在其胞内酶细胞色素 Cyt P-450 作用下先将一个氧原子加到 PAHs 的 C—C 键上形成 C—O 键，然后再以同样的方式加入另外一个氧原子，从而生成芳烃氧化物，芳烃氧化物在非酶促结构重组中失去一个氧原子变成酚类，并在环氧化物水解酶作用下还原形成反-二醇；另一种是氧分子在细菌双加氧酶作用下同时将两个氧原子加到 PAHs 上，将 PAHs 氧化成芳烃过氧化物，在芳烃过氧化物上加 H 得到顺-二醇，两种过程产生的二羟基化合物——顺-、反-二醇都代谢生成重要的中间产物邻苯二酚，接着经过脱水等作用而使 C—C 键断裂、苯环断开，进一步代谢为柠檬酸循环的中间产物醛或酸，如琥珀酸、乙酸、丙酮酸和乙醛。有氧氧化是 PAHs 降解的主要方式，这些中间产物最终会在微生物细胞中被分解为二氧化碳和水。

图 15-7 微生物氧化降解 PAHs 的过程(Cerniglia and Heitkamp, 1989)

石油的微生物降解在清除漏油方面特别重要。目前已经了解有细菌、丝状真菌、酵母菌中，有75个属中的200多种可以生活在石油中，并经过生物氧化降解石油，其中有细菌39个属、真菌19个属、酵母菌17个属。微生物降解石油会受到多重因素影响，如海洋细菌及丝状真菌降解石油，在某些情况下降解速率受现有的硝酸盐及磷酸盐的限制。同时发现微生物降解漏油中烃的过程可以通过提供氮、磷、钾营养元素来促进。

石油是由多种烃类组成的混合物，包括烷烃、环烷烃和芳烃等。在石油烃类中，直链烃最易被氧化，微生物对直链烃的氧化有多种方式，如单末端氧化、双末端氧化和次末端氧化等，其中单末端氧化是最主要的方式。例如，微生物对正链烷的氧化，首先是在单氧化酶系的酶促下，将氧分子的一个氧原子加入烃中，使其形成相应的醇，另一个氧原子与烃类脱下的氢结合形成水。正链烷烃被氧化成相应的醇后，在脱氢酶的作用下，接着被氧化成相应的醛和酸。脂肪酸通过 β-氧化和三羧酸循环进一步氧化成二氧化碳和水。

案例15.1
微生物修复石油污染的实例应用

1989年3月在阿拉斯加威廉王子海域33 000t原油从埃克森(Exxon)石油公司"瓦尔德兹号"油轮泄漏出来，接着一场风暴使油污扩散开来并覆盖了海峡中岛屿的海岸。常规的去除方法(主要是物理方法)不能去除海滩上的所有石油烃，特别是在岩石之下和在海滩沉积物中的石油，1989年5月底埃克森公司在征得USEPA同意后，决定采用原位生物修复方法去除污染。

修复过程

(1)验证降解石油烃土著微生物的存在。

一开始科学家就断定海滩上可能已经含有能适应寒冷气候且能降解石油烃的土著微生物。后来研究证实海滩上存在丰富碳源支持着庞大数量的异养微生物，并且生物降解已经实际发生。

(2)确定限制生物降解速率的因素。

由于阿拉斯加温暖季节即将来临，将严重影响降解微生物的生存，研究发现内源降解速率受限于氮、磷和其他痕量营养元素的可利用性，即相对缺乏氮、磷营养元素。

(3)选择合适的肥料营养物制剂。

使用一种能黏附在油层表面的液体亲脂化肥(IMIPol EpA-22)，使生物降解速率高出原来内源降解速率的3～8倍。

修复效果

通过生物修复迅速消除石油污染，阻止石油进一步扩散到其他未被污染的地带，恢复了被污染地的环境。该修复过程被公认为具有代表性的生物修复工程。

存在问题

10年后在海峡的十多处，甚至远离泄漏地几百英里的地方仍然可见风化了的石油残留物。

15.4.2 农药的微生物降解

农药在环境中的生物降解对环境质量十分重要，农药的微生物降解可由微生物以各种途径的催化反应进行，这些反应主要有以下七种。

1. 氧化反应

氧化是通过氧化酶的作用进行。例如，微生物催化转化艾氏剂为狄氏剂就是生成环氧化物。在许多氧化机理中，环氧化是很重要的一步。

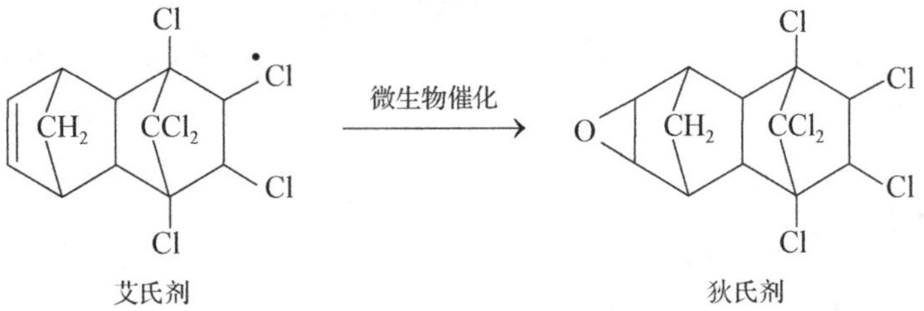

$$(15.4.2)$$

把—OH 基加入芳环上是另一种主要的氧化步骤，链烃往往通过 β-断裂而氧化。

2. 还原作用

主要包括把—NO_2 基转化成—NH_2 基，醌类还原成酚类及还原性脱卤。例如，将对硫磷还原为氨基对硫磷。

3. 水解作用

它是农药微生物降解的主要步骤，酯及酰胺常常发生水解反应。例如，假单胞菌属水解马拉硫磷农药是一种典型的农药降解的水解反应。

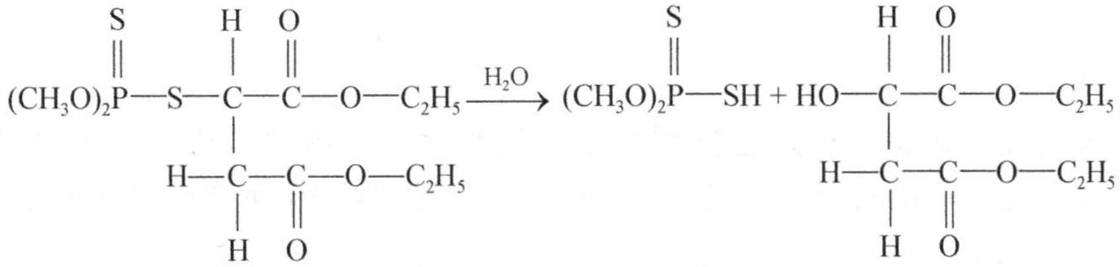

$$(15.4.3)$$

4. 脱卤作用

它是一些细菌参与的以—OH 或—H 置换卤素原子的反应，如 DDT 降解变为 DDD 和 DDE。

DDE 极其稳定。DDD 还可以通过上述途径形成一系列脱氯型化合物，如 DDNS、DDNU 等。另外，又可由微生物氧化酶作用使 DDT 和 DDD 羟基化，分别形成三氯杀螨醇和 FW-152。至少已经有 20 种 DDT 不完全降解产物被分离出来。DDT 在厌氧条件下降解较快，可降解 DDT 微生物有互生毛霉、镰孢酶、木酶、产气杆菌等。

这是有机氯烃类降解的主要反应途径。在某些情况下，有机卤化物是唯一的碳源、能源及厌氧细菌的电子受体。有时微生物不需要利用某种特定的有机卤化物作为唯一的碳源，此时有机卤化物的降解是微生物的共代谢所致，所以微生物利用其他更大数量的物质进行共代谢作用时，少量有机卤化物的降解反应会同时发生。

某些厌氧细菌能利用氯含量较高的脂肪族化合物作为电子受体，通过还原反应脱去氯代脂肪族化合物和氯代芳香族化合物中的氯，反应方程式为

$$\{CH_2O\} + H_2O + 2Cl—R \longrightarrow CO_2 + 2H^+ + 2Cl^- + 2H—R \qquad (15.4.4)$$

式中：Cl—R 为卤代烃分子中含氯取代基的位置；H—R 为氢取代基的位置。这个过程最终结果称为脱卤呼吸(dehalorespiration)，氯代烃中的 Cl 被 H 取代。

5. 脱烃作用

它是连着氧、硫或氮原子的烷基能通过脱烃反应除去。例如，从除草剂西玛三嗪(simazine)上除去一个乙基的反应，但与碳相连的烷基一般不能由微生物过程直接脱去。

$$\qquad (15.4.5)$$

6. 环的断裂

它是芳香环农药最后降解的决定性步骤。由单加氧酶催化作用加上—OH 基，再由二加氧酶的催化作用使环打开并生成酸。

7. 缩合反应

它是把农药分子与一些其他有机分子接合的反应，能有效地使农药失去活性。例如，

生物降解三种 2,4-D(2,4-二氯苯氧乙酸)除莠剂：

	CH₂COOH		CH₂CH₂CH₂COOH		CH₃CHCOOH

2, 4-D(乙酸盐)　　　　2, 4-D(丁酸盐)　　　　2, 4-D(α-丙酸盐)

　　对这些化合物的生物降解研究表明，通过非驯化的土壤细菌及真菌的作用，乙酸盐和丁酸盐的分解需 15d，继续加入同样的农药，随着能够降解特定化合物的更多微生物被培养出来，降解第二次加入的农药只需 5d，降解第三次加入的农药需要 2d。而 α-丙酸盐由于苯氧基不与脂肪酸链末端的碳原子相连，这种结构阻碍了生物作用，因此实际上不能被细菌和真菌所降解。

　　环境中污染物的微生物转化速率，取决于物质的结构特征和微生物本身的特性，同时也与环境条件有关。环境条件(如温度、pH、营养物质、溶解氧和共存物质等)关系到微生物的生长、代谢等生理活动，对于微生物降解有机污染物的速率也有很大影响。

　　就有机污染物微生物降解速率来说，有机物化学结构的影响呈现如下若干定性规律(戴树桂，2006)。

　　(1)链长规律：是指脂肪酸、脂族碳氢化合物和烷基苯等有机物，在一定范围内碳链越长，降解也越快的现象，以及有机聚合物降解速率随分子的增大呈现减小趋势的现象。

　　(2)链分支规律：是指烷基苯磺酸盐、烷基化合物(R_nCH_{4-n})等有机物中，烷基支链越多，分支程度越大，降解也越慢的现象。

　　(3)取代规律：是指取代基的种类、位置及数量对有机物降解速率的影响规律。以芳香族化合物来说，羟基、羧基、氨基等取代基的存在会加快其降解，而硝基、磺酸基、氯基等取代基的存在则使其降解变慢；一氯苯降解快于二氯苯，二氯苯降解快于三氯苯，随取代基增加，降解速率下降；苯酚的一氯取代物中，邻、对位的降解比间位的快，取代基位置不同，对降解速率产生的影响不尽相同。

本章基本要求

　　本章介绍了微生物在环境中的作用。要求了解微生物对碳、氮、硫、金属和类金属、有机污染物等的微生物转化过程和基本反应，重点掌握氮和汞的微生物转化过程；初步了解微生物修复技术在环境中的应用。

思考与练习

1. 请叙述细菌细胞的结构及其在细胞中的作用。

2. 请叙述环境中微生物的类群及其特点。

3. 若水中有机物{CH_2O}厌氧发酵产生 10.0L CH_4(标准压力和温度)，同样数量的{CH_2O}进行有氧呼吸，需要消耗多少克氧？

4. 请解释什么是固氮、硝化反应、反硝化作用和脱氮作用。

5. 用反应方程式表示 FeS_2 的微生物转化是如何产生酸性废水的。

6. 有机污染物微生物降解的基本途径有哪些？

7. 请描述汞的甲基化过程。

第16章 污染物的环境生态风险

污染物大量进入环境后，其可能对生态环境产生的危害和生态风险已成为人们普遍关注的问题。目前，污染物对非人的生物体、种群和生态系统造成的风险，主要通过暴露表征、效应表征来评估和描述其生态风险。使用生态学和毒理学信息评估有毒物质对生态系统带来的不利影响的可能性是生态风险评价的目的。传统的生态风险评价多注重单一污染物的极端终点和直接效应的毒性的测试，难以就污染物低浓度长期暴露对生物体的损伤响应做出早期预警，迫切需要有能反映污染物作用本质并能对污染物早期影响进行检测的指标，把污染物的生态毒性作用阻止在细胞或组织伤害之前，从而对污染物的早期影响做出更为准确的生态毒理学预测。

16.1 污染物对生物的毒性作用

16.1.1 毒性作用

1. 毒性

毒性(toxicity)指化学物质能造成生物体损害的能力。毒性按化学物质作用时间分为急性毒性、亚慢(急)性毒性和慢性毒性。急性毒性一般以化学物质引起实验动物致死的剂量(浓度)表示。某化学物质的致死剂量越大，则毒性越小；致死剂量越小，则毒性越大。急性毒性常用作毒性分级和化学物质管理的依据。毒性还与染毒途径有关。在评价化学物质可能造成危害时，必须考虑实际接触的途径。例如，田间喷施农药，若A、B两种农药经口毒性接近，而A经皮肤毒性明显小于B，则农田使用中A农药要安全得多；二甲苯比苯的急性毒性大，但苯的慢性毒性可引起白血病，危害远比慢性接触二甲苯大。因此，在评价化学物质毒性时，既要注意急性毒性又要注意慢性毒性。此外，还要考虑化学物质在体内的蓄积毒性和环境中的残留问题。某些有机磷农药虽然毒性略大，但在体内蓄积量小，环境中残留时间短，使用不会造成严重后果，而大多数有机氯化合物毒性虽小，但在体内易蓄积，在环境中也不易降解，残留时间长，故目前很多国家禁止使用。

2. 毒性分级

根据染毒途径不同，毒性的单位可表示为吸入毒性用毒物在空气中的浓度(mg/m^3、mg/L)表示；其他途径的毒性以每千克体重的给药量，即 mg/kg 表示；如染毒途径为皮肤接触，有时也用每单位体表面积的给药量，即 mg/m^2 表示。为了便于对化学物质危害的控制和管理，各国和组织对化学物质进行分级，如我国、美国和WHO对毒物急性毒性分级均做出相应规定。但同一种化学物质，按照某种分级标准归为中等毒性，而按另一种分级标准可能列入低毒类甚至无毒类。

因国内外不同分级标准之间存在较大差异，给化学品的国际贸易和化学品危险信息的传递带来了障碍和困难。为消除分级标准之间的差异，由国际劳工组织(ILO)、经济合作与发展组织(OECD)及联合国危险货物运输专家委员会(TDG)三个国际组织共同提出框架草案,建立了《全球化学品统一分类与标签制度》(GHS)。2002 年 9 月在约翰内斯堡召开"联合国可持续发展世界首脑会议",提出各国应在 2008 年全面实施 GHS,其急性毒性分级标准如表 16-1 所示。

表 16-1　GHS 关于化学品急性毒性分级标准

分级	大鼠经口/(mg/kg)	大鼠(或兔)经皮/(mg/kg)	大鼠吸入*		
			气体/ppm	蒸气/(mg/L, 4h)	粉尘和雾/(mg/L,4h)
第 1 级	$LD_{50} \leqslant 5$	$LD_{50} \leqslant 50$	$LD_{50} \leqslant 100$	$LD_{50} \leqslant 0.5$	$LD_{50} \leqslant 0.05$
第 2 级	$5 < LD_{50} \leqslant 50$	$50 < LD_{50} \leqslant 200$	$100 < LD_{50} \leqslant 500$	$0.5 < LD_{50} \leqslant 2$	$0.05 < LD_{50} \leqslant 0.5$
第 3 级	$50 < LD_{50} \leqslant 300$	$200 < LD_{50} \leqslant 1000$	$500 < LD_{50} \leqslant 2500$	$2 < LD_{50} \leqslant 10$	$0.5 < LD_{50} \leqslant 1$
第 4 级	$300 < LD_{50} \leqslant 2000$	$1000 < LD_{50} \leqslant 2000$	$2500 < LD_{50} \leqslant 5000$	$10 < LD_{50} \leqslant 20$	$1 < LD_{50} \leqslant 5$
第 5 级	5000				

* 1h 数值,气体和蒸气除以 2,粉尘和雾除以 4。

3. 剂量-效应关系

　　毒物毒性在很大程度上取决于毒物进入机体的数量,而后者又与毒物剂量(浓度)紧密相关。毒理学把毒物剂量(浓度)(dose/concentration)与引起个体生物学的变化,如脑电、心电、血项、免疫功能、酶活性等的变化称为效应(effect);把引起群体的变化,如肿瘤或其他损害的发生率、死亡率等变化称为反应(response)。研究表明,毒物剂量(浓度)与效(反)应变化之间存在的关系称为剂量-效(反)应关系(dose-effect relationship)。外源化学物质对生物体损害作用的大小取决于它们到达作用部位(靶部位、靶器官)的量,即化学物质通过各种屏障到达特定部位的量,称为吸收剂量或生物有效剂量。人们通过空气、水、食品和皮肤污染摄入的外源化学物质的量,称为接触剂量或外剂量,而吸收的剂量称为内剂量。由于内剂量难以直接测定,常通过毒物的代谢动力学来推导受试物在体内的内剂量。

　　毒物剂量关系到毒作用的快慢,即高剂量毒物在短时间进入机体致毒为急性毒作用,低剂量毒物长期逐渐进入机体,积累到一定程度后而致毒为慢性毒作用。下列为常用的剂量-效应毒性参数。

　　(1)致死剂量或致死浓度(lethal dose, LD; lethal concentration, LC):表示一次染毒后引起受试生物死亡的剂量或浓度。由于死亡个体的多少有很大程度的差别,所以致死量还包括下列几种概念。

　　(a)绝对致死剂量或浓度(absolute lethal dose, LD_{100}; absolute lethal concentration, LC_{100}):表示一群生物全部死亡的最低剂量或浓度。

　　(b)半数致死剂量或浓度(median lethal dose, LD_{50}; median lethal concentration, LC_{50}):表示一群生物 50%死亡率的最低剂量或浓度。

　　(c)最小致死剂量或浓度(minimum lethal dose, MLD; minimum lethal concentration, MLC):表示一群生物中仅有个别死亡的最高剂量或浓度。

　　(d)最大耐受剂量或浓度(maximum tolerance dose, MTD; maximum tolerance concentration, MTC):表示一群生物虽然发生中毒,但全部存活无一死亡的最高剂量或浓度。

(2) 最大无作用剂量(maximum no-effect level)：指化学物质在一定时间内，按一定方式与机体接触，按一定检测方法或观察指标，不能观察到任何损害作用的最高剂量。与此类似的毒性参数还有无作用剂量和未见有害作用剂量(no observed adverse effect level，NOAEL)。最大无作用剂量是评定外来化合物毒性作用的主要依据，并可以其为基础，制定人体每日容许摄入量(acceptable daily intake, ADI)和最高容许浓度(maximum allowable concentration, MAC)。每日容许摄入量是指人类终生每日摄入外来化合物对人体不致引起任何损害作用的剂量。最高容许浓度是指化学物质可以在环境中存在而不致对人体造成任何损害作用的浓度。

(3) 最小有作用剂量(minimal effect dose)：是指能使机体发生某种异常变化所需的最小剂量，即能使机体开始出现毒性反应的最低剂量。因为最小有作用剂量一般都略高于最大无作用剂量，故也称为中毒阈剂量(threshold level)。具有类似意义的有可见有害作用最低剂量(lowest observed adverse effect level，LOEL)。

(4) 效应浓度(effect concentration, EC)：包括半数效应浓度(EC_{50})和1%反应的有效作用剂量(ED_1)。其中前者指能引起50%受试生物的某种效应变化的浓度(通常非死亡效应)。

(5) 半数抑制剂量(median inhibition concentration，IC_{50})：引起受试生物的某种效应50%抑制的浓度。

(6) 毒作用带(toxic effect zone)：是一种根据毒性和毒性作用特点综合评价外来化合物危险性的指标。常用的有急性毒性作用带(acute toxic effect zone)和慢性毒性作用带(chronic toxic effect zone)：

$$急性毒性作用带 = \frac{半数致死剂量}{急性毒性最小有作用剂量}$$

比值越大，急性毒性最小有作用剂量与引起半数致死剂量(LD_{50})的差值就越大，此种外来化合物引起死亡的危险性就越小；反之，比值越小引起死亡的危险性就越大。

$$慢性毒性作用带 = \frac{急性毒性最小有作用剂量}{慢性毒性最小有作用剂量}$$

比值越大，引起慢性中毒的可能性越大；反之，比值越小，引起慢性中毒的可能性越小，而引起急性毒性的危险性则相对较大。

剂量-效应关系可以是直线关系，但以各种曲线更为常见。许多环境毒物的剂量-效应关系呈现一条先锐后钝的曲线，只要把剂量换算成对数剂量，就可转换成一条直线。如果群体中的所有个体对某环境毒物敏感性的变异呈对称的正态分布，剂量-效应关系就成"S"形曲线。典型的"S"形曲线较多地出现在一些质效应中，而环境毒物的毒理效应经常是一类长尾的不对称"S"形曲线，反映了环境毒物在加大剂量的过程中，效应强度的改变呈偏态分布。即在剂量开始增加时效应变化不明显，随着剂量的继续增加，效应变化趋于明显，到一定程度后变化又不明显。这可能与生物体体内自稳机制或是群体中存在一些耐受性较高的个体有关。

4. 影响毒性的因素

不同毒物或同一毒物在不同条件下的毒性常有显著性差异。影响毒物毒性的因素很多，而且很复杂，主要有如下四个方面：

(1) 毒物的特性。毒物的化学结构决定着它在体内可能参与和干扰的生化过程，从而决定其毒作用性质和毒性大小。

(2) 实验生物。实验生物的种属、种系、性别、年龄、体重、饮食营养状况和健康状况等因素都会影响毒物的毒性。同种属、同品系的个体之间仍然存在感受性差异，个体发育不同阶段对毒物敏感性也有明显差别。

(3) 染毒方式。毒理学实验中常用的染毒方式有吸入、经口、经皮和腹腔注入，偶尔也用静脉注射和气管注入等。染毒方式不同，毒物进入体内后首先到达的器官和组织不同，因此毒物的剂量或进入机体的量相等，中毒反应往往不尽相同。

(4) 环境因素。环境因素主要通过改变机体的生理功能，继而影响机体对毒物的反应性。环境因素改变有时也会对毒物本身产生一定的影响。

16.1.2 遗传毒理学的"三致"效应

药品及环境中的化学品可以引起基因突变或染色体畸变而造成对人体的潜在危害。致突变 (mutagenesis)、致癌 (carcinogenesis) 和致畸 (teratogenesis) 效应称为遗传毒理的"三致效应"。

1. 化学致突变效应

化学致突变效应是指化学物质引起生物遗传物质的可遗传改变。诱发突变的化学物质称为化学致突变物。化学致突变又可分为以下两种。

1) 基因突变 (gene mutation)

基因突变是指在化学致突变物的作用下，DNA 中碱基对的化学组成和排列顺序发生变化。根据其作用方式和所引起的后果不同，又可分为碱基置换和移码突变两种类型。

2) 染色体畸变 (chromosome aberration)

染色体是由 DNA、组蛋白、非组蛋白和少量 RNA 组成，排列有很多基因，由于染色体或染色单体断裂，造成染色体或染色单体缺失，或引起各种重排，从而出现染色体结构异常，这种染色体数目或结构的改变称为染色体畸变。染色体畸变意味着染色体物质 (遗传信息) 丢失、重排在同一染色体的不同部位、存在过量扩增等。某些化学致突变物如烷基化、—CH_3 或—C_2H_5 等短链烷基结合到 DNA 碱基的 N 原子，是引起突变最常见的重要机理之一。鸟嘌呤 7 位 N 原子的甲基化会形成 *N*-甲基鸟嘌呤，如图 16-1 所示。

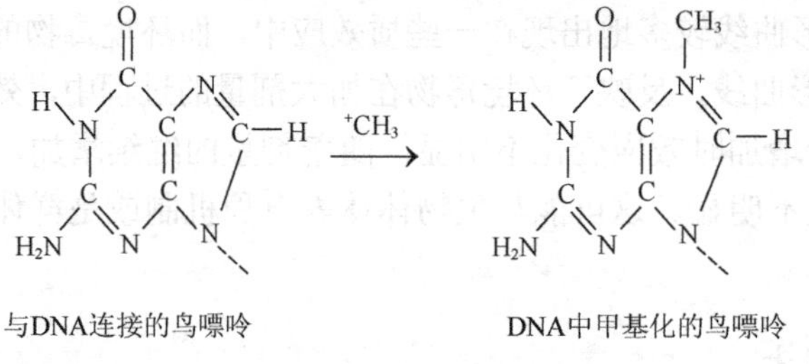

图 16-1　DNA 中鸟嘌呤的烷基化

许多致突变物是烷基化试剂，其中比较重要的烷基化试剂如图 16-2 所示。

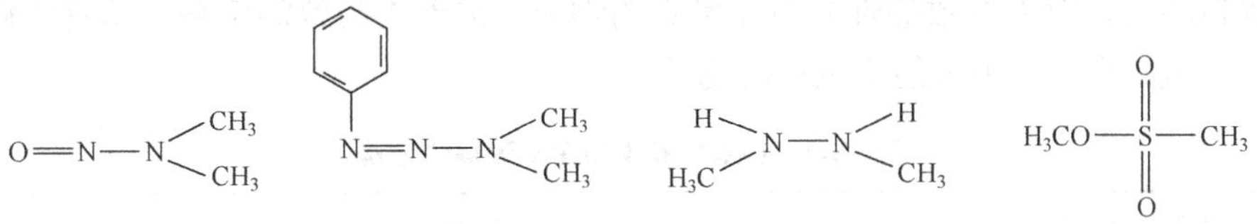

二甲基亚硝胺　　　3, 3-二甲基-1-苯基三氮烯　　　1, 2-二甲肼　　　甲基磺酸甲酯

图 16-2　致突变的烷基化试剂

2. 化学致畸效应

胚胎在发育过程中，受到毒物的影响，使胚胎的细胞分化和器官形成不能正常进行，而造成器官组织上的缺陷，并出现肉眼可见的形态结构异常者称为畸形。致畸学是研究外来因素引起生育缺陷的科学，它是从发育畸胎而来。目前已知有病毒、放射性、药物和化学品等多种环境因素可以引起动物及人的畸胎，致畸物通过母体作用于胚胎而引起胎儿畸形的现象称为致畸作用。目前已知的动物致畸物约 1500 种，但已肯定的人类致畸物只有 40 余种。化学致畸作用机理尚未完全清楚，目前认为化学致畸的作用机理主要有以下 4 种。

(1) 突变引起的胚胎发育异常。

化学品作用于生殖细胞，引起遗传基因突变，产生子代畸形，可能是遗传性。作用于胚胎体细胞引起畸胎是非遗传性的，体细胞突变引起发育异常，除形态缺陷外，有时还会产生代谢功能缺陷。

(2) 胚胎细胞代谢障碍。

某些化学品从胚胎排除的速度比从母体慢，某些化学品可引起细胞膜转运和通透性改变。所有发育分化过程有酶参与，酶活性抑制必然会引起发育过程障碍。

(3) 细胞死亡和增殖速度减慢。

许多化学致癌作用能杀死细胞，尤其是正在增殖的细胞。致畸物进入胚胎后，常在数小时或数天内引起某些组织的明显坏死，导致这些组织构成的器官畸形。

(4) 胚胎组织发育过程的不协调。

化学致畸物进入胚胎引起某些组织或某细胞生长发育过程改变，可造成各组织和细胞之间在时间和空间关系的紊乱，导致特定的组织、器官、系统发育异常。

3. 化学致癌效应

癌症是不受控制的体细胞生长。在动物或人体中引起癌症的化学品称为致癌物。致突变和致癌作用是紧密相连的，实际上致癌物都是致突变的。为了评价化学物质对人类的致癌性，世界卫生组织下属的国际癌症研究所(International Agency for Research on Cancer, IARC)从 1972 年起就出版了有关化学物质或其他因素致癌危险评价的系列丛书，按照对人的致癌危险性将致癌因素分为四组(表 16-2)：第 1 组对人体是肯定的致癌物或混合物或接触环境，属此组的化学物质有足够的流行病学证据支持接触人群的癌症发生率明显高于不接触人群；第 2 组分为 A、B 两亚组，2A 组包括对人很可能是致癌的物质或接触环境，此组因素对人类致癌证据有限，但动物实验致癌证据充分，2B 组包括对人可能是致癌的物质或接触环境，此组因素对人类致癌证据有限，对动物致癌性证据并不充分；第 3 组是指由于当前资料不足，对人的致癌性尚不能确定的物质，缺乏人类致癌资料，动物致癌资料也有限；第 4 组是指对人类可能不致癌的物质。

表 16-2　IARC 和 USEPA 致癌物分类

IARC 组别	USEPA 组别	致癌性
1	A 组	人类致癌剂
		充分的流行病学证据支持试剂的暴露与癌症之间的因果关系
2A	B 组	事实上可能的人致癌
	B1 组	不考虑动物数据，可证明引起癌症的流行病学证据有限
	B2 组	动物致癌性证据充分，但流行病学证据不够或没有人的致癌性数据
2B	C 组	可能的人致癌剂
		没有人的致癌性数据且动物致癌性数据有限
3	D 组	未做人的致癌性分类
		人和动物致癌性证据不够或没有
4	E 组	有非致癌性证据
		在不同物种中至少有两个充分的动物测试，或者流行病学和动物研究二者证据都充分表明非致癌性

　　IARC 对化学物质致癌性评价的数量逐年增多，至今公布的资料共评价了 985 种，其中第 1 组 118 种、2A 组 75 种、2B 组 288 种、第 3 组 503 种、第 4 组 1 种。USEPA 也将致癌物进行分类，其分类方式与 IARC 类似。IARC 上的名单每年不断更新，不断增加或去除各组致癌因素。自 2008～2015 年致癌物数量发生变化，一些新的化学物质如多壁碳纳米管 MWCNT-7、全氟辛酸、碳化硅纤维、马兜铃酸等的出现，使第 1 组致癌物新增 13 种，2A 组新增 8 种，2B 组新增 41 种，第 3 组减少 6 种。

　　1) 化学致癌作用机理

　　随着生物化学、分子生物学、遗传学等学科的迅速发展，对癌变的机理进行大量研究，主要形成两种观点。

　　(1) 基因机制学派。

　　基因机制学派认为癌变是 DNA 发生改变，即外来致癌因素引起细胞基因改变或外来基因螯合到细胞基因中，细胞基因改变而导致癌变。这种机制一般认为癌症的产生有两个重要步骤，引发阶段和促长阶段，这些步骤可以进一步细致划分，如图 16-3 所示。大多数

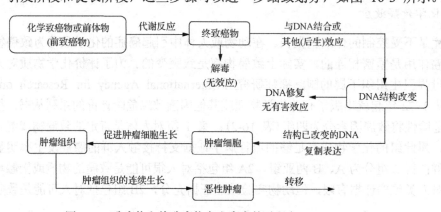

图 16-3　致癌物和前致癌物产生癌症的过程 (Manahan, 2010)

与 DNA 反应的物质是具有遗传毒性的致癌物，它们同时是致突变物，这些物质与 DNA 不可逆进行反应，许多引起癌症的物质需要代谢活化形成能与 DNA 形成加合物的亲电试剂，从而引起基因突变。

(2) 基因外机制学派。

基因外机制学派认为基因本身并未发生变化，是基因调控和表达发生变化，使细胞分化异常，出现异常膜特征及免疫调节缺陷等。

2) 化学致癌物的分类

根据是否作用于遗传物质，化学致癌物分为遗传毒性致癌物和非遗传毒性致癌物。

(1) 遗传毒性致癌物。

直接致癌物：这类化学物质进入机体后，不需要体内代谢活化而直接与 DNA 反应造成损伤，诱导细胞癌变。这类化学致癌物都是亲电物质，易与电子密度高的生物大分子发生反应，如烷基化剂、双氯甲醚、金属致癌物等，见表 16-3。

间接致癌物：不能直接与 DNA 反应，必须经宿主或体外活化转变成近致癌物或终致癌物，才能与 DNA 反应。间接致癌物代谢活化产生的能与 DNA 直接反应的亲电子活性产物称为终致癌物，而在代谢活化过程中产生的中间产物称为近致癌物。间接致癌物种类较多，如氯乙烯、苯并[a]芘、2-乙萘胺及二甲基亚硝胺等，见表 16-3。

表 16-3　部分直接和间接致癌的化学物质

直接致癌物	间接致癌物
1. 烷基亚胺类：如乙醇亚硝胺等	1. 亚硝胺类：如二甲基亚硝胺等
2. 亚烷基环氧化物类：如 1,2,3,4-丁二烯环氧化物等	2. 2-乙酰氨基芴
3. 芳基环氧化物类：如 (+)-7β-8α-二羟基-9d，10-α-环氧 7,8,9,10-四氢苯并[a]芘等	3. 4-二甲基氨基偶氮苯
4. 小环内酯类：如 β-丙醇酸内酯，丙磺酸内酯等	4. 千里光生物碱
5. 硫酸酯类：如硫酸二甲酯、甲磺酸甲酯、马禾兰等	5. 真菌霉素：如黄曲霉素 B1
6. 芥子气类：如二(2-乙氯基)硫醚、氮芥、环磷酰胺、2-萘胺芥子气、三亚乙基密胺等	6. 黄樟素
7. 活性卤素衍生物：如双氯甲醚、二溴乙烷、苄基氯、甲基碘、二甲基氨基甲酰氯等	7. 3-羟基黄嘌呤
8. 亚硝基酰胺和亚硝基脲：如 N-甲基亚硝基脲、N-甲基亚硝基脲烷、N-甲基-N'-硝基-N-亚硝基胍、N-甲基-N'-乙酰基-N-亚硝基脲等	8. 1,2-二甲基肼
9. 多环芳烃类：如苯并[a]芘等	9. 偶氮甲烷
10. 氯乙烯	10. 氧化偶氮甲烷
11. 某些金属：如铬、镍、砷等	11. 甲基偶氮甲醇
	12. 乙烯基半胱氨酸
	13. 环氧乙烯基高半胱氨酸
	14. 硫代乙酰胺
	15. 苏铁苷
	16. 乙酰胺

(2)非遗传毒性致癌物。

大多数化学致癌物进入细胞后与DNA共价结合,引起基因突变或染色体结构和数目的改变,最终导致癌变。少数化学致癌物没有直接与DNA共价结合的能力,不会使DNA的初级序列发生改变,它们的致癌作用机制主要是促进细胞的过度增殖,如细胞毒剂和促细胞分裂剂,通过增加细胞对内源性致癌物的敏感性和促进已发生基因型改变的细胞的克隆扩增而发挥致癌作用。常见的非遗传毒性致癌物有免疫抑制剂、石棉、激素和促癌剂等。

遗传毒性致癌物和非遗传毒性致癌物并不能绝对地区分,有些化学物质达到一定剂量时,既具有遗传毒性也具有非遗传毒性的活性。例如,苯并[a]芘和甲基胆蒽,大剂量时就兼有启动剂和促癌剂的作用。

16.1.3 污染物的联合作用

在实际生活环境中,往往有多种化学物质同时存在,它们对机体产生的生物学作用与任何单一化学物质分别作用于机体所产生的生物学作用完全不同。因此,把两种或两种以上的化学物质共同作用于机体所产生的综合生物学效应,称为联合作用,也称为交互作用。

1. 毒物联合作用的类型

根据生物学效应的差异,多种化学物质的联合作用通常分为以下四种类型。

1)协同作用(synergistic effect)

协同作用又称增效作用,是指两种或两种以上化学物质同时或数分钟内先后与机体接触,其对机体产生的生物学作用强度远远超过它们分别单独与机体接触时所产生的生物学作用的总和。例如,马拉硫磷与苯硫磷的联合作用下,对大鼠和狗的毒性分别增强10倍和50倍,其可能是苯硫磷抑制肝脏分解马拉硫磷的酯酶所致。

2)相加作用(additive effect)

相加作用是指多种化学物质混合所产生的生物学作用强度等于各化学物质分别产生的作用强度的总和。在这种类型中,各化学物质之间均可按比例取代另一种化学物质。因此,当化学物质结构相似,性质相似,靶器官相同或毒性作用机理相同时,其生物学效应往往呈相加作用。例如,一定剂量的化学物质A与B同时作用于机体,若A引起10%动物死亡,B引起40%动物死亡,那么根据相加作用,将引起50%动物死亡。

3)独立作用(independent effect)

独立作用是指多种化学物质对机体产生毒性作用机理各不相同,互不影响。由于化学物质对机体的侵入途径、方式、作用的部位各不相同,所产生的生物学效应也是彼此无关,各化学物质自然不能按比例互相取代,所以独立作用产生的总效应低于相加作用,但不低于其中活性最强者。例如,按上述相加作用的例子,化学物质A和B分别引起10%和40%动物死亡,那么100只活的动物,经A作用后,尚存活90只,经B作用后,死亡动物应为90×40%,即36只,故此时存活的动物数应为54只。

4)拮抗作用(antagonistic effect)

拮抗作用是指两种或两种以上化学物质同时或数分钟内先后输入机体,其中一种化学物质可干扰另一化学物质原有的生物学作用并使其减弱,或两种化学物质相互干扰,使混合物的生物学作用或毒性作用的强度低于两种化学物质中任何一种单独进入机体的强度。例如，阿托品与有机磷化物之间的拮抗效应是生理性拮抗；而肟类化合物与有机磷化合物之间的竞争性与乙酰胆碱酯酶结合，则是生化性质的拮抗。

2. 联合作用类型的判断

1）实验计算法

若以死亡率为指标，两种毒物毒性作用的死亡率分别为 M_1 和 M_2，则相加作用的死亡率为 $M = M_1 + M_2$；拮抗作用的死亡率 $M < (M_1 + M_2)$；协同作用的死亡率为 $M > (M_1 + M_2)$；独立作用的死亡率为 $M = M_1 + M_2(1 - M_1)$ 或 $M = 1 - (1 - M_1)(1 - M_2)$。

也可通过单项毒物及混合物进行 LD_{50} 的测定，先求出化合物各自的 LD_{50} 值，从各化合物的联合作用是相加作用的假设出发，计算出混合物的预期 LD_{50} 值，再通过实验得出实测混合物 LD_{50} 值，假设 $R =$ 预期 LD_{50} 值/实测 LD_{50} 值，那么当 $R < 0.4$ 时为拮抗作用；$R > 2.5$ 时为协同作用；$0.4 < R < 2.5$ 时为相加作用。

2）等效应线图法

本方法可以判断两种化合物的联合作用类型。两种化合物的性质不同，可被分为两种情况：①化合物 A 单独作用时有毒性效应，化合物 B 单独作用时无毒性效应，但两种同时作用时有联合作用（图 16-4）；②两种化合物（A 和 B）单独作用时都有毒性效应，两种同时作用时有联合作用（图 16-5）。图中曲线上的任何一点的毒效应是相同的。

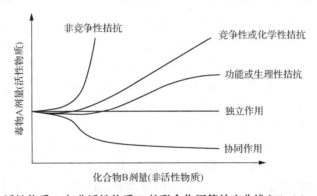

图 16-4　活性物质 A 与非活性物质 B 的联合作用等效应曲线（Niesink et al, 1996）

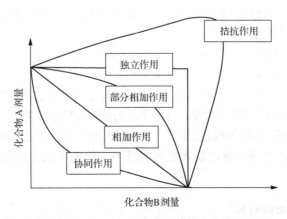

图 16-5　两种活性物质 A 和 B 的联合作用等效应曲线（Niesink et al, 1996）

具体步骤如下：

(1)确定一种实验生物的一种毒性效应指标(以 LD_{50} 为例，其他毒性指标，如生化和生理指标，其步骤相同)。

(2)在实验条件和暴露方式相同情况下分别测定两种化合物的 LD_{50} 值。

(3)在相同条件下取两种化合物的不同毒性剂量配成不同比例的混合物，测定其混合物的致死毒性，计算出 LD_{50} 值。

(4)将得到的一个或几个 LD_{50} 值相对应的剂量在图上标出，以坐标点所落入的位置判断其联合作用类型。

16.2 生物标志物和早期预警

16.2.1 生物标志物

1. 生物标志物的定义和分类

1987年，美国国家科学院国家研究委员会(CBMNC)对生物标志物(biomarker)进行了系统论述，将生物标志物定义为化学品暴露下的生物学体系或样品的信息指示剂。生物标志物可简单理解为生物体受到严重损伤之前，在分子、细胞、个体或种群水平上因受环境污染物影响而产生异常变化的信号指标。生物标志物的敏感响应可以为生物体的后期损伤提供早期预警作用，因此一直受到国内外学者的关注。

根据外源化合物与生物体的关系及其表现形式，可将生物标志物分为以下三大类。

第一类是暴露标志物或接触标志物(biomarker of exposure)，指生物体内某组织中检测到外源性化合物及其代谢产物与某些靶分子或靶细胞相互作用的产物。此类标志物指示污染物的暴露而不能指示污染物的毒性效应，但有助于研究环境中不稳定化合物对生物体的暴露。由于这种暴露效应用化学分析方法很难检测到，因此这类生物标志物在指示外源性污染物暴露时可发挥化学分析所无法替代的作用。

第二类是效应标志物(biomarker of effect)，指污染物的效应对生物体健康的危害。在一定的环境污染暴露下，生物体产生相应、可测定的生理生化效应或其他病理变化，这些变化主要发生在细胞的特定部位，尤其在基因的某些特定序列，它可反映结合到靶细胞的污染物及其代谢产物的毒性作用机制，在此前提下才能确定污染物与其在生物体内作用点之间的相互影响。这类生物标志物可用于解释污染物毒性效应的分子机制，是将生物标志物运用到环境毒理学研究的核心意义所在。

第三类是易感性生物标志物(biomarker of susceptibility)，指生物体暴露于某种特定的外源化合物时，由于其先天遗传性或后天获得性缺陷而反映出其反应能力的一类生物标志物。易感性生物标志物主要研究不同种生物个体之间对污染物暴露所做出的特异性反应的差异。它们主要与遗传有关，但也可由环境因素诱发。近年来，易感性生物标志物发展很快，但实际应用于人群的生物监测和对高危个体筛选的还不多。现在已经可以用基因芯片及时比较接触组和对照组上千种基因的表达，以确定表达显著差异的基因，他们可能与对某外源化学物质的易感性有关。

2. 主要生物标志物的研究

常见指示生物体暴露和效应的主要生物标志物有金属硫蛋白、应激蛋白、解毒系统第一阶段酶和第二阶段酶、抗氧化防御系统、氧化损伤、血液学和免疫学指标、生殖毒性、神经毒性和基因毒性等。重点介绍以下七种。

1) 金属硫蛋白(MT)

作为暴露标志物指示环境中重金属污染物的暴露已经进行了相当广泛的研究。多种重金属如 Cd、Cu、Zn、Co、Ni 等均能激活 MT 基因的转录，诱导 MT 合成水平升高，因而 MT 可以作为重金属暴露的生物标志物。相关研究表明，在受污染水体中，鱼的肝脏、肾脏等部位的 MT 含量较高，而且鱼体中 MT 含量水平与水中及生物组织内的重金属含量之间有显著的相关性。因此，将 MT 作为重金属暴露的生物标志物，在水生生物体内开展了广泛的研究。另外，近 20 年来重金属污染胁迫下植物体内植络素(phyochelatin, PCs)的响应及其对环境重金属的污染水平的指示作用也受到众多研究者的关注。

2) 应激蛋白(heat shock proteins, HSPs)

它是包括原核细胞和真核细胞在内的一切生物细胞中在受热、病原体、理化因素等应激原刺激后产生的由热休克基因编码的、在进化中高度保守的辅助蛋白分子/分子伴侣。根据 HSPs 分子质量的不同，通常分为 HSP90(83～90kDa[①])家族，HSP70(66～78kDa)家族，HSP60 家族，小分子 HSP(15～30kDa)家族四个主要家族。其中，HSP70 家族是序列最保守并且对污染物的应激反应最为显著的一类应激蛋白，是细胞保护机制的重要部分。已有研究表明，亚砷酸、铬酸盐、Cd^{2+}、Cu^{2+}、Zn^{2+}、Pb^{2+}、染料橙(HC Orange 1)、五氯酚和林丹等污染物胁迫下，都能引起水生生物体内 HSP70 显著诱导(Kammenga et al, 1998 沈骅等, 2004)，这些污染物在接近于环境真实值甚至更低浓度下就能对 HSP70 显著诱导，显示其具有作为水环境生态风险早期预警指标的巨大潜力。HSP70 比传统的生长、繁殖等生物指标更为敏感，可考虑将 HSP70 作为反映污染物对生物体早期伤害的毒理学指标。

3) 细胞色素 P450(CYP 450)酶系

它是属于第一阶段代谢转化酶，是微粒体混合功能氧化酶中最重要的一族氧化酶，它是由结构和功能相关的超家族(superfamily)基因编码的含铁血红素同工酶组成。污染物胁迫能诱导细胞色素 P450 酶系活性发生显著性变化，因而可作为评价污染物对生物影响的生物标志物。国内学者做了大量研究，提出将 7-乙氧基-3-异吩唑酮-脱乙基酶(EROD 酶)活性的诱导作为检测水中 PAHs、2,3,7,8-四氯化二噁英(TCDDs)等含芳香烃受体(AhR)的有机污染物的理想生化指标，并将其应用于污水处理厂的水处理工艺效果、纳污水体以及水厂饮用水的生态安全评估。以细胞色素 P450 酶系用作生物标志物指示土壤有机污染也有报道，张薇等(2007)发现在以荧蒽、菲、芘低剂量暴露的土壤中，蚯蚓体内 P450 酶活性与未受污染物暴露蚯蚓之间具有显著性差异。

4) 抗氧化防御系统

它包括酶和非酶系统两大类，其中超氧化物歧化酶(SOD)、过氧化氢酶(CAT)、谷胱甘肽过氧化物酶(GSH-Px)、谷胱甘肽还原酶(GR)等属于抗氧化酶系统；非酶系统有谷胱甘肽(GSH)、抗坏血酸、维生素 E、胡萝卜素、硒等。抗氧化防御系统特别是 SOD、CAT 和 GSH-Px 作为活性氧的"清道夫"，在参与对活性氧(O_2^- 和 H_2O_2)的及时清除、阻断 HO· 的生成及机体的保护性防御反应中发挥巨大作用，是活性氧防御系统中的主要成分。谷胱甘

_____

① Da，原子质量单位，$1Da=1.66054×10^{-27}kg$。

肽硫转移酶(GST)作为第二阶段解毒酶,可催化污染物与 GSH 结合,生成极性的小分子物质,从而减轻其毒性。GSH 作为有机体抵抗污染胁迫的第一道防线,在 GST 酶的催化作用下,作为外源性污染物及其体内代谢产物所产生的亲电中间体的结合靶点,降低其生物毒性,在清除活性氧过程中也发挥重要作用。生物体的抗氧化防御系统对污染物胁迫相当敏感,在低浓度污染物暴露下或短时间内,由于酶合成增加,其活性往往出现诱导以此清除体内多余的活性氧(Halliwell and Gutteridge, 1999)。当活性氧的产生超出抗氧化防御系统的防御能力,抗氧化酶活性受到抑制,其活性变化可为污染物胁迫下的机体氧化应激提供敏感信息,因此抗氧化防御系统被用作指示环境污染的早期预警。然而,由于影响酶活性变化的因素很多,不同的实验室和野外得到的结果存在差异甚至相反,当抗氧化防御系统作为环境污染的早期预警时,需考虑多种因素的综合影响。

5) 活性氧(reactive oxygen species, ROS)

活性氧包括自由基和非自由基两大类。生物体内的自由基通常包括 O_2^-、$HO\cdot$、烷氧基($RO\cdot$)等;非自由基种类的活性氧包括单线态氧($^1O_2$)、H_2O_2 等。长期以来,生物体活性氧被认为主要是参与生物体大分子的氧化损伤,过量的活性氧一直被认为是有害物质。研究表明,活性氧对细胞的毒性包括对脂类和细胞膜的损伤,引发脂质过氧化,导致细胞坏死;对蛋白质和酶的损伤作用,引起蛋白质过氧化和酶的失活及变性;对遗传物质和染色体的损伤,引起染色体畸变,导致 DNA 断裂或形成加合物等。近年来的研究还发现,活性氧通过与靶分子的非共价结合而引起靶分子空间结构和活性的变化,参与细胞的信号传导等过程,是一类新的信号分子。正常生理条件下,机体抗氧化防御系统在活性氧的清除过程中发挥作用,保护机体免遭活性氧的攻击而造成的各种损伤。因此,抗氧化酶活性的诱导反映了污染物对生物体的氧化胁迫,从而作为指示机体氧化应激的生物标志物。

随着环境中生物体内自由基捕获/EPR 技术的建立,Shi 等(2005)、Luo 等(2005, 2006)、Sun 等(2006)首次获得了有机污染物(如 2,4-二氯苯酚、2,4,6-三氯酚、五氯酚、菲、TBBPA等)和镉胁迫诱导鲫鱼肝脏产生活性氧的直接证据,同时发现生物体内污染物浓度与生成羟自由基强度之间存在剂量-效应关系,且在低浓度下就能显著诱导,表明活性氧有望成为指示环境污染的生物标志物。

6) DNA 加合物

作为污染物基因毒性的生物标志物,属于效应标志物的范围。研究证实,鱼对苯并芘和芳香胺的暴露形成的 DNA 加合物能够很好地指示有机物的污染状况。受到原油污染的潮间带鱼体内 DNA 加合物含量明显高于未受到油污染地区鱼体内的水平。类似的研究结果在软体动物中也得到证实。野外研究同时表明,水生动物肝脏的 DNA 加合物与污染物之间存在一定剂量-效应关系。

7) 性逆转

性逆转是水体中内分泌干扰物对鱼类影响的生物标志物。研究观察到暴露于污水处理厂下游水体中的鳟鱼体内卵黄蛋白原(VTG)明显升高;暴露于三丁基锡中的雌鱼 VTG 有所下降,且卵巢中发现精巢存在。目前,VGT 检测已经成为环境内分泌干扰物研究的一个重要手段,被证实可以作为(类)雌激素污染的生物标志物。

生物体内的第一、二阶段解毒酶以及抗氧化防御系统和 HSP 用作分子标志物对污染物胁迫的响应并不是孤立的，而是在相互协作、相互制约过程中共同发挥作用，图 16-6 显示了上述各个生化指标间复杂的相互作用关系。污染物进入生物体内，在第一阶段解毒酶系统细胞色素 P450 酶系的作用下进行生物转化，在此过程中产生大量活性氧，这些活性氧基团的暴露直接攻击生物大分子导致大分子损伤，如攻击 DNA 分子形成 DNA 加合物、攻击蛋白质分子造成蛋白质过氧化、攻击脂类分子形成脂质过氧化。第二阶段解毒系统抗氧化酶在清除活性氧中发挥重要作用，如 SOD 是清除超氧阴离子的特异性酶，在此过程中 SOD 的活性可能受到诱导。第二阶段解毒酶 GST 利用 GSH 在将污染物形成小分子的极性物质中发挥重大作用，可催化污染物与小分子 GSH 结合，从而降低其生物毒性。而 MT 在重金属的解毒中发挥重大作用，可催化金属与 MT 结合，从而降低其生物毒性。

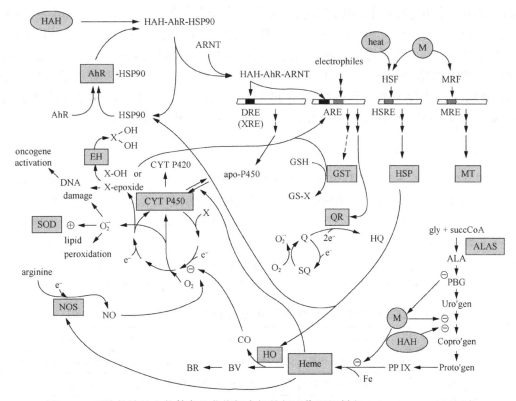

图 16-6　污染物胁迫生物体各生化指标之间的相互作用机制（van der Oost et al., 2003）

AhR：芳香烃受体；ALAS：δ-氨基乙酰丙酸合酶；ARE：抗氧化相应系统；ARNT：芳香烃受体核转位子蛋白；BR：胆红素；BV：胆绿素；CO：一氧化碳；DRE：二噁英类响应元件；EH：环氧化物水解酶；GSH：谷胱甘肽；GST：谷胱甘肽-硫-转移酶；HAH：卤代芳香烃；HO：血红素加氧酶；HQ：对苯二酚；HSF：热休克因子；HSP90：热休克蛋白 90；HSRE：热休克响应元件；M：金属元素；MRE：金属响应元件；MRF：金属响应因子；MT：金属硫蛋白；NO：一氧化氮；NOS：一氧化氮合成酶；CYT P450：细胞色素 P450；PP：原卟啉；Q：苯醌；QR：苯醌还原酶；SOD：超氧化物还原酶；SQ：半醌自由基；XRE：异型生物质响应元件

16.2.2 生物的氧化损伤机制

1. 氧化应激

1990 年美国学者 Sohal 指出了自由基衰老学说的缺陷，并首次提出氧化应激（oxidative stress）的概念。氧化应激是机体在遭受各种有害刺激时，体内高活性分子如活性氧自由基和活性氮自由基产生过多，氧化程度超出氧化物的清除，氧化系统和抗氧化系统失衡，造成细胞、亚细胞、生物大分子的氧化损伤。

氧化还原是与氧化应激偶联在一起的生物过程，二者之间的平衡是机体是否处于自稳态的重要因素之一。目前对氧化应激的认识已经不仅仅停留在氧化损伤的层面上，通过氧化还原反应对机体进行应激性调节和信号传导也是氧化应激的一个重要方面。

细胞代谢过程中产生氧化应激的因素可归结为：①氧自由基突然剧增；②NO 大量产生和氧自由基反应生成过氧亚硝酸盐；③细胞内生化"分陷"状态的破坏，使大量金属离子和酶泄漏，启动和加速脂质过氧化；④机体抗氧化防御系统功能减弱。而内源性氧自由基的猛增主要来源于：①免疫细胞吞噬活动产生的氧自由基；②激活氧化酶系统，如黄嘌呤氧化酶；③线粒体内电子传递的紊乱、电子泄漏引起超氧阴离子大量产生；④微粒体上细胞色素 P450 产生过量的超氧阴离子；⑤环加氧酶或花生四烯酸酯氧合酶代谢改变引起氢过氧化物增加。

生物体氧化应激水平可以用抗氧化剂和氧化增强剂的比值来衡量，也就是细胞内还原剂和氧化剂的比值。Stegeman 等(1992)提出将 GSH/GSSG 值作为衡量和评价细胞内氧化应激水平的重要生物标志物，近年来已经引起关注。也有研究用 EPR 测量血清中的抗坏血酸自由基的 EPR 信号，以其振幅大小来衡量机体内环境的氧化应激水平。

2. 污染物胁迫下活性氧的产生与氧化应激

在正常生理条件下，生物体内活性氧的产生与抗氧化防御系统清除存在一种动态平衡机制。当生物体遭受外界刺激(污染物胁迫)时，产生的活性氧将大大增加，当超出抗氧化防御系统的防御机制，就会产生氧化应激导致机体的氧化损伤。目前许多研究表明，生物体对外源性污染物胁迫响应的一个共同途径即是活性氧的产生，然后进一步诱导生物体发生氧化应激和氧化损伤。活性氧作为信号分子可能是污染物致毒的重要路径和作用机制。表 16-4 总结了一些污染物存在下对水生无脊椎动物和鱼在动物整体水平上引起的氧化损伤。

表 16-4　污染条件下对水生无脊椎动物和鱼引起的氧化损伤(Livingstone, 2001)

参数	化学品	种	变化	参考文献
脂质过氧化 (用 MDA 代替)	野外(底泥 PAHs、金属)	美洲牡蛎(*Crassostrea virginica*)	升高	Ringwood et al, 1999
	野外(底泥 PAHs、PCBs)	河贻贝(*U. tumidus*)消化腺和鳃	升高	Cossu et al, 2000
	水体中 PAHs	锦鲤(*Carassius auratus*)肝脏	升高	Yin et al, 2014
	沉积物(PAHs、PCBs)	黄盖鲽(*L. limanda*)肝脏	升高	Livingstone et al, 1993
8-OH-脱氧鸟苷 8-OH-鸟苷	野外(North Sea)	黄盖鲽(*L. limanda*)	无显著变化	Chipman et al, 1992
	铜	牡蛎(*M. edulis*)消化腺	升高	Kirchin et al, 1992
	甲萘醌、呋喃吡啶复合	牡蛎(*M. edulis*)消化腺	不变	Marsh et al, 1993
	苯并芘	牡蛎(*M. galloprovincialis*)消化腺和鳃	升高	Canova et al, 1998
	过氧化氢	鳟鱼(*O. mykiss*)肝脏	升高	Kelly et al, 1992
2,6-二氨基-4-羟基-5-甲酰胺嘧啶	野外(PAHs、PCBs)	鲽鱼(*P. vetules*)	升高	Malins and Gunselman, 1994
	野外(铁尾矿)	鳟鱼(*S. namaycush*)	升高	Payne et al, 1998
氧化蛋白(非肽巯基形成)	野外(荷兰)	比目鱼(*P. flesus*)	升高	Fessard and Livingstone, 1998

在氧化应激过程中，受到自由基的氧化胁迫，导致细胞的各种成分，如脂肪、糖类、蛋白质和 DNA 等所有的大分子物质都会不同程度地受到自由基攻击，引起各种变性、交联、断裂等氧化损伤，进而导致细胞结构和功能的破坏及机体组织的损伤和器官的病变甚至癌变等。氧化损伤主要包括以下几种类型。

1) 脂质过氧化损伤

自由基反应在生物体内的平衡紊乱和失调后，会引起一系列新陈代谢失常和免疫功能降低，形成氧自由基连锁反应，损害生物膜(含大量脂类)及其功能，形成透明状病变、纤维化，大量的细胞损伤会造成组织器官的损伤，这种反应就是脂质过氧化(lipid peroxidation)。在氧化反应袭击含有大量不饱和脂肪酸的磷脂前后，磷酸酯酶 A2 可催化磷脂使其中大量脂肪酸释放、游离。由于氧在非极性溶剂中的溶解度比在水中大 7 倍，因此在细胞膜中的氧浓度较高，是造成脂质过氧化的有利条件。氧化应激过程中产生的过量活性氧可引起细胞膜多聚不饱和脂肪酸发生脂质过氧化，影响细胞功能的正常发挥。常用测定膜脂质过氧化产物丙二醛(MDA)含量的变化来指示脂质过氧化损伤。

2) 氨基酸和蛋白质的损伤

蛋白质侧链氨基酸的氧化是生命系统的重要信号。巯基可逆性的氧化和还原作用在很多方面与氧化应激有内在联系。另外某些类型的活性基团和分子的氧化作用也是可逆的，如甲硫氨酸可先氧化成亚砜基甲硫氨酸，还可再还原成甲硫氨酸。然而不可逆的氧化则造成对蛋白质的损伤。在蛋白质氧化的各项指标中，蛋白质的羰基化被广泛用于评价生物体氧化损伤程度，因此蛋白质羰基(PCO)含量也可作为蛋白质氧化损伤的敏感指标。

3) 核酸和染色体的损伤

染色体是遗传物质的主要载体，DNA 是染色体的主要成分之一，故自由基对 DNA 的损伤必然会使染色体发生变异。活性氧可引起 DNA 氧化损伤，自由基直接损伤核酸，可发生很多种类型的反应，如碱基修饰、DNA 断裂和染色体破坏等。目前，8-羟基脱氧鸟苷(8-OH-dG)是用于指示核酸分子损伤的生物标志物，可以通过高效液相色谱的手段检测 8-OH-dG 的含量用以评价机体核酸脂质过氧化及 DNA 的氧化损伤，常被用作活性氧毒作用的终点来间接指示活性氧的生成。

因此，脂类、蛋白质和 DNA 损伤指标常被用来指示机体在污染物胁迫下氧化应激与氧化损伤的主要分子标志物。

Livingstone(2001)指出污染物胁迫下生物体活性氧的产生及其氧化损伤是污染致毒的重要途径，由于生物体活性氧寿命很短，相关研究多以活性氧毒性作用的终点如脂质过氧化、DNA 损伤等作为指标间接反映污染物胁迫下生物体内活性氧的生成。王晓蓉等(2013)建立了环境中不同生物体内活性氧捕获-电子顺磁共振测定技术，获得了氯酚类(2-CP、2, 4-DCP、2, 4, 6-TCP、PCP)、多环芳烃(萘、菲、芘)、溴代阻燃剂和微囊藻毒素等不同类型有机污染物胁迫下藻类、鱼类、沉水植物等诱导生物体产生活性氧的直接证据，鱼体内活性氧是"通过线粒体 NADH 首先诱导超氧阴离子($O_2^{-\cdot}$)的生成，再通过 Harber-Weiss 反应生成羟基自由基($\cdot$OH)"的生成过程，污染物浓度与生成羟基自由基的强度或生物体内活性氧的相对强度和氧化损伤指标之间存在剂量-效应关系，发现生物体内活性氧累积是污染物导致细胞膜脂质破损、功能蛋白过氧化、DNA 断裂等氧化损伤的关键。研究表明，污染物诱导生物体活性氧的累积导致氧化损伤是污染物致毒的重要机制，从中可筛选出能反映污染物作用本质的生物标志物。

16.2.3 生态风险的早期预警

环境中有毒有害化学品种类繁多，形态各异，一般是多种污染物以不同形态、低浓度长期共存，毒性效应复杂。传统的生态毒性评价无法对低浓度暴露的生态风险进行科学的评估，缺乏对污染环境的早期预警功能。此外，已发现在实验室急性毒性暴露基础上建立的许多环境标准，忽视了环境中低浓度长期暴露的生物效应，导致环境中污染物浓度低于环境标准时也不能保证这些污染物不会对生态系统产生伤害。为保护生态系统免受伤害，防止污染物在生物体中不断积累而对生物体产生伤害，导致生物生长受阻、繁殖缓慢、死亡及生态系统遭受破坏等不可逆后果，掌握污染物对生物危害发生前的生物标志物的状况，对制定预防性管理措施、减免或减轻环境污染对生态环境的伤害都具有重要意义。由于生物标志物具有特异性、预警性和广泛性等特点，且污染物与生物体之间所有的相互作用始于分子水平，随后，逐步在细胞、器官、个体、种群、生态系统等各个水平上反映出来（图16-7）。因此，分子生物标志物可成为污染物暴露和毒性效应的早期预警指示物。

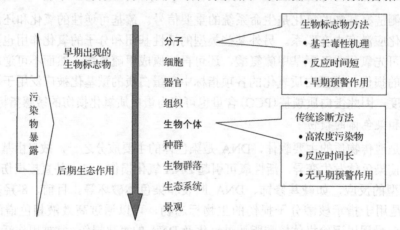

图 16-7　污染物对生态系统影响的示意图

1. 生态风险早期预警的研究方法

应用生态毒理学方法和现代技术对污染环境生态系统危害作出早期诊断和评价，常采用浮游生物（浮游植物和浮游动物）、大型溞、鱼、沉水植物（金鱼藻、苦草、黑藻等）作为污染水体的实验生物；采用高等植物（叶片、茎、根或种子）、动物（蚯蚓、线虫、小白鼠等）和微生物等作为实验生物，通过室内模拟和野外实验相结合，研究不同生物对不同污染物低浓度长期暴露下的分子水平上的响应，测定污染物在生物体内的积累量及各种生理生化指标，揭示生物标志物效应和污染物暴露之间的剂量-效应、时间-效应关系，阐明其微观致毒机制，从中筛选出敏感的生物标志物。由于生物内的第一和第二阶段解毒酶、活性氧、抗氧化防御系统、氧化损伤指标和应激蛋白等分子生物标志物对污染物胁迫的响应不是孤立的，而是在限定时间范围内生物体内重要生物学过程对污染物胁迫的综合反映。因此，为快速识别污染物对生物体产生的早期伤害，需应用多种敏感指标综合诊断和确定污染物对生物早期伤害的毒性阈值和无效应浓度。

2. 多种指标综合对污染环境生态风险的早期诊断

Lin 等(2007)在研究外源 Cd 对小麦幼苗产生伤害的阈值时，通过研究 Cd 胁迫下小麦幼苗生长、活性氧积累水平、抗氧化防御系统酶活性(如 SOD、CAT、APx、GPx、GR 等)、谷胱甘肽(GSH、GSSG、tGSH、GSH/GSSG)、脂质过氧化等生理生化指标的变化，以及各指标响应所对应的浓度范围，通过多种敏感指标综合诊断，可以初步确定外源 Cd 对小麦幼苗的毒性阈值为 3.3～10mg/kg。同样如果选蚯蚓作为实验生物，对 Cd 的胁迫则更为敏感，毒性阈值明显低于对小麦幼苗的毒性阈值，显示出不同物种对污染物抗胁迫存在差异。

Jiang 等(2014)在实验室模拟研究基础上，在蓝藻水华暴发高峰期，到太湖苏州区域胥口湾(草型湖区，水质相对较好)与梅梁湾(藻型湖区，富营养化严重)蓝藻集聚区域进行鲤鱼生态毒理效应的野外原位实验。研究发现，虽然太湖梅梁湾水域水体藻毒素(MC)含量并未超标，但置于蓝藻水华中的鲤鱼由于摄食有毒蓝藻，体内毒素含量(其中肝脏>肠道>鳃>肌肉)和肝脏 ROS 显著高于室内对照与胥口湾水域的样品，与此对应的梅梁湾水域的鲤鱼肝脏 MDA 和蛋白羰基含量也显著高于对照组，显示鱼体已经受到氧化损伤，其程度与 ROS 水平显著相关。此外，抗氧化系统指标 GSH/GSSG 比值变化很好地对应了各原位点的蓝藻水华污染程度，并与藻密度大小显著相关，显示了其与 ROS 可作为指示蓝藻水华的潜在生物标志物的应用前景。运用差异荧光双向电泳(2D-DIGE)方法结合高效的质谱分析手段，对野外暴露后鲤鱼肝脏进行比较蛋白组学分析，观察到鲤鱼肝脏共产生具有显著差异表达蛋白 148 个，通过 MALDI-TOF/TOF 质谱成功鉴定其中 57 个蛋白。结果显示，太湖藻型湖泊梅梁湾水域水体蓝藻水华衍生物胁迫会导致鲤鱼肝脏产生氧化损伤，导致参与多个生物学通道上的蛋白表达发生变化，获得了与草型湖泊胥口湾水域截然不同的毒性效应结果，表明梅梁湾水域水体已经具有水生生态安全的风险。

生态风险早期诊断不仅在识别、判断、评估和控制污染物对生态系统产生伤害及潜在危害中起着关键作用，同时也将在国家环境质量标准的修订、基准的制定等方面发挥重要作用。应用生物标志物方法，可以在分子水平上提供引起生物产生早期伤害的关键阈值，显示在污染物胁迫下生物体内产生响应可能的最低浓度值。生物标志物之间存在许多相关性，在实际环境中生物体内多种生物标志物的变化是对环境胁迫的综合反映，将会对污染环境的毒性评价、潜在生态风险提供更多信息和早期预警。

16.3 有机物的定量构效关系

定量结构-性质/活性相关(quantitative structure-activity/ properties relationship，QSAR)，是指有机污染物的分子结构与其理化性质或活性参数之间的定量关系。定量构效关系研究是有机污染化学和生态毒理学中的一个前沿领域，是有机污染物环境生态风险评价和人类健康风险评价的重要组成部分。揭示结构-效应相关有助于人们从深层次上认识化学污染物的效应，并为其预测提供便利而快捷的手段和工具，从而为发展有机污染物的控制和削减技术提供理论指导。

16.3.1 概述

1. 结构-性质/活性相关的含义

在环境科学中的结构-性质/活性相关(structure-activity/properties relationship,SAR),是指有机污染物的分子结构与其性质或活性之间关系的研究,包括定性结构-性质/活性相关和定量结构-性质/活性相关两个方面。这里的性质/活性是一个广义上的概念,不仅包括有机污染物对不同生物物种和不同层次的测试点的生态毒性,如污染物对生物的急性毒性、亚急性毒性、生长抑制毒性和酶抑制毒性等,对高等生物和人类的"三致"毒性、生殖和遗传毒性、免疫毒性、发育毒性、神经毒性等,还包括污染物的理化性质,即主要指描述有机污染物在环境中的迁移、转化的性质参数,如有机污染物的水溶解度、疏水性、挥发性、熔点、沸点等,以及表征有机污染物在不同介质中的吸附、分配、酸解、水解和光解等性质参数。定量构效关系分析是利用理论计算和统计分析工具来研究系列化合物的结构(包括分子结构和电子结构)与其效应之间的定量关系,即采用数学模型,借助理化参数或结构参数来描述有机小分子化合物与有机大分子化合物或组织之间的关系。

将化合物的生物活性归于化学结构的影响是 QSAR 研究的理论基础。分子是构成物质的基础单位,化合物内部分子结构特征及分子间的结合方式等结构信息决定了化合物所表观的性质,因此可以通过研究化合物的分子结构与其性质、活性之间的定量关系,建立起结构-性质/活性之间的关系纽带,从而对已进入环境的污染物及尚未投入使用的新化合物的环境行为及性质进行预测和评价,这是结构-性质/活性相关技术的理论基础和工作原理。

2. 定量结构-活性相关的发展

结构-活性相关研究发展历程大致可以分为对结构-活性相关的朴素认识、结构-活性相关的定性研究和结构-活性相关的定量研究三个阶段。

(1)早期朴素认识阶段:很早以前,人们已认识到物质的反应性与其结构间存在着一定的关系。由于人们当时对物质的认识水平还比较肤浅,对结构-活性相关的认识只是原始和朴素的。

(2)定性阶段:1869 年门捷列夫提出元素周期表的同一时期,Crum-Brown 和 Frazer 开创了 SAR 研究的先河,他们认为化合物的生物活性与其结构之间存在着某种关系。SAR 研究的系统开展始于 19 世纪末 20 世纪初 Richet、Meyer 和 Overton 等的研究。Richet 的研究发现醇和酯在水中的溶解度越大,其毒性越小;Meyer 和 Overton 等发现简单的中性有机物如醇、酮和酯等对生物的麻醉效力与其油-水分配系数有关。

(3)定量阶段:开创性的工作却始于 20 世纪 30 年代 Hammett 等的研究。Taft 等在 20 世纪 50 年代,Hansch 等在 20 世纪 60 年代,为有机物定量结构-性质相关研究做出了重要贡献。Hansch 等借助计算机技术建立的结构-活性相关表达式,标志着构效关系的研究从 SAR 转向 QSAR。20 世纪 70 年代,由于对进入环境中的大量有机化学品生态风险评价的需要,QSAR 方法开始应用于环境领域的研究,并得到了空前的发展,其中,一个最突出的标志是在 1993 年,名为 *SAS and QSAR in Environmental Research* 的杂志在法国创刊。随着对分子结构的深入认识,以及数理统计方法的引入,QSAR 的研究已走向三维发展,引入了一系列三维结构参数,这些参数大大丰富和促进了 QSAR 的发展。

目前，结构-活性相头沿着侧重机理解释和更注重模型的预测能力这两个方面发展。选择和设计合适的分子结构描述符、研究采用合适的技术和方法建立 QSAR 模型及开发快速生物活性检测技术是 QSAR 研究的三大热点。展望未来，有机污染物的 QSAR 研究的发展呈现出综合性、理论性和微观性、智能化、程序化与系统化及适用性的特点。生物学、理论化学、数学、计算机图形科学及其他相关科学的发展促使 QSAR 从描述性向推理性发展、从定性向定量发展、从宏观状态向微观结构方向发展。

3. 定量结构-活性相关的研究方法

获取分子结构参数是 QSAR 研究的前提，如图 16-8 所示，一部分分子结构参数如辛醇-水分配系数(K_{ow})、水溶解度(S_w)、熔点、沸点及溶剂化常数等主要通过实验手段获得，而另外一些分子结构参数如分子连接性指数、分子表面积、相对分子质量和量子化学参数等主要通过计算的方法得到。

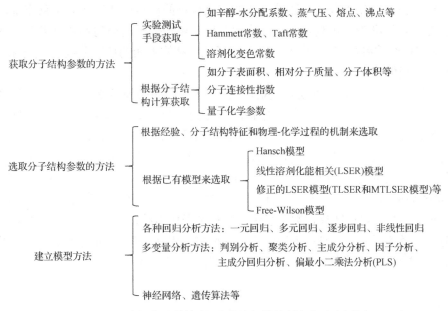

图 16-8　有机污染物定量结构-性质/活性相关的研究方法(陈景文，1999)

通过计算或实验手段获取了大量的分子结构参数后，如何选取合适的分子结构参数进行 QSAR 研究便是重要的工作(图 16-8)。选取分子结构参数主要是借助于经验、分子的结构特征和物理-化学过程的机理来选取或借助模型来选取即模型方法。模型方法是 QSAR 研究的传统方法，就是先根据经验，建立一定的 QSAR 理论模型，在此基础上选择所需要的分子结构参数，应用回归分析等数理统计方法来建立 QSAR 模型。主要的模型方法包括Hansch 方法、线性溶剂化能相关模型(LSER)、Free-Wilson 取代基团模型、分子连接性指数法、分子拓扑方法和基团贡献法等。近年来，随着近代量子力学和三维分子模型技术的突破性发展，在 QSAR 领域中出现了许多新的方法和模型，如比较分子立场分析、量子相似性分析方法等，大大提高 QSAR 模型的预测能力和理论性。

QSAR 研究的第三个重要环节是建立分子结构参数与其生物毒性或理化性质之间的定量关系，即具体模型的建立。采用各种回归方法、多变量分析方法、神经网络法和遗传算法等，这类模型通常以一元或多元回归方程的形式来表示，有时也没有一个直观的表达方式如神经网络法。

模型建立以后必须进行相关显著性检验，弄清所建立的模型在多大的置信水平上是显著相关，以及通过交互检验程序来完成模型的稳定性检验。对于相关显著性不高或误差太大的模型必须重新进行优化。优化的方法包括选择更适合的建模参数和选择更佳的建模方法。优化后的参数必须重新进行检验，直到得到最优化的 QSAR 模型。另外，还要给出模型的应用范围。运用获得的最优模型来解释有机污染物的毒性机理、有机污染物在环境中的迁移转化机制。最后，证明建立的模型是稳健的，便可以应用该模型来预测同系列其他化合物的生物毒性和理化性质，从而达到进行 QSAR/QSPR（定量结构-性质相关）研究的最终目的。

4. 常用分子结构参数

获取足够而合适的分子结构参数是 QSAR 研究的首要工作，因为不同结构的分子，只有通过一定的方法转化为分子描述符，才能与化合物的性质或活性建立关系模型，从而对性质或活性进行较准确的预测及解释。描述有机污染物分子结构的参数有很多，概括起来可分三类，间接结构参数（理化性质参数）、分子几何结构方面的特征参数（如分子拓扑参数）和电子构型方面的特征参数（如量子化学参数）。

(1) 理化性质参数：理化性质参数是以物质结构的某种性质作为基础，从而间接地表示此物质在该方面的结构特点。最常用的辛醇-水分配系数、水溶解度等用以表示物质的极性或者憎水性。化合物的理化性质对于理解污染物在环境中的迁移、转化与归趋，确定化合物最终的暴露和效应是十分重要的，因此很多定量结构-性质相关的研究致力于理化性质数据的预测，称为定量结构-性质相关（quantitative structure-properties relationship，QSPR）。

(2) 电子效应常数：化合物电子结构效应信息可以用很多参数来表示，如 Hammett 效应常数 σ_x、光谱参数、电荷转移常数、氢键参数和量子化学结构参数等。其中 Hammett 常数适用于芳香烃类的污染物，是以苯甲酸作为基准物，用 K_x 和 K_H 分别表示取代苯甲酸和苯甲酸在 25℃时在水中的离解常数，则 Hammett 常数可表示为

$$\sigma_x = \lg K_x - \lg K_H \tag{16.3.1}$$

式中：σ_x 为正值，说明取代基是吸电性的基团，反之取代基为供电性的基团。

(3) 立体效应参数：Hammett 常数只适应于含有不饱和键的共价分子，不适应于饱和的共价化合物。在饱和化合物中，取代基对于反应的影响主要是通过诱导效应来实现。化合物的立体结构性质可以用很多参数来描述。Taft 常数 E_s 是经典的取代基立体参数，用来描述化合物分子取代基的空间立体效应的作用。另外，分子摩尔体积、范德华半径、原子间距及部分分子连接性指数、Charton 参数等都被用来作为立体参数，表征分子间作用的立体效应。

(4) 溶剂化自由能参数：化合物的大多数性质和反应是在溶液中发生的，溶剂对化合物性质和反应有重要影响。溶剂化自由能是化合物分子与溶剂介质相互作用的宏观反映，可以用来估计与溶剂效应相关的化合物性质。

(5) 分子拓扑参数：是采用分子拓扑学方法产生的拓扑图论参数，该参数是从化合物分子结构的直观概念出发，采用图论的方法以数量来表征分子结构。理想的拓扑指数应满足能够反映分子骨架中原子的种类、数目以及化学键的数目、不饱和键的位置和数目、环的

大小和数目、碳桥的位置和数目、原子的排列顺序等。在数百种拓扑指数中，其中应用最广泛的是分子连接性指数和电性拓扑指数。

(6) 量子化学参数：量子化学参数能够描述分子微观的电子构型和空间形态方面的性质，包括形状、价键特征、电子活性、分子的各个层次级别的结构等。而量子化学计算是获得分子结构参数的重要途径。QSAR 研究中常用的量子化学参数如表 16-5 所示。

表 16-5　QSAR 中的量子化学参数（王鹏，2004）

与电荷有关的参数	与能量有关的参数	与电荷、能量均有关的参数
原子电荷密度	最高占据轨道能量（E_{HOMO}）	亲核极化度
最负和最正原子净电荷	最低空轨道能量（E_{LUMO}）	亲电极化度
原子电荷	分子轨道的特征值差异	前线极化度
前线轨道电子密度（HOMO）	总反应能	分子电场电势
自由价	库仑反应能	

与其他参数相比，量子化学参数具有明确的物理意义，首先，有利于探讨影响污染物环境行为的结构因素，揭示污染物的生态毒性机理；其次，量子化学参数不限于同系物的研究；最后，量子化学参数可以快速而准确地通过计算获得，不需要实验测定，从而可以节省大量的实验费用和时间。因此，量子化学方法在有机污染物的定量结构-性质/活性相关研究中具有广泛的应用前景。

另外，还有一些常用的结构参数，如相对分子质量、分子体积、表面积、范德华半径及氢键等。上述各种分子结构参数之间是相互关联的。例如，理化性质参数辛醇-水分配系数是一种间接表示污染物物质结构特征的方式，其所代表的污染物物质的憎水性。实际上也包含多种相互作用，包括偶极矩作用、氢键、位阻效应等。

16.3.2 量子化学参数在 QSAR 研究中的应用

在持久性有机污染物的 QSAR 研究中，量子化学计算是获取分子结构参数的重要途径。在环境化学研究中，量子化学参数主要应用 QSPR 与 QSAR 两个领域。以下对量子化学参数在这两个方面中的应用作一个简单介绍。

1. 应用量子化学参数预测有机污染物的理化性质

许多研究已表明，量子化学参数可以与许多物化性质之间建立显著的相关关系，如化学反应性、色谱保留与反应因子、熔点、沸点、蒸气压、临界温度和摩尔临界体积等。在这里，主要介绍量子化学参数与辛醇-水分配系数、蒸气压、光解速率常数及辛醇-空气分配系数之间的相关性。

1) 用于预测有机物的辛醇-水分配系数

在 QSPR 研究中，辛醇-水分配系数（K_{ow}）是一种十分重要的理化参数，K_{ow} 是被定义为分配平衡时某一有机物在辛醇相中的浓度与其在水相非离解形式的浓度的比值，通常以对数形式出现在 QSPR 模型中。辛醇是一种长链脂肪醇，在结构上与生物体内的碳水化合物和脂肪类似，因此可用 K_{ow} 来模拟有机污染物在生物相与水相间的分配。研究表明，K_{ow} 作为一种分子亲脂性或疏水性的量化参数，在化合物和大分子或受体相互作用中具有关键作用，在 Hansch 模型中得到了广泛的应用。在 QSAR 关系式中，$\lg K_{ow}$ 主要表征化合物分子向生物细胞内的传输、分配能力。

苯砜基环烷酸酯类化合物作为生产杀虫剂、除草剂和驱虫剂的中间体而得到广泛应用。陈景文等(1999)应用 MOPAC 软件中的 AM1 法计算了 28 个苯砜基环烷酸酯类化合物的量子化学参数，应用修正的线性溶剂化能相关模型(MTLSER 模型)及计算得到的量子化学参数，对该类化合物的 $\lg K_{ow}$ 进行逐步回归分析，得到 QSPR 模型式：

$$\lg K_{ow} = -14.193 + 0.034\alpha - 0.765\mu - 0.287E_{LUMO} + 14.957q^-$$

$$(n = 28, R^2 = 0.914, SE = 0.193) \tag{16.3.2}$$

结果表明，苯砜基环烷酸酯类化合物的 $\lg K_{ow}$ 随着分子中最低空轨道能量(E_{LUMO})的增大而减小，说明具有较大的 E_{LUMO} 的分子容易分配到水相中；而 $\lg K_{ow}$ 随着分子中最负的净电荷(q^-)的增大而增大，这可能是水分子中的氧原子与苯砜基环烷酸酯类化合物中砜基上的氧原子间推斥力作用导致的；$\lg K_{ow}$ 随着分子平均极化率(α)的增大而增大，这是因为极化率主要反映分子的体积性质，由于水分子的极性大，结合能也大，因而具有较大体积的分子倾向于分配到弱极性相中；而 $\lg K_{ow}$ 随着偶极矩(μ)的增大而增大，这是因为具有较大偶极矩的分子和水分子间存在偶极-偶极相互作用，因而容易分配到极性溶剂水中。

2) 用于预测有机污染物的光解速率常数

PAHs 主要由化石燃料的不完全燃烧产生，是典型的环境污染物。大多数 PAHs 具有致癌性，它们在水环境中很难被生物降解。然而光解是此类化合物在水环境中的重要迁移、转化途径。王连生等实验测定了 17 种典型 PAHs 的光解速率常数($\lg k_{obs}$)，陈景文等(1996)在此基础上，应用 MOPAC 软件中的 PM3 法计算得到了 17 种化合物的前线分子轨道能，通过多元回归分析，得到 QSAR 方程：

$$\lg k_{obs} = -32.738 + 9.770(E_{LUMO} - E_{HOMO}) - 0.715(E_{LUMO} - E_{HOMO})^2$$

$$(n = 17, R^2 = 0.848, SE = 0.322, F = 38.926) \tag{16.3.3}$$

式(16.3.3)表明，多环芳烃的光解速率常数与其分子的最低空轨道能量(E_{LUMO})与最高占据轨道能量(E_{HOMO})的差值密切相关，当 $E_{LUMO}-E_{HOMO}=6.832eV$ 时 $\lg k_{obs}$ 最大，解析式(16.3.3)的抛物线方程得 $\lg k_{obs}$ 的理论最大值为 0.637。当 $5.600eV \leqslant (E_{LUMO}-E_{HOMO}) \leqslant 6.832eV$ 时，PAHs 的 $\lg k_{obs}$ 随着($E_{LUMO}-E_{HOMO}$)值的增大而增大；而当 $6.832eV \leqslant (E_{LUMO}-E_{HOMO}) \leqslant 8.600eV$ 时，PAHs 的 $\lg k_{obs}$ 随着($E_{LUMO}-E_{HOMO}$)值的增大而减小。而且上述模型的相关性较显著，其预测值与实验值比较接近，说明所得的 QSAR 模型可以用于预测同类化合物的光解速率常数。

3) 用于预测有机物的辛醇-空气分配系数

有机污染物的辛醇-空气分配系数(K_{oa})也是一个重要的环境参数，它可以表征有机污染物在大气—土壤—植物叶片之间迁移、分配的能力，对于评价两极地区的大气污染及生物污染尤为重要。K_{oa} 的定义为 $K_{oa} = c_o/c_a$，这里 c_o 和 c_a 分别是溶质在辛醇相和空气相中的浓度。

PBDEs 的环境行为与 PCBs 较为相似，具有持久性、亲脂性和毒性，能够通过食物链富集。目前，大气、水体、沉积物、鱼体、人体血浆和乳汁、脂肪组织和海洋生物等生物和非生物样本体中均能检测到 PBDEs 的存在。Wania 等(2002)通过实验测定了 25℃时 22

个 PBDEs 的 $\lg K_{oa}$，Wang 等(2008)首先采用半经验 AM1 法对 209 个 PBDEs 分子的几何构型进行初步优化，在此基础上，采用 DFT 中的 B3LYP 法在 6-31G*水平上重新优化并做振动分析，得到了各分子的量子化学参数，包括 α、μ、E_{HOMO}、E_{LUMO}、分子中最正的氢原子净电荷(qH^+)、分子中最正的碳原子净电荷(q^+)、分子中氧原子净电荷(q^-)和分子体积(V_m)等结构参数.采用多元逐步回归技术对 PBDEs 的 $\lg K_{oa}$实验值与计算得到的量子化学参数进行分析，得到的 QSPR 模型式(16.3.4)。

$$\lg K_{oa} = -11.22 - 20.61q^- + 1.02\times10^{-1}\mu + 4.80\times10^{-2}\alpha$$

$$(n = 22, R^2 = 0.997, \text{SE} = 0.062, F = 2181.87)$$

(16.3.4)

由式(16.3.4)可以看出，所研究的 PBDEs 类化合物的辛醇-空气分配系数与三个量子化学参数(q^-、μ 和 α)有很高的相关性(R^2=0.997)。$\lg K_{oa}$ 值随着 q^- 的绝对值的增加而增加，随着 μ 和 α 的增加而增加。而且，α 与 PBDE 分子的大小正相关，具有较大 α 或较高溴取代的 PBDE 分子具有较强的分子色散力，因此具有较高的 $\lg K_{oa}$ 值。其模型的预测值与其相应的实验值的差值都很小，表明此模型可以很好地用于预测没有实验测定的 PBDEs 分子的 $\lg K_{oa}$。

4)用于预测有机物的蒸气压

液体蒸气压(p_L)决定化合物的挥发性，它描述了有机污染物在空气-水表面的交换特性，能反映非极性有机污染物的挥发性。蒸气压主要用来评价化学物质在环境中的分配、设计化学过程和计算其他物化参数，如空气-水分配系数、汽化热、汽化速率和闪点等。Wong 等(2001)采用气相色谱保留技术测定了 23 个 PBDEs 类化合物在 25℃下的过冷液体蒸气压($\lg p_L$)。Wang 等(2008)在此基础上，采用上述同样的方法也建立了有关 PBDEs 的液体蒸气压与其量子化学参数的 QSPR 模型，如式(16.3.5)所示。

$$\lg p_L = 18.75 + 22.65q^- - 9.09\times10^{-2}\mu - 4.68\times10^{-2}\alpha$$

$$(n = 23, R^2 = 0.997, \text{SE} = 0.073, F = 1983.88)$$

(16.3.5)

由式(16.3.5)同样可以得出，PBDEs 类化合物的蒸气压与三个结构参数(q^-、μ 和 α)有很高的相关性(R^2=0.997)，且 $\lg p_L$ 值随着 q^- 的绝对值的增加而减小，随着 μ 和 α 的增加而减小。并且采用外部验证集对 PBDEs 的 K_{oa} 和 $\lg p_L$ 两个模型进行了验证，结果表明所得到的两个模型是可靠且具有良好的预测能力。

2. 量子化学参数用于预测有机污染物的生物活性

采用各种量子化学计算方法获得的量子化学参数，特别是原子的净电荷、E_{HOMO} 和 E_{LUMO}、前线轨道电荷密度、超离域度和极化率等，已证明与不同的生物活性有关。下面举例说明量子化学参数在生物活性的 QSAR 研究中的重要作用。

Chen 和 Wang(1997)以大型溞为实验生物，研究了苯砜基环烷酸酯类化合物的水生生物毒性。同时，他们在何亿兵等测定的急性毒性数据的基础上，运用半经验的量子化学方法计算了这类化合物的量子化学参数，并运用统计软件进行回归分析，得到了此类化合物对大型溞和发光菌的 QSAR 方程如下：

大型蚤：

$$-\lg EC_{50} = -3.350 + 0.0208\alpha - 0.226\mu - 12.0qH^+ + 7.39q^-$$

$$(n = 28, R^2 = 0.935, SE = 0.105, F = 83.0, p = 0.0000)$$

(16.3.6)

发光菌：

$$-\lg LC_{50} = -4.332 + 0.0196\alpha - 0.240\mu - 10.3qH^+ + 7.99q^-$$

$$(n = 28, R^2 = 0.943, SE = 0.093, F = 95.5, p = 0.0000)$$

(16.3.7)

由方程式(16.3.6)和式(16.3.7)可以得出：①这类化合物的毒性随着其分子极化率(α)的增大而增大，这是因为 α 反映分子的体积性质，具有较大体积的分子容易分配到极性较弱的生物相中，因而毒性增大；②这类化合物的毒性随着分子的偶极矩的增加而减小，这是因为具有较大偶极矩的分子和极性较大的水分子之间具有较大的偶极-偶极和偶极-诱导偶极相互作用，容易分配到水相中，使毒性减小；③这类化合物的毒性随着分子中 qH^+ 的增加而减小，这意味着这些含硫化合物分子可能与水分子中之间存在氢键相互作用，由这些含硫化合物提供质子，水分子中的氧原子接受质子，这使具有较大的 qH^+ 值的化合物容易分配到水相中，使其毒性减小；④如果这类化合物分子的 q^- 值较大，则它的毒性也较大，这意味着苯砜基上氧原子的净电荷较大的化合物与大型蚤或发光菌体细胞内的靶分子间存在着氢键作用，由苯砜基上的氧原子提供电子对，大型蚤或发光菌体细胞内的靶分子接受电子对，从而使具有较大的 q^- 值的化合物容易分配到生物相中，使毒性增大。

案例 16.1

量子化学参数用于预测硝基芳烃对鲤鱼的毒性

硝基芳烃用途很广，但大多数对生物具有很大的毒性。陈景文等(1996)测定了 26 种硝基芳烃对鲤鱼 96h 的急性毒性(LC_{50})(表 16-6)。根据测定的实验数据，发现硝基芳烃的毒性大小顺序为邻二硝基苯、对二硝基苯>间二硝基苯>硝基苯。

表 16-6　硝基化合物的毒性值及量子化学参数

化合物	毒性值($-\lg LC_{50}$, mol/L)		量子化学参数				
	实验值	拟合值	$(V_i/100)/(cm^3/mol)$	π^*	α_m	β_m	I
硝基苯	3.12	3.26	0.631	1.01	0.00	0.30	0.5
邻硝基甲苯	3.37	3.77	0.729	0.97	0.00	0.31	0.5
对硝基甲苯	3.55	3.27	0.729	0.97	.0.00	0.31	0.5
4-硝基二甲苯	4.22	4.29	0.827	0.93	0.00	0.31	0.5
邻二硝基苯	5.41	5.22	0.771	1.43	0.00	0.50	3.0
间二硝基苯	4.09	4.05	0.771	1.38	0.00	0.50	1.0
对二硝基苯	5.11	5.22	0.771	1.33	0.00	0.50	3.0
2,4-二硝基甲苯	3.82	4.35	0.869	1.34	0.00	0.51	1.0
2,6-二硝基甲苯	4.03	4.55	0.869	1.34	0.00	0.51	1.0

续表

化合物	毒性值(-lgLC$_{50}$，mol/L)		量子化学参数				
	实验值	拟合值	$(V_i/100)/(\text{cm}^3/\text{mol})$	π^*	α_m	β_m	I
邻氯硝基苯	3.79	3.79	0.721	1.11	0.00	0.26	0.5
间氯硝基苯	3.80	3.79	0.721	1.06	0.00	0.26	0.5
对氯硝基苯	3.80	3.79	0.721	1.01	0.00	0.26	0.5
间溴硝基苯	4.18	4.02	0.764	1.06	0.00	0.26	0.5
邻碘硝基苯	4.21	4.20	0.812	1.23	0.00	0.32	0.5
3,4-二氯硝基苯	4.50	4.18	0.811	1.22	0.00	0.33	0.5
2,5-二氯硝基苯	4.53	4.18	0.811	1.12	0.00	0.33	0.5
2,4-二硝基氯苯	5.53	4.69	0.861	1.55	0.00	0.37	1.0
邻硝基苯酚	3.61	3.99	0.676	1.14	0.61	0.53	0.5
间硝基苯酚	3.87	3.99	0.676	1.09	0.61	0.53	0.5
对硝基苯酚	4.34	3.99	0.676	1.05	0.61	0.53	0.5
对硝基苯甲醛	3.64	3.44	0.746	1.34	0.00	0.64	0.5
邻硝基苯胺	3.92	3.46	0.702	1.15	0.26	0.70	0.5
间硝基苯胺	3.40	3.46	0.702	1.10	0.26	0.70	0.5
对硝基苯胺	3.43	3.46	0.702	1.05	0.26	0.70	0.5
2,4-二硝基苯胺	4.24	4.25	0.842	1.10	0.26	0.90	1.0
1-二硝基萘	4.56	4.66	0.803	1.11	0.00	0.30	0.5

采用量子化学方法计算了这些化合物的量子化学参数，应用线性溶剂化能关系(LSER)模型，运用反向逐步回归方法分析对这些化合物的急性毒性进行了 QSAR 研究，得到了以下相关性显著的 QSAR 方程：

$$-\lg LC_{50} = 5.31 V_i/100 + 1.28\alpha_m - 1.27\beta_m + 0.588I$$
$$(n = 26, R^2 = 0.994, SE = 0.344, F = 930, p = 0.0000)$$

式中：$V_i/100$ 为分子的本征体积；α_m 和 β_m 分别为反映分子与另外一个分子形成氢键时给出质子和接受质子能力的溶剂化变色参数；I 为反映硝基的数目和位置关系的指示变量；n 为化合物的数目；R 为相关系数，SE 为方程拟合值的标准误差；F 为方差分析的方差比；p 为显著性水平。由这些统计参数可以得出，应用 LSER 模型得到了相关关系显著的 QSAR 方程。此方程的拟合值也列于表 16-6 中，由表可以看出，方程的拟合值与实验值比较接近，得到的 QSAR 方程可用于同类化学品的毒性预测。

由上式可得，硝基芳烃分子的本征体积是其毒性的主要影响因素，硝基芳烃的毒性随着 $V_i/100$ 值的增大而增大，$V_i/100$ 是化合物与鱼体和水体间色散力相互作用的量度；α_m 和 β_m 则反映了化合物与鱼体和水体间的非色散力相互作用，硝基芳烃的 α_m 值增大，则毒性增大，而硝基芳烃的 β_m 值增大，则毒性减小。另外，由上述方程可以推测硝基芳烃分子与生物大分子上的亲核基团存在氢键作用，这种亲核基团可能是蛋白质分子中的—SH—、—NH—等基团。指示变量 I 为一经验参数，其实质是一个与化合物电子效应有关的参数，因此硝基芳烃在鱼体发生的生物代谢作用或对酶的抑制作用是使毒性增大的主要原因。

根据 Verhaar 等(1992)提出的将毒物分为惰性化合物、次惰性化合物、反应性化合物和特殊反应性化合物四种,每一种毒物都有各自的毒性作用方式,单硝基芳烃属于次惰性化合物,其毒性高于由化合物的疏水性所决定的基本毒性,而二硝基芳烃可能具有不同的毒性作用方式,因而陈景文等提出了该类化合物对鲤鱼的毒性机制为:化合物 $\xrightarrow{\text{吸收、扩散}}$ 鱼体 $\xrightarrow{\text{生物转运}}$ 靶器官(惰性毒物作用方式,化合物在靶器官内的浓度大到一定程度即致毒,为基本毒性) $\xrightarrow{\text{氢键作用}}$ 靶分子(次惰性毒物作用方式,毒物与靶器官内生物大分子如蛋白质键合,使蛋白质变性而染毒,使其总毒性高于基本毒性) $\xrightarrow{\text{生物代谢}}$ 对于多个硝基的化合物,反应性毒性作用方式(在鱼体内酶的作用下,发生 I 相反应和 II 相反应,使其总毒性进一步增大)。

因此,硝基芳烃分子的本征体积是毒性的主要影响因素,硝基化合物的毒性随着 $V_i/100$、α_m 和 I 值的增大而增大,随着 β_m 值的增大而减小,该类化合物的毒性机制包括惰性毒物作用方式、次惰性作用方式和反应性毒物作用方式,对 I 值大的化合物,毒性主要取决于化合物的反应性毒物作用方式。

16.3.3 3D-QSAR 方法简介

环境中存在的化合物与生物体的作用,是化合物与生物受体之间的作用。这一作用是在三维空间中进行的。因此,要准确地描述化合物的结构与生物活性的关系,必须知道化合物分子及受体分子的三维结构,建立更加合理的模型。正是由于 2D-QSAR 方法不能细致地描述分子的三维结构与其性质/活性之间的关系,适用性受到很大的限制。20 世纪 80 年代以来,在定量结构-活性相关研究中,不断出现了几种考虑化合物分子与受体结合的三维结构性质的研究方法,统称为三维定量结构-活性相关(3D-QSAR)。3D-QSAR 与传统 QSAR 的最大不同之处在于,它们考虑生物活性分子三维构象性质,在 QSAR 分析中引进了生物活性分子的三维结构信息作为描述符。与传统的 QSAR 相比,这些方法能较为准确地反映生物活性分子与受体作用的图像,更深刻地揭示药物-受体相互作用机理,因而逐渐引起了药物化学家的重视。典型的 3D-QSAR 研究方法主要有:Hopfinger 等(1980)的分子形状分析(molecular shape analysis,MSA)、Crippen 等的距离几何分析(distance geometry, DG)、Carmer 等提出的比较分子立场分析(comparative of molecular fields analysis, CoMFA),以及在 CoMFA 基础上扩展的比较分子相似性指数分析(comparative molecular similarity indices analysis, CoMSIA)。这几种方法都成功地得到一些 3D-QSAR 模型,为设计高活性生物分子提供了许多有益的启示。近年来,3D-QSAR 研究在环境领域的应用,拓展了 QSAR 研究的方法,为进一步解释污染物的致毒机理提供了新的方法和思路。

CoMFA 方法是将分子的生物活性同其静电场和立体场联系起来。首先将具有相同母环结构的分子在空间进行叠合,使得它们的空间取向尽量保持一致,然后采用一个探针粒子游走在这些叠合分子周围的空间中,计算探针粒子与空间不同坐标中的分子之间的相互作用能量值并记录下来以便进行后续分析。Liu 等(2015)先运用密度泛涵法计算得到 13 个二苯甲酮类(benzophenones, BPs)紫外防晒剂的量子化学参数,建立 BPs 对大型蚤($D.\ magna$)的毒性($p\mathrm{EC}_{50}$)与其量子化学参数间的 2D-QSAR 模型如式(16.3.8)所示。

$$p\mathrm{EC}_{50} = 2.493 - 0.387\mu + 0.021\alpha$$

$$(R^2 = 0.864,\ q^2 = 0.775,\ \mathrm{RMSE} = 0.230)$$

(16.3.8)

同样,他们也运用 CoMFA 方法建立了 BPs 系列化合物对大型蚤的毒性与其分子场信息的 3D-QSAR 模型，其统计结果为 R^2=0.907，q^2=0.822，RMSE=0.216。比较 2D-QSAR 和 3D-QSAR 模型的统计参数，发现 3D-QSAR 具有更好的统计结果，同时也具有更好的预测能力，而且 3D-QSAR 模型结果显示静电场(71.4%的贡献)比立体场(28.6%的贡献)对 BPs 化合物对大型溞的毒性作用影响更大。

后来在 CoMFA 方法的基础上，又出现了修正的比较分子相似指数分析(CoMSIA)法，它改变了探针粒子与药物分子间相互作用的能量计算公式，能够获得更好的分子场参数。与 CoMFA 方法相比，采用 CoMSIA 计算方法在揭示结构与性质/活性之间的关系及预测新化合物的性质/活性方面均有所改善，通常能得到更加满意的 3D-QSAR 模型。CoMSIA 方法中共定义了 5 种分子场的特征，包括立体场、静电场、疏水场、氢键给体场及氢键受体场。此外，在距离几何学的 3D-QSAR 基础上发展的虚拟受体方法(PR)也是目前 3D-QSAR 研究的热点之一。由于 3D-QSAR 方法引入了分子的 3D 结构信息，能够间接地反映出生物体系中小分子与生物大分子相互作用过程中两者之间的非键相互作用特征(如氢键、静电效应、范德华力、疏水作用等)，因此相对于 2D-QSAR 来说物理意义更加明确，获得的信息量也更加丰富。

16.4 生态风险表征方法

生态风险评价(ecological risk assessment, ERA)是生态毒理学的综合和前沿领域之一，是一个预测人类活动对不同生态系统产生有害影响可能性的过程。USEPA(1992)定义其为研究一种或多种压力形成或可能形成的不利生态效应的可能性的过程。它应用数学、计算机、生态毒理学等多学科手段和方法，研究人类活动带来的各种灾难对生态系统及其组分的可能影响。20 世纪 80 年代以来，生态风险评价在欧洲、美国等地区或国家的环境管理中地位越来越高，已经成为发现、解决环境问题的决策基础并在法律上得到确认。

16.4.1 生态风险及其特点

生态风险就是生态系统及其组分所承受的风险，它是指在一定区域内，具有不确定性的事故或灾害对生态系统及其组分可能产生的作用，这些作用的结果可能导致生态系统结构和功能的损伤，从而危及生态系统的安全和健康。

生态风险具有如下特点：

(1)不确定性。生态系统具有哪种风险和造成这种风险的灾害来源是不确定的。人们事先难以准确预料危害性事件是否会发生及发生的时间和地点、强度和范围，最多具有这些事件之前发生的概率信息，从而根据这些信息去推断和预测生态系统所具有的风险类型和大小。不确定性还表示在灾害或事故发生之前对风险已经有一定的了解，而不是完全无知。如果某一种灾害以前从未被认知，评价者就无法进行分析，也就无法推断它将要给某一生态系统带来何种风险。

(2)危害性。生态风险评价所关注的是危害性事件，是指事件发生后的作用效果对风险承受者(生态系统及其组分)具有负面影响。这些影响将有可能导致生态系统结构和功能的损伤、生态系统内物种的病变、植被潜演过程的中断或改变、生物多样性的减少等。虽然某些事件发生以后对生态系统或其组分可能具有有利的作用，如台风带来降水缓解了旱情等。但是，进行生态风险评价时将不考虑这些正面的影响。

(3)内在价值型。生态风险评价的目的是评价具有危害和不确定性事件对生态系统及其组分可能造成的影响，在分析和表征生态风险时应体现生态系统自身的价值和功能。生态系统中的物质流失和物种灭绝必然会给人们造成经济损失，但生态系统更重要的价值在于其自身的健康、安全和完整，某一物种灭绝很难说对人类造成了多大的经济损失，但再多的经济投入也挽回不了这一损失。因此，分析和表征生态风险一定要与生态系统自身的结构和功能相结合，以生态系统的内在价值为依据。

(4)客观性。任何生态系统都不是封闭和静止不动的，它必然会受诸多不确定和危害性因素影响，也就必然存在风险。生态风险对生态系统来说是客观存在的，所以在进行涉及影响生态系统结构和功能的活动时，要充分考虑生态风险的客观存在。

16.4.2 生态风险评价

风险评价是人们对现有或计划的进入人类或生态实体的某些有害效应的概率估计过程。大体上存在追溯性和预测性两种风险评价。追溯性风险评价针对已经存在的情形，如被污染的渗透地；预测性风险评价针对计划的或提议的情形，如计划中的废物排放。在某些情况下，预测性风险评价也可能针对已经存在的情况的将来结果。

早期的 ERA 主要针对人类健康，即健康风险评价，评价污染物进入人体后可能对人体产生的影响。20 世纪 90 年代初，美国科学家 Lipton 等(1993)提出生态风险的最终受体不仅包括人类，还应该包括生态系统的各个水平(个体、种群、群落乃至景观)。污染物生态风险评价的过程实际上就是对毒性实验结果及环境污染状况的比较和解释。生态风险的程序包括以下四个方面。

1. 提出问题(受体分析)

生态风险评价的关键问题是确定要保护的目标和对象及生物的毒性检验，即评价终点和度量终点。评价终点是环境价值，指要保护的对象及生态风险评价的目标或焦点。在选择评价终点时，USEPA(1996)建议，一个好的评价终点有三个性质，生态上与被评价的生态系统相关；容易受应激源影响；被社会认为有价值。Suter 建议遵循的原则是社会重要意义、生物重要意义、意义明确的可操作性定义、预测和度量的可评价性、危险的可疑性。

度量终点是生态学效应的表征过程中实际用到的终点。例如，某些水生生物的毒性检验可用于建立水生生物(评价终点)水质标准的基本度量终点。在某些情况下，评价终点和度量终点可能是相同的。例如，评价终点是我国某地的喜鹊种群，那么度量终点可能是从喜鹊本身所能看到的效应。Suter 推荐将可预测性和响应、易度量、适当的干扰尺度、适当的接触途径、适当的短暂动态、较低的自然变异、所度量效应的表征、可广泛的应用、标准的度量和现存的数据等条件作为度量终点的标准。

2. 危害分析

危害分析包括接触-效应分析、危害评价、生态危害。

接触-效应分析，就是根据危害识别确定的主要有害物质、评价受体、评价终点，研究在不同的暴露水平下，受体影响或暴露的危害效应。接触-效应分析主要程序包括：①资料调研、收集相关的暴露剂量-效应的资料；②设计方案，根据评价终点设计实验方案，内容可能是剂量-效应、浓度-效应、死亡率、繁殖率、种群丰度、时间-效应关系等；③进行实验；④结果分析，提供与某种可接受的生态效应相应的有害物质的剂量或浓度阈值，如 LC_{50}、LD_{50} 等，或者提供剂量-效应、时间-效应；⑤外推分析，即根据同类有害物质已有的实验资料和已建立的外推关系，把实验室分析建立的关系外推到自然环境或生态系统中，以及由一类终点的分析结果外推到另一类终点等。

3. 暴露分析

暴露分析包括以下步骤。

(1)有害物质生态过程分析。了解化学物质在环境中的迁移、转化和归趋的主要过程和机制，具体包括分析有害物质可能进入什么环境介质，在环境介质之间分配的机制、迁移的路线和方式及伴随迁移发生的转化作用。

(2)建立模型。选择和建立模拟有害物质在环境中的转归过程的数学模型或其他物理模型，确定模型参数的种类和估算方法，借助计算机研究模型方程的计算方法，然后校验模型，选择独立于模型参数估算使用过的资料和其他实例资料进行验证，根据需要对模型进行修正。

(3)转归分析。利用计算机数学模型和污染源资料，分析有害物质在环境中的转归过程和时空分布结果。

(4)暴露分析。它包括暴露途径分析、暴露方式分析和暴露量计算。暴露途径即有害物质与受体接触和进入受体的途径，如水、大气、土壤、地下水等；暴露方式即有害物质的可能暴露方式，如呼吸吸入、皮肤接触、经口摄入等；暴露量即进入受体的有害物质的数量。

4. 风险表征

风险表征是危害分析和暴露分析两者的综合，它表示有毒有害化学物质对生物个体、种群、群落或生态系统是否存在不利影响(危害)和这种不利影响出现的可能性判断和大小的表达。

1)风险表征的内容

(1)确定表征方法：根据评价项目的性质、目的和要求，确定风险表征的方法。

(2)综合分析：主要比较暴露于剂量-效应、浓度-效应关系，分析暴露量相应的生态-效应。

(3)不确定性分析：分析整个评价过程中产生不确定性的环节，不确定性的性质及其在评价过程中的传播，如有可能，对不确定性的大小进行定量的评价。

(4)风险评价结果描述：对评价进行文字、图表的陈述。

2)风险表征方法

根据所评价的对象、目标、性质而不同，可以分为定性风险表征和定量风险表征两种。

(1)定性风险表征只是定性描述风险，用"高"、"中"、"低"和"无"等描述性语言表达，或者说明有无不可接受的风险。主要方法有以下四种：

①专家判断法。找一些不同行业、不同层次的专家对所讨论的问题从不同角度进行分析，做出风险"高"、"中"、"低"或者能否被接受的判断，然后综合这些判断给出结论。

或者是把所讨论的问题按专业、学科分解成一系列专门问题，分别咨询有关专家，然后综合所有专家的判断，做出最终判断。

②风险分级法。这是欧洲共同体(EEC)提出的关于有毒有害物质生态风险评价的表征方法。在制定分级标准时，考虑有害物质在土壤中的残留性、在水中和作物中的最高容许浓度、对土壤中微生物及动植物的毒性和蓄积性等因素。依据该标准对污染物引起的潜在生态风险进行比较完整、直观的评价。

③敏感环境距离法。这是 USEPA 推荐的一种定性生态风险评价方法，适用于风险评价的初步分析。所谓敏感环境主要是指有生态危机、唯一或脆弱的环境，或是有特别文化意义的环境，或是重要、需保护的事物附近的环境。在这种情况下，一种污染源的风险度可以用受体与敏感环境之间的空间距离关系来定性评价，对环境危害的潜在影响或风险度随其与"敏感环境"之间的空间距离关系来定性评价，对环境危害的潜在影响或风险度与"敏感环境"距离减少而增加。

④比较评价法。由 USEPA 提出，目的是比较一系列有环境问题的风险相对大小，由专家完成判断，最后做出总的排序结论。

(2)定量风险表征一般要给出不利影响的概率，它是受体暴露于有害环境，造成不利后果的可能性的度量。常用不利事件出现后果的数学期望值来估算，风险(R)等于事件出现的概率(P)和事件后果或严重性(S)的乘积，即 $R=P\times S$。

在实际评价时，由于研究对象不同、问题的性质不同、定量的内容和量化的程度不同，表征的方法也有很大的区别。常用的有商值法、连续法、外推误差法、错误树法、层次分析法和系统不确定性分析等。其中，最普遍、最广泛应用的风险表征方法为商值法。

商值法实际上是一种半定量的风险表征方法，基本方法是把实际监测或由模型估算出的环境暴露浓度(EEC)与其毒理学的终点浓度(TOX_h)相比较，即风险指数(Q)：

$$Q = \frac{EEC}{TOX_h}$$

当 $Q<1.0$ 时，为无风险；$Q>1.0$ 时，为有风险。Q 值只能判断有无风险。

为了保护一些特定的或未知的受体，往往引进一个安全因子，如把毒性值如 LD_{50}、LC_{50} 除以一个安全系数(SF)，作为风险表征的参考标准，即

$$Q = \frac{EEC}{LC_{50}} \times SF$$

在一般商值法的基础上，根据 Q 值的大小，可把风险表征进一步分为 $Q<0.1$ 为无风险；$0.1 \leqslant Q \leqslant 1.0$ 为潜在风险；$Q>1.0$ 为可能有风险。

本章基本要求

本章介绍了污染物进入生物体内后对生物体产生的毒性作用，以及污染物在生态系统中早期预警和风险评估。要求掌握毒性剂量-效应关系的基本概念；了解早期预警中生物标志物的研究现状和进展；了解污染物生态风险评估的方法和流程并初步进行分析。

思考与练习

1. 什么是最大致死量、半数致死量、最大耐受量、未见有害作用剂量、可见有害作用剂量?

2. 什么是"三致效应",它们有哪些共性?

3. 请叙述化学致癌作用的机理。

4. 污染物之间的联合作用类型有哪些? 如何判断?

5. 什么是生物标志物? 生物标志物有哪几类?

6. 请详述生物标志物在生态风险早期预警中的作用。

7. 什么是氧化应激和氧化损伤?

8. 什么是结构-性质/活性相关? 定量结构-活性相关研究的工作原理是什么?

9. 结构-活性相关研究的主要研究方法有哪些?

部分课后习题参考答案

第2章

4. 总碱度$=\left[HCO_3^-\right]+2\left[CO_3^{2-}\right]+\left[OH^-\right]-\left[H^+\right]=c_T(\alpha_1+2\alpha_2)+K_w/\left[H^+\right]-\left[H^+\right]$

   酚酞碱度$=\left[CO_3^{2-}\right]+\left[OH^-\right]-\left[H_2CO_3^*\right]-\left[H^+\right]=c_T(\alpha_2-\alpha_0)+K_w/\left[H^+\right]-\left[H^+\right]$

   苛性碱度$=\left[OH^-\right]-\left[HCO_3^-\right]-2\left[H_2CO_3^*\right]-\left[H^+\right]=-c_T(\alpha_1+2\alpha_0)+K_w/\left[H^+\right]-\left[H^+\right]$

   总酸度$=\left[H^+\right]+\left[HCO_3^-\right]+2\left[H_2CO_3^*\right]-\left[OH^-\right]=c_T(\alpha_1+2\alpha_0)+\left[H^+\right]-K_w/\left[H^+\right]$

   CO_2酸度$=\left[H^+\right]+\left[H_2CO_3^*\right]-\left[CO_3^{2-}\right]-\left[OH^-\right]=c_T(\alpha_0-\alpha_2)+\left[H^+\right]-K_w/\left[H^+\right]$

   无机酸度$=\left[H^+\right]-\left[HCO_3^-\right]-2\left[CO_3^{2-}\right]-\left[OH^-\right]=-c_T(\alpha_1+2\alpha_2)+\left[H^+\right]-K_w/\left[H^+\right]$

5. $\left[H_2CO_3^*\right]=4.40\times10^{-4}mol/L$；$\left[HCO_3^-\right]=2.01\times10^{-3}mol/L$；$\left[CO_3^{2-}\right]=9.30\times10^{-7}mol/L$

6. 需加 Na_2CO_3 为 1.07mmol/L，或加 NaOH 为 1.08mmol/L

7. 增加；增加；减少；不变；不变

8. pH = 7.58

9. 5.87mg/L

10. $[H^+]=1.9\times10^{-3}mol/L$；pH=2.72；$[Fe^{3+}]=6.24\times10^{-5}mol/L$；$[Fe(OH)^{2+}]=2.92\times10^{-5}mol/L$；$\left[Fe(OH)_2^+\right]=$

    $8.47\times10^{-6}mol/L$

第3章

2. $[Cd^{2+}]=6.8\times10^{-20}mol/L$

3. $[Ca^{2+}]=K_{sp}\cdot\alpha_0/(\alpha_2\cdot K_H\cdot p_{CO_2})=2.23\times10^{-3}mol/L$

4. $p[Fe^{3+}]=-4+3pH$；$p[Fe(OH)^{2+}]=-1.84+2pH$；$p\left[Fe(OH)_2^+\right]=2.74+pH$；$p\left[Fe(OH)_4^-\right]=19-pH$；

    $p\left[Fe_2(OH)_2^{4+}\right]=-5.1+4pH$

6. $pH_s=7.56$，沉积性

7. $\dfrac{[HT^{2-}]}{[PbT^-]+[HT^{2-}]}=\dfrac{[HCO_3^-]}{K+[HCO_3^-]}=\dfrac{1.25\times10^{-3}}{4.06\times10^{-2}+1.25\times10^{-3}}\times100\%=2.99\%$

8. 可以溶解

9. 提示：$CaCO_3(s)+HT^{2-} \rightleftharpoons CaT+HCO_3^-$ 的 $K=0.79$；$CaCO_3$ 与大气平衡时 pH 为 8.2；

    $[HT^{2-}]=1\times10^{-9}mol/L$

10. pH=4.7

11. 计算 $Pb(OH)_2(s)+HT^{2-} \rightleftharpoons PbT^-+H_2O+OH^-$的$K=[PbT^-][OH^-]/[HT^{2-}]=2.07\times10^{-5}$

    当 pH = 8.5 时，$[PbT^-]/[HT^{2-}]=K/[OH^-]=6.5$

    当 pH=7.0 时，$[PbT^-]/[HT^{2-}]=K/[OH^-]=207$

17. $[Fe^{3+}]=1.28\times10^{-23}mol/L$；pe $=-4.65$；pH $=8.95$

21. 能反应

22. pe = −4.16；E_h=−0.25V

24. (1) $pe^\ominus$= 4.25; (2) ① lg[HS$^-$] = −4.00, ② lg$\left[SO_4^{2-}\right]$ = 8pe+52, ③ lg[HS$^-$] = −8pe−60, ④ lg$\left[SO_4^{2-}\right]$ = −4.00

25. ① $pe = 26.9 + lg\dfrac{[HOCl]}{[Cl_2(aq)]^{1/2}} - pH$

　② $pe = 23.6 + lg\dfrac{[Cl_2(aq)]^{1/2}}{[Cl^-]}$

　③ $pe = 25.3 + \dfrac{1}{2}lg\dfrac{[HOCl]^{1/2}}{[Cl^-]} - \dfrac{1}{2}pH$

　④ $pe = 28.9 + \dfrac{1}{2}lg\dfrac{[OCl^-]}{[Cl^-]} - pH$

　⑤ pH=7.3

26. 1×10^{-3} mol/g

第4章

2. K_{oc}=0.63K_{ow}；K_p=$K_{oc}[0.2(1-f)\,X_{oc}^s + fX_{oc}^f]$=$4.6\times10^4$

3. K_H=$p_s \cdot M_w/(760S_w)$=2.86×10^{-3}(atm·m^3)/mol

4. K_h=$K_N+\alpha_w(K_A[H^+]+K_B[OH^-])$=1.6 d^{-1}

5. K_h=$K_A[H^+]+K_N+K_BK_w/[H^+]$=$20.6\times10^{-8}$ s^{-1}；$t_{1/2}$=0.693/K_h=38.9d

6. (1) K_H=$p_s \cdot M_w/(760S_w)$=2.53×10^{-6}(atm·m^3)/mol，受气膜控制
　(2) K_v = 0.05d^{-1}

7. K_p=$K_{oc}[0.2(1-f)\,X_{oc}^s + fX_{oc}^f]$=$6.84\times10^3$
　因为 c_w=$c_r/(1+K_pc_p)$，所以 α_w=c_w/c_r= $1/(1+K_pc_p)$=0.42，有
　K_h=$K_N+\alpha_w(K_A[H^+]+K_B[OH^-])$=1.14d^{-1}
　K_b(20℃)= K_b(25℃)$Q_B^{(20℃-25℃)}$=0.2×1.072^{-5}=0.1413
　则 K_T=$K_h+ K_p+K_b$=1.14+24×0.02+0.1413=1.76d^{-1}

第6章

8. 0.43a

9. 38.2g

第8章

1. [SO$_2$·H$_2$O]=1.24×10^{-3}mol/L；$\left[HSO_3^-\right]$ = 1.64×10^{-5}mol/L；$\left[SO_3^{2-}\right]$=1.06×10^{-7}mol/L

2. $\left[NO_2^-\right]$=$K_1K_2p_{HNO_2(g)}/[H^+]$

3. 0.1 mol/(s·L)

7. 5.26×10^5m^3

第10章

4. 4.37t

9. 50；10

参考文献

包贞, 冯银厂, 焦荔, 等. 2010. 杭州市大气 $PM_{2.5}$ 和 PM_{10} 污染特征及来源解析. 中国环境监测, 02: 44-48

陈怀满. 2010. 环境土壤学. 2 版. 北京: 科学出版社

陈怀满, 郑春荣, 周东美, 等. 2006. 土壤环境质量研究回顾与讨论. 农业环境科学学报, 25(4): 821-827

陈景文. 1999. 有机污染物定量结构-性质关系与定量结构-活性关系. 大连: 大连理工大学出版社

陈景文, 王连生, 马逊风, 等. 1996. 部分硝基芳烃对鲤鱼的急性毒性及定量构效关系. 环境化学, 15(4): 332-336

陈静生. 1987. 水环境化学. 北京: 高等教育出版社

陈魁, 银燕, 魏玉香, 等. 2010. 南京大气 $PM_{2.5}$ 中碳组分观测分析. 中国环境科学, 08: 1015-1020

陈明华, 李德, 钱华, 等. 2008. 上海市大气 $PM_{2.5}$ 中有害化学物质组成分析. 环境与职业医学, 04: 365-369

陈社军, 麦碧娴, 曾永平, 等. 2005. 珠江三角洲及南海北部海域表层沉积物中多溴联苯醚的分布特征. 环境科学学报,
    25(9): 1265-1271

程念亮, 李云婷, 张大伟, 等. 2015. 2014 年 10 月北京市 4 次典型空气重污染过程成因分析. 环境科学研究, 28: 163-170

程真, 陈长虹, 黄成, 等. 2011. 长三角区域城市间一次污染跨界影响. 环境科学学报, 31(04): 686-694

戴前进, 冯新斌, 唐桂萍. 2002. 土壤汞的地球化学行为及其污染的防治对策. 地质地球化学, 30(4): 75-79

戴树桂. 2006. 环境化学. 2 版. 北京: 高等教育出版社

党志, 于虹, 黄伟林, 等. 2001. 土壤/沉积物吸附有机污染物机理研究的进展. 化学通报, 2: 81-85

邓南圣. 2003. 环境光化学. 北京: 化学工业出版社

段雷. 2000. 中国酸沉降临界负荷区划研究. 清华大学博士学位论文

段林, 张承东, 陈威. 2011. 土壤和沉积物中疏水性有机污染物的锁定及其环境效应. 环境化学, 30(1): 242-251

段玉森. 2012. 上海市霾污染判别指标体系初步研究. 环境污染与防治, 34(3): 49-54

方临川, 黄巧云, 蔡鹏, 等. 2008. XAFS 技术在重金属界面吸附研究中的应用. 应用与环境生物学报, 14: 737-744

冯承莲, 吴丰昌, 赵晓丽, 等. 2012. 水质基准研究与进展. 中国科学: 地球科学, 42(5): 646-656

谷春豪, 许怀凤, 仇广乐. 2013. 汞的微生物甲基化与去甲基化研究进展. 环境化学, 32: 926-936

顾祖维. 2005. 现代毒理学概论. 北京: 化学工业出版社

郭丽, 巴特, 郑明辉. 2009. 多氯萘的研究. 化学进展, 21(2/3): 377-389

胡敏, 尚冬杰, 郭松, 等. 2016. 大气复合污染条件下新粒子生成和增长机制及其环境影响. 化学学报, 74: 385-391

胡敏, 唐倩, 彭剑飞, 等. 2011. 我国大气颗粒物来源及特征分析. 环境与可持续发展, 05: 15-19

环境保护部自然生态保护司. 2011. 土壤修复技术方法与应用. 北京: 中国环境科学出版社

黄昌铭. 1991. 土壤化学. 北京: 科学出版社

黄巧云, 林启美, 徐建明. 2015. 土壤生物化学. 北京: 高等教育出版社

黄瑞农. 1987. 环境土壤学. 北京: 高等教育出版社

黄卓尔. 1998. 水相乙基化 GC-AFS 测定环境及生物样品中甲基汞. 分析测试学报, 17(1): 22-25

金相灿. 1990. 有机化合物污染化学——有毒有机物污染化学. 北京: 清华大学出版社

金相灿, 刘鸿亮, 屠清瑛, 等. 1990. 中国湖泊富营养化. 北京: 中国环境科学出版社

孔繁翔. 2000. 环境生物学. 北京: 高等教育出版社

李崇志, 于清平, 陈彦. 2009. 霾的判别方法探讨. 南京气象学院学报, 32(2): 327-332

李法虎. 2006. 土壤物理化学. 北京: 化学工业出版社

李莲芳, 耿志席, 曾希柏, 等. 2011. 施用有机肥对高砷红壤中小白菜砷吸收的影响. 应用生态学报, 22(1): 196-200

李学垣. 2001. 土壤化学. 北京: 高等教育出版社

刘杰安, 冯孝贵. 2011. 几个常用地球化学模拟软件的比较. 核化学与放射化学, 33(1): 32-41

刘芷彤, 刘国瑞, 郑明辉, 等. 2013. 多氯萘的来源及环境污染特征研究. 中国科学, 43(3): 279-290

罗义, 周启星. 2008. 抗生素抗性基因(ARGs)——一种新型环境污染物. 环境科学学报, 28(8): 1499-1505

骆永明, 吴龙华, 胡鹏杰, 等. 2015. 镉锌污染土壤的超积累植物修复研究. 北京: 科学出版社

秦伯强, 高光, 朱广伟, 等. 2013. 湖泊富营养化及其生态系统响应. 科学通报, 58(10): 855-864

秦伯强, 杨桂军, 马健荣, 等. 2016. 太湖蓝藻水华"暴发"的动态特征及其机制. 科学通报, 61(7): 759-770

芮魏, 谭明典, 张芳. 2014. 大气颗粒物对健康的影响. 中国科学: 生命科学, (44): 623-627

瑞恩 P 施瓦茨巴赫, 菲利普 M 施格文, 迪特尔 M 英博登. 2003. 环境有机化学. 王连生等译. 北京: 化学工业出版社

沙晨燕, 何文珊, 童春富, 等. 2007. 上海近期酸雨变化特征及其化学组分分析. 环境科学研究, 20(5):31-34

沈骅, 王晓蓉, 张景飞. 2004. 应用应激蛋白 HSP70 作为生物标志物研究锌、铜及其联合毒性对鲫鱼肝脏的影响. 环境科学学报, 24(5): 895-899

宋煜, 黄艇, 濮文耀. 2014. 大连地区酸雨外来源分析. 气象与环境学报, 30(6):115-119.

汤鸿霄. 1984. 天然水体中的环境胶体化学. 环境化学专题报告文集. 中国环境学会环境化学专业委员会

汤鸿霄. 1988. 环境水化学纲要. 环境科学丛刊, 9(2): 1-74

唐孝炎, 张远航, 邵敏. 2006. 大气环境化学. 北京: 高等教育出版社

汪海珍, 徐建明, 谢正苗, 等. 2001. 土壤中 ^{14}C-甲磺隆存在形态的动态研究. 土壤学报, 38(4): 547-557

王春庭, 朱利中, 江桂斌. 2011. 环境化学学科前沿与展望. 国家自然科学基金委员会化学科学部组编. 北京: 科学出版社

王德春, 赵殿五. 1988. 中国酸雨概述. 世界环境, (2): 8-10

王姣, 王效科, 张红星, 等. 2012. 北京市城区两个典型站点 $PM_{2.5}$ 浓度和元素组成差异研究. 环境科学学报, 32(1): 74-80

王凯荣, 崔明明, 史衍玺. 2013. 农业土壤中邻苯二甲酸酯污染研究进展. 应用生态学报, 24(9): 2699-2708

王凯荣, 张玉烛, 胡荣桂. 2007. 不同土壤改良剂对降低重金属污染土壤上水稻糙米铅镉含量的作用. 农业环境科学学报, 26(2): 476-481

王连生. 2004. 有机污染化学. 北京: 高等教育出版社

王明翠, 刘雪芹, 张建辉. 2002. 湖泊富营养化评价方法及分级标准. 中国环境监测, 18(5): 47-49

王鹏. 2004. 定量构效关系及研究方法. 哈尔滨: 哈尔滨工业大学出版社

王伟民, 刘华强, 王桂玲, 等. 2011. 大气科学基础. 北京: 气象出版社

王文雄. 2011. 微量金属生态毒理学和生物地球化学. 北京:科学出版社

王晓蓉. 1993. 环境化学. 南京: 南京大学出版社

王晓蓉, 等. 2013. 污染物微观致毒机制和环境生态风险早期诊断. 北京: 科学出版社

王亚韡, 傅建捷, 江桂斌. 2009. 短链氯化石蜡及其环境污染现状与毒性效应研究. 环境化学, 28(1): 1-9

韦朝阳, 陈同斌. 2002. 重金属污染植物修复技术的研究与应用现状. 地球科学进展, 17(6): 833-839

魏复盛, 陈静生. 1991. 中国土壤环境背景值研究. 环境科学, 12, (4): 12-19

魏红兵, 李权斌, 王向东. 2004. 磷肥中镉的危害及其控制现状. 口岸卫生控制, 9(6): 23-24

翁君山, 段宁, 张颖. 2008. 嘉兴双桥农场大气颗粒物的物理化学特征. 长江流域资源与环境, 17(1): 129-132

吴丹, 王式功, 尚可政. 2006. 中国酸雨研究综述. 干旱气象, 24(2):70-77

吴兑. 2011. 灰霾天气的形成与演化. 环境科学与技术, 34(3): 157-161

吴兑. 2012. 近十年中国灰霾天气研究综述. 环境科学学报, 32(2): 257-269

吴兑, 廖国莲, 邓雪娇, 等. 2008. 珠江三角洲霾天气的近地层输送条件研究. 应用气象学报, 19(1): 1-9

徐淳, 徐建华, 张剑波. 2014. 中国短链氯化石蜡排放清单和预测. 北京大学学报(自然科学版), 50(2):369-378

徐建明, 张甘霖, 谢正苗, 等. 2010. 土壤质量指标与评价. 北京: 科学出版社

许静, 王娜, 孔德祥, 等. 2015. 磺胺类抗生素在斑马鱼体内的生物富集及模型预测评估. 生态毒理学报, 10(5): 82-88

许鸥泳. 1984. 有机毒物水环境过程的模式化. 环境化学专题报告文集. 中国环境学会环境化学委员会

许鸥泳, 严蔚芸, 王晓蓉, 等. 1984. 渡口市大气中重金属的分布特征. 环境化学, 5: 35-42

杨军, 牛忠清, 石春娥, 等. 2010. 南京冬季雾霾过程中气溶胶粒子的微物理特征. 环境科学, 31(07): 1425-1431

杨艳华, 陈国祥, 刘少华, 等. 2002. Hg^{2+} 胁迫下两优培九和武运粳 7 号水稻幼苗抗性差异的研究. 农村生态环境, 18(3): 34-37

叶常明, 王春霞, 金龙珠. 2004. 21 世纪的环境化学. 国家自然科学基金委员会化学科学部主编. 北京: 科学出版社

银燕, 童尧青, 魏玉香, 等. 2009. 南京市大气细颗粒物化学成分分析. 大气科学学报, 32(6):723-733

员冬梅. 2013. 细胞生物学基础. 2 版. 北京: 化学工业出版社

曾霞, 马亚芳, 马聪, 等. 2014. 新烟碱类与拟除虫菊酯类杀虫剂对蚜虫的联合作用研究. 现代农药, 13: 19-22

张甲耀, 宋碧玉, 陈兰州, 等. 2008. 环境微生物学. 武汉: 武汉大学出版社

张薇, 宋玉芳, 孙铁珩, 等. 2007. 土壤低剂量荧蒽胁迫下蚯蚓的抗氧化防御反应. 土壤学报, 44(6): 1049-57

张新民, 柴发合, 王淑兰, 等. 2010. 中国酸雨研究现状. 环境科学研究, 23(5): 527-532

张艳, 余琦, 伏晴艳, 等. 2010. 长江三角洲区域输送对上海市空气质量影响的特征分析. 中国环境科学, 30(7): 914-923

张志强. 2013. 设施菜田土壤四环素类抗生素污染与有机肥安全施用. 中国农业科学院硕士学位论文

赵保路. 2002. 氧自由基和天然抗氧化剂(修订版). 北京: 科学出版社

赵殿五. 1985. 我国酸雨的化学特点. 环境化学, 特刊, 137-146

赵亮, 鲁群岷, 李莉, 等. 2013. 重庆万州区大气降水的化学特征. 重庆环境科学, 35(2): 9-15

赵其国, 孙波, 张桃林. 1997. 土壤质量与持续环境 I 土壤质量的定义及评价方法. 土壤, 3: 113-120

郑玫, 张延君, 闫才青, 等. 2014. 中国 $PM_{2.5}$ 来源解析方法综述. 北京大学学报(自然科学版), 6: 1141-1154

中国环境优先监测研究课题组. 1989. 环境优先污染物. 北京: 中国环境科学出版社

中国科学院. 2016. 中国学科发展战略: 环境科学. 北京: 科学出版社

中国气象局. 2010. 霾的观测和预报等级. 北京: 气象出版社

中华人民共和国国家统计局. 2014. 中国统计年鉴. 北京: 中国统计出版社

周启星, 孔繁翔, 朱琳. 2006. 生态毒理学. 北京: 科学出版社

周文敏, 傅德黔, 孙宗光. 1990. 水中优先控制污染物黑名单. 中国环境监测, 6(4): 1-3

朱佳雷, 王体健, 邓君俊, 等. 2012. 长三角地区秸秆焚烧污染物排放清单及其在重霾污染天气模拟中的应用. 环境科学学报, 12: 3045-3055

祝凌燕, 林加华. 2008. 全氟辛酸的污染状况及环境行为研究进展. 应用生态学报, 19(5): 1149-1157

Accardi-Dey A, Gschwend P M. 2002. Assessing the combined roles of natural organic matter and black carbon as sorbents in sediments. Environmental Science and Technology, 36(1): 21-29

Antunes P M, Berkelaar E J, et al. 2006. The biotic ligand model for plants and metals: Technical challenges for field application. Environmental Toxicology and Chemistry, 25(3): 875-882

Arthur C L, Pawliszyn J. 1990. Solid-phase microextraction with thermal desorption using fused-silica optical fibers. Analytical Chemistry, 62: 2145-2148

Atkinson R, Lloyd A C, Winges L. 1982. An updated chemical mechanism for hydrocarbon/NO_x/SO_2 photo-oxidations suitable for inclusion in atmospheric simulation-models. Atmospheric Environment, 16(6): 1341-1355

Azevedo J S, Viana Junior N S, Vianna Soares C D. 1999. UVA/UVB sunscreen determination by second-order derivative ultraviolet spectrophotometry. Farmaco, 54(9): 573-578

Backhus D A. 1990. Colloids in groundwater: Laboratory and field studies of their influence on hydrophobic organic contaminants. Ph. D. thesis, Massachusetts Institute of Technology

Barnett M O, Harris L A, Turner R B, et al. 1997. Formation of mercuric sulfide in soil. Environmental Science and Technology, 31: 3037-3043

Bentley R, Chasteen T G. 2002. Microbial methylation of metalloids: Arsenic antimony and bismuth. Microbiology and Molecular Biology Reviews, 66: 250-271

Blaylock M J, Salt D E, Dushenkov S, et al. 1997. Enhanced accumulation of Pb in Indian mustard by soil-applied chelating agents. Environmental Science and Technology, 31: 860-865

Bonten L T C, Groenenberg J E, Weng L, et al. 2008. Use of speciation and complexation models to estimate heavy metal sorption in soils. Geoderma, 146(1-2): 303-310

Boyd S A, Sheng G Y, Teppen B J, et al. 2001. Mechanisms for the adsorption of substituted nitrobenzenes by smectite clays. Environmental Science and Technology, 35(21): 4227-4234

Calabrese E J. 1999. Evidence that hormesis represents an "overcompensation" response to a disruption in homeostasis. Ecotoxicology and Environmental Safety, 42: 135-137

Calabrese E J. 2003. Toxicology rethinks its central belief. Nature, 421: 691-692

Callis L B, Natarajan M. 1986. The antarctic ozone minimum: Relationship to odd nitrogen, odd chlorine, the final warming, and the 11-year solar cycle. Journal of Geophysical Research-Atmospheres, 91 (D10): 10771-10796

Campell P G C. 1995. Interactions between trace elements and aquatic organisms: A critique of the free-ion activity model//Tessier A, Turner D R. Metal speciation and Bioavailability in Aquatic Systems. New York: Wiley

Canova S, Degan P, Peters L D, et al. 1998. Tissue dose, DNA adducts oxidative DNA damage and CYP1A-immunopositive proteins in mussels exposed to waterborne benzo[a]pyrene. Mutation Research, 399: 17-30

Cerniglia C E, Heitkamp M A. 1989. Microbial degradation of polycyclic aromatic hydrocarbons in the aquatic environment//Varanasi U. Metabolism of Polycyclic Aromatic Hydrocarbons in the Aquatic Environment. Boca Raton: CRC Press Inc.

Chaney R L. 1980. Health risks associated with toxic metals in municipal sludge//Bitton G, Damro D L, Davidson G T, et al. Sludge: Health risks of land application. Ann Arbor MI: Ann Arbor Science

Chaperon S, Sauvé S. 2008. Toxicity interactions of cadmium, copper, and lead on soil urease and dehydrogenase activity in relation to chemical speciation. Ecotoxicology and Environmental Safety, 70(1): 1-9

Chee-Sanford J C, Aminov R I, Krapac I J. 2001. Occurrence and diversity of tetracycline resistance genes in lagoons and groundwater underlying two swine production facilities. Applied and Environmental Microbiology, 67: 1494-1502

Chen J W, Kong L R, Zhu C M, et al. 1996. Correlation between photolysis rates contants of polycyclic amomatic hydrocarbons and frontier molecular orbital energy. Chemosphere, 33 (6): 1143-1150

Chen J W, Liu F, Liao Y Y, et al. 1996. Using AM1 hamiltonian in quantitative structure properties relationships study of alkyl (1-phenylsulfonyl) cycloalkane-carboxylates. Chemosphere, 33 (3): 537-546

Chen J W, Wang L S. 1997. Using MTLSER model and am1 hamiltonian in quantitative structure-activity relationship studies of alkyl (1-phenylsulfonyl) cycloalkane-carboxylates. Chemosphere, 35 (3): 623-631

Chen W, Kan A T, Tomson M B. 2000. Response to comment on "irreversible adsorption of chlorinated benzenes to natural sediments: Implications for sediment quality criteria". Environmental Science and Technology, 34: 4250-4251

Chester R, Murphy K J T, Lin F J, et al. 1993. Factors controlling the solubilities of trace metals from non-remote aerosols deposited to the sea surface by the "dry" deposition mode. Marine Chemistry, 42 (2): 107-126

Chiou C T. 1981. Partition coefficient and water solubility in environmental chemistry, hazard assessment of chemicals: Current developments (Vol.1)//Saxena J, Fisher F. New York: Academis Press

Chiou C T. 2002. Partition and Adsorption of Organic Contaminants in Environmental Systems. New York: John Wiley and Sons

Chiou C T, Peters L J, Freed V H. 1979. A physical concept of soil-water equilibria for non-ionic compounds. Science, 206 (16): 831-832

Chipman J K, Davies J E, Parsons J L. 1998. DNA oxidation by potassium bromate, a direct mechanism or linked to lipid peroxidation? Toxicol, 126 (2): 93-102

Chipman J K, Marsh J W, Livingstone D R, et al. 1992. Genetic toxicity in dab Limanda limanda from the North Sea. Marine Ecology Progress Series, 91 (1-3): 121-126

Cornelissen G, Gustafsson Ö, Bucheli T D, et al. 2005. Extensive sorption of organic compounds to black carbon, coal, and kerogen in sediments and soils: Mechanisms and consequences for distribution, bioaccumulation, and biodegradation. Environmental Science and Technology, 39 (18): 6881-6895

Cornelissen G, van Noort P C M, Govers H A J. 1997. Desorption kinetics of chlorobenzenes, polycyclic aromatic hydrocarbons, and polychlorinated biphenyls: Sediment extraction with Tenax and effects of contact time and solute hydrophobicity. Environmental Toxicology and Chemistry, 16: 1351-1357

Cossu C, Doyotte A, Jacquin M C. 2000. Antioxidant biomarkers in freshwater bivales, Unio tumidus, in response to different contamination profiles of aquatic sediments. Ecotoxicalogy and Environmental Safe, 45 (2): 106-121

Costanzo S D, Murby J, Bates J. 2005. Ecosystem response to antibiotics entering the aquatic environment. Marine Pollution Bulletin, 51: 218-223

Cui X Y, Mayer P, Gan J. 2013. Methods to assess bioavailability of hydrophobic organic contaminants: Principles, operations, and limitations. Environmental Pollution, 172: 223-234

Cuypers C, Pancras T, Grotenhuis T, et al. 2002. The estimation of PAH bioavailability in contaminated sediments using hydroxypropyl beta-cyclodextrin and Triton X-100 extraction techniques. Chemosphere, 46: 1235-1245

Davenport J R. Peryea F J. 1991. Phosphate fertilizers influence leaching of lead and arsenic in a soil contaminated with lead arsenate. Water, Air, and Soil Pollution, 57: 101-110

Davis J, Leckie J O. 1978. Effect of adsorption complexing ligands on trace metal uptake by hydrous oxides. Environmental Science and Technology, 12: 1309-1314

Dean J R. 2007. Bioavailability, Bioaccessibility and Mobility of Environmental Contaminants. Chichester: John Wiley and Sons

Degryse F, Smolders E. 2012. Cadmium and nickel uptake by tomato and spinach seedlings: Plant or transport control? Environmental Chemistry, 9: 48-54

Degryse F, Smolders E, Merckx R. 2006. Labile Cd complexes increase Cd availability to plants. Environmental Science and Technology, 40: 830-836

DeKock P C. 1956. Heavy metal toxicity and iron chlorosis. Annals of Botany, 20: 133-141

DeKock P C, Mitchell R L. 1957. Uptake of chelated metals by plants. Soil Science, 84: 55-62

Dzombak D A, Morel F M M. 1990. Surface Complexation Modeling Hydrous Ferric Oxide. New York: John Wiley and Sons

Elliott J E, Miller M J, Wilson L K. 2005. Assessing breeding potential of peregrine falcons based on chlorinated hydrocarbon concentrations in prey. Environmental Pollution, 134(2): 353-361

Essington M E. 2004. Soil and Water Chemistry: An Integrative Approach. Boca Raton: CRC Press

Farman J C. 1985. Large losses of total ozone in Antarctica reveal seasonal ClO_x/NO_x interaction. Nature, 315(6016): 207-210

Fessard V, Livingstone D R. 1998. Development of Western analysis of oxidized proteins as a biomarker of oxidative damage in liver of fish. Marine Environmental Research, 46: 407-410

Field J A, Dejone E, Costa G F. 1992. Biodegadation of polycyclic aromatic hydrocarbons by new isolated of white rot fungi. Applied and Environmental Microbiology, 58: 2219-2226

Fisk A T, Tomy G T, Muir D C G. 1999. The toxicity of C10-, C11-, C12- and C14- polychlorinated alkanes to Japanese medaka(Oryzias latipes) embryos. Environmental Toxicology and Chemistry, 18(12): 2894-2902

Fu Q, Zhuang G S, Li J, et al. 2010. Source, long-range transport, and characteristics of a heavy dust pollution event in Shanghai. Journal of Geophysical Research, 115: 1-12

Gaines G L, Thomas H C. 1953. Adsorption studies on clay minerals. II. A formation of the thermodynamics of exchange adsorption. Journal of Chemical Physics, 21: 714-718

Galloway J N, Likens G E, Hawley M E. 1984. Acid precipitation: Natural versus anthropogenic components. Science, 226:829-831

Gao J, Chai F, Wang T, et al. 2012. Particle number size distribution and new particle formation: New characteristics during the special pollution control period in Beijing. Journal of Environmental Sciences, 24(1): 14-21

Gapon Y N. 1933. On the theory of exchange adsorption in soils. J Gen Chem USSR, 3: 144-160

Goldberg E D. 1954. Marine geochemistry, chemical seavengers of the sea. J Geol, 62: 249-266

Groenenberg J E, Dijkstra J J, Bonten L T C, et al. 2012. Evaluation of the performance and limitations of empirical partition-relations and process based multisurface models to predict trace element solubility in soils. Environmental Pollution, 166: 98-107

Gu X Y, Evans L J, Barabash S J. 2010. Modeling the adsorption of Cd(II), Cu(II), Ni(II), Pb(II) and Zn(II) onto montmorillonite. Geochim Cosmochim Acata, 74: 5718-5728.

Guo Z G, Sheng L F, Feng J L, et al. 2003. Seasonal variation of solvent extractable organic compounds in the aerosols in Qingdao, China. Atmospheric Environment. 37(13): 1825-1834

Gustafsson J P. 2013 Visual MINTEQ 3.1, http://vminteq.lwr.kth.se/

Haderlein S B, Weissmahr K W, Schwarzenbach R P. 1996. Specific adsorption of nitroaromatic explosives and pesticides to clay minerals. Environmental Science and Technology, 30: 612-622

Halliwell B, Gutteridge J M. 1999. Oxidative stress and antioxidant protection: some special cases. Free Radicals in Biology and Medicine, 485-543

He L Y, Hu M, Huang X F, et al. 2006. Seasonal pollution characteristics of organic compounds in atmospheric fine particles in Beijing. Science of the Total Environment. 359(1-3): 167-176

Heberer T. 2002. Occurrence, fate, and removal of pharmaceutical residues in the Aquatic environment: a review of recent research data. Toxicology Letters, 131: 5-17

Hiemstra T, Antelo J, Rahnemaie R, et al. 2010. Nanoparticles in natural systems I : The effective reactive surface area of the natural oxide fraction in field samples. Geochimica Et Cosmochimica Acta, 74: 41-58

Hiemstra T, Barnett M O, van Riemsdijk W H. 2007. Interaction of silicic acid with goethite. Journal of Colloid and Interface Science, 310: 8-17

Hiemstra T, van Riemsdijk W H. 1996. A surface structural approach to ion adsorption: The charge distribution(CD) model. Journal of Colloid and Interface Science, 179: 488-508

Hiemstra T, van Riemsdijk W H, Bolt G H. 1989. Multisite proton adsorption modeling at the solid-solution interface of(hydr)oxides: A new approach.1. Model description and evaluation of intrinsic reaction constants. Journal of Colloid and Interface Science, 133: 91-104

Hodgson E. 2011. 现代毒理学. 原书第三版. 江桂斌, 汪梅林, 戴家银等译. 北京: 科学出版社

Hoffmann G G, Resch P. 1985. Diiod(methylthio)gallan. Darstellung und reaktivität. Journal of Organometallic Chemistry, 295: 137-148

Hoffmann M R, Calvert J G. 1985. Chemical transportation modules for eulerian acid deposition models. The Aqueous-Phase Chemistry, Vol. II

Howard C J, Evenson K M. 1976. Laser magnetic-resonance study of reactions of OH radicals with some halogenated hydrocarbons. Journal of Photochemistry, 5(2): 185

Hu X Y, Wen B, Shan X Q. 2003. Survey of phthalates pollution in arable soils in China. Journal of Environmental Monitoring, 5: 649-653

Huang C, Chen C H, Li L, et al. 2011. Emission inventory of anthropogenic air pollutants and VOC species in the Yangtze River Delta region, China. Atmospheric Chemistry and Physics, 11(9): 4105-4120

Huang D Y, Xu Y G, Peng P, et al. 2009. Chemical composition and seasonal variation of acid deposition in Guangzhou, South China: comparison with precipitation in other major Chinese cities. Environmental Pollution, 157(1): 35-41

Huang K, Zhuang G S, Xu C, et al. 2008. The chemistry of the severe acidic precipitation in Shanghai, China. Atmospheric Research, 89(1-2): 149-160

Huang Z C, Chen T B, Lei M, et al. 2004. Direct determination of arsenic species in arsenic hyperaccumulator Pteris vittata L by EXAFS. Acta Botanica Sinica, 46(1): 46-50

Hyslop N P. 2009. Impaired visibility: The air pollution people see. Atmospheric Environment, 43(1): 182-195

IARC. 2015. Agents classified by the IARC monographs, Volumes 1-114. http://monographs.iarc.fr/ENG/Classification/ClassificationAlphaOrder.pdf

Jiang J L, Wang X R, Shan Z J, et al. 2014. Proteomic analysis of hepatic tissue of Cyprinus carpio L exposed to cyanobacterial blooms in Lake Taihu, China. PLoS One, 9(2): e88211

Juhasz A L, Smith E, Weber J, et al. 2007. In vitro assessment of arsenic bioaccessibility in contaminated(anthropogenic and geogenic)soils. Chemosphere, 69: 69-78

Kammenga J E, Arts M S, Oude-Breuil W J. 1998. HSP60 as a potential biomarker of toxic stress in the nematode Plectusacuminatus. Archives of Environmental Contamination and Toxicology, 34(3): 253-8

Karickhoff S W, Brown D S, Scott T A. 1979. Sorption of hydrophobic pollutants on natural sediments. Water Research, 13: 241-248

Kelly J D, Orner G A, Hendrichs J D. 1992. Dietary hydrogen-peroxide enchances hepato carcinogenesis in trout correlation with 8-hydroxy-2′-edoxyguanosine levels in liver DNA. Carcinogenesis, 13(9): 1639-1642

Kelsey J W, Kottler B D, Alexander M. 1997. Selective chemical extract to predict bioavailability of soil-aged organic chemicals. Environmental Science and Technology, 31: 214-217

Kenaga E E, Goring C A I. 1980. Relationship between water solubility, soil sorption, octanol/water partitioning, and concentration of chemicals in biota. Aquatic Toxicology. Third Symposium. American Society for Testing and Materials, Philadelphia(PA)

Kendall M, Hamilton R S, Watt J, et al. 2001. Characterization of selected speciated organic compounds associated with particulate matter in London. Atmospheric Environment, 35(14): 2483-2495

Kerr H W. 1928. The nature of base exchange and soil acidity. Journal of the American Society of Agronomy, 20: 309-355

Kile D E, Chiou C T, Zhou H, et al. 1995. Partition of nonpolar organic pollutants from water to soil and sediment organic matters. Environmental Science and Technology, 29: 1401-1406

Kinraide T B. 2003. The controlling influence of cell-surface electrical potential on the uptake and toxicity of selenate(SeO_4^{2-}). Physiologia Plantarum, 117(1): 64-71

Kinraide T B, Yermiyahu U, Rytwo G. 1998. Computation of surface electrical potentials of plant cell membranes: Correspondence to published zeta potentials from diverse plant sources. Plant Physiology, 118(2): 505-12

Kirchin M A, Moore M N, Dean R T. 1992. The role of oxyradicals in intracellular proteolysis and toxicity in mussels. Marine Environmental Research, 34: 315-320

Krishnamoorthy C, Overstreet R. 1949. Theory of ion exchange relationships. Soil Science, 68: 307-315

Kurokawa J, Ohara T, Morikawa T, et al. 2013. Emissions of air pollutants and greenhouse gases over Asian regions during 2000-2008: Regional Emission inventory in Asia (REAS) version 2. Atmospheric Chemistry and Physics, 13: 11019-11058

Lambert S M, Porter P E, Schieferstein R H. 1965. Movement and sorption of chemicals applied to the soil. Weeds, 13: 185-190

Larson T, Harrison H. 1974. The oxidation of SO_2 in the stratosphere. Journal of Geophysical Research, 79: 3095-3097

LeBoeuf E J, Weber W J Jr. 1997. A distributed reactivity model for sorption by soils and sediments. 8. sorbent organic domains: Discovery of a humic acid glass transition and an argument for a polymer-based model. Environmental Science and Technology, 31(6): 1697-1702

Leppänen M, Kukkonen J V K. 2006. Evaluating the role of desorption in bioavailability of sediment-associated contaminants using oligochaetes, semipermeable membrane devices and Tenax extraction. Environmental Pollution, 140: 150-163

Li A, Rockne K J, Sturchio N. 2006. Polybrominated diphenyl ethers in the sediments of the Great Lakes:4. Influencing factors, trends, and implication. Environmental Science and Technology, 40: 7528-7534

Li J, Wang Z F, Huang H L, et al. 2013. Assessing the effects of trans-boundary aerosol transport between various city clusters on regional haze episodes in spring over East China. Tellus Series B-Chemical and Physical Meteorology, 65: 1-14

Li Y, Xu X L, Cheng H B, et al. 2010. Chemical characteristics of precipitation at three Chinese regional background stations from 2006 to 2007. Atmosphenic Research, 96(1): 173-183

Li Y, Xue H. 2001. Determination of Cr(III) and Cr(VI) species in natural waters by catalytic cathodic stripping voltammetry. Analytica Chimica Acta, 448(1-2): 121-134

Lin R Z, Wang X R, Luo Y, et al. 2007. Effects of soil cadmium on growth, oxidative stress and antioxidant system in wheat seedlings (*Triticum aestivum L.*). Chemosphere, 69(1): 89-98

Lipton J, Galbraith H, Burger J, et al. 1993. A Paradigm for Ecological Risk Assessment. Environmental Management, 17: 1-5

Liste H, Alexander M. 2002. Butanol extraction to predict bioavailability of PAHs in soil. Chemosphere, 46: 1011-1017

Liu H, Sun P, Liu H X, et al. 2015. Acute toxicity of benzophenone-type UV filters for Photobacterium phosphoreum and Daphnia magna: QSAR analysis, interspecies relationship and integrated assessment. Chemosphere, 135: 182-188

Liu J F, Chao J B, Liu R, et al. 2009. Cloud point extraction as an advantageous preconcentration approach for analysis if trace silver nanoparticles in environmental water. Analytical Chemistry, 81(15): 6496-6502

Liu J F, Liu R, Yin Y G, et al. 2009. Triton X-114 based cloud point extraction: A thermoresversible approach for separation/concentration and dispersion of nanomateeials in aqueous phase. Chemical Communications, 1514-1516

Livingstone D R. 2001. Contaminant-stimulated reactive oxygen species production and oxidative damage in aquatic organisms. Marine Pollution Bulletin, 42: 656-666

Livingstone D R, Lemaire P, Matthews A. 1993. Prooidant, antioxidant and 7-ethoxyresorufin o-deethylase (EROD) activity responses in liver of Dab (*Limanda Limanada*) exposed to sediment contaminated with hydrocarbons and other chemicals. Marine Pollution Bulletin, 26(11): 602-606.

Lu P, Zhu C. 2011. Arsenic E_h-pH diagrams at 25℃ and 1 bar. Environmental Earth Sciences, 62: 1673-1683

Lu X W, Li L Y, Li N, et al. 2011. Chemical characteristics of spring rainwater of Xi'an city, NW China. Atmospheric Environment, 45(28): 5058-5063

Lu Z, Streets D G, Zhang Q, et al. 2010. Sulfur dioxide emissions in China and sulfur trends in East Asia since 2000. Atmospheric Chemistry and Physics, 10(13): 6311-6331

Luo Y, Su Y, Lin R Z, et al. 2006. 2-Chlorophenol induced ROS generation in fish Carassiusauratus based on the EPR method. Chemosphere, 65 (6): 1064-1073

Luo Y, Wang X R, Shi H H, et al. 2005. Electron paramagnetic resonance investigation of in vivo free radical formation and oxidative stress induced by 2,4-dichlorophenol in the freshwater fish *Carassius auratus*. Environmental Toxicology and Chemistry, 24(9): 2145-2153

Ma L Q, Logan T J, Traina S J 2002. Lead immobilization from aqueous solution and contaminated soil using phosphate rocks. Environmental Science and Technology, 29: 1118-1126

Malins D C, Gunselman S J. 1994. Fourier-transform infrared spectroscopy and gas chromatofraphy-mass spectrometry reveal a remarkable degree of structural damage in the DNA of wild fish exposed to toxic chemicals. Proceedings of the National Academy of Sciences of the United States of America, 91: 13038-13041

Manahan S E. 2010. Environmental Chemistry. 9th ed. Boca Raton: CRC Press, Taylor and Francis Group

Manney G L, Santee M L, Rex M, et al. 2011. Unprecedented Arctic ozone loss in 2011. Nature, 478(7370): 469-475

Marsh J W, Chipman J K, Livingstone D R. 1993. Formation of DNA adducts following laboratory exposure of the mussel, *Mytilus edulis*, to xenobiotics. Science of the Total Environment, Supplement 1: 567-572

Martin L R. 1984. Kinetic studies of sulfite oxidation in aqueous solution, in SO_2, NO and NO_2 oxidation mechanisms: Atmospheric Considerations Butterworths, London

Mathews R W. 1986. Photo-oxidation of organic material in aqueous suspensions of titanium dioxide. Water Research, 20: 569-578

McBride M B. 1994. Environmental Chemistry of Soils. New York: Oxford University Press

McElroy M B, Salawitch R H, Wofsy S C. 1986. Reductions of antarctic ozone due to synergistic interactions of chlorine and bromine. Nature, 321(6072): 759-762

McKenzie R M. 1980. The sorption of lead and other heavy metals on oxides of manganese and iron. Australian Journal of Soil Research, 18: 61-73

Molina M J, Rowland F S. 1974. Stratospheric sink for chlorofluoromethanes: Chlorine atomc-atalysed destruction of ozone. Nature, 249(5460): 810-812

Morel F M M, 1983. Principles of Aquatic Chemistry. New York: Wiley

Myrold D D. 1998. Modeling nitrogen transformations in soil // Chapman and Hall. Microbiology Series; Mathematical modeling in microbial ecology, Springer

Niesink R J M, de Vries J, Hollinger M A. 1996. Toxicology: Principles and Application. Boca Raton: CRC Press

Organization for Economic Co-operation and Development(OECD). 2012. OECD guideline for the testing of chemicals test No.305. Bioaccumulation in fish: Aqueous and dietary exposure

Park H, Kang J H, Baek S Y, et al. 2010. Relative importance of polychlorinated naphthalenes compared to dioxins, and polychlorinated biphenyls in human serum from Korea: Contribution to TEQs and potential sources. Environmental Pollution, 158(5): 1420-1427

Payne J F, Malins D C, Gunselman S. 1998. DNA oxidative damage and vitamin a reduction in fish from a large lake system in Labrador, Newfoundland, contaminated with iron-ore mine tailings. Marine Environmental Research, 46: 289-294

Persistent Organic Pollutants Review Committee(POPRC). 2007. Draft risk profile for short-chained chlorinated paraffins. SCOPO pollutants.Geneva: POPRC

Pietrogrande M C, Basaglia G. 2007. GC-MS analytical methods for the determination of personal-care products in water matrices. Trac-Trends in Analytical Chemistry, 26: 1086-1094

Pignatello J J. 1991. Organic substances and sedments in water, (vol. 2)//Baker R A. Humics and Soils. Chelsea: Lewis Publisher

Pignatello J J, Xing B. 1996. Mechanisms of slow sorption of organic chemicals to natural particles. Environmental Science and Technology, 30: 1-11

Puglisi E, Murk A J, van den Bergt H J, et al. 2007. Extraction and bioanalysis of the ecotoxicologically relevant fraction of contaminants in sediments. Environmental Toxicology and Chemistry, 26: 2122-2128

Reid B J, Stokes J D, Jones K C, et al. 2000. Non-exhaustive cyclodextrin based extraction technique for the evaluation of PAH bioavailability. Environmental Science and Technology, 34: 3174-3179

Renner R. 2003. Pesticide mixture enhances fog abnormalities. Environmental Science and Technology, 37(3): 52A

Rhodes A H, Carlin A, Semple K T. 2008. Impact of black carbon in the extraction and mineralization of phenanthrene in soil. Environmental Science and Technology, 42: 740-745

Ringwood A H, Conner D E, Keppler C J, et al. 1999. Biomarker studies with juvenile oysters (*Crassostrea virginica*) deployed in-situ. Biomarkers, 4: 400-414

Rodriguez R R, Basta N T, Casteel S W, et al. 1999. An in vitro gastrointestinal method to estimate bioavailable arsenic in contaminated soils and solid media. Environmental Science and Technology, 33(4): 642-9

Rogge W F, Hildemann L M, Mazurek M A, et al. 1993. Sources of fine organic aerosol. 4. Particulate abrasion products from leaf surfaces of urban plants. Environmental Toxicology and Chemistry, 27(13): 2700-2711

Rostami I, Juhasz A. 2011. Assessment of persistent organic pollutant (POP) bioavailability and bioaccessibility for human health exposure assessment: A critical review. Critical Reviews in Environmental Science and Technology, 41: 623-656

Ruby M V, Davis A, Nicholson A. 1994. In situ formation of lead phosphateds insoils as a method to immobilize lead. Environmental Science and Technology, 28: 646-654

Ruby M V, Davis A, Schoof R, et al. 1996. Estimation of lead and arsenic bioavailability using a physiological based extraction test. Environmental Science and Technology, 30: 422-430

Sander S, Koschinsky A. 2000. Onboard-ship redox speciation of chromium in diffuse hydrothermal fluids from the North Fiji Basin. Marine Chemistry, 71(1): 83-102

Sauvé S, Norvell W A, McBride M, et al. 2000. Speciation and complexation of cadmium in extracted soil solutions. Environmental Science and Technology, 34(2): 291-296

Schauer J J, Cass G R. 2000. Source apportionment of wintertime gas-phase and particle-phase air pollutants using organic compounds as tracers. Environmental Science and Technology, 34(9): 1821-1832

Schlenk D. 1999. Necessity of defining biomarkers for use in ecological risk assessments. Marine Pollution Bulletin, 39: 48-53

Schnitzer M, Khan S U. 1972. Humic Substances in the Environment. New York: Dekker

Seinfeld J H. 1986. Atmospheric Chemistry and Physics of Air Pollution. New York: John Wiley and Sons

SEPA. 2004. Report on the State of the Environment in China 2003. http://www.zhb.gov.cn/english/SOE/soechina 2003

Serrone D M, Birley R D N, Weigand W. 1987. Toxicology of chlorinated paraffins. Food and Chemical Toxicology, 25(7): 553-562

Shi H H, Sui Y X, Wang X R, et al. 2005. Hydroxyl radical production and oxidative damage induced by cadmium and naphthalene in live of *Carassius auratus*. Comparative Biochemistry and Physiology (Part C), 140(1): 115-121

Sijm D, Sinnige T L. 1995. Experimental octanol/water partition coefficients of chlorinated paraffins. Chemosphere, 31: 4427-4435

Šlejkovec Z, van Elteren J T, Byrne A R. 1998. A dual arsenic speciation system combining liquid chromatographic and purge and trap-gas chromatographic separation with atomic fluorescence spectrometric detection. Analytica Chimica Acta, 358(1): 51-60

Solomon S, Garcia R R, Rowland F S, et al. 1986. On the depletion of Antarctic ozone. Nature, 321(6072): 755-758

Sparks D L. 2003. Environmental Soil Chemistry. 2nd ed. San Diego: Academic Press

Spokes L J, Jickells T D, Lim B. 1994. Solubilisation of aerosol trace metals by cloud processing: A laboratory study. Geochimica Cosmochimica Acta, 52(15): 3281-3287

Sposito G. 2008. The Chemistry of Soils. 2nd ed. New York: Oxford University Press

Stebbing A R D. 1982. Hormesis: The stimulation of growth by low level of inhibitors. Science of Total Environment, 22: 213-234

Steen W C, Paris D F, Baughman G L. 1980. Effects of sediment sorption on microbial degradation of toxic substances. Contaminants and Sediments, 1: 477-82

Stegeman J J, Brouwer M, Di Giulio R T, et al. 1992. Molecular responses to environmental contamination: Enzyme and protein systems as indicatorsof chemical exposure and effect // Huggett R J, Kimerle R A, Mehrle, P M, et al. Biomarkers, Biochemical, Physiological, and Histological Markers of Anthropogenic Stress. Chelsea: Lewis Publishers

Stevenson F J. 1982. Humus Chemistry. New York: John Wiley and Sons

Straif K, Cohen A, Samet J. 2013. Air Pollution and Cancer. Lyon: IARC Scientific Publication

Stumm W, Morgan J J. 1996. Aquatic Chemistry. 3rd ed. New York: Wiley

Sun Y Y, Yu H X, Wang X Y, et al. 2006. Bioaumulation, depuration and oxidative stress in fish *Carassius auratus* under phenanthrene exposure. Chemosphere, 63(8): 1319-1327

Takagai Y, Hinze W L. 2009. Cloud point extraction with surfactant derivatization as an enrichment step prior to gas chromatographic or gas chromatography-mass spectrometric analysis. Analytical Chemistry, 81 (16) : 7113-7122

Temminghoff E J M, Plette A C C, Eck R, et al. 2000. Determination of the chemical speciation of trace metals in aqueous systems by Wageningen Donnan Membrane Technique. Analytica Chimica Acta, 417: 149-157

Thakali S, Allen H E, Di Toro D M, et al. 2006. A terrestrial biotic ligand model. 1. Development and application to Cu and Ni toxicities to barley root elongation in soils. Environmental Science and Technology, 40 (22) : 7085-93

Trojanowicza M, Alexanderb P W, Hibbert D B. 1998. Flow-injection potentiometric determination of free cadmium ions with a cadmium ion-selective electrode. Analytica Chimica Acta, 370 (2-3) : 267-268

Tu J, Wang H S, Zhang Z F, et al. 2005. Trends in chemical composition of precipitation in Nanjing, China, during 1992-2003. Atmospheric Research, 73: 283-298

USEPA. 1999. PM (particulate matter) data analysis workshop. http: //capita.wustl.edu/Databases/UserDomains/PMFineAnalysis WB/

van der Oost R, Beyer J, Vermeulen N P E. 2003. Fish bioaccumulation and biomarkers in environmental risk assessment: A review. Environmental Toxicology and Pharmacology, 13: 57-149

van Donkelaar A, Martin R V, Brauer M, et al. 2010. Global estimates of ambient fine particulate matter concentrations from satellite-based aerosol optical depth: Development and application. Environmental Health Perspectives, 118 (6) : 847-55

Vanslow A P. 1932. Equilibria of the base exchange reactions of bentonites, permutites, soil colloids and zeolites. Soil Science, 33: 95-113

Vautard R P, Yiou G J, van Oldenborgh. 2009. Decline of fog, mist and haze in Europe over the past 30 years. Nature Geoscience, 2 (2) : 115-119

Veith G D, Defore D L, Bergstedt B V. 1979. Measuring and estimating the bioconcentration factor of chemicals on fish. Journal of the Fish Research Board of Canada, 36 (9) : 1040-1048

Wang P, DE Schamphelaere K A C, Kopittke P M, et al. 2012. Development of an electrostatic model predicting copper toxicity to plants. Journal of Experimental Botany, 63 (2) : 659-68

Wang S, Zhang S Z, Huang H L, et al. 2014. Characterization of polybrominated diphenyl ethers and their hydroxylated and methoxylated derivatives in soils and plants from an e-waste area, China. Environmental Pollution, 184: 405-413

Wang Z Y, Zeng X L, Zhai Z C. 2008. Prediction of sub-cooled liquid vapor pressures and n-octanol/air partition coefficients for polybrominated diphenyl ethers (PBDEs) by means of molecular descriptors from DFT method. Science of the Total Environment, 389: 296-305

Wania F, Lei Y D, Harner T. 2002. Estimating octanol-air partition coefficients of nonpolar semivolatile organic compounds from gas chromatographic retention times. Analytical Chemistry, 74: 476-3483

Ward D M, Brock T D. 1976. Environmental factors influencing the rate of hydrocarbon oxidation in temperate lakes. Applied and Environmental Microbiology, 31 (5): 764-772

Watson J R, Posner A M, Quirk J P. 1973. Adsorption of the herbicide 2,4-D on goethite. Journal of Soil Science, 24: 503-511

Weber J B. 1970. Mechanisms of Adsorption of S-triazines by Clay Colloids and Factors Affecting Plant Availability. In Residue Reviews. Vol. 32: The Triazine Herbicides. New York: Springer-Verlag

Weber W J, Huang W. 1996. A distributed reactivity model for sorption by soils and sediments. 4. Intraparticle heterogeneity and phase-ditribution relationship under nonequilibrium conditions. Enviromental Science and Technology, 30: 881-888

Weber W J, McGinley P M, Katz L E. 1992. A distributed reactivity model for sorption by soils and sediments. 1. Conceptual basis and equilibrium assessments. Enviromental Science and Technology, 26 (10) : 1955-1962

Weissmahr K W, Haderlein S B, Schwarzenbach R P. 1998. Complex formation of soil minerals with nitroacromatic explosives and other π-acceptors. Soil Science Society of American Journal, 62: 369-378

Weng L, Temminghoff E J M, Riemsdijk W H. 2001. Contribution of individual sorbents to the control of heavy metal activity in sandy soil. Environmental Science and Technology, 35: 4436-4443

Whitby K T. 1978. The physical characteristics of sulfur aerosols. Atmospheric Environment, 12: 135-159

Wong A, Lei Y D, Alaee M, et al. 2001. Vapor pressures of the polybrominated diphenyl ethers. Journal of Chemical and Engineering Data, 46: 239-242

Worden H M, Deeter M N, Frankenberg C, et al. 2012. Decadal record of satellite carbon monoxide observations. Atmospheric Chemistry and Physics, 13: 837-850

World Meteorological Organization. 2003. Scientific assessment of ozone depletion: 2002, global ozone research and monitoring project-report, No.47

Wragg J, Cave M, Taylor H, et al. 2009. Inter-laboratory trial of unified bioaccessibility procedure. British Geological Survey Open report OR/07/027

Wu Y, Xu Z, Liu W, et al. 2016. Chemical compositions of precipitation at three non-urban sites of Hebei Province, North China: Influence of terrestrial sources on ionic composition. Atmospheric Research, 181: 115-123

Xiao H W, Xiao H Y, Long A M, et al. 2013. Chemical composition and source apportionment of rainwater at Guiyang, SW China. Journal of Atmospheric Chemistry, 70(3): 269-281

Xing B, Pignatello J J. 1996a. Increasing isotherm nonlinearity with time for organic compounds in natural organic matter: Implications for sorption mechanisms. Environmental Toxicology and Chemistry, 15: 1282-1288

Xing B, Pignatello J J, Gigliotti B. 1996b. Competitive sorption between atrazine and other organic compounds in soils and model sorbents. Environmental Science and Technology, 30: 2432-2440

Xing B, Pignatello J J. 1997. Dual-mode sorption of low-polarity compounds in glassy poly (vinyl chloride) and soil organic matter. Environmental Science and Technology, 31(3): 792-799

Xu H, Paerl H W, Qin B Q, et al. 2010. Nitrogen and phosphorus inputs control phytoplankin growth in eutrophic Lake Taihu, China. Limnology and Oceanography, 55: 420-432

Xu Z F, Tang Y, Ji J P. 2012. Chemical and strontium isotope characterization of rainwater in Beijing during the 2008 Olympic year. Atmospheric Research, 107: 115-125

Xu Z F, Wu Y, Liu W J, et al. 2015. Chemical composition of rainwater and the acid neutralizing effect at Beijing and Chizhou city, China. Atmospheric Research, 164-165: 278-285

Yang F M, Tan J, Zhao Q, et al. 2011. Characteristics of $PM_{2.5}$ speciation in representative megacities and across China. Atmospheric Chemistry and Physics, 11: 5207-5219

Yin Y, Jia J, Guo H Y, et al. 2014. Pyrene-stimulated reactive oxygen species generation and oxidative damage in *Carassius auratus*. Journal of Environmental Science and Health (Part A), 49: 162-170

You J, Landrum P F, Lydy M J. 2006. Comparison of chemical approaches for assessing bioavailability of sediment-associated contaminants. Environmental Science and Technology, 40: 6348-6353

Yu M, Luo X J, Wu J P, et al. 2009. Bioaccumulation and trophic transfer of polybrominated diphenyl ethers (PBDEs) in biota from the Pearl River Estuary, South China. Environment International, 35: 1090-1095

Yue D, Hu M, Wu Z, et al. 2009. Characteristics of aerosol size distributions and new particle formation in the summer in Beijing. Journal of Geophysical Research: Atmospheres, 114: D00G12

Yue D, Hu M, Zhang R, et al. 2010. The roles of sulfuric acid in new particle formation and growth in the mega-city of Beijing. Atmospheric Chemistry and Physics, 10(10): 4953-4960

Zepp R G, Cline D M. 1977. Rates of direct photolysis in aquatic environment. Environmental Science and Technology, 11(4): 359-366

Zhang H, Davison W. 1995. Performance characteristics of diffusion gradients in thin films for the in situ measurement of trace metals in aqueous solution. Analytical Chemistry, 67: 3391-3400

Zhang H, Zhao F J, Sun B, et al. 2001. A new method to measure effective soil solution concentration predicts copper availability to plants. Environmental Science and Technology, 35(12): 2602-2607

Zhang M, Wang S, Wu F, et al. 2007. Chemical compositions of wet precipitation and anthropogenic influences at a developing urban site in southeastern, China. Atmospheric Research, 84(4): 311-322

Zhang Q, Streets D G, Carmichael G R, et al. 2009. Asian emissions in 2006 for the NASA INTEX-B emission. Atmospheric Chemistry and Physics, 9(14): 5131-5153

Zhang R. 2010. Getting to the critical nucleus of aerosol formation. Science, 328: 1366-1367

Zhang X Y, Wang Y Q, Niu T, et al. 2012. Atmospheric aerosol compositions in China: Spatial/temporal variability, chemical signature, regional haze distribution and comparisons with global aerosols. Atmospheric Chemistry and Physics, 12 (2): 779-799

Zhao W H. 2004. An analysis on the changing trend of acid rain and its causes in Fujian Province. Fujian Geography, 19 (4): 1-5 (in Chinese)

Zhao Y, Tan Y, Guo Y, et al. 2013. Interactions of tetracycline with Cd (II), Cu (II) and Pb (II) and their cosorption behavior in soils. Environmental Pollution, 180: 206-213

Zheng X Y, et al. 1997. Improving method of load bearing capacity check in bias compression member for the rectangle section concrete. Journal of Shandong Institute of Architecture and Engineering

Zhu L Y, Hites R A. 2004. Temporal trends and spatial distribution of brominated flame retardants in archived fishes from the Great Lakes. Environmental Science and Technology, 38: 2779-2784